全国普通高等学校机械类“十二五”规划系列教材

机械设计基础

主　编　郭瑞峰
副主编　史丽晨　张　哲
参　编　王风梅　仝美娟　同志学
　　　　杨振乾　康智强　闫观海

华中科技大学出版社
中国·武汉

内 容 简 介

本书是根据教育部高等教育司印发的高等学校工科机械设计基础课程教学基本要求的教学基本内容，经过多年试行教学和积累的教改实践经验编写而成的。

全书共分16章，全面介绍了机械设计的基本概念、基础知识和基本技能。主要内容包括：机械的构成、平面机构简图和自由度计算；常用机构如平面连杆机构、凸轮机构、间歇运动机构等的工作原理、机构组成及设计方法；用于组成机械传动系统的齿轮传动、蜗杆传动、带传动、链传动的工作原理、标准规范和设计计算方法；用于支承或连接传动零件的轴系如轴、滑动轴承、滚动轴承、键、联轴器、离合器、制动器的工作原理、组合设计和选用计算方法；螺纹连接、弹簧的工作原理、标准规范和设计计算；机械的动力学基础如速度波动的调节和回转件的平衡；机械总体方案设计原理与方法。

本书可作为高等工科学校非机械类各专业教学用书，也可作为其他类型高等学校机械类或非机械类专业的教材，也可供有关工程技术人员参考。

图书在版编目(CIP)数据

机械设计基础/郭瑞峰主编. —武汉：华中科技大学出版社，2013.9（2024.1重印）
ISBN 978-7-5609-9203-7

Ⅰ.①机… Ⅱ.①郭… Ⅲ.①机械设计-高等学校-教材 Ⅳ.①TH122

中国版本图书馆CIP数据核字(2013)第145025号

机械设计基础 郭瑞峰 主编

策划编辑：俞道凯
责任编辑：吴 晗
封面设计：范翠璇
责任校对：刘 竣
责任监印：张正林
出版发行：华中科技大学出版社(中国·武汉) 电话：(027)81321913
武汉市东湖新技术开发区华工科技园 邮编：430223
录 排：武汉市洪山区佳年华文印部
印 刷：广东虎彩云印刷有限公司
开 本：787mm×1092mm 1/16
印 张：20.5
字 数：520千字
版 次：2024年1月第1版第7次印刷
定 价：45.00元

全国普通高等学校机械类“十二五”规划系列教材

编审委员会

全国普通高等学校机械类“十二五”规划系列教材

序

“十二五”时期是全面建设小康社会的关键时期，是深化改革开放、加快转变经济发展方式的攻坚时期，也是贯彻落实《国家中长期教育改革和发展规划纲要(2010—2020年)》的关键五年。教育改革与发展面临着前所未有的机遇和挑战。以加快转变经济发展方式为主线，推进经济结构战略性调整、建立现代产业体系，推进资源节约型、环境友好型社会建设，迫切需要进一步提高劳动者素质，调整人才培养结构，增加应用型、技能型、复合型人才的供给。同时，当今世界处在大发展、大调整、大变革时期，为了迎接日益加剧的全球人才、科技和教育竞争，迫切需要全面提高教育质量，加快拔尖创新人才的培养，提高高等学校的自主创新能力，推动“中国制造”向“中国创造”转变。

为此，近年来教育部先后印发了《教育部关于实施卓越工程师教育培养计划的若干意见》(教高〔2011〕1号)、《关于“十二五”普通高等教育本科教材建设的若干意见 》(教高〔2011〕5号)、《关于“十二五”期间实施“高等学校本科教学质量与教学改革工程”的意见》(教高〔2011〕6号)、《教育部关于全面提高高等教育质量的若干意见》(教高〔2012〕4号) 等指导性意见，对全国高校本科教学改革和发展方向提出了明确的要求。在上述大背景下，教育部高等学校机械学科教学指导委员会根据教育部高教司的统一部署，先后起草了《普通高等学校本科专业目录机械类专业教学规范》、《高等学校本科机械基础课程教学基本要求》，加强教学内容和课程体系改革的研究，对高校机械类专业和课程教学进行指导。

为了贯彻落实教育规划纲要和教育部文件精神，满足各高校高素质应用型高级专门人才培养要求，根据《关于“十二五”普通高等教育本科教材建设的若干意见 》文件精神，华中科技大学出版社在教育部高等学校机械学科教学指导委员会的指导下，联合一批机械学科办学实力强的高等学校、部分机械特色专业突出的学校和教学指导委员会委员、国家级教学团队负责人、国家级教学名师组成编委会，邀请来自全国高校机械学科教学一线的教师组织编写全国普通高等学校机械类“十二五”规划系列教材，将为提高高等教育本科教学质量和人才培养质量提供有力保障。

当前经济社会的发展，对高校的人才培养质量提出了更高的要求。该套教材在编写中，应着力构建满足机械工程师后备人才培养要求的教材体系，以机械工程知识和能力的培养为根本，与企业对机械工程师的能力目标紧密结合，力求满足学科、教学和社会三方面的需求；在结构上和内容上体现思想性、科学性、先进性，把握行业人才要求，突出工程教育特色。同时注意吸收教学指导委员会教学内容和课程体系改革的研究成果，根据教指委颁布的各课程教学专业规范要求编写，开发教材配套资源（习题、课程设计和实践教材及数字化学习资源），适应新时期教学需要。

教材建设是高校教学中的基础性工作，是一项长期的工作，需要不断吸取人才培养模式和教学改革成果，吸取学科和行业的新知识、新技术、新成果。本套教材的编写出版只是近年来各参与学校教学改革的初步总结，还需要各位专家、同行提出宝贵意见，以进一步修订、完善，不断提高教材质量。

谨为之序。

国家级教学名师

华中科技大学教授、博导

2012 年 8 月

前　言

本书是根据教育部高等教育司印发的高等学校工科“机械设计基础课程教学基本要求”(少学时)的教学基本内容,并结合多年来的教学、教改实践经验编写而成的。本书在编写的过程中注意体现以下一些理念和主要特点。

(1) 根据教材内容的内在联系,将机械原理和机械设计的相关内容有机地结合在一起划分章节,使全书结构紧凑,相关内容联系紧密,内容更加精练。

(2) 侧重于分析和解决问题的思路,适当简化或省略理论推导过程。对机构从机构的组成、运动特性、设计思路出发进行讲解,对机械零件的设计从受力分析、失效形式、材料选择、强度计算、结构设计的思路出发进行讲解,使学生对设计计算思路更加清晰。

(3) 对于复杂的机械结构、机构部分,尽可能地将三维图形、三维轴测图或实物模型与二维平面线图相结合进行讲解与描述,使非机械类专业的学生更容易理解与掌握。

(4) 每章设有本章小结,对该章主要内容,介绍的重要理论、设计计算方法及重点、难点进行概括性的提炼与总结,帮助和指导学生进行复习和总结。

(5) 尽可能地选择具有工程背景的例题,给学生提供运用知识和解决实际问题的示范,并在每章最后附有丰富的思考题和习题,与课程内容相呼应。思考题有利于学生加深对理论知识的理解,习题有利于引导学生学会运用所学的理论知识去分析问题。

(6) 第1章的机械设计总论使学生能够对机械的构成有一个总体的认识。随着教材的讲述,学生可从局部逐渐认识和理解各常用机构的运动特性、各传动装置的运动特性,各零部件的结构特点和设计计算方法,第15章是从总体上、全局上对机械系统的设计进行综述,使学生能够贯通所学知识,并运用知识创新性地进行机械设计。

本书的具体编写分工如下:西安建筑科技大学郭瑞峰编写第1、7、12、14、15章,史丽晨编写第4、10章,王风梅编写第2、3章,仝美娟编写第5、6章,同志学编写第13章,闫观海、杨振乾编写第11章,康智强编写第16章;湖北工业大学商贸学院张哲编写第8、9章。本书由郭瑞峰担任主编,史丽晨、张哲担任副主编。

在本书编写过程中,参阅了大量的同类教材、相关的技术标准和文献,并得到了西安建筑科技大学机电学院机械基础教研室全体教师的大力支持,在此一并表示衷心的感谢。

由于编者水平有限,时间仓促,疏漏与错误之处在所难免,敬请读者、同行对本书提出批评和改进意见。

编　者

2013年6月

目　　录

第1章 机械设计总论

人类为了减轻体力劳动，提高生产率而创造、发明了各种各样的机械。随着生产的发展，人类对机械的研究也不断深入，到19世纪中期，逐渐形成了系统研究机械的学科。机械工业在现代社会中担负着为国民经济各部门提供机械装备的重任，其发展的技术水平和生产能力是衡量一个国家工业水平的重要标志。

1.1 机械的组成

为满足生产和生活需要，人们设计和制造了类型繁多、功能各异的机器。经常见到的飞机、汽车、起重机、内燃机、电动机、机床、自行车、缝纫机、洗衣机等都称为机器。

自行车是一种简单的人力机器。图1-1(a)所示是最早的木轮自行车，车体结构比较简单，只有两个轮子，中间连着横梁，上面安一条板凳，没有驱动装置和传动装置，人骑在上面，只能用两只脚，一下一下地蹬踩地面驱动车轮向前滚动，要改变方向也只能下车搬动。图1-1(b)所示是1869年雷诺发明的自行车；图1-1(c)所示是现代普通自行车。它的动力源是人力，通过踏板、链传动装置带动后轮回转，实现代步功能。通过车把和车闸实现自行车的转向和制动。

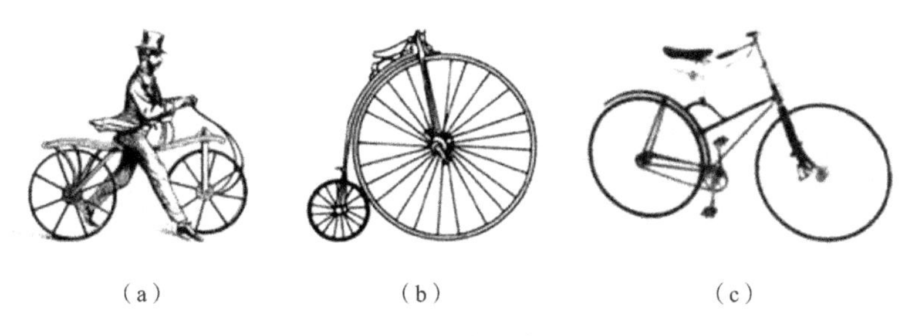

(a)　　(b)　　(c)

图1-1 自行车

(a) 木轮自行车；(b) 雷诺发明的自行车；(c) 现代普通自行车

图1-2所示为一种常见的曲轴冲床。当离合器闭合时，电动机通过带传动装置、齿轮传动装置及离合器带动曲轴转动，曲轴通过连杆带动滑块、上模作上下往复移动，通过上模与下模产生的压力完成冲压工作。当离合器脱开时，制动器制动，使曲轴停止旋转。

图1-3所示为一单缸四冲程内燃机。它由燃气燃烧推动活塞在缸体内上下往复移动，通过连杆使曲轴连续转动，同时通过齿轮、凸轮、顶杆实现进、排气阀有规律的启闭，从而相互之间协调运动，将燃气的热能转换为曲轴转动的机械能。

按运动和动力传递的路线对机器各部分功用进行分析，任何一台机器都是由原动机、传动装置、工作执行部分三大机械部分和控制系统组成的，如图1-4所示。

原动机是驱动整台机器以完成预定功能的动力源，一般来说，它用于把其他形式的能量转换为机械能。工作执行部分是能产生规定的动作，以完成机器预定功能的部分。一台机器可以只有一个执行部分，也可以有几个执行部分以分别完成不同功能。传动装置连接原动机和

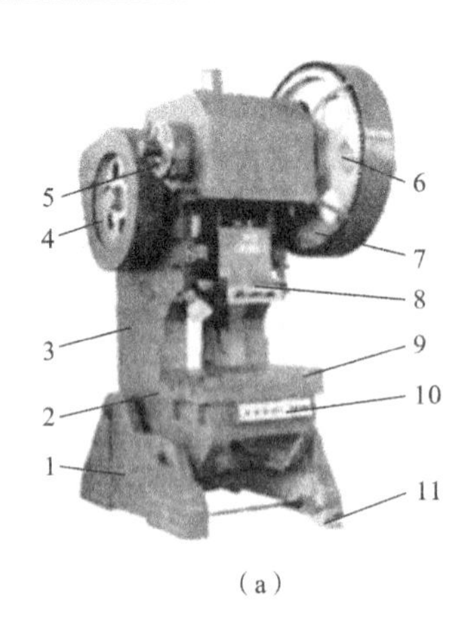

(a)

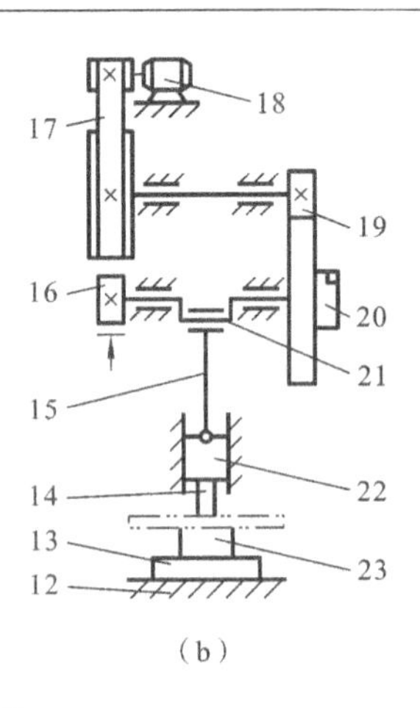

(b)

图 1-2 曲轴冲床

(a) 构造示意图；(b) 传动系统示意图

1—底座；2，12—工作台；3—床身；4，17—带传动装置；5，16—制动器；6，20—离合器；7，19—齿轮传动装置；
8，22—滑块；9，13—垫板；10—控制面板；11—脚踏板；14—上模；15—连杆；18—电动机；21—曲轴；23—下模

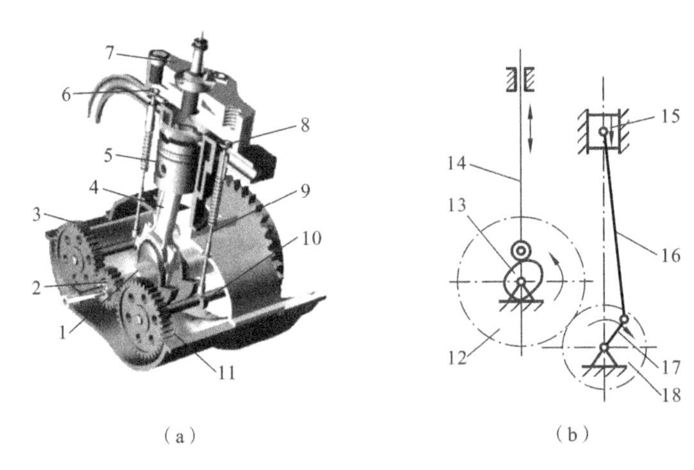

(a) (b)

图 1-3 内燃机

(a) 构造示意图；(b) 传动系统示意图

1，17—曲轴；2，18—小齿轮；3，11，12—大齿轮；4，16—连杆；5，15—活塞；
6—进气阀；7—缸体；8—排气阀；9，14—顶杆；10，13—凸轮

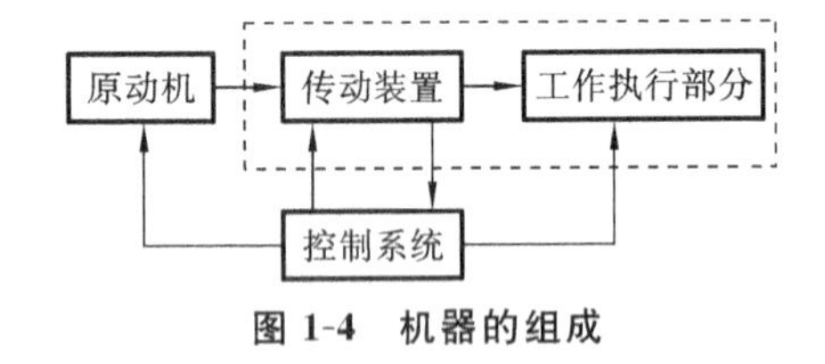

图 1-4 机器的组成

执行部分，将原动机的运动和动力转变或传递到执行部分。例如：将高速回转变为低速回转，将小转矩变为大转矩，把旋转运动转换为直线运动等。随着机器的功能复杂化，机器还会不同程度地增加控制系统和其他辅助系统等。

从机器的构造、运动和功能上看，机器都具有如下共同的特征：

(1) 机器是若干人为实体的组合；

(2) 各实体之间具有确定的相对运动；

(3) 能实现机械能与其他形式能之间的转换或做有效的机械功。

凡同时具备以上三个特征者称为机器。仅具有前两个特征的则称为机构。机械就是机器和机构的总称。

机构是具有确定相对运动的人为实体的基本组合体，以传递和转换运动。例如在内燃机中，活塞、连杆、曲轴和气缸体的组合，可将活塞的往复移动转换为曲轴的连续转动，这一组合体称为曲柄滑块机构。三个齿轮和气缸体的组合，可将一种旋转运动转换为转速和转向都改变了的另一种旋转运动，这一组合体称为齿轮机构。凸轮、顶杆和气缸体的组合，可将凸轮的连续旋转运动转变为顶杆的往复移动，这种组合体称为凸轮机构。

显然，机器是由机构组成的。一台机器可以只包含一个机构，也可以包含多个机构，如上述的内燃机就包含了三个不同的机构。组成机器的各个机构在一定条件下按预定规律协调地运动，最终使机器实现能或功的转换。若撇开机器在做功和转换能量方面的作用，机器与机构并无区别。因此，习惯上用“机械”一词作为机器与机构的总称。

机械中普遍使用的机构称为常用机构，如连杆机构、齿轮机构、凸轮机构及其他常用机构。

组成机构的各个实体，都是作为一个独立的单元作相对运动，称为构件。而机械的每个最小制造单元称为零件。

构件可以是单一的零件，也可以是由几个零件连接而成的刚性组合体。如图 1-5 所示的内燃机曲轴就是单一的整体，既是制造单元，又是运动单元，因而既是一个零件，也是一个构件。而图 1-6 所示的内燃机中的连杆，由于结构、工艺等方面的原因，是由连杆体、连杆盖、轴瓦、螺栓、螺母、定位销等零件连接组合而成的，在机器运动过程中，它们的组合体作为一个整体运动，是一个构件。

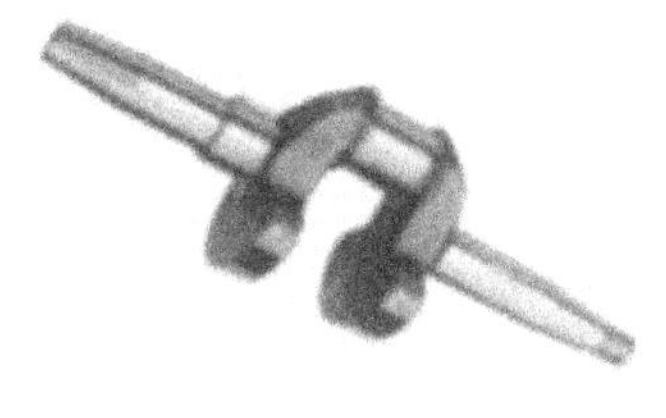

图 1-5　曲轴

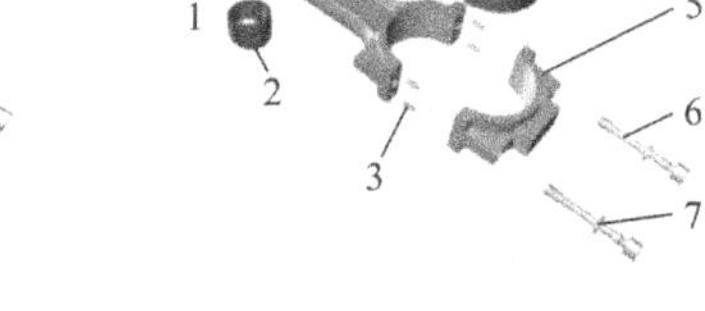

图 1-6　连杆

1—连杆体；2—衬套；3—定位销；4—轴瓦；5—连杆盖；6—螺栓；7—螺母

机械的零件按其用途分为通用零件和专用零件两类。凡在各种机械中都经常使用的零件，如齿轮、螺钉、弹簧等，称为通用零件。只适用于一定类型机械使用的零件，如鼓风机叶片、内燃机的曲轴等，则称为专用零件。另外，常把实现单一功能、由一组协同工作的零件装配而成的组合体称为部件，如滚动轴承等。

1.2　本课程的内容、性质和任务

本课程主要研究机械中常用机构和通用零件的结构特点、工作原理、运动特征、基本的设计理论和计算方法。其中包括：常用机构如平面连杆机构、凸轮机构、间歇机构及组合机构等；通用零件如机械传动中的带传动、链传动、齿轮传动、蜗杆传动、螺旋传动等零件；轴系类零部件中的轴、键、轴承、联轴器、离合器、制动器等；连接中的螺纹连接；其他零部件，如弹簧、减速器等。此外，还涉及机械的平衡与调速等有关机械动力学方面的基础知识。

由以上研究内容可知，本课程是研究常用机构和通用零件的基本设计理论和方法的技术基础课程，是继先修技术基础课程，如机械制图、工程力学、金属材料等课程之后的又一门重要的技术基础课。通过本课程的学习和有关实践，使学生具有一定机械设计能力，具体要求如下。

(1) 掌握常用机构的结构、工作原理、运动特性和机械动力学的基本知识，初步具有分析和设计基本机构的能力，并对机械运动方案的设计有所了解。

(2) 掌握机械中通用零件的工作原理、特点、应用和设计计算的基本知识，并初步具有设计机械传动装置和简单机械的能力。

(3) 具有运用标准、规范、手册及相关技术资料的能力。

1.3 机械零件设计概述

设计具有广泛的含义，一般认为，设计是根据市场需求，对技术系统、零部件、工艺方法等进行计划和决策的循环反复的过程。

所谓机械设计就是从市场需求出发进行规划，通过构思和决策，确定机械产品的功能和原理方案，创造出新机械或改进原有机械，确定技术参数和结构，并将设计计算结果以图样、计算说明书、计算机软件等形式加以描述、表达的过程。

简单地说，机械设计的方法是：在确定了机械要达到的功能和性能指标后，拟订机械的总体方案；选用原动机、传动装置、各种机构以实现既定功能；然后进行机械零件的结构设计、工艺设计等技术设计；最后进行样机试制和产品鉴定等。

机械产品的总体方案设计是一个选择和优化的过程。只有对机械中通常使用的各种机构的结构特点、工作原理、运动特性进行深入地学习与研究，才能作出合理的选择与评价。机械产品的总体设计相关内容将在第15章进行讲述。

这里主要介绍机械零件结构设计的共性内容，如机械零件设计时的基本要求、设计步骤、设计方法等。

1.3.1 机械零件设计应满足的基本要求

机械零件设计时应满足的基本要求大致如下。

1. 避免机械零件的失效

机械零件由于某种原因不能正常工作时，称为失效。零件在不发生失效的前提下，能安全工作的限度称为零件的工作能力。对载荷而言的工作能力称为承载能力。零件的失效形式有多种，归纳起来最主要是由强度、刚度、耐磨性、振动稳定性不足等引起的，或由高温、高腐蚀环境引起的。

1) 强度

强度是指在载荷作用下机械零件抵抗断裂或塑性变形的能力。零件在工作中发生断裂或不允许的残余变形统属于强度不足或强度失效。除了用于安全装置中预定适时破坏的零件外，任何零件都应当避免出现强度不足的情况。

2) 刚度

刚度是指在载荷作用下机械零件抵抗弹性变形的能力，特别是指在载荷作用下抵抗伸长、缩短、挠曲、扭转等的弹性变形的能力。零件在工作时所产生过大的弹性变形，超过了允许的限度统属于刚度不足或称刚度失效。很显然，只有当弹性变形过大会影响机械零件或整台机械的工作性能时，零件才需要满足刚度要求。例如机床主轴、电动机轴、齿轮轴等都必须具有一定的刚度，其弹性变形量不允许超过一定的数值，以保证机器的正常工作。

3) 耐磨性

在压力作用下，相接触的两个零件作相对运动时，其接触表面的物质发生损失或转移的现象称为磨损。耐磨性就是指零件抵抗磨损的能力。零件磨损后会改变形状及尺寸，因而使机器的运转精度、可靠性及效率降低。因此，应尽量避免或减少零件的磨损，使其在规定的工作期限内，不致因过度磨损而失效。例如轴承的润滑、密封不良时，轴瓦或轴颈就可能由于过度磨损而失效。

4）振动稳定性

机械零件的固有频率与周期性干扰力的频率相等或成整倍数关系时，就会发生共振，导致振幅急剧增大，最终导致零件或机器的破坏，这种现象称为失去振动稳定性。所谓振动稳定性，是指机器中受激励振动作用的各零件及整台机械的固有频率与干扰频率错开一定距离的性质。对于重要的特别是高速回转的轴，应验算其振动稳定性。

5）耐热耐蚀性

机械零件必须在许可的温度下工作。零件受热时，将产生热变形及热应力，同时还会破坏正常的润滑条件，从而导致零件接触表面因烧伤而失效。对于处于腐蚀性介质中工作的零件，有可能使材料遭受腐蚀。

为了保证机械零件具有一定的工作能力，就要求它们具有足够的强度或刚度、良好的耐磨性、振动稳定性和耐热耐蚀性及合理的可靠性。这些要求如得不到满足，机器就不能正常工作。所以常根据这些要求确立衡量机械零件工作能力的准则并在设计过程中进行相应的计算。

对应各种失效形式，就有各种不同工作能力判定条件和设计准则。例如：当强度为主要失效形式时，机械零件按强度条件，即应力≤许用应力，进行判定和设计计算；当刚度为主要失效形式时，机械零件按刚度条件，即弹性变形量≤许用变形量，进行判定和设计计算；当磨损作为主要失效形式时，就采用条件性计算，限制零件表面上的压力及相对滑动速度，使其不超过许用值。

同一种零件可能会发生几种不同形式的失效，设计时常根据一个或几个可能发生的主要失效形式运用相应的判定条件，确定零件的结构形状和主要尺寸。例如，轴的失效可能是由于疲劳强度不足而发生的断裂，也可能由于刚度不足而产生的过大的弹性变形。显然，两者中的较小值决定了轴的承载能力和结构尺寸。

2. 良好的结构工艺性

良好的结构工艺性，是指零件在既定的生产条件下，能够方便而经济地制造出来，并便于装配成整机的特性。零件的结构工艺性应从毛坯制造、机械加工及装配等几个生产环节加以综合考虑。对零件结构工艺性具有决定性影响的零件结构设计，在整个设计工作中占有很大的比重，因而必须予以足够的重视。

3. 良好的经济效益

经济效益首先表现在零件本身的生产成本上。设计零件时，应力求设计出耗费能源、材料、人工最少的零件。在设计中，应尽可能采用标准化的零部件，以取代特殊加工的零部件。

1.3.2 机械零件设计的步骤

(1) 根据零件在机器中的地位和作用，选择零件的种类和结构形式。

(2) 拟订零件的计算简图。

(3) 针对零件的工作情况，进行载荷分析，建立力学模型，确定作用在零件上的载荷。

(4) 分析零件在工作时可能出现的失效形式，确定零件工作能力的判定条件和计算准则。

(5) 根据零件的工作条件和对零件的特殊要求，选择合适的材料，并确定必要的热处理或其他处理方法。

(6) 根据计算准则建立或选定相应的计算公式，计算出零件的主要尺寸，并加以标准化或圆整，根据工艺性进行适当的调整。

(7) 绘制零件工作图，标注必要的技术要求，并写出零件的计算说明书。

1.3.3 机械零件设计方法

机械零件的设计方法可分为常规设计方法和现代设计方法。

1. 常规设计方法

常规设计方法是目前机械工程中广泛和长期采用的设计方法，也是本课程中机械零件设计时所采用的设计方法。它主要有三种：理论设计、经验设计、模型实验设计。

1) 理论设计

理论设计是根据长期实践总结出来的设计理论和实验数据所进行的设计。按照设计顺序的不同，零件的理论设计可分为设计计算和校核计算。

(1) 设计计算　在零件尺寸尚未决定之前，根据零件的工作情况，进行失效分析，确定零件工作能力设计计算准则，按其理论设计公式确定零件的主要尺寸。

(2) 校核计算　先按经验、规范、估算或参照已有实物类比，初步确定零件的结构和尺寸，然后根据工作能力设计准则所确定的理论校核公式进行校核计算。

2) 经验设计

经验设计是根据同类机器及零件已有的设计和长期使用累积的经验而归纳出的经验公式，或者是根据设计者的经验用类比法所进行的设计。经验设计简单方便，对于那些使用要求变动不大而结构形状已典型化的零件，是比较实用可行的设计方法。通常都是用于外形复杂、载荷情况不明而目前尚难以进行理论设计的零件，如机架、箱体、齿轮、带轮等传动零件的结构设计。

3) 模型实验设计

对于尺寸特别大、结构复杂、以现有理论知识尚不足以进行详尽分析的重要零件，可采用模型实验设计的方法。其实施过程是：把初步设计的零部件或机器做成小模型或小样机，通过模型或样机实验对其性能进行检验，根据实验结果进行修改，最后完成设计。

2. 现代设计方法

近三四十年来，随着科学技术的迅速发展和计算机的广泛应用，在设计领域相继发展了一系列新兴学科，即所谓的现代设计理论与方法，如计算机辅助CAD设计、优化设计、可靠性设计、模块化设计、动态设计、疲劳设计、三次设计、反求工程、并行设计、有限元方法、人工神经网络设计方法等。目前，这些学科已日趋成熟，并在工程设计中得到广泛应用。

1.4 机械零件的强度

强度是机械零件首先应满足的基本要求，是指零件的应力不得超过允许的限度。强度按其所受应力性质不同分为静强度和疲劳强度。

1.4.1 载荷和应力

作用在机械零件上的载荷可分为静载荷和动载荷两类。不随时间变化或变化较缓慢的载荷称为静载荷。随时间变化的载荷称为动载荷。

载荷作用在零件上将产生应力。按其随时间变化的特性不同，应力可分为静应力和变应力。不随时间变化或变化缓慢的应力称为静应力(见图1-7(a))。随时间变化的应力称为变应力，其中：随时间呈周期性变化的应力称为循环变应力(见图1-7(b))；不呈周期性变化的应力称为随机变应力(见图1-7(c))。

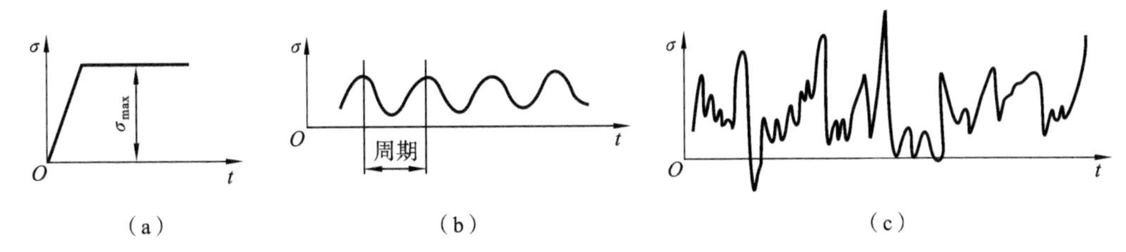

图1-7　静应力及变应力

(a) 静应力；(b) 循环变应力；(c) 随机变应力

循环变应力的类型是多种多样的，归纳起来有如图1-8所示的三种基本类型：一般(非对称)循环变应力、对称循环变应力和脉动循环变应力。

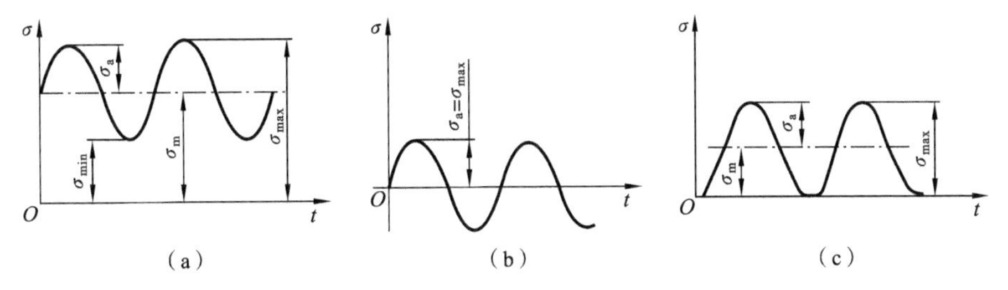

图1-8　循环变应力的种类

(a) 一般循环变应力；(b) 对称循环变应力；(c) 脉动循环变应力

为了描述循环变应力的状态，引入变应力参数：最大变应力 σ_{max}、最小变应力 σ_{min}、平均应力 σ_m、应力幅 σ_a 和应力循环特性 r。如图1-8(a)所示，它们的关系如下：

$$\sigma_{max}=\sigma_m+\sigma_a,\quad \sigma_{min}=\sigma_m-\sigma_a$$

$$\sigma_m=(\sigma_{max}+\sigma_{min})/2$$

$$\sigma_a=(\sigma_{max}-\sigma_{min})/2$$

$$r=\frac{\sigma_{min}}{\sigma_{max}}$$

应力循环特性 r 用来表示循环变应力的变化情况，r 为常数时的应力称为稳定循环变应力。对于稳定循环变应力：当 $\sigma_{max}=-\sigma_{min}$ 时，循环特性 $r=-1$，这类应力称为对称循环变应力，如图1-8(b)所示，其 $\sigma_m=0$、$\sigma_a=\sigma_{max}$；当 $\sigma_{max}\neq 0$，$\sigma_{min}=0$ 时，循环特性 $r=0$，这类应力称为脉动循环变应力，如图1-8(c)所示，其中，$\sigma_a=\sigma_m=\sigma_{max}/2$。静应力可看做变应力的特例，其中，$\sigma_{max}=\sigma_{min}=\sigma_m$，$\sigma_a=0$，其循环特性 $r=1$。

通常在设计时，对应力变化次数很少的变应力，可近似地按静应力处理。

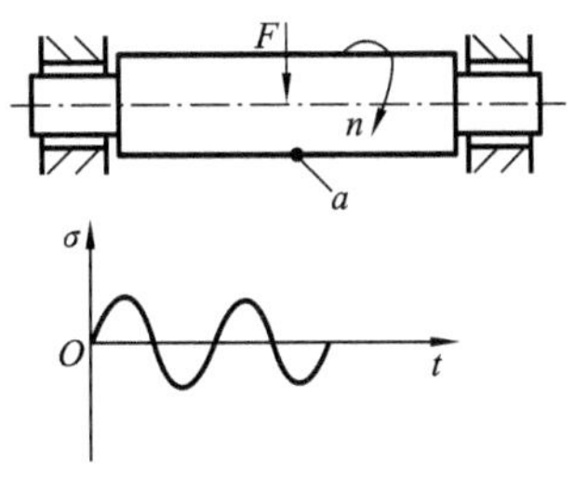

图1-9　回转轴的对称循环变应力

变应力由动载荷产生，也可能由静载荷产生。如图1-9所示是作回转运动的轴，在不变的工作载荷作用下，表面 a

点的弯曲应力就是对称循环变应力。

零件的失效形式与零件工作时的应力类型有关，在进行强度计算时，首先要弄清楚零件所受应力的类型。

1.4.2 静强度计算

在静应力作用下，机械零件的主要失效形式是断裂或塑性变形。制定强度计算准则时，常用的方法是比较零件危险截面处的最大应力与零件材料的许用应力的大小，应保证

$$\sigma \leqslant [\sigma] \quad 或 \quad \tau \leqslant [\tau]$$

极限应力与零件所用材料的性能有关。对于用低碳钢等塑性材料制成的零件，可按不发生塑性变形的条件进行强度计算，这时应取材料的屈服强度 σ_s（或 τ_s）作为极限应力，其许用应力为

$$[\sigma]=\frac{\sigma_{\lim}}{S_\sigma}=\frac{\sigma_s}{S_\sigma} \quad 或 \quad [\tau]=\frac{\tau_{\lim}}{S_\tau}=\frac{\tau_s}{S_\tau}$$

式中：$\sigma_{\lim}$、$\tau_{\lim}$——正应力和切应力的极限应力；

S_σ、S_τ——正应力和切应力作用下的安全系数。

对于用铸铁等脆性材料制成的零件，可按不发生脆性断裂的条件进行强度计算，这时应取材料的抗拉强度 σ_b（或 τ_b）作为极限应力，其许用应力为

$$[\sigma]=\frac{\sigma_{\lim}}{S_\sigma}=\frac{\sigma_b}{S_\sigma} \quad 或 \quad [\tau]=\frac{\tau_{\lim}}{S_\tau}=\frac{\tau_b}{S_\tau}$$

1.4.3 疲劳强度计算

绝大多数的机械零件是在变应力下工作的。在变应力作用下经过长时间循环工作后，其失效形式是疲劳断裂。机械零件的断裂事故中，有80%为疲劳断裂。机械零件抵抗疲劳断裂的能力称为疲劳强度。

疲劳断裂和静应力作用下的断裂机理不一样。疲劳断裂过程可分为两个阶段。第一阶段是在零件表面应力较大处形成初始裂纹，称为疲劳源；第二阶段是初始裂纹在变应力反复作用下逐渐扩展，直至剩余截面面积不足以承受外载荷，发生突然断裂为止。无论是脆性材料还是塑性材料，其疲劳断面均无明显的塑性变形，都是由光滑的疲劳发展区和粗糙的脆性断裂区组成，如图1-10所示。所以疲劳断裂与应力的循环次数有关，即与变应力作用时间或疲劳寿命有关。

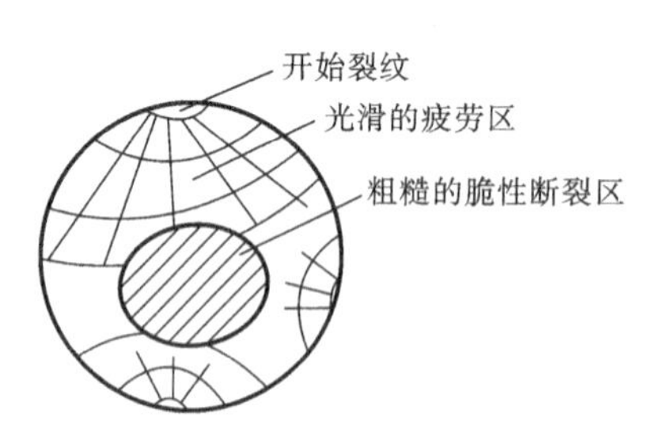

图1-10 疲劳断裂面

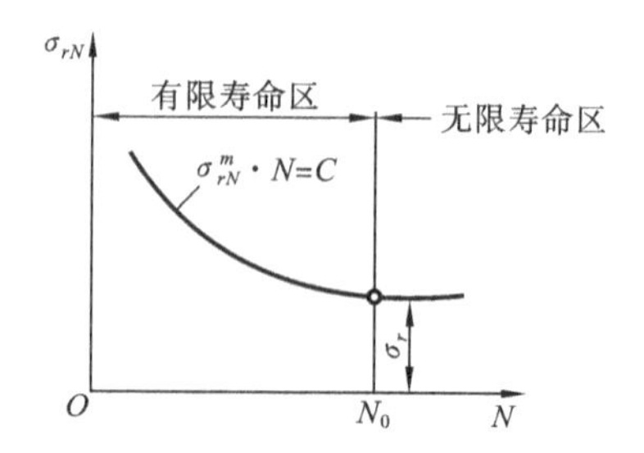

图1-11 疲劳曲线

零件发生疲劳断裂时的最大应力往往远比静应力下材料的抗拉强度低，甚至低于屈服极限。所以进行零件的疲劳强度设计计算时，其极限应力应取材料的疲劳极限。在任一循环特

性 r 时，应力循环 N 次后，材料不发生疲劳破坏时最大应力称为疲劳极限，用 σ_{rN} 表示。材料发生疲劳失效前所经历的应力循环次数 N 称为疲劳寿命。

表示应力循环次数 N 与疲劳极限 σ_{rN} 关系的曲线称为疲劳曲线。

一般黑色金属材料的疲劳曲线如图1-11所示。疲劳极限随应力循环次数的增加而降低，但当循环次数 N 超过某一数值 N_0 后，曲线即趋向水平，即当 $N>N_0$ 时，疲劳极限不再随循环次数 N 的增加而降低。N_0 称为应力循环基数。对应于 N_0 的极限应力称为该材料在该循环特性 r 下的疲劳极限，用 σ_r 表示。

研究表明，疲劳曲线左半部（$N<N_0$）可近似表示为

$$\sigma_{rN}^m \cdot N=\sigma_r^m \cdot N_0=C$$

式中：σ_{rN}——循环特性为 r、应力循环次数为 N 时的疲劳极限；

m——随应力种类、材料和尺寸而异的指数；

C——材料常数。

由上式可以推导出材料在有限寿命下，对应于循环次数为 N 的疲劳极限

$$\sigma_{rN}=\sigma_r\sqrt[m]{\frac{N_0}{N}}$$

当对称循环 $r=-1$ 和脉动循环 $r=0$ 时有限寿命计算公式分别为

$$\sigma_{-1N}=\sigma_{-1}\sqrt[m]{\frac{N_0}{N}}$$

$$\sigma_{0N}=\sigma_0\sqrt[m]{\frac{N_0}{N}}$$

疲劳极限 σ_{-1} 和 σ_0 通常都是通过标准试件由试验获得的。

例1-1 设有一零件受变应力作用，已知变应力的平均应力 $\sigma_m=189$ MPa，应力幅为 $\sigma_a=129$ MPa，试求该变应力的循环特征 r。

解 最大应力为

$$\sigma_{max}=\sigma_m+\sigma_a=(189+129)\ \text{MPa}=318\ \text{MPa}$$

最小应力为

$$\sigma_{min}=\sigma_m-\sigma_a=(189-129)\ \text{MPa}=60\ \text{MPa}$$

循环特性为

$$r=\frac{\sigma_{min}}{\sigma_{max}}=\frac{60}{318}=0.1887$$

1.5 机械零件常用材料及热处理方法

机械零件常用材料有钢、铸铁、有色合金和非金属材料。

1.5.1 机械零件常用金属材料

1. 钢

碳的质量分数小于2%的铁碳合金称为钢。钢的分类如下。

1）按用途分

按照用途分类，钢可分为结构钢、工具钢和特种钢。结构钢用于制造各种机械零件和工程

结构的构件；工具钢主要用于制造各种刀具、模具和量具；特种钢用于制造在特殊环境下工作的零件。

2）按化学成分分

按化学成分分类，钢分为碳素钢和合金钢。

（1）碳素钢

碳素钢的性能主要取决于含碳量。根据含碳量的多少分为低碳钢、中碳钢和高碳钢。低碳钢中碳的质量分数小于0.25％，强度低、塑性好，具有良好的焊接性，适用于冲压、焊接加工；中碳钢中碳的质量分数为0.25％～0.6％，其既有较高的强度又有较好的塑性和韧性，综合性能较好，常用于制作齿轮、螺栓等结构零件；高碳钢中碳的质量分数大于0.6％，其具有很高的强度和弹性，是弹簧和钢丝绳的常用材料。

普通碳素结构钢是指主要控制其力学性能的碳素钢。主要用于工程结构和一般要求的机械零件。其牌号主要是由Q、屈服强度和质量等级符号（A、B、C、D四级）等组成。如Q235A表示屈服强度$\sigma_s \geqslant 235$ MPa、A级质量的碳素结构钢。

优质碳素结构钢中有害杂质硫、磷的含量较少，质量较高，是机械工程中广泛采用的钢种。其牌号用两位数字表示，代表碳的平均质量万分数。如45钢表示碳的平均质量分数为0.45％的碳素钢。

（2）合金钢

合金钢是为了改善钢的性能在钢中加入一种或几种合金元素而得到的钢，其牌号用“数字＋合金元素＋数字＋…”表示。前面的数字表示碳的质量万分数，后面的数字表示合金元素的平均质量分数（当其值小于1.5％时一般不标明）。如40Cr，表示碳的平均质量分数为0.4％、铬的质量分数小于1.5％的合金钢。合金钢的力学性能优良，主要用于受力大、重要的机械零件。

铸钢的液态流动性好，但比铸铁差、收缩率大。其牌号由“ZG＋屈服极限-抗拉强度”表示。如ZG270-500，其屈服极限$\sigma_s \geqslant 270$ MPa、抗拉强度$\sigma_b \geqslant 500$ MPa，用于制造形状复杂，需要一定强度、塑性和韧度的机械零件。

2. 铸铁

碳的质量分数大于2％的铁碳合金称为铸铁。铸铁的液态流动性好，具有良好的铸造性能，可铸成形状复杂的零件，但其抗拉性、塑性和韧性差，无法进行锻造。此外，铸铁还具有较好的切削性、减振性和耐磨性，而且价格低廉，常用于制作承受压力的基础零件或对力学性能要求不高的机械零件。

铸铁分为灰铸铁（HT）、球墨铸铁（QT）、可锻铸铁（KT）和合金铸铁。灰铸铁和球墨铸铁是脆性材料。灰铸铁应用最广，常用于制作带轮、大齿轮、机座、箱体等；球墨铸铁常用于代替铸钢和锻钢制造曲轴、凸轮轴等。

1.5.2　钢的热处理方法

钢可用热处理方法来改善力学性能和加工性能。热处理是通过加热、保温和不同的冷却方式，改变钢的组织结构，获得所需性能的一种工艺方法。

退火是将钢加热到一定温度、保温一段时间，然后随炉缓慢冷却的热处理方法。退火可消除零件内应力、降低硬度。

正火是将钢加热到一定温度、保温一段时间，然后在空气中较慢冷却的热处理方法。对于一般要求的零件,正火可作为最终热处理。

淬火是将钢加热到一定温度,保温一段时间,然后在水或油中快速冷却的热处理方法。淬火可急剧提高钢的硬度,但其脆性也相应增大。淬火后一般要回火。

回火是将淬火钢重新进行热处理的一种方法,根据回火加热温度不同,分为低温回火、中温回火和高温回火。

淬火后高温回火的热处理方法称为调质处理。调质后,零件可获得高强度、高硬度、良好的塑性和韧性。调质处理适用于重要的机械零件。

表面淬火是对中碳钢或中碳合金钢用火焰或感应电流将零件表面迅速加热到淬火温度,然后快速冷却的热处理方法。表面淬火及低温回火后,零件表面硬,心部韧。

渗碳是将碳元素渗入到低碳钢或低碳合金钢零件表面的一种化学热处理方法。渗碳后一般还需进行淬火及低温回火,表面硬,心部韧。

此外还有渗氮、碳氮共渗等化学热处理方法。

1.5.3 机械零件材料的选择

合理地选择材料是机械零件设计中的一个重要环节。材料的选择受到多方面因素的制约,主要考虑的因素是使用要求、工艺性要求和经济性要求。

1. 使用要求

使用要求主要包括受力状况(如载荷的类型、大小、形式及特点等)、环境状况(如空间大小、温度高低、工作介质等)和特殊要求(如导热性、导电性等)。满足使用要求,是指所选用的材料制成的零件能在合理的寿命期限内按要求正常工作。

2. 工艺性要求

工艺性要求是指所选用的材料在制造成为零件的全过程中,都能满足从毛坯到制成合格的零件一整套工艺的要求。如所选材料是否具有可铸性、可锻性、可焊性、切削加工性和热处理性等。

3. 经济性要求

材料的经济性首先表现为材料本身的相对价格低,其次材料的加工费用应合理。总之,在满足一定性能要求的前提下,应使制造零件的总价格越低越好。

本章小结

(1) 任何机械系统都是由四个部分组成的:原动机、传动部分、执行部分以及控制部分。

(2) 机械是机器和机构的总称。如果考察能量转化时,就称为机器;不分析能量转化就称为机构。机器和机构一样都是由构件组成的,各个构件之间具有确定的相对运动。

(3) 构件是运动的最小单元;零件是制造的最小单元。构件可能是由一个零件,也可能是由几个零件连接成的刚体,在运动中作为一个运动单元。

(4) 机械零件设计时应满足的基本要求有:避免机械零件的失效、具有良好的结构工艺性和良好的经济效益。

(5) 机械零件不能正常工作时称为失效。失效的形式有强度失效、刚度失效、磨损性失效、振动稳定性失效和高温高蚀性失效。

(6) 零件在不发生失效的前提下,能安全工作的限度称为零件的工作能力。对应不同失效形式有相对应的工作能力判定条件和设计准则。

(7) 机械零件的设计步骤主要有七步。基本思路是:确定结构形式→建立力学模型→材料选择→设计计算→确定主要结构尺寸。

(8) 机械零件的设计方法有两大类:常规法和现代法。主要是理论设计、经验设计和模型实验设计等三种常规设计方法。

(9) 载荷产生应力。载荷分静载荷和动载荷;应力分静应力和变应力。动载荷产生变应力。静载荷产生的不一定是静应力。

(10) 对称循环应力的循环特性 $r=-1$,脉动循环应力的循环特性 $r=0$,静应力的循环特性 $r=0$。

(11) 静应力作用下的强度计算是静强度计算。其极限应力与材料的特性有关。塑性材料用屈服极限;脆性材料用抗拉强度。

(12) 变应力作用下的强度计算是疲劳强度计算。其极限应力是疲劳极限。疲劳极限与循环特性 r、应力循环次数 N 有关。循环基数 N_0 对应的极限应力称为疲劳极限。

(13) 机械零件常用的金属材料是钢和铸铁。钢分为碳素钢和合金钢。根据含碳量的多少又可分为低碳钢、中碳钢和高碳钢。碳素钢又可分为普通的和优质的结构钢两类。铸铁应用最广的是灰铸铁和球墨铸铁。

(14) 钢的热处理方法主要有退火、正火、淬火和回火。淬火后的高温回火称为调质,其综合性能良好,工程中常用。表面热化学处理方法主要有表面淬火、渗碳、渗氮、碳氮共渗等。

(15) 机械零件材料的选择把握三项原则:满足使用要求、符合工艺性要求和经济性要求。

思考与练习题

1-1 机器与机构在组成、运动和功能上有何异同?

1-2 构件、零件、部件有何异同?

1-3 按运动和动力传递路线进行分析,机械是由哪几个基本部分所组成?

1-4 什么是零件的失效? 主要失效形式有几种?

1-5 什么是零件的工作能力? 什么是机械零件工作能力计算准则?

1-6 机械零件设计应满足的基本要求是什么?

1-7 作用在机械零件上的载荷有哪几种类型?

1-8 作用在机械零件中的应力有哪几种类型? 何谓静应力、变应力? 静载荷能否产生变应力?

1-9 请画出对称循环变应力、脉动循环变应力、静应力随时间的变化曲线。

1-10 什么是疲劳强度? 什么是疲劳曲线? 指出疲劳曲线的有限寿命区和无限寿命区,并写出有限寿命区疲劳曲线方程,材料试件的有限寿命疲劳极限 σ_{rN} 如何计算?

1-11 说明材料牌号的含义:Q275、35、20Cr、ZG310-570、HT250。

1-12 某单向回转工作的转轴,考虑启动、停车及载荷不平稳的影响,其危险截面处的弯曲应力的应力性质,通常按哪个图形进行计算?

1-13 某钢制零件材料的对称循环弯曲疲劳极限 $\sigma_{-1}=300$ MPa,若疲劳曲线指数 $m=9$,应力循环基数 $N_0=10\times10^7$,当该零件工作的实际应力循环次数 $N=10\times10^5$ 时,按有限寿命计算,对应于 N 的疲劳极限 σ_{-1N} 是多少?

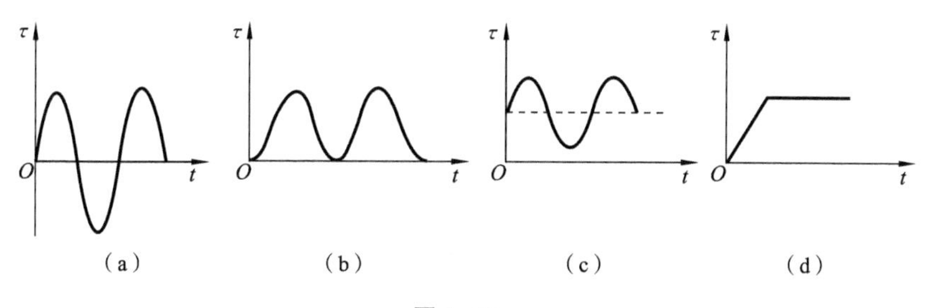

图 1-12

第2章　平面机构的组成与自由度

如第1章所述,机构是一个构件系统,为了传递运动和动力,机构各构件之间应具有确定的相对运动。但是各构件是靠什么组合到一起而成为机构的?是不是只要把几个构件随意组合到一起就能得到机构?研究机构时,首先要知道机构中各构件应怎样组合才能运动,其次要明白在什么条件下机构才能有确定的相对运动。

实际机械外形各异、结构复杂,为了便于对机构进行运动分析,在工程设计中用简单线条和符号来绘制机构的运动简图。工程技术人员应当熟悉机构运动简图的绘制方法。

组成机构的构件都在一个平面内或相互平行的平面内运动的机构称为平面机构,否则称为空间机构。目前工程中常见的机构大多属于平面机构,因此,本章只讨论平面机构。

2.1　平面机构的组成

2.1.1　构件

从外观上看,一台机器总是由许许多多的零件装配而成的,这是从制造的角度来分析。如果从机器运动角度来分析,一台机器是由若干构件组成的。

所谓构件是指机器中独立的运动单元。构件是运动的单元,零件是加工制造的单元。有时一个零件就是一个构件,作为独立的运动单元参与运动;有些零件由于结构上和工艺上的需要,与其他零件刚性地连接在一起,作为一个整体参与运动,成为一个构件。如图2-1所示的齿轮轴构件是由齿轮、轴、键三个零件组成的,三个零件作为一个刚体参与运动,是一个构件。

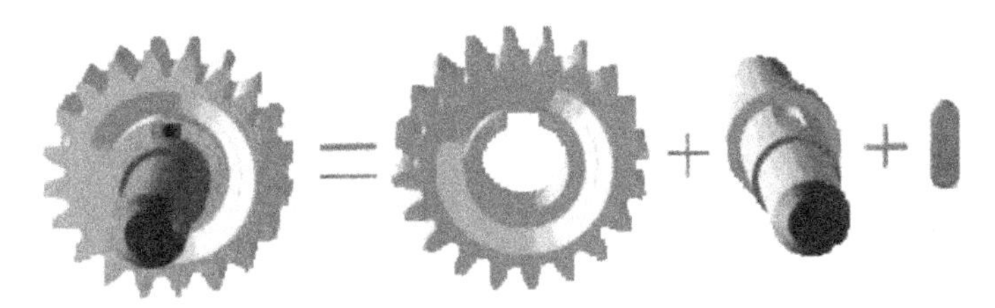

图2-1　齿轮轴构件

2.1.2　运动副

1. 运动副的概念

机构是由构件组成的,每个构件都以一定的方式与一个或几个构件相连接。这种连接不是固定连接,而是能产生一定相对运动的连接。这种使两构件直接接触并能产生一定相对运动的可动连接称为运动副。例如轴承与轴的连接、活塞与气缸的连接、两个齿轮间的连接等都构成运动副。运动副的概念,包含三个要点:① 运动副是一种连接,或者是一种接触;② 运动副的连接是一种可动的连接;③ 运动副是由两个构件组成的。

一个作平面运动的自由构件有三个独立运动的可能性。如图2-2所示,在xOy坐标平面上，构件可随其上一点沿 x 轴方向运动、沿 y 轴方向运动和绕某点转动。这种相对于参考系所具有的独立运动的个数称为构件的自由度。所以一个作平面运动的自由构件有三个自由度。

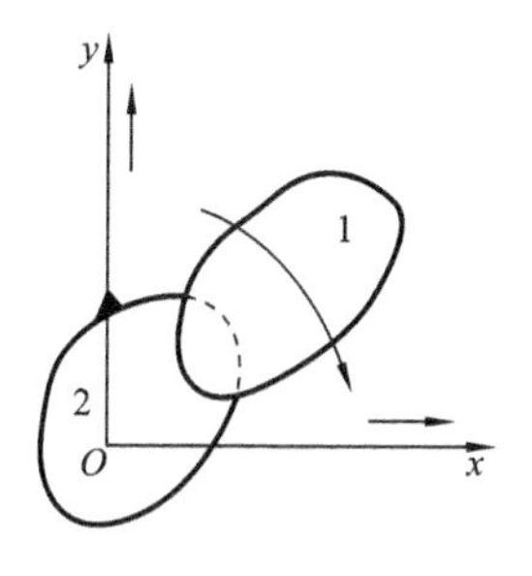

图 2-2　构件的自由度

两个构件组成运动副后，它们的独立运动受到约束，自由度便随之减少，但都保留一定的自由度。

2. 运动副的分类

两个构件组成的运动副，不外乎是通过点、线、面的接触来实现的。按照接触的特性，通常把运动副分为低副和高副两种。

1）低副

两构件通过面接触组成的运动副称为低副。平面机构中的低副有回转副和移动副两种。

（1）回转副　如图 2-3 所示，组成运动副的两构件只能在一个平面内相对转动，这种运动副称为回转副，又称转动副或铰链。有一个构件固定的铰链，称为固定铰链；两个构件都未固定的铰链，称为活动铰链。如内燃机中活塞与连杆的连接就是回转副，或者说是活动铰链。

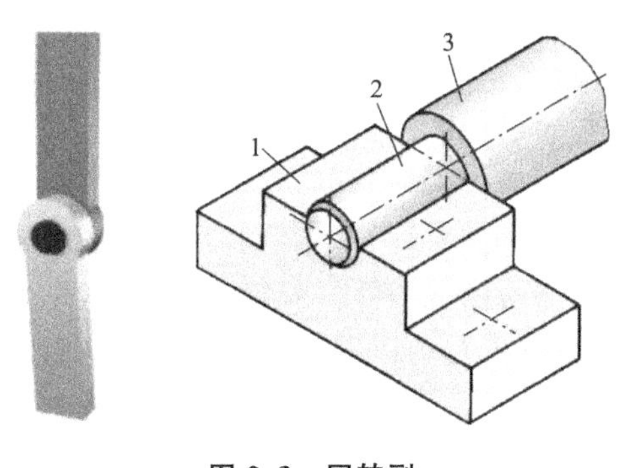

图 2-3　回转副

1—轴承；2—轴颈；3—轴

图 2-4　移动副

（2）移动副　如图 2-4 所示，组成运动副的两个构件只能沿某一轴线相对移动，这种运动副称为移动副。如内燃机中的活塞与气缸之间的连接就是移动副。

2）高副

如图 2-5 所示，两齿轮通过线接触，凸轮与顶杆通过点接触。

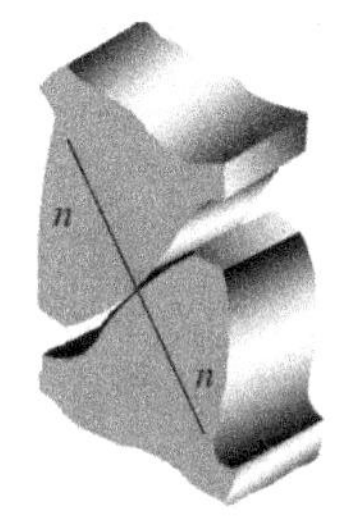

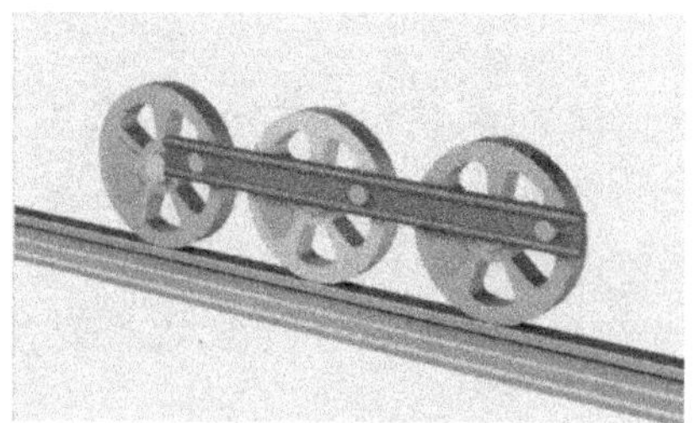
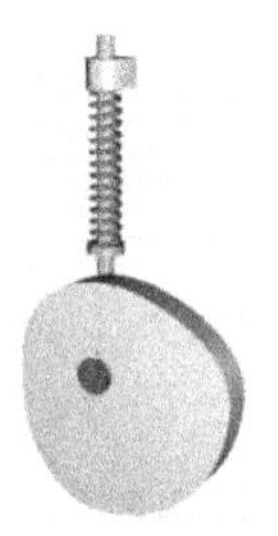
图 2-5　高副

根据构成运动副的两元素间相对运动的空间形式对运动副进行分类。如果运动副元素间只能相对作平面运动，则称为平面运动副，否则称为空间运动副。回转副、移动副都是平面运动副。而如图 2-6 所示的螺旋副和球面副，组成运动副的两构件间的相对运动是空间运动。

空间运动副已超出本书讨论的范围，故不赘述。

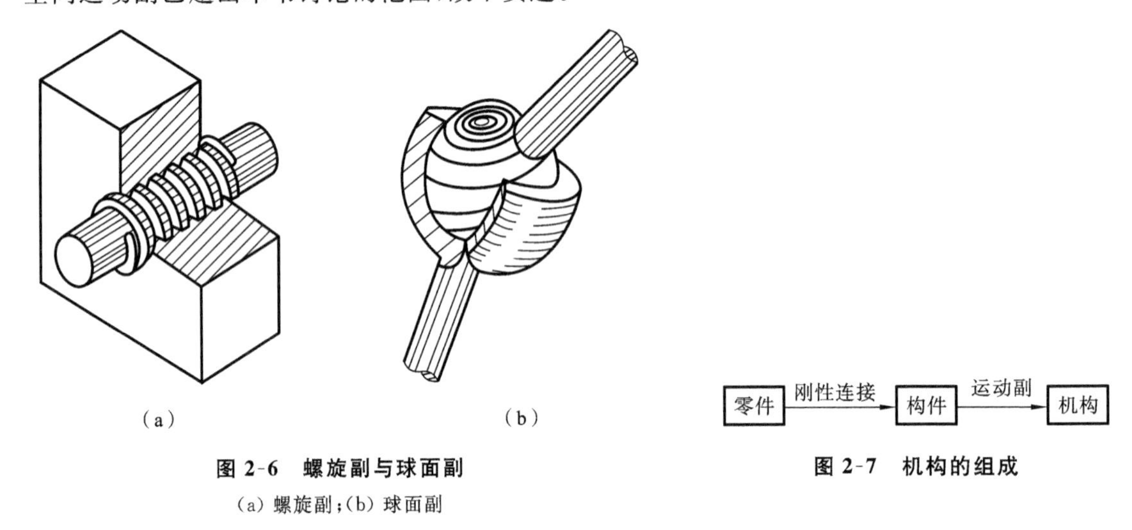

图 2-6　螺旋副与球面副

(a) 螺旋副；(b) 球面副

图 2-7　机构的组成

2.1.3　平面机构的组成

如图 2-7 所示，由一个零件或几个零件通过刚性连接构造出一个刚性构件，各构件之间通过运动副形成可动连接，这样就可能组成一个机构。

要注意的是，这里只是从机构的组成这一角度来说的，实际上能否构成机构还必须看各构件之间是否具有确定的相对运动，对此要利用自由度的计算来判断。

组成机构的构件按其运动过程中的不同功能分为以下三类。

(1) 固定件(机架)：用来支承活动构件的构件。

(2) 原动件：运动规律已知的活动构件。它的运动是由外界输入的，故又称输入构件。

(3) 从动件：机构中随着原动件的运动而运动的构件。其中用以输出预期运动的构件称为输出构件。其他从动件起着传递运动的作用。

内燃机中的气缸体就是固定件，它用于支承活塞和曲轴等。活塞就是原动件。曲轴和连杆是从动构件，曲轴是输出构件，连杆是用于传递运动的从动构件。

2.2　平面机构运动简图及其绘制

机构的运动是由原动件的运动规律、机构中各运动副的类型和构件的运动尺寸决定的，而与构件的外形、材料无关，与运动副的结构也无关。所以，为研究机构运动特性，可撇开与运动无关的具体构造，用规定的符号(GB 4460—1984《机构运动简图符号》)表示组成机构的构件和运动副，并按一定的比例定出各运动副的相对位置，以说明各构件相对运动关系，这种简单的图形称为机构运动简图。

2.2.1　构件的符号

实际构件的外形和结构往往很复杂。在研究机构的运动时，画构件时应撇开与运动无关的构件的结构外形，而只考虑运动副的性质，用简单的线条表示构件。在图 2-8 中，三个构件都可以用一条连接两个转动副中心的线条来代表。

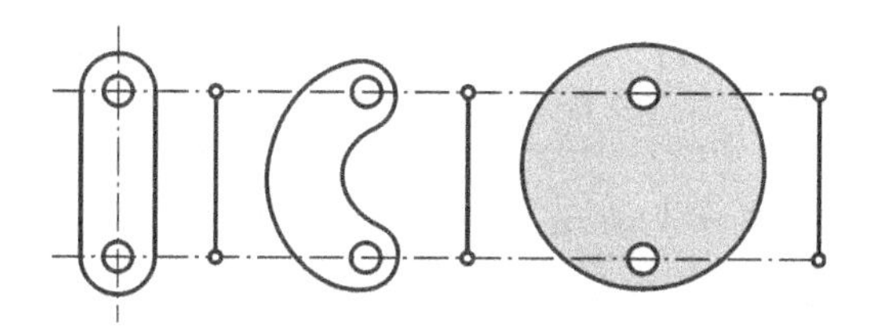

图 2-8　构件的符号

对于机械中常用的构件和零件，采用机构运动简图符号(GB 4460—1984)中的规定画法，如表 2-1 所示。例如用细实线(或点画线)画出一对圆表示互相啮合的齿轮，用完整的轮廓曲线来表示凸轮。

表 2-1　一般构件的表示方法(摘自 GB 4460—1984)

构件类型	符号
杆、轴类构件	
固定构件	
同一构件	
两副构件	
三副构件	

2.2.2　运动副的符号

对于机械中常用的运动副，采用机构运动简图符号(GB 4460—1984)中的规定画法，如表

2-2 所示。

表 2-2　常用运动副的符号(摘自 GB 4460—1984)

运动副名称		两运动构件构成的运动副	两构件之一固定时的运动副
平面运动副	转动副		
	移动副		
	平面高副		
空间运动副	螺旋副		
	球面副及球销副		

2.2.3　机构运动简图的绘制

用机构运动简图可以清晰地表示机构的组成及其运动特性。

绘制机构运动简图时,首先要搞清机械的实际构造,动作原理和运动情况,沿所测绘的机械运动传动路线进行考察和分析,按以下步骤进行。

(1) 分析所测绘的机械由哪些构件组成,由几个构件组成,哪个是机架,哪个是原动件,哪个是从动件。

(2) 沿运动传递路线,逐一分析相邻两构件间采用什么运动副进行连接,是高副还是低副,是回转副还是移动副,有多少个运动副。

(3) 选择机构中多数构件的运动平面或平行于运动平面的面作为投影面。

(4) 选取比例尺,在图样上定出各运动副的位置,用标准 GB 4460—1984 规定的运动副和构件符号画出机构的运动简图(见表 2-3)。

表 2-3　常用机构运动简图符号(摘自 GB 4460—1984)

在支架上的电动机	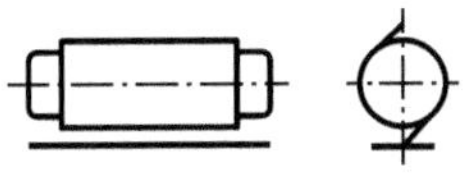	齿轮齿条传动	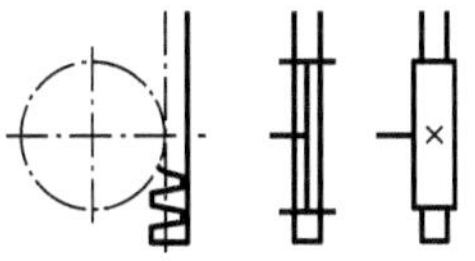
带传动	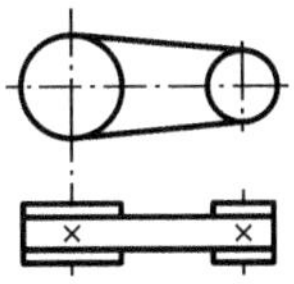	圆锥齿轮传动	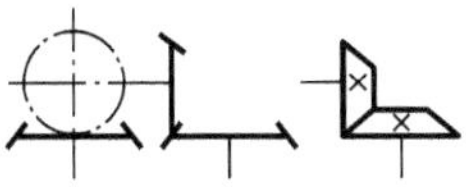
链传动	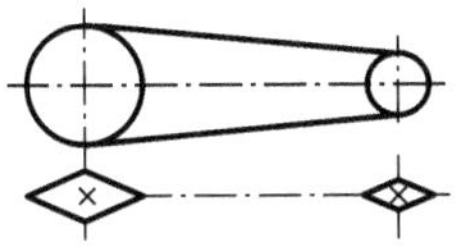	圆柱蜗轮蜗杆传动	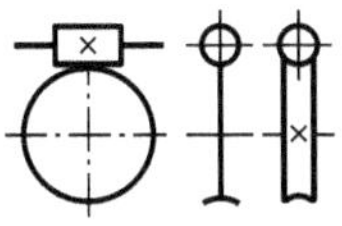
外啮合圆柱齿轮传动	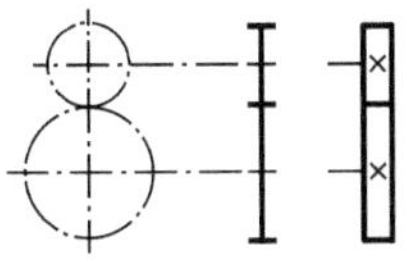	凸轮传动	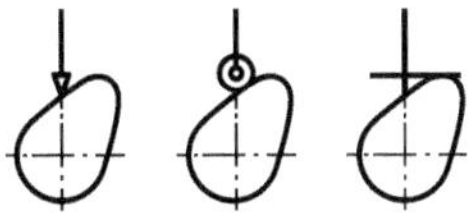
内啮合圆柱齿轮传动	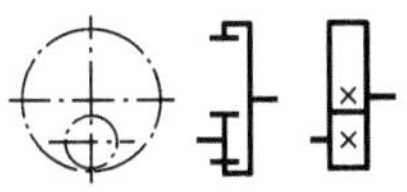	棘轮机构	

(5) 在原动件上标出箭头以表示其运动方向。

例 2-1　绘制图 2-9(a)所示颚式破碎机的机构运动简图。

解　由破碎机的工作过程可知,其原动件为曲轴 1,执行部分为动颚板 5,然后循着传动路线可以看出,此破碎机是由曲轴 1,构件 2、3、4 及动颚板 5 和机架 6 等六个构件组成的。其中曲轴 1 和机架 6 在 O 点构成转动副,曲轴 1 和构件 2 也构成转动副,其轴心在 A 点。构件 2 还与构件 3、4 在 D、B 两点分别构成转动副。构件 3 还与机架 6 在 E 点构成转动副。动颚板 5 与构件 4 和机架 6 分别在 C 点和 F 点构成转动副。

选择图 2-9 所示各构件运动的平面作为视图平面,并合理选择长度比例尺(m/mm),用构件和运动副的规定符号绘出图 2-9(b)所示的机构运动简图。

例 2-2　绘制图 2-10(a)所示内燃机的机构运动简图。

解　图 2-10(a)所示内燃机是由气缸体 1、活塞 2、连杆 3 和曲轴 4 组成的曲柄滑块机构,由齿轮 5(与曲轴 4 固联)、齿轮 6 和气缸体 1 组成的齿轮机构,凸轮 7(与齿轮 6 固联)、进气阀

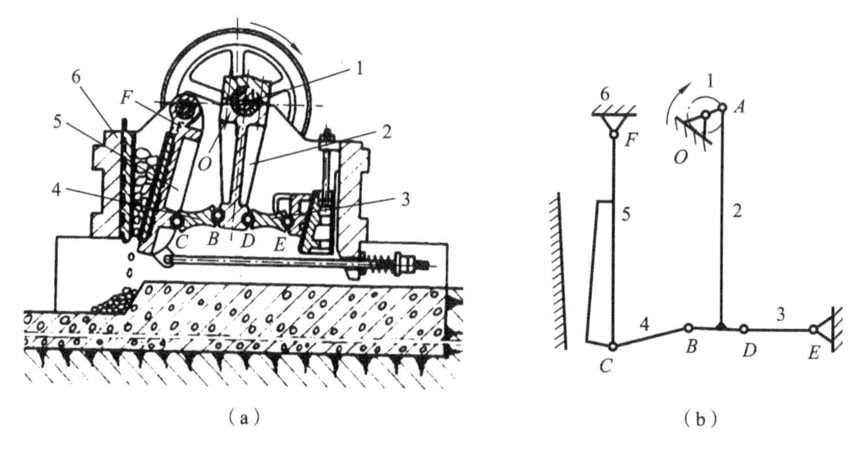

图 2-9　颚式破碎机

(a) 颚式破碎机;(b) 机构运动简图

推杆 8 和气缸体 1 组成的凸轮机构共同组成的。气缸体是固定件,在燃气推动下的活塞是原动件,其余构件都是从动件。

活塞 2 与连杆 3、连杆 3 与曲轴 4、曲轴 4 与缸体 1、齿轮 6 和气缸体 1 分别组成转动副,活塞 2 与缸体 1、顶杆 8 与缸体 1 组成移动副,齿轮 5 与齿轮 6、凸轮 7 与推杆 8 组成高副。

选择如图 2-10(a)所示各构件运动的平面作为视图平面,并合理选择长度比例尺,用构件和运动副的规定符号绘制机构运动简图,如图 2-10(b)所示。

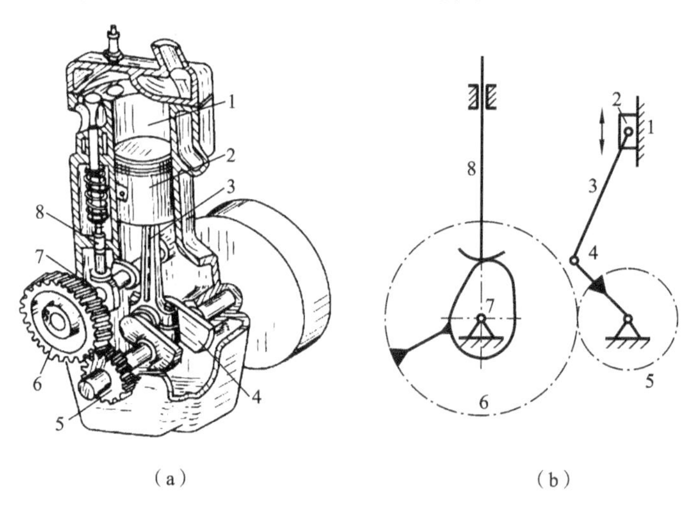

图 2-10　内燃机

2.3　平面机构的自由度

用运动副把各构件连接到一起,是否能成为机构,还要考察机构的第二个特征,即各构件之间具有确定的相对运动。不能产生相对运动或无规则乱动的一堆构件不能称为机构。因此需探讨构件的组合在什么条件下才能称为机构,这对于分析现有机构和设计新机构具有重要的指导意义。

2.3.1　平面机构自由度计算公式

如前所述，一个作平面运动的自由构件有三个自由度。两构件通过运动副连接后，它们的相对运动便受到约束，自由度数便随之减少。不同种类的运动副引入的约束不同，所以保留的自由度也不同。

回转副约束两个移动的自由度，只保留一个转动的自由度。

移动副约束在平面内的转动和沿一轴方向的移动共两个自由度，只保留一个移动的自由度。

高副只约束沿接触处公法线方向移动的自由度，保留绕接触处的转动和沿接触处公切线方向移动的两个自由度。

总之，在平面机构中，每个低副引入两个约束，使构件失去两个自由度；每个高副引入一个约束，使构件失去一个自由度。

在机构中，将一构件固定为机架，其余活动构件相对于机架的自由度称为机构的自由度。机构的自由度就是机构具有的独立运动数。

假设有 N 个构件组成机构，除机架外，活动构件数为 $n=N-1$，在未用运动副连接之前，这些活动构件的自由度总数为 $3n$。当用运动副把构件连接后，自由度数就会减少。若低副的数目为 P_{L}，高副的数目为 P_{H}，则机构中全部引入的约束总数即为失去的自由度数为 $2P_{\mathrm{L}}+P_{\mathrm{H}}$，机构的自由度数 F 为

$$F=3n-2P_{\mathrm{L}}-P_{\mathrm{H}} \tag{2-1}$$

从上式可以看出，为了正确计算机构的自由度，必须弄清构件的数目、运动副的类型及数目。

2.3.2　平面机构具有确定运动的条件

机构的自由度数就是机构相对于机架所具有的独立运动的数目，从动件是不能够独立运动的，只有原动件才能独立运动。通常每个原动件只有一个独立运动，因此当原动件的数目等于自由度的数目时，各构件具有确定的相对运动。

机构的原动件的独立运动是由外界给定的。如果给出的原动件数不等于机构的自由度将会有以下的情况出现。

当原动件的数目小于自由度的数目时，各构件的运动不确定。在如图 2-11(a)所示的五杆机构中，当给定一个原动件的独立运动参数时，构件 2、3、4 的运动并不确定，可能是实线位置，也可能是虚线位置。对该机构必须给定两个构件的运动，机构的运动才能够完全确定。

在如图 2-11(b)所示的四杆机构中，当原动件的数目大于自由度的数目时，各构件无法运

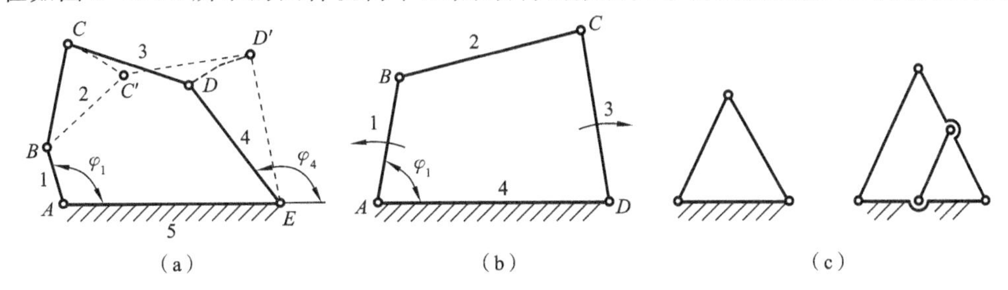

图 2-11　机构自由度与运动确定性

(a) 原动件数<F；(b) 原动件数>F；(c) $F=0$ 的构件组合

动，并将导致机构中最薄弱环节的损坏。

如图 2-11(c)所示，当机构的自由度数目为 0 时，组成静定桁架结构，各构件之间没有相对运动。当自由度数目小于 0 时，成为超静定结构。

2.3.3　平面机构自由度的计算

例 2-3　如图 2-12 所示为一六杆机构。要求计算其自由度。

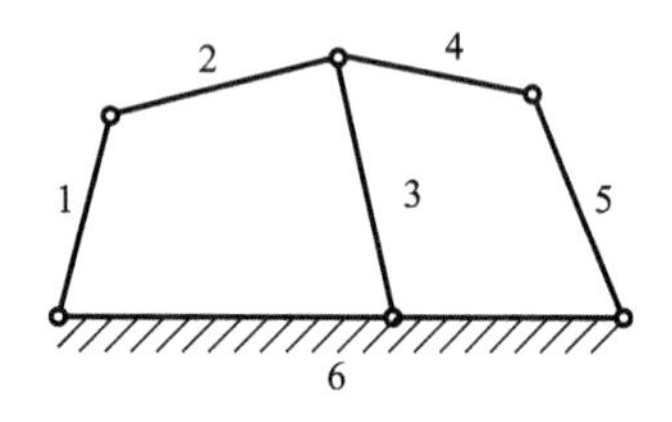

图 2-12　六杆机构

解　由图 2-12 可知

$$n=5,\quad P_L=6,\quad P_H=0$$

由式(2-1)得

$$F=3n-2P_L-P_H=3\times5-2\times6-0=3$$

从计算结果可知，该机构运动无法确定。但是，实际上，当给构件 1 一个独立运动时：由于构件 1、2、3、6 组成四杆机构，构件 2、3 具有确定的运动；同样，构件 3、4、5、6 也组成四杆机构，当构件 3 运动时，构件 4、5 也具有确定的运动。因此，该机构的自由度实际上为 1。

这种计算结果和实际自由度的不一致，是否说明公式发生错误呢？不是的。我们知道，任何一个定理、公式都有其前提条件或限制条件，超出范围去盲目使用公式都会得到错误的结论。上面的结果也是如此，说明在利用上面公式的时候，应该注意一些特殊的问题。

1. 复合铰链

回转副是两个构件组成的。两个以上构件同时在一处用回转副铰接起来构成复合铰链。图 2-13 所示是三个构件铰接成的复合铰链，从侧视图可以看出，这三个构件构成了两个回转副。同理，有 K 个构件汇交而成的复合铰链具有$(K-1)$个回转副。

计算自由度时，应注意识别复合铰链，以免把回转副的数目数少了。

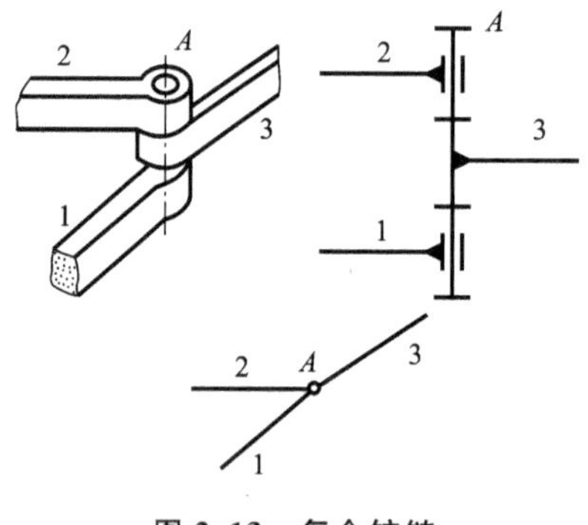

图 2-13　复合铰链

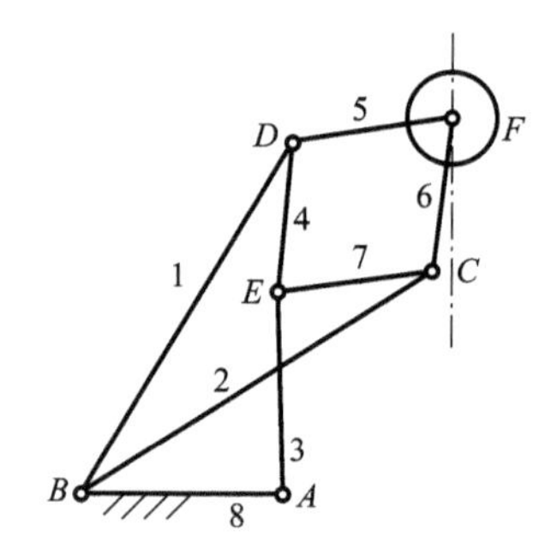

图 2-14　圆盘锯机构

例 2-4　计算图 2-14 所示锯床进给机构的自由度数。

解　在本机构中 B、C、D、E 四处都由三个构件组成了复合铰链，$n=7$，$P_L=10$，$P_H=0$，由自由度计算公式可得

$$F=3n-2P_L-P_H=3\times7-2\times10-0=1$$

2. 局部自由度

某些构件所产生的运动，并不影响其他构件的运动，仅与其自身的局部运动有关。这种局部运动的自由度称为局部自由度。将滑动摩擦变为滚动摩擦时添加的滚子，如凸轮机构中滚子从动件上的滚子带来的自由度就是局部自由度。局部自由度从运动学角度分析是多余自由

度。出现局部自由度是因为增加的构件所提供的自由度多于增加的运动副所引入的约束。计算自由度时应予以排除。

例 2-5　图 2-15(a)所示的滚子从动杆凸轮机构中，为减少高副元素的磨损，在从动杆 3 和凸轮 1 之间装了一个滚子 2。由于滚子 2 绕其自身轴线的转动并不影响其他构件的运动，因而它只是一种局部自由度。在计算机构自由度时，应将其去除，去掉方法是将滚子 2 和从动杆 3 焊在一起作为一个构件看待，如图 2-15(b)所示，则机构自由度为

$$F=3n-2P_{L}-P_{H}=3\times2-2\times2-1=1$$

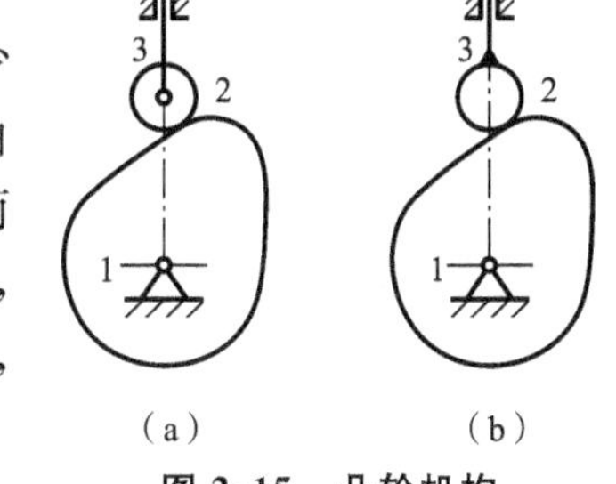

图 2-15　凸轮机构

3. 虚约束

对机构的运动不起独立限制作用的约束称为虚约束。这类约束可能与另外的运动副带入的约束是重复的，对机构运动起着重复限制的作用，或者说根本就不起作用，计算机构自由度时应将其除去不计。

虚约束是构件间几何尺寸满足某些特殊条件的产物，一旦条件改变了，虚约束就转变成为真实约束。虚约束虽不影响构件的运动，但能改善机构的受力状况，增加机构的刚度，所以在结构设计中应用广泛。常见的出现虚约束的情况有以下几种。

(1) 当两构件组成多个移动副，且其导路彼此平行或重合时，则只有一个移动副起约束作用，其余都是虚约束。图 2-16 所示的移动副就属于这种情况。

(2) 当两构件构成多个转动副，且轴线互相重合时，则只有一个转动副起作用，其余回转副都是虚约束。图 2-17 所示的曲轴就属于这种情况。

图 2-16　带虚约束的杆机构　　**图 2-17　带虚约束的曲轴**

(3)如果机构中两活动构件上某两点的距离始终保持不变，此时若用具有两个转动副的附加构件来连接这两个点，则将会引入一个虚约束，在图 2-18 中，C、D 两点之间的距离始终不变，用带两转动副的杆 3 将该两点连接，故将带入 1 个虚约束。

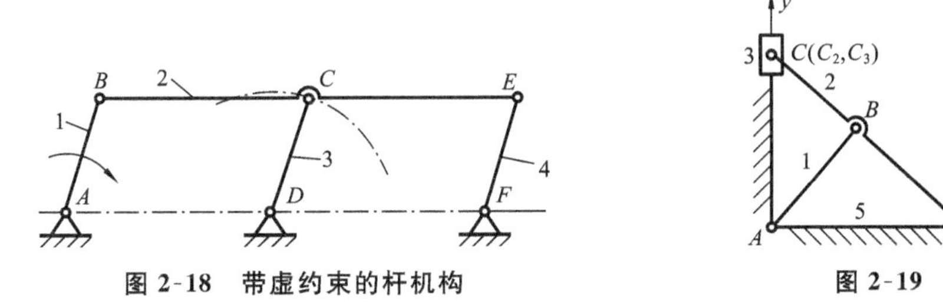

图 2-18　带虚约束的杆机构　　**图 2-19**

(4) 在机构中，如果用转动副连接的是两构件上运动轨迹重合的点，则该连接将带入一个虚约束。在图 2-19 所示的机构简图中，$\angle CAD=90°$，$\overline{BC}=\overline{BD}$。在此机构的运动过程中，构

件 CD 线上各点的轨迹均为椭圆，而其上点 C_2 的轨迹为沿着 y 轴的直线，与 C_3 点的轨迹重合，故转动副 C 将带入 1 个虚约束。

(5) 机构中对运动起重复限制作用的对称部分也往往会引入虚约束。如图 2-20 所示的轮系中，为了改善受力情况，在主动齿轮 1 和内齿轮 3 之间采用了三个完全相同的小齿轮 2、2′及 2″，而实际上从机构运动传递的角度来说仅有一个小齿轮就可以了，其余两齿轮并不影响机构的运动传递，故其带入的约束为虚约束。

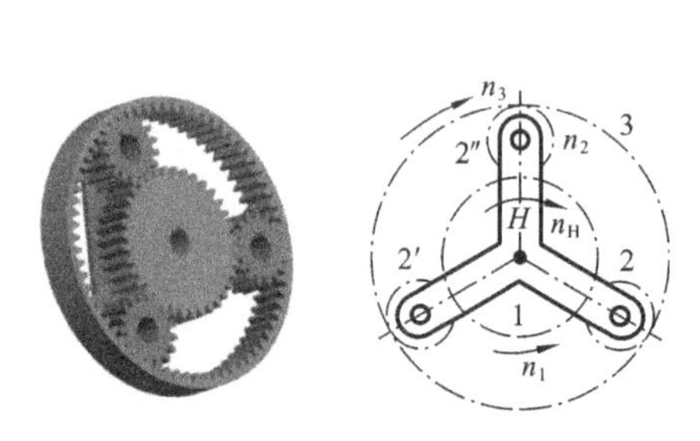

图 2-20　带虚约束的行星轮系

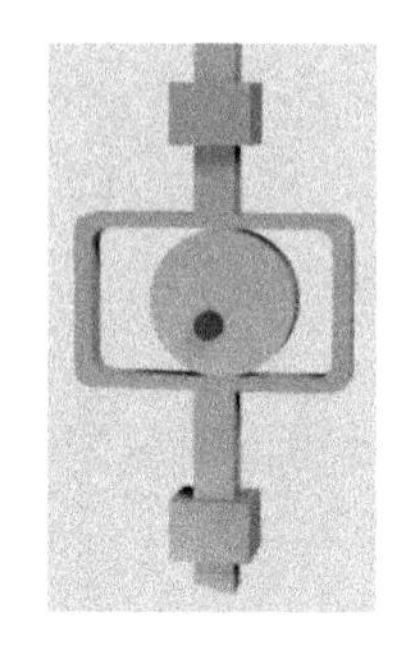

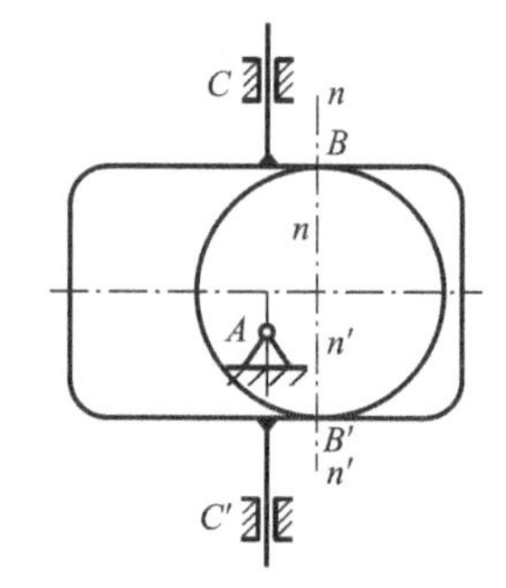

图 2-21　带虚约束的凸轮机构

(6) 两构件在多处接触构成平面高副，且各接触点处的公法线彼此重合，也会引入 1 个虚约束，如图 2-21 所示。

例 2-6　计算图 2-22(a)所示大筛机构的自由度。

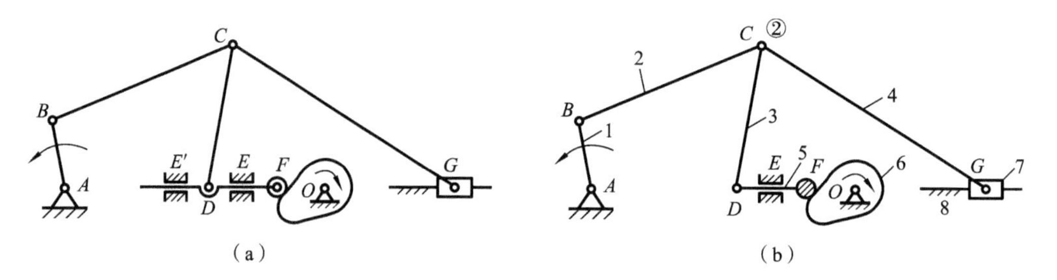

图 2-22　大筛机构

解　机构中的滚子 F 有一个局部自由度，凸轮从动件与机架在 E 和 E' 处组成两个移动导路平行的移动副，其中之一为虚约束，C 处是复合铰链。计算自由度时应将滚子与从动件视为一体，去掉移动副 E'，C 处注明转动副数为 2 个，如图 2-22(b)所示。由图(b)得，$n=7$，$P_L=9$，$P_H=1$，故由自由度计算公式得

$$F=3n-2P_L-P_H=3\times7-2\times9-1=2$$

本章小结

(1) 平面机构的组成：各构件之间通过运动副的可动连接就可能组合成一个机构。

(2) 使两构件直接接触并能产生一定相对运动的可动连接称为运动副。运动副的三个要素：① 运动副是一种连接，或者是一种接触；② 运动副的连接是一种可动连接；③ 运动副是由两个构件组成的。

(3) 运动副的分类：按照接触的特性，通常把运动副分为低副和高副两种。两构件通过面接触组成的运动副称为低副；两构件通过点或线接触组成的运动副称为高副。

（4）机构运动简图：为研究机构运动特性，可撇开与运动无关的具体构造，用规定的符号表示组成机构的构件和运动副，并按一定的比例定出各运动副的相对位置，以说明各构件相对运动关系的简单图形。

（5）机构运动简图的绘制方法：① 分析机构的运动，判别机架、原动件和从动件，确定构件的数目；② 沿运动传递路线，分析相邻两构件间运动副的性质，确定运动副的类型和数目；③ 合理选择视图；④ 选取适当的比例尺，定出各运动副之间的相对位置，用规定的运动副和构件符号绘制机构的运动简图。

（6）平面机构自由度计算公式：$F=3n-2P_{\mathrm{L}}-P_{\mathrm{H}}$。

（7）平面机构具有确定运动的条件：机构的自由度数 $F>0$；机构中原动件的数目等于自由度的数目。

（8）计算平面机构自由度的注意事项：复合铰链；局部自由度；虚约束。

思考与练习题

2-1　什么叫构件？什么叫运动副？运动副是如何分类的？

2-2　机构运动简图的作用是什么？

2-3　机构具有确定运动的条件是什么？

2-4　计算平面机构的自由度时，应注意哪些事项？

2-5　绘出图 2-23 所示机构的机构运动简图。

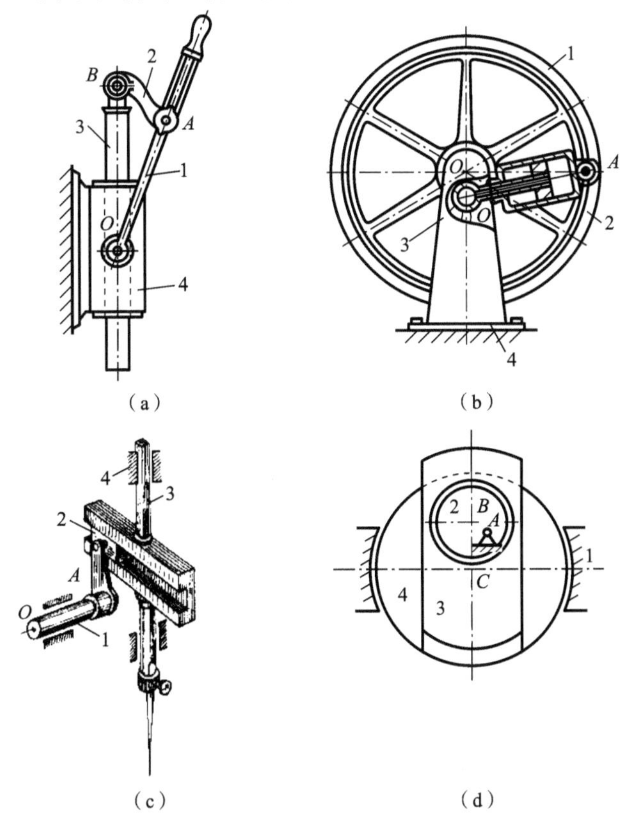

图 2-23

2-6　指出图 2-24 所示机构运动简图中的复合铰链、局部自由度和虚约束，并计算各机构的自由度。

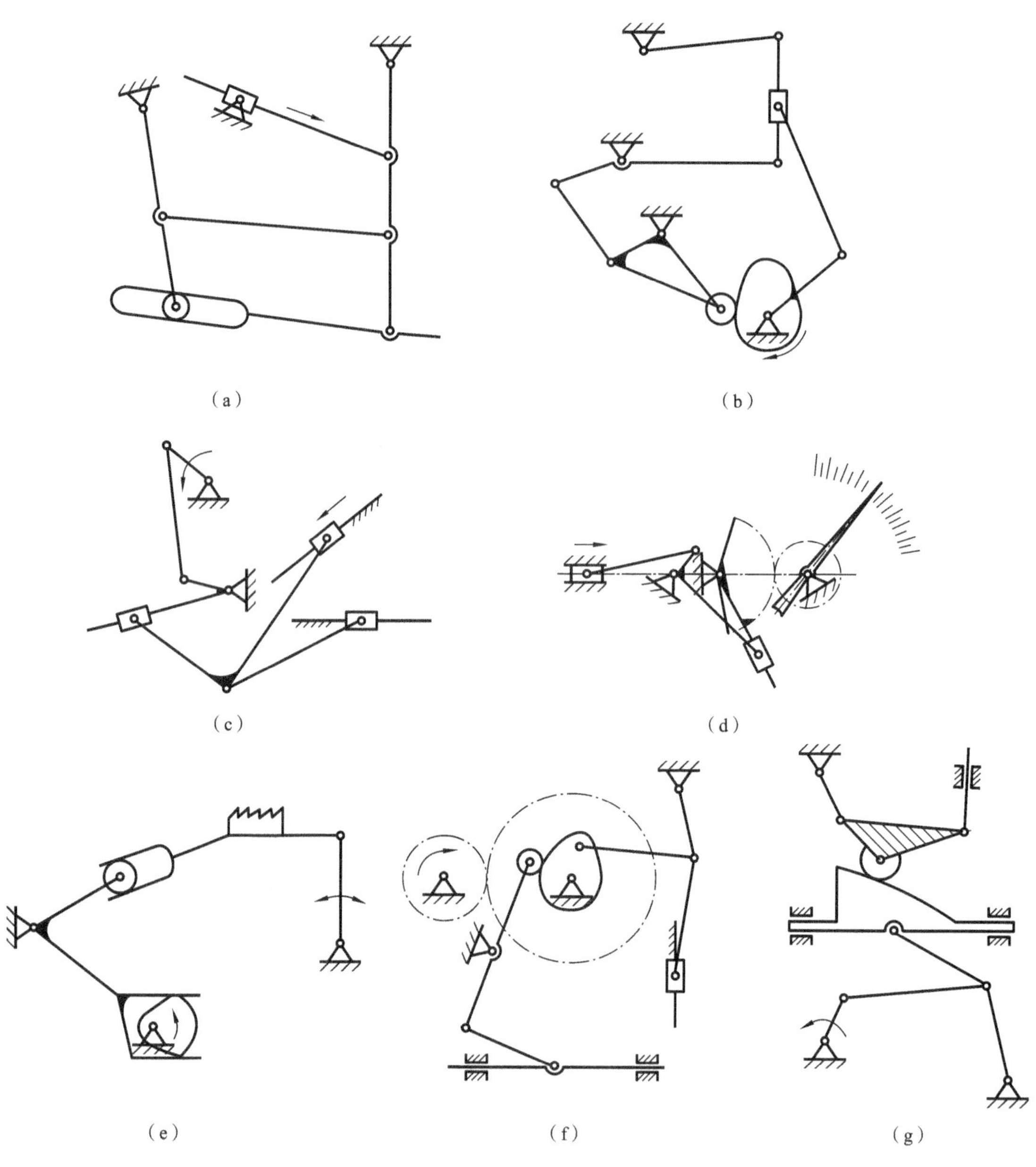

图 2-24

第3章　平面连杆机构

由若干个杆件通过低副连接而组成的机构称为连杆机构。连杆机构可以分为平面连杆机构和空间连杆机构。所有构件均在同一平面或相互平行平面内运动的连杆机构，称为平面连杆机构。至少有一个构件不在相互平行平面内运动的连杆机构，称为空间连杆机构。

连杆机构的主要优点：① 它是低副机构，运动副为面接触，比压小，承载能力大，耐冲击；② 其运动副元素多为平面或圆柱面，制造比较容易，而靠其本身的几何封闭来保证物体运动，结构简单，工作可靠；③ 在原动件的运动规律不变时，改变各构件的相对长度可使从动件得到不同的运动规律；④ 连杆各点的轨迹是各种不同形状的曲线，其形状随着各构件相对长度的改变而改变，从而可以得到形式众多的连杆曲线，利用这些曲线来实现特定的轨迹要求。如实现特定运动规律的惯性筛、实现特定轨迹要求的搅拌机，用于受力较大的挖掘机和破碎机等。

连杆机构的主要缺点：① 由于连杆机构的运动必须经过中间构件进行传递，因而传递路线较长，易产生较大误差积累，同时也使机械效率降低；② 连杆机构运动过程中，连杆及滑块的质心都作变速运动，所以产生的惯性力难以用一般平衡方法加以消除，因而会增加机构的动载荷，所以连杆机构不宜用于高速运动。

平面连杆机构是平面机构中应用最广泛的一种机构，其实际形式多种多样，最简单的平面连杆机构是由四个构件组成的，称为平面四杆机构。它的应用非常广泛，而且是组成多杆机构的基础。因此本章着重介绍平面四杆机构的基本类型、特性及其常用的设计方法。

3.1　铰链四杆机构的基本形式与特性

全部用转动副（铰链）连接的平面四杆机构称为平面铰链四杆机构，简称铰链四杆机构。它是平面四杆机构的最基本形式。

如图3-1所示，其中，固定不动的杆4称为机架。与机架相连接的杆1和3称为连架杆，连接两连架杆的杆2称为连杆。

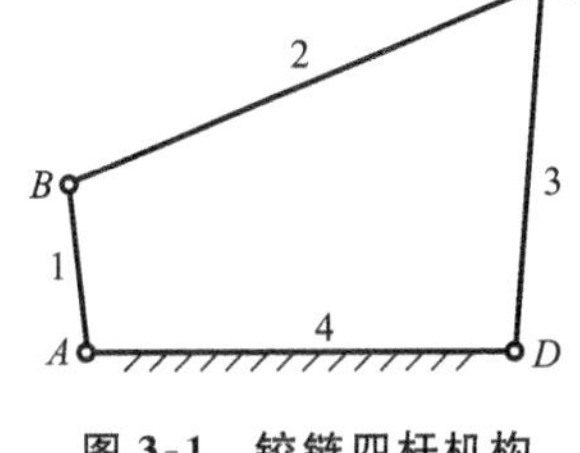

图3-1　铰链四杆机构

在铰链四杆机构中，连架杆绕其固定转动中心作摆动或整周回转。凡能作整周回转的连架杆称为曲柄，仅能在一定角度范围内摆动的连架杆称为摇杆。连杆一般作平面运动。

根据连架杆是曲柄还是摇杆，铰链四杆机构有三种基本形式：曲柄摇杆机构、双曲柄机构、双摇杆机构。

3.1.1　曲柄摇杆机构

在铰链四杆机构中，若两个连架杆，一个为曲柄，另一个为摇杆，则此四杆机构称为曲柄摇杆机构。图3-2所示为牛头刨床横向自动进给机构，当小齿轮转动时，驱动大齿轮（曲柄）转动，再通过连杆使摇杆往复摆动，摇杆另一端的棘爪便拨动棘轮，带动进给丝杠作单向进给。

图3-3所示为调整雷达天线仰俯角的曲柄摇杆机构。曲柄缓慢地匀速转动，通过连杆使摇杆在一定的角度范围内摆动，从而调整天线仰俯角的大小。

图 3-2　牛头刨床横向自动进给机构

图 3-3　雷达调整机构

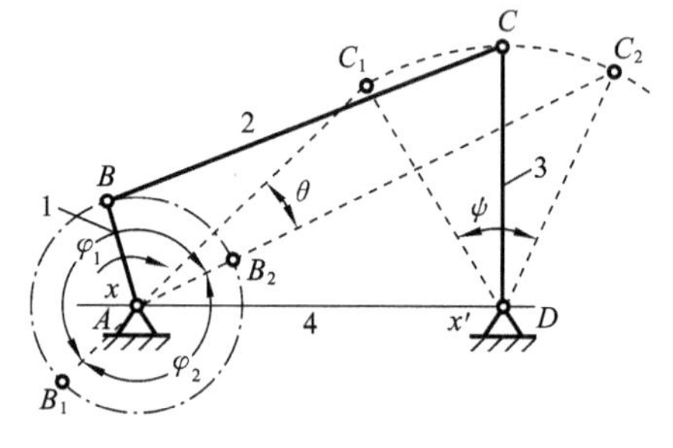

图 3-4　曲柄摇杆机构的急回运动特性

下面详细讨论曲柄摇杆机构的一些主要特性。

1. 急回运动特性

如图 3-4 所示为一曲柄摇杆机构，设曲柄 1 为原动件，摇杆 3 为从动件，在曲柄 1 回转一周过程中，曲柄 1 与连杆 2 两次共线，在这两个特殊位置，回转中心 A 与 C 之间的距离 AC_1 和 AC_2 分别最短和最长，因而摇杆 3 的两个位置 C_1D 和 C_2D 分别为左极限位置和右极限位置。摇杆两个极限位置间的夹角 ψ 称为摇杆的摆角。

当曲柄以角速度 ω 等速度转过 $\varphi_1=180°+\theta$ 时，摇杆由 C_1D 摆至 C_2D，称为工作行程，经历的时间为 t_1，C 点的平均速度是 $v_1=\widehat{C_1C_2}/t_1$。当曲柄继续转过 $\varphi_2=180°-\theta$ 时，摇杆由 C_2D 摆回到 C_1D，称为空回行程(回程)，经历的时间为 t_2，C 点的平均速度是 $v_2=\widehat{C_1C_2}/t_2$，由于 $\varphi_1>\varphi_2$，所以 $t_1>t_2$，$v_2>v_1$。这说明：摇杆的空回行程比工作行程所需的时间短，返回的平均速度较大，表明摇杆具有急回的特性。牛头刨床、往复式输送机等机械就利用了曲柄摇杆机构的急回运动特性，以缩短非生产时间，提高生产率。

急回运动特性可用行程速比系数 k 来反映，即

$$k=\frac{\text{从动件空回行程平均速度}}{\text{从动件工作行程平均速度}}$$

$$k=\frac{v_2}{v_1}=\frac{t_1}{t_2}=\frac{\varphi_1}{\varphi_2}=\frac{180°+\theta}{180°-\theta} \tag{3-1}$$

式中：k——机构的急回程度；

θ——摇杆处于两极限位置时，曲柄在两相应位置所夹的锐角，称为极位夹角。

上式表明，θ 值愈大，k 值愈大，机构急回运动特性愈明显。空回行程时段所占整个工作时段愈少，工作效率愈高。

将式(3-1)整理后，可得极位夹角 θ 的计算公式为

$$\theta=180°\times\frac{k-1}{k+1} \tag{3-2}$$

设计新机械时，总是根据该机械的急回要求先给出 k 值，然后从式(3-2)算出极位夹角 θ，再确定各构件的尺寸。

2. 压力角 α 与传动角 γ 的特性

如图 3-5(a)所示的曲柄摇杆机构，若忽略各杆的质量和运动副中摩擦力的影响，连杆是二力构件，主动件曲柄通过连杆传递到摇杆上的力 $\boldsymbol{F}_{\mathrm{P}}$ 是沿着连杆方向。此力 $\boldsymbol{F}_{\mathrm{P}}$ 与受力点的

线速度 v 之间所夹的锐角 α 称为机构在此位置时的压力角。与压力角互余的角 γ 称为传动角。

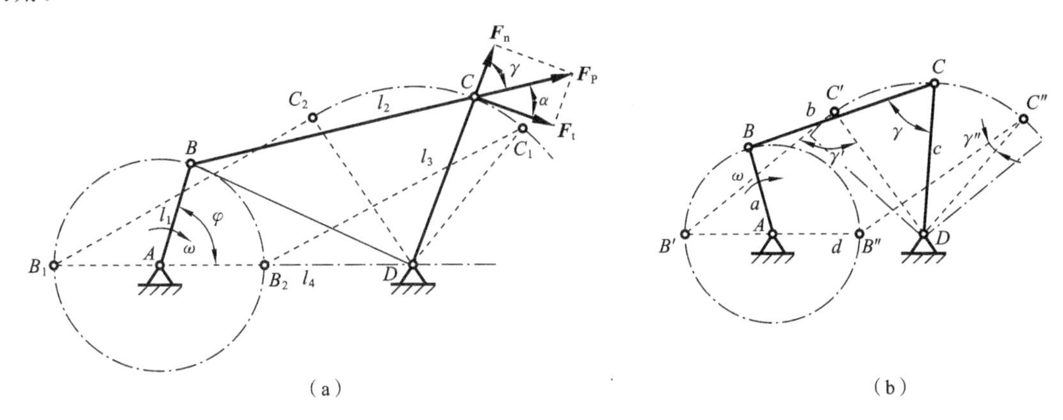

图 3-5　连杆机构的压力角和传动角

将力 $\boldsymbol{F}_P$ 分解为沿 v 方向的分力 $\boldsymbol{F}_t$ 及沿摇杆 DC 方向的分力 $\boldsymbol{F}_n$。分力 $F_t = F_P\cos\alpha$，它是推动摇杆的有效分力；$F_n = F_P\sin\alpha$，它不但对摇杆运动无推动作用，反而在运动副中产生压力，增加阻碍机构运动的摩擦力，消耗动力，所以这个分力是有害的。

从以上分析看出：压力角 α 愈小，传动角 γ 愈大，有效分力 F_t 愈大，F_n 愈小，机构的传力性能愈好，机构愈灵活。

在生产实践中，总是希望机构运转轻便灵活。压力角的大小正是灵活性的标尺：压力角 α 愈小，机构愈灵活。而机构在整个运动过程中，其压力角是不断变化的，故而在设计中，要限制压力角的最大值或限制传动角的最小值，常取 $\gamma_{\min} \geqslant 40°$，在设计主要以传递大动力为主的机构时应使 $\gamma_{\min} \geqslant 50°$。

对出现最小传动角 $\gamma_{\min}$ 的位置分析如下。

由图 3-5(a)中△ABD 和△BCD 分别有

$$BD^2 = l_1^2 + l_4^2 - 2l_1 l_4 \cos\varphi$$

$$BD^2 = l_2^2 + l_3^2 - 2l_2 l_3 \cos\angle BCD$$

联立两式得

$$\cos\angle BCD = \frac{l_2^2 + l_3^2 - l_1^2 - l_4^2 + 2l_1 l_4 \cos\varphi}{2l_2 l_3} \tag{3-3}$$

在式(3-3)中，当 $\angle BCD \leqslant 90°$ 时，传动角 $\gamma = \angle BCD$；当 $\angle BCD > 90°$ 时，传动角 $\gamma = 180° - \angle BCD$。

$\gamma_{\min}$ 的判别：如图 3-5(b)所示，当 $\varphi = 0°$ 或 $\varphi = 180°$，即曲柄 AB 转到与机架 AD 共线的两个位置 AB' 与 AB'' 时，可能出现最小传动角，比较两个位置的传动角，其较小者即为最小传动角。

3. 死点位置特性

如图 3-4 所示的曲柄摇杆机构中，若取摇杆 3 为原动件，当摇杆处于两个极限位置 C_1D 和 C_2D 处时，连杆与从动件曲柄 1 共线，此时从动件的传动角等于零，压力角为 90°，连杆作用于曲柄的力 $\boldsymbol{F}_P$ 将通过曲柄回转中心 A，此力对 A 点不产生力矩，因此无论驱动力多大，都无法驱使曲柄转动。机构的这种位置称为死点位置。当机构处于死点位置时，机构从动件会出现"卡死"或运动方向不确定的现象。为了保证机构能绕过死点位置继续正常运转，必须消除死点对运动的影响。通常在从动曲柄上安装惯性大的飞轮，利用飞轮转动惯性驱使机构闯过死点位置。如图 3-6 所示缝纫机上的大带轮就兼有飞轮的作用；也可采用两组或多组机构互相错位排列等措施，使两组机构的死点相互错开，顺利通过死点。

工程实践中有时还利用机构死点位置来实现一定的工作要求。如图 3-7 所示为一钻床夹紧机构。当工件夹紧后，*BCD* 成一直线，即机构在工作反力的作用下处于死点位置，保证了在钻削加工时工件不会松脱。当需要取出工件时，向上扳动手柄，即能松开夹具。

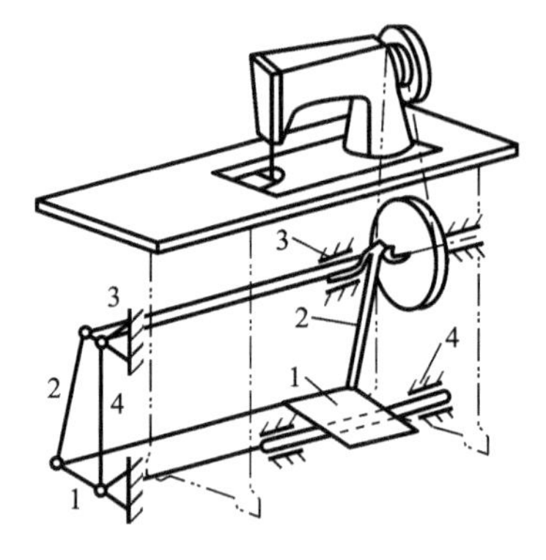

图 3-6 缝纫机踏板机构图

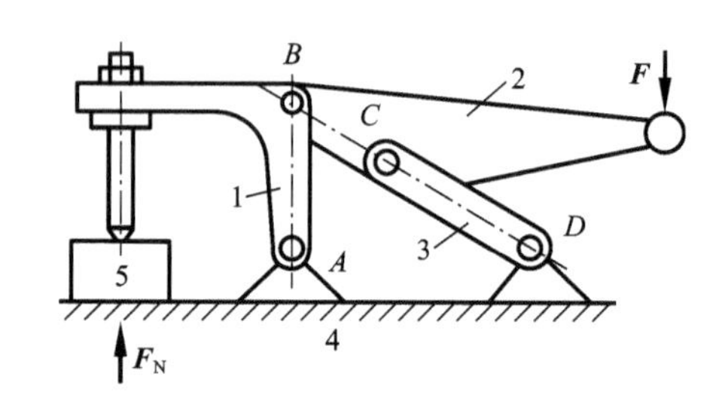

图 3-7 夹紧机构

3.1.2 双曲柄机构

若铰链四杆机构中的两连架杆均为曲柄，则此四杆机构称为双曲柄机构。

如图 3-8 所示惯性筛的铰链四杆机构 *ABCD* 即是双曲柄机构，当原动曲柄 *AB* 等速转动时，从动曲柄 *CD* 作变速运动，并通过连杆 *CE* 使筛子作往复运动。

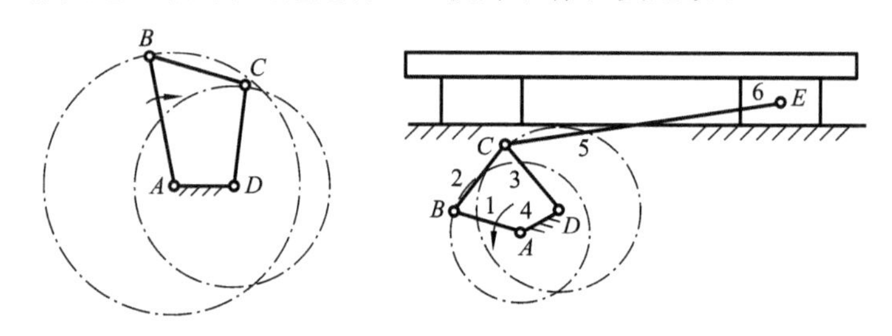

图 3-8 惯性筛机构

典型的双曲柄机构是平行四边形机构，即组成四边形对边的构件长度分别相等，组成平行四边形，如图 3-9(a)中的 *ABCD*。其特点是：两个曲柄的角速度始终相等、同向，此时的连杆作平移运动。平行四边形机构在转动过程中，四个构件有两次位于同一直线上。主动曲柄在

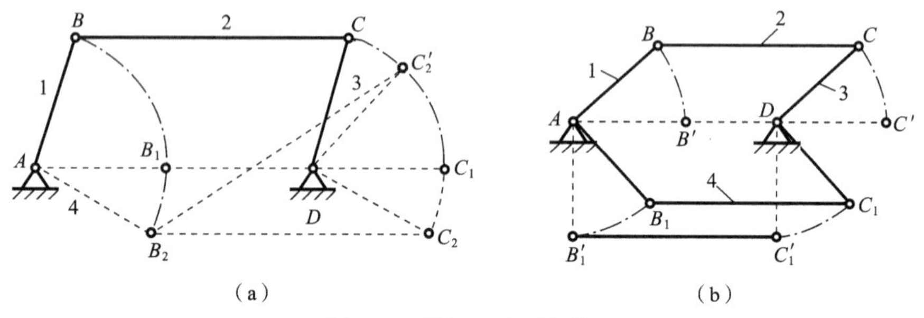

图 3-9 平行四边形机构

此位置继续转动时，从动曲柄的运动变得不确定，可能继续沿原来的方向转动，也可能反向转动。为了消除这种不确定现象，可以增加从动曲柄的转动惯量来导向；也可以增加与曲柄平行的构件形成虚约束来避免，还可以用辅助构件组成多组相同的机构，彼此错开一定的角度固联的方法来解决。例如在图3-9(a)中，当曲柄1由AB_1转到AB_2时，从动曲柄可能转到DC_2也有可能转到DC'_2。为了消除这种运动不确定状态，可以在主、从动曲柄上错开一定角度再安装一组平行四边形机构，如图3-9(b)所示。当上面一组平行四边形转到$AB'C'D$共线位置时，另一组平行四边形机构$AB'_1C'_1D$却处于一般位置，故机构仍然保持确定运动。图3-10所示机车驱动轮联动机构，则是利用第三个平行曲柄来消除平行四边形在这种位置的运动不确定状态的。

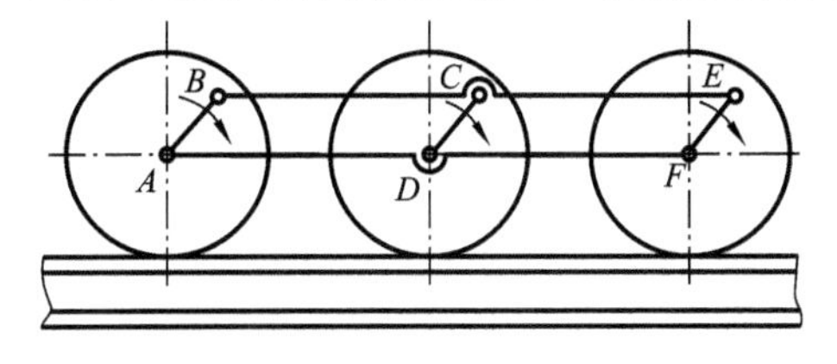

图3-10　机车驱动轮联动机构

图3-11所示的四杆机构是平行四边形机构的变形，虽然两对边相等但不平行，称为逆平行四边形机构(或反平行四边形机构)。其特点是：主动曲柄匀速转动时，从动曲柄作反向变速运动。图3-12所示为用一逆平行四边形机构设计的一种窗门启闭机构，当主动曲柄1转动时，通过连杆2使从动曲柄3沿反方向转动，从而保证两扇门同时开启或关闭。

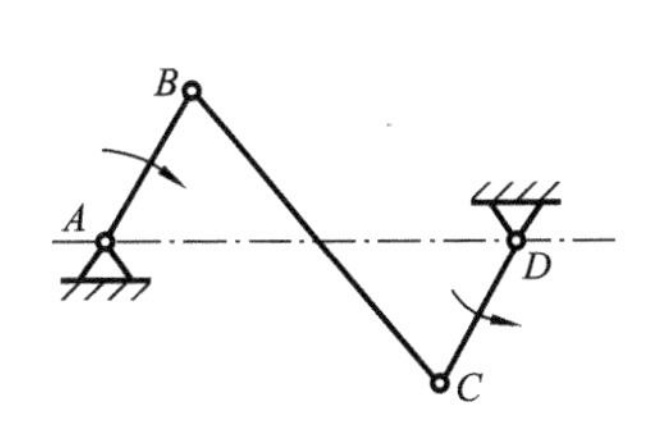

图3-11　逆平行四边形机构

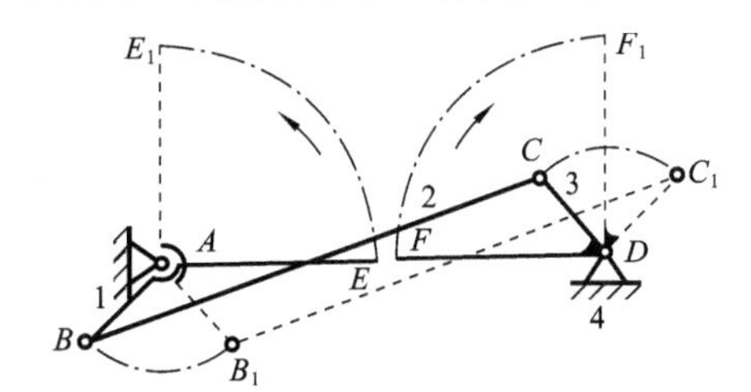

图3-12　窗门启闭机构

3.1.3　双摇杆机构

在铰链四杆机构中的两连架杆均为摇杆，则此四杆机构称为双摇杆机构。一般是主动摇杆作等速摆动，从动摇杆作变速摆动。如图3-13所示的铸造用大型造型机的翻箱机构$ABCD$，就应用了双摇杆机构。它可将固定在连杆1上的砂箱在BC位置进行造型震实后，翻转180°，转到$B'C'$位置，以便进行起模。

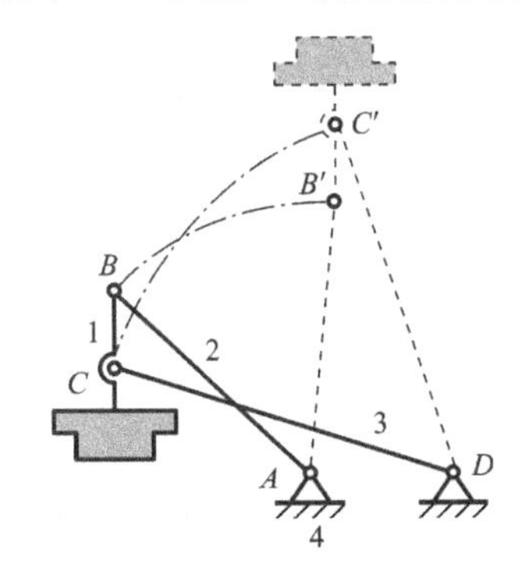

图3-13　铸造机翻箱机构

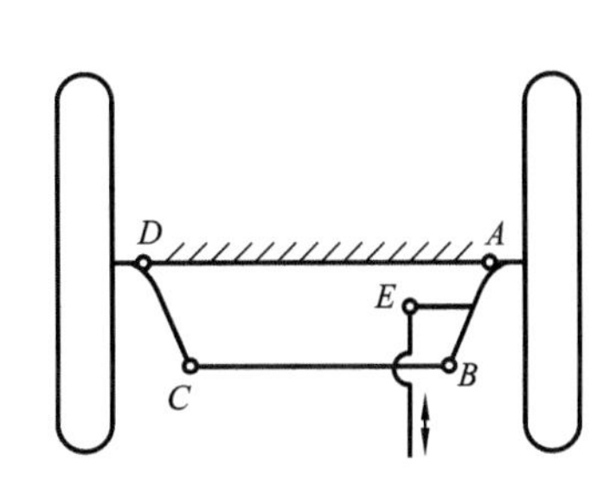

图3-14　汽车前轮转向机构

在双摇杆机构中，若两摇杆的长度相等则称为等腰梯形机构。图3-14所示的汽车前轮的转向机构$ABCD$，即为其应用实例。

3.1.4　铰链四杆机构基本形式判别准则

判别铰链四杆机构属于哪种基本类型，主要是判别是否存在曲柄，有几个曲柄。机构是否存在曲柄，取决于机构各杆的长度以及机架的选择。

如图 3-15 所示的曲柄摇杆机构，构件 1 为曲柄，构件 4 为机架，构件 2 为连杆，构件 3 为摇杆。构件的长分别为 a、b、c、d。曲柄 1 要整周回转，其必须能通过与机架 4 共线的两个位置。

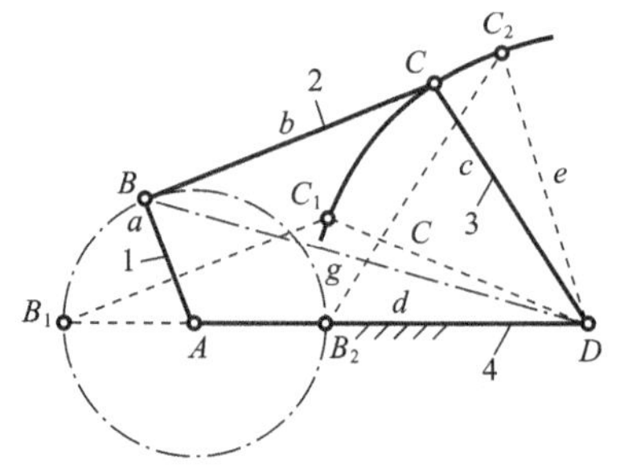

图 3-15　曲柄摇杆机构

根据三角形任意两边之和必大于第三边的定理可得

$$a+b\leqslant c+d$$

$$a+c\leqslant b+d$$

$$a+d\leqslant b+c$$

将以上三个式子两两相加可得

$$a\leqslant b、a\leqslant c、a\leqslant d$$

上述式子说明：① 曲柄为最短杆；② 最短杆与最长杆长度之和小于或等于其他两杆长度之和是曲柄存在的必要条件。

当曲柄绕 A 点整周回转时，曲柄 1 与连杆 2 之间的夹角变化范围也为 0°～360°，而连杆 2 与摇杆 3 及摇杆 3 与机架 4 之间的夹角的变化范围小于 360°。故当各构件长度确定以后，取不同构件作机架，可以得到不同类型的铰链四杆机构。

若组成四杆机构的各构件之间的长度关系是最短杆与最长杆长度之和小于或等于其他两杆长度之和，则：

(1) 取最短杆相邻的构件做机架，机构为曲柄摇杆机构(图 3-16(a)、(c))；

(2) 取最短杆做机架，机构为双曲柄机构(图 3-16(b))；

(3) 取最短杆的对边做机架，机构为双摇杆机构(图 3-16(d))。

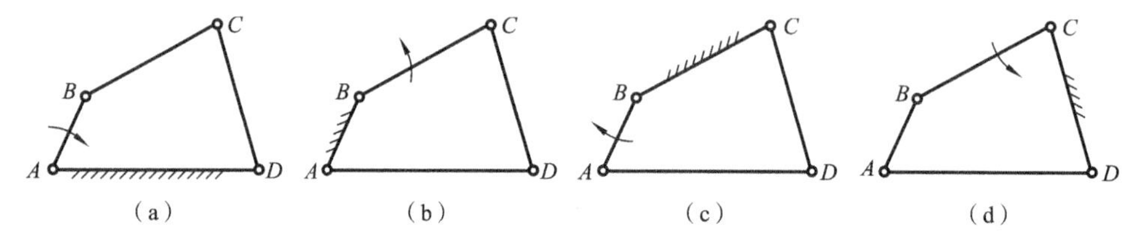

图 3-16　四杆机构

若构件的长度关系是最短杆与最长杆长度之和大于其他两杆长度之和，则该机构中不可能存在曲柄，无论取哪个构件作为机架，都只能是双摇杆机构。

3.2　铰链四杆机构的演化机构与特性

在实际机械中采用了各种形式的平面四杆机构，这些不同形式的四杆机构，可以视为由铰链四杆机构演化而成的。演化的途径有用移动副代替转动副、变更杆件长度、变更机架和扩大转动副等。

3.2.1　曲柄滑块机构

在图 3-17(a)所示的曲柄摇杆机构中，摇杆 3 的运动轨迹是以 D 点为圆心，以摇杆 3 长为

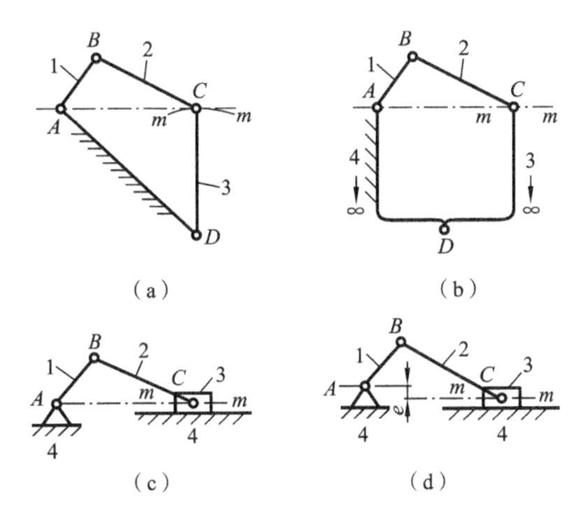

图 3-17　曲柄滑块机构

半径的圆弧。随着摇杆 3 的长度逐渐增大，摇杆 3 上的 C 点的圆弧轨迹逐渐趋于平直，当杆 3 长度无限增大时，D 点将移到无穷远处，C 点的圆弧轨迹变为一条直线(见图 3-17(b))，D 处的回转副演变为移动副。摇杆 3 变成滑块，这样就演变成曲柄滑块机构。

当滑块 C 点的移动导路正对着曲柄转动中心 A 时，称之为对心曲柄滑块机构，如图 3-17(c)所示。当滑块 C 点的移动导路与回转中心 A 之间存在偏距 e 时，则称之为偏置曲柄滑块机构，如图 3-17(d)所示。

对心曲柄滑块机构存在曲柄的条件为 $l_1 \leqslant l_2$；偏置曲柄滑块机构存在曲柄的条件为 $l_1 + e \leqslant l_2$。曲柄滑块机构广泛应用于活塞式内燃机、冲床、空气压缩机等各种机器设备中。

当曲柄等速转动时，偏置曲柄滑块机构可以实现急回运动。

3.2.2　导杆机构

如图 3-18(a)所示的曲柄滑块机构，当改取杆 1 为机架时，得到图(b)所示的机构，称为导杆机构。杆 2 为原动件，杆 4 为滑块 3 移动时的导向杆，简称为导杆。当机架 1 与曲柄 2 的杆长满足 $l_1 \leqslant l_2$ 时，曲柄 2 和导杆 4 均可作整周转动，称为转动导杆机构；当 $l_1 > l_2$ 时，导杆 4 只能作往复摆动，称为摆动导杆机构。

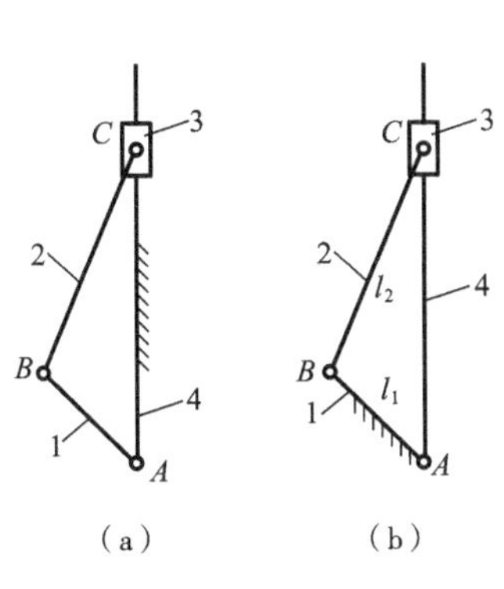

图 3-18　曲柄滑块机构的演化

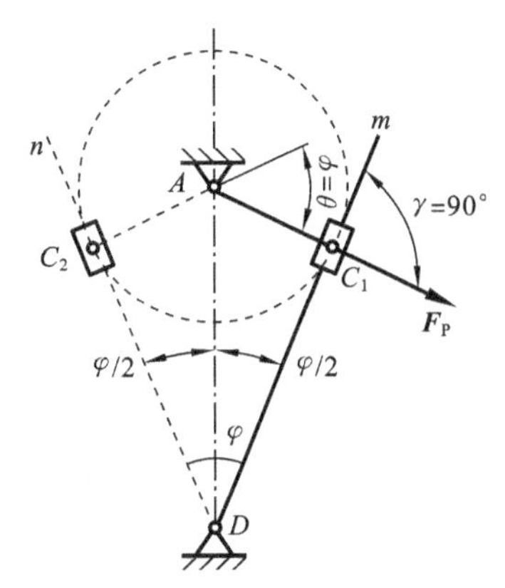

图 3-19　摆动导杆机构

在图 3-19 所示的导杆机构中，极位夹角 θ 等于导杆的摆角 φ，故此类机构具有急回运动特性。由图可见，导杆机构的传动角始终为 90°，所以导杆机构具有很好的传力性能。

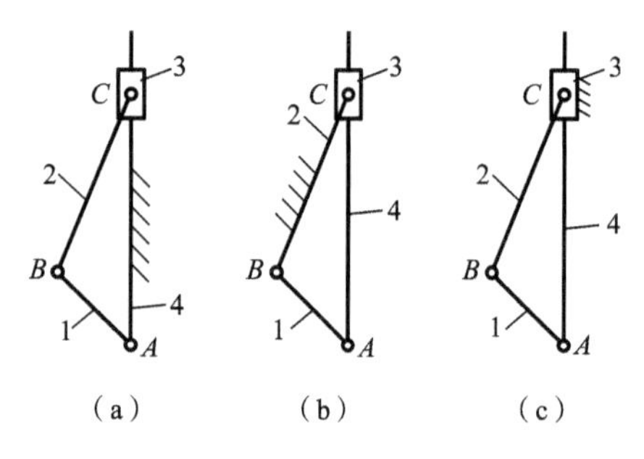

图 3-20　曲柄滑块机构的演化

3.2.3　摇块机构和定块机构

如图 3-20(a)所示的曲柄滑块机构,若取连杆 2 为机架,得到图 3-20(b)所示的摇块机构。曲柄 1 作整周转动,摇块 3 绕铰链转动中心 C 作往复摆动。图 3-21 所示的自卸卡车的翻斗机构是这种机构的应用实例。当压力油进入液压缸 3 时,推动活塞杆 4,使车厢(构件 1)绕点 B 摆起,实现自动卸料。

如图 3-20(a)所示的曲柄滑块机构,若取滑块 3 为固定件,即得到图 3-20(c)所示的定块机构。图 3-22 所示的手动抽水泵是这种机构的应用实例。

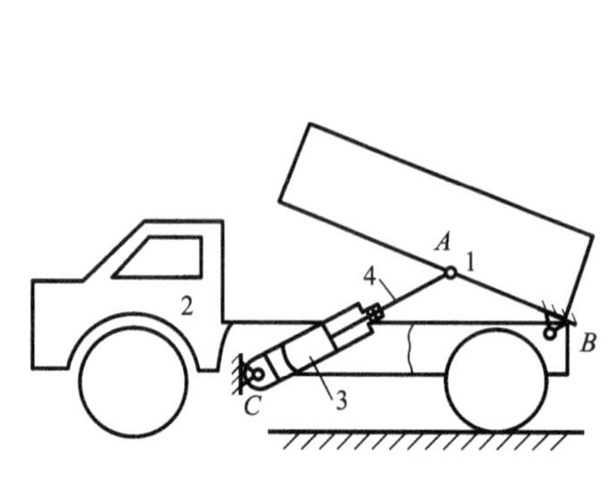

图 3-21　自卸卡车翻斗机构

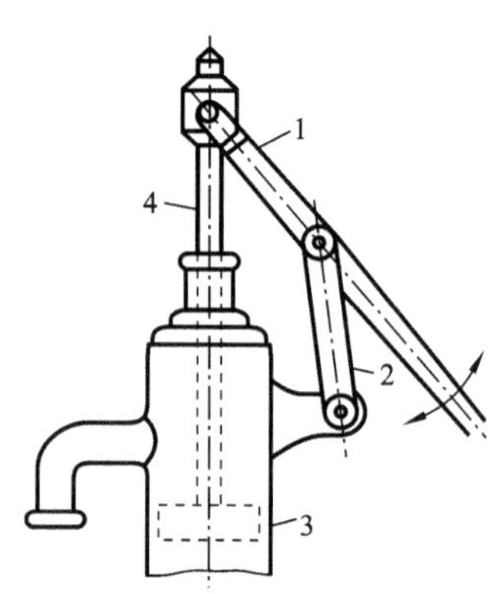

图 3-22　手动抽水泵

3.2.4　双滑块机构

双滑块机构是具有两个移动副的四杆机构,可以认为是由铰链四杆机构中的两杆长度趋于无穷大而演化成的。

按照两个移动副所处位置的不同,可将双滑块机构分成以下四种形式。

(1) 两个移动副不相邻,如图 3-23 所示。这种机构中从动件 3 的位移与原动件 1 转角的正切成正比,故称之为正切机构。

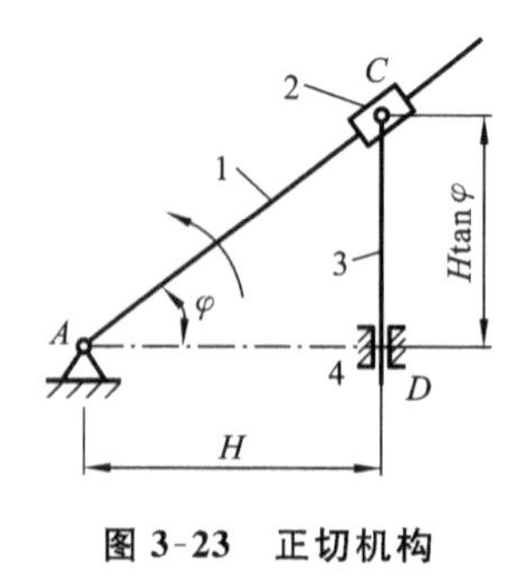

图 3-23　正切机构

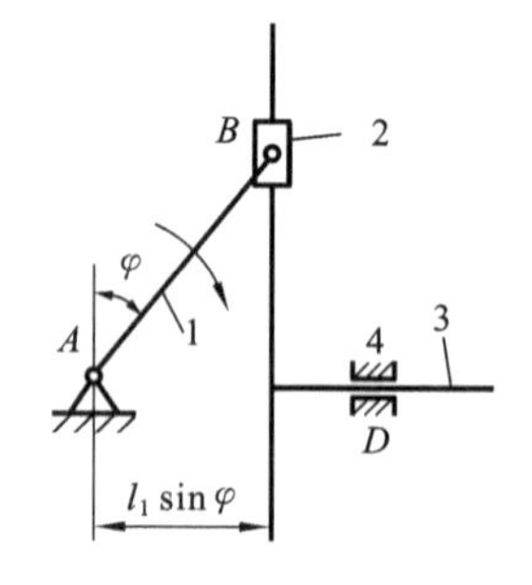

图 3-24　正弦机构

(2) 两个移动副相邻,且一移动副与机架相关联的移动导杆机构,如图 3-24 所示。从动件 3 的位移与原动件 1 转角的正弦成正比,故称之为正弦机构。

正弦和正切机构在仪器仪表中常用来将直线位移转变为角位移,在转角不大的情况下,其位移与转角成近似线性关系。

(3) 两个移动副相邻,且都与机架相关联的双滑块机构。如图 3-25 所示的椭圆仪机构就属于双滑块机构。当滑块沿机架的十字滑槽滑动时,连杆上的各点便描绘出长、短径不同的椭圆。

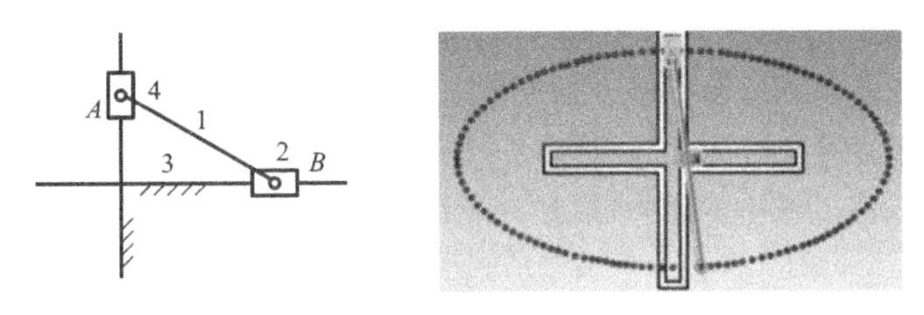

图 3-25　椭圆仪

(4) 两移动副相邻,且均不与机架相关联,如图 3-26(a)所示。这种机构的主动件 4 和从动件 2 具有相等的角速度。图 3-26(b)所示滑块联轴器就是这种机构的应用实例,它可以用来连接中心线不重合的两根轴。

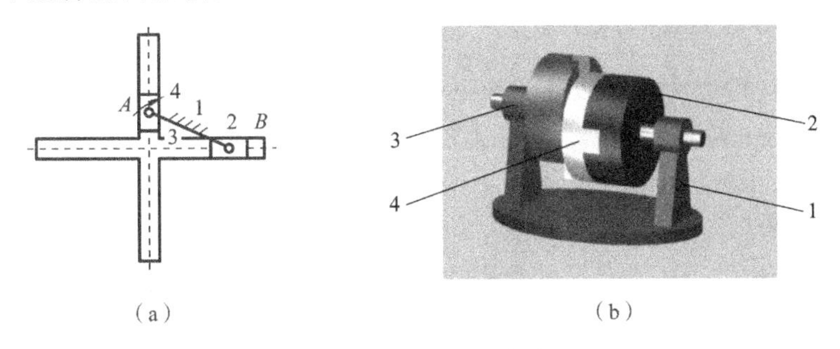

图 3-26　十字滑块联轴器

3.2.5　偏心轮机构

在图 3-27(a)所示的曲柄滑块机构中,当曲柄 1 的尺寸较小时,由于结构的需要,常将曲柄改为图 3-27(b)所示的偏心轮。其回转中心 A 点与几何中心 B 点之间的偏心距等于曲柄的长度,这种机构称为偏心轮机构。其运动特性与曲柄滑块机构完全相同。偏心轮机构可认为是将铰链四杆机构中的回转副 B 的半径扩大,使之超过曲柄长度演化而成。

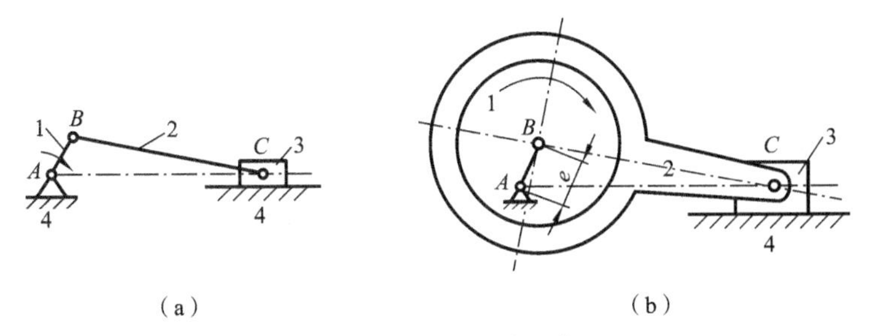

图 3-27　曲柄滑块机构

扩大回转副的尺寸是一种常见的并有实用价值的演化。对曲柄摇杆机构或曲柄滑块机构,当曲柄长度很短时,通常都将曲柄做成偏心轮。这样不仅可以避免曲柄尺寸太短而无法在两端装设两个回转副而引起的机构制造困难,而且可增大轴颈尺寸,提高了偏心轴的强度和刚度。

偏心轮机构广泛应用于传力较大的剪床、冲床、颚式破碎机、空气压缩机、内燃机、工业缝纫机等机械中。

3.3 平面四杆机构的设计

设计平面四杆机构主要是根据给定的运动条件，确定各构件尺寸。此外，还要考察所设计机构是否可靠、合理，同时要考虑几何条件（如结构大小）和动力条件（如压力角）等。

生产实践中的要求是多种多样的，给定的条件也各不相同，归纳起来，主要有以下两类设计问题：

① 按照给定从动件的运动规律（位置、速度、加速度）设计四杆机构；

② 按照给定轨迹设计四杆机构。

四杆机构的设计方法有三种：图解法、解析法、实验法。图解法直观，解析法精确，实验法简便。本节仅介绍图解法和解析法。

3.3.1 图解法设计四杆机构

1. 按照给定的行程速比系数设计四杆机构

设计具有急回运动特性的四杆机构，通常是根据实际工作需要，先确定行程速比系数 k 值，然后按机构在极限位置处的几何关系，结合其他有关辅助条件，确定机构的尺寸。

1）曲柄摇杆机构

已知条件：摇杆长度 CD，摆角 φ 和行程速比系数 k，试设计此曲柄摇杆机构。

设计步骤如下。

（1）由给定行程速比系数 k，按式(3-2)计算极位夹角

$$\theta=180°\times\frac{k-1}{k+1}$$

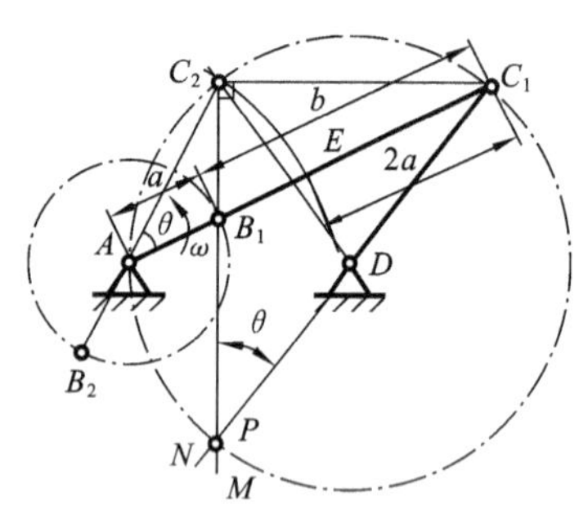

图 3-28　按 k 值设计曲柄摇杆机构

（2）如图 3-28 所示，选定比例尺 μ_l，任选固定铰链中心 D 的位置，按摇杆长度 CD 和摆角 φ，作出摇杆的两个极限位置 C_1D 和 C_2D。

（3）连接 C_1C_2，并作 C_2M 垂直于 C_1C_2。

（4）作 C_1N，使 $\angle C_2C_1N=90°-\theta$，$C_2M$ 与 C_1N 相交于点 P，则 $\angle C_1PC_2=\theta$。

（5）作 $\triangle PC_1C_2$ 的外接圆，在此圆上任取一点 A 作为曲柄的固定铰链中心。连接 AC_1 和 AC_2，因同一圆弧上的圆周角相等，故 $\angle C_1AC_2=\angle C_1PC_2=\theta$。

（6）设曲柄长度为 a，连杆长度为 b，因极限位置处曲柄与连杆共线。故 $AC_1=a+b$，$AC_2=b-a$，故 $a=(AC_1-AC_2)/2$，$b=(AC_1+AC_2)/2$。以 A 为圆心，以 AC_2 为半径作圆弧，交 AC_1 于 E，平分 C_1E，得曲柄长度 a。再以 A 为圆心，a 为半径作圆，交 AC_1 于 B_1，交 AC_2 延长线于 B_2，从而得出 $B_1C_1=B_2C_2=b$。

由于 A 点是外接圆上任选的点，所以若按行程速比系数 k 设计，可得无穷多的解。A 点的位置不同，机构传动角的大小也不同。为了获得良好的传动质量，可按照最小传动角或机架长度限制范围来取 A 点的位置，从而得到确定的解。

2）曲柄滑块机构

当给定行程速比系数 k 和滑块行程 H 时，可以用同样方法设计出曲柄滑块机构。

设计步骤如下。

（1）由给定行程速比系数 k，按式(3-2)计算极位夹角

$$\theta=180^\circ\times\frac{k-1}{k+1}$$

（2）选比例尺，作一直线 $C_1C_2=H$，如图 3-29 所示。

（3）作 $\angle OC_1C_2=\angle OC_2C_1=90^\circ-\theta$，此两线相交于点 O。

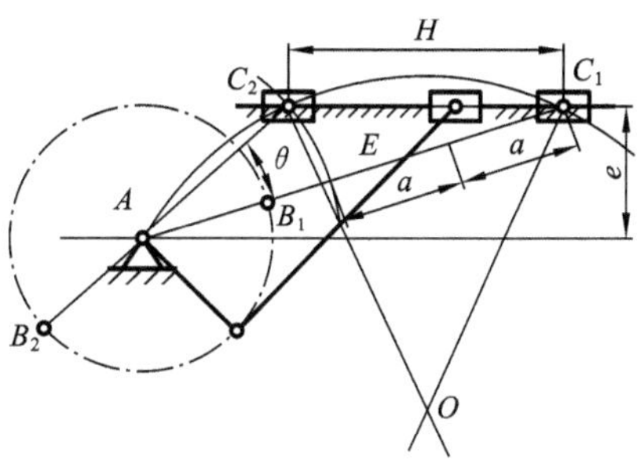

图 3-29　按 k 值设计曲柄滑块机构

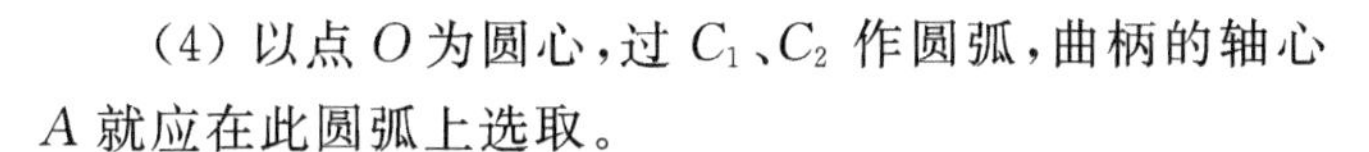

（4）以点 O 为圆心，过 C_1、C_2 作圆弧，曲柄的轴心 A 就应在此圆弧上选取。

（5）作一直线与 C_1C_2 平行，使其到 C_1C_2 的距离等于给定的偏距 e，则此直线与上述圆弧的交点即为曲柄的轴心 A 的位置。

（6）由公式求曲柄、连杆长度。

对于摆动导杆机构，由于其导杆的摆角 φ 刚好等于其极位夹角 θ，因此，只要给定曲柄长度 l_{AB}（或给定机架长度 l_{AC}）和行程速比系数 k 就可以求得机构。

2. 按给定连杆位置设计四杆机构

如图 3-30 所示已知连杆 2 的长度 L_2 和它的三个位置 B_1C_1、B_2C_2、B_3C_3，试设计该铰链四杆机构。

由于在平面四杆机构中，连架杆 1 和 3 分别绕点 A、D 处的两个固定铰链 A 和 D 转动，所以连杆上点 B 的三个位置 B_1、B_2、B_3 应位于同一圆周上，其圆心 A 即为连架杆 1 的固定铰链的位置。因此，分别连接 B_1、B_2 及 B_2、B_3，并作两连接各自的中垂线，其交点即为固定铰链 A。同理，可求得连架杆 3 的固定铰链的位置 D，连接 AD 即得到机架的长度，连接 AB_1、C_1D，即得所求的铰链四杆机构。

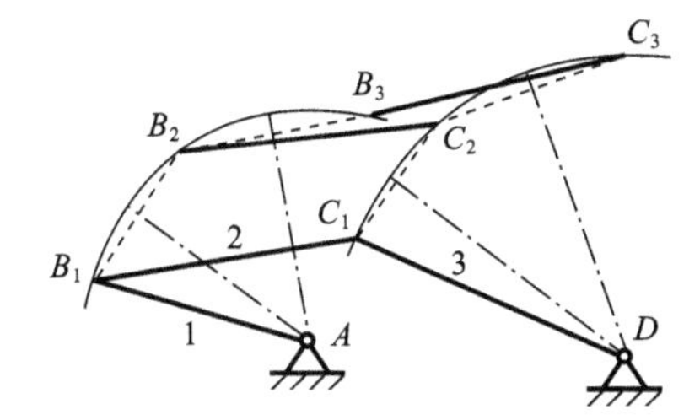

图 3-30　给定连杆三个位置的设计

如果只给定连杆的两个位置，则点 A 和点 D 可分别在 B_1B_2 和 C_1C_2 各自中垂线上任意选择，因此有无穷多解。为了得到确定的解，可根据具体情况添加辅助条件，例如给定最小传动角或提出其他结构上的要求等。

3.3.2　用解析法设计四杆机构

所谓解析法就是以机构参数来表达各构件运动间的函数关系，从而按给定条件来求解未知参数。

已知条件：在图 3-31 所示的铰链四杆机构中，已知连架杆 AB 和 CD 的三对对应位置 φ_1、ψ_1；φ_2、ψ_2；φ_3、ψ_3。

要求：确定各杆的长度 l_1、l_2、l_3、l_4。

对于铰链四杆机构，若各杆长度按同一比例增减，各杆转角的关系保持不变，则只需确定各杆的相对长度。取 $l_1=1$，机构的待求长度只有三个。

该机构的四个杆组成封闭四边形，取各杆在坐标轴 x 和 y 上的投影，可得以下关系式：

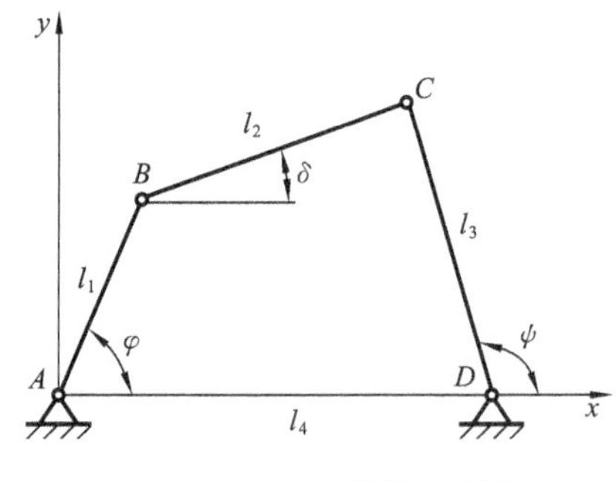

图 3-31　机构封闭多边形

$$\cos\varphi + l_2\cos\delta = l_4 + l_3\cos\psi$$
$$\sin\varphi + l_2\sin\delta = l_3\sin\psi$$

消去 δ,整理后得

$$\cos\varphi = \frac{l_4^2 + l_3^2 + 1 - l_2^2}{2l_4} + l_3\cos\psi - \frac{l_3}{l_4}\cos(\psi - \varphi)$$

为简化上式,令

$$p_0 = l_3$$
$$p_1 = -\frac{l_3}{l_4}$$
$$p_2 = \frac{l_4^2 + l_3^2 + 1 - l_2^2}{2l_4}$$

则有

$$\cos\varphi = p_0\cos\psi + p_1\cos(\varphi - \psi) + p_2$$

上式即为两连架杆转角之间的关系式。将已知的三对对应转角分别代入式中,可得到方程组

$$\begin{cases}\cos\varphi_1 = p_0\cos\psi_1 + p_1\cos(\psi_1 - \varphi_1) + p_2\\ \cos\varphi_2 = p_0\cos\psi_2 + p_1\cos(\psi_2 - \varphi_2) + p_2\\ \cos\varphi_3 = p_0\cos\psi_3 + p_1\cos(\psi_3 - \varphi_3) + p_2\end{cases}$$

由方程组可解出三个未知数 p_0、p_1、p_2,即可求得 l_2、l_3、l_4。以上求出的杆长可同时乘以任意比例常数,所得的机构均能实现对应的转角。

若仅给定连架杆的两对对应位置,则方程组中只能得到两个方程,三个参数中的一个可以任意给定,所以有无穷多个解。

若给定连架杆的位置超过三对,则不可能有精确解,只能用优化法或实验方法求其近似解。

3.3.3　连杆曲线及轨迹设计

1. 连杆曲线

四杆机构在运转时,其连杆上任一点都将描绘出一条封闭曲线,这种曲线称为连杆曲线。连杆曲线的形状随连杆上点的位置以及各杆的相对尺寸的比值不同而不同。由于连杆曲线的多样性,使它有可能广泛地应用在各种机械上,如仿形加工机床、起重运输机械、锻压机械等。

如图 3-32 所示的搅拌机机构,应保证连杆上的 E 点能按预定的轨迹运动,以完成搅拌动作。

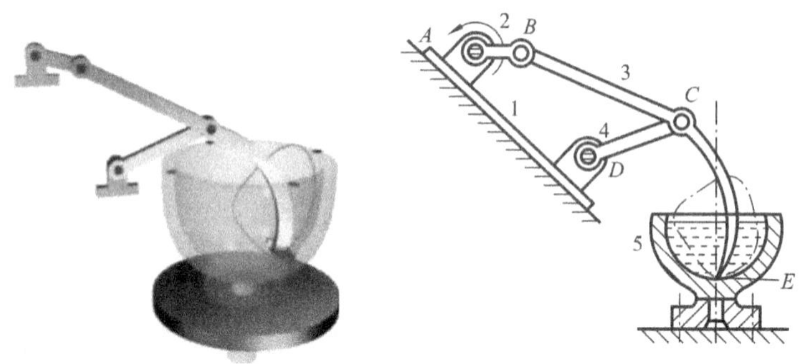

图 3-32　机构封闭多边形

2. 运用连杆曲线图谱设计四杆机构

按照给定点运动轨迹设计四杆机构，即所设计出的四杆机构连杆平面上某点能按照给定的轨迹运动。由于连杆曲线是高次曲线，所以设计四杆机构使其连杆上某点实现给定的任意轨迹是十分复杂的。为了能较快地设计出按给定运动轨迹工作的四杆机构，可以事先通过依次地改变四个杆的长度比值，作出许多不同形状的连杆曲线，并顺序整理编排成册，称为连杆曲线图谱。

图 3-33 是四杆机构分析图谱中的一张，图中将原动曲柄 1 的长度定为单位长度，其他各杆的长度以相对于原动曲柄长度的比值表示。图中每一条连杆曲线由 72 根长短不等的短线组成，沿曲线测量相邻两短线对应点之间的长度，可得原动曲柄每转 5°时，连杆上该点的位移。若已知曲柄转速，即可由短线的长度求出该点在相应位置的平均速度。

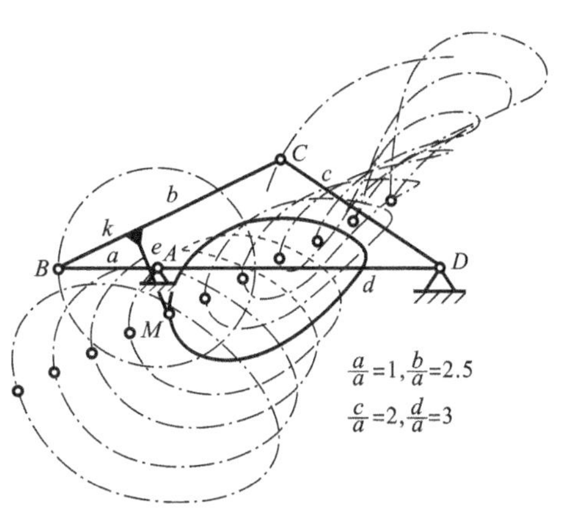

图 3-33　连杆曲线图谱

运用图谱设计已知轨迹的四杆机构，可按以下步骤进行：首先，从图谱中查出形状与要求实现的轨迹相似的连杆曲线；其次，按照图上的文字说明得出所求四杆机构各杆长度的比值；再次，用缩放仪求出图谱中的连杆曲线和所要求轨迹之间相差的倍数，并由此确定所求四杆机构各杆的真实尺寸；最后，根据连杆曲线上的小圆圈与铰链 B、C 的相对位置，即可确定描绘轨迹的点在连杆上的位置。

本 章 小 结

(1) 全部用转动副(铰链)连接的平面四杆机构称为平面铰链四杆机构，简称铰链四杆机构。它是平面四杆机构的最基本形式。根据连架杆是曲柄还是摇杆，铰链四杆机构有三种基本形式：曲柄摇杆机构、双曲柄机构、双摇杆机构。

(2) 曲柄摇杆机构的主要特性：急回运动特性，死点位置特性，压力角和传动角特性。

(3) 铰链四杆机构基本形式判别准则：若组成四杆机构的各构件之间的长度满足最短杆与最长杆长度之和小于或等于其他两杆长度之和，则：① 取最短杆相邻的构件做机架，机构为曲柄摇杆机构；② 取最短杆做机架，机构为双曲柄机构；③ 取最短杆的对边做机架，机构为双摇杆机构。若构件的长度关系是最短杆与最长杆长度之和大于其他两杆长度之和，则该机构中不可能存在曲柄，无论取哪个构件作为机架，该机构都只能是双摇杆机构。

(4) 铰链四杆机构的演化机构：曲柄滑块机构、导杆机构、摇块机构、偏心轮机构等。

(5) 四杆机构的设计方法：图解法、解析法、实验法。

(6) 用图解法设计四杆机构：按照给定的行程速比系数设计四杆机构；按给定连杆位置设计四杆机构。

思考与练习题

3-1　在铰链四杆机构中，转动副成为周转副的条件是什么？

3-2　在曲柄摇杆机构中，当以曲柄为原动件时，机构是否一定存在急回运动特性，且一定无死点位置？为什么？

3-3　导杆机构的极位夹角与导杆的摆角之间有什么关系？

3-4　在铰链四杆机构中，若最短杆与最长杆之和小于或等于其他两杆长度之和，且最短杆为机架，则该机构有几个曲柄？

3-5　曲柄摇杆机构、导杆机构、对心曲柄滑块机构、偏心曲柄滑块机构等机构有没有急回运动特性？

3-6　机构处于死点位置时，其压力角为多少？传动角为多少？

3-7　在曲柄摇杆机构中，当什么构件为主动件时，机构将出现死点位置？

3-8　在平面四杆机构中，已知行程速度变化系数为 k，则极位夹角的计算公式是什么？

3-9　试根据图 3-34 所注明的尺寸判断下列铰链四杆机构是曲柄摇杆机构、双曲柄机构，还是双摇杆机构。

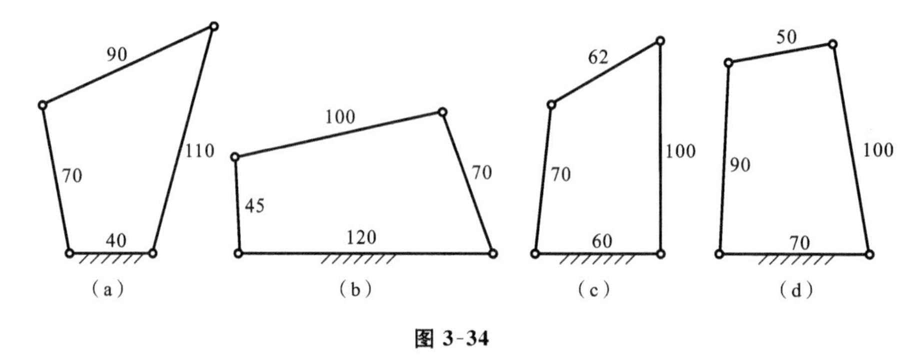

图 3-34

3-10　画出图 3-35 所示各机构的传动角和压力角。图中标注箭头的构件为原动件。

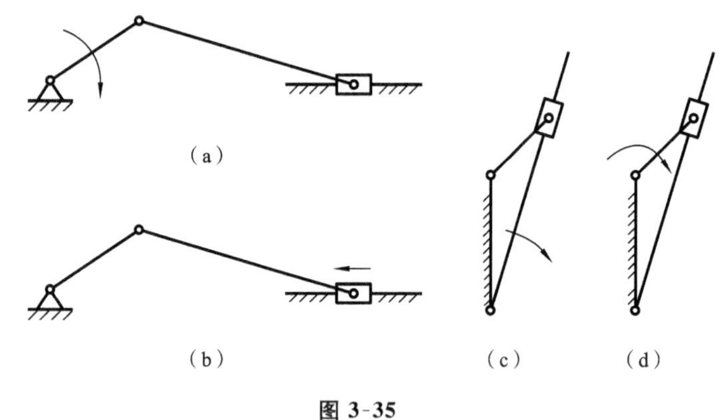

图 3-35

3-11　设计一脚踏轧棉机的曲柄摇杆机构，如图 3-36 所示，要求踏板 3 在水平位置上下各摆动 10°，且 $l_{CD}=500$ mm，$l_{AD}=1000$ mm。(1) 试用图解法求曲柄 1 和连杆 2 的长度；(2) 计算此机构的最小传动角。

3-12　设计一曲柄摇杆机构。已知摇杆长度 $l_3=100$ mm，摆角 $\psi=30°$，摇杆的行程速度变化系数 $k=1.2$。(1) 用图解法确定其余三杆的尺寸；(2) 确定机构最小传动角 γ_{min}（若 $\gamma_{min}<35°$，则应另选铰链的位置，重新设计）。

3-13　设计一曲柄滑块机构，如图 3-37 所示。已知滑块的行程 $s=50$ mm，偏距 $e=16$ mm，行程速度变化系数 $k=1.2$，求曲柄和连杆的长度。

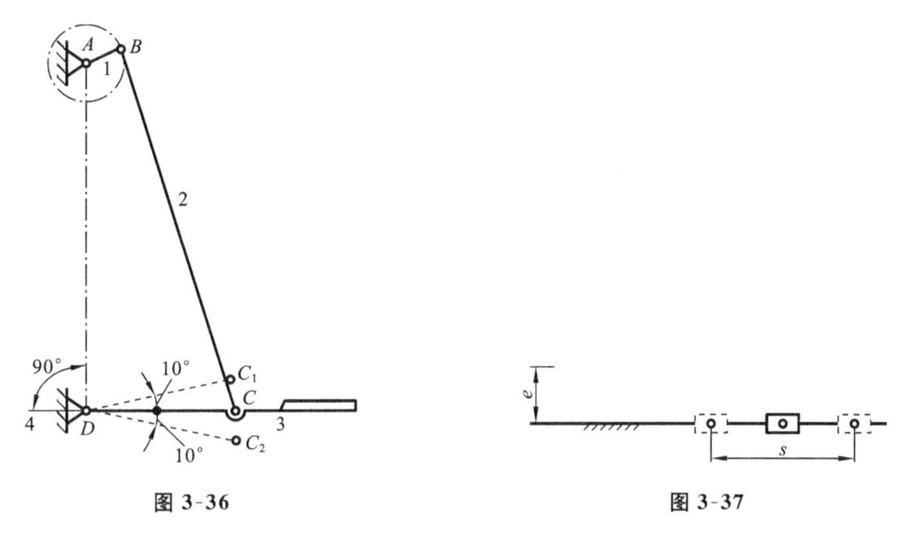

图 3-36　　　　图 3-37

3-14　设计一摆动导杆机构。已知机架长度 $l_4=100$ mm，行程速度变化系数 $k=1.4$，求曲柄长度。

3-15　设计一曲柄摇杆机构。已知摇杆长度 $l_3=80$ mm，摆角 $\psi=40°$，摇杆的行程速度变化系数 $k=1$，且要求摇杆在极限位置 CD 时与机架间的夹角 $\angle CDA=90°$，试用图解法确定其余三杆的长度。

3-16　设计一铰链四杆机构作为加热炉炉门的启闭机构。已知炉门上两活动铰链中心距为 50 mm，炉门打开后成水平位置时，要求炉门温度较低的一面朝上（如图 3-38 中虚线所示），设固定铰链安装在 y—y 轴线上，其相关尺寸如图所示，求此铰链四杆机构其余三杆的长度。

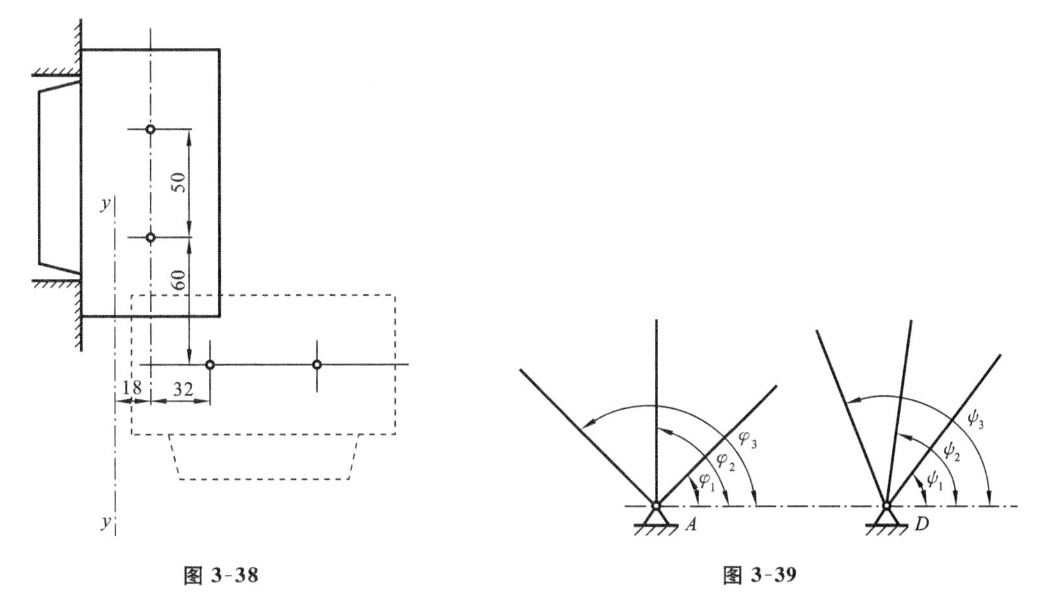

图 3-38　　　　图 3-39

3-17　已知某操纵装置采用铰链四杆机构。要求两连架杆的对应位置如图 3-39 所示，$\varphi_1=45°$，$\psi_1=52°10'$；$\varphi_2=90°$，$\psi_2=82°10'$；$\varphi_3=135°$，$\psi_3=112°10'$，机架长度 $l_{AD}=50$ mm，试用解析法求其余三杆长度。

第4章 凸轮机构

凸轮机构多用于自动化和半自动化机械中，只要合理设计凸轮轮廓线，凸轮机构的从动件即可按照一定的预期运动规律运动。

4.1 凸轮机构的应用与类型

4.1.1 凸轮机构的应用

凸轮机构最典型的应用是内燃机配气机构。在图4-1中，内燃机的进、排气门分别由两个推杆控制。当凸轮等速回转时，推动推杆在导路中作上下往复移动。只要合理设计凸轮的轮廓曲线，就可以使进、排气门按照预期要求开启和关闭。

图4-2所示是凸轮机构在自动化机械中的典型应用。凸轮等速回转，带动曲柄回转，从而带动滑块按照预期规律实现往复滑动，实现了工作台的控制。

图4-1 内燃机配气机构

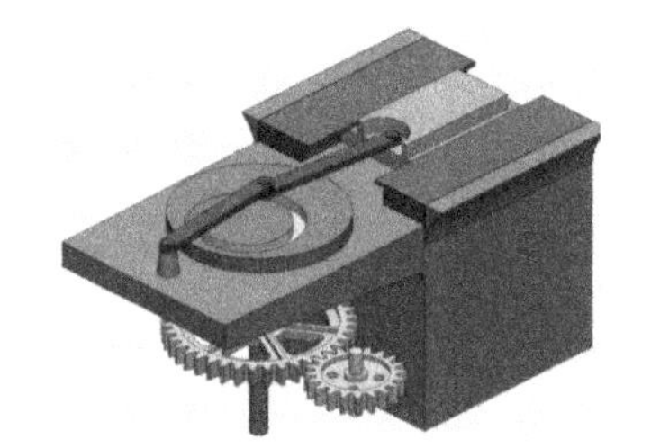

图4-2 工作台控制机构

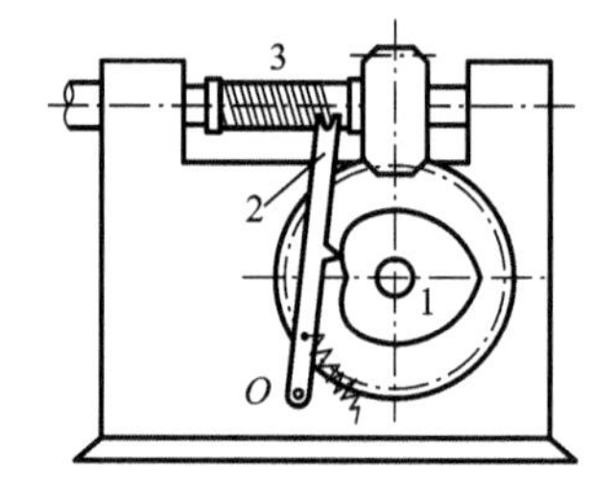

图4-3 缝纫机绕线机构

1—盘形凸轮；2—摆杆；3—绕线轴

在缝纫机中也有多处应用了凸轮机构，如图4-3所示的绕线机构。绕线轴3等角速度回转，同时经过一系列齿轮传动带动凸轮1缓慢回转。摆杆2与凸轮1轮廓接触，凸轮的回转驱动摆杆2绕摆动中心实现一定角度的摆动，从而将线均匀地绕入绕线轴。图4-4所示为缝纫机的挑线机构。当圆柱凸轮1等速回转时，在凹槽中的滚子3以及挑线爪2绕O点往复摆动，从而实现挑线的功能。图4-5所示是送布机构。凸轮的等速回转，使得滚子连同送料牙板一起左右往复移动，从而实现送布的功能。

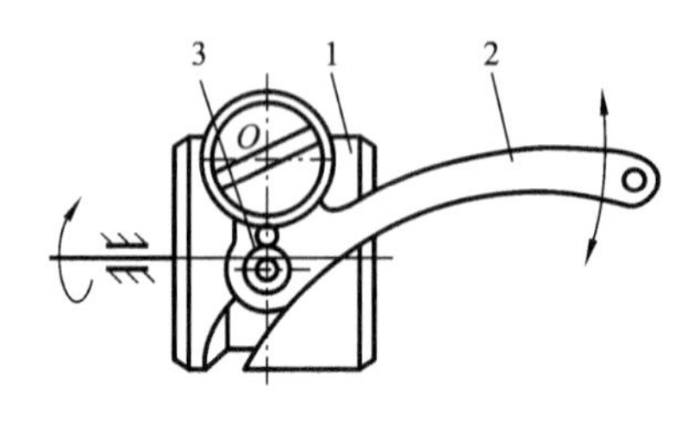

图4-4 缝纫机挑线机构

1—圆柱凸轮；2—挑线爪；3—滚子

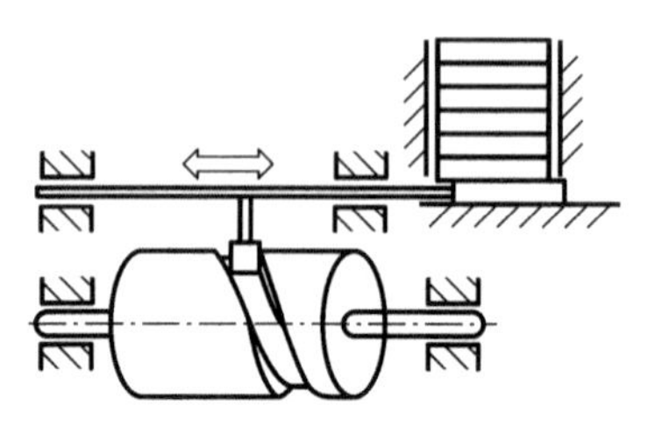

图4-5 送布机构

从以上应用实例看出，凸轮机构是靠凸轮轮廓与推杆的接触，实现推杆的往复移动或摆动的。只要合理地设计凸轮的轮廓曲线，从动件就能实现预期的运动规律，而且结构紧凑、简单，因此凸轮机构在自动化设备中应用广泛。但是凸轮机构是高副机构，凸轮轮廓与从动件为点或线接触，易于磨损，因此多用于传力不大的控制机构和调节机构中。

4.1.2　凸轮机构的类型

图 4-6 所示为典型的凸轮机构，它们均由凸轮 1、从动件 2、机架 3 组成。当凸轮 1 绕固定轴心 O 等速转动时，从动件 2 随着凸轮廓线作移动或摆动。可以从凸轮或从动件两个不同的角度对凸轮进行分类。

1. 按凸轮的形状分

(1) 盘形凸轮机构　盘形凸轮是一个具有变化向径的盘状零件，其运动形式为绕固定轴心的转动。盘形凸轮机构是凸轮机构中应用最为广泛的一种。如图 4-6、图 4-1、图 4-2 和图 4-3 所示都是盘形凸轮机构。

(2) 移动凸轮机构　将盘形凸轮的回转中心移至无穷远处，凸轮相对于机架作直线运动，便成为移动凸轮。如图 4-7 所示为移动凸轮机构在录音机卷带机构中的应用。放音键带动移动凸轮 1 上下运动，从而带动从动件 2 绕 O 点摆动，继而使得连接在杆件 2 末端的摩擦轮 4 压紧或者与卷带轮 5 分离，使得录音带运转或停止。

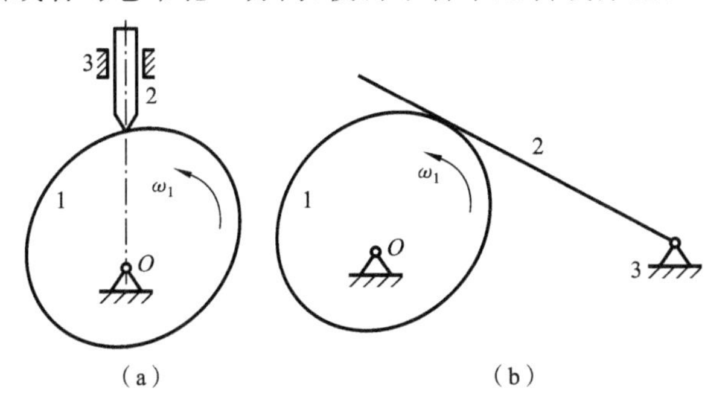

图 4-6　凸轮机构

(a) 直动从动件；(b) 摆动从动件

1—凸轮；2—从动件；3—机架

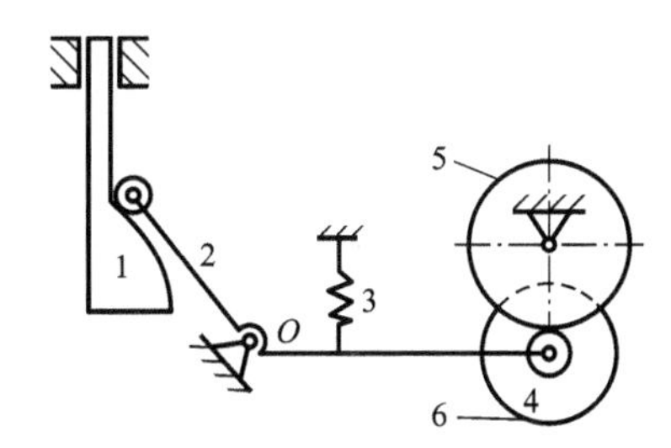

图 4-7　录音机卷带机构

1—移动凸轮；2—从动轮；3—弹簧；

4—摩擦轮；5—卷带轮；6—录音带

(3) 圆柱凸轮机构　圆柱凸轮在圆柱体表面上开有环形封闭沟槽，当凸轮绕轴线回转时，带动沟槽中的从动件往复运动(见图 4-5)。

2. 按从动件的运动形式分

(1) 直动从动件凸轮机构　直动从动件凸轮机构的从动件实现的是往复直线运动，如图 4-6(a)所示。

(2) 摆动从动件凸轮机构　摆动从动件凸轮机构的从动件在一定角度范围内摆动，如图 4-6(b)所示。

3. 按从动件形状分

(1) 尖顶从动件凸轮机构　尖顶从动件如图 4-8(a)所示。尖顶从动件凸轮机构的特点是尖顶能与复杂的凸轮轮廓处处接触，实现任意预期的运动规律。但由于从动件与凸轮轮廓为点接触，易于磨损，因此仅适用于低速轻载场合，如仪器仪表中。

(2) 滚子从动件凸轮机构　滚子从动件如图 4-8(b)所示。这种结构是在尖顶从动件的

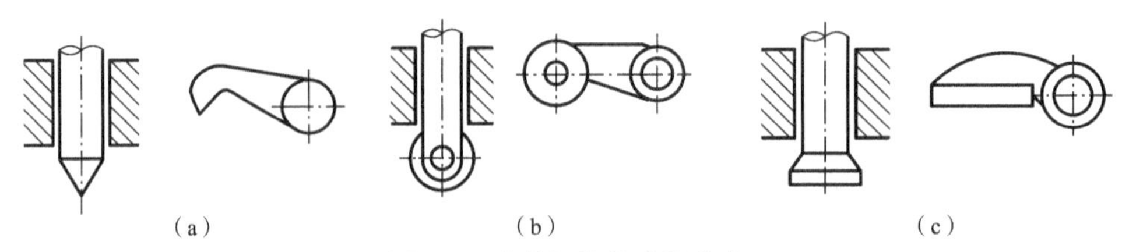

图 4-8　凸轮机构从动件形式

(a) 尖顶从动件;(b) 滚子从动件;(c) 平底从动件

尖顶处安装了一个滚子,从而将凸轮与从动件的滑动摩擦变为滚动摩擦,减小了摩擦,减轻磨损,提高了承载能力。

(3) 平底从动件　平底从动件如图 4-8(c)所示。平底从动件凸轮机构的结构特点是从动件底端为平面。当不考虑摩擦时,凸轮与从动件之间的作用力始终与从动件平底垂直,传动效率高,且接触面间易于形成油膜,利于润滑,因而常用于高速机构。但该结构不能与凹陷的凸轮轮廓相接触,因而可以实现的运动规律是有限的。

此外,凸轮机构还可以根据机架相对位置分为对心和偏置凸轮机构,根据凸轮与从动件实现接触的方式分为力封闭(见图 4-3)和几何形状封闭(见图 4-2)的凸轮机构。

4.2　凸轮机构从动件常用运动规律

凸轮从动件运动规律一方面对系统的运动学和动力学特性有影响,另一方面又决定了凸轮的轮廓曲线。因此,良好的运动规律对整个系统的工作性能以及凸轮结构有着较为重要的作用。

4.2.1　凸轮机构的基本概念

在介绍凸轮运动规律之前,以对心直动从动件盘形凸轮机构为例,介绍凸轮机构的一些基本名词(见图 4-9)。

1. 凸轮基圆

以凸轮旋转中心 O 为圆心,最小向径 r_b 为半径所作的圆称为凸轮的基圆,其中 r_b 为基圆

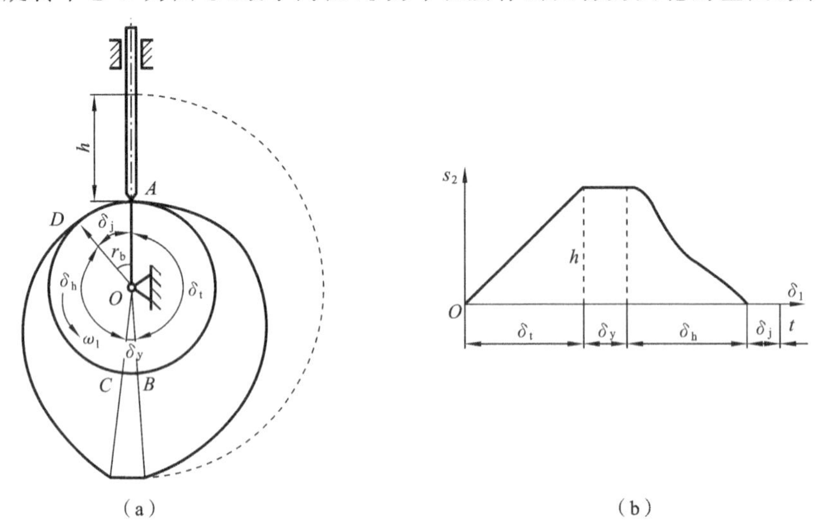

图 4-9　对心尖顶直动从动件盘形凸轮机构及其位移曲线

(a) 凸轮机构;(b) 从动件位移曲线

半径。

2. 行程

在凸轮旋转一圈的过程中，从动件由最低位置运动到最高位置，移动的距离 h 称为从动件的行程。

3. 推程和推程运动角

当凸轮以角速度 ω_1 逆时针转过角度 δ_t 时，从动件由最低位置被推到最高位置，从动件这一运动过程称为推程，对应凸轮旋转过的角度 δ_t 称为推程运动角。

4. 远休止角

凸轮继续以角速度 ω_1 逆时针转过角度 δ_y 时，由于该段凸轮轮廓弧线的半径是定值，因此从动件静止在最高位置不动，这一阶段称为远休止阶段，δ_y 称为远休止角。

5. 回程和回程运动角

当凸轮继续以角速度 ω_1 逆时针转过角度 δ_h 时，从动件由最高位置降低到最低位置，从动件这一运动过程称为回程，对应凸轮旋转过的角度 δ_h 称为回程运动角。

6. 近休止角

凸轮继续以角速度 ω_1 逆时针转过角度 δ_j 时，该段凸轮轮廓半径为基圆半径，因此从动件静止在最低位置，这一阶段称为近休止阶段，δ_j 称为近休止角。

7. 从动件运动线图

表示从动件的运动参数与凸轮转角之间关系的图线称为从动件运动线图。通常凸轮作等速回转，其转角与时间成正比，因此也可用从动件运动参数与时间的关系来表示。从动件的运动参数主要指从动件的位移、速度和加速度。

4.2.2 从动件常用运动规律

1. 等速运动规律

等速运动规律是指凸轮匀速转动时，从动件在一个行程中作等速运动。假设凸轮的角速度为 ω_1，推程运动角为 δ_t，从动件行程为 h，推程运动时间为 T。

任意 t 时刻凸轮的转角为 δ_1，则

凸轮在推程任一时刻有

$$\delta_1=\frac{\delta_t}{T}t \tag{4-1}$$

凸轮在推程结束时有

$$\delta_t=\omega_1 T \tag{4-2}$$

故推程阶段从动件运动方程为

$$\begin{cases} a_2=0 \\ v_2=\dfrac{h}{T}=\dfrac{h}{\delta_t}\omega_1 \\ s_2=\dfrac{h}{T}t=\dfrac{h}{\delta_t}\delta_1 \end{cases} \tag{4-3}$$

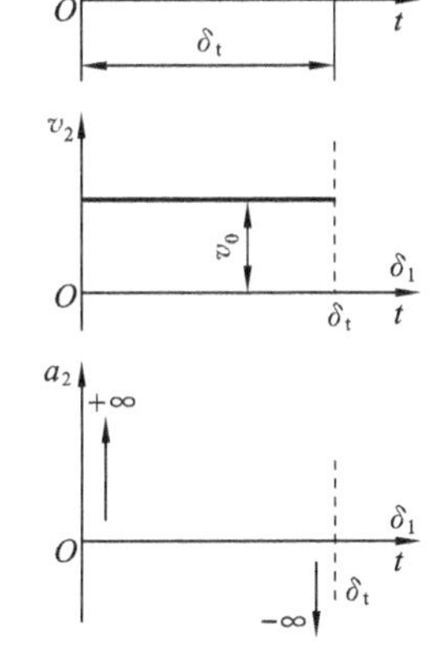

图 4-10　等速运动规律从动件运动线图

依据方程(4-3)，可以作出从动件推程阶段的运动线图(见图4-10)。

从动件回程作等速运动时，回程运动角为 δ_h，从动件位移从 $s_2=h$ 减小到 0。同理可以推导得到从动件匀速运动的回程运动方程：

$$\begin{cases} a_2=0 \\ v_2=-\dfrac{h}{\delta_h}\omega_1 \\ s_2=h\left(1-\dfrac{\delta_1}{\delta_h}\right) \end{cases} \tag{4-4}$$

等速运动规律的特点是：虽然行程过程中从动件作匀速运动，但在运动开始以及运动结束时，从动件的速度在零和其速度值之间发生突变，瞬时加速度理论上趋于无穷大，从动件的惯性力对机构造成很大的冲击。这种由加速度无穷大引起的冲击称为刚性冲击。由于等速运动规律的这种特点，它不宜单独使用，在运动开始和运动终止阶段常用其他的运动规律加以修正，以减小冲击。但是等速运动规律的凸轮轮廓易于加工，因此在不太重要的低速、从动件质量小的场合也有应用。

2. 等加速等减速运动规律

等加速等减速运动规律是指凸轮匀速转动时，从动件在一个行程的前半行程作等加速运动，后半行程作等减速运动。

假设凸轮的角速度为 ω_1，推程运动角为 δ_t，从动件行程为 h，推程运动时间为 T。从动件前半行程速度从 0 增加到最大，后半行程速度从最大值减小到 0，因此两个半程所用时间相等，都为 $T/2$。同理，两个半程所运动的路程都是 $h/2$。

由于凸轮始终作匀速转动，任意 t 时刻凸轮的转角为 δ_1，则有 $\delta_t=\omega_1 T$，$\delta_1=(\delta_t/T)t$。

从动件前半行程结束时有　　$\dfrac{h}{2}=\dfrac{1}{2}a_2\left(\dfrac{T}{2}\right)^2$

从而可以得到前半行程从动件的加速度

$$a_2=\frac{4h}{T^2}=4h\left(\frac{\omega_1}{\delta_t}\right)^2$$

将上式两次积分，初始条件 $\delta_1=0$，$v_2=0$，$s_2=0$，可以得到前半行程——等加速阶段的运动方程为

$$\begin{cases} s_2=\dfrac{2h}{\delta_t^2}\delta_1^2 \\ v_2=\dfrac{4h\omega_1}{\delta_t^2}\delta_1 \\ a_2=\dfrac{4h\omega_1^2}{\delta_t^2} \end{cases} \tag{4-5}$$

同理可以得到后半行程——等减速阶段的运动方程

$$\begin{cases} s_2=h-\dfrac{2h}{\delta_t^2}(\delta_t-\delta_1)^2 \\ v_2=\dfrac{4h\omega_1}{\delta_t^2}(\delta_t-\delta_1) \\ a_2=-\dfrac{4h\omega_1^2}{\delta_t^2} \end{cases} \tag{4-6}$$

依据方程(4-5)和(4-6)可以作出从动件为等加速等减速运动规律时推程阶段的运动线图(见图 4-11)。其中位移曲线由两段抛物线组合而成，速度线图是关于 $\delta_1=\delta_t/2$ 直线对称的两条斜直线，加速度线图则是两段大小相等方向相反的平直线。从图可以看出，在推程开始、中点以及结束时刻，加速度发生有限的突变，因此产生有限的冲击力，这种冲击称为柔性冲击。

等加速等减速运动规律只用于中速、轻载场合。

等加速等减速运动规律的位移线图可以用描点法进行绘制，也可以利用比例关系简略地绘制出来。下面以推程的等加速阶段为例说明绘图过程。

(1) 将横坐标的前半行程 $0\sim\delta_t/2$ 作 k 等分。图 4-11 中为 3 等分，等分点分别为 1、2、3 点。

(2) 分别过上一步的等分点作横轴的垂线。图 4-11 中分别为 1—1′，2—2′，3—3′。

(3) 过 O 点任作一条斜直线 OO'。

(4) 以任意间距在斜直线 OO' 作 k^2 段等分。图 4-11 中作 $3^2=9$ 等分。

(5) 分别在 $1^2=1,2^2=4,3^2=9,\cdots,k^2$ 处分别标注 $1''',2''',\cdots,k'''$。图 4-11 中取 $(O-1''')=1^2=1,(O-2''')=2^2=4,(O-3''')=3^2=9$。

(6) 连接 OO' 上最后一点 k''' 与纵轴上 $h/2$ 处的点 k''，图 4-11 中为 $3''$ 点，得到 $3''3'''$ 线段。

(7) 分别过 OO' 上的 $1''',2''',\cdots,k'''-1$ 点作 $k'''k''$ 的平行线，并与纵坐标轴相交于 $1'',2'',\cdots,k''-1$。图 4-11 中过 $1'''$ 点作 $1''1'''\,/\!/\,3''3'''$ 与纵坐标交于 $1''$，过 $2'''$ 点作 $2''2'''\,/\!/\,3''3'''$ 与纵坐标交于 $2''$。

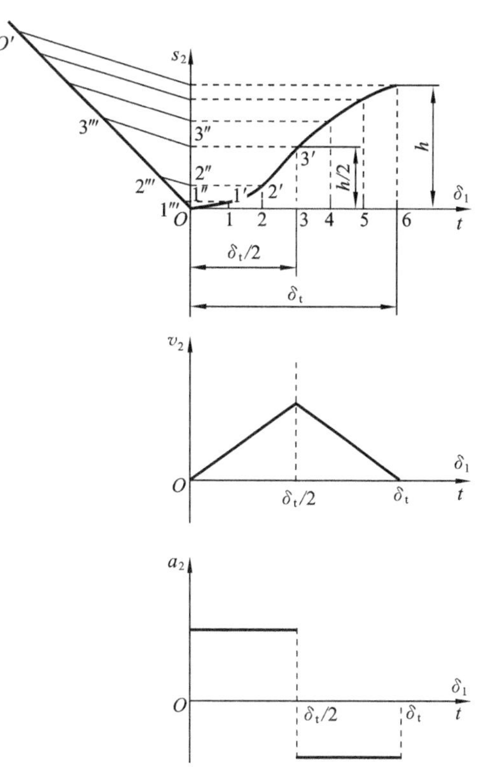

图 4-11　等加速等减速运动规律从动件运动线图

(8) 过纵坐标的各交点作水平直线，与第 2 步中作的竖直线分别交于 $1',2',3',\cdots,k'$。

(9) 连接这些交点 $1',2',3',\cdots,k'$，即得到推程等加速阶段的位移线图。

根据式(4-5)可知，在推程等加速阶段，从动件位移与凸轮转角的平方成正比。将前半行程的时间作 3 等分，则从动件在第 i 等分时刻的位移等于总位移的 $(i/3)^2$。上述作图法正是利用了这一性质。后半行程位移线图的作法与上类似，只是在直线 OO' 上取位移时的等分顺序与前半行程相反。

同理可推导，回程为等加速等减速运动规律时运动方程如下。

回程等加速阶段：

$$\begin{cases} s_2=h-\dfrac{2h}{\delta_h^2}\delta_1^2 \\ v_2=-\dfrac{4h\omega_1}{\delta_h^2}\delta_1 \\ a_2=-\dfrac{4h\omega_1^2}{\delta_h^2} \end{cases} \tag{4-7}$$

回程等减速阶段：

$$\begin{cases} s_2=\dfrac{2h}{\delta_h^2}(\delta_h-\delta_1)^2 \\ v_2=-\dfrac{4h\omega_1}{\delta_h^2}(\delta_h-\delta_1) \\ a_2=\dfrac{4h\omega_1^2}{\delta_h^2} \end{cases} \tag{4-8}$$

3. 余弦运动规律

余弦运动规律是指从动件加速度在整个行程过程呈现余弦函数的形式。一动点在圆周上作匀速运动，其在圆直径上的投影即为该动点的位移，该点的运动规律即为余弦运动规律。据此，若从动件的行程为 h，则动点的位移为

$$s_2=\frac{h}{2}(1-\cos\theta) \tag{4-9}$$

由图 4-12 所示的位移线图可知，当 $\theta=\pi$ 时，$\delta_1=\delta_t$，因此有 $\theta=\frac{\pi}{\delta_t}\delta_1$。将其代入式(4-9)，并两次求导，可以得到余弦运动规律的运动方程

$$\begin{cases} s_2=\dfrac{h}{2}\left[1-\cos\left(\dfrac{\pi}{\delta_t}\delta_1\right)\right] \\ v_2=\dfrac{\pi h\omega_1}{2\delta_t}\sin\left(\dfrac{\pi}{\delta_t}\delta_1\right) \\ a_2=\dfrac{\pi^2 h\omega_1^2}{2\delta_t^2}\cos\left(\dfrac{\pi}{\delta_t}\delta_1\right) \end{cases} \tag{4-10}$$

同理可求得从动件回程为余弦运动规律时的运动方程

$$\begin{cases} s_2=\dfrac{h}{2}\left[1+\cos\left(\dfrac{\pi}{\delta_h}\delta_1\right)\right] \\ v_2=-\dfrac{\pi h\omega_1}{2\delta_h}\sin\left(\dfrac{\pi}{\delta_h}\delta_1\right) \\ a_2=-\dfrac{\pi^2 h\omega_1^2}{2\delta_h^2}\cos\left(\dfrac{\pi}{\delta_h}\delta_1\right) \end{cases} \tag{4-11}$$

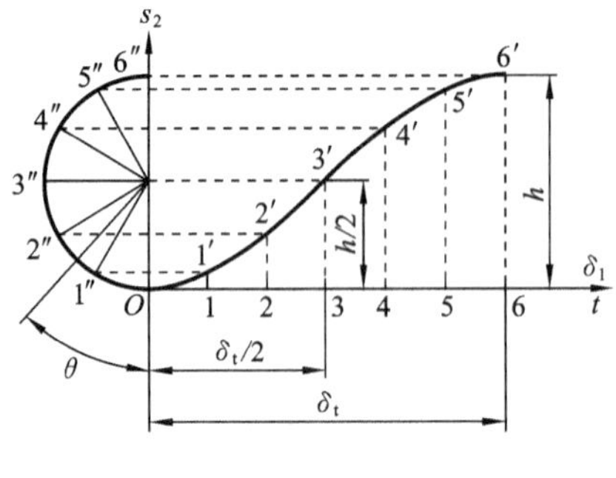

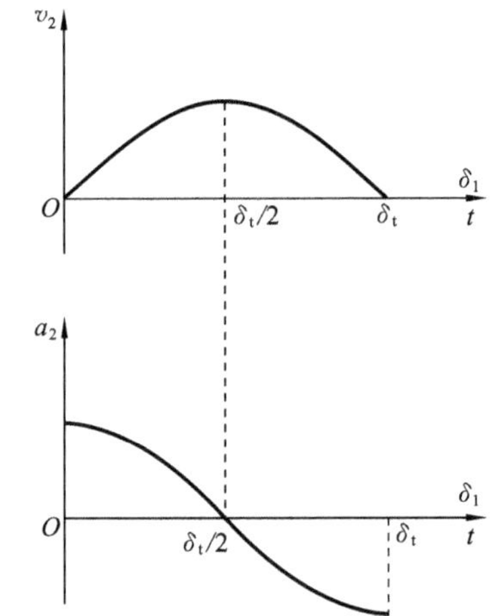

图 4-12　余弦运动规律从动件运动线图

余弦运动规律又称简谐运动规律。从动件的加速度在整个行程过程按余弦曲线变化。在行程中点处加速度为零，因此没有冲击。但在行程开始和结束处加速度有有限突变，仍旧存在柔性冲击。这种运动规律适用于中速场合。

4. 正弦运动规律

为了避免从动件运动过程中的冲击，应是使加速度曲线连续无突变。正弦运动规律可以满足这一要求。由图 4-13 中的加速度曲线可以看出，在行程的起点、中点以及终点处，从动件的加速度为零，因此从动件没有惯性力，既无刚性冲击也无柔性冲击。

工程上还应用高次多项式运动规律，以及几种曲线组合规律，使从动件加速度曲线保持连续而避免冲击。采用这样的运动规律的凸轮机构可以用于高速场合。

选择或设计从动件运动规律是凸轮机构设计的重要内容之一，良好的运动规律不仅能使凸轮机构具有良好的动力学特性，而且可以使得所设计的凸轮易于加工。

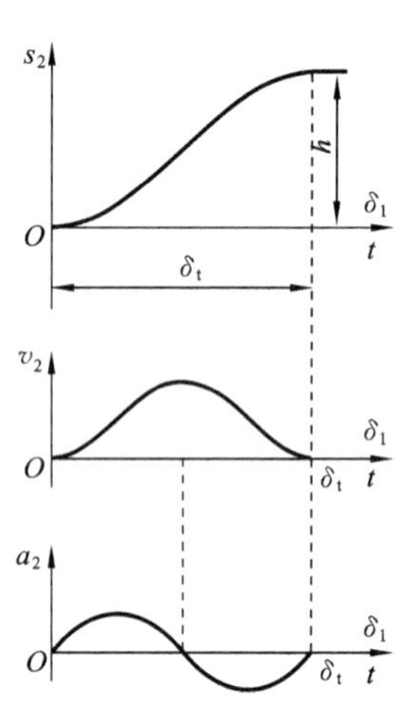

图 4-13　正弦运动规律从动件运动线图

4.3　凸轮轮廓曲线的设计

在凸轮从动件运动规律确定之后，就可以结合工作要求和结构条件进行凸轮的轮廓设计了。凸轮轮廓曲线的设计主要有图解法和解析法。图解法简便直观，但有一定的误差，因此在精度要求不太严格，或是初步了解凸轮轮廓形状时可以采用。当精度要求较高时，则需用解析法进行精确设计。虽然解析法的推导以及计算过程复杂，但随着当今计算机技术的发展，解析法应用也逐渐广泛。

4.3.1　用图解法设计凸轮轮廓

4.3.1.1　直动从动件盘形凸轮轮廓曲线的设计

凸轮轮廓曲线设计的基本原理是反转法原理。如图4-14所示，凸轮以角速度ω逆时针旋转，推动从动件在机架里作上下往复运动。此时若给系统加上$-\omega$的角速度，凸轮将静止下来，与此同时，机架连同从动件将顺时针转动，从动件尖顶的轨迹就是凸轮的轮廓曲线。

1. 对心直动从动件盘形凸轮

根据工作要求和空间条件给定凸轮从动件位移线图（见图4-15(a)）、基圆半径r_b、逆时针旋转角速度ω。根据反转原理，对心直动尖顶从动件盘形凸轮机构轮廓曲线的设计步骤如下（见图4-15）。

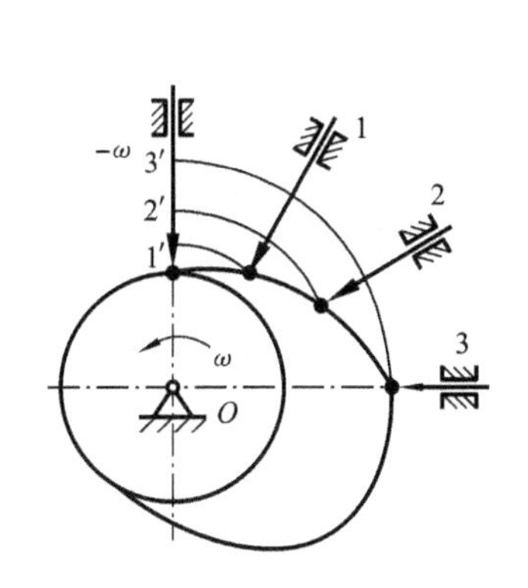

图4-14　反转法原理示意图

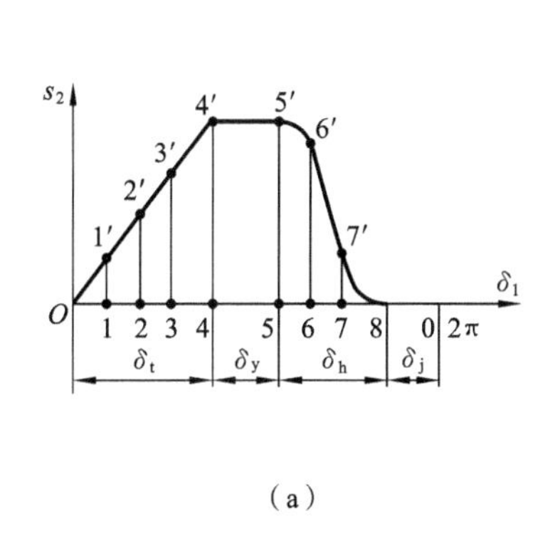

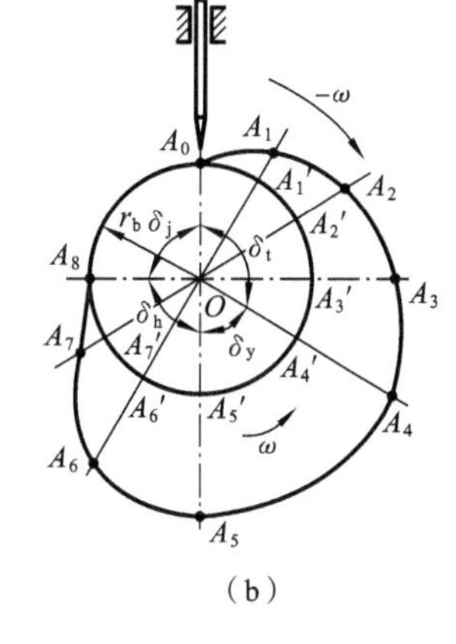

图4-15　对心尖顶直动从动件盘形凸轮轮廓曲线绘制

(a) 从动件位移曲线；(b) 凸轮轮廓曲线

(1) 将位移曲线分别在推程和回程作等分，并绘制出各等分点的位移线段（见图4-15(a)）。

(2) 取适当比例尺μ_L，以r_b为半径作基圆。基圆与导路的交点A_0是从动件尖顶的起始位置。

(3) 确定各等分点导路位置。自OA_0沿$-\omega$方向，根据位移曲线上横坐标各等分点1，2，3，…将基圆作相应的等分，得到A_1'，A_2'，A_3'，…。连接OA_1'，OA_2'，OA_3'，…，即为反转后导路在各等分点所占据的位置。

(4) 求位移量。在各等分点导路所占据的位置处，从基圆开始向外量取等分点处的位移量，即$A_1A_1'=11'$，$A_2A_2'=22'$，$A_3A_3'=33'$，…，得到A_1，A_2，A_3，…即是反转后尖顶所占据的位置。

(5) 光滑连接 $A_0,A_1,A_2,\cdots$,即为所求凸轮轮廓曲线。

若从动件为滚子从动件,凸轮轮廓设计方法如图 4-16 所示。将滚子中心看作尖顶从动件的尖顶,按照尖顶从动件设计方法得到凸轮的理论轮廓曲线。然后在理论轮廓上取一系列点作为圆心,以滚子半径 r_T 为半径作一系列圆,这些圆的内包络线即是凸轮的实际轮廓曲线。需要注意的是,滚子从动件凸轮基圆半径是指理论轮廓曲线的最小曲率半径。

当从动件为平底从动件时,凸轮轮廓设计方法如图 4-17 所示。将从动件导路中心线与从动件平底交点 A 看作尖顶从动件的尖顶,根据前述方法找出理论轮廓上的点 $A_1,A_2,A_3,\cdots$。过这些点作一系列代表从动件平底的直线,这些直线的内包络线即是平底从动件凸轮的实际轮廓。从图 4-17 中看出,从动件平底与凸轮轮廓接触点(平底直线与凸轮轮廓线的切点)随着从动件位置的不同而不同。图中位置 1、12 是平底与凸轮轮廓相切时切点最左位和最右位。因此要求所设计的推杆左侧长度大于 a,右侧长度大于 b。

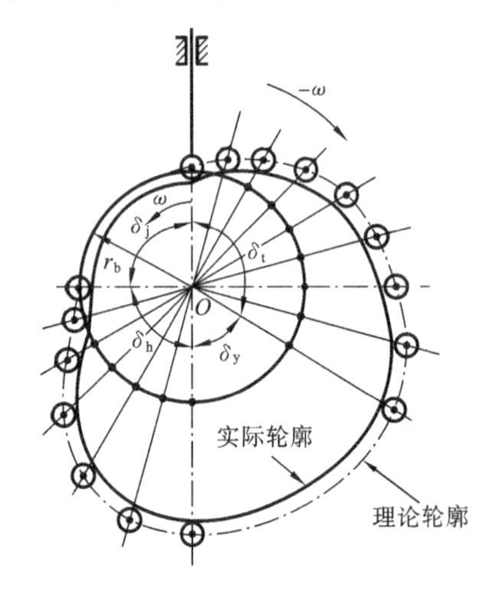

图 4-16 对心滚子直动从动件盘形凸轮轮廓曲线绘制

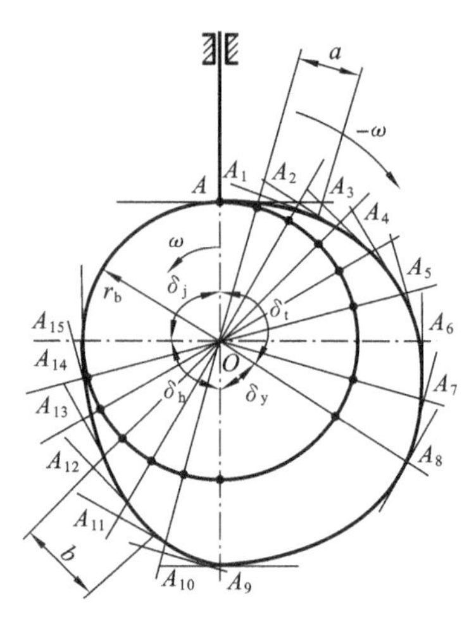

图 4-17 对心平底直动从动件盘形凸轮轮廓曲线绘制

2. 偏置直动从动件盘形凸轮

偏置凸轮机构从动件导路中心线与凸轮旋转中心偏离距离为 e。以凸轮旋转中心 O 为圆心,以偏心距 e 为半径作偏心圆,则从动件导路中心线切于此圆。因此,用反转法设计凸轮轮廓曲线时,从动件导路在不同时刻占据的位置必定与此偏心圆相切。偏置尖顶直动从动件盘形凸轮轮廓曲线设计步骤如下(见图 4-18)。

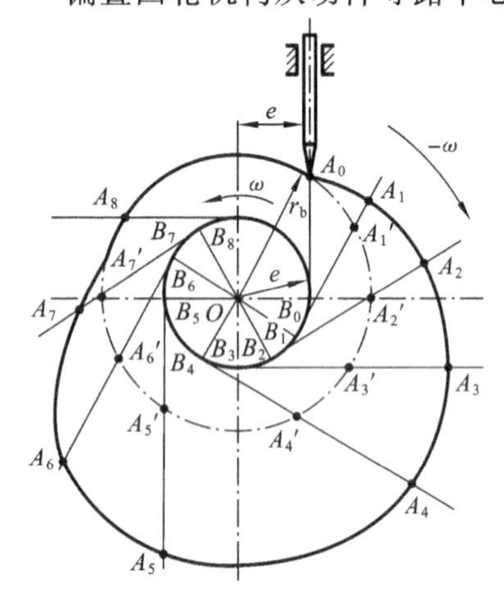

图 4-18 偏置尖顶直动从动件盘形凸轮轮廓曲线绘制

(1) 将位移曲线分别在推程和回程作等分,并绘制出各等分点的位移线段。

(2) 取适当比例尺 μ_L,以 e 和 r_b 为半径,作两同心圆,分别是偏心圆和基圆。

(3) 确定行程起点及导路起始位置。在基圆上取一点 A_0 作为从动件升程起始点。过 A_0 作偏心圆的切线,得到切点 B_0,则直线 A_0B_0 是从动件导路起始位置。

(4) 从 OB_0 开始,沿 $-\omega$ 方向,根据位移曲线上横坐标各等分点 1,2,3,…分别将偏心圆作相应等分,得到 B_1,

$B_2, B_3, \cdots$。

(5) 确定各等分点导路位置。过 B_1 作 $A_1'B_1 \perp OB_1$，过 B_2 作 $A_2'B_2 \perp OB_2$，过 B_3 作 $A_3'B_3 \perp OB_3$，…，分别与基圆交于 $A_1', A_2', A_3', \cdots$。直线 $B_1A_1', B_2A_2', B_3A_3', \cdots$ 即为反转后导路在各等分时刻所占据的位置。

(6) 求位移量。在各等分点导路所占据的位置处，从基圆处开始向外量取对应的位移量，即 $A_1A_1'=11'$，$A_2A_2'=22'$，$A_3A_3'=33'$，…，得到 $A_1, A_2, A_3, \cdots$ 即是反转后尖顶的位置。

(7) 光滑连接 $A_0, A_1, A_2, \cdots$，即为所求凸轮轮廓曲线。

4.3.1.2　**摆动从动件盘形凸轮轮廓曲线的设计**

当从动件为摆动形式时，其位移是角度。已知凸轮的基圆半径 r_b，凸轮中心至摆杆中心的距离 $OA=l_0$，摆杆长度 $AB=l_1$，凸轮以角速度 ω 逆时针回转，用反转法设计凸轮轮廓的步骤如下(参考图 4-19)。

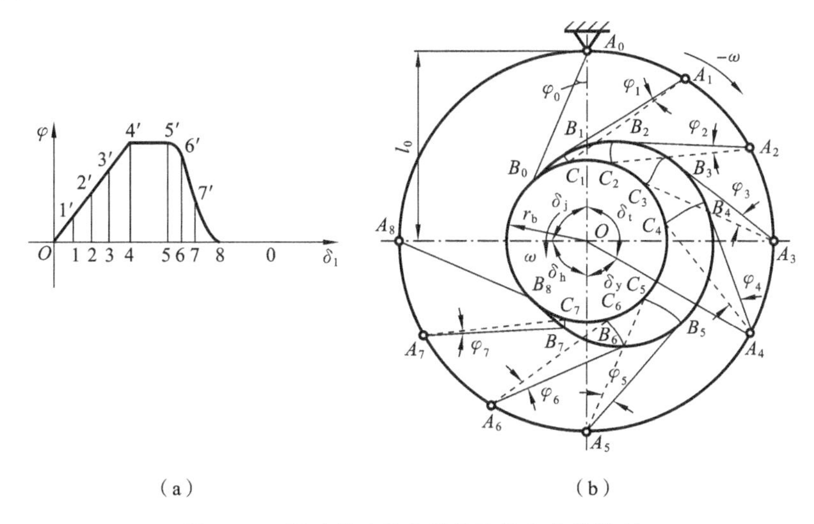

图 4-19　摆动从动件盘形凸轮轮廓曲线绘制

(1) 将位移曲线分别在推程和回程作等分，并求出各等分点位移(见图 4-19(a))。需要注意这里的位移是从动件的摆角。

(2) 取适当比例尺 μ_L，以 r_b 和 l_0 为半径，作两同心圆，它们分别是基圆和摆杆顶点圆。

(3) 确定摆杆初始位置。在摆杆顶点圆上选定一点 A_0，以其为圆心，以摆杆长度 l_1 为半径作弧，交基圆于 B_0 点，则 A_0B_0 就是摆杆的初始位置。$\angle B_0A_0O=\varphi_0$ 是从动件的初位角。

(4) 从 A_0 开始，沿 $-\omega$ 方向，根据位移曲线上横坐标各等分点 1,2,3,…，将摆杆中心圆作相应的等分，得到 $A_1, A_2, A_3, \cdots$。

(5) 分别以 $A_1, A_2, A_3, \cdots$ 为圆心，以摆杆长度 l_1 为半径作弧，交基圆于点 $C_1, C_2, C_3, \cdots$，则 $A_1C_1, A_2C_2, A_3C_3, \cdots$ 分别是摆杆在各等分点无摆角位移时的位置。

(6) 画从动件摆角位移。量取 $\angle B_1A_1C_1=\varphi_1$，$\angle B_2A_2C_2=\varphi_2$，…，且使得 $A_1B_1=l_1$，$A_2B_2=l_1$，…，得到 $B_1, B_2, B_3, \cdots$。

(7) 光滑连接 $B_0, B_1, B_2, \cdots$，即为所求凸轮轮廓曲线。

同理，若从动件为滚子或平底从动件时，按上述作法得到的是凸轮的理论轮廓线，只需在理论轮廓曲线上选一系列点作滚子或平底，然后作其内包络线即可得到相应的实际轮廓曲线。

4.3.2 用解析法设计凸轮轮廓简介

用解析法设计凸轮轮廓的关键是建立凸轮轮廓的数学方程式，然后以计算机为求解以及设计工具，求解出凸轮轮廓上各点的坐标值并加以绘制。下面以偏置直动滚子从动件盘形凸轮为例，介绍解析法设计凸轮轮廓的基本过程。

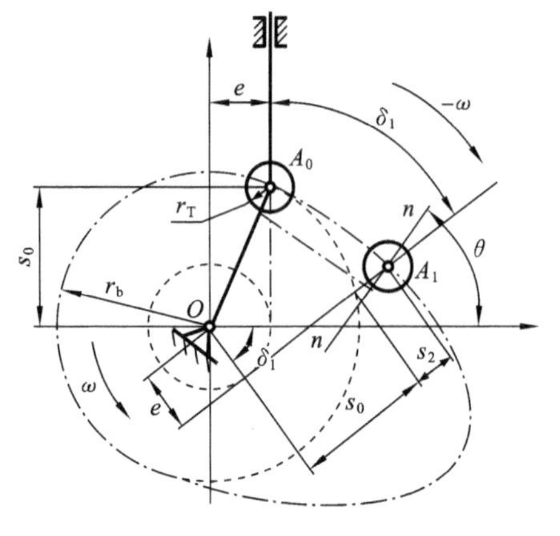

图 4-20 解析法设计凸轮轮廓曲线

图 4-20 所示的偏置直动滚子从动件盘形凸轮机构中，基圆半径为 r_b，偏心距为 e，滚子半径为 r_T，凸轮以角速度 ω 逆时针转动。以凸轮旋转中心 O 为原点，建立平面直角坐标系。A_0 为推程起始位置。当凸轮转过 δ 角度时，推杆的位移为 s_2。根据反转法原理，凸轮不动，则推杆反转至图 4-20 中 A_1 位置。此位置的直角坐标为

$$\begin{cases} x=(s_2+s_0)\sin\delta_1+e\cos\delta_1 \\ y=(s_2+s_0)\cos\delta_1-e\sin\delta_1 \end{cases} \tag{4-12}$$

其中：$s_0=\sqrt{r_b^2-e^2}$。

式(4-12)为凸轮理论轮廓曲线的方程式。

滚子从动件的实际轮廓与理论轮廓在法线方向上的距离是滚子半径 r_T。图 4-20 中 A_1 点法线 nn 与水平方向的夹角为 θ，其斜率为 $\tan\theta$。A_1 点切线的斜率为 dy/dx。由于同一点的法线与切线相互垂直，因此两直线的斜率互为负倒数，因此有

$$\tan\theta=-dx/dy=-(dx/d\delta_1)/(dy/d\delta_1) \tag{4-13}$$

由式(4-12)可知

$$\begin{cases} dx/d\delta_1=(ds_2/d\delta_1-e)\sin\delta_1+(s_2+s_0)\cos\delta_1 \\ dy/d\delta_1=(ds_2/d\delta_1-e)\cos\delta_1-(s_2+s_0)\sin\delta_1 \end{cases} \tag{4-14}$$

因此可以得到

$$\begin{cases} \sin\theta=(dx/d\delta_1)/\sqrt{(dx/d\delta_1)^2+(dy/d\delta_1)^2} \\ \cos\theta=-(dy/d\delta_1)/\sqrt{(dx/d\delta_1)^2+(dy/d\delta_1)^2} \end{cases} \tag{4-15}$$

从而实际轮廓曲线方程为

$$\begin{cases} x_s=x-r_T\cos\theta \\ y_s=y-r_T\sin\theta \end{cases} \tag{4-16}$$

根据式(4-16)，利用计算机就可以作出凸轮的实际轮廓曲线。采用解析法时，还可以根据要求推导从动件在任意时刻的速度、加速度、凸轮轮廓曲线上压力角的表达式，使得凸轮机构的运动和动力分析简单便捷。

4.4 凸轮机构设计中的几个问题

对于凸轮机构的设计，除了凸轮轮廓外，在设计时也应考虑凸轮的基圆半径、滚子从动件滚子半径，其对凸轮机构的受力情况、运动灵活性、结构尺寸也有一定的影响。

4.4.1 凸轮机构的压力角与传力性能

图4-21所示的对心直动尖顶从动件盘形凸轮机构中，当不计摩擦时，凸轮作用于从动件上的力 **F** 沿接触点法线方向。从动件运动方向与力 **F** 之间所夹的锐角 α 称为压力角。力 **F** 可以分解成两个相互垂直方向的分力 **F′** 和 **F″**。其中 **F′** 沿从动件运动方向，驱动从动件运动，是有益分力。**F″** 垂直于从动件运动方向，使从动件压紧导轨，会增加从动件与导轨之间的摩擦力，是有害分力。

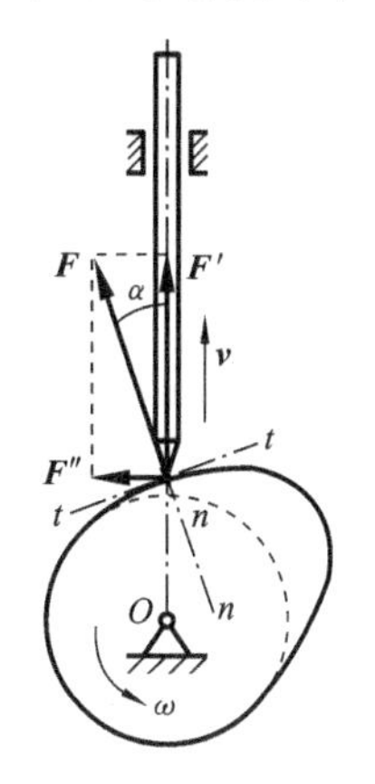

图4-21 凸轮机构压力角

由图分析可知：

$$\begin{cases} F' = F\cos\alpha \\ F'' = F\sin\alpha \end{cases} \tag{4-17}$$

可见，压力角 α 越大，有益分力 F' 越小，有害分力 F'' 越大。当 α 增大到某一数值时，F'' 在导路中引起的摩擦力 F_f 大于或等于 F'，此时无论凸轮作用于从动件上的作用力 F 有多大，都无法推动从动件运动，即凸轮机构发生了自锁。因此压力角是衡量凸轮机构传力性能的重要参数。压力角越小，机构传力性能越好，传动效率越高。

由压力角的定义以及凸轮结构可知，凸轮轮廓上各点的压力角不相等。在设计时应使最大压力角不超过许用值。通常：直动从动件推程的许用压力角 $[\alpha]=30°$，摆动从动件的许用压力角 $[\alpha]=35°\sim45°$，回程时，由于是靠重力或弹簧力返回，一般不会自锁，可允许较大的压力角，$[\alpha]=70°\sim80°$。

平底从动件凸轮机构中，凸轮作用于从动件上作用力的方向始终垂直于平底，与从动件运动方向一致，因此始终有 $\alpha=0°$（见图4-22）。由此可见，平底从动件凸轮机构具有良好的传力性能，可用于载荷较大的场合。

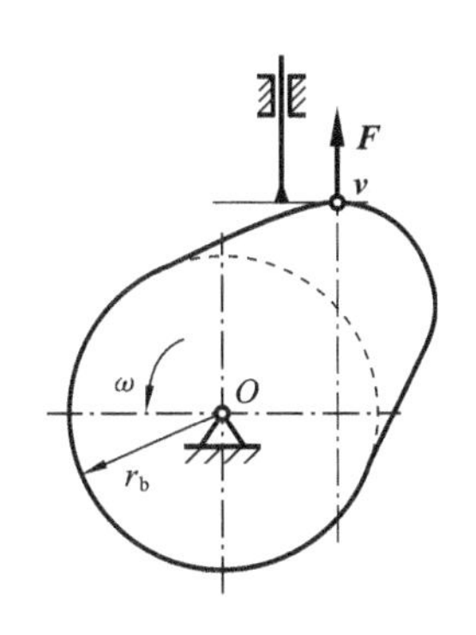

图4-22 平底从动件凸轮机构压力

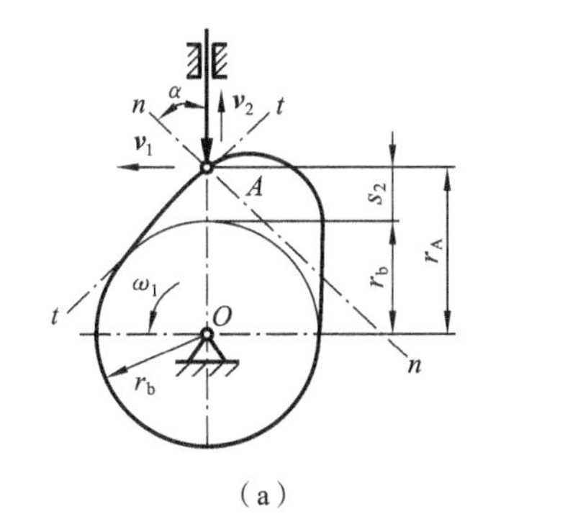

图4-23 凸轮基圆半径与压力角的关系

4.4.2 凸轮基圆半径的确定

如图4-23所示，凸轮与尖顶从动件在 A 点接触，此时有如下几何关系：

$$r_b = r_A - s_2 \tag{4-18}$$

式中：r_b——凸轮基圆半径；

r_A——凸轮轮廓向径；

s_2——从动件位移。

分析式(4-18)知，当从动件运动规律确定后，凸轮基圆半径 r_b 越大，则凸轮轮廓向径 r_A 越大，意味着凸轮结构尺寸的增大。因此在结构紧凑性方面，通常要求尽可能减小凸轮基圆半径。

另一方面，凸轮基圆半径与凸轮机构压力角密切相关。图 4-23 中，当凸轮与尖顶从动件在 A 点接触时，凸轮上 A_1 点、从动件上 A_2 点之间速度矢量关系如下：

$$v_{A2}=v_{A1}+v_{A2A1} \tag{4-19}$$

矢量图如图 4-23(b)所示，其中 $v_{A1}=v_1=\omega_1 r_A$。由图可知

$$v_2=v_{A2}=v_{A1}\tan\alpha=\omega_1 r_A\tan\alpha \tag{4-20}$$

因此有

$$r_A=\frac{v_2}{\omega_1\tan\alpha} \tag{4-21}$$

将式(4-21)代入式(4-18)可得

$$r_b=\frac{v_2}{\omega_1\tan\alpha}-s_2 \tag{4-22}$$

一般从动件位移 s_2、速度 v_2 以及凸轮角速度 ω_1 是根据工作条件给定的。分析式(4-22)可知，若为了追求凸轮机构结构紧凑而减小凸轮的基圆半径 r_b，将会使凸轮机构的压力角 α 增大，致使机构传力性能降低，甚至发生自锁。因此设计时应在保证凸轮机构的最大压力角不超过许用压力角的前提下，适当减小基圆半径。通常取 $r_b\geqslant(0.8\sim1.0)d$，其中 d 是凸轮轴直径。

4.4.3 滚子半径的确定

滚子从动件滚子半径 r_T 与凸轮轮廓有较大关系。

当凸轮轮廓内凹时(见图 4-24(a))，理论轮廓曲线曲率半径 ρ_l 与实际轮廓曲线曲率半径 ρ_s 之间的关系为 $\rho_s=\rho_l+r_T$。无论滚子半径 r_T 为多少，凸轮实际轮廓曲线的曲率半径总是大于零，因而凸轮实际轮廓总是可以正确合理地设计出来的。若凸轮轮廓外凸时，则 $\rho_s=\rho_l-r_T$。图 4-24(b)中，理论轮廓上最小曲率半径 $\rho_{min}>r_T$，则总有 $\rho_s>0$，凸轮实际轮廓可以完整绘制出。图 4-24(c)中，理论轮廓上最小曲率半径 $\rho_{min}=r_T$，则此处 $\rho_s=0$，凸轮实际轮廓在此处为尖点。这种尖点极易磨损，磨损后将使从动件运动规律发生改变。图 4-24(d)中，理论轮廓上最小曲率半径 $\rho_{min}<r_T$，则 $\rho_s<0$，实际轮廓曲线出现交叉。交叉部分在实际制造时将被切去，致使从动件无法实现预期的运动规律，这种现象称为失真。

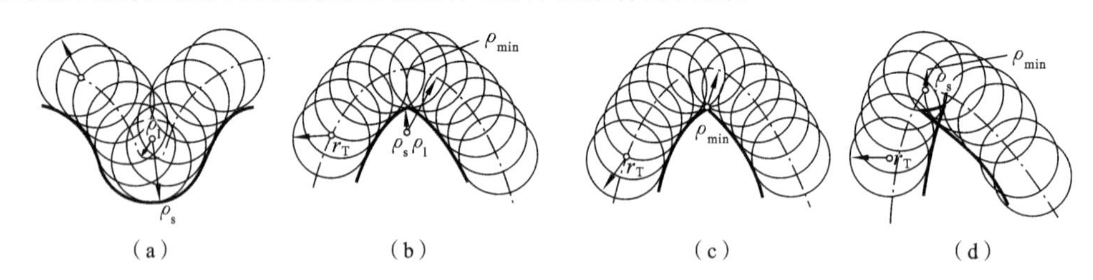

图 4-24 滚子半径与凸轮轮廓的关系

(a) $\rho_s=\rho_l+r_T$；(b) $\rho_{min}>r_T$；(c) $\rho_{min}=r_T$；(d) $\rho_{min}<r_T$

由以上分析可知，在外凸的凸轮机构设计中，滚子半径的选择不能过大，否则容易出现变尖或失真现象，通常取 $r_T=0.8\rho_{min}$。当凸轮理论轮廓曲线的最小曲率半径过小时，可以适当增大凸轮基圆半径，重新设计凸轮轮廓曲线，或重新选择从动件运动规律。工程上一般要求实际轮廓曲线的最小曲率半径不小于 5 mm，以防止凸轮过快磨损。

本章小结

(1) 按照不同的分类方法,凸轮机构分为盘形凸轮机构、移动凸轮机构和圆柱凸轮机构;直动从动件凸轮机构和摆动从动件凸轮机构;尖顶从动件凸轮机构、滚子从动件凸轮机构和平底从动件凸轮机构。尖顶从动件可以时时保持和凸轮轮廓的接触,可以实现任意预期的运动规律;滚子从动件凸轮机构摩擦小、磨损小;平底从动件传力性能良好。

(2) 常用的凸轮从动件运动规律中:等速运动规律简单,但从动件具有刚性冲击,因此应用很少,仅在低速场合偶尔使用;等加速等减速运动规律在行程起点、中点和终点处,从动件有柔性冲击;余弦运动规律在行程起点和终点处,从动件有柔性冲击;正弦运动规律由于加速度连续无突变,从动件无冲击。具有柔性冲击的运动规律多用于中、低速凸轮机构,无冲击的运动规律可以用于高速凸轮机构。

(3) 本章中凸轮机构设计以图解法为重点。需要注意以下几点:

① 图解法设计的基本原理是反转法原理。

② 作图量取位移时,是从凸轮的基圆向外量取,因为基圆是从动件位移为0处。

③ 偏置凸轮机构中,反转导轨位置始终与偏心圆相切。

④ 滚子从动件凸轮机构的基圆半径是在理论轮廓曲线上量取的。理论轮廓曲线是滚子中心所在的曲线。

(4) 凸轮机构的压力角用以衡量凸轮机构的传力性能。压力角越小,机构传力性能越好,机构效率越高。为了保证凸轮机构传力性能,规定凸轮机构的最大压力角不得超过许用压力角。

(5) 凸轮机构的基圆半径与压力角有密切的关系。基圆半径越小,压力角越大。因而在设计中,要权衡设计要求,进行基圆半径和压力角两个参数的协调选取。

(6) 滚子从动件滚子半径选择不当,容易使得外凸式凸轮机构出现变尖或失真现象。解决办法是增大基圆半径。

思考与练习题

4-1 凸轮从动件结构形式有哪些?各有什么优缺点?

4-2 为什么平底从动件盘形凸轮机构的凸轮轮廓不能内凹?为什么滚子从动件盘形凸轮机构的凸轮轮廓可以内凹,且一定不会失真?

4-3 什么是刚性冲击?什么是柔性冲击?

4-4 为什么说凸轮机构的压力角是机构传力性能的重要参数?试作出图4-25所示凸轮机构的在B点处的压力角。图中凸轮是以A为圆心的圆盘,旋转中心为O,偏心距$OA=e$。

4-5 如图4-26所示对心直动从动件盘形凸轮机构中,基圆半径为r_b,AB弧段为凸轮推程轮廓线,BC弧段为凸轮远休止阶段轮廓线,CD段为凸轮回程轮廓线,DA段为凸轮近休止阶段轮廓线。试在图中标注凸轮的推程运动角、远休止角、回程运动角以及近休止角,从动件运动最高点,并说明凸轮行程为多少。

4-6 设计一对心直动尖顶从动件盘形凸轮机构。已知凸轮以角速度ω逆时针方向回转。凸轮基圆半径$r_b=50$ mm,从动件升程$h=20$ mm,$\delta_t=120°$,$\delta_y=60°$,$\delta_h=60°$,$\delta_j=120°$。

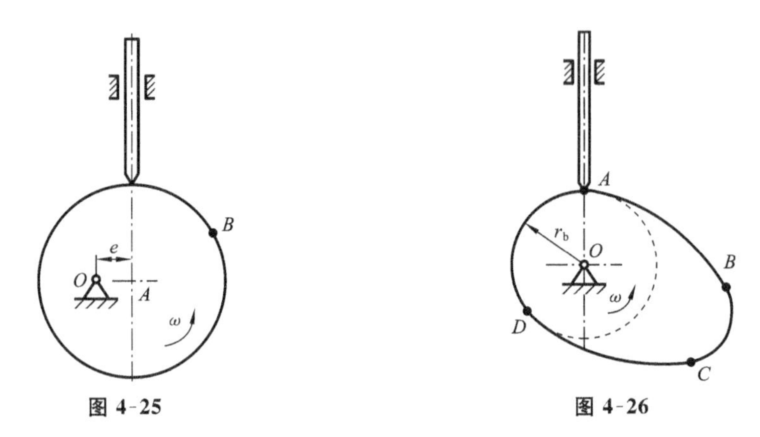

图 4-25 图 4-26

从动件推程作等加速等减速运动，回程作匀速运动，试绘制凸轮轮廓。

4-7 将题 4-6 中的凸轮机构改成滚子从动件凸轮机构，滚子半径 $r_T=10$ mm，试设计凸轮轮廓曲线。

4-8 设计一偏置直动滚子从动件盘形凸轮机构。已知凸轮以角速度 ω 顺时针方向回转，偏心距 $e=10$ mm，凸轮基圆半径 $r_b=50$ mm，从动件升程 $h=30$ mm，$\delta_t=150°$，$\delta_y=45°$，$\delta_h=120°$，$\delta_j=45°$。从动件推程作简谐运动，回程作等加速等减速运动，试绘制凸轮轮廓。

4-9 试用解析法设计图 4-8 中的凸轮轮廓曲线。

4-10 设计图 4-19 摆动从动件凸轮机构的凸轮轮廓曲线。已知机架长度 $l_{OA}=75$ mm，摆杆长度 $l_{AB}=65$ mm，基圆半径 $r_b=30$ mm，凸轮逆时针方向以角速度 ω 回转。从动件摆角最大摆动幅度为 25°，$\delta_t=180°$，$\delta_y=0°$，$\delta_h=120°$，$\delta_j=60°$。从动件推程以简谐运动规律顺时针转动，回程以等加速等减速规律回至原位。试绘制凸轮轮廓。

第5章 齿轮传动

齿轮传动是现代机器和仪器中形式最多、应用最广泛的一种机械传动，可在机器中传递运动和动力，可以完成减速、增速、变向、换向等动作。

本章以渐开线齿轮为主，以直齿圆柱齿轮为重点，介绍齿轮传动的啮合原理、尺寸参数、齿轮加工及轮齿的失效形式、受力分析以及强度理论与设计计算等内容。

5.1 齿轮传动的类型和特点

齿轮传动的类型很多。齿轮传动按照轴线的相互位置，可分为两大类：平面齿轮传动和空间齿轮传动。

5.1.1 齿轮传动的类型

1. 两轴平行的平面齿轮传动

两轴平行的圆柱齿轮传动包括直齿圆柱齿轮传动(外啮合(见图 5-1(a))、内啮合(见图 5-1(b))，直齿轮轮齿的齿向与其轴线平行)，斜齿圆柱齿轮传动(图 5-1(c)、图 5-1(d)，斜齿轮轮齿的齿向与其轴线倾斜了一个角度(螺旋角))，齿轮与齿条的传动(图 5-1(e)、图 5-1(f)，齿条可以看作是齿轮的展开)，人字齿轮传动(图 5-1(g)，由螺旋角方向相反的两个斜齿轮组成)等。

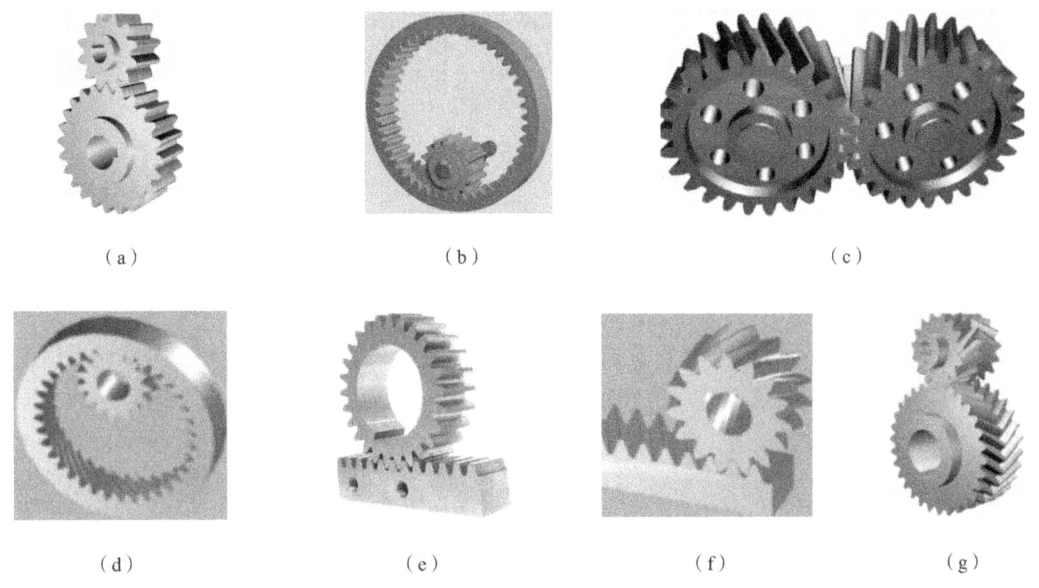

图 5-1 两轴平行的圆柱齿轮传动

(a) 外啮合直齿圆柱齿轮传动；(b) 内啮合直齿圆柱齿轮传动；(c) 外啮合斜齿轮圆柱齿轮传动；(d) 内啮合斜齿轮圆柱齿轮传动；(e) 直齿轮齿轮与齿条传动；(f) 斜齿轮齿轮与齿条传动；(g) 人字齿轮传动

2. 两轴相交、交错的空间齿轮传动

两轴相交的圆锥齿轮传动包括直齿圆锥齿轮传动(见图 5-2(a))、斜齿圆锥齿轮传动(见图 5-2(b))、曲齿圆锥齿轮传动(见图 5-2(c))等。

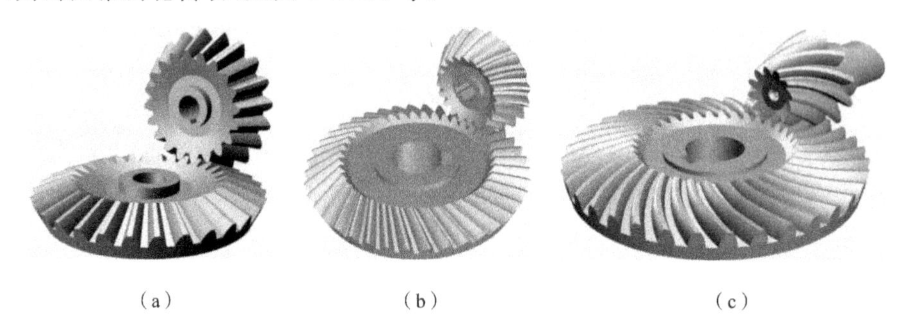

(a)　　(b)　　(c)

图 5-2　两轴相交的圆锥齿轮传动

(a) 直齿圆锥齿轮传动;(b) 斜齿圆锥齿轮传动;(c) 曲齿圆锥齿轮

图 5-3　螺旋齿轮传动

两轴交错的齿轮传动包括螺旋齿轮传动(见图 5-3)等。

5.1.2　齿轮传动的特点

齿轮传动的优点是:平均传动比和瞬时传动比均可保持恒定不变;由于主从动轮按恒定角速比作等速转动,从而使机械运转平稳、冲击、振动和噪声小,这也是齿轮传动获得广泛应用的主要原因之一;功率速度范围广;传递功率范围广,可达几万千瓦,圆周速度可达每秒几百米;工作可靠、寿命长;传动效率高;结构紧凑;适宜于空间任意两轴之间的传动。其缺点是:需要专门的设备制造,成本较高;齿轮精度低时,传动的噪声和振动较大;不宜用于传递轴间距较大的传动。

5.2　齿廓啮合的基本定律

齿轮传动是靠主动齿轮的轮齿逐一推动从动齿轮的轮齿而实现运动的传递的。齿轮传动最主要的特点是瞬时传动比恒定,这样,当主动齿轮以等角速度转动时,从动齿轮也能以等角速度转动。若从动轮以变角速度转动,会引起惯性力,导致传动中的振动与冲击。

为保证瞬时传动比不变,齿轮的齿廓曲线必须满足一定的条件。

图 5-4 所示为一对相互啮合的轮齿,主动齿轮 1 和从动齿轮 2 的齿廓曲线分别为 C_1、C_2,主动齿轮以角速度 ω_1 绕轴心 O_1 顺时针转动,推动从动齿轮以角速度 ω_2 绕 O_2 逆时针转动。此刻两齿廓曲线在 K 点接触。过 K 点作两齿廓曲线的公法线 N_1N_2,与连心线 O_1O_2 相交于 C 点。

两齿轮上 K 点的速度分别为

$$v_{K1}=\omega_1\ \overline{O_1K},\quad v_{K2}=\omega_2\ \overline{O_2K}$$

两齿廓要能在 K 点正确啮合,则两齿廓 K 点的速度在公法线 N_1N_2 上的速度分量应相等。否则,两齿廓不是相互分离就是相互嵌入,故有

$$v_{K1}^{\mathrm{n}}=v_{K2}^{\mathrm{n}}$$

分别过两齿轮的轴心 O_1、O_2 作法线$\overline{N_1N_2}$的垂线$\overline{O_1N_1}$、O_2N_2，则 N_1、N_2 两点的速度分别为

$$v_{N1}=\omega_1 O_1N_1,\quad v_{N2}=\omega_2 O_2N_2$$

根据理论力学速度投影定理，一刚体作平面运动，在刚体上任意两点的速度在该两点连线上的投影彼此相等。因此有

$$v_{K1}^n=v_{N1},\quad v_{K2}^n=v_{N2}$$

故

$$\omega_1 O_1N_1=\omega_2 O_2N_2$$

$$i_{12}=\frac{\omega_1}{\omega_2}=\frac{O_2N_2}{O_1N_1}=\frac{O_2C}{O_1C}\tag{5-1}$$

这就是齿轮1、2瞬时传动比 i_{12} 的计算公式。该式表明，互相啮合的一对齿轮，在任一位置时的传动比，都与其连心线 O_1O_2 被其啮合齿廓在接触点 K 处的公法线所分成的线段成反比。这一规律称为齿廓啮合基本定律。齿廓公法线与两轮连心线的交点 C 称为节点；满足该定律而相互啮合的一对齿廓称为共轭齿廓。

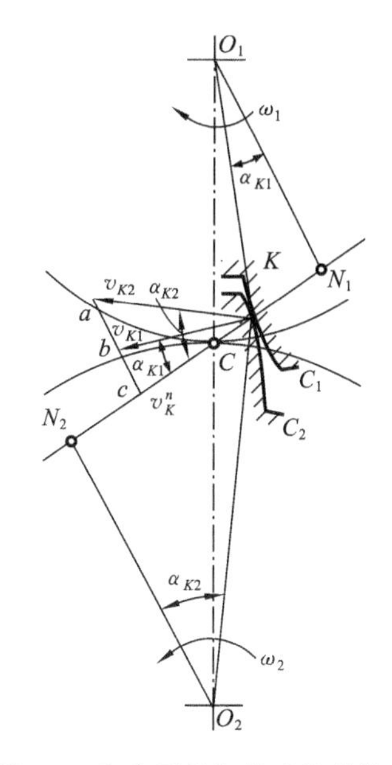

图 5-4　齿廓形状与传动比的关系

齿轮传动要保证传动比恒定，就要保证比值$\frac{O_2C}{O_1C}$为常量。当两轮轴心连线 O_1O_2 为定长时，若满足上述要求，节点 C 应为 O_1O_2 上的一个定点。故齿轮保证恒定传动比的条件为：两轮齿廓无论在任何位置接触，过节点（啮合点）的公法线必须与两轮的连心线交于一定点。当要求两齿轮作变传动比传动时，节点 C 就不再是一个连心线上的一个定点，而是按传动比的变化规律在连心线上移动。当两轮作定比传动时，节点 C 在轮1、轮2的运动平面上的轨迹为分别以 O_1P、O_2P 为半径的圆，该圆称为节圆，则一对齿轮的啮合传动可看作是一对节圆在作纯滚动。

从理论上讲，能作为共轭齿廓的曲线很多。但在生产实践中，对齿廓曲线，除了注意满足定传动比要求之外，还必须从设计、制造、安装及强度等各个方面予以考虑。目前在机械中常采用的齿廓曲线有渐开线、摆线和圆弧。采用渐开线作为齿廓曲线，所设计的齿轮不但容易制造，而且也便于安装，互换性也好，所以目前绝大部分的齿轮都采用渐开线作为齿廓曲线。本章主要讨论渐开线齿轮传动。

5.3 渐开线齿廓

以渐开线作为齿廓曲线的齿轮称为渐开线齿轮。

5.3.1 渐开线及其特性

1. 渐开线的形成

如图5-5所示，当直线 BK 沿着半径为 r_b 的圆周作纯滚动时，直线上一点的轨迹称为该圆的渐开线。这个圆称为渐开线的基圆，基圆半径为 r_b，直线 BK 称为渐开线的发生线。θ_K 称为渐开线上 K 点的展角。

2. 渐开线的特性

(1) 发生线沿基圆滚过的长度，等于基圆上被滚过的弧长，即$\overline{KB}=\overset{\frown}{AB}$。

(2) 因发生线沿基圆作纯滚动时，B 点是其瞬时转动中心，故发生线 KB 是渐开线上 K 点的法线。

由于发生线始终与基圆相切，所以渐开线上任一点的法线必与基圆相切。切点 B 就是渐开线上 K 点的曲率中心，线段 KB 为 K 点的曲率半径。K 点距离基圆越远，相应的曲率半径越大；反之，K 点离基圆越近，相应的曲率半径越小。

(3) 渐开线上任一点法向压力的方向线(与渐开线上该点的法线重合)和该点速度方向的夹角，称为该点的压力角 α_k。压力角 α_k 越大，则法向压力 F_n 沿接触点的速度 v_k 方向的分力就越小，而沿径向的分力就越大。可见压力角的大小将直接影响渐开线齿轮传动时轮齿的受力情况，并有 $\cos\alpha_k=\frac{r_b}{r_k}$，这说明渐开线上各点的压力角 α_k 不是定值，它随着 r_k 的增大而增大。在基圆上的压力角等于零。

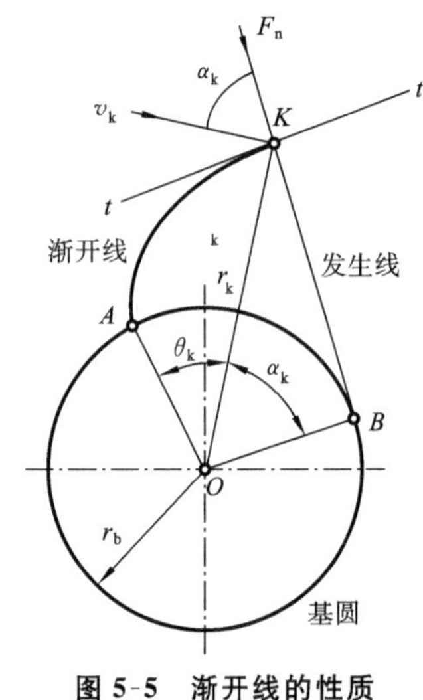

图 5-5　渐开线的性质

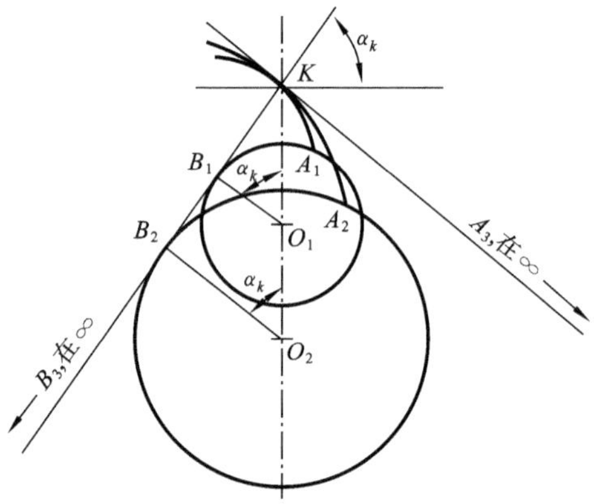

图 5-6　渐开线的形状与基圆半径的关系

(4) 渐开线的形状取决于基圆半径的大小，如图 5-6 所示。基圆半径越小，渐开线越弯曲；基圆半径增大，渐开线趋于平直；当基圆半径为无穷大时，渐开线为直线，故渐开线齿条具有直线齿廓。

(5) 渐开线是从基圆开始向外逐渐展开的，故基圆之内无渐开线。

5.3.2　渐开线齿廓的啮合特性

如图 5-7 所示，两渐开线齿轮的基圆分别为 r_{b1}、r_{b2}，过两轮齿廓啮合点 K 作两齿廓的公法线 N_1N_2，根据渐开线的性质，该公法线必与两基圆相切，为两基圆的内公切线。又因两轮的基圆为定圆，同一方向的内公切线只有一条，所以无论两齿廓在何处接触，过接触点作齿廓的公法线都为一固定直线，与连心线 O_1O_2 的交点 C 是一定点。这说明渐开线齿廓满足齿廓啮合的基本定律。

1. 传动比的恒定性

两轮传动时，其传动比为

$$i_{12}=\frac{\omega_1}{\omega_2}=\frac{\overline{O_2C}}{\overline{O_1C}}=\frac{\overline{O_2N_2}}{\overline{O_1N_1}}=\frac{r_{b2}}{r_{b1}} \tag{5-2}$$

式(5-2)表明，两轮的传动比等于两轮的基圆半径的反比，为一定值。

若以 O_1、O_2 为圆心，以 O_1C、O_2C 为半径作圆，则两齿轮的传动就相当于这一对相切的圆作纯滚动，这对相切的圆称为齿轮的节圆，其半径分别以 r_1' 和 r_2' 表示。显然，两轮的传动比也等于其节圆半径的反比，即 $i_{12}=r_2'/r_1'$。

2. 啮合角的不变性

两齿廓啮合传动时，其齿廓啮合点的轨迹称为啮合线。由于渐开线齿廓接触点的公法线是同一条直线 N_1N_2，就说明从开始啮合到退出啮合的整个传动过程中，所有的啮合点都在这一条公法线上，所以公法线 N_1N_2 即为渐开线齿廓的啮合线。

啮合线与两节圆的公切线 $t—t$ 的夹角称为啮合角，如图5-7所示。由于渐开线齿廓的啮合线就是公法线 N_1N_2，故啮合角的大小始终保持不变。它等于齿廓在节圆上的压力角 α'。

当不考虑齿廓间的摩擦力影响时，齿廓间的压力是沿着接触点的公法线方向作用的，即渐开线齿廓间压力的作用方向恒定不变。故当齿轮传递的转矩一定时，两啮合齿廓的相互作用力大小也不变。这一特性有利于齿轮传动的平稳性。

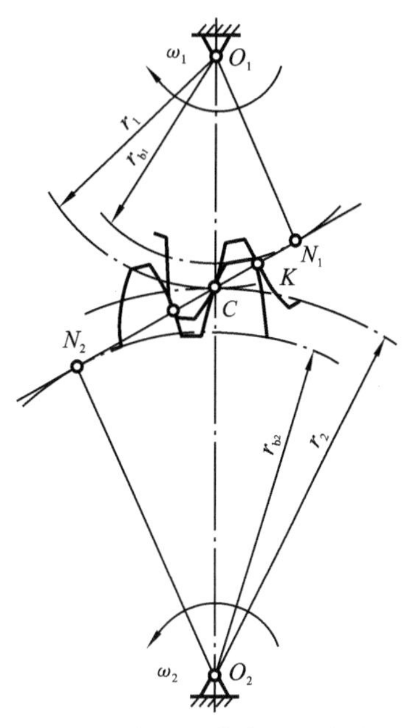

图 5-7 渐开线齿廓啮合传动

从以上分析可知，渐开线齿廓的啮合线、公法线、两基圆的内公切线三线重合，简称渐开线齿廓的“三线合一”。

3. 中心距的可分性

由式(5-2)可知，两渐开线齿廓的传动比恒等于其基圆半径的反比。在渐开线齿廓加工成形后，它的基圆大小就已完全确定，两齿廓的传动比也随之确定。当两齿轮实际中心距与原来设计的中心距产生公差时，其传动比仍保持不变。这一特性称为中心距的可分性。这一特性给齿轮的制造、安装带来很大的方便。但是需要指出的是：中心距增大，将使两轮齿廓之间的间隙增大，从而传动时会发生冲击、噪声等。因此渐开线齿轮传动的中心距不可随意增大，而有一定的公差要求。

4. 齿廓间的滑动性

由图 5-7 可知，两齿廓接触点的速度在公法线 N_1N_2 上的分速度相等，但在齿廓接触点公切线上的分速度不一定相等。因此，在啮合传动时，齿廓之间将产生相对滑动。相对滑动是任何齿廓曲线齿轮都具有的特性。齿廓间的滑动将引起啮合时的摩擦效率损失和齿廓的磨损。

5.4 标准直齿圆柱齿轮的名称及几何尺寸参数

图 5-8 所示为一渐开线直齿外圆柱齿轮，其轮齿的两侧齿廓是由形状相同、方向相反的渐开线曲面组成的。

5.4.1 齿轮各部分名称

齿轮整个圆周上的总齿数称为齿轮的齿数，用 z 表示。

齿轮上相邻两齿之间的空间称为齿槽。在齿轮的任意圆周上，量得的齿槽弧长称为该圆周上的齿槽宽，用 e_k 表示。一个轮齿两侧齿廓间的弧长称为该圆周上的齿厚，用 s_k 表示。相邻两齿同侧齿廓对应点间的弧长称为该圆周上的齿距，用 p_k 表示。显然在同一圆上有

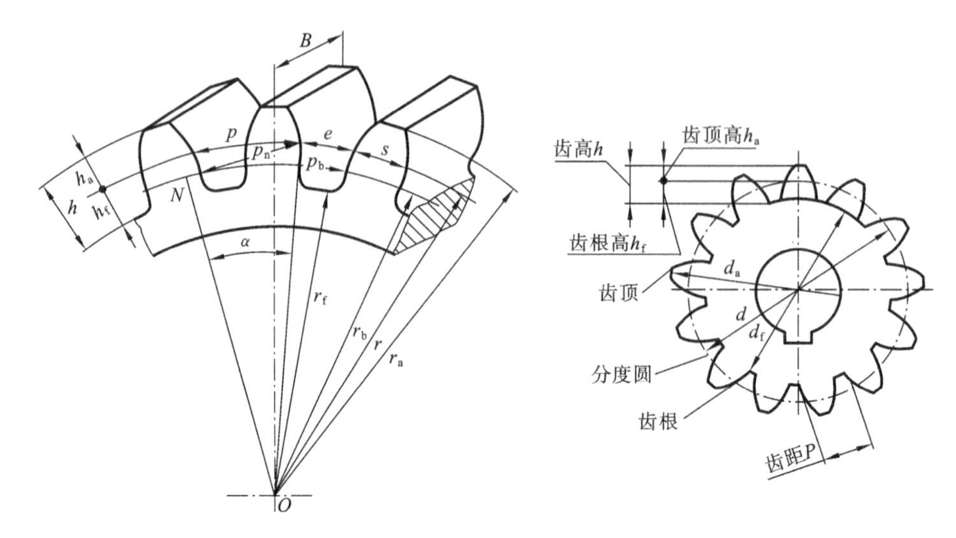

图 5-8　齿轮的几何尺寸

$$p_k = e_k + s_k \tag{5-3}$$

形成齿廓渐开线的圆称为齿轮的基圆,其直径和半径分别用 d_b 和 r_b 表示。所有轮齿顶端所在的圆称为齿顶圆,其直径和半径分别用 d_a 和 r_a 表示。所有齿槽底边所在的圆称为齿根圆,其直径和半径分别用 d_f 和 r_f 表示。在齿顶圆与齿根圆之间使齿厚等于齿槽宽的圆称为标准齿轮的分度圆。其直径和半径分别用 d 和 r 表示。基圆可大于也可小于齿根圆直径。分度圆上的齿厚、齿槽宽、齿距分别用 s、e、p 表示,它们之间的关系是:$s=e$,$p=s+e$。

齿顶圆与分度圆之间的径向距离称为齿顶高,用 h_a 表示。分度圆与齿根圆之间的径向距离称为齿根高,用 h_f 表示。齿顶圆与齿根圆之间的径向距离称为齿全高,用 h 表示。显然有

$$h = h_a + h_f \tag{5-4}$$

分度圆的周长有如下关系:$\pi d = zp$,即 $d=\frac{p}{\pi}z$。π 是一无理数,计算、加工、测量均不方便。因此人为地对比值 $m=p/\pi$ 规定出一系列简单的数值,并把这一比值 m 称为模数,单位为 mm。于是有

$$d = mz$$

齿轮的模数值已经标准化了,见表 5-1。

表 5-1　标准模数系列(GB 1357—2008)

第一系列	1　1.25　1.5　2　2.5　3　4　5　6　8　10　12　16　20　25　32　40　50
第二系列	1.125　1.375　1.75　2.25　2.75　3.5　4.5　5.5　(6.5)　7　9　11　14　18　22　28　36　45

从渐开线的性质中可以看出,不同圆上的压力角 α_k 大小不同。分度圆上的压力角称为分度圆压力角,简称齿轮的压力角,以 α 表示。标准(GB/T 1356—2001)规定标准渐开线圆柱齿轮分度圆压力角 $\alpha=20°$。

由于齿轮的分度圆上的模数和压力角均规定为标准值,因此,齿轮的分度圆可定义为:齿轮上具有标准模数和标准压力角的圆。

引入模数 m 后,以上介绍的齿轮几何尺寸参数可用模数表示如下。

分度圆齿距:　$p=\pi m$　(5-5)

分度圆齿厚、齿槽宽:　$s=e=\pi m/2$

齿顶高：
$$h_a = h_a^* m \tag{5-6}$$
式中：h_a^*——齿顶高系数。

齿根高：
$$h_f = h_a^* m + c^* m \tag{5-7}$$
式中：$c = mc^*$——顶隙；c^*——顶隙系数。

分度圆直径：
$$d = mz \tag{5-8}$$
顶圆直径：
$$d_a = d + 2h_a = mz + 2h_a^* m \tag{5-9}$$
根圆直径：
$$d_f = d - 2h_f = mz - 2(h_a^* + c^*)m \tag{5-10}$$

国标 GB/T 1356—2001 中规定：正常齿 $h_a^* = 1$，$c^* = 0.25$；短齿 $h_a^* = 0.8$，$c^* = 0.3$。

当齿轮的齿数、模数、压力角、齿顶高系数、顶隙系数一定时，渐开线齿廓的形状就一定，所以把以上参数称为渐开线齿轮的五个基本参数。标准齿轮的模数、压力角、齿顶高系数、顶隙系数均为标准值，且分度圆上的齿厚与齿槽宽相等。

5.4.2 内齿轮的特殊尺寸关系

内齿轮的轮齿分布在空心圆柱体的内表面上，和外齿轮相比，内齿轮的轮齿相当于外齿轮的齿槽，内齿轮的齿槽相当于外齿轮的轮齿，如图 5-9 所示。其特点如下：

$$d_a < d, \quad d < d_f, \quad d_a = d - 2h_a, \quad d_f = d + 2h_f$$

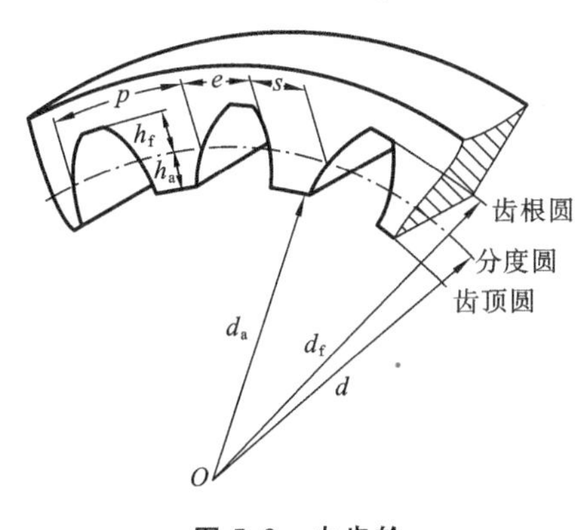

图 5-9　内齿轮

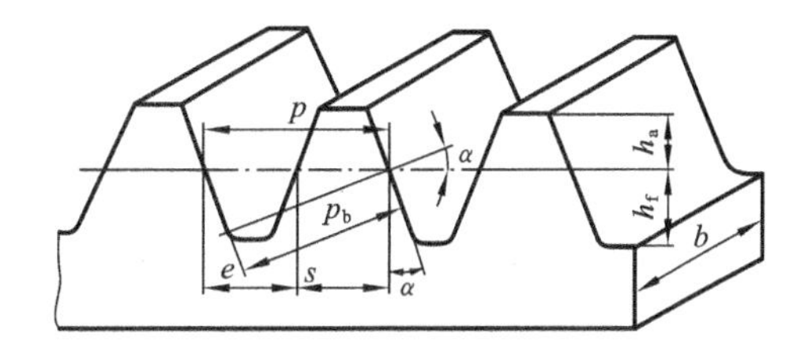

图 5-10　齿条

5.4.3 齿条的特殊尺寸关系

齿条（见图 5-10）可以看作一个齿数为无穷多的圆柱齿轮的一部分，这时齿轮的各圆均变为直线，分别称为齿根线、分度线、齿顶线。齿轮齿廓的渐开线也变成直线。

其特点：齿条齿廓上各点的压力角都相同，其大小等于齿廓的齿形角。$\alpha_k = \alpha = 20°$；同侧齿廓线是平行直线，故齿距处处相同，$p_k = p = \pi m$。

5.5 标准渐开线直齿圆柱齿轮啮合传动的条件

不是任意两个渐开线齿轮凑在一起就可相互啮合传动的，一对渐开线齿轮正确啮合是有条件的；同样，一对渐开线齿轮连续传动也要符合一定的条件。

5.5.1 一对标准渐开线齿轮正确啮合的条件

一个齿轮的齿距很小，而另一个齿轮的齿距却很大，这两个齿轮是无法配对传动的。只有符合一定条件的两齿轮才能配合啮合传动。

如图 5-11 所示，由齿廓啮合的基本定律可知，两轮啮合传动时，是沿着啮合线进行啮合的。在啮合过程中，一对渐开线齿轮的工作一侧齿廓的啮合点必须同时都在啮合线上，若有两对轮齿同时参加啮合，则两对齿啮合点必须同时都在啮合线上，所以只有当两齿轮相邻两齿同侧齿廓在啮合线方向上的距离(即法向齿距 p_n)相等时，才能保证两齿轮齿廓的正确啮合。即

$$p_{n1}=(\overline{KK'})_1=(\overline{KK'})_2=p_{n2}$$

从渐开线的性质中可知，法向齿距 p_n 等于基圆齿距 p_b(即相邻两齿同侧齿廓对应点在基圆上的弧长)。故两齿轮正确啮合的条件还可表述为

$$p_{b1}=p_{b2}$$

又因
$$p_{b1}=\pi m_1\cos\alpha_1,\quad p_{b2}=\pi m_2\cos\alpha_2$$

所以
$$m_1\cos\alpha_1=m_2\cos\alpha_2$$

由于模数和压力角都已标准化了，要满足上式，则应使

$$m_1=m_2=m\quad \alpha_1=\alpha_2=\alpha \tag{5-11}$$

也就是说，一对渐开线齿轮正确啮合的条件是：两齿轮的模数和压力角分别相等。

对标准直齿圆柱齿轮来说，由于其压力角 $\alpha=20°$，所以一对标准直齿圆柱齿轮正确啮合的条件是：两轮的模数相等且等于标准模数，即

$$m_1=m_2=m$$

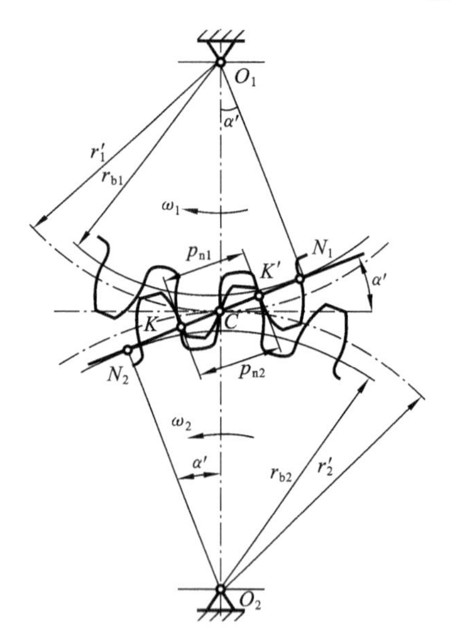

图 5-11 渐开线齿轮正确啮合的条件

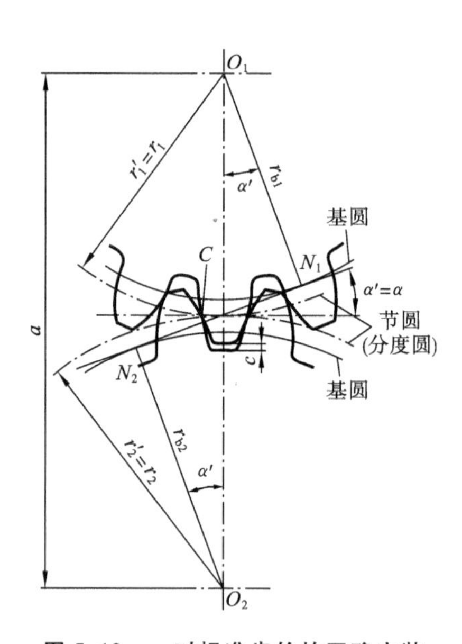

图 5-12 一对标准齿轮的正确安装

5.5.2 齿轮传动的标准中心距

如图 5-12 所示，一对模数相等的标准齿轮，由于分度圆上的齿厚与齿槽宽相等，故正确安装时，两轮的分度圆相切，即分度圆与节圆重合，即 $r_1'=r_1$，$r_2'=r_2$。啮合角与分度圆压力角相同，即 $\alpha_1'=\alpha_1=\alpha_2=\alpha_2'$。

如图 5-12 所示，模数相等的一对外啮合标准直齿圆柱齿轮，如能满足两轮的齿侧间隙为零，且顶隙为标准值的条件，其中心距就称为标准中心距，则

$$a=r_1'+r_2'=r_1+r_2=\frac{m(z_1+z_2)}{2} \tag{5-12}$$

该对齿轮啮合传动时的传动比为

$$i_{12}=\frac{\omega_1}{\omega_2}=\frac{\overline{O_2C}}{\overline{O_1C}}=\frac{\overline{O_2N_2}}{\overline{O_1N_1}}=\frac{mz_2}{mz_1}=\frac{z_2}{z_1} \tag{5-13}$$

当两齿轮没有按标准中心距安装时，其实际中心距 $a'=r_1'+r_2'$，此时有

$$a'\cos\alpha'=a\cos\alpha \tag{5-14}$$

5.5.3　一对渐开线齿轮连续传动的条件

一对标准直齿圆柱齿轮符合模数相等的条件时，就能正确地进行啮合传动，但齿轮的传动还必须是连续传动。

如图 5-13 所示，两个齿轮相互啮合时，主动齿轮 1 推动从动齿轮 2 实现啮合传动。其啮合点的轨迹是啮合线 N_1N_2。起始啮合点并非是 N_1 点，而是主动齿轮 1 的齿廓根部的某点与从动齿轮 2 的顶圆相接触进入啮合，也即起始啮合点是从动齿轮的顶圆与啮合线 N_1N_2 的交点 B_2，随着啮合的进行，其啮合点沿啮合线 N_1N_2 移动，最终在主动齿轮的顶圆与从动齿轮根部某点相分离而退出啮合，也即终止点也非 N_2 点，而是主动齿轮的顶圆与啮合线 N_1N_2 的交点 B_1。故线段 B_1B_2 称为实际啮合线，线段 N_1N_2 称为理论啮合线。点 N_1 和 N_2 称为啮合极点。

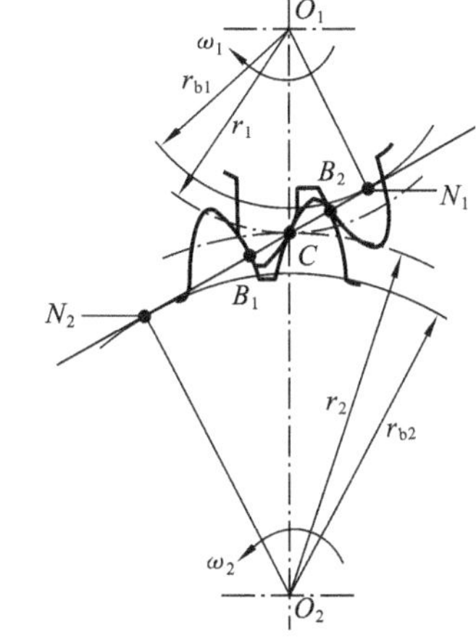

图 5-13　渐开线齿轮连续传动条件

若前一对轮齿的啮合还未到达终止点时，后一对轮齿已到达啮合的起始点，则传动就能连续进行。因此，实际啮合线 B_1B_2 的长度大于或至少等于齿轮的法向齿距 p_n（p_b）时，就能实现连续传动。通常把 B_1B_2 与 p_b 的比值 ε 称为齿轮的重合度。于是连续传动的条件为

$$\varepsilon=\frac{\overline{B_1B_2}}{p_b}\geqslant 1 \tag{5-15}$$

可推导出重合度 ε 的计算式为

$$\varepsilon=\frac{1}{2\pi}[z_1(\tan\alpha_{a1}-\tan\alpha')+z_2(\tan\alpha_{a2}-\tan\alpha')] \tag{5-16}$$

式中：z_1，z_2——两轮的齿数；

α_{a1}，α_{a2}——两轮齿顶圆压力角；

α'——啮合角。

理论上，当 $\varepsilon=1$ 时，就能保证一对齿轮连续传动，但由于齿轮的制造和安装误差以及啮合传动时轮齿的变形，实际上应使 $\varepsilon>1$。一般机械制造中，常取 $\varepsilon\geqslant 1.1\sim 1.4$。对于齿数 $z_1=z_2=17$ 的正常齿标准齿轮传动，其 $\varepsilon=1.473$。显然，齿数越多，重合度越大。因此，正常齿标准齿轮传动均能满足连续传动的要求。

5.6　渐开线齿轮的切齿原理及根切现象

齿轮加工的基本要求是：齿形准确、分齿均匀。

齿轮的加工方法有:铸造法、热轧法、冲压法、模锻法、粉末冶金法和切制法。切制法是常用的加工方法,其加工齿轮的原理主要有仿形法和范成法两种。

5.6.1 仿形法(铣齿)

仿形法切齿是用渐开线齿形的成形铣刀在铣床上直接切出齿形。铣刀在其轴剖面内,刀刃的形状和被切齿槽的形状相同。所采用的刀具有盘形铣刀(见图 5-14(a))和指状铣刀(见图 5-14(b))。切齿加工时,铣刀绕其本身轴线转动的同时沿轮坯轴线方向移动。铣出一个齿槽后,用分度头将轮坯转动 $360°/z$,再继续铣下一个齿槽。

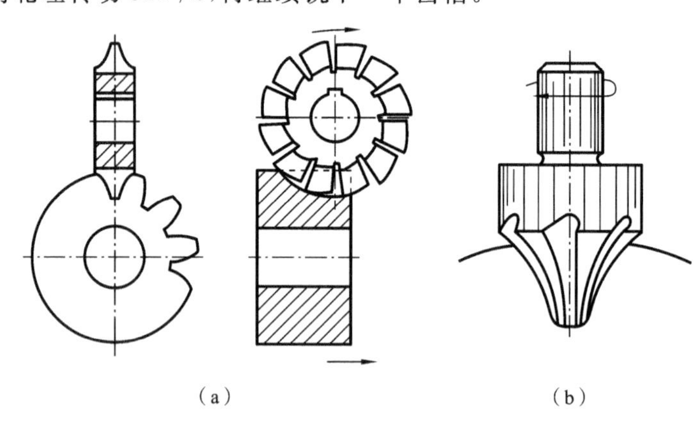

(a)　　(b)

图 5-14　仿形法铣刀铣齿

当模数和压力角一定时,渐开线齿廓的形状随着齿轮齿数的多少而变化。因此,要切制理想的齿廓曲线,在加工模数、压力角相同而齿数不同的齿轮时,每种齿数需配备一把铣刀,而实际上只有有限把铣刀。所以用这种方法加工出来的齿轮,其齿廓多数都不能达到理想的要求。再加上分度误差,其齿轮精度很低,加工不连续,生产率不高,不宜用此法进行大批量生产。

5.6.2 范成法

范成法常称为包络法、共轭法,是利用一对齿轮(或齿轮与齿条)互相啮合时其共轭齿廓互为包络线的原理来切齿的。如果把其中一个齿轮(或齿条)做成刀具,就可以切出与它共轭的渐开线齿廓,如图 5-15 所示。这是目前齿轮加工中最常用的一种方法。用范成法加工齿轮时,用一把刀具可加工出模数相同、压力角相同而齿数不同的齿轮,故生产率高。大批量生产中常采用范成法。

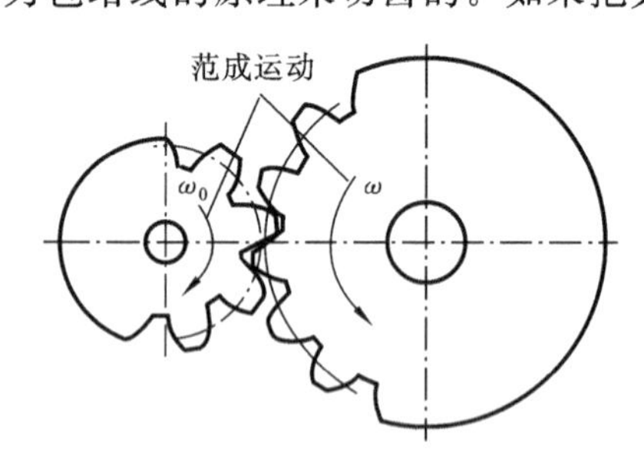

图 5-15　用范成法加工齿廓

范成法加工中常用的刀具有齿轮插刀(见图 5-16(a))、齿条插刀(见图 5-16(b))和齿轮滚刀(见图 5-16(c))。齿条插刀比较典型,而滚刀在轮坯端面上的投影齿形可以看成齿条,因此把齿条插刀和滚刀统称为齿条形刀具,滚刀的外形就像一个具有刀刃的外齿轮,其顶部比正常齿顶高出一个顶隙 c,以便切出齿轮齿根的过渡曲线部分,保证传动时的顶隙。

用齿轮插刀加工齿轮是在专用插齿机床上进行的,如图 5-16 所示。插齿时,插刀沿轮坯轴线方向作往复切削运动,同时通过机床的传动系统使插刀与轮坯模仿一对齿轮传动那样以一定的传动比回转作范成运动。轮坯作送料运动和让刀运动。当轮坯分度圆与齿轮插刀的分度圆相切时,就切制出与齿轮插刀具有相同模数和压力角的渐开线齿轮。

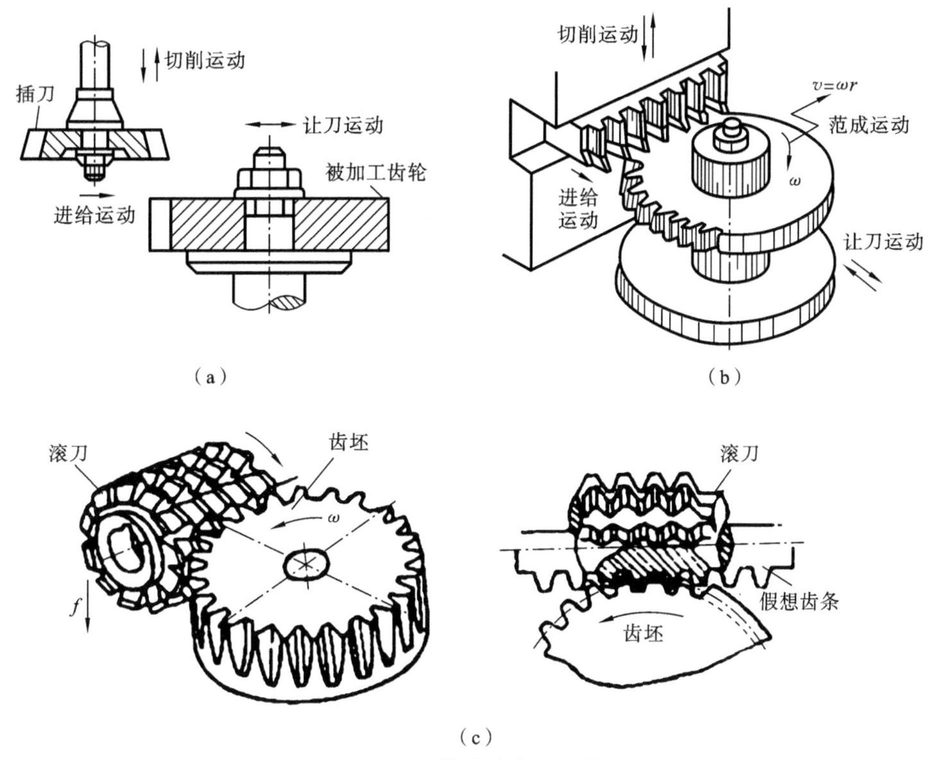

图 5-16 范成法常用刀具

(a) 齿轮插刀;(b) 齿条插刀;(c) 齿轮滚刀

齿条插刀插齿时,沿被切制轮坯轴线方向作往复的切削运动,同时,通过机床的传动系统使插刀按一定速度移动作范成运动。

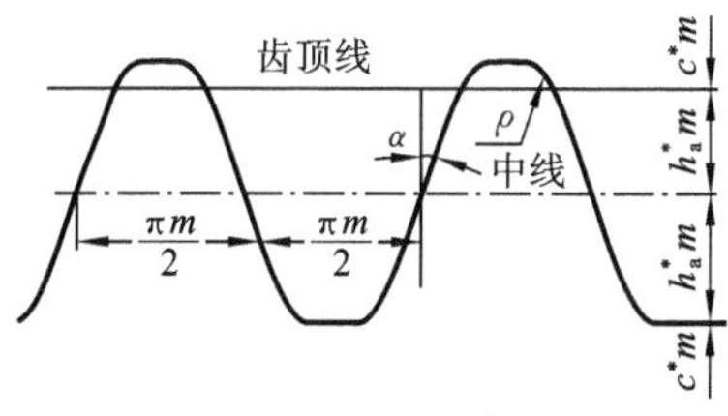

图 5-17 刀具齿形

齿轮滚刀加工齿轮是在专用的滚齿机上进行的,如图5-16(c)所示。齿轮滚刀的外形类似一开有刀口的螺旋,其刀具齿形如图 5-17 所示。滚刀在轮坯端面上的投影相当于一个齿条。齿轮滚刀加工齿轮与齿条插刀加工齿轮的机理基本相同,滚刀的转动就相当于齿条插刀的范成移动和切削运动,除转动外,滚刀还沿轮坯轴线方向作缓慢的进给运动。用滚齿法不但可以加工直齿轮,也可加工斜齿轮。滚齿法是齿轮加工中普遍应用的方法,而齿轮滚刀加工时是连续切削的,加工精度和生产率都较高,因此该方法目前应用较广,但不能用于切削内齿轮。

5.6.3 根切现象

用范成法加工齿轮时,要求刀具的分度圆与轮坯的分度圆相切,这样切出的齿轮是标准齿轮。若刀具的齿顶过多地切入轮齿的根部而将齿根部渐开线齿廓切去一部分,就会出现根切现象(见图 5-18)。根切严重时,齿轮根部抗弯强度将降低,齿轮传动重合度将减小,故应设法避免根切现象。

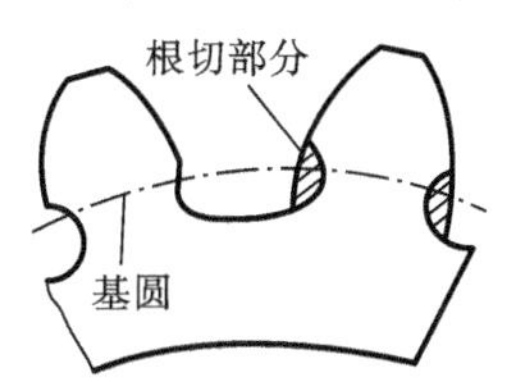

图 5-18 根切现象

齿条插刀的外形比齿条的正常齿顶高出一个顶隙 c,以便加工出齿轮齿根的过渡曲线部分。在这里不考虑齿根部的非渐开线部分，故认为刀具的齿顶高仍为 $h_a^* m$。用齿条插刀切制标准齿轮时，齿条刀具的分度线与轮坯的分度圆应相切。当被切齿轮的分度圆直径较小时，基圆半径也较小，刀具的顶线将超过啮合极限点 N_1 而切入到齿轮根部，产生根切现象。

产生根切过程如图 5-19 所示。被加工齿轮的基圆半径为 r_b，圆心是 O_1，点 N_1 位于刀具顶线之上，而当被加工齿轮的基圆半径减小到 r_b'，圆心是 O_1'，此时切点 N_1' 与刀具顶线处在一条直线上，这正好是不产生根切的极限情况。当被加工齿轮的基圆半径小到 r_b'' 时，圆心是 O_1'，点 N_1' 位于刀具顶线之内。齿条刀具与齿轮轮坯作范成运动，当齿条刀具运动到理论啮合线的啮合极点 N_1' 时，齿轮的渐开线齿廓已全部加工完成。根据齿条与齿轮的啮合过程可知，此时应当退出啮合，但齿条刀具仍有一部分未退出啮合，这样，就把轮坯根部已加工好的渐开线又削去一部分，产生根切现象。

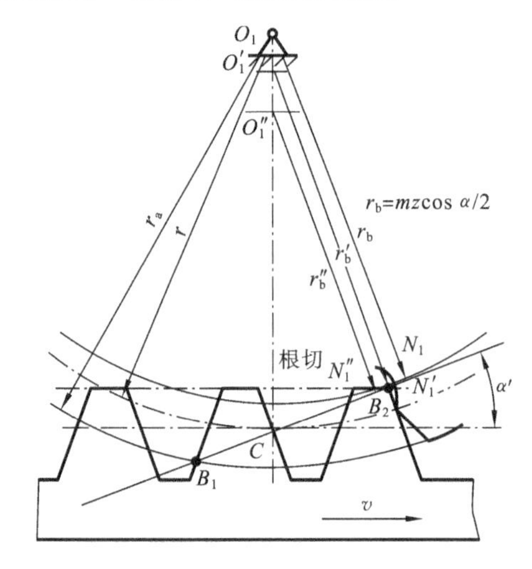

图 5-19　根切过程

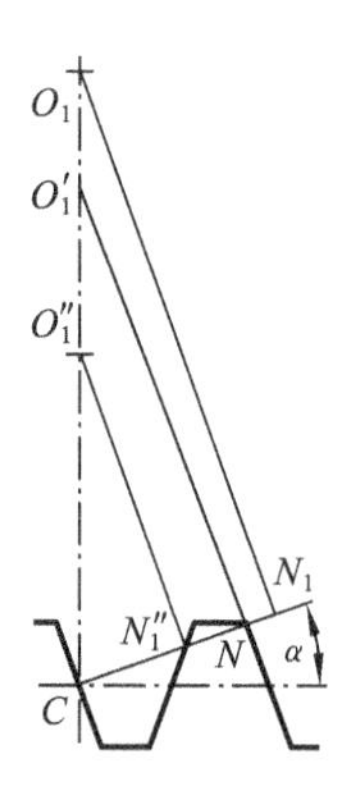

图 5-20　不发生根切的最少齿数

5.6.4　切制渐开线标准齿轮时不发生根切的最少齿数

从上述分析可知：当用范成法加工齿轮时，是否产生根切与被加工齿轮的直径大小有关。当模数一定时，只与被加工齿轮的齿数有关。从图 5-20 可知，用齿条插刀加工标准齿轮不产生根切的最少齿数为

$$z_{\min}=\frac{d}{m}=\frac{2\,\overline{O_1C}}{m}=\frac{2\,\overline{CN_1}}{m\sin\alpha}=\frac{2h_a^*}{\sin^2\alpha} \tag{5-17}$$

对于压力角 $\alpha=20°$、$h_a^*=1$ 的标准齿条插刀和齿轮滚刀，加工出的标准齿轮不发生根切的最少齿数是 $z_{\min}=17$。

5.7　齿轮传动的失效形式和计算准则

齿轮传动就装置形式来说，有开式、半开式及闭式之分。

开式齿轮传动没有防护罩或机壳，齿轮完全暴露在外，易落入灰砂和杂物，不能保证良好的润滑。这种传动工作条件不好，轮齿易磨损，只宜用于低速的、不重要的传动。

开半式齿轮传动虽有简单的防护罩，但无法严密防止外界灰砂及杂物浸入，有时大齿轮部分浸在油池中，比开式齿轮传动润滑要好。

闭式齿轮传动齿轮以及轴承等完全严密封闭在箱体内，能保证良好的润滑和较好的啮合精度。应用较广泛。

齿轮传动就其转速及承载能力来说，有低速、高速及轻载、重载之分。

5.7.1　齿轮传动的失效形式

齿轮传动在不同的工作环境、不同的工作载荷和不同的转速下，采用不同的材料时，有不同的失效形式。齿轮传动的失效一般发生在轮齿上，通常有轮齿折断（见图5-21(a)）和齿面损伤两种形式。后者又分为齿面点蚀（见图5-21(b)）、胶合（见图5-21(c)）、磨损（见图5-21(d)）和塑性变形（见图5-21(e)）等。

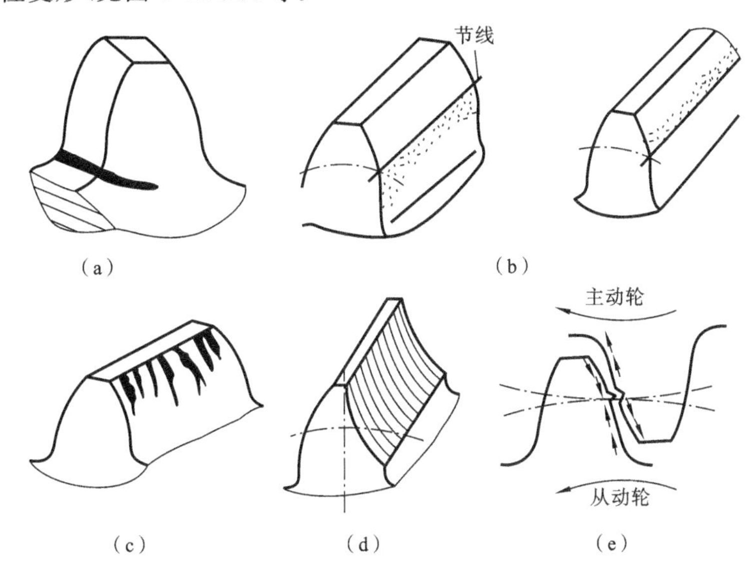

图5-21　齿轮的失效形式

(a) 轮齿折断；(b) 齿面点蚀；(c) 齿面胶合；(d) 磨料磨损；(e) 塑性变形

1. 轮齿折断

轮齿可看成一个悬臂梁，在轮齿受载时，齿根处产生最大的弯曲应力，加之齿根过渡部分的截面突变及加工刀痕等引起的应力集中，所以轮齿一般在根部折断。轮齿折断又分疲劳折断和过载折断两种。

齿宽较小的直齿圆柱齿轮，齿根裂纹一般是从齿根沿着横向扩展，发生全齿折断。齿宽较大的直齿圆柱齿轮常因载荷集中在齿的一端，斜齿圆柱齿轮和人字齿轮常因接触线是倾斜的，载荷有时会作用在一端齿顶上，故裂纹往往是从齿根斜向齿顶的方向扩展，发生轮齿局部折断。

疲劳折断和过载折断都起始于轮齿受拉应力一侧。采用合适的热处理方法，使齿根心部具有足够的韧性，或对齿根表层进行喷丸、滚压等强化工艺处理，或采用正变位齿轮，增大齿根圆角半径，均可提高轮齿抗折断能力。

2. 齿面点蚀

轮齿受力后，齿面接触处将产生循环变化的接触应力。由于只是线接触，接触面很小，接触区产生很大的接触应力，在反复作用下，轮齿的表面层或次表层会产生不规则的细线疲劳裂纹，润滑油的渗入将使裂纹扩展，表层金属成小块状剥落，形成麻点状凹坑，这就是点蚀。

点蚀出现后，齿面不再是完整的渐开线曲面，齿轮无法正常啮合，产生冲击和噪声，进而扩展到整个齿面，最终导致齿轮传动失效。

在润滑良好的闭式齿轮传动中常见齿面点蚀。轮齿在啮合过程中，齿面间的相对滑动起着形成润滑油膜的作用，而且相对滑动速度愈高，愈易在齿面间形成油膜，润滑也就愈好。当轮齿在靠近节线处啮合时，由于相对滑动速度低，形成油膜的条件差，轮齿受到的接触应力也较大，因此，点蚀也就首先出现在靠近节线的齿根面上。

开式齿轮传动由于齿面磨损较快，点蚀来不及出现或扩展，表层已被磨掉，很少看见点蚀现象。

齿轮材料的硬度愈高，轮齿抗点蚀的能力愈强。提高加工精度，降低表面粗糙度，在啮合的轮齿间加注润滑油都可以减小摩擦，减缓点蚀，且润滑油黏度愈高，效果愈好。因为当齿面上出现疲劳裂纹后，润滑油就会浸入裂纹，在轮齿啮合时，就有可能在裂纹内受到挤胀，从而加快裂纹的扩展，而黏度愈低的油，愈易浸入裂纹，所以对速度不高的齿轮传动，以用黏度高一些的油来润滑为宜，对速度较高的齿轮传动，要用喷油润滑，此时只宜用黏度低的油。

3. 齿面胶合

相互啮合的轮齿齿面，在一定温度或压力下，发生黏着，随着齿面的相对运动，在软齿面上相黏结的部位即被撕破，于是在齿面上沿相对滑动的方向形成沟纹，这种现象称为胶合。

加强润滑措施，采用抗胶合能力强的润滑油——硫化油，或在润滑油中加入极压添加剂等均可防止或减轻齿面的胶合。

4. 齿面磨损

齿轮传动在接触弧的切线方向上有相对滑动，在外载荷作用下齿面将产生磨损。齿面严重磨损后，齿廓形状破坏，齿侧间隙增大，运转时引起冲击、振动和噪声，甚至由于齿厚减薄而引起轮齿折断。

齿轮传动中因相互摩擦而产生磨合性磨损。砂粒、铁屑等物质落入啮合面间时，引起磨料磨损。磨料磨损是开式齿轮传动的主要失效形式。闭式齿轮传动由于封闭好、润滑良，不易发生磨料磨损。

降低齿面的粗糙度，提高齿面硬度，改善密封和润滑条件，在油中加入减摩添加剂，保持油的清洁，均可提高抗磨料磨损的能力。

5. 塑性变形

齿面较软的齿轮，在摩擦力作用下，齿面表层的材料可能会沿着摩擦力的方向产生永久塑性流动变形，称为塑性变形。

主动轮齿上所受摩擦力是背离节线而分别朝向齿顶及齿根作用的，因摩擦力而产生的塑性变形使节线处产生凹坑。从动轮齿上的塑性变形使节线处产生凸棱。这种损坏常在低速重载、频繁启动和过载传动的场合见到。

提高轮齿齿面硬度，采用高黏度润滑油或在润滑油中加入极压添加剂等均有助于减缓或防止轮齿产生塑性变形。

5.7.2　齿轮传动的设计准则

长期生产实践证明，齿轮的轮辐、轮毂等部位的尺寸是根据经验进行结构设计而确定的，通常能满足一般参数齿轮传动的工作可靠性要求。因此，齿轮传动的承载能力及其可靠性，主要取决于齿轮齿体及齿面抵抗各种可能失效的能力，称为强度计算准则，并成为齿轮传动设计的主要内容。

1. 闭式齿轮传动

(1) 闭式软齿面齿轮传动　对于钢制软齿面齿轮，主要发生的失效是齿面点蚀失效，其次是轮齿折断。通常先按齿面接触疲劳强度进行设计计算，确定主要几何尺寸，再按轮齿弯曲疲劳强度验算其抵抗折断的能力。

(2) 闭式硬齿面齿轮传动　对于钢制硬齿面齿轮或铸铁齿轮，其主要失效形式是轮齿折断，其次是齿面点蚀失效。通常按轮齿的弯曲疲劳强度进行设计计算，然后再按齿面接触疲劳强度进行验算。

(3) 重载的闭式齿轮传动　重载时因发热量大，易导致齿面胶合失效，为了控制温升，还应作散热能力计算。

2. 开式齿轮传动

在开式齿轮传动中，发生的失效主要是齿面磨损和轮齿折断。

对于齿面抗磨损能力，迄今尚无成熟的计算方法，所以主要按轮齿的弯曲疲劳强度进行设计计算，并通过适当增大模数来补偿磨损的影响。

3. 低速重载的齿轮传动

短期过载的齿轮传动，其主要失效形式是过载折断或塑性变形，主要应进行静强度计算。

5.8 齿轮常用材料及热处理

为了使齿轮具有一定的抵抗失效的能力，对材料的基本要求是：轮齿具有一定的抗弯强度，齿面有足够的硬度和耐磨性，对于承受冲击载荷的齿轮，轮齿芯部应有较高的韧性。

常用的齿轮材料有各种牌号的优质碳素钢、合金钢、铸钢、铸铁等金属，也有非金属。一般多采用锻件或轧制钢材。齿轮材料的性能及热处理工艺的不同，齿面有软硬之分，轮齿有脆韧之别，其力学性能见表5-2。

表5-2　常用齿轮材料的力学性能

材料牌号	热处理方法	抗拉强度 σ_b/MPa	屈服强度 σ_s/MPa	硬　度
Q275			275	140～170HBS
35	正火	500	300	150～180HBS
	调质后表面淬火			40～45HRC
45	正火	580	290	162～217HBS
	调质	650	360	217～255HBS
	调质后表面淬火			40～50HRC
40Cr	调质	700	500	241～286HBS
	调质后表面淬火			48～55HRC
35SiMn	调质	750	450	217～269HBS
	调质后表面淬火			45～55HRC
40MnB	调质	750	470	241～286HBS
	调质后表面淬火			45～55HRC

续表

材料牌号	热处理方法	抗拉强度 σ_b/MPa	屈服强度 σ_s/MPa	硬　度
20Cr	渗碳淬火回火	650	400	56～62HRC
20CrMnTi	渗碳淬火回火	1100	850	56～62HRC
38CrMoAlA	调质后渗氮	1000	850	齿芯 255～321HBS 齿面 60HRC
ZG 310-570	正火	570	310	156～217HBS
ZG 340-640	正火	650	350	169～229HBS
ZG35SiMn	正火	569	343	163～217HBS
	调质	637	412	197～248HBS
HT250		250		180～250HBS
HT300		300		200～275HBS
QT500-5		550		180～250HBS
QT600-2		600		190～270HBS

常用的热处理方法有正火、退火、淬火、调质、表面淬火、渗碳、渗氮等。

1. 表面淬火

表面淬火后再低温回火。常用材料为中碳钢或中碳合金钢。表面硬度可达 48～65 HRC。表面淬火后的齿轮由于芯部韧度高，能承受中等冲击载荷。中、小尺寸齿轮可采用中频或高频感应加热，大尺寸齿轮可采用火焰加热。火焰加热比较简单，但齿面难以获得均匀的硬度，质量不易保证。因只在薄层表面加热，轮齿变形不大，可不最后磨齿，但若硬化层较深，则变形较大，应进行最后精加工。

2. 渗碳淬火

冲击载荷较大的齿轮，宜采用渗碳淬火。常用材料有低碳钢和低碳合金钢，如 15、20、15Cr、20Cr、20CrMnTi 钢等。低碳钢渗碳淬火后，因其芯部强度较低，且与渗碳层不易很好结合，载荷较大时有剥离的可能，轮齿的弯曲强度也较低。重要场合宜采用低碳合金钢，其齿面硬度可达 58～63 HRC。齿轮经渗碳淬火后，轮齿变形较大，应进行磨齿。

3. 渗氮

渗氮齿轮硬度高、变形小，适用于内齿轮和难以磨削的齿轮。常用材料有 42CrMo、38CrMoAlA 钢等。由于硬化层很薄，在冲击载荷下易破碎，磨损较严重时也会因硬化层被磨掉而报废，故宜用于载荷平稳、润滑良好的传动。

4. 碳氮共渗

碳氮共渗工艺时间短，且有渗氮的优点，可以代替渗碳淬火，其适用材料和渗碳淬火的相同。

5. 正火和调质

批量小、单件生产、对传动尺寸没有严格限制时，常采用正火或调质处理。材料为中碳钢或中碳合金钢。轮齿精加工在热处理后进行。为了减少胶合危险，并使大、小齿轮寿命相近，小齿轮齿面硬度应比大齿轮高 30～50 HBS。

以上五种热处理方式中，调质和正火后的齿面硬度较低，为软齿面，其他三种为硬齿面。传动比大时，硬度差取偏大值，小齿轮的硬度要比大齿轮的硬度大30～50 HBS。这时在齿轮传动中，较硬的小齿轮对大齿轮起冷作硬化作用，可增强大齿轮的接触疲劳强度。一对硬齿面齿轮传动中，两个齿轮的硬度可大致相等或小齿轮的硬度略高。硬齿面齿轮传动的尺寸较软齿面齿轮传动的尺寸有显著减小，在生产技术条件不受限制时应广为采用。当配对两齿轮的齿面均属硬齿面时，两轮的材料、热处理方法及硬度均可取成一致。

5.9　直齿圆柱齿轮传动的作用力及计算载荷

5.9.1　轮齿的受力分析

为了计算轮齿强度和设计计算轴和轴承装置等，有必要分析轮齿上的作用力。

图5-22所示为一对标准直齿圆柱齿轮正确啮合时的受力情况。若忽略齿面间的摩擦力，两齿轮在啮合点的公法线方向上作用有法向力 $\boldsymbol{F}_n$，为了计算方便，将法向力 $\boldsymbol{F}_n$ 在节点处分解为两个相互垂直的分力：切于节圆的圆周力 $\boldsymbol{F}_t$、沿径线方向指向轮心的径向力 $\boldsymbol{F}_r$。由齿轮的力平衡条件可得

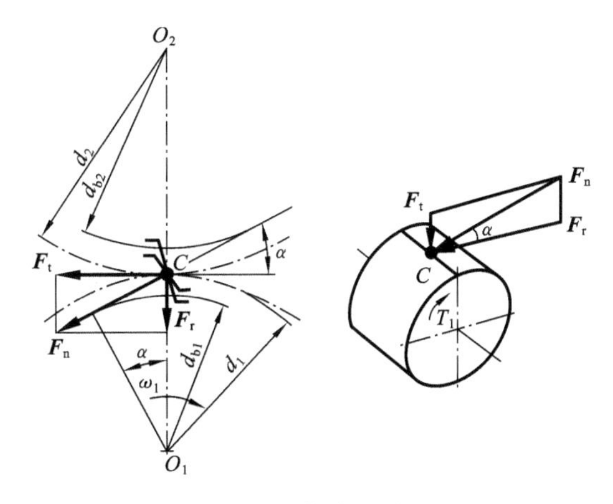

图5-22　直齿圆柱齿轮的受力分析

圆周力　$$F_t = 2T_1/d_1 \tag{5-18}$$

径向力　$$F_r = F_t\tan\alpha \tag{5-19}$$

法向力　$$F_n = F_t/\cos\alpha$$

$$T_1 = 9.55\times10^6\frac{P}{n_1} = 10^6\frac{P}{\omega_1} \tag{5-20}$$

式中：T_1——主动齿轮传递的名义转矩(N·mm)；

d_1——主动齿轮分度圆直径(mm)；

α——分度圆压力角(°)；

P——齿轮传动的功率(kW)；

n_1——主动齿轮的转速(r/min)；

ω_1——主动齿轮的转速(1/s)。

主动轮上的圆周力 $\boldsymbol{F}_{t1}$ 与转向相反，从动轮上的圆周力 $\boldsymbol{F}_{t2}$ 与转向相同；径向力 $\boldsymbol{F}_r$ 对外齿

轮是指向轮心，对内齿轮则背离轮心。

主、从动轮受力的关系：

$$F_{t1}=-F_{t2},\quad F_{r1}=-F_{r2}$$

5.9.2 计算载荷

齿轮受力分析中的法向力 $\boldsymbol{F}_n$ 是理论上沿齿宽均匀分布的，是理想情况，称为名义载荷。此载荷并不等于齿轮工作时所承受的真实载荷。其主要原因如下。

(1) 各种原动机和工作机的机械特性不同；

(2) 齿轮制造、装配误差以及轮齿变形等产生动载荷；

(3) 轮齿啮合过程中会产生动载荷；

(4) 同时啮合的各轮齿间载荷分布不均；

(5) 轴承相对于齿轮作不对称配置或悬臂配置时，轴因受载产生弯曲变形，随之轴上的齿轮随之偏斜，作用在齿面上的载荷沿接触线分布不均匀；

(6) 轴承、轴承座的变形以及制造、安装的误差引起齿面上载荷分布不均。

所以计算齿轮强度时，通常按最大载荷即计算载荷 F_{ca}进行计算，以载荷系数 K(见表5-3)考虑集中载荷和附加动载荷的影响：

$$F_{ca}=KF_n \tag{5-21}$$

表 5-3 载荷系数 K

原动机	工作机构的载荷特性		
	均匀平稳	中等冲击	严重冲击
电动机	1.0～1.2	1.2～1.6	1.6～1.8
多缸内燃机	1.2～1.6	1.6～1.8	1.9～2.1
单缸内燃机	1.6～1.8	1.8～2.0	2.2～2.4

注：斜齿、圆周速度低、精度高、齿宽小时取小值；直齿、圆周速度高、精度低、齿宽大时取大值。
齿轮在两轴承间对称布置时取小值；齿轮在两轴承间不对称或悬臂布置时取大值。

5.10 直齿圆柱齿轮的强度计算

如前所述，齿轮强度计算准则是根据轮齿可能的失效形式建立的，对于一般齿轮传动，主要针对齿面接触疲劳强度和齿根弯曲疲劳强度。本节将介绍这两种强度计算方法。

5.10.1 齿面接触疲劳强度计算

齿面的点蚀与齿面接触应力的大小和应力循环次数有关。为避免点蚀，应使齿面接触应力小于给定循环次数时的许用应力。齿面接触疲劳强度条件为

$$\sigma_H\leqslant[\sigma_H] \tag{5-22}$$

式中：σ_H——接触应力(MPa)；

$[\sigma_H]$——许用接触应力(MPa)。

一对渐开线直齿圆柱齿轮传动，在节点啮合时，其齿面的接触状况可近似地用弹性力学的赫兹公式计算。应用赫兹接触应力模型如图 5-23 所示。赫兹公式描述为：两圆柱体在 F_n 作

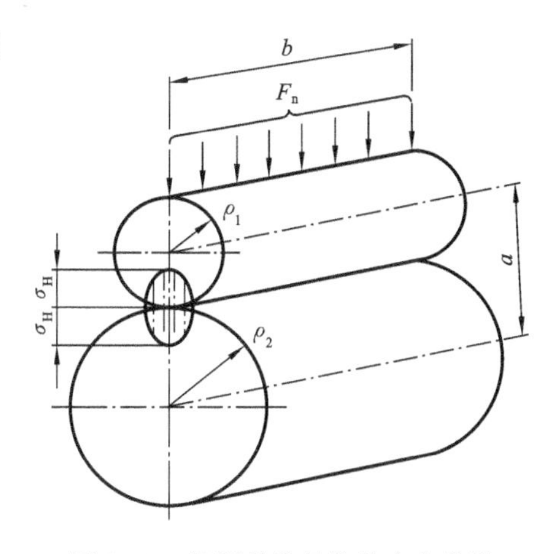

图 5-23　两圆柱体的接触应力模型

用下相互挤压，在接触区内产生的最大接触应力相等，均为

$$\sigma_H=\sqrt{\frac{F_n}{\pi b\left(\frac{1-\mu_1^2}{E_1}+\frac{1-\mu_2^2}{E_2}\right)}\frac{\rho_2\pm\rho_1}{\rho_1\rho_2}}$$

式中：F_n——作用在两圆柱体上的压力(N)；

b——两圆柱体的接触宽度(mm)；

E_1、E_2——两圆柱体材料的弹性模量(MPa)；

ρ_1、ρ_2——两圆柱体接触处的曲率半径(mm)；

"+"用于外接触，"−"用于内接触；

μ_1、μ_2——两圆柱体材料的泊松比。

令弹性影响系数

$$Z_E=\sqrt{\frac{1}{\pi\left(\frac{1-\mu_1^2}{E_1}+\frac{1-\mu_2^2}{E_2}\right)}}\quad(\sqrt{\text{MPa}})$$

则赫兹公式可简化为

$$\sigma_H=\sqrt{\frac{F_n}{b}\frac{\rho_1\pm\rho_2}{\rho_1\rho_2}}Z_E \tag{5-23}$$

轮齿在啮合过程中，齿廓接触点是不断变化的，因此，齿廓曲率半径也将随着啮合位置不同而变化。对于重合度 $1\leqslant\varepsilon\leqslant2$ 的渐开线直齿圆柱齿轮传动，在双对齿啮合区，载荷将由两对齿承担，在单对齿啮合区，全部载荷由一对齿承担。节点 C 处的曲率半径虽不是最小值，但该点一般处于单对齿啮合区，只有一对齿啮合，且点蚀也往往先在节线附近出现。因此，接触疲劳强度计算通常以节点 C 处为计算点。

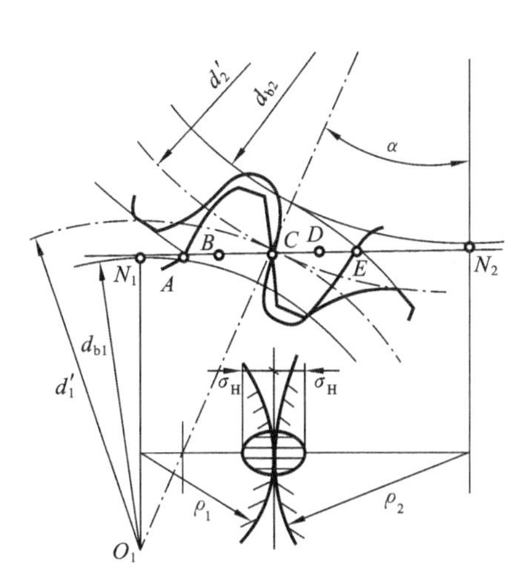

图 5-24　齿面接触强度计算

如图 5-24 所示，已知齿轮节点处的曲率半径 $\rho_1=\frac{d_1\sin\alpha}{2}$、$\rho_2=\frac{d_2\sin\alpha}{2}$和力 $F_n=\frac{F_t}{\cos\alpha}$，将其代入式(5-23)，计及载荷系数 K，则有

$$\sigma_H=\sqrt{\frac{KF_t}{bd_1}\frac{i\pm1}{i}}Z_EZ_H\leqslant[\sigma_H] \tag{5-24}$$

将齿宽系数 $\phi_d=\frac{b}{d_1}$、$F_t=\frac{2T_1}{d_1}$代入式(5-24)得，一对直齿轮防止点蚀破坏的强度条件为

$$\sigma_H=\sqrt{\frac{2KT_1}{\phi_d d_1^3}\frac{i\pm1}{i}}Z_EZ_H\leqslant[\sigma_H]\quad(\text{MPa}) \tag{5-25}$$

整理式(5-25)，即可得按接触疲劳强度的设计公式

$$d_1\geqslant\sqrt[3]{\frac{2KT_1}{\phi_d}\frac{i\pm1}{i}\left(\frac{Z_EZ_H}{[\sigma_H]}\right)^2}\quad(\text{mm}) \tag{5-26}$$

式中：Z_H——节点区域系数，$Z_H=\sqrt{\frac{2}{\sin\alpha\cos\alpha}}$。标准直齿圆柱齿轮 $\alpha=20°$，$Z_H=2.5$。

弹性影响系数 Z_E 主要用来考虑配对齿轮材料的弹性模量和泊松比对接触应力的影响，其数值见表 5-4。

表 5-4 弹性影响系数 Z_E （$\sqrt{MPa}$）

配对齿轮材料	灰 铸 铁	球 墨 铸 铁	铸 钢	碳 钢
碳 钢	162.0	181.4	188.9	189.8
铸钢	161.4	180.5	188.0	
球墨铸铁	156.6	173.9		
灰铸铁	143.7			

两配对齿轮产生的接触应力相同，即 $\sigma_{H1}=\sigma_{H2}=\sigma_H$，但由于两齿轮的材料及热处理方法不同，故两齿轮的许用接触应力$[\sigma_{H1}]$和$[\sigma_{H2}]$不同。因此注意校核时应保证 $\sigma_H\leqslant[\sigma_{H1}]$和 $\sigma_H\leqslant[\sigma_{H2}]$。

影响齿面接触疲劳强度的主要参数有：齿轮的分度圆直径 d 和齿宽 b，而与模数无关。故提高齿面接触疲劳强度的措施有：① 加大齿轮直径 d 或中心距 a；② 适当增大齿宽 b 或齿宽系数 ϕ_d；③ 提高齿轮精度等级；④ 改善齿轮材料及热处理方法，提高$[\sigma_H]$。

5.10.2 齿根弯曲疲劳强度计算公式

为防止轮齿折断，轮齿的弯曲强度条件为

$$\sigma_F\leqslant[\sigma_F] \tag{5-27}$$

式中：σ_F——齿根弯曲应力(MPa)；

$[\sigma_F]$——许用弯曲应力(MPa)。

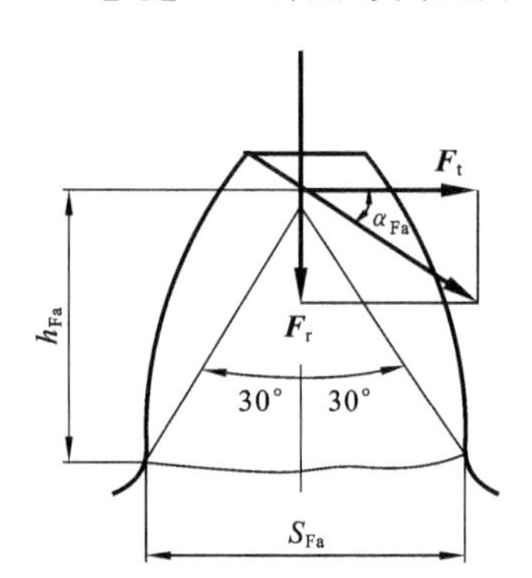

图 5-25 齿根弯曲应力计算简图

对于一般精度齿轮，计算弯曲强度，近似地认为全部载荷仅由一对轮齿承担，当载荷作用于齿顶时，齿根部所受的弯曲应力最大。采用这样的算法，轮齿的弯曲强度比较富裕。把轮齿看作悬臂梁，弯矩由圆周力 $\boldsymbol{F}_t$ 产生，用 30°切线法确定危险截面，如图 5-25 所示(作与轮齿对称中线成 30°角并与齿根过渡圆角相切的切线，通过两切点作平行于轴线的截面即为危险截面)。

$\boldsymbol{F}_n$ 分解为切向分力 $\boldsymbol{F}_t$ 和径向分力 $\boldsymbol{F}_r$，$F_t=\cos\alpha_{Fa}$，$F_r=\sin\alpha_{Fa}$。切向分力使齿根产生弯曲应力和切应力，径向分力产生压应力。其中弯曲应力为

$$\sigma_F=\frac{M}{W}=\frac{F_n\cos\alpha_{Fa}}{bS_F^2/6}h_F=\frac{2KT_1}{bd_1m}\cdot\frac{6(h_F/m)\cos\alpha_{Fa}}{(S_F/m)^2\cos\alpha}\quad(\text{MPa}) \tag{5-28}$$

令 Y_{Fa} 为齿形系数：$Y_{Fa}=\dfrac{6(h_F/m)\cos\alpha_{Fa}}{(S_F/m)^2\cos\alpha}$

齿形系数 Y_{Fa} 与模数 m 无关，对于标准齿轮，Y_{Fa} 主要与齿数 z 和变位系数 x 有关，其值可由图 5-26 查取。齿数 z 越大，渐开线越平直，齿根宽度越大，Y_{Fa} 越小；变位系数 x 越大，齿根宽度越大，Y_{Fa} 越小。

引入应力修正系数 Y_{Sa}，用来考虑齿根应力集中和危险截面上的压应力和剪应力的影响。Y_{Sa} 主要与 z 和 x 有关，其值由图 5-27 查取。

引入齿宽系数 ϕ_d，令 $\phi_d=b/d_1$，$m=d_1/z_1$ 带入式(5-27)得直齿圆柱齿轮的齿根弯曲疲劳强度的校核式为

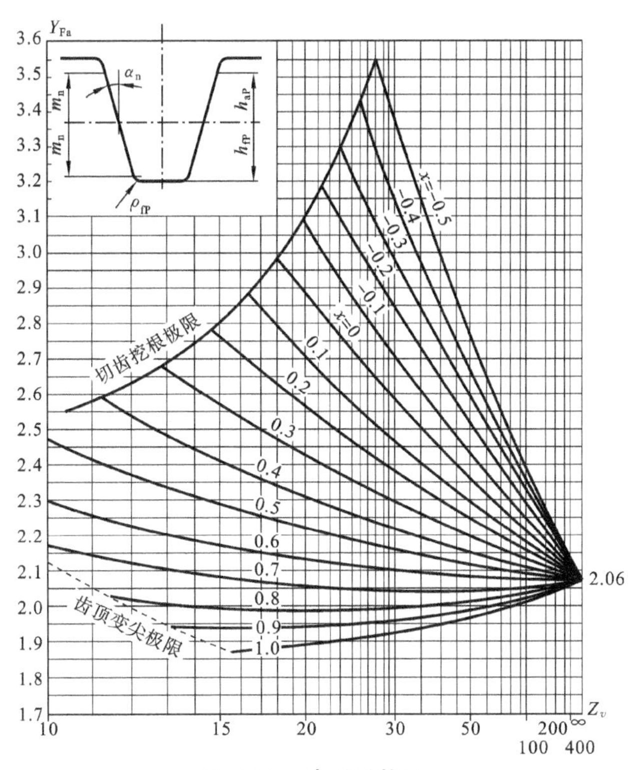

图 5-26　齿形系数 Y_{Fa}

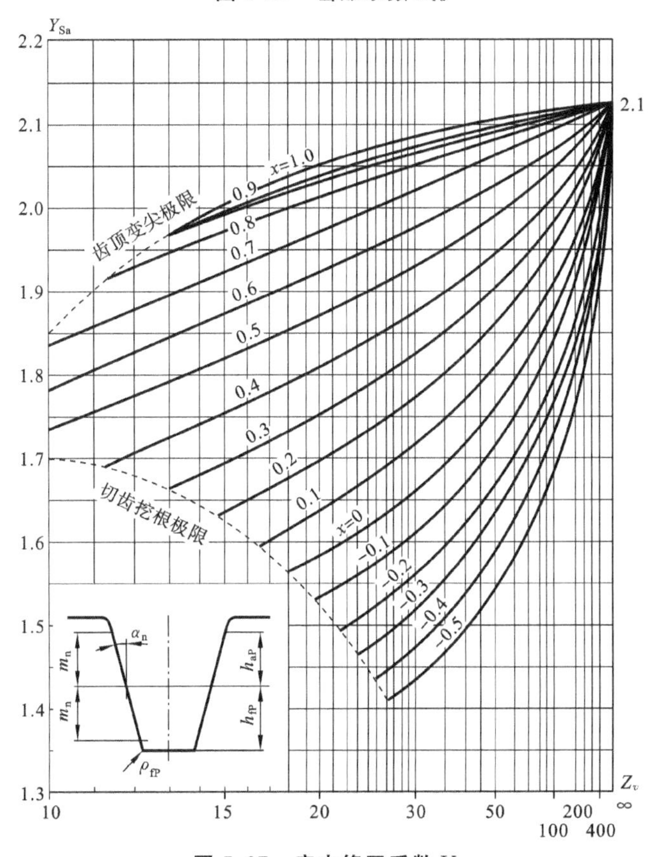

图 5-27　应力修正系数 Y_{Sa}

$$\sigma_F=\frac{M}{W}=\frac{2KT_1}{bd_1m}\cdot Y_{Fa}Y_{Sa}=\frac{2KT_1}{\phi_d z_1^2 m^3}\cdot Y_{Fa}Y_{Sa}\leqslant[\sigma_F]\quad(\text{MPa})\tag{5-29}$$

将式(5-29)整理得，直齿圆柱齿轮的齿根弯曲疲劳强度的设计式为

$$m\geqslant\sqrt[3]{\frac{2KT_1Y_{Fa}Y_{Sa}}{\phi_d z_1^2[\sigma_F]}}\quad(\text{mm})\tag{5-30}$$

虽然两齿轮的法向力是一对作用力与反作用力，但通常两齿轮的齿数不同，其系数 Y_{Fa1} 与 Y_{Fa2}、Y_{Sa1} 与 Y_{Sa2} 不同，故在两齿轮齿根部产生的弯曲应力 σ_{F1} 和 σ_{F2} 不同。两齿轮材料及热处理方法不同，其许用弯曲应力 $[\sigma_{F1}]$ 和 $[\sigma_{F2}]$ 也不相同，因此应分别校核两齿轮的弯曲强度，即 $\sigma_{F1}\leqslant[\sigma_{F1}]$ 和 $\sigma_{F2}\leqslant[\sigma_{F2}]$；按齿根弯曲疲劳强度设计齿轮时，应把 $\frac{Y_{Fa1}Y_{Sa1}}{[\sigma_{F1}]}$ 和 $\frac{Y_{Fa2}Y_{Sa2}}{[\sigma_{F2}]}$ 两者中值较大者代入设计式；算得的模数应查齿轮标准模数表，取其标准模数。

影响弯曲强度的几何参数主要有模数 m、齿数 z、齿宽 b，其中影响最大的是模数 m。故提高齿根弯曲疲劳强度的主要措施有：① 增大模数 m；② 齿数较大时虽然可以取较小的重合度影响系数，并可减小齿形系数，但应力修正系数却增大，故改变齿数对改善齿根疲劳强度不明显；③ 适当增大齿宽 b；④ 提高齿轮精度；⑤ 改善齿轮材料和热处理方式。

5.11 平行轴斜齿圆柱齿轮传动

5.11.1 斜齿轮齿面的形成及传动特性

前面对直齿圆柱齿轮的介绍都是在平面上介绍的，其实齿轮是有宽度的。从立体的角度来说，直齿圆柱齿轮齿廓曲面的形成应当描述为：一个平面（发生面）在基圆柱上作纯滚动时，发生面上一条与齿轮轴相平行的直线的空间轨迹。斜齿圆柱齿轮齿廓曲面的形成原理与直齿轮相似：一发生面在基圆柱上作纯滚动，发生面上一条与基圆柱轴线成 β_b 的直线的空间轨迹就是斜齿轮的渐开线齿廓曲面。该齿廓曲面与基圆柱面的交线是一条螺旋线，其螺旋角就是 β_b，称为斜齿轮基圆柱上的螺旋角，用 β 表示，如图 5-28 所示。

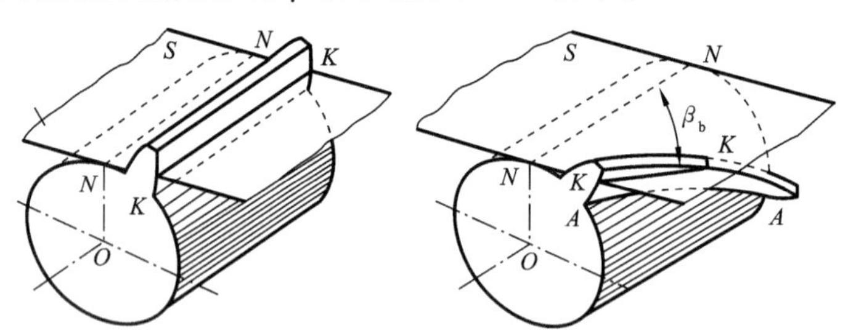

图 5-28 直齿轮与斜齿轮的形成及接触线比较

一对直齿圆柱齿轮相互啮合时，两齿廓曲面的接触线是齿廓曲面与接触面的交线（见图 5-29(a)）。此接触线与齿轮轴线平行。因此直齿轮在进入啮合和退出啮合时，在理论上是以整个齿宽同时进入和同时退出，轮齿上的作用力也是突然加上和突然卸下的，使得直齿轮传动的平稳性较差，有冲击、振动和噪声，高速传动时尤其突出。

一对斜齿圆柱齿轮啮合时，接触线也是齿廓曲面与啮合面的交线（见图 5-29(b)）。此接触线是相对斜齿轮轴线倾斜的直线，它的长度是变化的，刚进入啮合时，接触线的长度逐渐增

大，而后又逐渐缩短，直至退出啮合为止。因此斜齿轮的轮齿是逐渐进入和退出啮合的，而且同时啮合的齿数较直齿轮多，所以与直齿圆柱齿轮传动相比，其重合度大，传动平稳，承载能力较大，适用于高速和大功率场合。

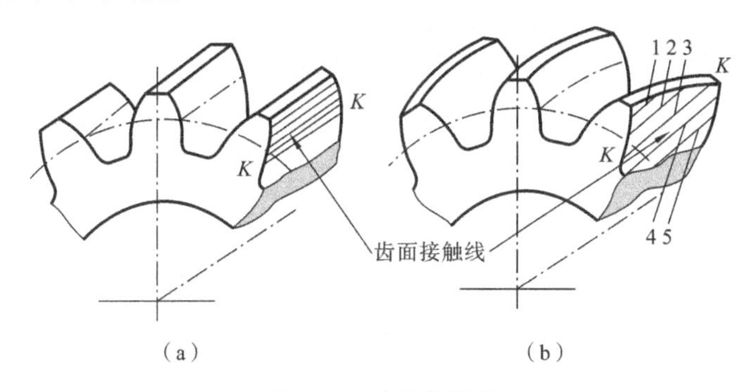

图 5-29 齿面接触线

(a) 直齿轮；(b) 斜齿轮

5.11.2 斜齿轮的几何参数和尺寸计算

1. 螺旋角 β

斜齿轮轮齿的倾斜程度是用斜齿轮的螺旋角 β 来表示的，β 即斜齿轮齿廓曲面与其分度圆柱面相交的螺旋线的切线与齿轮轴线之间所夹锐角，如图 5-30 所示。β 一般取 8°～20°，以免传动中产生过大的轴向力。螺旋角 β 有左旋、右旋之分。

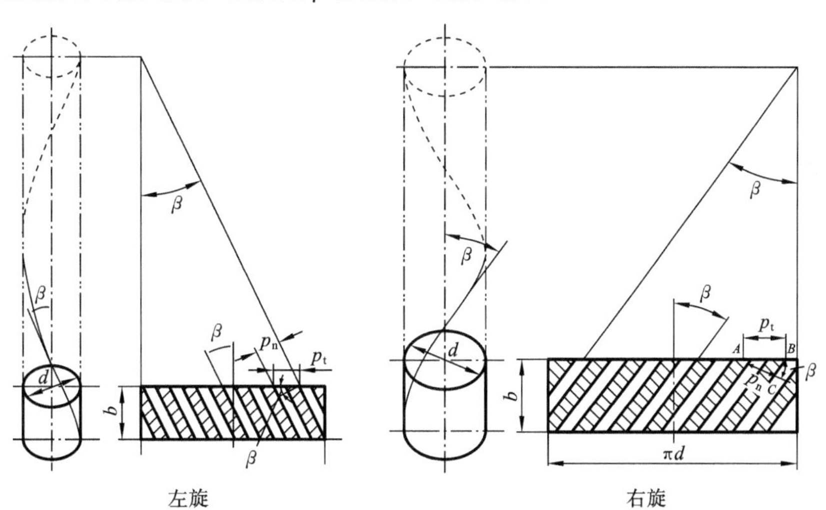

图 5-30 螺旋角

2. 法面参数与端面参数

从斜齿轮齿廓曲面的形成可知，由于螺旋角的存在，斜齿轮的端面齿形和垂直于螺旋线方向的法面齿形是不相同的，因而斜齿轮的端面参数与法面参数也不相同。

在切制斜齿轮时，沿着齿轮的螺旋线方向进刀，刀具也按斜齿轮的法面模数选择，所以规定斜齿轮的法面参数为标准值。如法面模数 m_n 符合国家规定的标准模数系列表（GB/T 1357—2008），法面压力角 $\alpha_n=20°$，$h_{an}^*=1$，$c_n^*=0.25$。但在计算斜齿轮的几何尺寸时，却需按端面的参数进行，因此要掌握斜齿轮的法面参数与端面参数之间的换算关系。

将斜齿圆柱齿轮沿其分度圆柱面展开，分度圆柱上的螺旋线为一条斜直线。由图 5-30 可知，法面齿距 p_n 与端面齿距 p_t 的关系为

$$p_n = p_t \cos\beta \tag{5-31}$$

因 $p=\pi m$，所以法面模数 m_n 和端面模数 m_t 之间的关系为

$$m_n = m_t \cos\beta \tag{5-32}$$

斜齿轮的法面压力角 α_n 与端面压力角 α_t 之间的关系可从斜齿条端面与法面参数的关系中得出（见图 5-31）

$$\tan\alpha_n = \tan\alpha_t \cos\beta \tag{5-33}$$

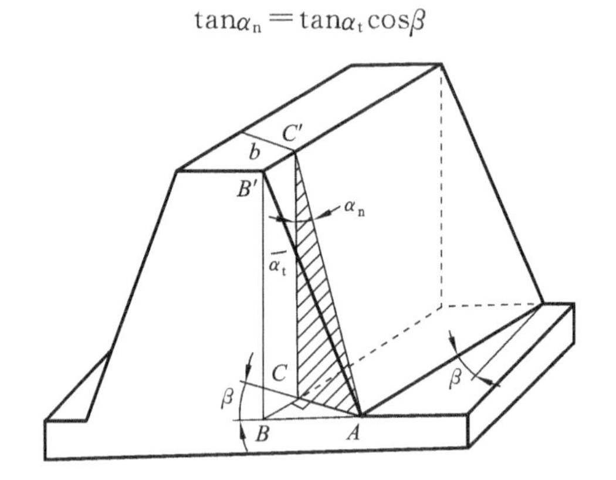

图 5-31　斜齿条的法面压力角 α_n 与端面压力角 α_t

3. 斜齿轮的几何尺寸计算

斜齿轮的几何尺寸计算公式如表 5-5 所示。

表 5-5　斜齿轮的几何尺寸计算

序号	名称	符号	计算公式
1	螺旋角	β	一般取 $\beta=8°\sim20°$
2	法面模数	m_n	m_n 取标准值
3	端面模数	m_t	$m_t=\dfrac{m_n}{\cos\beta}$
4	法面压力角	α_n	$\alpha_n=20°$
5	端面压力角	α_t	$\tan\alpha_t=\dfrac{\tan\alpha_n}{\cos\beta}$
6	齿顶高	h_a	$h_a=h_{an}^* m_n$，　$h_{an}^*=1$
7	齿根高	h_f	$h_f=h_{an}^* m_n+c_n^* m_n$，$c_n^*=0.25$
8	分度圆直径	d_1，d_2	$d_1=m_t z_1=\dfrac{m_n}{\cos\beta}z_1$，　$d_2=m_t z_2=\dfrac{m_n}{\cos\beta}z_2$
9	顶圆直径	d_{a1}，d_{a2}	$d_{a1}=d_1+2h_a$，　$d_{a2}=d_2+2h_a$
10	根圆直径	d_{f1}，d_{f2}	$d_{f1}=d_1-2h_f$，　$d_{f2}=d_2-2h_f$
11	基圆直径	d_{b1}，d_{b2}	$d_{b1}=d_1\cos\alpha_t$，　$d_{b2}=d_2\cos\alpha_t$
12	标准中心距	a	$a=\dfrac{1}{2}(d_1+d_2)=\dfrac{m_t}{2}(z_1+z_2)=\dfrac{m_n}{2\cos\beta}(z_1+z_2)$

5.11.3　斜齿轮传动正确啮合条件

1. 正确啮合条件

一对斜齿轮正确啮合的条件：两斜齿轮的法面模数相等，等于标准模数；法面压力角相等，等于20°，即

$$m_{n1}=m_{n2}=m,\quad \alpha_{n1}=\alpha_{n2}=20^\circ$$

或者说端面模数相等，端面压力角相等，即

$$m_{t1}=m_{t2},\quad \alpha_{t1}=\alpha_{t2}$$

为了使两斜齿轮传动时，其啮合的两齿廓螺旋面应相切。故：外啮合时，两齿轮的螺旋角应大小相等，旋向相反用"−"表示，即 $\beta_1=-\beta_2$；内啮合时，螺旋角应大小相等，旋向相同用"+"表示，即 $\beta_1=\beta_2$。

2. 标准中心距

一对斜齿轮传动的标准中心距为

$$a=\frac{1}{2}(d_1+d_2)=\frac{m_t}{2}(z_1+z_2)=\frac{m_n}{2\cos\beta}(z_1+z_2)\tag{5-34}$$

从式(5-34)可以看出，斜齿轮传动的中心距与其螺旋角的大小有关。在设计斜齿轮传动时，可不改变两齿轮的齿数和传动比，而用改变螺旋角 β 的办法来调整中心距的大小，以满足对中心距的要求。

3. 斜齿轮传动的重合度 ε

由于斜齿圆柱齿轮传动时，是从一端进入啮合，然后从另一端退出啮合的，故斜齿轮在传动时当其端面尺寸大小与直齿轮相同时，其重合度要比直齿轮的大，由此降低了每对齿轮的载荷，从而提高了齿轮的承载能力，延长了齿轮的使用寿命，并使传动更为平稳。

斜齿轮重合度包括两部分：端面重合度 ε_α 和轴向重合度 ε_β。其计算式为

$$\varepsilon=\varepsilon_\alpha+\varepsilon_\beta=\frac{1}{2\pi}[z_1(\tan\alpha_{at1}-\tan\alpha_t')+z_2(\tan\alpha_{at2}-\tan\alpha_t')]+\frac{B\sin\beta}{\pi m_n}\tag{5-35}$$

5.11.4　斜齿轮的当量齿轮与当量齿数

在选择切制直齿轮铣刀，刀具的模数和压力角应分别与所切制齿轮的模数和压力角相同，此外还应根据所切制的齿轮的齿数选择铣刀的刀号。切制斜齿轮时，刀具的模数和压力角应分别与所切制齿轮的法面模数和法面压力角相同，也还应该找出一个与斜齿轮法面齿形相当的直齿轮，根据这个直齿轮的齿数来选择刀具的刀号。这个假想的直齿轮就称为斜齿轮的当量齿轮(见图5-32)，其齿数称为当量齿数，用 z_v 表示。另外，在进行齿轮强度计算时，由于两啮合轮齿之间的作用力是沿轮齿的法向作用的，也要用到当量齿轮与当量齿数的概念。

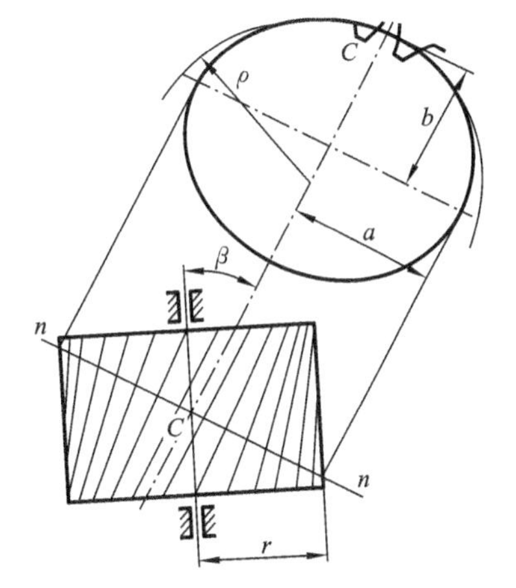

图5-32　斜齿轮的当量齿轮

过斜齿轮分度圆上的一点 C 作轮齿的法面，将此斜齿轮的分度圆柱面剖开，其剖面为一椭圆。在此剖面上，点 C 附近的齿形可视为斜齿轮在法面上的齿形。以椭圆上点 C 的曲率半径为半径，以斜齿轮法面模数为模数，以法面压力

角为压力角作一直齿圆柱齿轮，这个齿轮就是斜齿轮的当量齿轮。

由椭圆的几何关系可知，点 C 处的曲率半径 ρ 为

$$\rho=\frac{r}{\cos^2\beta}$$

故得

$$z_v=\frac{2\rho}{m_n}=\frac{2r}{m_n\cos^2\beta}=\frac{z}{\cos^3\beta} \tag{5-36}$$

标准斜齿圆柱齿轮不发生根切的最少齿数 z_{min}，可由其当量齿轮的最小齿数 z_{vmin} 根据式(5-36)求得

$$z_{min}=z_{vmin}\cos^3\beta$$

斜齿圆柱齿轮不发生根切的齿数比直齿轮少，例如：当 $\beta=15°$ 时，$z_{min}=17\cos^3 15°\approx 15$；当 $\beta=30°$ 时，$z_{min}=17\cos^3 30°\approx 11$。

5.11.5 斜齿轮的受力分析

与直齿圆柱齿轮传动受力分析类似，略去齿面间的摩擦力。在斜齿轮传动中，作用于齿面上节点处的法向载荷 $\boldsymbol{F}_n$ 垂直于齿面，处于法面内。将法向载荷 $\boldsymbol{F}_n$ 分解为三个相互垂直的分力：切于分度圆柱面的圆周力 $\boldsymbol{F}_t$、径线方向上的径向力 $\boldsymbol{F}_r$ 和轴线方向上的轴向力 $\boldsymbol{F}_a$（见图 5-33）。其大小分别为

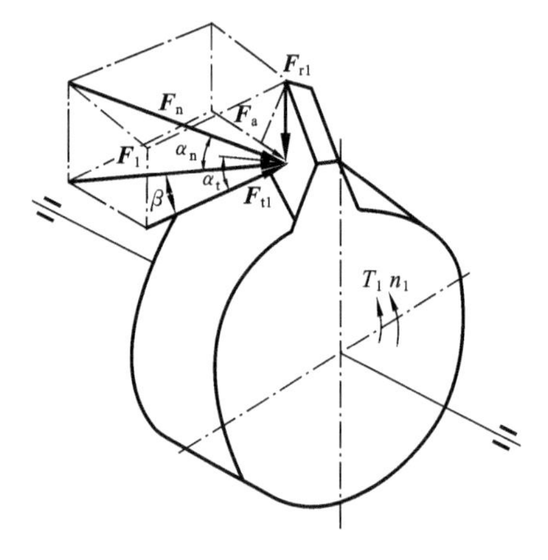

图 5-33 斜齿圆柱齿轮主动轮的受力分析

圆周力 $$F_t=2T_1/d_1 \tag{5-37}$$

径向力 $$F_r=F_t\tan\alpha_n/\cos\beta \tag{5-38}$$

轴向力 $$F_a=F_t\tan\beta \tag{5-39}$$

法向力 $$F_n=F_t/(\cos\alpha_n\cos\beta) \tag{5-40}$$

式中：T_1——主动齿轮传递的名义转矩(N·mm)；

d_1——主动齿轮分度圆直径(mm)；

α_n——分度圆压力角(°)；

β——斜齿轮的螺旋角(°)。

主动轮上的圆周力 $\boldsymbol{F}_{t1}$ 方向与转向相反，从动轮上圆周力 F_{t2} 的方向与转向相同；径向力 $\boldsymbol{F}_r$ 对外齿轮是指向轮心，对内齿轮则背离轮心；轴向力 $\boldsymbol{F}_a$ 沿着轴线方向指向工作齿面，也可用右(左)手定则判定其方向(对主动轮而言)；法向力 $\boldsymbol{F}_n$ 垂直指向齿面啮合点。

主、从动轮受力的关系： $F_{t1}=-F_{t2}$， $F_{r1}=-F_{r2}$， $F_{a1}=-F_{a2}$

例 5-1 如图 5-34(a)所示为两级标准斜齿圆柱齿轮传动的减速器。已知齿轮 2 的参数 $m_n=3$ mm，$z_2=51$，$\beta=15°$，左旋；齿轮 3 的参数 $m_n=5$ mm，$z_3=17$。试问：低速级斜齿圆柱齿轮 3 的螺旋线方向应如何选择才能使中间轴Ⅱ上的两齿轮的轴向力方向相反？若轴Ⅰ转向如图 5-34(a)所示，试标明轴Ⅱ上轮 2、3 上的圆周力、径向力和轴向力的方向。

解 Ⅱ轴上轮 2、3 的各分力方向如图 5-34(b)所示。由轴Ⅰ转向判断出轴Ⅱ转向为顺时针方向。要使轮 2 顺时针旋转，其工作齿面应为左旋齿面。轴向力沿轴线方向指向工作齿面，故轮 2 的轴向力 $\boldsymbol{F}_{a2}$ 应指向后方。也可按左(右)手定则，轮 2 为左旋，大拇指指向前方，但轮 2 为从动轮，故轴向力 $\boldsymbol{F}_{a2}$ 指向后方。要使轴Ⅱ上轮 2、3 的轴向力 $\boldsymbol{F}_{a2}$ 反向，应使轮 3 的轴向力 $\boldsymbol{F}_{a3}$ 指向前方，顺时针旋向，符合左手定则，轮 3 又是主动轮，故轮 3 的螺旋线方向为左旋。

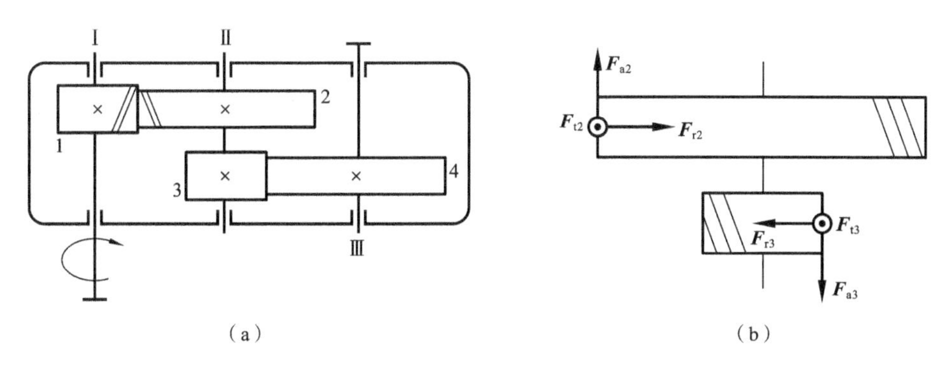

图 5-34

$\boldsymbol{F}_{r2}$、$\boldsymbol{F}_{r3}$由啮合点沿着径线方向指向转动中心。轮2为从动轮，$\boldsymbol{F}_{t2}$与啮合点的圆周速度方向相同。轮3为主动轮，$\boldsymbol{F}_{t3}$与啮合点处的圆周速度方向相反。

5.11.6 标准斜齿圆柱齿轮强度计算

斜齿轮的强度计算是以轮齿的法面尺寸为依据的，其基本原理与直齿轮传动相似。但是斜齿轮传动的重合度较大，同时相啮合的轮齿齿数较多，轮齿的接触线是倾斜的，故通常按斜齿轮的当量直齿圆柱齿轮进行，分析的截面应为法向截面，模数也应为法向模数。在法面内斜齿轮的当量齿轮的分度圆半径较大，因此在同样条件下，斜齿轮的接触应力和弯曲应力均比直齿轮有所降低，抗弯、抗点蚀强度都较高。

1. 齿面接触疲劳强度计算

一对斜齿圆柱齿轮传动可近似按法面上的当量直齿圆柱齿轮来计算接触应力，同时考虑到螺旋角的影响，确定斜齿轮的齿面接触强度校核公式为

$$\sigma_H=\sqrt{\frac{KF_t}{bd_1}\frac{i\pm1}{i}}Z_E Z_H Z_\beta\leqslant[\sigma_H] \tag{5-41}$$

式中：Z_H——区域系数，$Z_H=\sqrt{\dfrac{2\cos\beta}{\sin\alpha_t\cos\alpha_t}}$，也可查图5-35。

Z_β——螺旋角系数，$Z_\beta=\sqrt{\cos\beta}$，考虑斜齿轮的接触线是倾斜的，导致接触强度有所提高而引入了此系数。

将式(5-40)整理得斜齿轮按齿面接触强度计算的设计公式：

$$d_1\geqslant\sqrt[3]{\frac{2KT_1}{\phi_d}\frac{i\pm1}{i}\left(\frac{Z_E Z_H Z_\beta}{[\sigma_H]}\right)^2} \tag{5-42}$$

把许用接触应力$[\sigma_{H1}]$和$[\sigma_{H2}]$中较小者代入设计公式进行计算，再按$d_1=\dfrac{m_n}{\cos\beta}z_1$算得法面模数，并要将其调整为标准模数。

2. 齿根弯曲疲劳强度计算

斜齿轮传动的接触线是倾斜的，一般发生齿根局部折断。近似按法面上的当量直齿圆柱齿轮来计算其齿根应力，将当量齿轮的有关参数代入直齿圆满柱齿轮的弯曲强度计算公式，并引入螺旋角系数(考虑接触线倾斜对弯曲强度的有利影响)可得斜齿轮的弯曲疲劳强度条件校核公式为

$$\sigma_F=\frac{2KT_1Y_{Fa}Y_{Sa}Y_\beta}{bd_1m_n}\leqslant[\sigma_F] \tag{5-43}$$

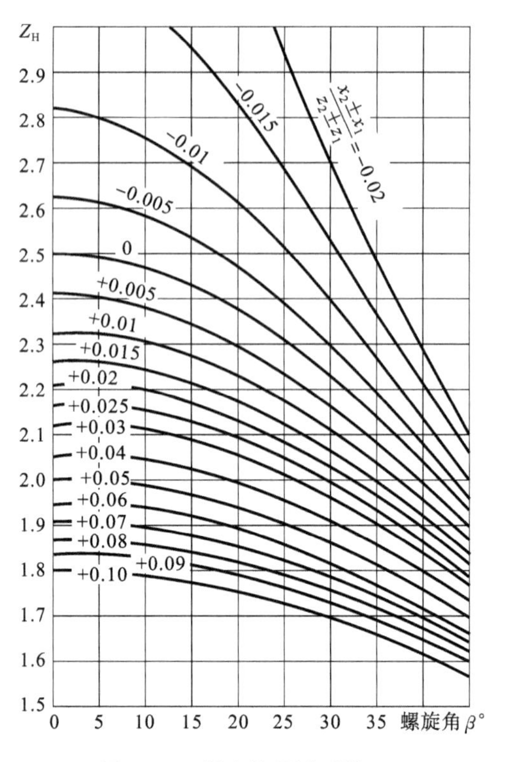

图 5-35　斜齿轮区域系数 Z_H

式中：Y_{Fa}——载荷作用于齿顶的齿形系数，按当量齿数 z_v 查图 5-26。

Y_{Sa}——载荷作用于齿顶的应力修正系数，按当量齿数 z_v 查图 5-27。

Y_β——螺旋角影响系数，查相关手册，一般计算可取 $Y_\beta=0.85\sim0.92$，β 角大时，取小值，反之取大值。

虽然两齿轮的法向力是一对作用力与反作用力，但通常两齿轮的齿数不同，其系数 Y_{Fa1} 与 Y_{Fa2}、Y_{Sa1} 与 Y_{Sa2} 也不同，故在两齿轮齿根部产生的弯曲应力 σ_{F1} 和 σ_{F2} 不同。两齿轮材料及热处理方法不同，其许用弯曲应力$[\sigma_{F1}]$和$[\sigma_{F2}]$也不相同，因此应分别校核两齿轮的弯曲强度，校核式为 $\sigma_{F1}\leqslant[\sigma_{F1}]$和 $\sigma_{F2}\leqslant[\sigma_{F2}]$。相同尺寸的斜齿圆柱齿轮与直齿圆柱齿轮相比，$Y_{Fa}Y_{Sa}$ 比直齿轮小，$Y_\beta\leqslant1$，所以斜齿轮的承载能力要大。在外载荷和材料相同时，斜齿圆柱齿轮的尺寸比直齿轮的小。

由式(5-53)整理得斜齿圆柱齿轮的齿根弯曲疲劳强度的设计式为

$$m_n\geqslant\sqrt[3]{\frac{2KT_1\cos^2\beta Y_\beta}{\phi_d z_1^2}\frac{Y_{Fa}Y_{Sa}}{[\sigma_F]}} \tag{5-44}$$

按齿根弯曲疲劳强度设计齿轮时，应把$\frac{Y_{Fa1}Y_{Sa1}}{[\sigma_{F1}]}$和$\frac{Y_{Fa2}Y_{Sa2}}{[\sigma_{F2}]}$中的较大者代入设计公式，算得的法面模数应调整为标准模数。

5.12　直齿圆锥齿轮传动

圆锥齿轮的轮齿有直齿、斜齿、曲齿(见图 5-2)等多种形式的，圆锥齿轮传动主要用于两不平行轴之间的传动。应用最广的是两轴线正交的直齿圆锥齿轮传动。

5.12.1 直齿圆锥齿轮

直齿圆柱齿轮的轮齿分布在圆柱面上，而直齿圆锥齿轮的轮齿分布在圆锥面上，与直齿轮相对应，也有分度圆锥、齿顶圆锥、齿根圆锥。分度圆锥和齿根圆锥的锥顶重合于一点，为了保证一对圆锥齿轮为等顶隙传动，齿顶圆锥的锥顶一般不与分度圆锥和齿根圆锥的锥顶重合（也有重合于一点的）。

5.12.2 直齿圆锥齿轮传动的正确啮合条件

类比于圆柱齿轮传动，一对正确安装的标准直齿圆锥齿轮传动相当于共顶点的两分度圆锥作纯滚动（见图5-36）。

理论上，圆锥齿轮的齿廓曲面是球面渐开线，但因球面渐开线无法在平面上展开，实际圆锥齿轮齿廓曲面通常采用近似方法来代替。引入背锥的概念，可把球面渐开线的齿廓在背锥面上的投影近似地作为圆锥齿轮的齿廓。由此，取圆锥齿轮大端的模数为标准模数，大端压力角为标准压力角（一般取20°）、按照圆柱齿轮的作图方法画出扇形齿轮的齿形，并把扇形齿轮补足为完整的圆柱齿轮，这个圆柱齿轮称为圆锥齿轮的当量齿轮，齿数称为当量齿数 z_v，有

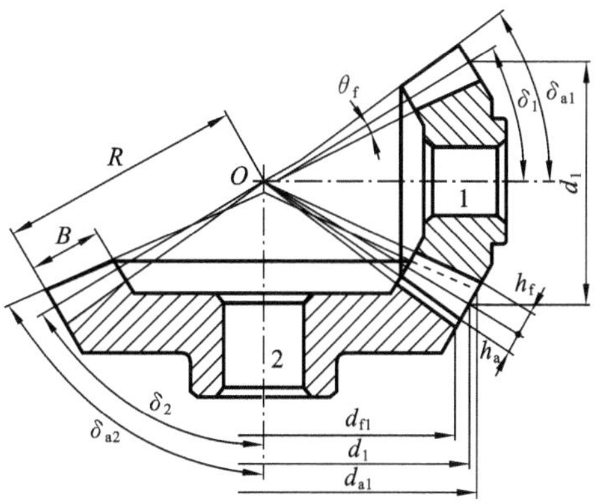

$$z_v=\frac{z}{\cos\delta}$$

当量齿数不一定是整数。

图 5-36 直齿锥齿轮传动

圆锥齿轮不发生根切的最少齿数为

$$z_{\min}=z_{v\min}\cos\delta \tag{5-45}$$

一对直齿圆锥齿轮正确啮合的条件，可以从其当量齿轮传动中得出：两轮大端的模数和压力角分别相等。

两圆锥齿轮的分度圆直径分别为

$$d_1=2R\sin\delta_1,\quad d_2=2R\sin\delta_2$$

则两锥齿轮的传动比为

$$i_{12}=\frac{\omega_1}{\omega_2}=\frac{z_2}{z_1}=\frac{d_2}{d_1}=\frac{\sin\delta_2}{\sin\delta_1} \tag{5-46}$$

当两轮轴间正交时，两分度圆锥作纯滚动，$\delta_1+\delta_2=90°$，则

$$i_{12}=\tan\delta_2=\tan\delta_1 \tag{5-47}$$

在设计直齿圆锥齿轮传动时，可以根据其传动比确定两分度圆锥角的值。

5.12.3 直齿圆锥齿轮的几何尺寸参数

直齿圆锥齿轮的几何尺寸是以其大端为基准的。它的主要几何尺寸计算与圆柱齿轮相似（见表5-6），但在取值中有不同的规定，最主要的是模数和顶隙系数的取值。另外对于锥齿轮，其顶圆、分度圆、根圆不在同一平面上，故其计算与直齿轮的计算公式不同。

表 5-6　直齿圆锥齿轮几何尺寸参数

序号	名称	符号	计算公式
1	分度圆锥角	δ_1, δ_2	$\delta_1 + \delta_2 = 90°$
2	模数	m	大端模数取标准值
3	压力角	α	大端压力角 $\alpha = 20°$
4	齿顶高	h_a	$h_a = h_a^* m = m$,　$h_a^* = 1$
5	齿根高	h_f	$h_f = h_a^* m + c^* m = 1.2m$,　$c^* = 0.2$
6	分度圆直径	d_1, d_2	$d_1 = mz_1$,　$d_2 = mz_2$
7	顶圆直径	d_{a1}, d_{a2}	$d_{a1} = d_1 + 2h_a\cos\delta_1$,　$d_{a2} = d_2 + 2h_a\cos\delta_2$
8	根圆直径	d_{f1}, d_{f2}	$d_{f1} = d_1 - 2h_f\cos\delta_1$,　$d_{f2} = d_2 - 2h_f\cos\delta_2$
9	锥距	R	$R = \sqrt{r_1^2 + r_2^2} = \frac{m}{2}\sqrt{z_1^2 + z_2^2}$
10	齿宽	b	$b \leqslant R/3$ 取整
11	顶锥角	δ_{a1}, δ_{a2}	$\delta_{a1} = \delta_1 + \theta_a$,　$\delta_{a2} = \delta_2 + \theta_a$,　$\tan\theta_a = h_a/R_t$
12	根锥角	δ_{f1}, δ_{f2}	$\delta_{f1} = \delta_1 - \theta_f$,　$\delta_{f2} = \delta_2 - \theta_f$,　$\tan\theta_f = h_f/R_t$
13	标准中心距	a	$a = \frac{1}{2}(d_1 + d_2) = \frac{m_t}{2}(z_1 + z_2) = \frac{m_n}{2\cos\beta}(z_1 + z_2)$

5.13.4　直齿圆锥齿轮受力分析

如图 5-37 所示，在齿宽中点节线处的法向平面内，法向力 F_n 可分解为三个分力：圆周力 F_t、径向力 F_r 和轴向力 F_a，有

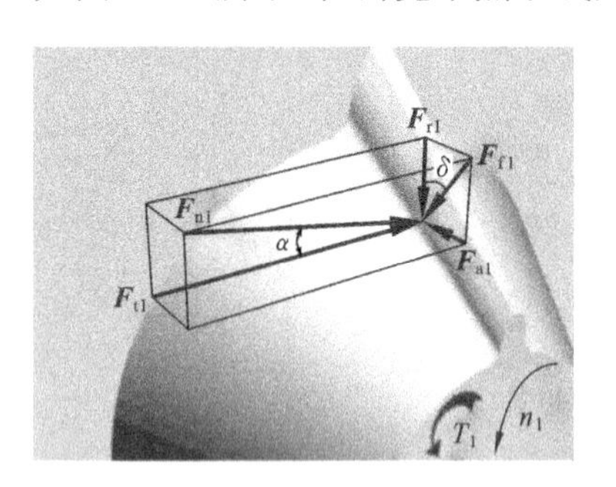

图 5-37　直齿圆锥齿轮传动的受力分析

$$F_{t1} = \frac{2T_1}{d_{m1}} = \frac{2T_1}{(1-0.5\phi_R)d_1} \tag{5-48}$$

$$F_{r1} = F'_{r1}\cos\delta_1 = F_{t1}\tan\alpha\cos\delta_1 \tag{5-49}$$

$$F_{a1} = F'_{r1}\sin\delta_1 = F_{t1}\tan\alpha\sin\delta_1 \tag{5-50}$$

主动轮上的圆周力 F_{t1} 方向与转向相反，从动轮上 F_{t2} 的方向与转向相同。

径向力 F_r 分别指向各自轮心。

轴向力 F_a 分别由各轮的小端指向大端。

主、从动轮受力的关系：

$$F_{t1} = -F_{t2},\quad F_{r1} = -F_{a2};\quad F_{a1} = -F_{r2}$$

5.12.5　直齿圆锥齿轮传动的强度计算

1. 齿面接触疲劳强度计算

齿面接触疲劳强度按齿宽中点处的当量直齿圆柱齿轮进行计算。将当量齿轮的有关参量

代入直齿圆柱齿轮的强度计算公式，可得直齿圆锥齿轮的齿面接触疲劳强度条件校核公式为

$$\sigma_H = Z_H Z_E \sqrt{\frac{4KT_1}{\phi_R(1-0.5\phi_R)^2 d_1^3 i}} \leqslant [\sigma_H] \quad (\text{MPa}) \tag{5-51}$$

将式(5-51)整理得直齿圆锥齿轮的齿面接触疲劳强度的设计式为

$$d_1 \geqslant \sqrt[3]{\left(\frac{Z_H Z_E}{[\sigma_H]}\right)^2 \frac{4KT_1}{\phi_R(1-0.5\phi_R)^2 i}} \quad (\text{mm}) \tag{5-52}$$

2. 轮齿弯曲疲劳强度条件

与接触疲劳强度的计算相同，按齿宽中点的当量直圆柱齿轮进行计算，将当量齿轮的参数代入，得

$$\sigma_F = \frac{2KT_{v1} Y_{Fa} Y_{Sa}}{b d_{v1} m_m} \leqslant [\sigma_F] \quad (\text{MPa})$$

再将 T_{v1}、d_{v1}、m_m 等代入上式，可得直齿圆锥齿轮的齿根弯曲疲劳强度条件校核公式为

$$\sigma_F = \frac{4KT_1 Y_{Fa} Y_{Sa}}{\phi_R(1-0.5\phi_R) m^3 z_1^2 \sqrt{1+i^2}} \leqslant [\sigma_F] \quad (\text{MPa}) \tag{5-53}$$

整理式(5-53)得直齿圆锥齿轮的齿根弯曲疲劳强度的设计式为

$$m \geqslant \sqrt[3]{\frac{4KT_1 Y_{Fa} Y_{Sa}}{\phi_R(1-0.5\phi_R)^2 z_1^2 \sqrt{1+i^2}[\sigma_F]}} \quad (\text{mm}) \tag{5-54}$$

5.13 齿轮传动设计计算中的主要问题

5.13.1 齿轮强度计算中的主要参数选择

1. 小齿轮齿数 z_1 和模数 m 的选择

若保持齿轮传动的中心距 a 不变，增加齿数 z_1，除可增大重合度，改善传动的平稳性外，还可以减小模数 m，降低齿高，因而可节约材料，减少金属切削量，节省制造费用，并能减少滑动系数，减小磨损，提高抗胶合能力。但模数小了，齿厚随之减薄，则要降低轮齿的弯曲强度。模数必须圆整为标准值。

对于 $\alpha=20°$ 的标准直齿圆柱齿轮，应保证 $z_1 \geqslant 17$。闭式齿轮传动一般转速较高，为了提高传动的平稳性，减小冲击振动，以齿数多一些为好，小齿轮的齿数可取为 $z_1=20\sim40$。对于承受变载荷的齿轮传动，为了保证齿面磨损均匀，宜使大、小齿轮的齿数互为质数，至少不要成整数倍。但对于以传递动力为主的齿轮，为防止意外断齿，一般模数不小于 1.5～2 mm，对于圆锥齿轮，其模数不于小 2 mm。

2. 齿宽系数 ϕ_d 的选择

轮齿愈宽，承载能力也愈高；或在相同外载荷作用下，增加齿宽可缩小齿轮的径向尺寸，因而轮齿不宜过窄。但增大齿宽又会使齿面上的载荷分布趋于不均匀，故齿宽系数应取得适当。圆柱齿轮齿宽系数的推荐值见表 5-7。

表 5-7 圆柱齿轮的齿宽系数 ϕ_d

装置状况	两支承相对齿轮作对称布置	两支承相对齿轮作不对称布置	齿轮作悬臂布置
ϕ_d	0.9～1.4	0.7～1.15	0.4～0.6

大、小齿轮皆为硬齿面时，应取表中偏下的数值；若皆为软齿面或大齿轮为软齿面时，可取中上限数值。作悬臂布置时，轴的刚性很小，载荷沿齿宽分布不均匀性很强，载荷集中严重，故齿宽不应太大；相反，作对称布置时，轴的刚度好，齿轮的齿宽可取得大一些。齿宽 b 的计算值应圆整。为防止两齿轮在轴线方向有装配误差而导致啮合宽度实际变小，常把小齿轮的齿宽在计算齿宽 b 的基础上加宽 5～10 mm。

3. 传动比 i 的选择

齿轮传动比 i 不宜过大，否则会增加传动装置的结构尺寸，并使两齿轮的工作负担差别增大。对于单级直齿圆柱齿轮，$i \leqslant 5$；对于斜齿轮，$i \leqslant 8$；对于直齿圆锥齿轮，$i \leqslant 5$。

4. 螺旋角 β 的选择

螺旋角 β 愈大，斜齿轮的优点愈明显，传动愈平稳，承载能力愈高。但随着螺旋角 β 的增大，轴向力也增加，轴承的载荷越大，使轴承及传动装置的尺寸也相应增大，同时传动效率也会降低。故螺旋角 β 也不可太大。斜齿圆柱齿轮一般螺旋角 β 取 $8° \sim 20°$。但为了减小齿轮传动的振动和噪声，目前有采用大螺旋角的趋势。

5.13.2 齿轮许用应力的确定

1. 齿面许用接触应力 $[\sigma_H]$

$$[\sigma_H] = \frac{\sigma_{Hlim}}{S_H} \quad (MPa) \tag{5-55}$$

式中：S_H——齿面接触疲劳安全系数，查表 5-8；

σ_{Hlim}——接触疲劳极限，在实验条件下用各种材料按无限寿命所得，有限寿命时，其值提高，查图 5-38。

图 5-38 中是 σ_{Hlim} 的荐用范围。图中的 ME 表示材料和热处理质量要求严格时的取线，MQ 表示齿轮材料和热处理质量要求中等时的取线，ML 表示齿轮材料和热处理质量要求低时的取线。当齿轮材料、结构及热处理要求、检验手段良好时，可取中间偏上值，即在 ME 和 MQ 之间选取；对于一般工业齿轮或条件较差时，取中间偏下值，即在 MQ 和 ML 之间选取。若齿面硬度值超出图中值的取值范围，可按外插法查取。

2. 齿根许用弯曲应力 $[\sigma_F]$

$$[\sigma_F] = \frac{\sigma_{Flim}}{S_F} \quad (MPa) \tag{5-56}$$

式中：σ_{Flim}——弯曲疲劳极限，查图 5-39。图中的极限值是在实验条件用各种材料的齿轮在单侧工作时测得的，齿根弯曲应力为脉动循环。对于长期双侧工作的齿轮传动，因齿根弯曲应力是对称循环应力，其极限应力值应是图中值的 70%。

S_F——齿面接触疲劳安全系数，查表 5-8。如果发生断齿，将引起严重的后果，故 S_F 一般取较大的值。但若计算数据准确性差，计算方法粗糙，则应取偏大值。

表 5-8　安全系数 S_H 和 S_F

安全系数	软齿面	硬齿面	重要传动、渗碳淬火齿轮或铸造齿轮
S_H	1.0～1.1	1.1～1.2	1.3～1.6
S_F	1.3～1.4	1.4～1.6	1.6～3

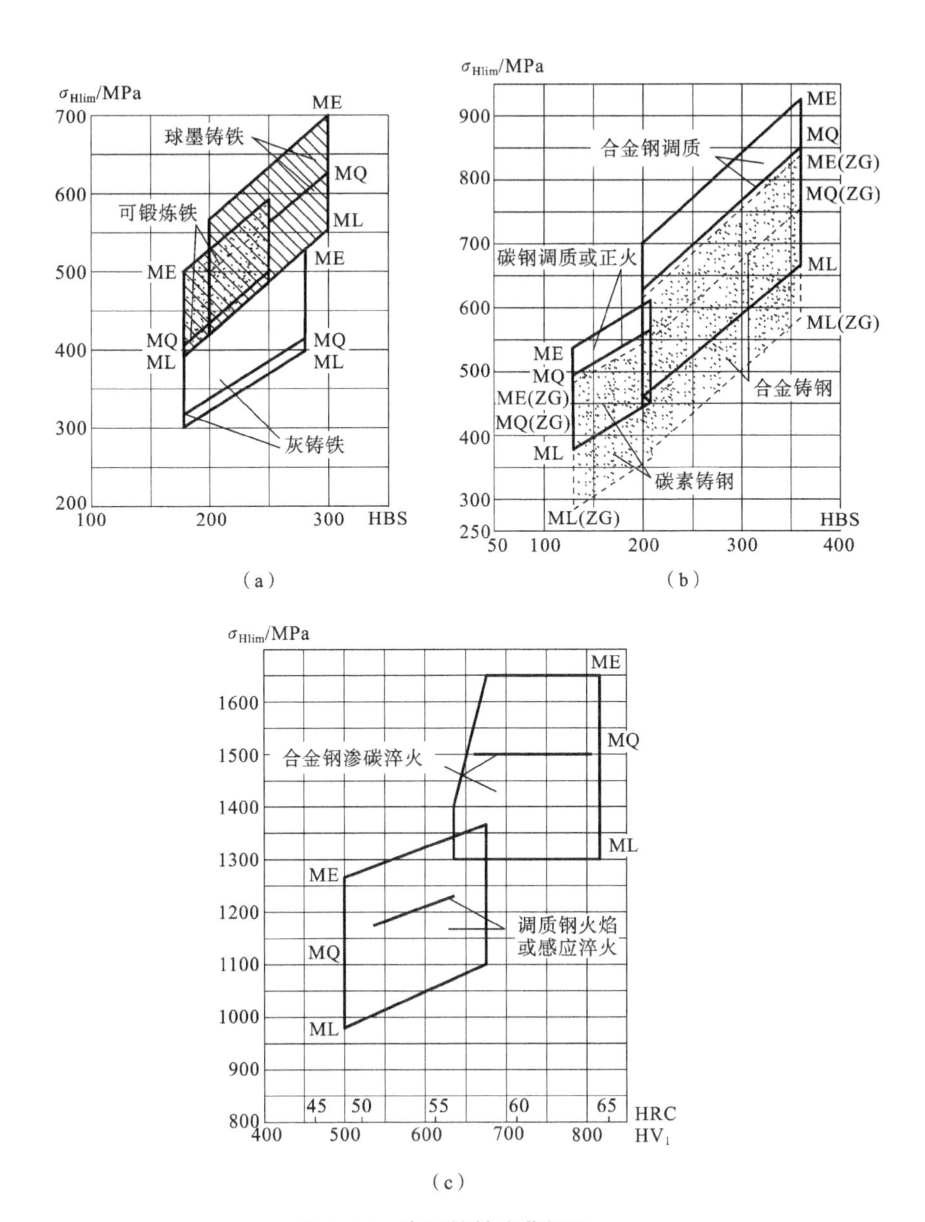

图5-38 齿面接触疲劳极限 σ_{Hlim}

(a) 铸铁;(b) 调质钢和铸钢;(c) 表面硬化钢

5.13.3 齿轮传动精度的选择

对齿轮有以下三个方面的要求:运动准确性,就是要求齿轮每转一周,转角误差的最大值不得超过规定的范围;工作平稳性,就是要求齿轮转动中因齿形而引起的波动不超过规定的范围;接触均匀性,指齿面接触痕迹的大小、形状、位置要符合一定的要求。

GB/T 10095.1—2008 对圆柱齿轮及齿轮副规定了13个精度等级,其中0级精度最高,12级的精度最低。相配合的一对齿轮的精度等级一般取相同等级。对于一般机械中常用的精度等级为6~9级。精度等级是根据使用情况、传动功率、圆周速度、技术要求与经济条件来决定

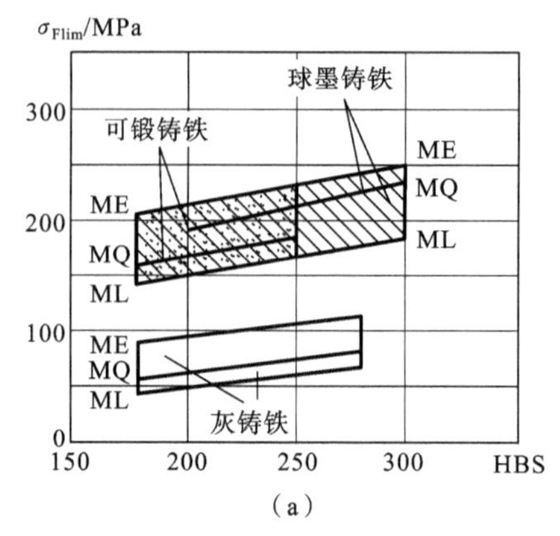

(a)

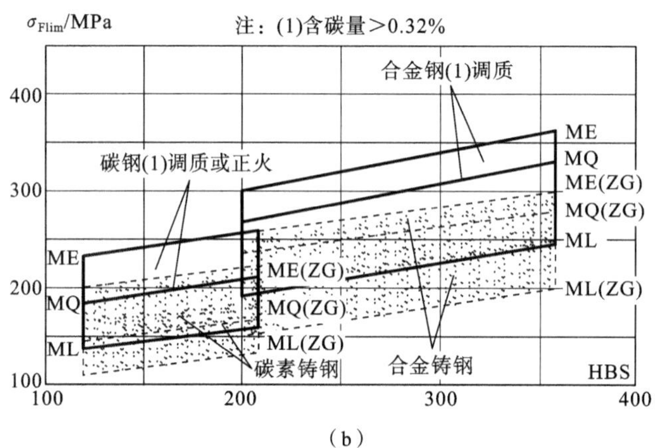

(b)

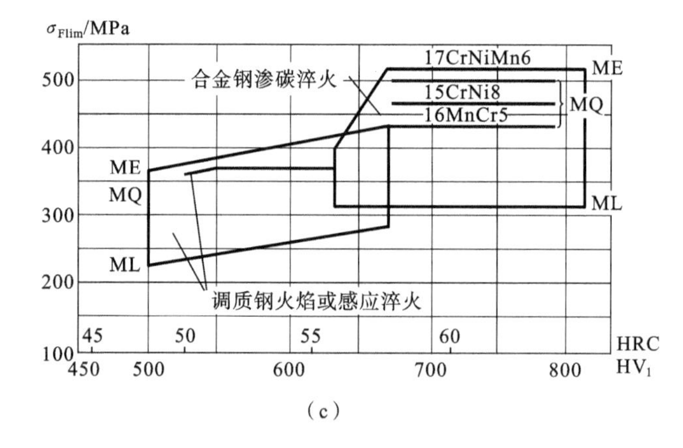

(c)

图 5-39　齿根弯曲疲劳极限 σ_{Flim}

(a) 铸铁；(b) 调质钢和铸钢；(c) 表面硬化钢

的。齿轮精度等级的选用的一般原则：传递功率大，圆周速度高，要求传动平稳，噪声低等场合，应选用较高的精度等级，如 6 级、7 级等，甚至更高；反之，为了降低制造成本，精度等级可选得低些，如 8 级、9 级甚至更低。表 5-9 列出了在不同加工方法下齿轮常用精度等级，表 5-10列出了精度等级的使用范围，供设计时参考。

表5-9 齿轮常用精度等级的加工方法

精度等级	加工方法	齿面粗糙度 Ra	效率
5级(精密级)	在精密齿轮机床上范成加工,再精密磨齿;大型齿轮用精密滚齿机滚切后再研磨或剃齿	0.8	0.99
6级(高精密级)	在高精度的齿轮机床上范成加工,再精密磨齿或剃齿	0.8	0.99
7级(较高精密级)	在高精度的齿轮机床上范成加工,再高精度切削或磨齿、研磨、剃齿	1.6	0.98
8级(中等精密级)	用范成法或仿形法加工,若必要可剃齿或研磨	3.2～1.6	0.97
9级(低精密级)	可用任意方法	6.3	0.96

表5-10 根据齿面硬度(HBS)及圆周速度 v(m/s)选用传动精度等级

齿的种类	传动种类	齿面硬度/HBS	齿轮精度等级				
			3,4,5	6	7	8	9
直齿	圆柱齿轮	≤350	>12	≤18	≤12	≤6	≤4
		>350	>10	≤15	≤10	≤5	≤3
	圆锥齿轮	≤350	>7	≤10	≤7	≤4	≤3
		>350	>6	≤9	≤6	≤3	≤2.5
斜齿及曲齿	圆柱齿轮	≤350	>25	≤36	≤25	≤12	≤8
		>350	>20	≤30	≤20	≤9	≤6
	圆锥齿轮	≤350	>16	≤24	≤16	≤9	≤6
		>350	>13	≤19	≤13	≤7	≤6

5.13.4 齿轮的结构设计

齿轮的几何尺寸参数如齿数、模数、齿宽、齿高、螺旋角、分度圆直径等是根据其工作情况由强度计算确定,但对齿轮的轮辐、轮毂等的结构形式及尺寸大小,要在结构设计时确定。

设计齿轮的结构时,要根据齿轮的几何尺寸、毛坯材料、相配轴的尺寸、加工工艺、装配工艺、生产批量、回收利用等因素进行选用。一般先根据齿轮的直径选择合适的结构形式,再根据经验数据确定结构尺寸。齿轮的结构形式有齿轮与轴制成一体的齿轮轴、实心式、腹板式和轮辐式等四种。

对于钢制圆柱齿轮,当直径很小,即 $d_a \leqslant d$(d 为轴的直径),或齿根圆到键槽底部的距离 $e \leqslant 2.5m_n$(mm)时,对于圆锥齿轮,当小端齿根圆到键槽底部的距离 $e \leqslant 1.6m$ 时,应将齿轮做成齿轮轴式的结构,如图5-40所示。但这样做,轴就必须和齿轮用同一种材料制造。这时,由

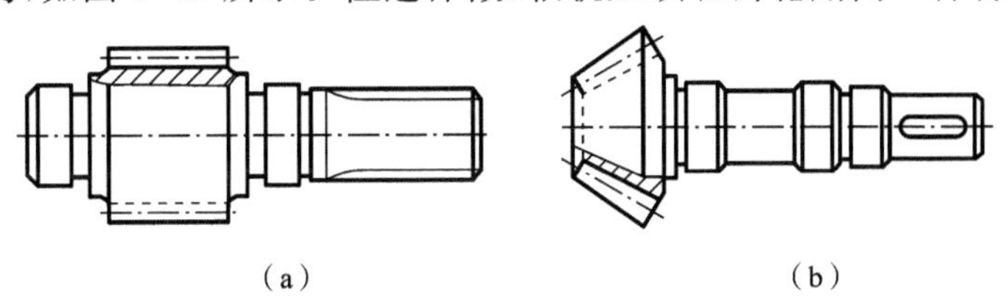

图5-40 齿轮轴式

(a) 圆柱齿轮轴;(b) 锥齿轮轴

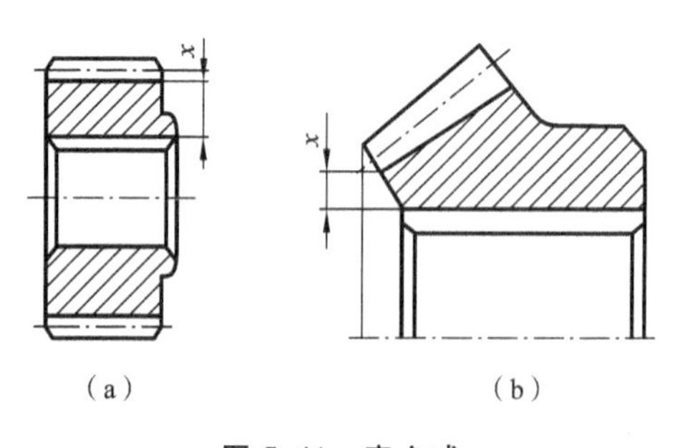

图 5-41　实心式

(a) 圆柱齿轮；(b) 锥齿轮

于整体长度大，将给轮齿加工带来不便，而且齿轮损坏后，轴也随之报废，不利于回收利用。

当齿顶圆直径 $d_a \leqslant 160$ mm 时，或对可靠性有特殊要求时，齿轮可锻造或铸造成实体结构，如图 5-41 所示。轮辐的宽度与齿宽相等；为便于装配和减少边缘应力集中，毂孔边及齿顶边缘应切制倒角。

当齿顶圆直径 $d_a \leqslant 500$ mm 时，齿轮可锻造或铸造成腹板式结构，如图 5-42 所示，并在腹板上制出圆孔以减轻重量。由于加工时夹紧及搬运的需要，腹板上常对称开出 4～6 个孔。

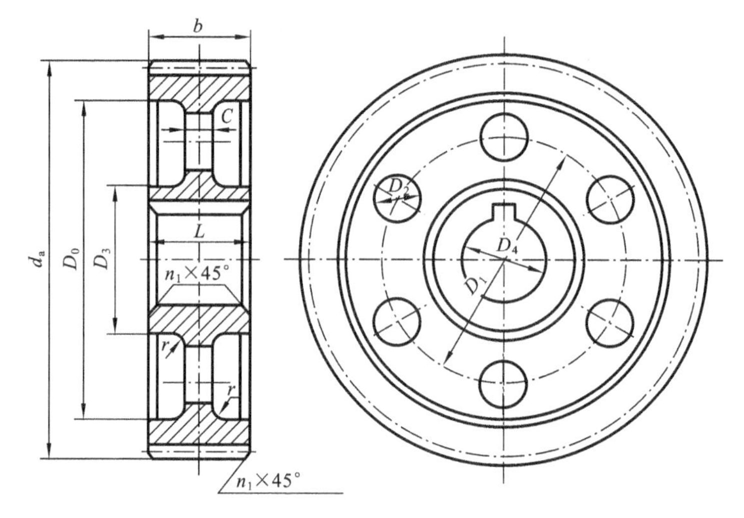

$d_a \leqslant 500$ mm；$D_1 = 0.5(D_3 + D_0)$；$D_2 = (0.25 \sim 0.35)(D_0 - D_3)$；$D_0 \approx d_a - 10m_n$；

$D_3 = 1.6D_0$；$C = (0.2 \sim 0.3)b$；$C = (1.2 \sim 1.5)D_4 \geqslant b$；$n = 0.5m_n$；$r \approx 5$ mm

图 5-42　腹板式齿轮

当齿顶圆直径 $d_a \geqslant 400$ mm 时，齿轮常用铸铁或铸钢铸成轮辐式结构，如图 5-43 所示。

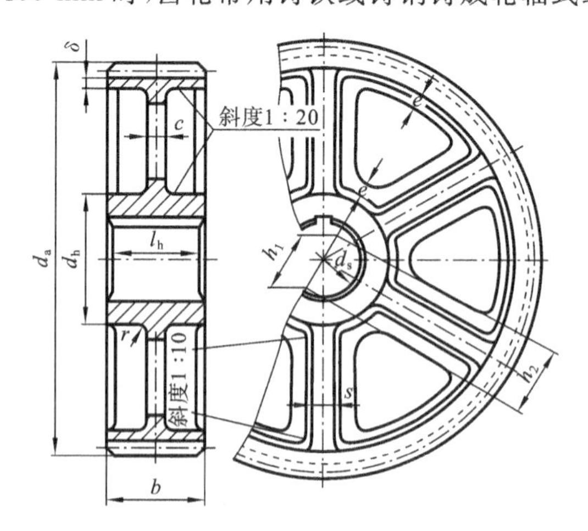

$d_h = 1.6d_s$(铸钢)，$d_h = 1.8d_s$(铸铁)；$l_h = (1.2 \sim 1.5)d_s$ 并使 $l_h \geqslant b$；$c = 0.2b$，但不小于 10 mm；

$\delta \leqslant (2.5 \sim 4)m_n$，但不小于 10 mm；$h_1 = 0.8d_s$，$h_2 = 0.8h_1$；$s = 0.15h_1$，但不小于 10 mm；$e = 0.8\delta$

图 5-43　轮辐式齿轮

例5-2 试设计某单级直齿圆柱齿轮减速机。传递的功率 $P=40$ kW,小齿轮的转速为 $n=1470$ r/min,传动比为 $i=3.3$。由电动机驱动,双向传动,载荷有中等冲击,长期工作。要求结构紧凑。

解 解题过程如下。

计算项目	计算与说明	主要结果
1. 初选材料及精度等级	(1) 选择材料及热处理方法及硬度:减速器传递的功率较大,又要求齿轮传动结构紧凑,故大、小齿轮采用硬齿面组合。大小齿轮的材料均选用,经调质后表面淬火,齿面硬度为53 HRC。 (2) 选取精度等级:材料采用表面淬火,轮齿的变形不大,选8级精度(GB 10095—1988)即可	材料:40Cr 热处理:表面淬火 8级精度
2. 确定许用应力	因齿轮传动选用的是闭式硬齿面齿轮传动,故应按齿根弯曲疲劳强度进行设计,按齿面接触疲劳强度进行校核。故应同时确定接触许用应力和弯曲许用应力。 大小齿轮的材料、热处理方法及齿面硬度相同,故其许用应力也相同。 (1) 大小齿轮的接触许用应力减速器是比较重要的传动装置,故选取安全系数 $S_H=1.2$。 查图5-38,一般工业齿轮取中限MQ值,得其极限应力 $\sigma_{Hlim}=1180$ MPa。 $$[\sigma_{H1}]=[\sigma_{H2}]=[\sigma_H]=\frac{\sigma_{Hlim}}{S_H}=\frac{1180}{1.2}\text{ MPa}=983\text{ MPa}$$ (2) 大小齿轮的弯曲许用应力。 选取安全系数 $S_F=1.5$ 查图5-39得其极限应力 $\sigma_{Flim}=370$ MPa 齿轮传动是双向传动,齿根弯曲应力为对称循环应力,其极限应力是脉动循极限应力的70%。 $$[\sigma_{F1}]=[\sigma_{F2}]=[\sigma_F]=\frac{0.7\sigma_{Flim}}{S_F}=\frac{0.7\times 370}{1.5}\text{ MPa}=173\text{ MPa}$$	$S_H=1.2$ $\sigma_{Hlim}=1180$ MPa $[\sigma_{H1}]=[\sigma_{H2}]$ $=[\sigma_H]$ $=983$ MPa $S_F=1.5$ $\sigma_{Flim}=370$ MPa $[\sigma_{F1}]=[\sigma_{F2}]$ $=173$ MPa
3. 按齿根弯曲疲劳强度计算公式进行设计计算	(1) 设计公式:$m\geqslant\sqrt[3]{\frac{2KT_1}{\phi_d z_1^2}\frac{Y_{Fa}Y_{Sa}}{[\sigma_F]}}$ (2) 确定相关参数。 ① 载荷系数 K:由电动机驱动,有中等冲击的齿轮传动,取 $K=1.4$ ② 齿宽系数 ϕ_d:该减速机为中型减速机,可取 $\phi_d=1.0$。 ③ 小齿轮上的转矩 T_1: $$T_1=9.55\times 10^6\frac{P}{n_1}=9.55\times 10^6\times\frac{40}{1470}\text{ N·m}=2.6\times 10^5\text{ N·mm}$$ ④ 初选小齿轮的齿数:该齿轮传动为传递功率大的闭式齿轮传动,初选小齿轮的齿数 $z_1=20$,大齿轮的齿数 $$z_2=iz_1=3.3\times 20=66$$ ⑤ 查取齿形系数 Y_{Fa1}、Y_{Fa2}:$Y_{Fa1}=2.80$,$Y_{Fa2}=2.25$。 ⑥ 查取应力校正系数 Y_{Sa1}、Y_{Sa2}:$Y_{Sa1}=1.55$,$Y_{Sa2}=1.74$。 ⑦ 比较大、小齿轮的 $\frac{Y_{Fa}Y_{Sa}}{[\sigma_F]}$ 值	$z_1=20$ $z_2=66$

续表

计算项目	计算与说明	主要结果
3. 按齿根弯曲疲劳强度计算公式进行设计计算	$\frac{Y_{Fa1}Y_{Sa1}}{[\sigma_{F1}]}=\frac{2.8\times1.55}{173}=0.0251$ $\frac{Y_{Fa2}Y_{Sa2}}{[\sigma_{F2}]}=\frac{2.25\times1.74}{173}=0.0226$ 将$\frac{Y_{Fa1}Y_{Sa1}}{[\sigma_{F1}]}$的值代入设计公式。 (3) 把相应参数代入下式计算模数 m $m\geqslant\sqrt[3]{\frac{2KT_1}{\phi_d z_1^2}\frac{Y_{Fa}Y_{Sa}}{[\sigma_F]}}=\sqrt[3]{\frac{2\times1.4\times2.6\times10^5}{1.10\times20^2}\times0.0251}\ \text{mm}$ $=3.57\ \text{mm}$ 按标准模数表取 $m=4$ mm。 (4) 计算小齿轮分度圆直径 $d_1=mz_1=4\times20\ \text{mm}=80\ \text{mm}$ (5) 计算齿宽 $b=d_1\phi_d=80\times1.0\ \text{mm}=80\ \text{mm}$	$m=4$ mm 取 $b_2=80$ mm, $b_1=85$ mm
4. 按齿面接触疲劳强度进行校核	(1) 校核公式 $\sigma_H=\sqrt{\frac{KF_t}{bd_1}\frac{i\pm1}{i}}Z_E Z_H\leqslant[\sigma_H]$ (2) 确定相关参数 ① 弹性影响系数 Z_E:所选大小齿轮材料均为碳钢,查表 5-4 有 $Z_E=189.8\sqrt{\text{MPa}}$ ② 确定区域系数 Z_H:由于为标准直齿圆柱齿轮,其分度圆压力角 $\alpha=20°$,因此 $Z_H=2.5$ ③ 计算圆周力: $F_t=\frac{2T_1}{d_1}=\frac{2\times2.6\times10^5}{80}\ \text{N}=6500\ \text{N}$ (3) 校核计算 $\sigma_H=\sqrt{\frac{KF_t}{bd_1}\frac{i\pm1}{i}}Z_E Z_H\leqslant[\sigma_H]$ 由于本题齿轮为外啮合,因此“$i\pm1$”中取“+”号,计算为 $\sigma_H=\sqrt{\frac{1.4\times6500\times(3.3+1)}{80\times80\times3.3}}\times189.8\times2.5$ $=645.86\leqslant[\sigma_H]$	$\sigma_H\leqslant[\sigma_H]$ 从接触疲劳强度看也是安全的

续表

计算项目	计算与说明	主要结果
5. 计算和整理齿轮的几何参数	(1) 模数 $m=4$ mm (2) 齿数 $z_1=20, z_2=66$ (3) 分度圆直径 $d_1=80$ mm, $d_2=264$ mm (4) 齿顶圆直径 $d_{a1}=88$ mm, $d_{a2}=272$ mm (5) 齿根圆直径 $d_{f1}=70$ mm, $d_{f2}=254$ mm (6) 中心距 $a=172$ mm (7) 齿宽 $b_2=80$ mm, $b_1=85$ mm	
6. 齿轮的结构设计	小齿轮的顶圆直径 $d_{a1}=88$ mm，根圆直径 $d_{f1}=70$ mm。可制成实心结构或齿轮轴式，其结构尺寸主要根据相配轴及键的尺寸来确定。 大齿轮的顶圆直径 $d_{a2}=272$ mm，大于 160 mm 又小于 500 mm，选用腹板式结构。 其结构尺寸可按图 5-42 中推荐的经验式设计计算	大齿轮选用腹板式结构

本章小结

本章主要介绍了最常用的渐开线齿轮传动的定比传动的原理，渐开线齿轮的基本参数及几何尺寸计算、齿轮能正确啮合和连续传动的条件、齿轮加工方法及加工过程中的问题；从设计角度讲到设计的思想和设计步骤。

(1) 实现定比传动是齿轮传动的本质特征，要满足定比传动条件，必须符合齿廓啮合的基本定律。

(2) 由于渐开线的特点，用渐开线制作的齿廓曲线，满足齿廓啮合的基本定律，且其因具有传动比的恒定性和中心距的可分性、啮合角的不变性等优点而应用广泛。

(3) 标准渐开线直齿圆柱齿轮有五个基本参数：齿数、模数、压力角、齿顶高系数、顶隙系数。若这五个参数确定了，则该齿轮的几何尺寸参数就能全部确定。斜齿圆柱齿轮有六个基本参数，即增加一个螺旋角。

(4) 不是任意两个齿轮都能正确配对啮合传动的，应具备一定条件。同时还必须实现连续传动，即重合度要大于或等于 1。对于一般的标准齿轮传动兼能实现连续传动。

(5) 齿轮加工有仿形法和范成法两种。批量生产用范成法，但当齿数较少时，易形成根切现象。

(6) 齿轮传动的主要失效形式有五种，分别为齿面点蚀、齿面胶合、齿面塑形变形、齿面磨损和轮齿折断。

(7) 材料选择基本原则：齿面要硬，齿心要韧；齿轮按齿面硬度可分为软齿面(≤350 HBS)和硬齿面(>350 HBS)两种，软齿面齿轮传动时大、小齿轮齿面硬度之差应保持在 20～50 HBS；对于硬齿面齿轮，大、小齿轮齿面硬度应接近。

(8) 设计准则：闭式传动中，一般情况应满足 $\sigma_F \leqslant [\sigma_F]$ 及 $\sigma_H \leqslant [\sigma_H]$。对于软齿面齿轮，以接触强度设计准则为主；对于硬而脆的齿轮，以弯曲强度设计准则为主。设计具体的齿轮时两个准则都要满足。对于开式传动，应满足 $\sigma_F \leqslant [\sigma_F]$。

(9) 力分析及计算载荷：在力的分析中，对于直齿圆柱齿轮，正压力 F_n 分解为圆周力 F_t 和径向力 F_r，二力相互垂直；对于斜齿圆柱齿轮和圆锥齿轮，正压力 F_n 分解为圆周力 F_t、径向力 F_r 和轴向力 F_a，且三分力相互垂直。计算载荷 $F_{ca}=KF_n$。

(10) 标准齿轮传动的强度计算：齿根弯曲应力最大时的轮齿啮合位置（齿顶）及齿面接触应力最大时的轮齿啮合位置（齿根部分靠近节线处）作为一般计算时的计算依据。

思考与练习题

5-1　满足定比传动条件的曲线一定能作为齿轮的齿廓曲线吗？

5-2　比较直齿轮、斜齿轮和锥齿轮的基本参数有何异同。

5-3　一对渐开线标准直齿轮在标准安装和非标准安装下传动有何异同？

5-4　轮齿的失效形式有哪些？闭式和开式传动的失效形式有哪些不同？

5-5　齿轮传动中为何两轮齿面要有一定的硬度差？

5-6　一对标准圆柱齿轮传动，已知 $z_1=20$，$z_2=50$，它们的齿形系数是 $Y_{Fa1}>Y_{Fa2}$；齿根弯曲应力是 $\sigma_{F1}>\sigma_{F2}$；齿面接触应力是 $\sigma_{H1}=\sigma_{H2}$，请说明原因。

5-7　在齿轮设计中，如何增加齿轮轮齿的弯曲强度？

5-8　设计一对减速软齿面齿轮时，从等强度要求出发，大、小齿轮的硬度应符合什么要求？

5-9　为了提高齿轮传动的接触强度，可考虑采取何种措施？

5-10　一渐开线标准直齿圆柱齿轮的 $m=15$ mm，$z=20$，$h_a^*=1$，$c^*=0.25$，试求其分度圆、齿顶圆、齿根圆和基圆上渐开线齿廓的曲率半径和压力角。

5-11　一个已破坏的正常齿标准直齿轮，测得全齿高约为 8.96 mm，齿顶圆半径约为 105.85 mm，试求其模数和齿数。

5-12　已知一对外啮合正常齿标准直齿圆柱齿轮 $m=3$ mm，$z_1=19$，$z_2=41$，试分别计算这对齿轮的 d、h_a、h_f、c、d_a、d_f、d_h、d_b、p、s、e。

5-13　已知一对啮合标准直齿圆柱齿轮标准中心距 $a=160$ mm，$z_1=20$，$i=3$，试求模数和分度圆直径、齿顶圆直径、齿根圆直径。

5-14　试比较正常齿标准直齿圆柱齿轮的基圆和齿根圆，在什么条件下 $r_a>r_f$？什么条件下 $r_a<r_f$？

5-15　一对模数相等、压力角相等，但齿数不等的渐开线标准直齿圆柱齿轮，其分度圆齿厚、齿顶圆齿厚和齿根圆齿厚是否相等？哪一个齿轮的较大？试根据渐开线性质加以说明。

5-16　齿轮减速机中有一对标准渐开线直齿圆柱齿轮，$m=5$ mm，$z_1=20$，$z_2=60$，试分析说明：

(1) 两齿轮无侧隙啮合中心距是多少？

(2) 小齿轮转速 $n_1=720$ r/min 时，大齿轮转速 n_2 为多少？

(3) 两齿轮节圆直径 d_1'、d_2' 是多少？节圆的线速度是多少？

5-17　试证明短齿制标准渐开线直齿圆柱齿轮用齿条刀具加工时不产生根切的最少齿数。

5-18　单级闭式直齿圆柱齿轮传动中，小齿轮的材料为 45 钢调质，大齿轮的材料为 ZG45 正火，$P=4$ kW，$n_1=720$ r/min，$m=4$ mm，$z_1=25$，$z_2=73$，$b_1=84$ mm，$b_2=78$ mm，长期单向转动，载荷有中等冲击，用电动机驱动，试验算齿轮强度。

5-19 已知开式直齿圆柱齿轮传动 $i=3.5$，$P=3$ kW，$n_1=45$ r/min，用电动机驱动，长期单向转动，载荷均匀，$z_1=19$，小齿轮材料为45钢调质，大齿轮材料为45钢正火，试计算该齿轮传动的强度。

5-20 已知闭式直齿圆柱齿轮传动的传动比 $i=4.6$，$n_1=730$ r/min，$P=30$ kW，长期双向转动，载荷有中等冲击，要求结构紧凑。$z_1=27$，大、小齿轮都用40Cr表面淬火，试计算此齿轮传动的强度。

5-21 已知一对渐开线正常齿标准斜齿圆柱齿轮齿转传动的 $a=250$ mm，$z_1=23$，$z_2=89$，$m_n=4$ mm，试计算其螺旋角、端面模数、端面压力角、当量齿数、分度圆直径、齿顶圆直径和齿根圆直径。

5-22 画出图5-44中各齿轮轮齿所受的作用力的方向。图(a)、(b)为主动轮，图(c)为从动轮。

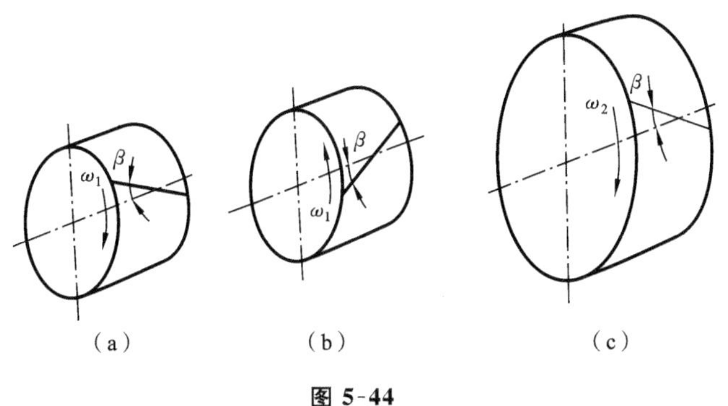

图 5-44

5-23 设两级斜齿轮圆柱齿轮减速机的已知条件如图5-45所示，试问：(1) 低速级斜齿轮的螺旋线方向应如何选择才能使中间轴上两齿轮的轴向力方向相反？(2) 低速级螺旋角 β 应取多大才能使中间轴上的轴向力互相抵消？

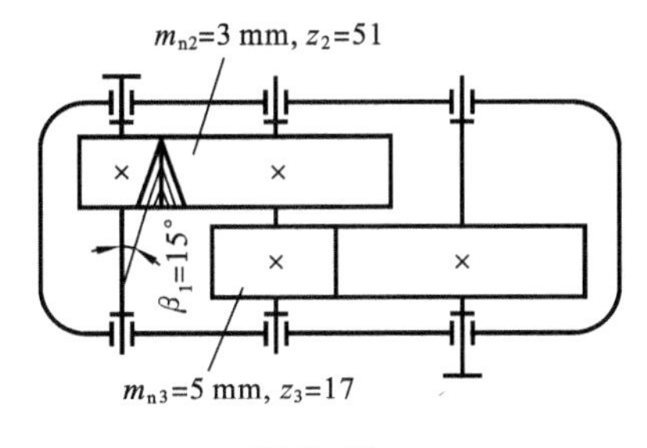

图 5-45

5-24 已知单级闭式斜齿圆柱齿轮传动，$P=10$ kW，$n_1=1210$ r/min，$i=4.3$，$z_1=21$，电动机驱动，长期双向转动，中等冲击载荷，设小齿轮用40MnB调质，大齿轮用45钢调质，试设计该齿轮传动。

5-25 已知一对渐开线正常齿标准直齿圆锥齿轮传动，$m=5$ mm，$z_1=16$，$z_2=48$，$\delta_1+\delta_2=90°$，试计算两齿轮的分度圆锥角、分度圆直径、齿顶圆直径、顶根圆直径、锥距、齿顶角、齿根角、顶锥角、根锥角和当量齿数。

5-26 已知闭式直齿圆锥齿轮传动，$P=7.5$ kW，$n_1=840$ r/min，$z_1=16$，$i=2.7$，用电动机驱动，长期单向转动，载荷均匀，大小齿轮材料选用40Cr表面淬火，$\delta_1+\delta_2=90°$，试设计该齿轮传动。

第6章 蜗杆传动

6.1 蜗杆传动的特点及类型

蜗杆传动是由蜗杆和蜗轮组成(见图 6-1)。蜗杆传动用来传递空间交错轴之间的运动和动力,通常两轴交错成 90°,用在以蜗杆为主动件的减速运动中;当其反程不自锁时,也可以用蜗轮为原动件作增速运动。

根据蜗杆的外形不同,蜗杆传动可分为圆柱蜗杆(见图 6-2(a))传动和环面蜗杆(见图 6-2(b))传动。圆柱蜗杆传动又分为普通圆柱蜗杆传动和圆弧圆柱蜗杆传动(见图 6-3)。目前应用较广的是普通圆柱蜗杆传动,故本书只讨论普通圆柱蜗杆传动。

图 6-1 蜗杆传动

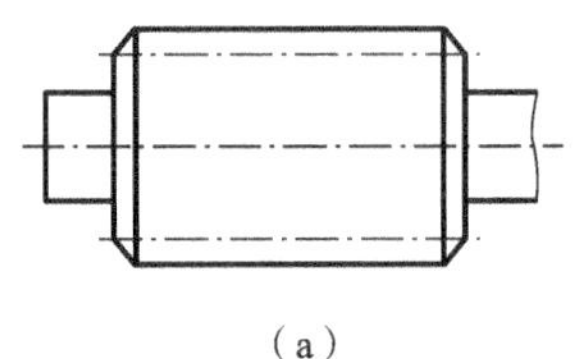

(a)

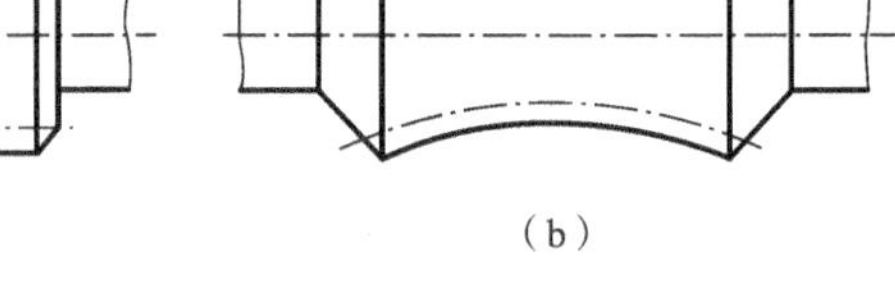

(b)

图 6-2 圆柱蜗杆与环面蜗杆

普通圆柱蜗杆传动中的蜗杆多用直母线刀刃的车刀在车床上加工,由于刀具安装位置不同,生成的螺旋面在不同的截面(即轴剖面、法面、端面)上其齿廓曲线的形状亦不同。按照不同的齿廓曲线,普通圆柱蜗杆可分为阿基米德蜗杆(简称 ZA 蜗杆)、渐开线蜗杆(ZI 蜗杆)、法向直廓蜗杆(ZN 蜗杆)和锥面包络蜗杆(ZK 蜗杆)等四种。下面只介绍阿基米德蜗杆和渐开线蜗杆。

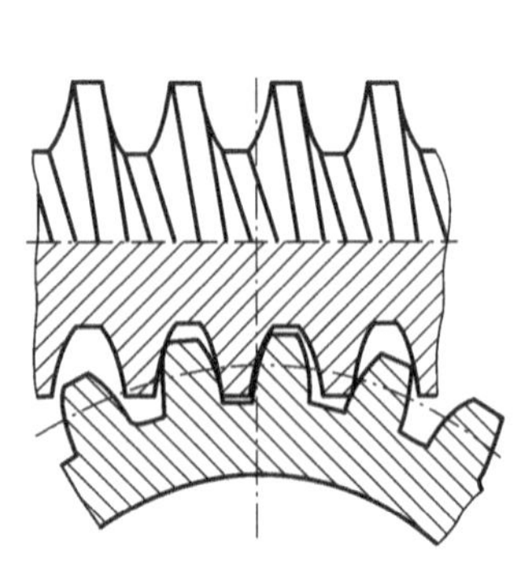

图 6-3 圆弧齿圆柱蜗杆传动

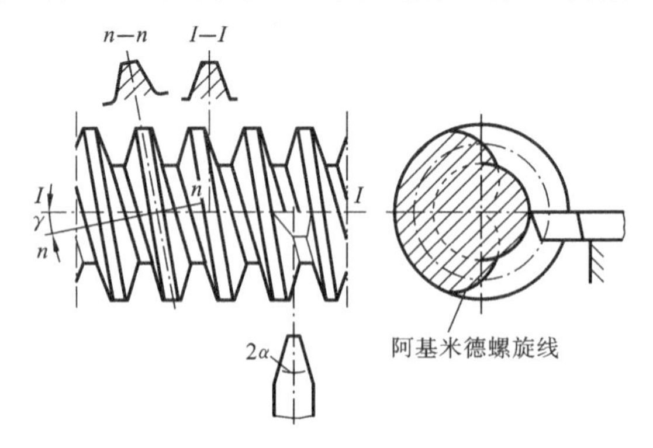

图 6-4 阿基米德蜗杆

1. 阿基米德圆柱蜗杆

阿基米德蜗杆与车梯形螺纹相似,都是用梯形车刀在车床上加工的(见图 6-4)。两侧刀

刃的夹角 $2\alpha=40^{\circ}$，加工时将车刀的刀刃放于水平位置，并与蜗杆轴线在同一水平面内，这样加工出来的蜗杆是具有升角为 λ 的圆柱螺旋，在垂直轴线的端面齿形为阿基米德螺旋线，在轴剖面内的齿形为直线。

阿基米德蜗杆加工工艺性好，但在磨削时有理论误差，所以制造精度不高、传动精度和传动效率较低，常用于轻载、低速或不太重要的传动中。

2. 渐开线蜗杆

在车床上车渐开线蜗杆时，车刀的刀刃与蜗杆的基圆柱相切，这样加工出来的蜗杆在垂直于轴线的端面上的齿形为渐开线，而在轴剖面内的齿形为曲线（见图 6-5）。渐开线蜗杆可以像滚切斜齿圆柱齿轮那样用滚刀加工并可用平面砂轮磨削，故制造精度、表面质量、传动精度及传动效率较高，适用于成批生产和大功率、高速、精密传动。

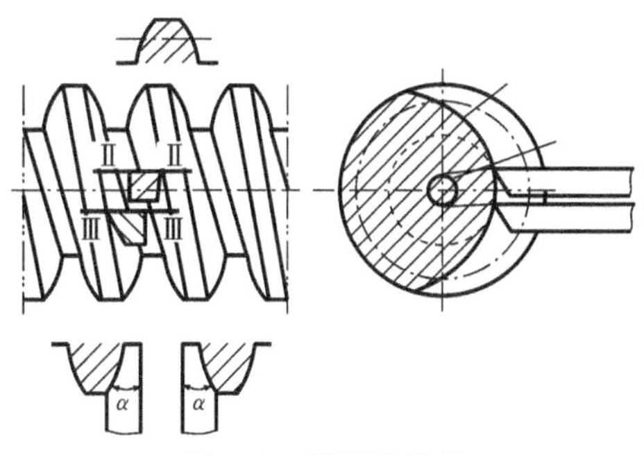

图 6-5 渐开线蜗杆

由于阿基米德蜗杆最为简单，有关阿基米德蜗杆传动的一些基本知识也适用于其他形式的蜗杆传动，故本书着重介绍这类蜗杆传动。

由于蜗杆的齿形不同，所以与蜗杆相啮合的蜗轮的齿形也各不同。铣制蜗轮滚刀的齿形在理论上要与相应的蜗杆齿形完全相同，滚刀与蜗轮轮坯的中心距也应和相应的蜗杆传动的标准中心距相同。

6.2 蜗杆传动的几何参数与运动分析

6.2.1 蜗杆传动的主要参数

通过蜗杆轴线并垂直于蜗轮轴线的平面称为蜗杆传动的中间平面（见图 6-6）。在中间平面内，蜗杆与蜗轮的啮合传动就相当于齿条与齿轮的啮合传动。蜗杆相当于齿条，蜗轮相当于齿轮。在设计计算时，常取中间平面的尺寸和参数为基准。

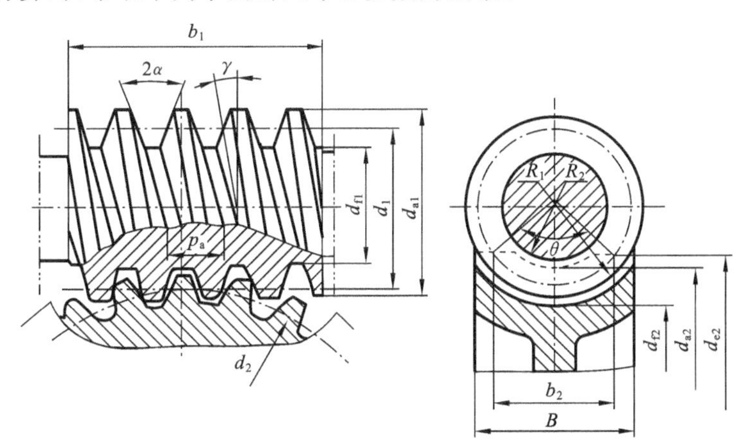

图 6-6 普通圆柱蜗杆传动的几何参数

1. 模数 m 和压力角 α

蜗杆的轴向模数 m_a 规定（GB/T 10088—1988）为标准模数，蜗轮的端面模数 m_t 为标准模数，但其模数系列与齿轮模数系列有所不同，见表 6-1。

表 6-1　蜗杆与蜗轮模数 m(GB/T 10088—1988)　　(mm)

第一系列	1	1.25	1.6	2	2.5	3.15	4	5	6.3	8	10	12.5	16	20	25	31.5	40
第二系列	1.5	3	3.5	4.5	5.5	6	7	12	14								

蜗杆轴向压力角 α_a 和蜗轮端面压力角 α_t 规定(GB/T 10087—1988)为标准压力角 $\alpha=20°$。在动力传动中，允许增大压力角，推荐用 25°；在分度机构中，允许减小压力角，推荐用 15°或 12°。

2. 蜗杆的分度圆直径 d_1 与蜗杆直径系数 q

由于加工蜗轮轮齿时，所用滚刀的几何参数必须与蜗杆相同，所以对同一尺寸的蜗杆必须有一把对应的蜗轮滚刀，即对同一模数、不同直径的蜗杆，必须配相应数量的滚刀。

为了使刀具标准化，减少用范成法加工蜗轮时的滚刀型号，将蜗杆分度圆直径 d_1 规定(GB/T 10085—1988)为标准值，且与其模数 m 相匹配，如表 6-2 所示。即对应于每一个标准模数 m 规定了一定数量的蜗杆分度圆直径 d_1，并把 d_1 与 m 的比值称为蜗杆直径系数 q，即

$$q=\frac{d_1}{m} \tag{6-1}$$

由于 d_1 和 m 均为标准值，而 q 是导出值，不一定是整数。q 的取值范围一般为 8～18。

表 6-2　模数、分度圆直径 d_1 和蜗杆头数 z_1 的搭配值及直径系数 q(GB/T 10085—1988)

模数 m /mm	分度圆直径 d_1/mm	蜗杆头数 z_1	直径系数 q	m^2d_1 /mm³	模数 m /mm	分度圆直径 d_1/mm	蜗杆头数 z_1	直径系数 q	m^2d_1 /mm³
1	18	1(自锁)	18.000	18	8	(63)	1,2,4	7.875	4032
1.25	20	1	16.000	31.25		80	1,2,4,6	10.000	5120
	22.4	1(自锁)	17.920	35		(100)	1,2,4	12.500	6400
1.6	20	1,2,4	12.500	51.2		140	1(自锁)	17.500	8960
	28	1(自锁)	17.500	71.68	10	(71)	1,2,4	7.100	7100
2	(18)	1,2,4	9.000	72		90	1,2,4,6	9.000	9000
	22.4	1,2,4,6	11.200	89.6		(112)	1,2,4	11.200	11200
	(28)	1,2,4	14.000	112		160	1(自锁)	16.000	16000
	35.5	1(自锁)	17.750	142	12.5	(90)	1,2,4	7.200	14062
2.5	(22.4)	1,2,4	8.960	140		112	1,2,4,6	8.000	17500
	28	1,2,4,6	11.200	175		(140)	1,2,4	11.200	21875
	(35.5)	1,2,4	14.200	221.9		200	1(自锁)	16.000	31250
	45	1(自锁)	18.000	281	16	(112)	1,2,4	7.000	28672
3.15	(28)	1,2,4	8.889	277.8		140	1,2,4,6	8.750	35840
	35.5	1,2,4,6	11.270	352.2		(180)	1,2,4	11.250	46080
	(45)	1,2,4	14.286	446.5		250	1(自锁)	15.625	64000
	56	1(自锁)	17.778	556	20	(140)	1,2,4	7.000	56000
4	(31.5)	1,2,4	7.875	504		160	1,2,4,6	8.000	64000
	40	1,2,4,6	10.000	640		(224)	1,2,4	11.200	896000
	(50)	1,2,4	12.500	800		(315)	1(自锁)	15.750	126000
	71	1(自锁)	17.750	—	25	(180)	1,2,4	7.200	112500
5	(40)	1,2,4	8.000	1000		200	1,2,4,6	8.000	125000
	50	1,2,4,6	10.000	1250		(280)	1,2,4	11.200	175000
	(63)	1,2,4	12.600	1575		400	1(自锁)	16.000	250000
	90	1(自锁)	18.000	2250					

续表

模数 m /mm	分度圆直径 d_1/mm	蜗杆头数 z_1	直径系数 q	m^2d_1 /mm^3	模数 m /mm	分度圆直径 d_1/mm	蜗杆头数 z_1	直径系数 q	m^2d_1 /mm^3
6.3	(50)	1,2,4	7.936	1985					
	63	1,2,4,6	10.000	2500					
	(80)	1,2,4	12.698	3475					
	112	1(t自锁)	17.778	4445					

3. 蜗杆导程角 λ 和蜗轮的螺旋角 β

蜗杆的形成原理与螺纹相同，故其有左旋和右旋之分。头数为 z_1 的蜗杆在中间平面上的齿距 p_{a1} 为 $p_{a1}=\pi m$，螺旋线的导程 s 为 $s=p_{a1}z_1$。

将蜗杆分度圆柱上的螺旋线展开在平面上，其导程角 λ 的计算式为

$$\tan\lambda=\frac{s}{\pi d_1}=\frac{\pi m z_1}{\pi m q}=\frac{z_1}{q} \tag{6-2}$$

导程角 λ 的大小与传动效率有关，当 z_1 一定时，若 q 取小值，导程角 λ 增大时，传动效率高(见6.5节)。但如果导程角过大，会给蜗杆的车削带来困难，也将使蜗杆螺牙变尖或发生根切，并且相对滑动速度 v_s 也随之增大，加速蜗轮轮齿的磨损。导程角 λ 小时，传动效率低，但可以实现自锁。对于要求具有自锁性能的蜗杆传动，一般应使 $\lambda<3°30'$，且取 $z_1=1$。

4. 蜗杆的头数 z_1 与蜗轮的齿数 z_2

蜗杆的头数 z_1 一般可取1～6，推荐取 $z_1=1$、2、4、6。一般机械中多用单头蜗杆，动力传动中则常用多头蜗杆。

蜗轮的齿数 z_2 可根据传动比及选定的 z_1 计算而定。但为了不发生根切且保持有两个齿同时进行啮合，一般 z_2 大于28。对于动力传动，一般 z_2 不大于80。

6.2.2　蜗杆传动的运动分析

1. 蜗杆与蜗轮正确啮合的条件

蜗杆传动在中间平面上相当于直齿条与齿轮的传动。根据齿轮传动的正确啮合条件得出蜗杆传动的正确啮合条件：在主平面上，蜗杆的轴向模数 m_{a1} 与蜗轮的端面模数 m_{t2} 相等，且为标准值；蜗杆的轴向压力角 α_{a1} 与蜗轮的端面压力角 α_{t2} 相等，且为标准值；蜗杆的导程角 λ 与蜗轮的螺旋角 β 大小相等，螺旋线方向相同，同为左旋或同为右旋。即

$$\begin{cases} m_{a1}=m_{t2}=m \\ \alpha_{a1}=\alpha_{t2}=\alpha \\ \lambda=\beta \end{cases}$$

2. 蜗杆传动的中心距 a

对于标准蜗杆传动，其中心距 a 为

$$a=\frac{1}{2}(d_1+d_2)=\frac{1}{2}m(q_1+z_2) \tag{6-3}$$

一般圆柱蜗杆传动的减速装置的中心距应按表6-3选取。

表 6-3 普通圆柱蜗杆传动中心距 a、传动比 i 的选取值

中心距 a	40 50 63 80 100 125 160 (180) 200 (225) 250 (280) 315 (335) 400 (450) 500
传动比 i	5 7.5 10 12.5 15 20 25 30 40 50 60 70 80

3. 蜗杆传动的传动比 i

蜗杆传动通常是蜗杆主动，蜗轮从动。在中间平面上，蜗杆与蜗轮分度圆上的线速度是相同的。

蜗轮在分度圆上的圆周速度为

$$v_2=\frac{z_2 p_{t2} n_2}{60\times 1000}=\frac{n_2 z_2 \pi m_{t2}}{60\times 1000}\ (\mathrm{m/s})$$

蜗杆在轴线方向的速度为

$$v_a=\frac{n_1 s}{60\times 1000}=\frac{n_1 z_1 p_{a1}}{60\times 1000}=\frac{n_1 z_1 \pi m_{a1}}{60\times 1000}\ (\mathrm{m/s})$$

所以蜗杆传动的传动比为

$$i_{12}=\frac{n_1}{n_2}=\frac{z_2}{z_1} \tag{6-4}$$

式中：n_1、n_2——蜗杆和蜗轮的转速(r/min)。

z_1、z_2——蜗杆的头数和蜗轮的齿数。

也可以这样去理解：当蜗杆转动一周时，蜗轮将转过 z_1 个齿，即 z_1/z_2 圈。其传动比为

$$i_{12}=\frac{n_1}{n_2}=\frac{1}{z_1/z_2}=\frac{z_2}{z_1}$$

在计算蜗杆传动比时，蜗杆传动比不等于蜗轮与蜗杆的直径之比。

国家标准规定，蜗杆与蜗轮轴交错 90°、传递动力的减速装置，其传动比的公称值应按表 6-4 选取。并应优先选用基本传动比 10、20、40 和 80。

4. 蜗杆传动的转向判别

蜗杆传动中，蜗轮的转向不但与蜗杆的转向有关，而且与其旋向和蜗轮相对于蜗杆的上下位置布局有关。蜗杆传动的转向的判断方法：蜗杆右旋用右手，蜗杆左旋用左手，拇指伸直握住蜗杆，四指弯曲方向与蜗杆转向一致，则拇指指向的反方向即为蜗轮的圆周速度方向，如图 6-7 所示。

5. 蜗杆传动的相对滑动

如图 6-8 所示，右旋蜗杆按 n_1 转速方向转动时，在轮齿节点处，蜗杆的圆周速度 v_1 使蜗轮产生向左的圆周速度 v_2。

蜗杆的圆周速度为

$$v_1=\frac{\pi d_1 n_1}{60\times 1000}$$

蜗轮的圆周速度为

$$v_2=\frac{\pi d_2 n_2}{60\times 1000}$$

v_1 与 v_2 之间成 90°的夹角，且 v_1 与 v_2 有如下关系：

$$\frac{v_2}{v_1}=\frac{\pi d_2 n_2}{\pi d_1 n_1}=\frac{z_1}{q}=\tan\lambda$$

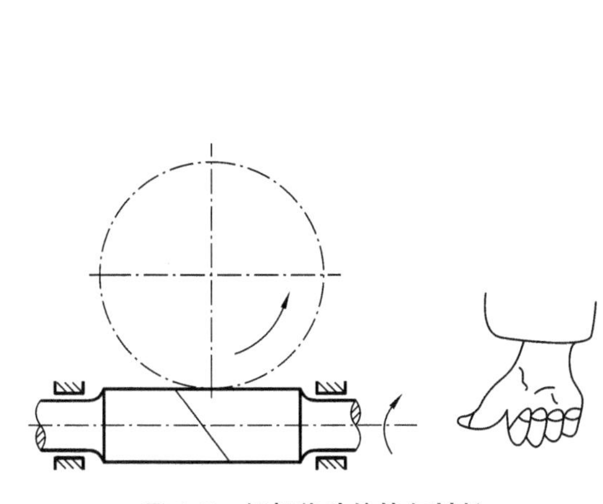

图 6-7　蜗杆传动的转向判断

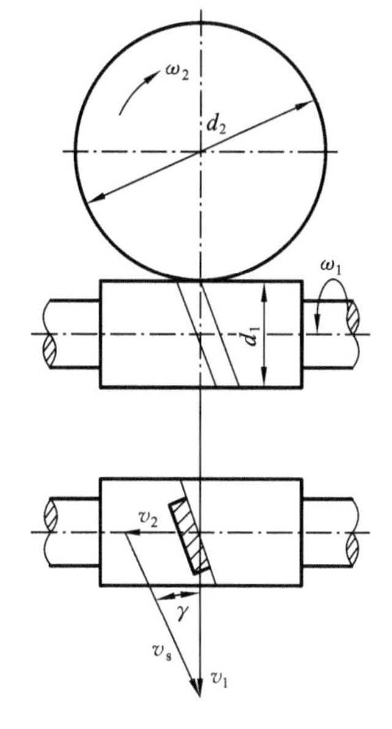

图 6-8　蜗杆传动的相对滑动

因而沿蜗杆螺旋线方向有相对滑动存在。蜗轮相对于蜗杆的滑动速度为 v_s（见图 6-8），其大小为

$$v_s=\sqrt{v_1^2+v_2^2}=\frac{v_1}{\cos\lambda}\ (\mathrm{m/s}) \tag{6-5}$$

正是由于这种沿螺旋线方向的相对滑动，且其值比蜗杆的圆周速度还要大，使齿面容易发生磨损和发热，从而降低蜗杆传动的传动效率。

6. 蜗杆传动的特点

通过前面蜗杆传动的介绍，总结蜗杆传动的特点如下。

(1) 实现大的传动比。蜗杆头数较少，而蜗轮齿数较多，可获得很大的传动比。在动力传动中，一般传动比 $i=5\sim80$；在分度机构中传动比可达 300；若只传递运动，传动比可达 1000。用很少的零件数目能实现很大的传动比，故其结构紧凑。

(2) 传动平稳。蜗杆是连续的螺旋齿，与蜗轮是逐渐进入啮合和逐渐退出啮合的，同时啮合的齿数多，故冲击小、传动平稳。

(3) 可实现自锁。当蜗杆的螺旋线升角小于啮合面的摩擦角时，蜗杆传动便具有自锁性。此时，只能蜗杆带动蜗轮，而不能用蜗轮做主动件。这一特点对于起重运输设备有很大意义，可以省去制动装置。

(4) 效率低。蜗杆在啮合处有相对滑动，摩擦和磨损较严重，引起过热，因此摩擦损失较大，效率较低。具有自锁性的蜗杆传动，其效率不到 50%，一般仅为 40%左右。

由以上特点可知，蜗杆传动常适用于传动比大而传递功率不大的场合，一般功率在 50 kW 以下。

6.2.3　蜗杆传动的几何尺寸计算

标准普通圆柱蜗杆传动的基本几何尺寸关系见表 6-4。

表 6-4　普通圆柱蜗杆传动基本几何尺寸关系

序号	名　称	代　号	计算公式
1	模数	m_{a1}, m_{t2}	$m_{a1}=m_{t2}=m$　模数取标准值
2	齿距	p_{a1}, p_{t2}	$p_{a1}=p_{t2}=\pi m$
3	分度圆直径	d_1, d_2	$d_1=mq, d_2=mz_2$
4	齿顶高	h_a	$h_a=m$
5	齿根高	h_f	$h_f=1.2m$
6	顶圆直径	d_{a1}，d_{a2}	$d_{a1}=d_1+2h_a, d_{a2}=d_2+2h_a$（喉圆直径）
7	根圆直径	d_{f1}，d_{f2}	$d_{f1}=d_1-2h_f, d_{f2}=d_2-2h_f$
8	蜗杆导程	s	$s=z_1 p_{a1}$
9	蜗杆有齿长度	L	$z_1=1\sim2, L\geqslant(11+0.06z_2)m$ $z_1=3\sim4, L\geqslant(12.5+0.09z_2)m$ 磨削的蜗杆尚应加长： $m<10$ mm，加长 25 mm； $m=10\sim16$ mm，加长 35～40 mm； $m>16$ mm，加长 50 mm
10	蜗轮轮缘齿宽	b	$z_1=1\sim3, b\leqslant0.75d_{a1}$；$z_1=4, b\leqslant0.67d_{a1}$
11	蜗轮顶圆直径（也称外圆直径）	d_{e2}	$z_1=1, d_{e2}\leqslant d_{a2}+2m$ $z_1=2\sim3, d_{e2}\leqslant d_{a2}+1.5m$ $z_1=4, d_{e2}\leqslant d_{a2}+m$
12	蜗轮齿顶圆弧半径	R_{a2}	$R_{a2}=0.5d_1-m$
13	蜗轮齿根圆弧半径	R_{f2}	$R_{f2}=0.5d_{a1}+0.2m$
14	蜗杆传动中心距	a	$a=\frac{1}{2}(d_1+d_2)=\frac{1}{2}m(q_1+z_2)$

6.3　蜗杆传动的失效形式、材料和结构

6.3.1　蜗杆传动的失效形式及设计准则

齿轮传动的失效形式如点蚀、胶合、磨损、弯曲折断等都在蜗杆传动中出现，但由于蜗杆传动的轮齿间有较大的相对滑动，更易发生胶合和磨损。

由于结构和材料的原因，蜗杆的螺旋齿的强度总是高于蜗轮轮齿的强度，所以失效多发生在蜗轮上，对蜗杆传动的承载能力计算，主要针对蜗轮轮齿进行。对蜗杆需按轴的计算方法校核蜗杆轴的刚度。

在开式蜗杆传动中多发生齿面磨损和轮齿折断，因此应以齿根弯曲疲劳强度作为设计准则。

在闭式蜗杆传动中多因齿面点蚀或胶合而失效，因此通常按齿面接触疲劳强度进行设计，再按齿根弯曲强度进行校核。另外，因闭式蜗杆传动工作时发热大，易引起润滑失效而导致齿

面胶合,故还应作热平衡校核计算。

6.3.2　蜗杆传动的材料选择

鉴于蜗杆传动的特点及其失效形式的存在,蜗杆、蜗轮的材料不但要有足够的强度,更重要的要有良好减摩性、抗磨性和抗胶合能力。

1. 蜗杆材料

蜗杆材料一般是用碳素钢或合金钢,经淬火或渗碳淬火,以提高表面硬度,增加抗磨性。

对于不太重要的或速度较低、载荷不大的蜗杆可用 40、45 钢等,经调质处理,硬度为 220～300 HBS。

对于一般的蜗杆传动也可用 35CrMo、40CrNiMo 等,经调质处理,表面硬度为 30～35 HRC。

对于高速重载的蜗杆:可用 15Cr、20Cr、20CrMnTi、20CrMnMo 等经渗碳处理,表面硬度达 56～62 HRC;也可用 40、45、40Cr、35CrMo、38SiMnMo、40CrNiMo 经表面淬火,表面硬度达 45～55 HRC;或用 42CrMo、38CrMoAl 经渗氮处理,表面硬度达 55～62 HRC。

2. 蜗轮材料

蜗轮常用材料有铸锡青铜、铸铝铁青铜和灰铸铁,见表 6-5。为了防止变形,常对蜗轮进行时效处理。

表 6-5　蜗轮常用材料及其性能

蜗轮材料	抗拉强度 σ_b /MPa	屈服强度 $\sigma_{0.2}$ /MPa	硬度 /HBS	弹性模量 E /MPa	弹性系数 Z_E /MPa	接触疲劳极限 σ_{Hlim} /MPa	极限系数 U_{lim}	相近的国产材料牌号	相近国产材料的抗拉强度 σ_b /MPa	相近国产材料的屈服强度 $\sigma_{0.2}$ /MPa	相近国产材料的硬度 /HBS
铸锡青铜（砂模铸造）G-CuSn12	260	140	80	88300	147	265	115	铸锡青铜（砂模铸造）ZCuSn10P1	220	140	80
铸锡青铜（离心铸造）GZ-CuSn12	280	150	95	88300	147	425	190	铸锡青铜（砂模铸造）ZCuSnP1	250	200	90
铸锡镍青铜（砂模铸造）G-CuSn12Ni	280	160	90	88300	152.2	310	140	铸锡磷青铜（砂模铸造）ZQSn10-0.3-1.5	260	150	
铸锡镍青铜（离心铸造）GZ-CuSn12Ni	300	180	100	98100	152.2	520	225	铸锡磷镍青铜（离心铸造）ZQSn10-0.3-1.5	290	170	
铸铝铁青铜（砂模铸造）G-CuAl10Fe	500	180	115	98100	164	250	400	铸铝铁青铜（砂模铸造）ZCuAl10Fe3	400	180	100

续表

蜗轮材料	抗拉强度 σ_b /MPa	屈服强度 $\sigma_{0.2}$ /MPa	硬度 HBS	弹性模量 E /MPa	弹性系数 Z_E /MPa	接触疲劳极限 σ_{Hlim} /MPa	极限系数 U_{lim}	相近的国产材料牌号	抗拉强度 σ_b /MPa	屈服强度 $\sigma_{0.2}$ /MPa	硬度 HBS
铸铝铁青铜（离心铸造）GZ-CuAl10Fe	550	220	130	122600	164	265	500	铸铝铁青铜（砂模铸造）ZCuAl10Fe3	530	230	110
灰铸铁 GC-25	300	120	250	98100	152.2	350	150	HT200 HT300	200 300		170～241 187～255

注：1. 本表数据主要引自《齿轮手册》，相近的国产材料性质也较之稍低。

2. 表中的 σ_{Hlim} 值适用于蜗杆为钢制渗碳淬硬 60±2 HRC（并经磨削）的传动。如蜗杆为调质（不磨削）者，将 σ_{Hlim} 值乘以 0.75；对于铸铁蜗杆（不磨削）将 σ_{Hlim} 值乘以 0.5。

3. U_{lim} 值适用于齿形角 $\alpha=20°$，将 U_{lim} 乘以 1.2；受反复循环载荷时，将 U_{lim} 值乘以 0.7；受短期冲击过载作静强度校核时，将 U_{lim} 值乘以 2.5。

铸锡青铜（ZCuSn10P1、ZCuSn5Pb5Zn5）耐磨性和抗胶合性最好，是理想的材料，但价格较高。一般用于滑动速度 $v_s \geqslant 3$ m/s 的重要传动。

铸铝铁青铜（ZCuAl10Fe3）的耐磨性较锡青铜的差一些，但有足够的强度和硬度，且价格较便宜，一般用于滑动速度 $v_s \leqslant 4$ m/s 的传动。

灰铸铁（HT150、HT200、HT300）用于对效率要求不高、滑动速度 $v_s < 2$ m/s 的一般传动。

6.3.3 蜗杆传动的结构设计

1. 蜗杆的结构

蜗杆有无退刀槽和有退刀槽两种结构形式（见图 6-9）。无退刀槽蜗杆的螺旋部分只能铣制。有退刀槽蜗杆的螺旋部分可以车制也可以铣制，但刚度较差。车制蜗杆轴径 d 必须满足条件 $d \leqslant d_{f1}-(2\sim4)$ mm，铣制蜗杆轴径 d 可以大于蜗杆的齿根圆半径 d_{f1}。蜗杆的螺旋部分由蜗杆的几何尺寸决定，轴的结构尺寸按轴的结构设计要求来决定。

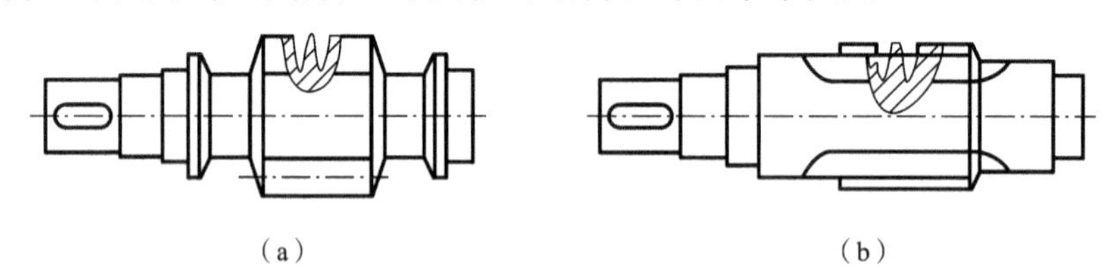

图 6-9 蜗杆的结构形式

(a) 有退刀槽；(b) 无退刀槽

2. 蜗轮的结构

蜗轮有整体式和组合式（见图 6-10）两种结构。铸铁蜗轮和尺寸很小的青铜蜗轮多采用整体式结构。为了节省贵重金属，青铜蜗轮一般制成组合式结构，常见的有镶铸式、拼铸式、螺栓连接式和齿圈式等形式。

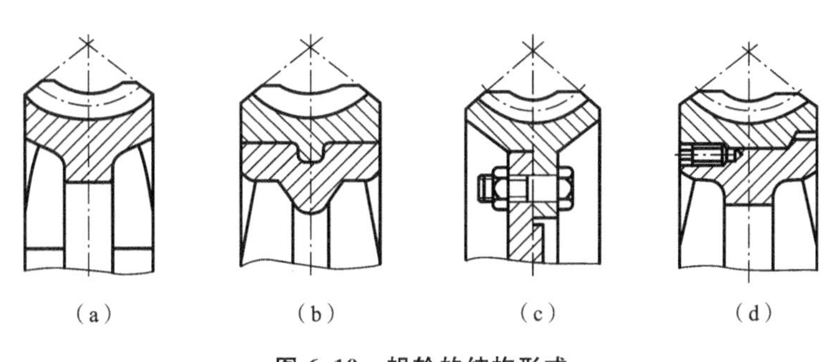

图 6-10 蜗轮的结构形式

(a) 整体式;(b) 拼铸式;(c) 螺栓连接式;(d) 齿圈式

6.4 蜗杆传动的强度计算

6.4.1 蜗杆传动的受力分析

蜗杆传动的受力分析与斜齿圆柱齿轮传动类似(见图 6-11)。不计摩擦力,把蜗杆传动的法向压力,集中作用于蜗杆与蜗轮分度圆的啮合点 C 处。它可分解为三个相互垂直的分力:圆周力 $\boldsymbol{F}_t$、径向力 $\boldsymbol{F}_r$ 和轴向力 $\boldsymbol{F}_a$。它们的大小及相互关系见表 6-6。

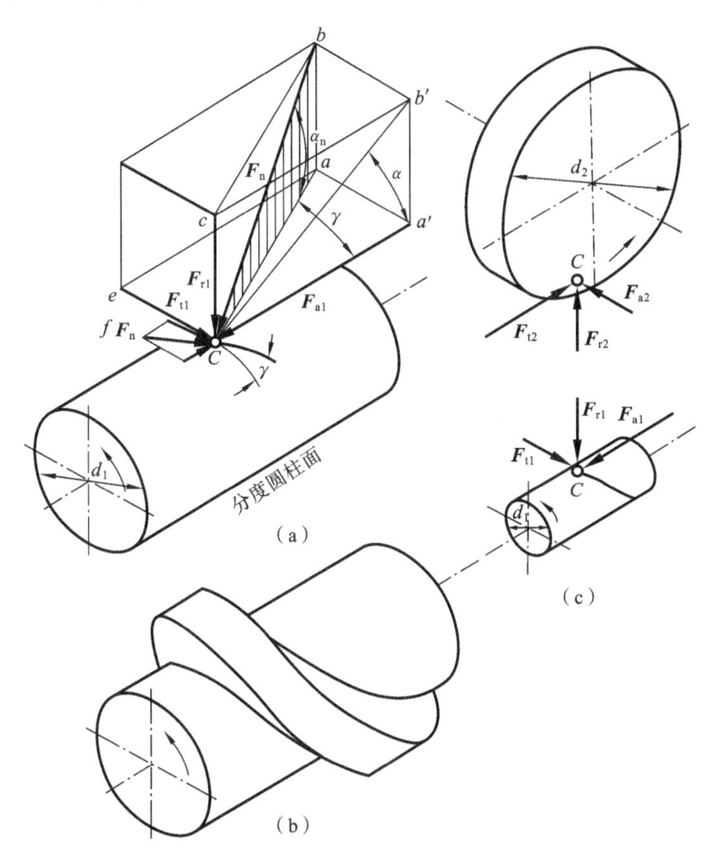

图 6-11 蜗杆传动的受力分析

表 6-6 蜗杆传动力的计算公式

力的名称	力的大小		力的关系
转矩 T	$T_1=9.55\times10^6\dfrac{P}{n_1}=10^6\dfrac{P}{\omega_1}$		$T_1n_1\eta=T_2n_2$ $T_2=i\eta T_1$
圆周力 F_t	$F_{t1}=2T_1/d_1$，$F_{t2}=2T_2/d_2$	蜗杆主动时，蜗杆的圆周力方向与其转动方向相反，蜗轮的圆周力方向与其转动方向相同	$F_{t1}=-F_{a2}$ $F_{t2}=-F_{a1}$
径向力 F_r	$F_{r1}\approx F_{t2}\tan\alpha$，$F_{r2}\approx F_{t2}\tan\alpha$	径向力总是指向其转动轴心	$F_{r1}=-F_{r2}$

各分力的方向与轴的转向和螺旋线的方向等有关。一般当蜗杆是主动件时，应先根据蜗杆螺旋线的方向和转动方向，用右(左)手准则判断蜗轮的转动方向，再运用表中原则判断各力的方向。轴向力可根据其与圆周力是一对作用与反作用力的原则去识别。由于蜗杆传动的效率一般较低，在计算其轮齿上的作用力时，转矩 T_1 和 T_2 之间要计及与效率 η 的关系。

6.4.2 蜗轮齿面接触疲劳强度计算

对于大多数的闭式蜗杆传动，其承载能力主要取决于齿面接触疲劳强度，只有当蜗轮齿数 $z_2>90$，而模数过小或在开式传动中，才以齿根弯曲疲劳强度作为主要设计准则。齿面接触强度计算公式源于赫兹公式，考虑蜗杆传动的特点与其主要的失效形式，可得蜗轮齿面接触疲劳强度校核公式为

$$\sigma_H=Z_EZ_\rho\sqrt{\frac{KT_2}{a^3}}\leqslant[\sigma_{HP}]\ (\text{MPa}) \tag{6-6}$$

其设计计算公式为

$$a\geqslant\sqrt[3]{KT_2\left(\frac{Z_EZ_\rho}{[\sigma_{HP}]}\right)^2}\ (\text{mm}) \tag{6-7}$$

式中：Z_E——材料弹性系数($\sqrt{\text{MPa}}$)，青铜或铸铁蜗轮与钢制蜗杆配对时，取 $Z_E=160(\sqrt{\text{MPa}})$；

Z_ρ——接触系数，考虑蜗杆传动的接触线长度和曲率半径对接触强度的影响，可根据蜗杆的类型及蜗杆分度圆直径与中心距的比值(d_1/a)，从图 6-12 中查得，初步设计时，可根据经验取，当 $i=20\sim70$ 时，取 $d_1/a\approx0.3\sim0.4$；当 $i=5\sim20$ 时，取 $d_1/a\approx0.4\sim0.5$；

a——蜗杆传动中心距(mm)；

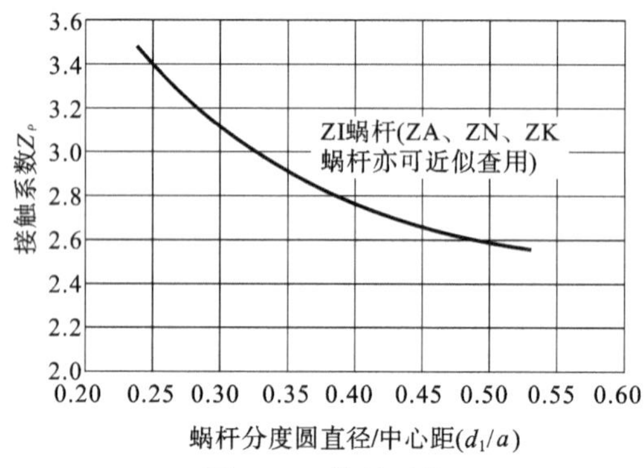

图 6-12 接触系数

K——载荷系数，初步设计时，可取 $K=1.1\sim1.4$，当载荷平稳、蜗轮圆周周速度 $v_s\leqslant3$ m/s 及 7 级精度以上时，取较小值，反之取较大值；

$[\sigma_{HP}]$——蜗轮齿面许用接触应力(MPa)，当蜗轮材料为灰铸铁或高强度青铜($\sigma_b\geqslant300$ MPa)时，蜗杆传动的承载能力主要取决于齿面胶合强度。由于胶合失效不属于疲劳失效，它与相对滑动速度大小有关，$[\sigma_{HP}]$的值查表 6-7。

表 6-7　灰铸铁及铸铝青铜蜗轮的许用接触应力$[\sigma_{HP}]$　　(MPa)

材料		滑动速度						
蜗杆	蜗轮	<0.25	0.25	0.5	1	2	3	4
20 或 20Cr 渗碳、淬火，45 钢淬火，齿面硬度大于 45 HRC	灰铸铁 HT150	206	166	150	127	95		
	灰铸铁 HT200	250	202	182	154	115		
	铸铝铁青铜			250	230	210	180	160
45 钢或 Q275	灰铸铁 HT150	172	139	125	106	79		
	灰铸铁 HT200	208	168	152	128	96		

当蜗轮材料为抗拉强度 $\sigma_b<300$ MPa 的锡青铜时，因蜗轮主要为接触疲劳失效，先从表 6-8 中查出蜗轮的基本许用接触应力$[\sigma'_{HP}]$，再按式(6-8)算出许用接触应力的值。

$$[\sigma_{HP}]=K_{HN}[\sigma'_{HP}] \tag{6-8}$$

式中：K_{HN}——接触强度的寿命系数，$K_{HN}=\sqrt[8]{\dfrac{10^7}{N}}$，其中 $N=60jn_2L_h$，j 为蜗轮转一圈每个轮齿啮合的次数，n_2 为蜗轮的转速(r/min)，L_h 为工作寿命(h)。

当 $N>25\times10^7$ 时取 $N=25\times10^7$，当 $N<2.6\times10^7$ 时取 $N=2.6\times10^7$。

表 6-8　铸锡青铜蜗轮的基本许用接触应力$[\sigma'_{HP}]$　　(MPa)

蜗轮材料	铸造方法	蜗杆螺旋面的硬度	
		≤45HRC	>45HRC
铸锡磷青铜 ZCuSn10P1	砂模铸造	150	180
	金属模铸造	220	268
铸锡锌铅青铜 ZCuSn5Pb5Zn5	砂模铸造	113	135
	金属模铸造	128	140

从设计计算公式(6-7)算出蜗杆传动的中心距 a 后，可根据预定的传动比 i 计算出蜗杆的分度圆直径(当 $i=20\sim70$ 时，$d_1/a\approx0.3\sim0.4$；当 $i=5\sim20$ 时，$d_1/a\approx0.4\sim0.5$)，从表 6-2 中选择一合适的值，以及相应的蜗杆、蜗轮参数。

另外的经验公式如下。

初估蜗杆头数为　　$z_1\approx(7+2.4\sqrt{a})/i$

初估模数为　　$m\approx(1.4\sim1.7)a/z_2$

初估蜗杆的分度圆直径为　　$d_1\approx0.68a^{0875}$

6.4.3　蜗轮齿根弯曲疲劳强度计算

蜗轮轮齿因弯曲疲劳强度不足而失效的情况多发生在蜗轮齿数较多($z_2>90$)时或开式传

动中。

在闭式蜗杆传动中通常只作弯曲强度的校核计算。特别是对于那些承受重载的动力蜗杆传动，蜗轮轮齿的弯曲变形量会直接影响到运动的平稳性精度。

对蜗轮进行弯曲强度计算通常是把蜗轮近似地当作斜齿圆柱齿轮来考虑，其校核公式为

$$\sigma_F=\frac{1.53KT_2}{d_1d_2m\cos\beta}Y_{Fa2}Y_\beta\leqslant[\sigma_F]\ (\text{MPa}) \tag{6-9}$$

其设计计算公式为

$$m^2d_1\geqslant\frac{1.53KT_2}{z_2\cos\beta[\sigma_F]}Y_{Fa2}Y_\beta \tag{6-10}$$

式中：Y_{Fa2}——蜗轮齿形系数，根据蜗轮当量齿数 $Z_V=z_2/\cos^3\beta$ 在表 6-9 中查取。

表 6-9　蜗轮齿形系数 Y_{Fa2}

当量齿数 Z_V	11	12	13	14	15	16	17	18	19	20	21
齿形系数 Y_{Fa2}	3.78	3.58	3.44	3.31	3.2	3.12	3.04	2.97	2.92	2.86	2.82
当量齿数 Z_V	22	23	24	25	26	27	28	29	30	35	40
齿形系数 Y_{Fa2}	2.77	2.75	2.71	2.68	2.65	2.64	2.61	2.58	2.56	2.49	2.44
当量齿数 Z_V	45	50	60	70	80	90	100	200	300	400	
齿形系数 Y_{Fa2}	2.39	2.36	2.30	2.27	2.24	2.22	2.20	2.16	2.14	2.12	

Y_β——螺旋角影响系数，$Y_\beta=1-\frac{\beta}{120^\circ}$。

$[\sigma_F]$——蜗轮齿面许用弯曲应力(MPa)。先从表 6-10 中查出蜗轮的基本许用弯曲应力 $[\sigma'_F]$，再计算许用弯曲应力的值为

$$[\sigma_F]=K_{FN}[\sigma'_F] \tag{6-11}$$

式中：K_{FN}——弯曲强度的寿命系数，$K_{FN}=\sqrt[9]{\frac{10^6}{N}}$，其中 $N=60jn_2L_h$，j 为蜗轮转一圈每个轮齿啮合的次数，n_2 为蜗轮的转速(r/min)，L_h 为工作寿命(h)。

若 $N>25\times10^7$，取 $N=25\times10^7$；若 $N<10^5$，取 $N=10^5$。

表 6-10　蜗轮的基本许用弯曲应力$[\sigma'_F]$　　(MPa)

蜗轮材料		铸造方法	单侧工作脉动循环	双侧工作对称循环
铸锡青铜 ZCuSn10P1		砂模铸造	40	29
		金属模铸造	56	40
铸锡锌铅青铜 ZCuSn5Pb5Zn5		砂模铸造	26	22
		金属模铸造	32	26
铸铝铁青铜 ZCuAl10Fe3		砂模铸造	80	57
		金属模铸造	90	64
灰铸铁	HT150	砂模铸造	40	28
	HT200	砂模铸造	48	34

6.5　蜗杆传动的效率和热平衡计算

6.5.1　蜗杆传动的效率

闭式蜗杆传动的效率损失一般包括三部分：啮合摩擦损失、轴承摩擦损失、蜗杆蜗轮搅油溅油损失。单独考虑这三部分损失的效率分别为 η_1、η_2、η_3，因此总效率为

$$\eta=\eta_1\eta_2\eta_3 \tag{6-12}$$

由于轴承摩擦及浸入油中零件搅油溅油损耗的功率不大，一般 $\eta_2\eta_3=0.95\sim0.96$，蜗杆传动的总效率主要取决于啮合效率 η_1，而

$$\eta_1=\frac{\tan\lambda}{\tan(\lambda+\rho)} \tag{6-13}$$

式中：λ——蜗杆的导程角；

ρ——啮合摩擦角，$\rho=\arctan f$。

实际上啮合摩擦角和蜗杆蜗轮的材料组合、齿面加工、热处理状况、润滑油性质及相对滑动速度 v_s 等有关，确定起来较为复杂。

总效率可表示为

$$\eta=(0.95-0.97)\frac{\tan\lambda}{\tan(\lambda+\rho)} \tag{6-14}$$

蜗杆传动的效率 η 是升角 λ 的函数，增大升角可以提高效率，故传递动力时，常用多头蜗杆，但升角过大，会引起蜗杆加工困难，而且升角 $\lambda>28°$时，效率提高很少。

当摩擦角 $\rho>\lambda$ 时，蜗杆传动实现自锁，其时的效率 $\eta_1\leqslant50\%$。

在设计之初，η 值可估取，如表 6-11 所示。

表 6-11　总效率的初估值

蜗杆头数 z_1	1	2	4	6
总效率 η	0.7	0.8	0.9	0.95

6.5.2　蜗杆传动的润滑

由于蜗杆传动时的相对滑动速度 v_s 大，效率低，发热量大，故润滑特别重要。若润滑不良，会进一步导致传动效率显著降低，且会带来剧烈的磨损，甚至产生胶合。应选择适当的润滑油及润滑方式。在润滑油中还常加入添加剂，以提高其抗胶合能力。

润滑油的黏度及润滑方式一般根据相对滑动速度、载荷性质进行选择。

闭式蜗杆传动根据相对滑动速度选择润滑油及润滑方式查表 6-12。对于开式蜗杆传动易采用较高黏度的齿轮油或涂抹润滑脂。

表 6-12　根据相对滑动速度 v_s 荐用润滑油黏度及润滑方式

相对滑动速度 v_s/(m/s)	0～1	0～2.5	0～5	>5～10	>10～15	>15～25	>25
工作条件	重载	重载	中载	（不限）	（不限）	（不限）	（不限）
运动黏度 ν/cSt(40 ℃)	900	500	350	220	150	100	80
润滑方式	油池润滑			喷油润滑或油池润滑	喷油润滑时的喷油压力/MPa		
					0.7	2	3

6.5.3 蜗杆传动的热平衡计算

蜗杆传动的效率低，温升高，过高时会使润滑油稀释，润滑条件恶化，从而增大摩擦损失，甚至发生齿面胶合。因此对于连续工作的闭式传动，需进行热平衡计算，以保证油温稳定地处于规定的范围内。

工作温升
$$\Delta t=\frac{1000P_1(1-\eta)}{K_t A}\leqslant 40\sim 60\ ℃$$

计算准则是传动装置在允许的温升范围内它所能散出的热量折合的功率要大于或等于蜗杆传动损耗的功率。若计算结果不满足要求，可采取以下冷却措施提高散热能力：在蜗杆轴端加装风扇以加速空气的流通(见图 6-13(a))；在油池内用蛇形冷却水管通循环水冷却(见图 6-13(b))；采用喷油循环润滑系统冷却(见图 6-13(c))。

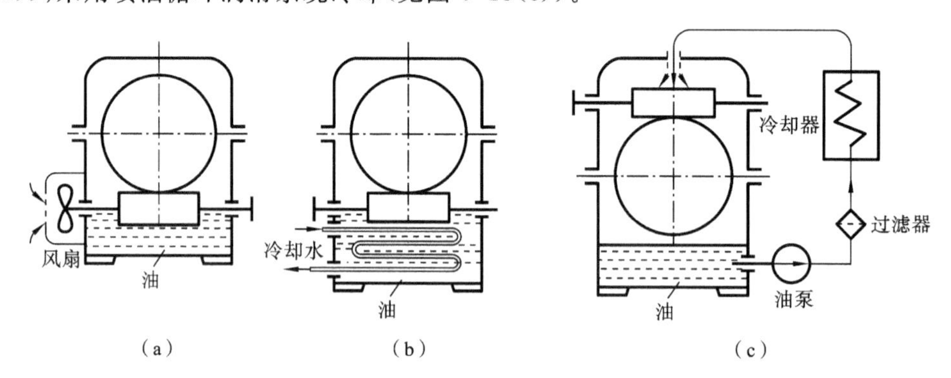

图 6-13　闭式蜗杆传动冷却措施

(a) 风扇冷却；(b) 冷却水管冷却；(c) 压力喷油润滑冷却

本 章 小 结

蜗轮蜗杆传动是齿轮传动的一种，通常所说的齿轮传动是一种方向一致的传动方式，而蜗轮蜗杆传动是垂直方向的传动，一般用于减速器或其他的一些需要垂直传动的地方。

(1) 工作原理：蜗轮蜗杆传动的两轴是相互交叉垂直的。蜗杆可以看成为在圆柱体上沿着螺旋线绕有一个齿(单头)或几个齿(多头)的螺旋，蜗轮类似斜齿轮，但它的齿包着蜗杆。在啮合时，蜗杆转一圈，就带动蜗轮转过一个齿(单头蜗杆)或几个齿(多头蜗杆)，因此蜗轮蜗杆传动的传动比是 $i_{12}=\frac{n_1}{n_2}=\frac{z_2}{z_1}$。

(2) 蜗杆传动中应注意事项。

① 正确啮合条件　中间平面内蜗杆与蜗轮的模数和压力角分别相等，即蜗轮的端面模数等于蜗杆的轴面模数且为标准值；当蜗轮蜗杆的交错角为 90°时，还需保证蜗轮与蜗杆螺旋线旋向必须相同。

② 蜗杆导程角　蜗杆分度圆柱上螺旋线的切线与蜗杆端面之间的夹角，与螺杆螺旋角的关系为：蜗轮的螺旋角大，则传动效率高，当其小于啮合齿间当量摩擦角时，机构自锁。

③ 引入蜗杆直径系数 q 是为了限制蜗轮滚刀的数目，使蜗杆分度圆直径标准化，m 一定时，q 大则大，蜗杆轴的刚度及强度相应增大；一定时，q 小则导程角增大，传动效率相应提高。

④ 与圆柱齿轮传动不同，蜗杆蜗轮机构传动比不等于$\frac{r_2}{r_1}$，而是$\frac{z_2}{z_1}$，蜗杆蜗轮机构的中心距不等于$\frac{1}{2}m(z_1+z_2)$，而是$\frac{1}{2}m(q+z_2)$。

⑤ 蜗杆蜗轮传动中蜗轮转向的判定方法，可根据“左(右)手定则”判断。

思考与练习题

6-1　什么是中间平面？阿基米德蜗杆传动为什么取中间平面上的 m 和 d_1 值为标准值？正确啮合条件是什么？

6-2　在蜗杆计算中，为什么引入蜗杆直径系数 q？如何选用 q 值？

6-3　什么是蜗杆传动的相对滑动系数 v_s？

6-4　为什么蜗杆传动的传动比只能表达为齿数与头数的反比，而不能表达为直径的反比？

6-5　蜗杆传动有哪些特点？在什么情况下宜采用蜗杆传动？大功率时为什么很少用蜗杆传动？

6-6　蜗杆的导程角 γ 和头数、齿距、模数、蜗杆直径系数之间有何关系？蜗杆导程角和蜗轮旋角又有什么关系？蜗杆为右旋螺旋线时，蜗轮的螺旋线是在左旋还是右旋？

6-7　蜗杆传动的轮齿啮合效率公式是怎样推导出来的？在传动中，蜗轮能否作为主动件？自锁传动效率为何低于 50%？导程角的大小对效率有何影响？较有利的导程角范围是多少？

6-8　蜗杆传动的主要失效形式有哪些？蜗杆常用哪些材料组合？

6-9　什么是蜗杆传动的中间平面？阿基米德圆柱蜗杆传动在中间平面上的齿廓形状和啮合关系怎样？

6-10　如何进行蜗杆传动的受力分析？力的方向如何确定？计算这些力有什么用处？

6-11　为什么为蜗杆传动要进行热平衡计算？计算原理是什么？当热平衡不满足要求时，可采取什么措施？

6-12　图 6-14 所示为一斜齿圆柱齿轮传动-蜗杆传动系统，小齿轮由电动机驱动。(1) 试在图上标出蜗杆螺旋线方向及转向。(2) 大齿轮螺旋线为何方向时，才能使其所产生的轴向力与蜗杆的轴向力抵消一部分？(3) 试在图上标出小斜齿轮的螺旋线方向及转向和蜗杆轴上诸作用力的方向。

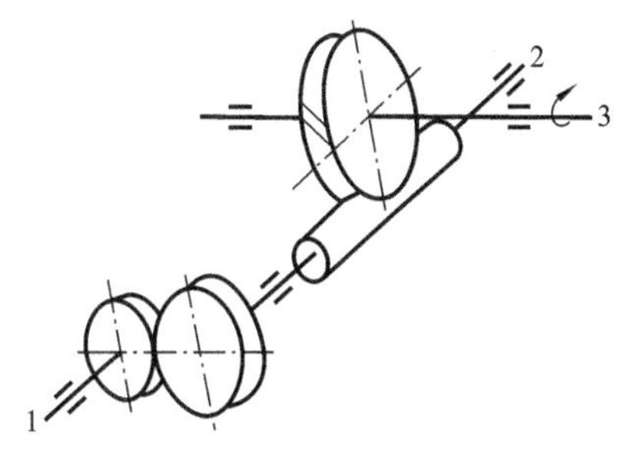

图 6-14

6-13　电动机通过单级蜗杆传动驱动带式输送机运转。电动机功率 $P=5.5$ kW，转速 $n_1=960$ r/min，带式运输机主动滚筒转速 $n_2=65$ r/min，且工况平稳。试设计该单级蜗杆传动。

第7章　轮系及其功用

由于工作的需要，机械的传动系统使用仅仅由一对齿轮组成的齿轮机构往往是不够的，而需要利用一系列相互啮合的齿轮将输入轴与输出轴连接起来。这种由一系列齿轮组成的传动系统称为轮系。

轮系广泛地应用于各种机械传动中。例如机械式钟表、汽车的变速箱和后桥差速器中的齿轮传动系统，都采用不同形式的轮系。在各种机械中的减速器、增速器等齿轮传动系统也都采用了轮系。

根据轮系运转时各个齿轮轴线的几何位置相对于机架是否固定，轮系分为两大类型：定轴轮系和周转轮系。

7.1　定轴轮系及其传动比

轮系的传动比是指轮系中首、末两轮的角速度或转速之比，用 i_{IO} 表示

$$i_{IO}=\frac{\omega_I}{\omega_O}=\frac{n_I}{n_O} \tag{7-1}$$

式中：ω_I、n_I——首轮的角速度与转速；ω_O、n_O——末轮的角速度与转速。

轮系传动比的确定包括两方面的内容：一是传动比大小的计算；二是首末两轮转向关系的确定。

轮系运动时，所有齿轮的几何轴线相对于机架都固定的轮系称为定轴轮系。完全由圆柱齿轮组成的定轴轮系称为平面轮系，平面轮系的特点是各轮轴线相互平行；包含圆锥齿轮传动或蜗杆传动的定轴轮系称为空间定轴轮系，空间定轴轮系的特点是至少有一轮的轴线与其他轮的轴线不平行。

一对齿轮组成的齿轮机构可以看作最简单的定轴轮系，如图7-1所示。一对平行轴外啮合齿轮传动(见图7-1(a))的传动比为 $i_{12}=n_1/n_2=\omega_1/\omega_2=-z_2/z_1$，负号"－"表示齿轮1与齿轮2的转动方向相反，在齿轮上用方向相反的箭头表示。一对平行轴内啮合齿轮传动(见图7-1(b))的传动比为 $i_{12}=n_1/n_2=\omega_1/\omega_2=+z_2/z_1$。正号"＋"表示齿轮1和齿轮2的转动方向相同，"＋"一般不标出，在齿轮上用方向相同的箭头表示。一对圆锥齿轮传动(见图7-1(c))的传动比仍为 $i_{12}=n_1/n_2=\omega_1/\omega_2=z_2/z_1$，但其计算值只表示两锥齿轮的传动比大小，无法用正、负号表达两锥齿轮的转动方向，只能在齿轮上用方向箭头表示。两箭头指向或相交或分

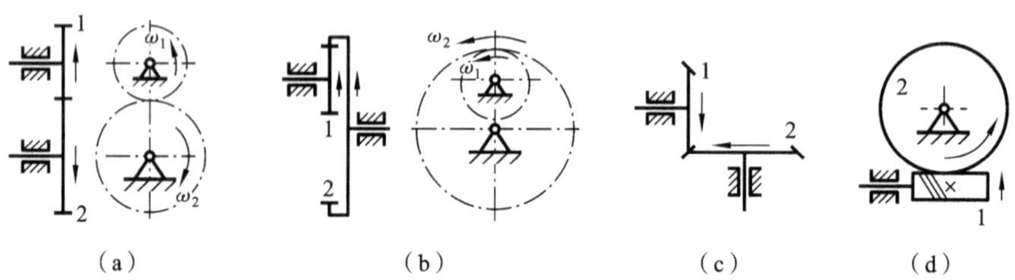

图7-1　一对齿轮或蜗杆传动

离。一对蜗杆传动(见图 7-1(d))的传动比仍为 $i_{12}=n_1/n_2=\omega_1/\omega_2=z_2/z_1$，注意，其中 z_1 表示蜗杆的头数，其计算结果也只表示蜗杆传动的传动比大小，无法用正、负号表达两轮的转向，只能在蜗杆蜗轮上用方向箭头表示。

图 7-2 所示的轮系全部是由圆柱齿轮组成的平面定轴轮系。若已知各齿轮的齿数，欲计算该定轴轮系的传动比 i_{15}，需研究该轮系的组成。该轮系中，有三对外啮合齿轮 1 和 2、3′和 4、4 和 5，有一对内啮合齿轮 2′和 3。各齿轮传动的传动比分别为

$$i_{12}=\frac{n_1}{n_2}=\frac{\omega_1}{\omega_2}=-\frac{z_2}{z_1}$$

$$i_{2'3}=\frac{n_{2'}}{n_3}=\frac{\omega_{2'}}{\omega_3}=\frac{z_3}{z_{2'}}$$

$$i_{3'4}=\frac{n_{3'}}{n_4}=\frac{\omega_{3'}}{\omega_4}=-\frac{z_4}{z_{3'}}$$

$$i_{45}=\frac{n_4}{n_5}=\frac{\omega_4}{\omega_5}=-\frac{z_5}{z_4}$$

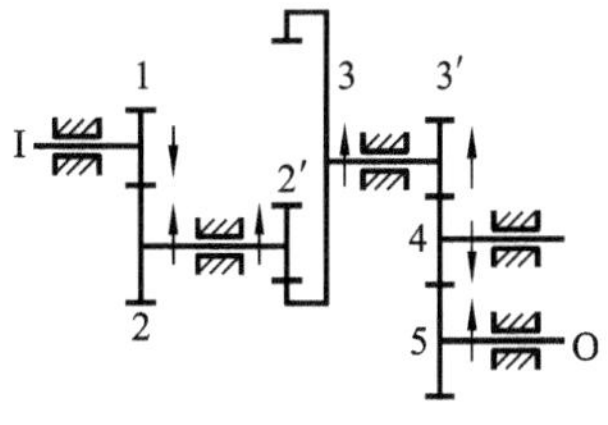

图 7-2　平面定轴轮系

则该轮系的传动比 i_{15} 为

$$i_{15}=\frac{n_1}{n_5}=\frac{n_1}{n_2}\cdot\frac{n_{2'}}{n_3}\cdot\frac{n_{3'}}{n_4}\cdot\frac{n_4}{n_5}=i_{12}\cdot i_{2'3}\cdot i_{3'4}\cdot i_{45}$$

$$=\left(-\frac{z_2}{z_1}\right)\left(\frac{z_3}{z_{2'}}\right)\left(-\frac{z_4}{z_{3'}}\right)\left(-\frac{z_5}{z_4}\right)=(-)^3\left(\frac{z_2z_3z_5}{z_1z_{2'}z_{3'}}\right)$$

通过上例的分析计算，对定轴轮系传动比计算可以得出如下结论。

(1) 定轴轮系的传动比等于轮系中各对啮合齿轮传动比的连乘积。它包括大小和符号两部分。其值的大小等于各对啮合齿轮中从动齿轮齿数的连乘积与主动齿轮齿数的连乘积之比。传动比的正、负号表示首、末两轮转向关系。由于外啮合改变齿轮转向而内啮合不改变齿轮转向，所以传动比的正、负号取决于外啮合齿轮的对数。

将此结论推广到一般情形，假设从首轮 I 到末轮 O 中有 m 对外啮合，则该定轴轮系传动比为

$$i_{\mathrm{IO}}=\frac{\omega_{\mathrm{I}}}{\omega_{\mathrm{O}}}=\frac{n_{\mathrm{I}}}{n_{\mathrm{O}}}=(-)^m\,\frac{\text{从动齿轮齿数的乘积}}{\text{主动齿轮齿数的乘积}}\tag{7-2}$$

(2) 轮系传动比的符号或者说首、末两轮的转向的确定也可以通过画箭头的方法直接判断。如图 7-2 所示，从图中可见，首轮 1 与末轮 5 的箭头相反，与计算结果为负是一致的。

(3) 只改变传动比正负号，而不影响传动比大小的齿轮称为惰轮，或称过桥齿轮。如图 7-2中的齿轮 4，它在轮系中既是前一级传动的从动轮，又是后一级传动的主动轮，它的齿数不影响传动比的大小。但它却使外啮合对数改变，从而改变传动比的符号。

空间定轴轮系中包含圆锥齿轮传动或蜗杆传动，其传动比的大小仍可按式(7-2)计算，但因各轮几何轴线不尽平行，难以说明两轮的转向是相同还是相反，因此这种轮系中各轮的转向只能用画箭头的方法来表示。

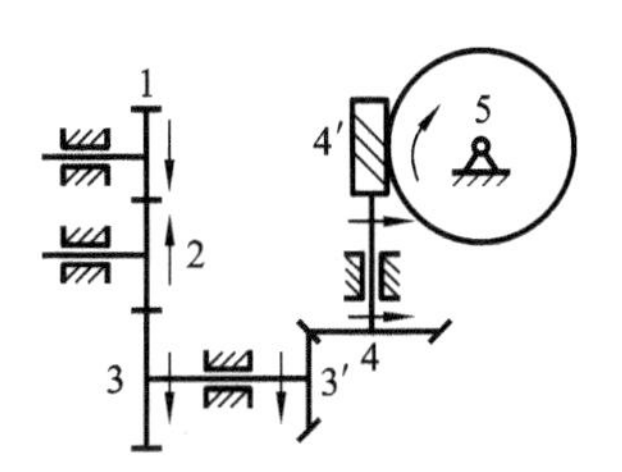

图 7-3　空间定轴轮系

例 7-1　在图 7-3 所示的轮系中，已知各轮的齿数 $z_1=20$、$z_2=18$、$z_3=30$、$z_{3'}=15$、$z_4=30$、$z_{4'}=2$(左旋)、$z_5=60$，齿轮 1 的转速 $n_1=1440\ \mathrm{r/min}$，转向如图 7-3 所示。求传动比 i_{15} 及蜗轮 5 的转速和转向。

解　该轮系中包含一对圆锥齿轮传动和一对蜗杆传动，故为

空间定轴轮系。其传动比 i_{15} 的大小可根据式(7-2)求得，但齿轮 1 与蜗轮 5 轴线不平行，用公式计算时不需带入正负号。

$$i_{15}=\frac{z_3 z_4 z_5}{z_1 z_{3'} z_{4'}}=\frac{30\times 30\times 60}{20\times 15\times 2}=90$$

由 $i_{15}=\frac{n_1}{n_5}$ 得

$$n_5=\frac{n_1}{i_{15}}=\frac{1440}{90}\ \text{r/min}=16\ \text{r/min}$$

此空间轮系只能用画箭头的方法判断各轮转向。在这里主要分析一下蜗杆传动中蜗轮转向判别问题。蜗轮的转向不仅与蜗杆的转向有关，而且还与其螺旋线方向有关(蜗轮与蜗杆的旋向一致)。具体判断时，可根据左右手定则:左旋伸左手右旋伸右手，拇指伸直，其余四指握拳，其弯曲方向与蜗杆转动方向一致，则拇指的反方向就是蜗轮的转动方向。本例中的蜗杆蜗轮均为左旋，根据左手定则判断，蜗轮顺时针转动。

7.2　周转轮系及其传动比

7.2.1　周转轮系及其组成

轮系在运转过程中，至少有一个齿轮的几何轴线位置不固定，而是绕另一固定的齿轮轴线转动，这种轮系称为周转轮系。如图 7-4 所示，外齿轮 1 和内齿轮 3 以及构件 H 分别绕各自的固定轴线 O_1、O_3、O_H 回转，齿轮 2 一方面绕自身轴线 O_2 转动(自转)，同时其轴线 O_2 还随着构件 H 一起绕固定轴线 O_H 转动(公转)。

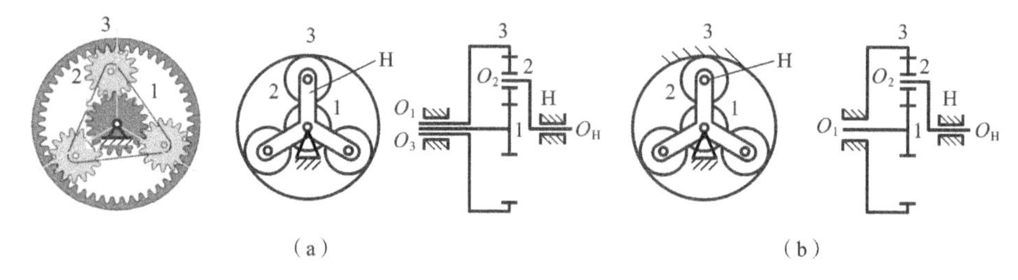

图 7-4　周转轮系及组成

在周转轮系中，几何轴线位置固定的齿轮称为中心轮或太阳轮，如图 7-4 中的齿轮 1、3。轴线位置不固定，既作自转又作公转的齿轮称为行星轮，如图 7-4 中的齿轮 2。支撑行星轮作自转和公转的构件称为转臂，又称系杆或行星架，如图 7-4 中构件 H。一个基本周转轮系是由一个或多个行星轮、支持行星轮的转臂，以及与行星轮相啮合的一个或两个中心轮构成。

周转轮系中，中心轮和转臂必须是共轴线的，否则无法运动。周转轮系大多是以中心轮或转臂作为输入或输出构件，故称为基本构件。其特点是基本构件都绕着同一固定轴线转动，并通常承受外力矩。

自由度为 2 的周转轮系称为差动轮系，如图 7-4(a)所示，两中心轮 1、3 均能转动，该类轮系需两个输入原动件；自由度为 1 的周转轮系称为行星轮系，如图 7-4(b)所示，只有一个中心轮能转动，该类轮系只需一个输入原动件。

7.2.2　周转轮系传动比的计算

周转轮系与定轴轮系相比较，其根本区别在于周转轮系中有作回转运动的转臂，从而使得行星轮的运动是由自转和公转组成的复合运动。因此，周转轮系的传动比就不能直接运用定轴轮系的公式来求解。

假设周转轮系(见图 7-5(a))中各齿轮和转臂的角速度分别为 ω_1、ω_2、ω_3、ω_H。根据相对运动原理，假定给整个周转轮系加上一个与转臂角速度 ω_H 大小相等而方向相反的角速度 $-\omega_H$，各构件之间的相对运动关系仍保持不变，但是，由于加上 $-\omega_H$ 后，转臂可视为静止不动(见图 7-5(b))，这样，所有齿轮的几何轴线的位置全部固定，于是原始周转轮系就转化成为定轴轮系。这种经转化而得的假想的定轴轮系称为原周转轮系的转化轮系。但此转化轮系中各构件的角速度分别用 ω_1^H、ω_2^H、ω_3^H、ω_H^H 表示，右上方的角标 H 表示这些角速度是各构件相对于转臂的相对角速度。表 7-1 列出了原始周转轮系与转化轮系中各构件角速度之间的相互关系。

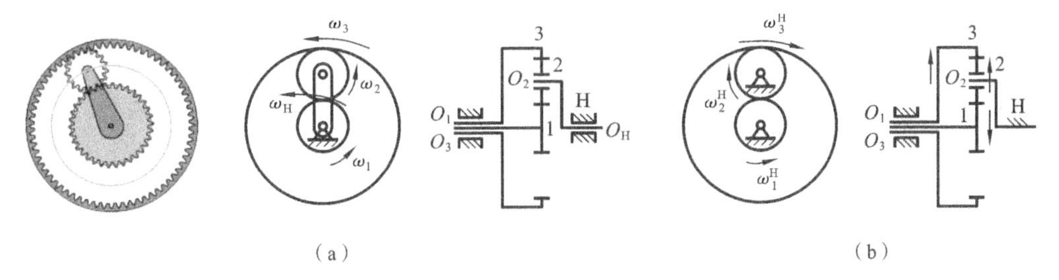

图 7-5　周转轮系及其转化轮系

表 7-1　各构件转化前后的角速度关系

构件名称	周转轮系中的角速度	转化轮系中的角速度	转化轮系中构件运动状态
行星架 H	ω_H	$\omega_H^H=\omega_H-\omega_H$	静止
中心轮 1	ω_1	$\omega_1^H=\omega_1-\omega_H$	定轴转动
中心轮 3	ω_3	$\omega_3^H=\omega_3-\omega_H$	定轴转动
行星轮 2	ω_2	$\omega_2^H=\omega_2-\omega_H$	定轴转动

既然周转轮系的转化轮系可视为一定轴轮系，就可用定轴轮系传动比的计算公式(7-2)计算。如图 7-5(b)所示，中心轮 1 到中心轮 3 的传动比 i_{13}^H 为

$$i_{13}^H=\frac{\omega_1^H}{\omega_3^H}=\frac{\omega_1-\omega_H}{\omega_3-\omega_H}=-\frac{z_3}{z_1}$$

式中：计算结果的“－”号表示在转化轮系中齿轮 1 与齿轮 3 的转向相反，即 ω_1^H 和 ω_3^H 的转向相反。

需要指出的是，i_{13} 与 i_{13}^H 的概念是完全不同的。$i_{13}=\frac{\omega_1}{\omega_3}$ 是原始周转轮系中齿轮 1、3 之间的真实传动比，而 $i_{13}^H=\frac{\omega_1^H}{\omega_3^H}=\frac{\omega_1-\omega_H}{\omega_3-\omega_H}$ 是假想的转化轮系中齿轮 1、3 的传动比。

推而广之，设 ω_G 和 ω_K 为周转轮系中任意两个齿轮 G 和 K 的角速度，ω_H 为转臂的角速度，在转化轮系中，传动比计算的一般公式为

$$i_{GK}^H=\frac{\omega_G^H}{\omega_K^H}=\frac{\omega_G-\omega_H}{\omega_K-\omega_H}=A\cdot\frac{\text{从轮 G 至轮 K 所有从动齿轮齿数的乘积}}{\text{从轮 G 至轮 K 所有主动齿轮齿数的乘积}}\tag{7-3}$$

式中：A——转化轮系中 ω_G^H、ω_K^H 的转向关系，$A=+1$（G、K 转向相同）或 $A=-1$（G、K 转向相反），其符号可以在转化轮系中用画箭头的方法决定。当转化轮系全部是由圆柱齿轮组成的平面轮系时，也可以用外啮合齿轮对的个数来确定，$A=(-1)^m$。当转化轮系是包含圆锥齿轮的空间轮系时，只能用画箭头方法决定正负号。

应用式(7-3)计算转化轮系传动比时，应注意如下几点：

(1) 式(7-3)只适用于 G、K、H 三个构件的轴线共线或相互平行的情况。因为只有两轴平行时，两轴的角速度或转速才能代数相加。

(2) 式(7-3)中 $\omega_G^H=\omega_G-\omega_H$、$\omega_K^H=\omega_K-\omega_H$ 都是代数运算式。ω_G、ω_K 和 ω_H 本身带有符号。当将已知转速代入式中时，可假定某一转向为正，则与之转向相同的也用正号，与之转向相反的用负号。

(3) 式(7-3)中 A 的符号不可遗漏，并且只能在转化机构中决定，不能在原始周转轮系中判断。在转化机构中用画箭头的方法来决定 A 的正负号具有通用性。

(4) 式(7-3)中的 G 或 K 也可以是轮系中的行星轮，用来求解行星轮的角速度。但同样要求行星轮的几何轴线与转臂轴线平行。

如图 7-6(a)所示的圆锥齿轮组成的周转轮系中，两中心轮 1、3 和转臂 H 共轴线，故可用式(7-3)写出其转化轮系的传动比为

$$i_{13}^H=\frac{\omega_1^H}{\omega_3^H}=\frac{\omega_1-\omega_H}{\omega_3-\omega_H}=-\frac{z_3}{z_1}$$

式中的“－”号表示在转化轮系（见图 7-6(b)）中齿轮 1、3 的转向相反。但要注意的是，行星轮 2 的几何轴线与转臂 H 的轴线相互垂直，故 $\omega_2^H\neq\omega_2-\omega_H$，不能用式(7-3)来求此轮系中行星轮的角速度，只能寻求其他方法求解。

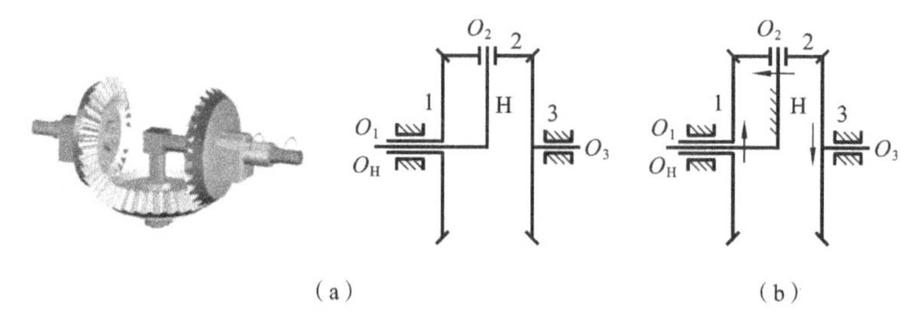

图 7-6　圆锥齿轮周转轮系及其转化轮系

例 7-2　在图 7-5(a)所示的周转轮系中，已知各齿轮均为标准齿轮，且齿数 $z_1=z_2=30$。若齿轮 1、3 的转速相同均为 1 r/min，但转动方向相反，试求 n_H 及 i_{1H}。

解　该周转轮系中两中心轮均可动，自由度为 2，为差动轮系。因中心轮 1、3 和转臂 H 的轴线必须重合，称为同轴条件，则有 $r_1+2r_2=r_3$；因齿轮对 1 和 2、以及 2 和 3 的模数必须相等，故有

$$z_3=z_1+2z_2=30+2\times30=90$$

将转臂 H 固定，可求得转化轮系的传动比

$$i_{13}^H=\frac{n_1^H}{n_3^H}=\frac{n_1-n_H}{n_3-n_H}=-\frac{z_3}{z_1}$$

设轮 1 逆时针转动为正，转速 $n_1=1$，轮 3 顺时针转动，转速 $n_3=-1$，代入上式得

$$\frac{1-n_H}{-1-n_H}=-\frac{90}{30}=-3$$

得出

$$n_H = -0.5$$

$$i_{1H} = \frac{n_1}{n_H} = \frac{1}{-0.5} = -2$$

即，当齿轮1逆时针转动1转，轮3顺时针转动1转，转臂H将顺时针转动0.5转。

例7-3　如图7-7所示的周转轮系中，已知各轮齿数$z_1 = 100, z_2 = 101, z_{2'} = 100, z_3 = 99$。求传动比$i_{H1}$。

解　该周转轮系中的中心轮3固定不动，故为周转轮系中的行星轮系。将转臂固定，由式(7-3)得转化轮系中轮1、3的传动比

$$i_{13}^H = \frac{\omega_1^H}{\omega_3^H} = \frac{\omega_1 - \omega_H}{\omega_3 - \omega_H} = (-)^2 \frac{z_2 z_3}{z_1 z_{2'}}$$

将$\omega_3 = 0$和已知数据代入上式，得

$$\frac{\omega_1 - \omega_H}{0 - \omega_H} = \frac{101 \times 99}{100 \times 100} = \frac{9999}{10000}$$

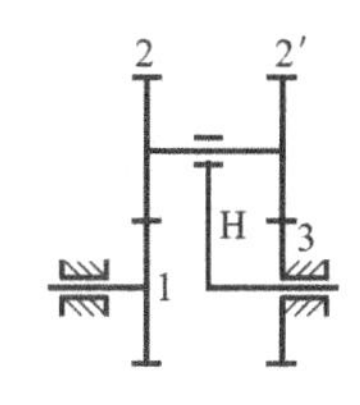

图7-7　周转轮系传动比计算

故

$$i_{H1} = \frac{\omega_H}{\omega_1} = 10000$$

由本例计算可知，当转臂H转10000转时，齿轮1才转1转，并与转臂的转向相同。可见，行星轮系可以用很少的齿轮得到很大的传动比，而且结构紧凑。但是这种大传动比的行星轮系效率很低，不能用来传递动力，主要用在传递运动的仪器设备中。当齿轮1为主动轮时，该轮系发生自锁而不能运动。

若将本例中的齿轮3的齿数增加一个齿，即$z_3 = 100$，其他参数保持不变，则$i_{H1} = -100$。也即当转臂H转100转时，齿轮1反向转1转。由此可见，行星轮系中输出轴的转向不仅与输入轴的转向有关，而且与轮系中各轮的齿数有关。这也是行星轮系与定轴轮系的不同之处。

7.3　混合轮系及其传动比

实际机械传动系统中的轮系，往往不只是定轴轮系，也不单纯是周转轮系，常常是由定轴轮系和基本周转轮系或由几个基本周转轮系组合在一起成为混合轮系，也称为复合轮系。

由于定轴轮系和周转轮系传动比的计算方法各不相同，所以混合轮系传动比计算的唯一正确方法，就是首先将混合轮系中所包含的独立的定轴轮系和周转轮系逐一分解，然后分别应用定轴轮系和周转轮系传动比的计算公式列出各构件角速度或转速之间的关系的方程式，最后根据它们之间的耦合关系找出运动联系，联立求解这些方程，从而得出所需的传动比或某构件的角速度或转速。

计算混合轮系传动比的关键是正确地分解混合轮系，找出各个单一的定轴轮系和基本的周转轮系。分解混合轮系的过程是先找到基本周转轮系，后找定轴轮系。寻找基本周转轮系的方法是：先找出行星轮，即找出那些轴线位置不固定而绕其他齿轮轴线转动的齿轮；支持行星轮转动的构件就是转臂；与行星轮相啮合并且轴线与转臂轴线共线的齿轮就是中心轮。这些行星轮、转臂和中心轮组成单一的基本周转轮系。在一个混合轮系中可能包含几个基本周转轮系。剩余的一系列相互啮合且几何轴线位置固定的齿轮组成定轴轮系。

例7-4　如图7-8所示的混合轮系，请正确分析该轮系的组成。

解　从整个轮系的输入轴(齿轮1)开始搜寻，首先找到几何轴线位置不固定的齿轮3，该

轮为行星轮；支撑该行星轮 3 的构件 H 即为转臂；与行星轮啮合的构件有齿轮 2′和齿轮 4，它们的几何轴线固定且与转臂轴线共线，是中心轮。故由齿轮 2′、3、4 和转臂 H 组成了一个基本的周转轮系（见图 7-9(a)），因中心轮 4 固定不动，所以该基本周转轮系为行星轮系，输入轴是齿轮 2′（与前一级的齿轮 2 相联），输出轴是转臂 H（与下一级的齿轮 5 相联）。沿着传动路线继续向后寻找，找到了齿轮 6 和 6′、齿轮 7 和 7′，它们均为行星轮，支撑它们的是转臂 H′；与这些行星轮啮合的分别是中心轮 5 和 8。故齿轮 5、6、6′、7、7′、8 和转臂 H′构成另一个基本周转轮系（见图 7-9(c)），又因中心轮 8 固定，故也为行星轮系，其输入轴是齿轮 5 轴，输出轴是转臂 H′（也是整个轮系的输出轴）。剩余的齿轮 1 和 2 的几何轴线的位置都是固定的，故组成一定轴轮系（见图 7-9(c)），其中齿轮 1 轴就是整个轮系的输入轴。综合以上分析，该混合轮系由一个定轴轮系、两个基本周转轮系，共三部分构成。

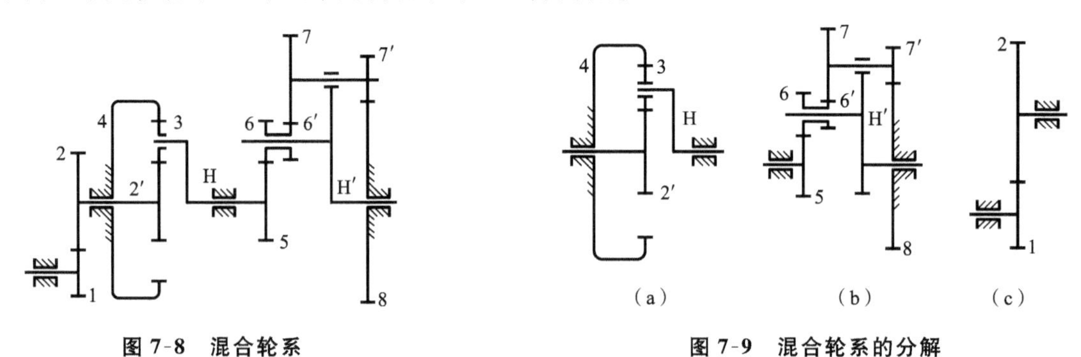

图 7-8　混合轮系　　　　图 7-9　混合轮系的分解

例 7-5　在图 7-10 所示的轮系中，已知各齿轮的齿数分别为 $z_1=20$、$z_2=40$、$z_{2'}=20$、$z_3=30$、$z_4=80$。求该轮系的传动比 i_{1H}。

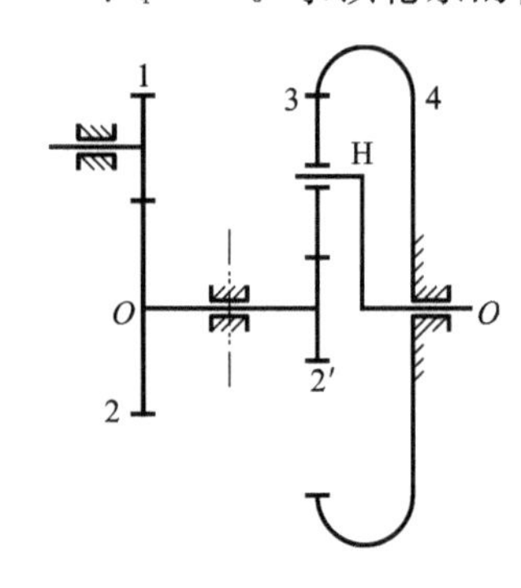

图 7-10　混合轮系

解　该轮系为一混合轮系，齿轮 1、2 组成定轴轮系，齿轮 2′、3、4 和转臂 H 组成一行星轮系。

对于定轴轮系

$$i_{12}=\frac{\omega_1}{\omega_2}=-\frac{z_2}{z_1}=-\frac{40}{20}=-2$$

对于行星轮系

$$i_{2'4}^{H}=\frac{\omega_{2'}-\omega_H}{\omega_4-\omega_H}=-\frac{z_4}{z_{2'}}=-\frac{80}{20}=-4$$

将 $\omega_4=0$、$\omega_2=\omega_{2'}$ 代入上式得

$$i_{2H}=\frac{\omega_2}{\omega_H}=1+\frac{z_4}{z_{2'}}=1+4=5$$

故

$$i_{1H}=i_{12}i_{2H}=-2\times5=-10$$

例 7-6　在图 7-11 所示的轮系中，已知所有齿轮均为标准齿轮，$z_2=z_5=z_6=20$，齿轮 1 的转速 $n_1=1650$ r/min，齿轮 4 的转速 $n_4=1000$ r/min。求该轮系中齿轮 1 和 3 的齿数 z_1、z_3。

解　首先分析该轮系的组成。很明显，该轮系中有两个转臂 H_1 和 H_2，故有两个周转轮系。由齿轮 1、2、3 及转臂 H_1 组成一个基本周转轮系中的差动轮系；由齿轮 4、5、6 及转臂 H_2 组成另一个基本周转轮系中的行星轮系。且前一级传动的两自由度差动轮系的两个基本构件——中心轮 3 和转臂 H_1 又分别与后一级传动的单自由度行星轮系的两个基本构件——转臂 H_2 和中心轮 4 相固联。

由齿轮 1 与齿轮 3 的同轴条件得

$$z_3 = z_1 + 2z_2 = z_1 + 2\times 20 = z_1 + 40$$

由齿轮 6 与齿轮 4 的同轴条件得

$$z_4 = z_6 + 2z_5 = 20 + 2\times 20 = 60$$

在齿轮 1、2、3 及 H_1 组成的差动轮系中：

$$\frac{n_1 - n_{H1}}{n_3 - n_{H1}} = -\frac{z_3}{z_1} = -\frac{z_1 + 40}{z_1}$$

在齿轮 4、5、6 及 H_2 组成的行星轮系中：

$$\frac{n_4 - n_{H2}}{n_6 - n_{H2}} = -\frac{z_6}{z_4} = -\frac{20}{60} = -\frac{1}{3}$$

把 $n_1 = 1650$、$n_4 = 1000$、$n_6 = 0$、$n_{H1} = n_4$、$n_{H2} = n_3$ 代入上两式，可得

$$z_1 = 25, \quad z_3 = 65$$

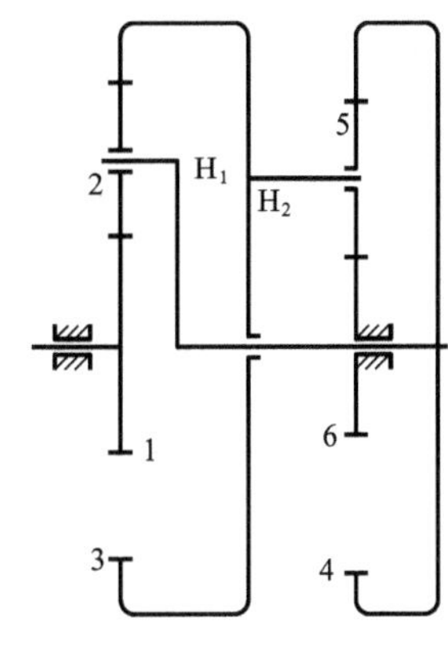

图 7-11　混合轮系

7.4　轮系的功用

轮系在各机械中应用非常广泛，其功用大致可归纳为以下几个方面。

1. 获得远距离的传动

如图 7-12 所示，当两轴距离较远时，用四个小齿轮 a、b、c、d 组成的定轴轮系代替一对大齿轮 1、2 实现啮合传动，既可节省空间、材料，又方便制造与安装。

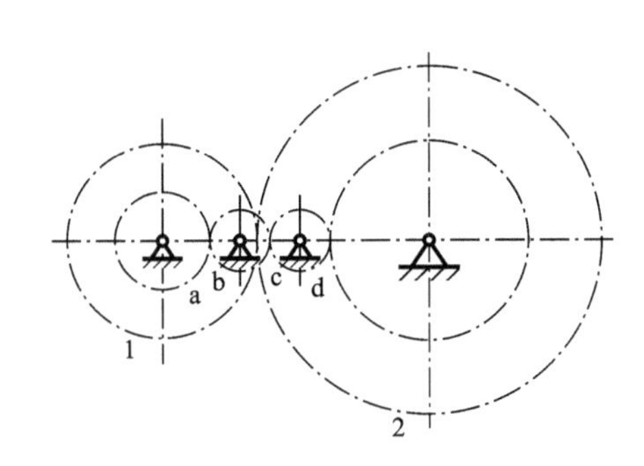

图 7-12　定轴轮系作远距离传动

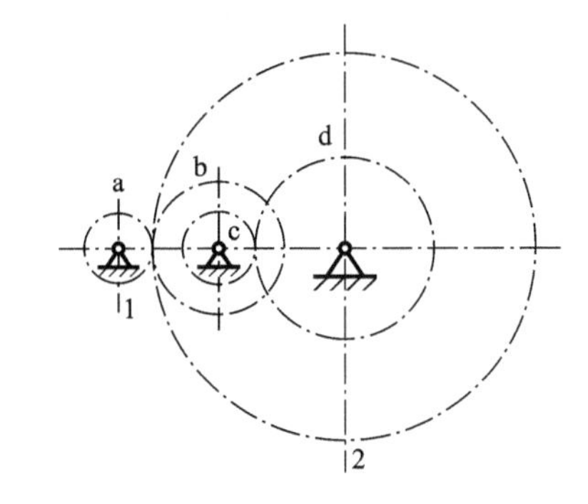

图 7-13　定轴轮系实现大传动比

2. 获得较大的传动比

单级齿轮传动的传动比受到一定限制，不能太大，一般取 $i_{max} = 5 \sim 7$。否则，会因小齿轮尺寸过小而寿命低，大齿轮尺寸过大而占空间且浪费材料，如图 7-13 中的齿轮 1、2。所以当两轴间需要较大的传动比时，就需要采用多级传动的定轴轮系，如图 7-13 所示的齿轮 a、b、c、d 构成的轮系，或者采用齿轮数量少、结构紧凑的周转轮系(见图 7-7)来实现。

3. 实现多路传动

利用轮系可以使一个主动轴带动若干个从动轴同时旋转。图 7-14 为某航空发动机附件传动系统，一个输入端(发动机主轴)同时有六个输出端，从而带动不同的执行构件按规定的运动规律运动。

4. 实现变速换向传动

在输入轴转速不变的条件下，利用定轴轮系可使同一从动轴获得多种不同的转速，或实现

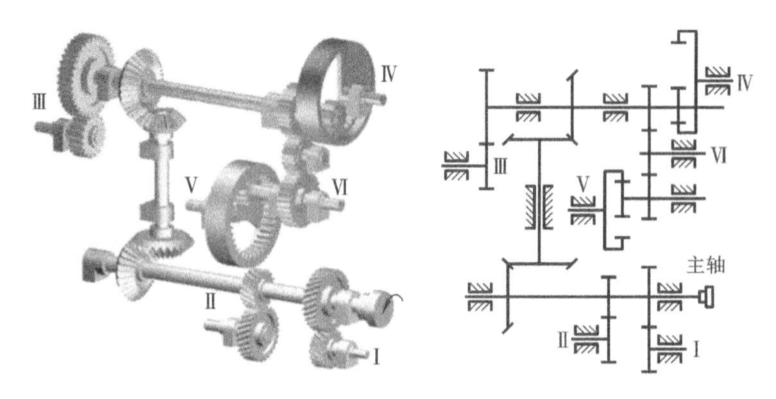

图 7-14 轮系实现多路传动

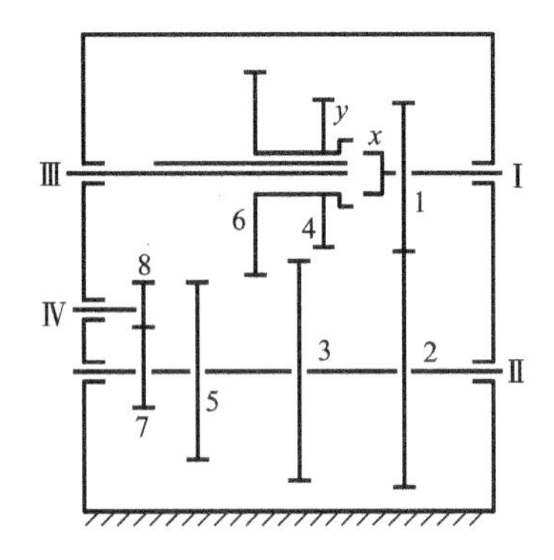

图 7-15 变速箱传动系统

转向变换。图 7-15 所示是某型号汽车三轴四速变速箱传动系统，其中Ⅰ轴为动力输入轴，Ⅲ轴为输出轴。齿轮 4、6 为一体滑移齿轮，x、y 为离合器。当不同齿轮相互啮合时，将输出四种不同的转速。其中三种同向、一种反向。

（1）x 与 y 接合，$n_{Ⅲ}=n_{Ⅰ}=1000$ r/min，前进三挡，高速前进。

（2）x 与 y 分离，操纵滑移齿轮，使齿轮 3、4 啮合，传动线路为齿轮 1、2、3、4，$i_{14}=\dfrac{z_2z_4}{z_1z_3}$，$n_{Ⅲ}=\dfrac{n_{Ⅰ}}{i_{14}}=596$ r/min，前进二挡，中速前进。

（3）x 与 y 分离，操纵滑移齿轮，使齿轮 5、6 啮合，传动线路为齿轮 1、2、5、6，$i_{16}=\dfrac{z_2z_6}{z_1z_5}$，$n_{Ⅲ}=\dfrac{n_{Ⅰ}}{i_{16}}=292$ r/min，前进一挡，低速前进。

（4）x 与 y 分离，操纵滑移齿轮，使齿轮 6 与 8 啮合，传动线路为齿轮 1、2、7、8、6，$i_{16}=-\dfrac{z_2z_6}{z_1z_7}$，$n_{Ⅲ}=\dfrac{n_{Ⅰ}}{i_{16}}=-194$ r/min，倒挡，以最低速倒车。

变速箱中的变向运动是在定轴轮系中设惰轮实现的。又如图 7-16 所示的车床走刀丝杠的三星轮换向机构。轮 1 为动力输入轴，齿轮 2、3 铰接在三角形构件 a 上，构件 a 可绕齿轮 4 的轴线回转。通过手柄转动构件 a，使齿轮 2 和 3 位于图中的所示的不同位置，来实现齿轮 4

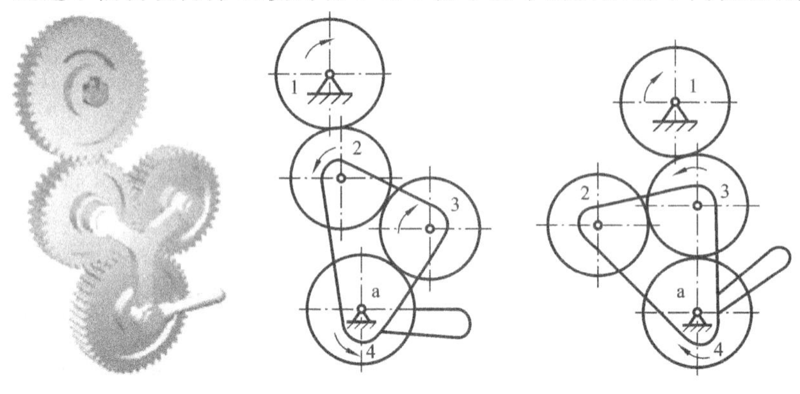

图 7-16 三星轮变向传动

的正反转。

5. 实现运动的合成

运动的合成是将两个输入运动合为一个输出运动。因差动轮系有两个自由度，可以把其中两个基本构件的独立输入运动合成为另一个基本构件的输出运动。如图 7-6(a)所示的差动轮系就常用来做运动的合成。在该轮系中，$z_1=z_3$，故

$$\frac{n_1-n_H}{n_3-n_H}=-\frac{z_3}{z_1}=-1$$

$$n_H=\frac{n_1+n_3}{2}$$

6. 实现运动的分解

运动的分解是将一个输入运动分为两个输出运动。同样可以用差动轮系实现。图 7-17 所示为装在汽车后桥上的差动轮系(常称为差速器)。发动机通过一系列传动装置驱动锥齿轮 5 转动。锥齿轮 4 上固联着转臂 H，转臂上装有行星轮 2。齿轮 5 和 4 组成定轴轮系；锥齿轮 1、2、3 及转臂 H 组成一差动轮系。中心轮 1、3 分别与两驱动后轮相连。

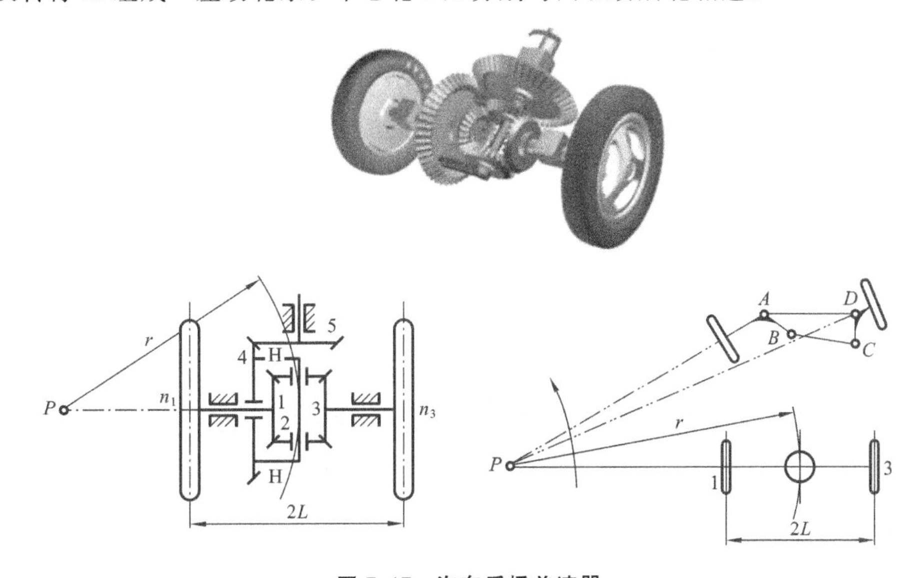

图 7-17　汽车后桥差速器

在差动轮系中，$z_1=z_3$、$n_H=n_4$，故有

$$\frac{n_1-n_4}{n_3-n_4}=-\frac{z_3}{z_1}=-1$$

$$n_1+n_3=2n_4$$

因该轮系有两个自由度，若仅由发动机输入一个运动 n_4 时，两后轮转速 n_1 和 n_3 无确定解。

假如车轮和地面不打滑，当汽车沿直线行驶时，其两后轮的转速应相等，即 $n_1=n_3=n_4$，此时，整个差动轮系的所有构件彼此之间没有相对运动，成为一个类似于刚性构件体，一同绕车轮轴线转动。当然由于两轮的直径、轮胎气压、车轮弹性以及汽车打滑等因素的影响，不可能绝对一致，故这种情况在汽车实际行驶中几乎不存在。当汽车拐弯时，由于两后轮走的路径不相等，则两后轮的转速应不等，即 $n_1\neq n_3$。在汽车后桥上采用差动轮系的目的，就是为了保持汽车以不同的状态行驶，两后轮能自动调整转速，并始终作纯滚动，避免轮胎和地面发生滑动，减少轮胎的磨损。

现假设汽车左转弯行驶，汽车的两前轮在转向机构（梯形机构 $ABCD$）的作用下，其轴线与汽车两后轮的轴线汇交于点 P，这时整个汽车可看作是绕点 P 回转。在不打滑的条件下，两后轮（轮距为 $2L$）的转速应与弯道半径 r 成正比，由图 7-17 可得

$$\frac{n_1}{n_3}=\frac{r-L}{r+L}$$

这是一个附加的约束条件，使两后轮有确定的运动，$n_1+n_3=2n_4$、$\frac{n_1}{n_3}=\frac{r-L}{r+L}$两式就可以获得两后轮的转速。

有时会看到后驱动轮陷在烂泥中的汽车，一轮不动，另一轮却在快速转动。假设 $n_1=0$，相当于齿轮 1 与机架固联，差动轮系退化为行星轮系，由 $n_1+n_3=2n_4$ 可得，$n_3=2n_4$，即轮 3 比转臂转速快一倍。

7. 实现大功率传动

行星轮系中，总功率由几个行星轮分担传递，可实现大功率传动。例如飞机和直升机的减速装置中，为了能用体积小的装置传递大功率，广泛使用了行星轮系。另外在一些动力机械和船舶的传动装置中也多使用行星轮系。

7.5　几种特殊的行星传动简介

工程中得到广泛应用的特殊的行星传动还有渐开线少齿差行星齿轮传动、摆线针轮行星传动和谐波齿轮传动。

7.5.1　渐开线少齿差行星传动

渐开线少齿差行星传动是一种特殊的行星轮系，其基本原理如图 7-18 所示，由固定的渐开线内齿轮 1、行星轮 2、转臂 H 及输出机构 V 组成。因齿轮 1 和 2 采用渐开线齿廓，且两者齿数相差很少，一般为 $z_1-z_2=1\sim4$，故称为渐开线少齿差行星传动，因中心轮 1 用 K 表示，转臂用 H 表示，输出机构用 V 表示，所以该行星传动属于 K-H-V 型。

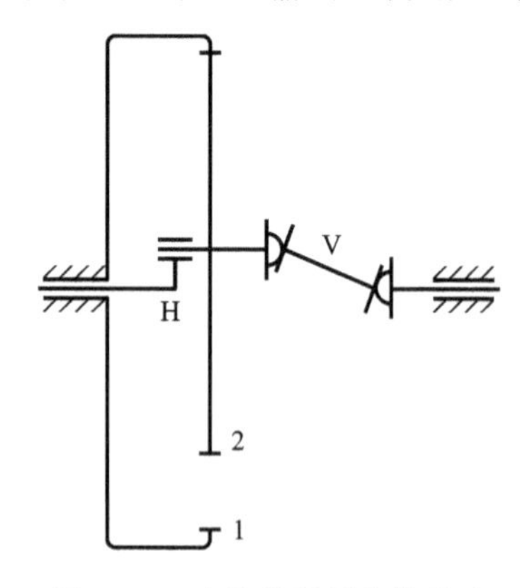

图 7-18　少齿差行星齿轮传动

在这种少齿差行星轮系中，以转臂 H 为输入运动构件，行星轮 2 为输出运动构件。因行星轮作平面一般运动，为了输出行星轮的绝对速度，专门采用等角速度比的输出机构 V 将行星轮的绝对运动变为定轴转动，工程中常用双万向节作为输出机构，而在少齿差行星减速机中多采用孔销式结构。该轮系的传动比仍可用式(7-3)求得，即

$$i_{12}^{H}=\frac{\omega_1-\omega_H}{\omega_2-\omega_H}=\frac{z_2}{z_1}$$

经整理得

$$i_{H2}=\frac{\omega_H}{\omega_2}=-\frac{z_2}{z_1-z_2}=-\frac{z_2}{\Delta z}$$

上式表明，该轮系可以获得较大的传动比。齿数差 $\Delta z=z_1-z_2$ 越小，行星轮 z_2 越大，传动比就越大。当 $\Delta z=z_1-z_2=1$ 时，也即内齿轮和行星轮只差一个齿时，$i_{H2}=-z_2$，此时轮系的传动比最大，称为渐开线一齿差行星传动。

渐开线少齿差行星传动的特点是：传动比大、结构简单、体积小、重量轻、效率高；但因同时

啮合的齿数有限,故承载能力有限,此外,齿数相差很少的内啮合轮齿易出现干涉,设计加工时需要用变位等特殊方法。

7.5.2　摆线针轮行星传动

另一种 K-H-V 型轮系是摆线针轮行星传动轮系,其传动原理与渐开线少齿差行星传动基本相同,只是其轮齿的齿廓不是渐开线而是摆线形的。

如图 7-19 所示,与少齿差行星轮传动相比,摆线针轮行星传动中,固定的内齿轮(中心轮 1)是用带套筒(针齿套)的圆柱销(针齿销)构成的轮齿,故称为针齿轮;行星轮(摆线齿轮 2)的齿廓曲线是变形外摆线的等距曲线;转臂 H 为具有偏心量 e 的偏心轴,作为运动输入构件;其输出机构 V 大多采用销轴式输出机构。摆线齿轮的外摆线齿廓与固定针齿轮的圆弧是一对共轭齿廓,构成了实现瞬时传动比为定值的内啮合传动。设针齿轮的齿数为 z_1,摆线齿轮的齿数为 z_2,其传动比为

$$i_{\mathrm{H2}}=\frac{\omega_{\mathrm{H}}}{\omega_2}=-\frac{z_2}{z_1-z_2}$$

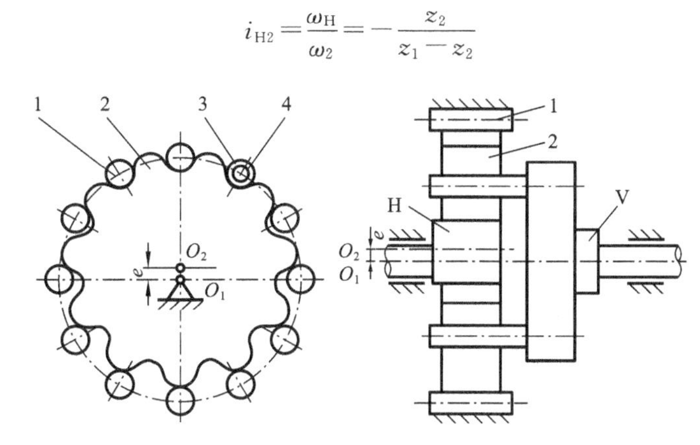

图 7-19　摆线针轮行星传动

1—中心轮;2—摆线齿轮;3—针齿套;4—针齿销

摆线针轮行星传动除具有大传动比、体积小、重量轻、效率高等优点,还由于同时接触的齿数较多,所以传动平稳、承载能力高、轮齿磨损小、使用寿命长。它的缺点是加工工艺较复杂。

7.5.3　谐波齿轮传动

谐波齿轮传动也是利用行星轮系传动原理,在少齿差行星轮系基础上发展起来的一种新型齿轮传动。它是依靠构件的弹性变形实现机械传动的减速装置。

谐波齿轮传动简图如图 7-20 所示。它由三个基本构件所组成,即具有内齿的刚轮 1,具有外齿的柔轮 2 和波发生器 H。这三个构件和前述的少齿差行星传动中的内齿轮 2、行星轮 1 和转臂 H 相当。通常刚轮 1 固定,波发生器 H 为输入构件,柔轮 2 为输出构件。柔轮为一个弹性的薄壁件齿轮,当波发生器 H 装入柔轮内孔时,由于它的长度略大于柔轮内孔直径,迫使柔轮产生弹性变形而呈椭圆形。柔轮和刚轮在椭圆长轴两端形成两个局部啮合区,而短轴两端完全脱离,其余各处的轮齿处于啮入或啮出的过渡状态。

当波发生器 H 转动时,柔轮的变形部位也随之转动,使柔轮的齿与刚轮的齿依次进入啮合再退出啮合,实现啮合传动。在传动过程中,随着波发生器的旋转,柔轮的变形部位也跟着旋转,其弹性变形波类似于谐波,故称为谐波齿轮传动。在波发生器旋转一周内,柔轮上一点

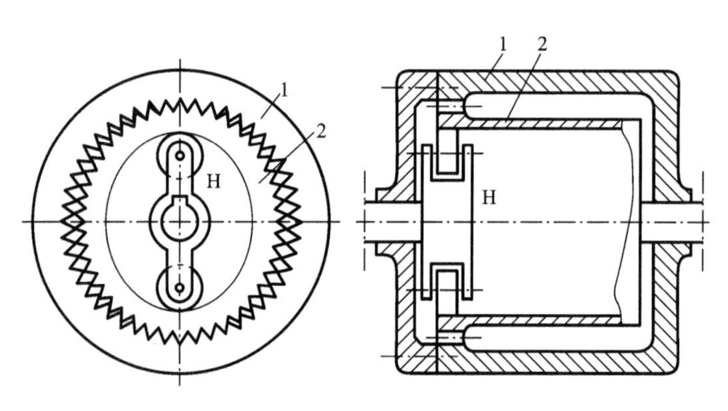

图 7-20　双波谐波齿轮传动

1—刚轮；2—柔轮；H—波发生器

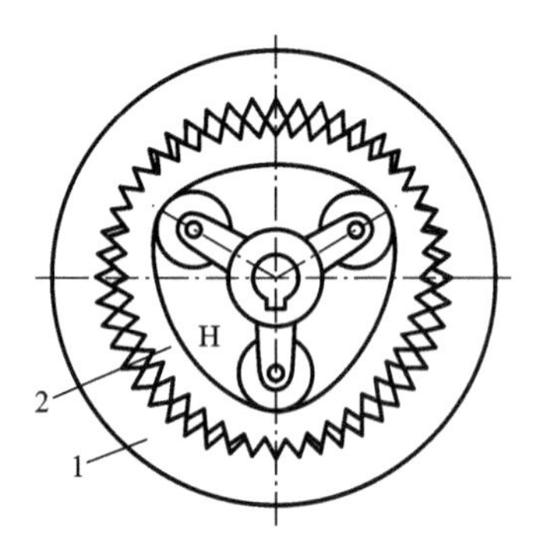

图 7-21　三波谐波齿轮传动

1—刚轮；2—柔轮；H—波发生器

的变形循环次数等于波发生器上的滚轮数 n。n 称为波数，常用的是双波（见图 7-20）和三波（见图 7-21）的两种。由于刚轮与柔轮的齿距必须相同，而刚轮的齿数 z_1 应大于柔轮的齿数 z_2，两者的齿数差（z_1-z_2）应等于波数 n 的整数倍，通常取为等于波数，即

$$z_1-z_2=n$$

当波发生器连续转动时，由于柔轮比刚轮少 z_1-z_2 个齿，当波发生器 H 顺时针转过一周时，柔轮便逆时针转过 z_1-z_2 个齿，即逆时针转过了$(z_1-z_2)/z_2$ 周，柔轮与波发生器转向相反，因此，波发生器与柔轮的传动比为

$$i_{\mathrm{H}2}=\frac{\omega_{\mathrm{H}}}{\omega_2}=-\frac{1}{\frac{z_1-z_2}{z_2}}=-\frac{z_2}{z_1-z_2}$$

谐波齿轮传动的特点是：传动比大；啮合的轮齿对数多、承载能力大；不需要专门的输出机构，结构紧凑、体积小、重量轻；传动平稳、噪声低等。由于其优点突出，故近几年来得到迅速发展，应用日趋广泛。

本 章 小 结

(1) 轮系分为定轴轮系和周转轮系。几何轴线位置都固定的轮系为定轴轮系。由中心轮、行星轮、转臂组成最基本的周转轮系；自由度为 1 的周转轮系称为行星轮系；自由度为 2 的周转轮系称为差动轮系。混合轮系是由定轴轮系和基本周转轮系或几个基本周转轮系组成的。

(2) 定轴轮系传动比的计算是所有轮系传动比计算的基础。传动比的计算包括传动比数值大小计算和方向判断两部分内容。把首轮看作输入轴，末轮看作输出轴，沿着运动传递线路，分清每对啮合传动的主动轮和从动轮，传动比数值大小就等于所有从动齿轮齿数的乘积与所有主动齿轮齿数的乘积之比。首末两轮方向的判别通用方法是用画箭头方法，平面定轴轮系还可以根据外啮合齿轮对数用$(-1)^m$ 法判断传动比为“+”或“−”号。

(3) 周转轮系传动比计算之前，首先应深入地判断该轮系的自由度是多少，是差动轮系还

是行星轮系。周转轮系传动比的计算不是直接在周转轮系中进行，而是在其转化机构中按照定轴轮系传动比计算方法寻求各轮之间角速度或转速的相互关系。但应用式(7-3)的前提条件是 G、K、H 三个构件的轴线共线或相互平行；将参数代入公式时，要把 ω_G、ω_K 和 ω_H 的数值和正负号同时代入；齿数比前的符号不能忽略，且符号的判断只能在转化轮系中分析而无法在原始周转轮系中分析。

(4) 混合轮系传动比计算虽显复杂，但只要能正确进行分解，也并不困难。若一个轮系是混合轮系，则其中必有周转轮系，所以混合轮系的分解关键是找到基本的周转轮系。寻找的基本思路是：先找行星轮，再找支撑行星轮的转臂，然后再找与行星轮相啮合的中心轮，它们共同构成基本的周转轮系。将基本周转轮系分解之后，剩下的部分就是定轴轮系了。

(5) 轮系可以实现远距离传动、大传动比传动、运动的合成与分解、运动的变速与转向等功能。

(6) 三种特殊的行星传动，即渐开线少齿差行星传动、摆线针轮行星传动和谐波齿轮传动的基本原理和组成结构形式都是类似的。由于固定的内齿轮与行星轮的齿数差很少，所以可以实现很大的传动比，其传动比计算公式都完全一致，$i_{H2}=\omega_H/\omega_2=-z_2/(z_1-z_2)$。

思考与练习题

7-1　定轴轮系传动比计算公式(7-2)中的正、负号是否对任何类型的定轴轮系都适用？

7-2　什么是惰轮？在轮系中起什么作用？

7-3　周转轮系传动比 i_{GK} 与其转化轮系传动比 i_{GK}^{H} 的本质区别是什么？

7-4　周转轮系传动比计算公式(7-3)中各参数的正、负号与公式中 A 的正负号有必然联系吗？

7-5　正确分解混合轮系有哪些步骤？

7-6　为什么不能依照分析周转轮系的方法，通过给整个混合轮系加上一个与转臂角速度 ω_H 大小相等而方向相反的角速度 $-\omega_H$ 的方法来计算其传动比？

7-7　图 7-22 所示为手摇卷扬机的提升装置。已知各轮的齿轮 $z_1=20$，$z_2=50$，$z_{2'}=15$，$z_3=30$，$z_{3'}=1$，$z_4=40$，$z_{4'}=20$，$z_5=45$。求传动比 i_{15}，并指出当提升重物时手柄的转动方向。

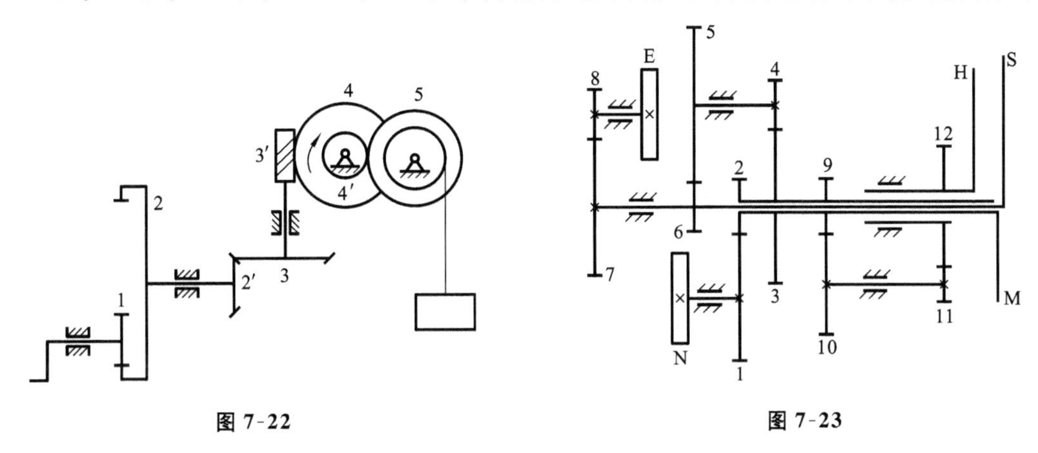

图 7-22　　　　图 7-23

7-8　在图 7-23 所示的钟表传动示意图中，E 为擒纵轮，N 为发条(盘簧)，S、M 及 H 分别为秒针、分针和时针。设 $z_1=72$，$z_2=12$，$z_3=64$，$z_4=z_6=z_9=8$，$z_5=z_7=60$，$z_8=z_{11}=6$，z_{10}

$=z_{12}=24$,求秒针与分针的传动比 i_{SM} 及分针与时针的传动比 i_{Mh}。

7-9　图 7-24 所示为滚齿机工作台,动力由 I 轴输入。已知 $z_1=15, z_2=28, z_3=15, z_4=35, z_8=1$（蜗杆,右旋）,$z_9=40$,A 为单头滚刀。若固定在由蜗轮 9 带动的工作台上的被切齿轮 B 为 60 齿,要求滚刀 A 转一周,齿坯 B 转过一个齿。求传动比 i_{15} 应取多少?

7-10　图 7-25 所示的轮系中,各轮齿数 $z_1=60, z_2=20, z_{2'}=25, z_3=65$,且 $n_1=120$ r/min, $n_3=-0.5n_1$。求 n_H 的大小及转向。

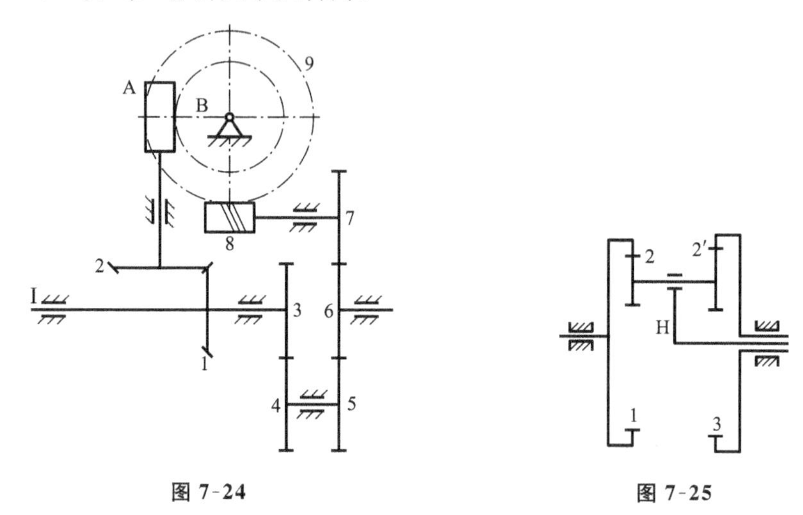

图 7-24　　图 7-25

7-11　图 7-26 所示差动轮系中,已知各轮的齿数 $z_1=30, z_2=25, z_{2'}=20, z_3=75$,且 $n_1=200$ r/min(箭头向上),$n_3=50$ r/min(箭头向下),求 n_H 的大小及转向。

7-12　在图 7-27 所示行星减速装置中,已知 $z_1=z_2=17, z_3=51$。当手柄转过 90°时,转盘 H 转过多少度?

7-13　在图 7-28 所示轮系中,已知 $z_1=50, z_{1'}=30, z_2=40, z_{2'}=50, z_3=30, z_{3'}=20, z_4=60$,求此轮系的传动比 i_{1H}。

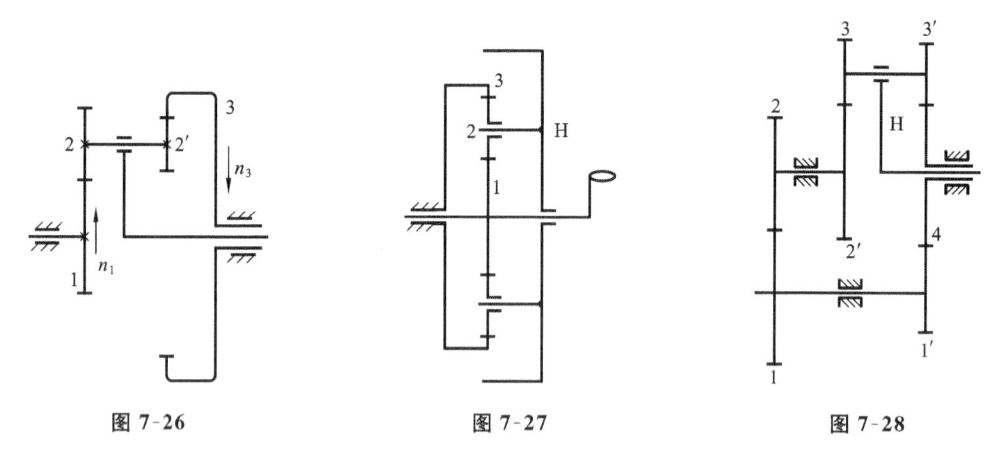

图 7-26　　图 7-27　　图 7-28

7-14　在图 7-29 所示的轮系中,A、B 为输入轴,构件 H 为输出轴。且 $n_A=100$ r/min, $n_B=900$ r/min,转向如图所示。已知各轮齿数 $z_1=90, z_2=60, z_{2'}=30, z_3=30, z_{3'}=24, z_4=18, z_5=60, z_{5'}=36, z_6=32$。试求输出轴 H 的转速 n_H 的大小和方向。

7-15　在图 7-30 所示的轮系中,已知各轮齿数为 $z_1=z_{1'}=40, z_2=z_4=30, z_3=z_5=100$,求传动比 i_{1H}。

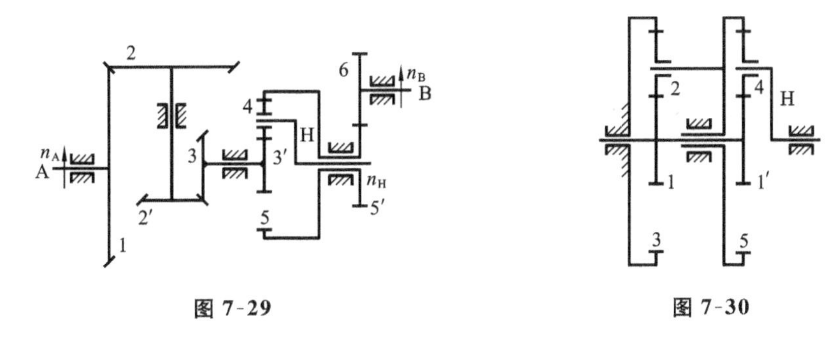

图 7-29　　　　图 7-30

7-16　图 7-31 所示为电动三爪卡盘传动轮系。已知各轮齿数为 $z_1=6$，$z_2=z_{2'}=25$，$z_3=57$，$z_4=56$。试求传动比 i_{13}。

7-17　图 7-32 所示的传动装置由两台不同转速电动机拖动，$n_{\mathrm{I}}=1440$ r/min，$n_{\mathrm{II}}=980$ r/min，$z_1=z_{2'}=z_5=z_7=21$，$z_2=z_3=35$，$z_4=126$，$z_6=42$，问：

(1) 制动器 Q_{I}、Q_{II} 不工作，两台电动机同时拖动时，输出轴转速 n_B 为多少？

(2) 当用制动器 Q_{I} 刹住电动机 Ⅰ 时，输出轴转速 n_B 为多少？

(3) 当用制动器 Q_{II} 刹住电动机 Ⅱ 时，输出轴转速 n_B 为多少？

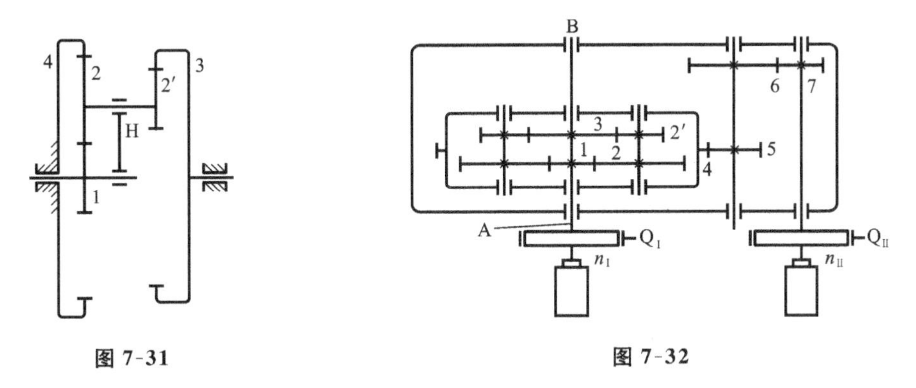

图 7-31　　　　图 7-32

第8章　间歇运动机构及组合机构简介

周期性时动时停的断续运动称为间歇运动；把连续运动（通常为连续转动）变换为间歇运动的机构称为间歇运动机构；机械系统中常用以满足送进、制动、转位、分度、超越等工作要求。常用的间歇运动机构有棘轮机构、槽轮机构、不完全齿轮机构等。

8.1　棘 轮 机 构

8.1.1　棘轮机构的工作原理

如图8-1所示为机械中常用的外啮合式齿式棘轮机构，它由主动摆杆、棘爪、棘轮、止回棘爪和机架组成。主动摆杆空套在与棘轮固连的从动轴上，并与驱动棘爪用转动副相连。当主动摆杆顺时针摆动时，驱动棘爪便插入棘轮的齿槽中，使棘轮跟着转过一定角度，此时，止回棘爪在棘轮的齿背上滑动。当主动摆杆逆时针方向转动时，止回棘爪阻止棘轮发生逆时针转动，而驱动棘爪却能够在棘轮齿背上滑过，所以，这时棘轮静止不动。因此，当主动摆杆作连续的往复摆动时，棘轮作单向的间歇运动。

图8-1　齿式棘轮机构

1—主动摆杆；2—棘爪；3—棘轮；4—止回棘爪

图8-2　摩擦式棘轮机构

8.1.2　棘轮机构的分类及其工作特点

1. 按结构形式分

棘轮机构按结构形式可分为齿式棘轮机构和摩擦式棘轮机构。

齿式棘轮机构（见图8-1）结构简单，制造方便，运动可靠，容易实现小角度的间歇运动，转角调节方便。该机构的缺点是：动程只能作有级调节；棘轮开始和终止运动的瞬间有刚性冲击，运动平稳性差；主动摇杆回程时棘爪在棘轮齿上滑行会引起噪声和磨损。故齿式棘轮机构不宜用于高速转动。

摩擦式棘轮机构（见图8-2）是用偏心扇形楔块代替齿式棘轮机构中的棘爪，以无齿摩擦代替棘轮而得到的棘轮机构。其特点是：传动平稳，无噪声；动程可无级调节。但由于它是借助摩擦力来传递传动的，难免会出现打滑现象，虽然可起到安全保护作用，但是传动精度不高，传递的扭矩也受到摩擦力的限制。摩擦式棘轮机构适用于低速轻载的场合，经常作为超越离合器，在各种机械中实现进给和传递运动。

2. 按啮合方式分

棘轮机构按啮合方式可分为外啮合式棘轮机构与内啮合式棘轮机构。

外啮合式棘轮机构(见图 8-1)的棘爪或楔块均安装在棘轮的外部，而内啮合棘轮机构(见图 8-3)的棘爪或楔块均在棘轮内部。外啮合式棘轮机构由于加工、安装和维修方便，应用较广。内啮合式棘轮机构的特点是结构紧凑，外形尺寸小。

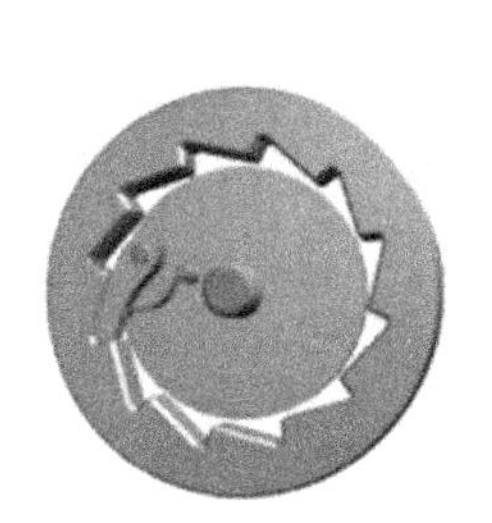

图 8-3　内啮合齿式棘轮机构

图 8-4　双动式棘轮机构

3. 按从动件运动形式分

按从动件运动形式可分为单动式棘轮机构和双动式棘轮机构。

在单动式棘轮机构(见图 8-1、图 8-3)中，当主动件按某一个方向摆动时，才能推动棘轮转动。在双动式棘轮机构(见图 8-4)中，主动摇杆在向两个方向往复摆动的过程中，分别带动两个棘爪，两次推动棘轮转动。双动式棘轮机构常用于载荷较大，棘轮尺寸受限，齿数较少，而主动摆杆的摆角小于棘轮齿距的场合。

4. 按棘轮运动的方向分

棘轮机构按棘轮运动的方向分可分为单向式棘轮机构和双向式棘轮机构。

以上介绍的棘轮机构，都只能按一个方向作单向间歇运动。双向式棘轮机构可通过改变棘爪的摆动方向，实现棘轮两个方向的转动。图 8-5 所示为两种双向式棘轮机构的形式，双向式棘轮机构必须采用对称齿形。

(a)　　(b)

图 8-5　双向式棘轮机构

(a) 翻转变向棘轮机构；(b) 回转变向棘轮机构

8.1.3　棘轮机构的应用

棘轮机构的主要用途有间歇送进、制动和超越等，以下是应用实例。

1. 间歇送进

图 8-6 所示为牛头刨床，图 8-6(a)为工作台的执行机构，为了切削工件，刨刀需作连续往复直线运动，工作台作间歇移动。当曲柄 1 转动时，经连杆 2 带动摇杆 5 作往复摆动；摇杆 5 上装有双向棘轮机构的棘爪 3、棘轮 4 与丝杆 6 固连，棘爪带动棘轮作单方向间歇转动，从而使螺母(即工作台)作间歇进给运动。若改变驱动棘爪的摆角，可以调节进给量；改变驱动棘爪的方位(绕自身轴线转过 180°后固定)，可改变进给运动的方向。

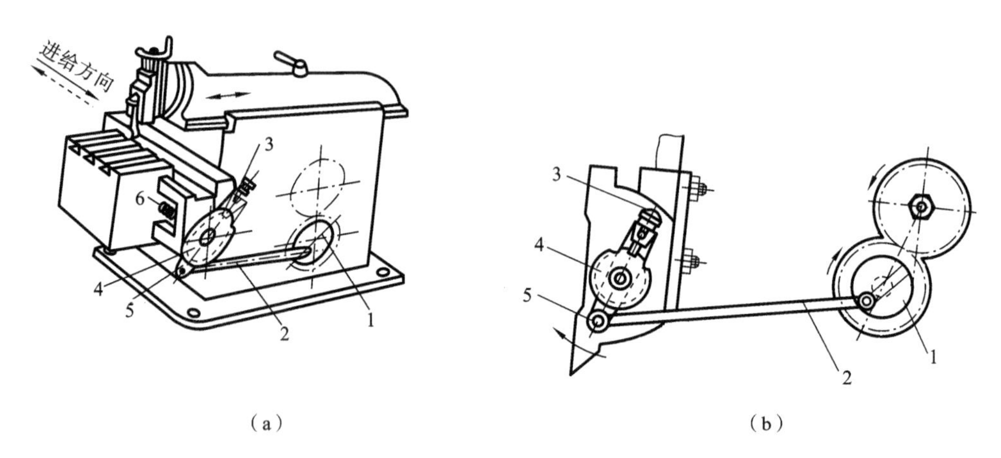

图 8-6　牛头刨床工作台的横向进给机构

1—曲柄；2—连杆；3—棘爪；4—棘轮；5—摇杆；6—丝杆

2. 制动

图 8-7 所示为杠杆控制的带式制动器，制动轮 3 与棘轮 1 固连，棘爪 2 铰接于制动轮 3 上 A 点，制动轮上围绕着由杠杆 4 控制的钢带 5。制动轮 4 逆时针自由转动时，棘爪 2 在棘轮 1 齿背上滑动，若棘轮 1 顺时针转动，则制动轮 3 被制动。

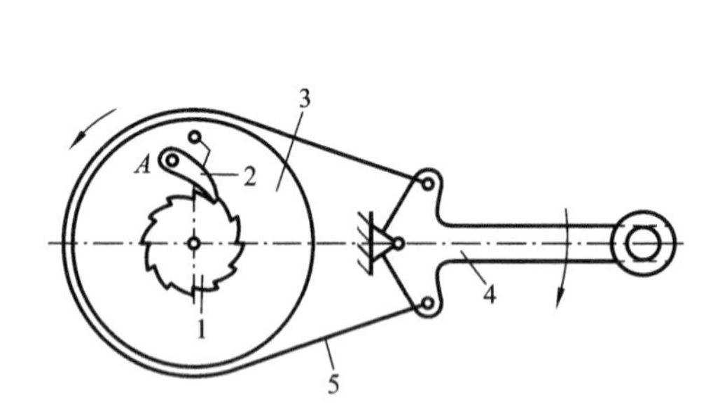

图 8-7　带式控制器的棘轮机构

1—棘轮；2—棘爪；3—制动轮；4—杠杆；5—钢带

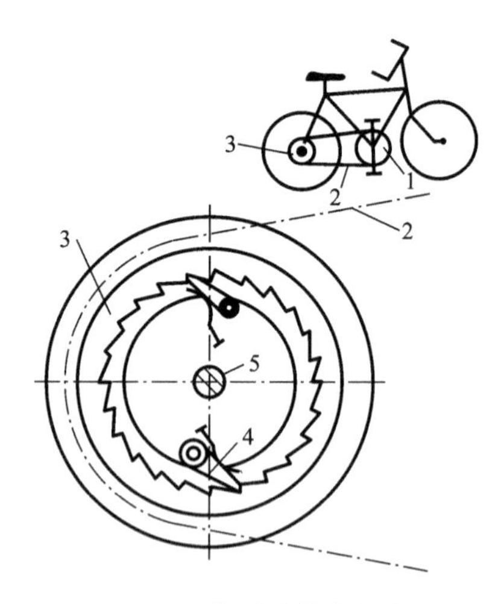

图 8-8　超越式棘轮机构

1—大链轮；2—链条；3—小链轮；4—棘爪；5—后轮轴

3. 超越

图 8-8 所示为自行车后轴轮上的棘轮机构。当脚蹬踏板时，经大链轮 1 和链条 2 带动内圈具有棘齿的小链轮 3 顺时针转动，再经过棘爪 4 的作用，使后轮轴 5 顺时针转动，从而驱动

自行车前行。自行车前行时，如果踏板不动，后轮轴 5 便会超越链轮 3 而转动，让棘爪 4 在棘轮齿背上滑过，从而实现不蹬踏板的自由滑行。

8.2　槽轮机构

8.2.1　槽轮机构的工作原理

常用的槽轮机构如图 8-9 所示，它由具有圆柱销的主动拨盘 1、具有直槽的从动槽轮 2 及机架组成。主动拨盘作顺时针等速连续转动。当圆柱销未进入径向槽时，槽轮因其内凹的锁止弧被拨盘外凸的锁止弧锁住而静止；当圆柱销开始进入径向槽时，两锁止弧脱开，槽轮在圆柱销的驱动下逆时针转动；当圆柱销开始脱离径向槽时，槽轮因另一锁止弧又被锁住而静止，从而实现从动槽轮的单向间歇转动。

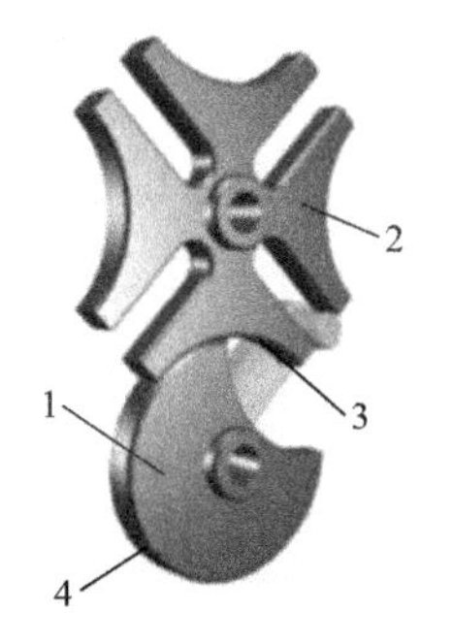

图 8-9　外啮合槽轮机构

1—主动拨盘；2—从动槽轮；
3—内凹的槽轮锁止弧；4—外凸的销轮锁止弧

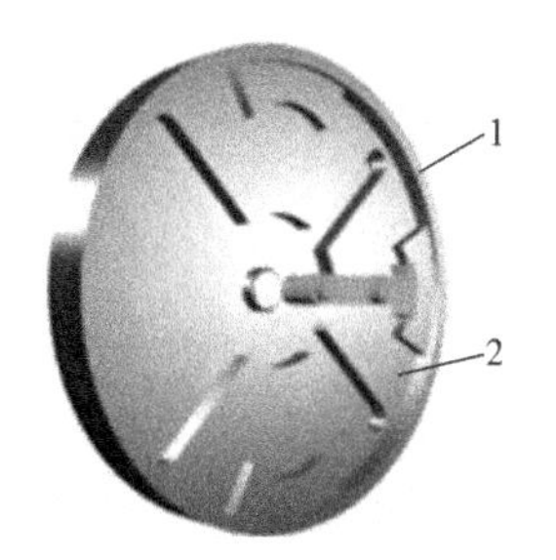

图 8-10　内啮合槽轮机构

1—主动拨盘；2—从动槽轮

8.2.2　槽轮机构的类型及特点

常见的槽轮机构有外啮合和内啮合两种形式。外啮合槽轮机构如图 8-9 所示，主动拨盘与从动槽轮转向相反；内啮合槽轮机构如图 8-10 所示，主动拨盘与从动槽轮转向相同。

槽轮机构结构简单、制造容易、工作可靠、机械效率较高。但槽轮在进入和退出时存在有限值的加速度突变，即存在柔性冲击。槽轮在转动过程中，其角速度和角加速度有较大的变化。槽轮的槽数 z 越少，变化就越大。所以槽数不宜选得过少，一般取 $z=4\sim8$。

槽轮每次转过的转角是不可调的。槽数受结构限制又不能过多，所以在转角太小的场合下，不适用槽轮机构。

8.2.3　槽轮机构的应用

槽轮机构一般应用于转速较低、转角较大且不需要调节的场合。

图 8-11 所示为电影放映机中的槽轮机构。人眼视觉暂留的特点，要求胶片作间歇移动。槽轮 2 上有四个径向槽，拨盘 1 每转 1 圈，圆销 A 将拨动槽轮转过 1/4 圈，影片移过一幅画面并作一定时间的停留。

图 8-12 所示为六角车床的刀架转位机构。刀架(与槽轮 2 固连)的六个孔中装有六把刀具(图中未画出)，槽轮 2 上有六个径向槽。拨盘 1 转动 1 圈，圆销 A 将拨动槽轮转过 1/6 圈，

刀架也随着转过 60°,从而将下一工序的刀具转换到工作位置。

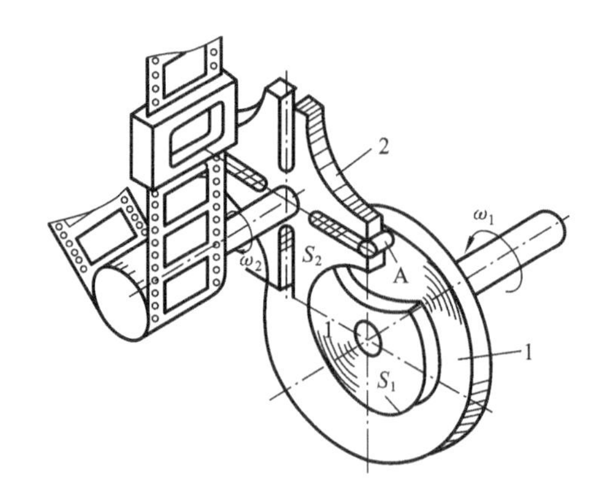

图 8-11　电影放映卷片机构

1—拨盘;2—槽轮

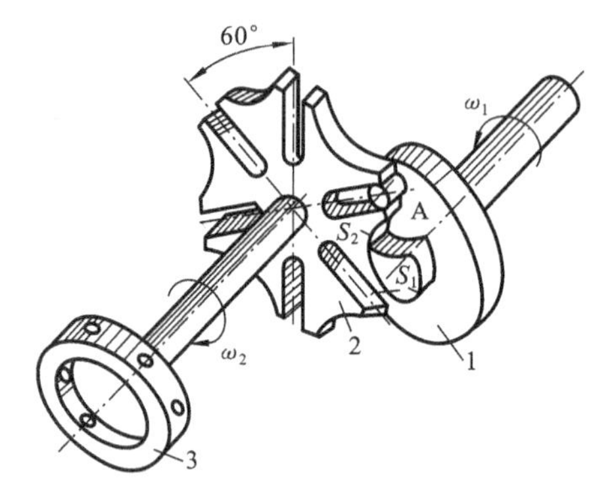

图 8-12　六角车床的刀架转位机构

1—拨盘;2—槽轮;3—刀架

8.3　不完全齿轮机构

8.3.1　不完全齿轮机构的工作原理

不完全齿轮机构是从一般的渐开线齿轮机构演变而来的,与一般的齿轮机构相比,最大区别在于齿轮的轮齿未布满整个圆周。主动轮上有一个或几个轮齿,其余部分为外凸锁止弧,从动轮上有与主动轮轮齿相应的齿槽和内凹锁止弧相间布置。不完全齿轮机构的主要形式有外啮合(见图 8-13)与内啮合(见图 8-14)两种形式。

图 8-13　外啮合不完全齿轮机构

图 8-14　内啮合不完全齿轮机构

8.3.2　不完全齿轮机构的工作特点

不完全齿轮机构的优点是设计灵活,从动轮的运动角范围大,很容易实现一个周期中的多次动、停时间不等的间歇运动。其缺点是:加工复杂;在进入和退出啮合时速度有突变,易引起刚性冲击,不宜用于高速传动;主、从动轮不能互换。

8.3.3　不完全齿轮机构的应用

不完全齿轮机构常用于低速轻载场合,如多工位、多工序的自动或半自动机械生产线上,或者某些工作台的间歇转位和进给运动等场合。

图 8-15 所示为蜂窝煤压制机工作台五工位的间歇转位机构示意图。该机构要完成煤粉的装填、压制、退煤等五个动作，因此每转 1/5 周需要停歇一次。齿轮 3 是不完全齿轮，当它作连续转动时，通过中间齿轮 6 使工作台 7(其外周是一个大齿圈)获得预期的间歇运动。此外，为了使工作比较平稳，在不完全齿轮 3 和中间齿轮 6 上添加了一对启动用的附加板 4 和 5，还添加了凸形和凹形的圆弧板，以起到锁止弧的作用。

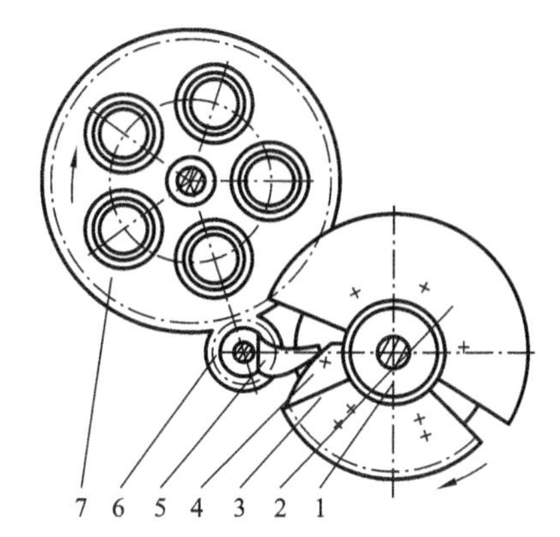

图 8-15　蜂窝煤压制机工作台转位机构示意图

1—主轴；2—凸形锁止板；3—不完全齿轮；4，5—瞬心线附加板；6—中间齿轮；7—工作台

8.4　组合机构简介

现代机械工程对机械运动形式、运动规律和动力性能等要求的多样性和复杂性，以及各种基本机构性能的局限性，使得仅采用基本的机构往往不能很好地满足设计要求。因而常把几个基本机构组合起来应用，这就构成了组合机构。利用组合机构不仅能满足多种设计要求，而且能综合发挥各种基本机构的特点，所以其应用越来越广泛。

本节所介绍的组合机构并不是由几个基本机构串联而成的，而往往是一种封闭式的传动机构。所谓封闭式传动机构，是指利用一个机构去约束或封闭另一个多自由度机构，使其不仅具有确定的运动，而且可使其从动件具有更为多样化的运动形式和运动规律。

组合机构可以是各种基本机构的组合，下面分别做一简要介绍。

1. 连杆-连杆机构

图 8-16 所示为手动冲床中的六杆机构，它可以看成是由两个四杆机构组成的。第一个是由原动件(手柄)1、连杆 2、从动摇杆 3 和机架 4 组成的双摇杆机构；第二个是由摇杆 3、小连杆 5、冲杆 6 和机架 4 组成的摇杆滑块机构。前一个四杆机构的输出件被作为第二个四杆机构的

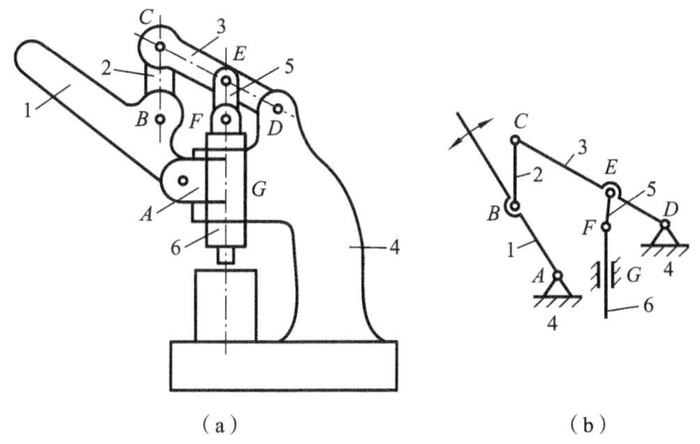

图 8-16　手动冲床中的连杆-连杆机构

1—手柄；2—连杆；3—摇杆；4—机架；5—小连杆；6—冲杆

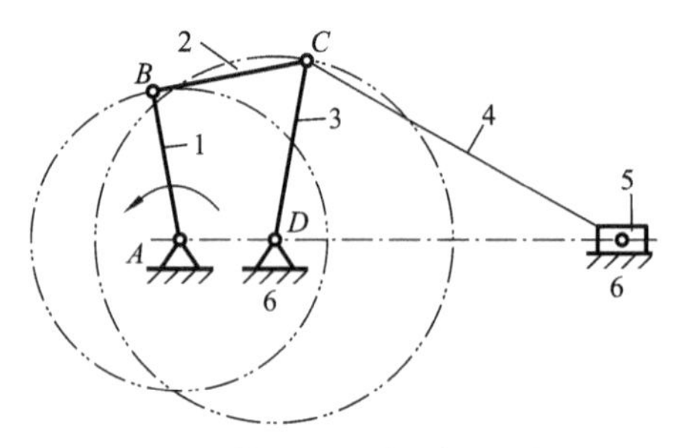

图 8-17　筛料机构的连杆-连杆机构

1—曲柄；2，4—连杆；3—曲柄；5—滑块；6—机架

输入件。扳动手柄 1，冲杆就上下运动。采用六杆机构，使扳动手柄的力获得两次放大，从而增大了冲杆的作用力。这种增力作用在连杆机构中经常用到。

图 8-17 所示为筛料机主机构的运动简图。这个六杆机构也可看成由两个四杆机构组成。第一个是由原动曲柄 1、连杆 2、从动曲柄 3 和机架 6 组成的双曲柄机构；第二个是由曲柄 3（原动件）、连杆 4、滑块 5（筛子）和机架 6 组成的曲柄滑块机构。

2. 凸轮-凸轮机构

图 8-18 所示为双凸轮机构，由两个凸轮机构协调配合控制十字滑块 3 上的点 M，以准确地描绘出预定的轨迹（虚线所示）。

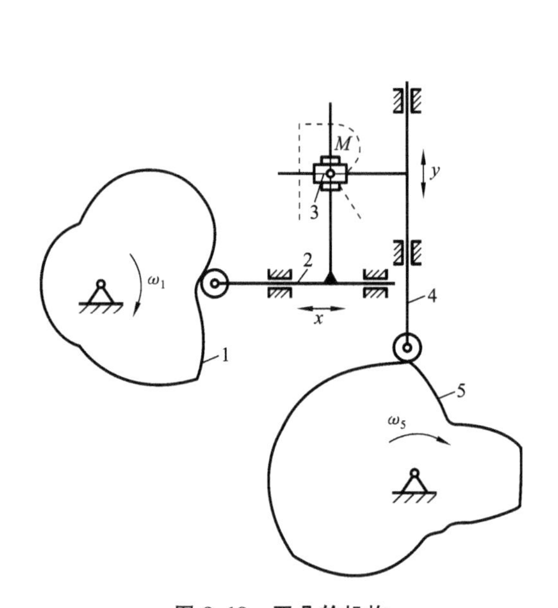

图 8-18　双凸轮机构

1，5—凸轮；2，4—移动从动件；3—十字滑块

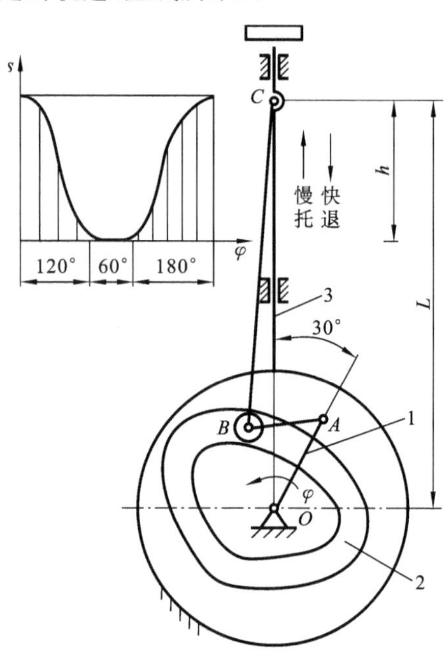

图 8-19　巧克力包装机托包用的连杆-凸轮机构

1—曲柄；2—凸轮；3—托杆

3. 连杆-凸轮机构

连杆-凸轮机构的形式很多，这种组合机构通常用于实现从动件预定的运动轨迹和规律。

图 8-19 所示为巧克力包装机托包用的连杆-凸轮机构。主动曲柄 1 回转时，B 点强制在凸轮 2 的凹槽中运动，从而使托杆 3 实现图示运动规律，托包时慢进，不托包时快退，以提高生产效率。因此，只要把凸轮轮廓线设计得当，就可以使托杆达到上述要求。

4. 连杆-棘轮机构

图 8-20 所示为连杆机构与棘轮机构两个基本机构组合而成的组合机构。棘轮 5 的单向步进运动是由摇杆 3 的摆动通过棘爪 4 推动的，而摇杆的往复摆

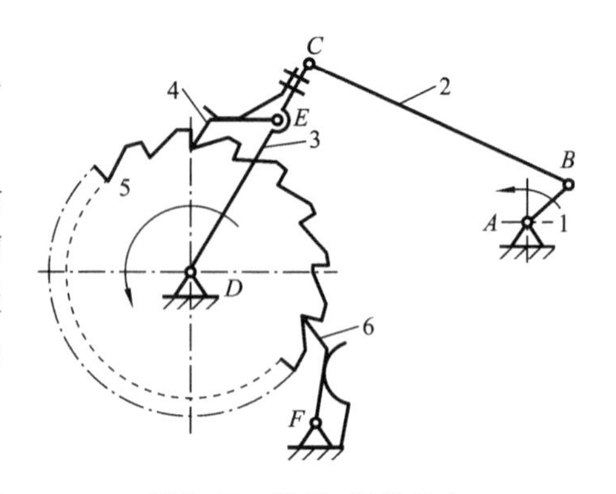

图 8-20　连杆-棘轮组合

1—曲柄；2—连杆；3—摇杆；

4—驱动棘爪；5—棘轮；6—止动棘爪

动又需要通过由曲柄1、连杆2、摇杆3和机架组成的曲柄摇杆机构来完成，从而将输入构件(曲柄1)的等角速度回转运动转换成输出构件(棘轮5)的步进转动。

本章小结

(1) 棘轮机构的工作原理是：由驱动棘爪插入棘轮的齿槽中，使棘轮转过一定角度，同时止回棘爪阻止棘轮的反转。棘轮机构的分类：啮合式和摩擦式；外啮合和内啮合；单动式和双动式；单向式和双向式。主要实现间歇送进、制动和超越等功能。

(2) 槽轮机构主要是靠主动拨盘拨动从动槽轮实现间歇运动的。但在进入和退出啮合时有冲击，并且随着从动槽数的减少冲击增大。槽轮机构一般应用于转速较低、转角较大且不需要调节的场合。

(3) 不完全齿轮机构结构简单，是从一般的渐开线齿轮机构演变而来的，主要实现间歇运动。但在转动开始和终了时可能产生冲击。

(4) 将连杆机构、凸轮机构、齿轮机构和间歇运动机构等基本机构进行组合，可以得到单个基本机构所不能具有的运动性能。组合机构类型很多。

思考与练习题

8-1　棘轮机构与槽轮机构均可实现从动轴的单向间歇转动，但在具体的使用选择上有什么不同？

8-2　在槽轮机构和棘轮机构中，如何保证从动件在停歇时间里不动？

8-3　棘轮每次转过的角度可以通过哪几种方法来调节？

8-4　棘轮机构中，止动爪的作用是什么？

8-5　槽轮机构中，为避免冲击，设计时应保证什么条件？

8-6　在间歇运动机构中，当需要从动件的行程可无级调节时，可采用哪些机构？

8-7　欲将一匀速旋转的运动转换成单向间歇的旋转运动，有哪些可采用的机构类型？其中哪类间歇回转角可调？

8-8　棘轮机构有几种类型，它们分别有什么特点，适用于什么场合？

8-9　内槽轮机构与外槽轮机构相比有何优点？

8-10　简述超越离合器的工作原理。

8-11　不完全齿轮机构与普通齿轮机构的啮合过程有何异同？

8-12　在高速、高精度机械中，通常采用哪些机构来实现间歇运动？

8-13　试述机构组合的方式及组合机构的特点。

8-14　棘轮机构、槽轮机构、不完全齿轮机构均能使执行构件获得间歇运动，试从其各自的工作特点、运动及力学性能分析它们的应用场合。

8-15　从你的生活及工作环境中，找出三种以上不同类型间歇运动机构的应用实例，拍摄或绘出其图形，并说明各个间歇运动机构在应用实例中的工作原理、运动特点及其作用。

8-16　分析一台简单的机器，分析它是由哪些机构组合而成的。

8-17　棘轮机构的运动设计主要包括哪些内容？

8-18　如何避免不完全齿轮机构在啮合开始和终止时产生冲击？从动轮停歇期间，如何防止其运动？

第 9 章　带传动及链传动

带传动及链传动都是通过挠性曳引元件，在两个或多个传动轮之间传递运动和动力的。

带传动中所用的挠性曳引元件为各种形式的传动带，按其工作原理分为摩擦型带传动和啮合型带传动。

链传动中所用的挠性曳引元件为各种形式的传动链。链传动通过链条的各个链节与链轮轮齿相互啮合实现传动。

9.1　带传动概述

9.1.1　带传动的组成

带传动由主动带轮 1、从动带轮 2 和挠性带 3 组成，借助带与带轮之间的摩擦或啮合，将主动轮 1 的运动传给从动轮 2，如图 9-1 所示。

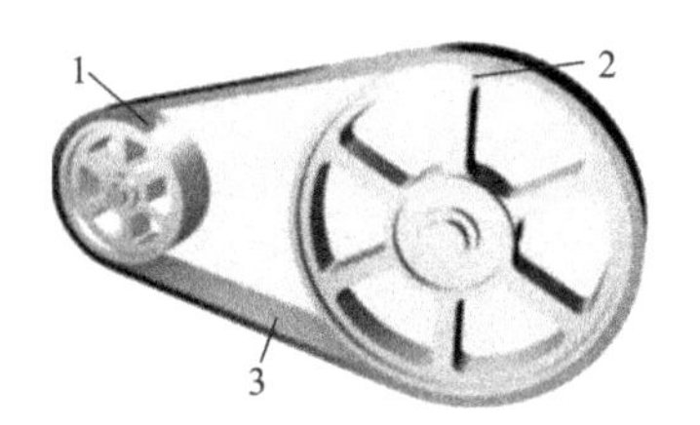

图 9-1　带传动示意图

1—主动带轮；2—从动带轮；3—挠性带

9.1.2　带传动的类型

带传动的种类很多，根据工作原理的不同，带传动可分为摩擦型和啮合型两大类。

1. 摩擦型带传动

摩擦型带传动利用带与带轮之间的摩擦力传递运动和动力。按带的横截面形状不同可分为：V 带传动（见图 9-2(a)）、平带传动（见图 9-2(b)）、多楔带传动（见图 9-2(c)）、圆带传动（见图 9-2(d)）等四种。

(1) V 带传动　V 带的横截面为等腰梯形，两侧面为工作面。在初拉力相同和传动尺寸相同的情况下，V 带传动所产生的摩擦力比平带传动大很多，而且允许的传动比较大，结构紧凑，故在一般机械中已取代平带传动。

V 带有普通 V 带、窄 V 带、宽 V 带、联组 V 带、齿形 V 带、大楔角 V 带、汽车 V 带、农机双面 V 带等 10 余种。一般机械常用普通 V 带。

(2) 平带传动　平带的横截面为扁平矩形。带内面与带轮接触，相互之间产生摩擦力，平带内表面为工作面。平带有普通平带、编织平带和高速环形平带等多种。常用普通平带。

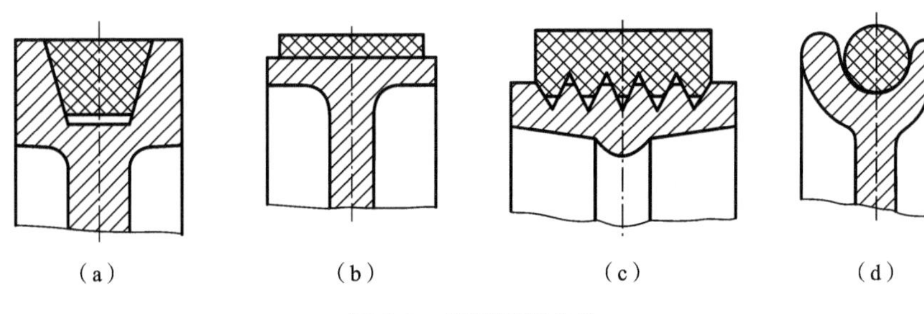

图 9-2　摩擦型带传动

(a) V 带传动;(b) 平带传动;(c) 多楔带传动;(d) 圆带传动

平带传动结构简单,带轮制造方便,平带质轻且挠曲性好,多用于高速和中心距较大的传动中。

(3) 多楔带传动　多楔带是在平带基体下接若干三角楔形带组成的。多楔带传动的工作面为楔的侧面,这种带兼有平带挠曲性好和 V 带摩擦力较大的优点。与普通 V 带相比,多楔带传动克服了 V 带传动各根带受力不均的缺点,传动平稳,效率高,故适用于传递功率较大且要求结构紧凑的场合,特别是要求 V 带根数较多或两传动轴垂直于地面的传动。

(4) 圆带传动　圆带的横截面呈圆形,传递的摩擦力较小。圆带传动仅用于低速轻载的机械,如用于缝纫机、真空吸尘器、磁带盘的机械传动和牙科机械中。

2. 啮合型带传动

(1) 同步带传动　同步带传动工作时,通过带上内侧凸齿与带轮齿槽的啮合来传递运动和动力。亦称同步齿形带传动(见图 9-3)。

(2) 齿孔带传动　齿孔带传动工作时,利用带上的孔与带轮上的齿啮合传递运动和动力(见图 9-4)。

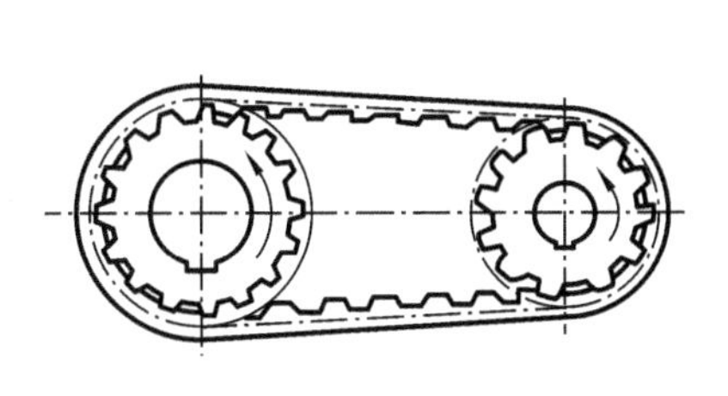

图 9-3　同步带传动

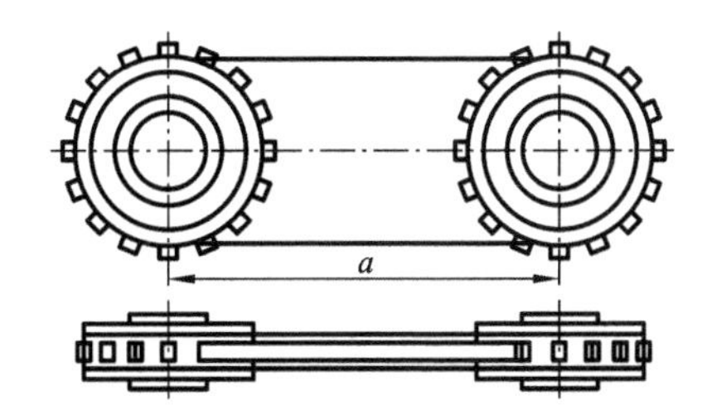

图 9-4　齿孔带传动

9.1.3　带传动的形式

常见的带传动形式有开口传动、交叉传动和半交叉传动等(见图 9-5)。

交叉传动用于两平行轴的反向传动;半交叉传动用于两轴空间交错的单向传动。平带可用于交叉传动和半交叉传动,V 带一般不宜用于交叉传动和半交叉传动。

9.1.4　普通 V 带的结构及标准

1. V 带的结构

普通 V 带的截面为等腰梯形,为无接头的环形带。带两侧工作面的夹角 φ 称为带的楔角,一般 $\varphi=40^{\circ}$。V 带由顶胶、抗拉体、底胶和包布等四部分组成,其结构如图 9-6 所示。顶胶和底胶材料为橡胶,包布材料为胶帆布。抗拉体是 V 带工作时的主要承载部分,其结构有绳

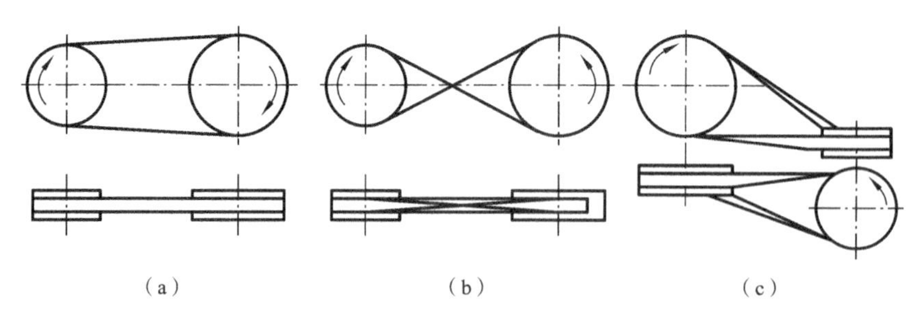

图 9-5　带的传动形式

(a) 开口传动;(b) 交叉传动;(c) 半交叉传动

芯结构和帘布芯结构两种。帘布芯结构的 V 带抗拉强度较高,制造方便;绳芯结构的 V 带柔韧性好,抗弯强度高,适用于转速较高、带轮直径较小的场合。目前,生产中越来越多地采用绳芯结构的 V 带。

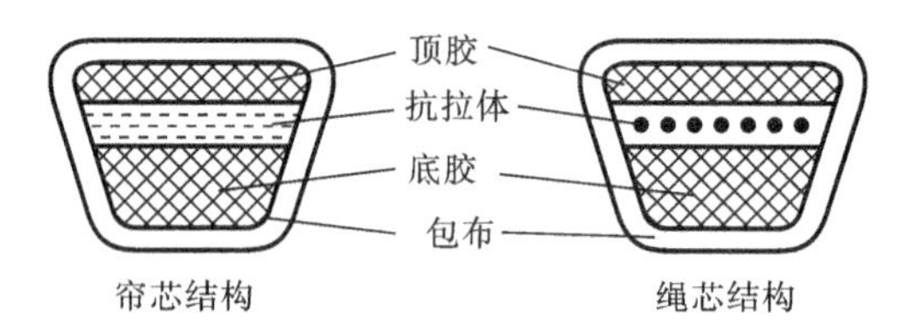

图 9-6　V 带结构

2. 普通 V 带尺寸标准

V 带的尺寸已标准化且均制成无接头的环形,按截面尺寸自小至大,普通 V 带分为 Y、Z、A、B、C、D、E 七种型号,见表 9-1。在同样条件下,截面尺寸越大则传递的功率就越大。

表 9-1　普通 V 带截面基本尺寸(摘自 GB/T 13575.1—2008)

型号	Y	Z	A	B	C	D	E
节宽 b_p/mm	5.3	8.5	11	14	19	27	32
顶宽 b/mm	6	10	13	17	22	32	38
高度 h/mm	4	6	8	11	14	19	23
楔角 φ	40°						
单位长度质量 q/(kg/m)	0.023	0.060	0.105	0.170	0.300	0.630	0.970

V 带绕在带轮上产生弯曲,外层受拉伸长,内面受压缩短,中间有一长度和宽度均不变的中性层,中性层宽度称为节宽 b_p,其长度称为 V 带的基准长度 L_d。普通 V 带基准长度系列 L_d 的标准系列值和每种型号带的长度范围见表 9-2。

在 V 带带轮上,V 带中性层所在圆的直径称为带轮的基准直径 d_d,普通 V 带轮的最小直径和直径系列见表 9-3。

表 9-2　普通 V 带基准长度系列 L_d 及带长修正系数 K_L（摘自 GB/T 13575.1—2008）

基准长度	K_L					基准长度	K_L					
L_d/mm	Y	Z	A	B	C	L_d/mm	Z	A	B	C	D	E
200	0.81					2000		1.03	0.98	0.88		
224	0.82					2240		1.06	1.00	0.91		
250	0.84					2500		1.09	1.03	0.93		
280	0.87					2800		1.11	1.05	0.95	0.83	
315	0.89					3150		1.13	1.07	0.97	0.86	
355	0.92					3550		1.17	1.09	0.99	0.89	
400	0.96	0.87				4000		1.19	1.13	1.02	0.91	
450	1.00	0.89				4500			1.15	1.04	0.93	0.90
500	1.02	0.91				5000			1.18	1.07	0.96	0.92
560		0.94				5600				1.09	0.98	0.95
630		0.96	0.81			6300				1.12	1.00	0.97
710		0.99	0.83			7100				1.15	1.03	1.00
800		1.00	0.85			8000				1.18	1.06	1.02
900		1.03	0.87	0.82		9000				1.21	1.08	1.05
1000		1.06	0.89	0.84		10000				1.23	1.11	1.07
1120		1.08	0.91	0.86		11200					1.14	1.10
1250		1.11	0.93	0.88		12500					1.17	1.12
1400		1.14	0.96	0.90		14000					1.20	1.15
1600		1.16	0.99	0.92	0.83	16000					1.22	1.18
1800		1.18	1.01	0.95	0.86							

注：表中列有长度系数 K_L 的范围，即为各型号 V 带基准可取值范围。

表 9-3　普通 V 带轮最小基准直径 d_{dmin} 及基准直径系列（摘自 GB/T 10412—2002）

带型	Y	Z	A	B	C	D	E
d_{dmin}	20	50	75	125	200	355	500
基准直径系列 d_d	20,22.4,25,28,31.5,35.5,40,45,50,56,63,71,75,80,85,90,95,100,106 112,118,125,132,140,150,160,170,180,200,212,224,236,250,265,280,300 315,335,355,375,400,425,450,475,500,530,560,600,630,670,710,750,800 900,1000,1060,1120,1250,1400,1500,1600,1800,1900,2000,2240,2500						

9.1.5　V 带轮的材料和结构

V 带轮设计的一般要求为：具有足够的强度和刚度，无过大的铸造内应力；结构制造工艺性好，质量小且分布均匀；各槽的尺寸都应保持适宜的精度和表面质量，以使载荷分布均匀和减少带的磨损；对转速高的带轮，要进行动平衡处理。

带轮常用材料为灰铸铁，如 HT150、HT200，适用于圆周速度 $v \leqslant 25$ m/s；转速较高时，采用铸钢或钢板冲压焊接结构；小功率时可用铸铝或塑料。

带轮常用结构有实心式（见图 9-7(a)）、腹板式（见图 9-7(b)）、孔板式（见图 9-7(c)）和轮辐式（见图 9-7(d)）。

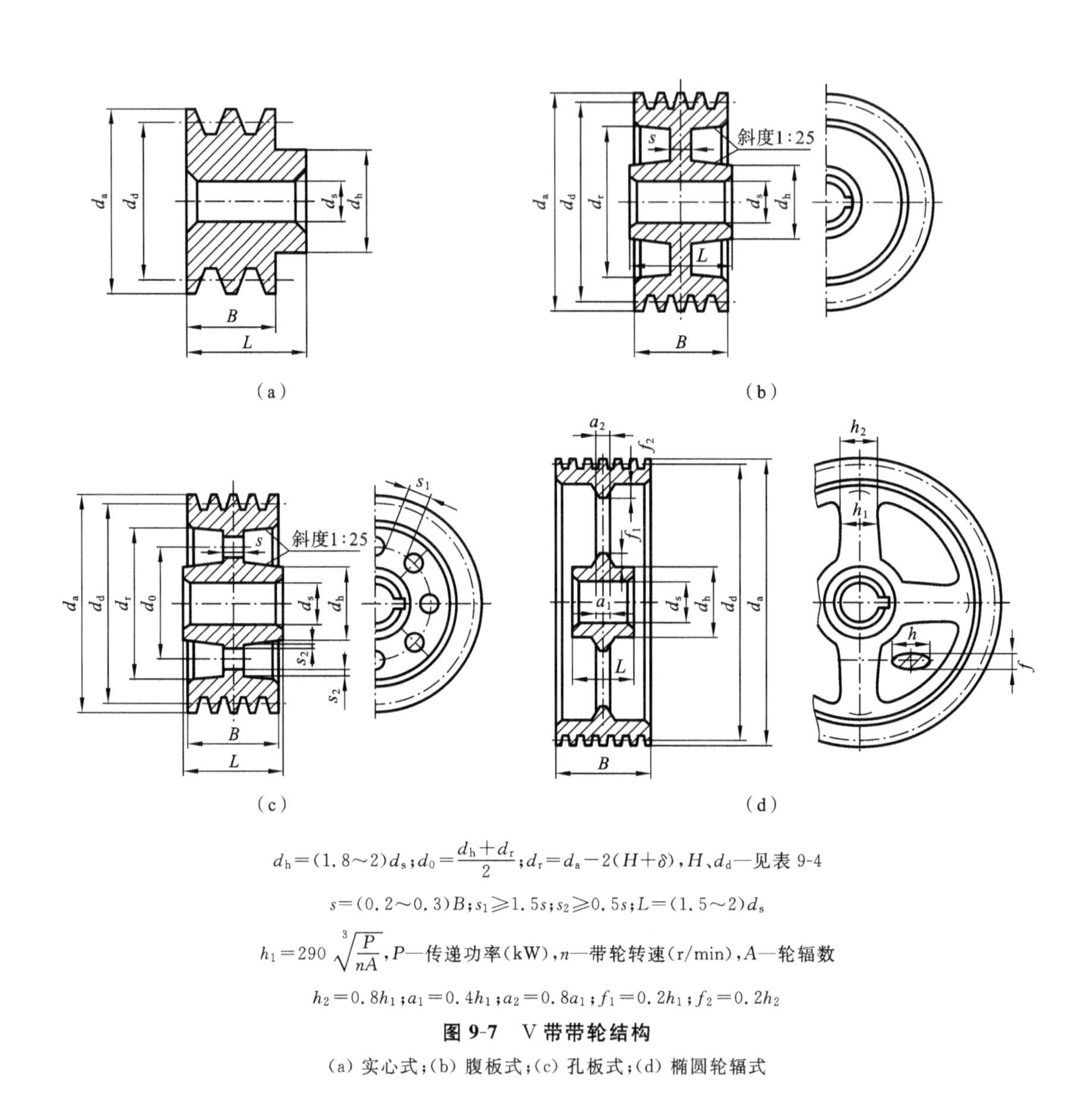

$d_h=(1.8\sim2)d_s$；$d_0=\dfrac{d_h+d_r}{2}$；$d_r=d_a-2(H+\delta)$，H、d_d—见表 9-4

$s=(0.2\sim0.3)B$；$s_1\geqslant1.5s$；$s_2\geqslant0.5s$；$L=(1.5\sim2)d_s$

$h_1=290\sqrt[3]{\dfrac{P}{nA}}$，$P$—传递功率(kW)，$n$—带轮转速(r/min)，$A$—轮辐数

$h_2=0.8h_1$；$a_1=0.4h_1$；$a_2=0.8a_1$；$f_1=0.2h_1$；$f_2=0.2h_2$

图 9-7　V 带带轮结构

(a) 实心式；(b) 腹板式；(c) 孔板式；(d) 椭圆轮辐式

带轮基准直径 $d_d\leqslant2.5d_s$（d_s 为轴孔直径，mm），可采用实心式；$d_d\leqslant300$ mm 时，可采用腹板式（$d_r-d_h\geqslant100$ 时，可采用孔板式）；$d>300$ mm 时，可采用轮辐式。图中列有经验公式可供设计时参考。

如前所述，V 带绕在带轮上时，发生弯曲变形，顶胶因拉伸而变窄，底胶因压缩而变宽，致使 V 带两侧面夹角（40°）变小，为保证带能够贴紧轮槽两侧，V 带轮槽角规定为 32°、34°、36°和 38°。

普通 V 带轮轮缘截面形状及其各部尺寸见表 9-4。

表 9-4　普通 V 带轮轮缘尺寸(GB/T 13575.1—2008)

槽型截面尺寸			型号						
			Y	Z	A	B	C	D	E
h_{fmin}			4.7	7.0	8.7	10.8	14.3	19.9	23.4
h_{amin}			1.6	2.0	2.75	3.5	4.8	8.1	9.6
e			8±0.3	12±0.3	15±0.3	19±0.4	25.5±0.5	37±0.6	44.5±0.7
$f_{\min}$			6	7	9	11.5	16	23	28
b_{d}			5.3	8.5	11	14	19	27	32
d_{d}			5	5.5	6	7.5	10	12	15
B			$B=(z-1)e+2f$,z 为带根数						
轮槽数 z 范围			1～3	1～4	1～5	1～6	3～10	3～10	3～10
φ	32°	d_{d}	≤60						
	34°			≤80	≤118	≤190	≤315		
	36°		>60					≤475	≤600
	38°			>80	>118	>190	>315	>475	>600
φ 角偏差			±30′						

注:$H=h_{\text{a}}+h_{\text{f}}$,表中长度尺寸的单位为 mm。

9.2　带传动工作情况分析

9.2.1　带传动的工作原理

安装带传动系统时,带以一定大小的初拉力 $\boldsymbol{F}_0$ 紧套在两带轮上,使带与带轮相互压紧。带传动不工作时,传动带两边的拉力都为 $\boldsymbol{F}_0$(见图 9-8)。工作时,主动轮顺时针方向旋转,由于带与轮面间的摩擦力的作用,使得绕进主动轮的一边(下边),带的拉力由 $\boldsymbol{F}_0$ 增加到 $\boldsymbol{F}_1$,称为紧边,$\boldsymbol{F}_1$ 为紧边拉力;绕出主动轮的一边(上边)带的拉力由 $\boldsymbol{F}_0$ 减少到 $\boldsymbol{F}_2$,称为松边,$\boldsymbol{F}_2$ 为松边拉力。如图 9-9 所示。

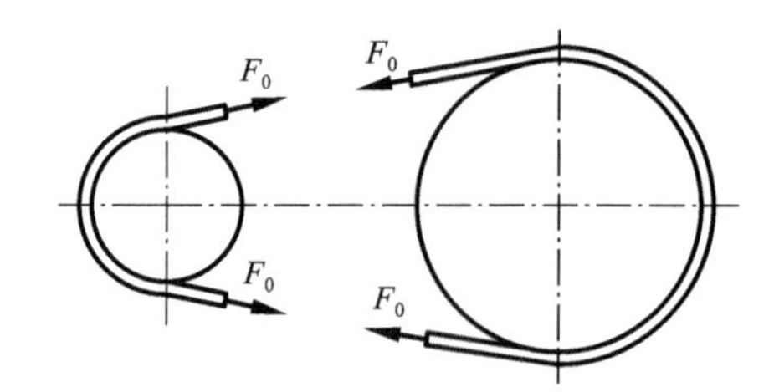

图 9-8 静止时带的拉力

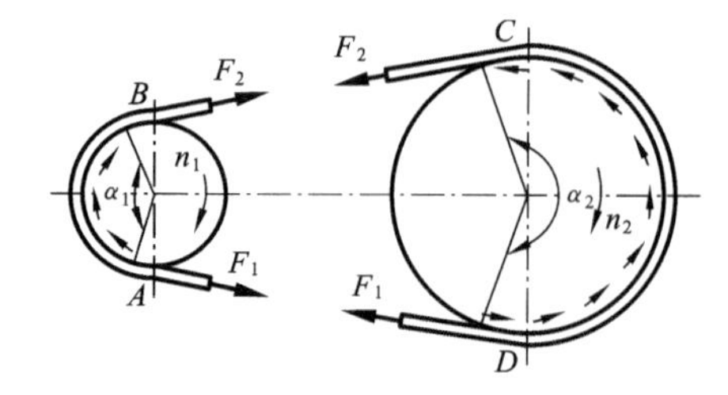

图 9-9 加载工作时带的拉力

因带是弹性体，带的变形符合胡克定律，且认为工作时带的长度不变，则紧边拉力的增加量等于松边拉力的减少量，即

$$F_1 - F_0 = F_0 - F_2$$

则

$$F_0 = (F_1 + F_2)/2 \tag{9-1}$$

两边拉力之差等于带沿带轮接触弧上摩擦力的总和，也就是带传动的有效圆周力 F_e，即

$$F_e = F_1 - F_2 \tag{9-2}$$

有效圆周力 F_e(N)、带速 v(m/s)和传递功率 P(kW)之间的关系为

$$P = \frac{F_e v}{1000} \tag{9-3}$$

9.2.2 带传动的工作能力分析

由式(9-3)可以看出，带传动的有效拉力 F_e 与带传动的传递功率 P、带速 v 有关。在带速 v 一定时，有效拉力 F_e 不随着传递功率 P 的增加而增大，但并不能无限制地增大。

根据柔性体摩擦的欧拉公式，在摩擦临界状态，紧边拉力与松边拉力的关系为

$$\frac{F_1}{F_2} = e^{f\alpha_1} \tag{9-4}$$

式中：f——带与轮面间的摩擦因数；

α_1——小带轮的包角(rad)；

e——自然对数的底，e≈2.718。

此时，有效拉力 F_e 取其极限值 F_{emax}。当带传动所传递的外载荷超过带与带轮接触面上摩擦力的极限值，即最大有效拉力 F_{emax} 时，带将沿带轮面产生显著的相对滑动，这种现象称为打滑。因此，带与带轮间的极限摩擦力限制着带传动的传动能力。联解式(9-1)与式(9-4)，得紧边拉力、松边拉力、最大有效圆周力为

$$\begin{cases} F_1 = F_{emax}\dfrac{e^{f\alpha_1}}{e^{f\alpha_1}-1} \\ F_2 = F_{emax}\dfrac{1}{e^{f\alpha_1}-1} \\ F_{emax} = 2F_0\ \dfrac{e^{f\alpha_1}-1}{e^{f\alpha_1}+1} \end{cases} \tag{9-5}$$

由式(9-5)可以分析出，影响带传动工作能力的因素如下。

(1) 初拉力 F_0　F_0 越大，带与带轮的正压力越大，F_{emax} 也越大，但 F_0 过大，带的磨损加剧，拉应力增加造成带的松弛和寿命降低。安装时 F_0 要适当。

(2) 小轮包角 α_1　α_1 增大，F_{emax} 也增大，一般要求 $\alpha_{min} \geqslant 120°$，特殊情况下，允许 $\alpha_{min} = 90°$。

(3) 摩擦因数 f　f 大则 F_{emax} 也大。一般采用铸铁带轮以增加 f，不采取增加轮槽表面粗

糙度的方法来增加 f,这样会加剧带的磨损。

9.2.3　带传动的弹性滑动和传动比

1. 弹性滑动和打滑

带是弹性体,在受力时会发生弹性变形。其变形量与力的大小成正比,力大变形量大。当带绕过主动轮时,带中的拉力由 F_1 减小到 F_2,带的伸长量减少,带发生弹性收缩变形,这表明带在随着主动轮转动的同时,还向后变形收缩,带的线速度落后于主动轮的圆周速度。同理,带绕过从动轮时将逐渐伸长,带沿从动轮表面滑动的方向与转向相同,带速超前于从动轮的圆周速度。这种由于带的弹性变形而产生的带与带轮之间的相对滑动称为弹性滑动。

弹性滑动和打滑是两个截然不同的概念。弹性滑动是由带的紧边、松边的拉力差引起的,是不可以避免的物理现象。它是在包角范围内接触圆弧上发生的微量滑动,肉眼不易发现。打滑是由于过载引起的带沿主动轮发生的全面滑动,打滑时发出"喳喳"的声音,主动轮照常运转,从动轮转速急剧下降,传动失效,如不及时停机,带在短期内会严重磨损,所以应采取措施避免打滑。

2. 传动比

由于带的弹性滑动,使从动轮的圆周速度 v_2 低于主动轮的 v_1。两轮圆周速度的相对偏差称为滑动率,用 ε 表示

$$\varepsilon=\frac{v_1-v_2}{v_1}\times 100\% \tag{9-6}$$

因

$$v_1=\frac{\pi d_{d1} n_1}{60\times 1000}\ \text{m/s},\quad v_2=\frac{\pi d_{d2} n_2}{60\times 1000}\ \text{m/s}$$

代入式(9-6),得带的传动比

$$i=\frac{n_1}{n_2}=\frac{d_{d2}}{d_{d1}(1-\varepsilon)} \tag{9-7}$$

通常 V 带传动的滑动率 $\varepsilon=0.01\sim0.02$,在一般计算中可以不予考虑。

即

$$i=\frac{n_1}{n_2}=\frac{d_{d2}}{\mathrm{d}_{d1}} \tag{9-8}$$

9.2.4　带传动的应力分析及失效形式

传动时,带中的应力由以下三部分组成。

1. 紧边和松边拉力产生的拉应力

紧边拉应力

$$\sigma_1=\frac{F_1}{A}\quad(\text{MPa})$$

松边拉应力

$$\sigma_2=\frac{F_2}{A}\quad(\text{MPa})$$

式中:A——带的横截面积(mm^2)。

2. 离心力产生的拉应力

当带绕过带轮,作圆周运动时会产生离心力。由离心力在带中产生的离心拉应力为

$$\sigma_c=qv^2/A$$

式中:q——带单位长度的质量(见表 9-1,kg/m);

v——带速(m/s)。

离心力只发生在带作圆周运动的部分,但产生的离心拉力却作用于带的全长,且各个截面数值相等。

因离心拉应力与速度的二次方成正比,σ_c 过大会降低带传动的工作能力,因此应限制带速 $v \leqslant 25$ m/s。

3. 弯曲应力

带绕过带轮时,会引起弯曲变形并产生弯曲应力。由材料力学公式得带的弯曲应力

$$\sigma_b = \frac{2Eh_a}{d_d} \quad (\text{MPa})$$

式中:E——带材料的弹性模量(MPa);

h_a——带的顶部到中性层的距离(mm),由表 9-4 查取;

d_d——V 带轮的基准直径(mm)。

弯曲应力只发生在带与带轮接触的圆周部分,且带轮直径越小、带越厚(型号越大),带的弯曲应力就越大,如两个带轮直径不同,则带在小带轮上的弯曲应力 σ_{b1} 比大带轮上的弯曲应力 σ_{b2} 大。为避免弯曲应力过大,带轮直径不能过小。部分型号 V 带轮的最小直径如表 9-3 所示。

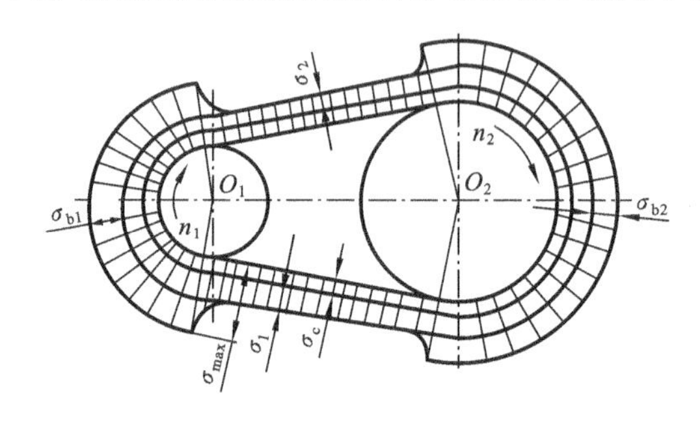

图 9-10　带工作时的应力分布情况

图 9-10 所示为带在工作时的应力分布情况。可以看出,带处于变应力状态下,当应力循环次数达到一定数值后,带将发生疲劳破坏。图中小带轮为主动轮,最大应力发生在紧边与小带轮接触处,其数值为

$$\sigma_{max} = \sigma_1 + \sigma_{b1} + \sigma_c \tag{9-9}$$

2. 带传动的失效形式

根据带传动工作能力分析可知,带传动的主要失效形式有:① 带在带轮上打滑,不能传递动力;② 带发生疲劳破坏,经历一定应力循环次数后发生拉断、撕裂、脱层。

9.3　带传动的设计计算

9.3.1　带传动的设计准则

1. 设计准则

根据带传动的失效形式,可知其设计准则为:① 带在传递规定功率时不发生打滑;② 具有一定的疲劳强度和寿命。

2. 单根 V 带所能传递的额定功率

经推导,单根 V 带所能传递的额定功率为

$$P_0 = ([\sigma] - \sigma_{b1} - \sigma_c)(1 - 1/e^{f_v \alpha}) A v \times 10^{-3} \tag{9-10}$$

式中:v——带速 m/s。

在特定带长、使用寿命、传动比($i=1$、$\alpha=180°$)以及在载荷平稳条件下,通过疲劳试验测得带的许用应力[σ]后,代入式(9-10)便可求出特定条件下的 P_0 值,见表 9-5。

表 9-5　包角 $\alpha=180°$、特定带长、工作平稳情况下，单根 V 带的额定功率 P_0(kW)

型号	小带轮直径 d_{d1}/mm	小带轮转速 n_1/(r/min)												
		200	400	730	800	980	1200	1460	1600	2000	2400	2800	3200	3600
Z	56	—	0.06	0.11	0.12	0.14	0.17	0.19	0.20	0.25	0.30	0.33	0.35	0.37
	63	—	0.08	0.13	0.15	0.18	0.22	0.25	0.27	0.32	0.37	0.41	0.45	0.47
	71	—	0.09	0.17	0.20	0.23	0.27	0.31	0.33	0.39	0.46	0.50	0.54	0.58
	80	—	0.14	0.20	0.22	0.26	0.30	0.36	0.39	0.44	0.50	0.56	0.61	0.64
	90	—	0.14	0.22	0.24	0.28	0.33	0.37	0.40	0.48	0.54	0.60	0.64	0.68
A	75	0.16	0.27	0.42	0.45	0.52	0.60	0.68	0.73	0.84	0.92	1.00	1.04	1.08
	90	0.22	0.39	0.63	0.68	0.79	0.93	1.07	1.15	1.34	1.50	1.64	1.75	1.83
	100	0.26	0.47	0.77	0.83	0.97	1.14	1.32	1.42	1.66	1.87	2.05	2.19	2.28
	112	0.31	0.56	0.93	1.00	1.18	1.39	1.62	1.74	2.04	2.30	2.51	2.68	2.78
	125	0.37	0.67	1.11	1.19	1.40	1.66	1.93	2.07	2.44	2.74	2.98	3.16	3.26
	140	0.43	0.78	1.31	1.41	1.66	1.96	2.29	2.45	2.87	3.22	3.48	3.65	3.72
	160	0.51	0.94	1.56	1.69	2.00	2.36	2.74	2.94	3.42	3.80	4.06	4.19	4.17
B	125	0.48	0.84	1.34	1.44	1.67	1.93	2.20	2.33	2.64	2.85	2.96	2.94	2.80
	140	0.59	1.05	1.69	1.82	2.13	2.47	2.83	3.00	3.42	3.70	3.85	3.83	3.63
	160	0.74	1.32	2.16	2.32	2.72	3.17	3.64	3.86	4.40	4.75	4.89	4.80	4.46
	180	0.88	1.59	2.61	2.81	3.30	3.85	4.41	4.68	5.30	5.67	5.76	5.52	4.92
	200	1.02	1.85	3.06	3.30	3.86	4.50	5.15	5.46	6.13	6.47	6.43	5.95	4.98
	224	1.19	2.17	3.59	3.86	4.50	5.26	5.99	6.33	7.02	7.25	6.95	6.05	4.47
型号	小带轮直径 d_1/mm	小带轮转速 n_1/(r/min)												
		100	200	300	400	500	600	730	980	1200	1460	1600	1800	2000
C	200	—	1.39	1.92	2.41	2.87	3.30	3.80	4.66	5.29	5.86	6.07	6.28	6.34
	224	—	1.70	2.37	2.99	3.58	4.12	4.78	5.89	6.71	7.47	7.75	8.00	8.05
	250	—	2.03	2.85	3.62	4.33	5.00	5.82	7.18	8.21	9.06	9.38	9.63	9.62
	280	—	2.42	3.40	4.32	5.19	6.00	6.99	8.65	9.81	10.74	11.06	11.22	11.04
	315	—	2.86	4.04	5.14	6.17	7.14	9.34	10.23	11.53	12.48	12.72	12.67	12.14
	400	—	3.91	5.54	7.06	8.52	9.82	11.52	13.67	15.04	15.51	15.24	14.08	11.95
D	355	3.01	5.31	7.35	9.24	10.90	12.39	14.04	16.30	17.25	16.70	15.63	12.97	—
	400	3.66	6.52	9.13	11.45	13.55	15.42	17.58	20.25	21.20	20.03	18.31	14.28	—
	450	4.37	7.90	11.02	13.85	16.40	18.67	21.12	24.16	24.84	22.42	19.59	13.34	—
	500	5.08	9.21	12.88	16.20	19.17	21.78	24.52	27.60	27.61	23.28	18.88	9.59	—
	560	5.91	10.76	15.07	18.95	22.38	25.32	28.28	31.00	29.67	22.08	15.13	—	—
E	500	6.21	10.86	14.96	18.55	21.65	24.21	26.62	28.52	25.53	16.25	—	—	—
	560	7.32	13.09	18.10	22.49	26.25	29.30	32.02	33.00	28.49	14.52	—	—	—
	630	8.75	15.65	21.69	26.95	31.36	34.83	37.64	37.14	29.17	—	—	—	—
	710	10.31	18.52	25.69	31.83	36.85	40.58	43.07	39.56	25.91	—	—	—	—
	800	12.05	21.70	30.05	37.05	42.53	46.26	47.79	39.08	16.46	—	—	—	—

续表

型号	小带轮直径 d_{d1} /mm	小带轮转速 n_1/(r/min)												
		200	400	730	800	980	1200	1460	1600	2000	2400	2800	3200	3600
SPZ	63	0.20	0.35	0.56	0.60	0.70	0.81	0.93	1.00	1.17	1.32	1.45	1.56	1.66
	71	0.25	0.44	0.72	0.78	0.92	1.08	1.25	1.35	1.59	1.81	2.00	2.18	2.33
	75	0.28	0.49	0.79	0.87	1.02	1.21	1.41	1.52	1.79	2.04	2.27	2.48	2.65
	80	0.31	0.55	0.88	0.99	1.15	1.38	1.60	1.73	2.05	2.34	2.61	2.85	3.06
	90	0.37	0.67	1.12	1.21	1.44	1.70	1.98	2.14	2.55	2.93	3.26	3.57	3.84
	100	0.43	0.79	1.33	1.44	1.70	2.02	2.36	2.55	3.05	3.49	3.90	4.26	4.58
SPA	90	0.43	0.75	1.21	1.30	1.52	1.76	2.02	2.16	2.49	2.77	3.00	3.16	3.26
	100	0.53	0.94	1.54	1.65	1.93	2.27	2.61	2.80	3.27	3.67	3.99	4.25	4.42
	112	0.64	1.16	1.91	2.07	2.44	2.86	3.31	3.57	4.18	4.71	5.15	5.49	5.72
	125	0.77	1.40	2.33	2.52	2.98	3.5	4.06	4.38	5.15	5.80	6.34	6.76	7.03
	140	0.92	1.68	2.81	3.03	3.58	4.23	4.91	5.29	6.22	7.01	7.64	8.11	8.39
	160	1.11	2.04	3.42	3.70	4.38	5.17	6.01	6.47	7.60	8.53	9.24	9.72	9.94
SPB	140	1.08	1.92	3.13	3.35	3.92	4.55	5.21	5.54	6.31	6.86	7.15	7.17	6.89
	160	1.37	2.47	4.06	4.37	5.13	5.98	6.89	7.33	8.38	9.13	9.52	9.53	9.10
	180	1.65	3.01	4.99	5.37	6.31	7.38	8.50	9.05	10.34	11.21	11.62	11.43	10.77
	200	1.94	3.54	5.88	6.35	7.47	8.74	10.07	10.70	12.18	13.11	13.41	13.01	11.83
	224	2.28	4.18	6.97	7.52	8.83	10.33	11.86	12.59	14.21	15.10	15.14	14.22	—
	250	2.64	4.86	8.11	8.75	10.27	11.99	13.72	14.51	16.19	16.89	16.44	—	—
SPC	224	2.90	5.19	8.38	8.99	10.39	11.89	13.26	13.81	14.58	14.01	—	—	—
	250	3.50	6.31	10.27	11.02	12.76	14.61	16.26	16.92	17.70	16.69	—	—	—
	280	4.18	7.59	12.40	13.31	15.40	17.60	19.49	20.20	20.75	18.88	—	—	—
	315	4.97	9.07	14.82	15.90	18.37	20.88	22.92	23.58	23.47	19.98	—	—	—
	355	5.87	10.72	17.50	18.76	21.55	24.34	26.32	26.80	25.37	19.22	—	—	—
	400	6.86	12.56	20.41	21.84	25.15	27.33	29.40	29.53	25.81	—	—	—	—

9.3.2　带传动的设计内容

设计 V 带传动的原始数据为带传递的功率 P，转速 n_1、n_2（或传动比 i）以及外廓尺寸的要求等。

设计内容有：确定带的型号、长度、根数、传动中心距、带轮直径以及带轮结构尺寸等。

9.3.3　带传动的设计计算步骤和参数选择

设计步骤一般如下。

1. 确定计算功率 P_d

$$P_d = K_A P \tag{9-11}$$

式中：P——带传递的额定功率(kW)；

K_A——工况系数，见表 9-6。

表 9-6　工况系数 K_A

载荷性质	工作机	原动机					
		空、轻载启动			重载启动		
		每天工作小时数/h					
		<10	10～16	>16	<10	10～16	>16
载荷变动微小	液体搅拌机、通风机和鼓风机(≤7.5 kW)、离心式水泵和压缩机、轻型输送机	1.0	1.1	1.2	1.1	1.2	1.3
载荷变动小	带式输送机(不均匀负荷)、通风机(>7.5 kW)旋转式水泵和压缩机(非离心式)、发电机、金属切削机床、旋转筛、锯木机和木工机械	1.1	1.2	1.3	1.2	1.3	1.4
载荷变动较大	制砖机、斗式提升机、往复式水泵和压缩机、起重机、磨粉机、冲剪机床、旋转筛、纺织机械、重载输送机	1.2	1.3	1.4	1.4	1.5	1.6
载荷变动很大	破碎机(旋转式、颚式等)、磨碎机(球磨、棒磨、管磨)	1.3	1.4	1.5	1.5	1.6	1.8

注:对于空轻载启动——电动机(交流启动、三角启动、直流并励)、四缸以上的内燃机、装有离心式离合器、液力联轴器的动力机,重载启动——电动机(联机交流启动、直流复励或串励)、四缸以下的内燃机,以及在反复启动、正反转频繁、工作条件恶劣等场合,K_A 应乘以 1.2。

2. 选择 V 带的型号

根据计算功率 P_d 和主动轮转速 n_1 由图 9-11、图 9-12 选择带的型号。

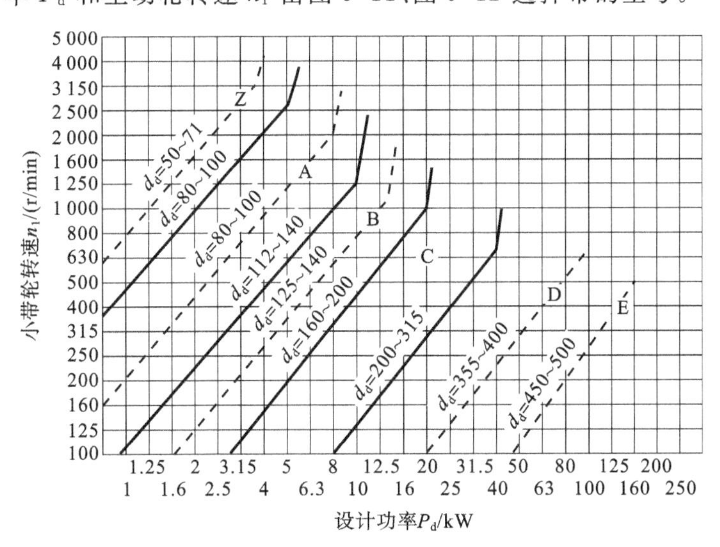

图 9-11　普通 V 带选型图

3. 确定带轮的基准直径 d_{d1} 和 d_{d2}

小带轮直径 d_{d1} 应大于或等于表 9-3 所列的最小直径 d_{min}。d_{d1} 过小则带的弯曲应力较大,反之又使外廓尺寸增大。一般在工作位置允许的情况下,小带轮直径取得大些可减小弯曲应

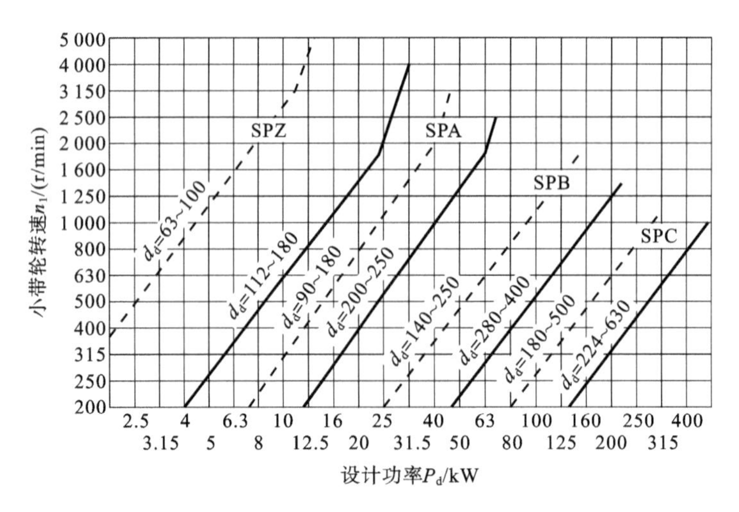

图 9-12　窄 V 带选型图

说明：① 普通 V 带和窄 V 带选型图中，以斜粗直线划定型号区域；

② 当工况坐标点临近两种型号的交界线时，可按两种型号同时进行计算，分析比较决定取舍。

力，提高承载能力和延长带的使用寿命。由式(9-8)得

$$d_{d2}=\frac{n_1}{n_2}d_{d1}$$

d_{d1}、d_{d2}均应符合表 9-3 所列带轮直径系列尺寸。

4. 验算带速 v

$$v=\frac{\pi d_{d1}n_1}{60\times1000} \tag{9-12}$$

带速太高则离心力较大，使带与带轮间的摩擦力减小，容易打滑；带速太低，传递功率一定时所需的有效拉力过大，也会打滑。一般带速如下。

对于普通 V 带　　$5\ \text{m/s}<v<25\ \text{m/s}$

对于窄 V 带　　$5\ \text{m/s}<v<35\ \text{m/s}$

否则应重选 d_{d1}。

5. 确定中心距 a 和带的基准长度 L_d

在无特殊要求时，可按式(9-13)初选中心距 a_0：

$$0.7(d_{d1}+d_{d2})\leqslant a_0\leqslant 2(d_{d1}+d_{d2}) \tag{9-13}$$

由带传动的几何关系，可得带的基准长度计算公式为

$$L_0=2a_0+\frac{\pi}{2}(d_{d1}+d_{d2})+\frac{(d_{d2}-d_{d1})^2}{4a_0}\quad(\text{mm}) \tag{9-14}$$

按 L_0 查表 9-2 得相近的 V 带的基准长度 L_d，再按下式近似计算实际中心距：

$$a\approx a_0+\frac{L_d-L_0}{2} \tag{9-15}$$

当采用改变中心距方法进行安装调整和补偿初拉力时，其中心距的变化范围为

$$\begin{cases}a_{\max}=a+0.030L_d\\ a_{\min}=a-0.015L_d\end{cases} \tag{9-16}$$

6. 验算小带轮包角 α_1

$$\alpha_1\approx180^\circ-\frac{d_{d2}-d_{d1}}{a}\times57.3^\circ\geqslant120^\circ \tag{9-17}$$

α_1 与传动比 i 有关，i 愈大，$d_{d2}-d_{d1}$ 值愈大，则 α_1 愈小。所以 V 带传动的传动比一般小于 7，推荐值为 2～5。传动比不变时，可用增大中心距 a 的方法增大 α_1。

7. 确定 V 带根数 z

$$z \geqslant \frac{P_d}{[P_0]} = \frac{P_d}{(P_0+\Delta P_0)K_\alpha K_L} \tag{9-18}$$

式中：P_d——计算功率，按式(9-11)计算；

P_0——特定条件下单根 V 带所能传递的功率(kW)，查表 9-5；

ΔP_0——$i>1$ 时的额定功率增量(kW)，查表 9-7；

K_α——包角修正系数，考虑 $\alpha_1<180°$ 时对传动能力的影响，查表 9-8；

K_L——带长修正系数，考虑不是特定长度时，对传动能力的影响，查表 9-2。

8. 确定单根 V 带初拉力 F_0

$$F_0 = \frac{500P_d}{zv}\left(\frac{2.5}{K_\alpha}-1\right)+qv^2 \tag{9-19}$$

9. 计算带对轴的压轴力 F_Q

如图 9-13 所示，由力平衡条件得静止时轴上的压力为

$$F_Q = 2zF_0\sin(\alpha_1/2) \tag{9-20}$$

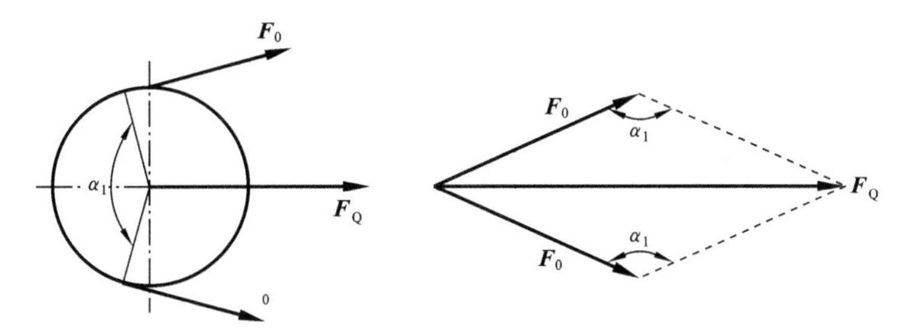

图 9-13　带传动作用在轴上的压力

表 9-7　考虑 $i\neq1$ 时，单根 V 带的额定功率增量 ΔP_0　　(kW)

型号	传动比 i	小带轮转速 n_1(r/min)												
		200	400	730	800	980	1200	1460	1600	2000	2400	2800	3200	3600
Z	1.00～1.01	—												
	1.02～1.04	—												0.02
	1.05～1.08	—		0.00										
	1.09～1.12	—												
	1.13～1.18	—					0.01							
	1.19～1.24	—										0.03		
	1.25～1.34	—												
	1.35～1.51	—						0.02						
	1.52～1.99	—										0.04		0.05
	≥2.0	—												
	带速 v(m/s)					5				10		15		

续表

型号	传动比 i	小带轮转速 n_1(r/min)												
		200	400	730	800	980	1200	1460	1600	2000	2400	2800	3200	3600
A	1.00～1.01	0.00												
	1.02～1.04						0.02	0.02	0.02	0.03	0.03	0.04	0.04	0.05
	1.05～1.08		0.01	0.02	0.02	0.03	0.03	0.04	0.04	0.06	0.07	0.08	0.09	0.10
	1.09～1.12		0.02	0.03	0.03	0.04	0.05	0.06	0.06	0.08	0.10	0.11	0.13	0.15
	1.13～1.18		0.02	0.04	0.04	0.05	0.07	0.08	0.09	0.11	0.13	0.15	0.17	0.19
	1.19～1.24		0.03	0.05	0.05	0.06	0.08	0.09	0.11	0.13	0.16	0.19	0.22	0.24
	1.25～1.34	0.02	0.03	0.06	0.06	0.07	0.10	0.11	0.13	0.16	0.19	0.23	0.26	0.29
	1.35～1.51	0.02	0.04	0.07	0.08	0.08	0.11	0.13	0.15	0.19	0.23	0.26	0.30	0.34
	1.52～1.99	0.02	0.04	0.08	0.09	0.10	0.13	0.15	0.17	0.22	0.26	0.30	0.34	0.39
	≥2.0	0.03	0.05	0.09	0.10	0.11	0.15	0.17	0.19	0.24	0.29	0.34	0.39	0.44
	带速 v(m/s)	5　10　15　20　25　30												
B	1.00～1.01	0.00	0.00	0.00	0.00	0.00	0.00	0.00	0.00	0.00	0.00	0.00	0.00	0.00
	1.02～1.04	0.01	0.01	0.02	0.03	0.03	0.04	0.05	0.06	0.07	0.08	0.10	0.11	0.13
	1.05～1.08	0.01	0.03	0.05	0.06	0.07	0.08	0.10	0.11	0.14	0.17	0.20	0.23	0.25
	1.09～1.12	0.02	0.04	0.07	0.08	0.10	0.13	0.15	0.17	0.21	0.25	0.29	0.34	0.38
	1.13～1.18	0.03	0.06	0.10	0.11	0.13	0.17	0.20	0.23	0.28	0.34	0.39	0.45	0.51
	1.19～1.24	0.04	0.07	0.12	0.14	0.17	0.21	0.25	0.28	0.35	0.42	0.49	0.56	0.63
	1.25～1.34	0.04	0.08	0.15	0.17	0.20	0.25	0.31	0.34	0.42	0.51	0.59	0.68	0.76
	1.35～1.51	0.05	0.10	0.17	0.20	0.23	0.30	0.36	0.39	0.49	0.59	0.69	0.79	0.89
	1.52～1.99	0.06	0.11	0.20	0.23	0.26	0.34	0.40	0.45	0.56	0.68	0.79	0.90	1.01
	≥2.0	0.06	0.13	0.22	0.25	0.30	0.38	0.46	0.51	0.63	0.76	0.89	1.01	1.14
	带速 v(m/s)	5　10　15　20　25　30　35　40												

型号	传动比 i	小带轮转速 n_1(r/min)												
		100	200	300	400	500	600	730	980	1200	1460	1600	1800	2000
C	1.00～1.01	—	0.00	0.00	0.00	0.00	0.00	0.00	0.00	0.00	0.00	0.00	0.00	0.00
	1.02～1.04	—	0.02	0.03	0.04	0.05	0.06	0.07	0.09	0.12	0.14	0.16	0.18	0.20
	1.05～1.08	—	0.04	0.06	0.08	0.10	0.12	0.14	0.19	0.24	0.28	0.31	0.35	0.39
	1.09～1.12	—	0.06	0.09	0.12	0.15	0.18	0.21	0.27	0.35	0.42	0.47	0.53	0.59
	1.13～1.18	—	0.08	0.12	0.16	0.20	0.24	0.27	0.37	0.47	0.58	0.63	0.71	0.78
	1.19～1.24	—	0.10	0.15	0.20	0.24	0.29	0.34	0.47	0.59	0.71	0.78	0.88	0.98
	1.25～1.34	—	0.12	0.18	0.23	0.29	0.35	0.41	0.56	0.70	0.85	0.94	1.06	1.17
	1.35～1.51	—	0.14	0.21	0.27	0.34	0.41	0.48	0.65	0.82	0.99	1.10	1.23	1.37
	1.52～1.99	—	0.16	0.24	0.31	0.39	0.47	0.55	0.74	0.94	1.14	1.25	1.41	1.57
	≥2.0	—	0.18	0.26	0.35	0.44	0.53	0.62	0.83	1.06	1.27	1.41	1.59	1.76
	带速 v(m/s)	5　10　15　20　25　30　35　40												
D	1.00～1.01	0.00	0.00	0.00	0.00	0.00	0.00	0.00	0.00	0.00	0.00	0.00	0.00	—
	1.02～1.04	0.03	0.07	0.10	0.14	0.17	0.21	0.24	0.33	0.42	0.51	0.56	0.63	—
	1.05～1.08	0.07	0.14	0.21	0.28	0.35	0.42	0.49	0.66	0.84	1.01	1.11	1.24	—
	1.09～1.12	0.10	0.21	0.31	0.42	0.52	0.62	0.73	0.99	1.25	1.51	1.67	1.88	—
	1.13～1.18	0.14	0.28	0.42	0.56	0.70	0.83	0.97	1.32	1.67	2.02	2.23	2.51	—
	1.19～1.24	0.17	0.35	0.52	0.70	0.87	1.04	1.22	1.60	2.09	2.52	2.78	3.13	—
	1.25～1.34	0.21	0.42	0.62	0.83	1.04	1.25	1.46	1.92	2.50	3.02	3.33	3.74	—
	1.35～1.51	0.24	0.49	0.73	0.97	1.22	1.46	1.70	2.31	2.92	3.52	3.89	4.98	—
	1.52～1.99	0.28	0.56	0.83	1.11	1.39	1.67	1.95	2.64	3.34	4.03	4.45	5.01	—
	≥2.0	0.31	0.63	0.94	1.25	1.56	1.88	2.19	2.97	3.75	4.53	5.00	5.62	—
	带速 v(m/s)	5　10　15　20　25　30　35　40												

续表

型号	传动比 i	小带轮转速 n_1(r/min)												
		200	400	730	800	980	1200	1460	1600	2000	2400	2800	3200	3600
E	1.00～1.01	0.00	0.00	0.00	0.00	0.00	0.00	0.00	0.00	0.00	0.00	—	—	—
	1.02～1.04	0.07	0.14	0.21	0.28	0.34	0.41	0.48	0.65	0.80	0.98	—	—	—
	1.05～1.08	0.14	0.28	0.41	0.55	0.64	0.83	0.97	1.29	1.61	1.95	—	—	—
	1.09～1.12	0.21	0.41	0.62	0.83	1.03	1.24	1.45	1.95	2.40	2.92	—	—	—
	1.13～1.18	0.28	0.55	0.83	1.00	1.38	1.65	1.93	2.62	3.21	3.90	—	—	—
	1.19～1.24	0.34	0.69	1.03	1.38	1.72	2.07	2.41	3.27	4.01	4.88	—	—	—
	1.25～1.34	0.41	0.83	1.24	1.65	2.07	2.48	2.89	3.92	4.81	5.85	—	—	—
	1.35～1.51	0.48	0.96	1.45	1.93	2.41	2.89	3.38	4.58	5.61	6.83	—	—	—
	1.52～1.99	0.55	1.10	1.65	2.20	2.76	3.31	3.86	5.23	6.41	7.80	—	—	—
	≥2.0	0.62	1.24	1.86	2.48	3.10	3.72	4.34	5.89	7.21	8.78	—	—	—
	带速 v(m/s)		5	10	15	20	25	35		40				
SPZ	1.00～1.01	0.00	0.00	0.00	0.00	0.00	0.00	0.00	0.00	0.00	0.00	0.00	0.00	0.00
	1.02～1.05	0.00	0.00	0.01	0.01	0.01	0.01	0.02	0.02	0.02	0.03	0.03	0.04	0.04
	1.06～1.11	0.01	0.01	0.02	0.03	0.03	0.04	0.05	0.05	0.07	0.08	0.09	0.11	0.12
	1.12～1.18	0.01	0.02	0.04	0.05	0.06	0.07	0.08	0.09	0.12	0.14	0.16	0.18	0.20
	1.19～1.26	0.02	0.03	0.06	0.06	0.08	0.09	0.11	0.13	0.16	0.19	0.22	0.25	0.28
	1.27～1.38	0.02	0.04	0.07	0.08	0.09	0.11	0.14	0.15	0.19	0.23	0.27	0.31	0.34
	1.39～1.57	0.02	0.04	0.08	0.09	0.11	0.13	0.16	0.18	0.22	0.27	0.31	0.36	0.40
	1.58～1.94	0.03	0.05	0.09	0.10	0.12	0.15	0.18	0.20	0.25	0.30	0.35	0.40	0.46
	1.95～3.38	0.03	0.06	0.10	0.11	0.13	0.16	0.20	0.22	0.27	0.33	0.38	0.44	0.49
	≥3.39	0.03	0.06	0.10	0.12	0.14	0.17	0.21	0.23	0.29	0.35	0.41	0.47	0.52
	带速 v(m/s)			5				10		15		20		
SPA	1.00～1.01	0.00	0.00	0.00	0.00	0.00	0.00	0.00	0.00	0.00	0.00	0.00	0.00	0.00
	1.02～1.05	0.00	0.01	0.02	0.02	0.03	0.03	0.04	0.04	0.05	0.06	0.07	0.08	0.10
	1.06～1.11	0.02	0.03	0.05	0.06	0.07	0.09	0.10	0.12	0.14	0.17	0.20	0.23	0.26
	1.12～1.18	0.03	0.05	0.09	0.10	0.12	0.15	0.18	0.20	0.25	0.30	0.35	0.40	0.45
	1.19～1.26	0.03	0.07	0.12	0.14	0.16	0.21	0.24	0.27	0.34	0.41	0.48	0.54	0.62
	1.27～1.38	0.04	0.08	0.15	0.17	0.20	0.25	0.30	0.33	0.41	0.50	0.58	0.66	0.75
	1.39～1.57	0.05	0.10	0.17	0.20	0.23	0.29	0.35	0.39	0.49	0.59	0.68	0.78	0.88
	1.58～1.94	0.05	0.11	0.19	0.22	0.26	0.33	0.40	0.44	0.55	0.66	0.77	0.88	0.99
	1.95～3.38	0.06	0.12	0.21	0.24	0.28	0.36	0.43	0.48	0.60	0.72	0.84	0.95	1.07
	≥3.39	0.06	0.13	0.22	0.25	0.30	0.38	0.46	0.51	0.63	0.76	0.89	1.01	1.14
	带速 v(m/s)		5				10	15			20	25	35	
SPB	1.00～1.01	0.00	0.00	0.00	0.00	0.00	0.00	0.00	0.00	0.00	0.00	0.00	0.00	0.00
	1.02～1.05	0.01	0.02	0.04	0.04	0.05	0.07	0.08	0.09	0.11	0.13	0.15	0.17	0.20
	1.06～1.11	0.03	0.06	0.11	0.12	0.15	0.18	0.22	0.24	0.30	0.36	0.42	0.47	0.53
	1.12～1.18	0.05	0.10	0.19	0.21	0.25	0.31	0.38	0.41	0.52	0.62	0.72	0.83	0.93
	1.19～1.26	0.07	0.14	0.26	0.28	0.34	0.42	0.51	0.56	0.70	0.84	0.98	1.13	1.27
	1.27～1.38	0.09	0.17	0.31	0.34	0.42	0.51	0.62	0.68	0.85	1.02	1.19	1.36	1.53
	1.39～1.57	0.10	0.20	0.36	0.40	0.49	0.60	0.73	0.80	1.00	1.20	1.40	1.60	1.80
	1.58～1.94	0.11	0.22	0.41	0.45	0.55	0.68	0.82	0.90	1.13	1.35	1.58	1.81	2.03
	1.95～3.38	0.12	0.25	0.45	0.49	0.60	0.74	0.89	0.98	1.23	1.47	1.72	1.96	2.21
	≥3.39	0.13	0.26	0.47	0.52	0.64	0.78	0.95	1.04	1.30	1.56	1.82	2.08	2.34
	带速 v(m/s)		5	10	15		20	25	30	35				

续表

型号	传动比 i	小带轮转速 n_1(r/min)												
		200	400	730	800	980	1200	1460	1600	2000	2400	2800	3200	3600
SPC	1.00～1.01	0.00	0.00	0.00	0.00	0.00	0.00	0.00	0.00	0.00	0.00	—	—	—
	1.02～1.05	0.03	0.05	0.10	0.11	0.13	0.16	0.19	0.21	0.26	0.32	—	—	—
	1.06～1.11	0.07	0.14	0.26	0.29	0.35	0.43	0.53	0.58	0.72	0.86	—	—	—
	1.12～1.18	0.13	0.25	0.46	0.50	0.62	0.75	0.92	1.00	1.25	1.51	—	—	—
	1.19～1.26	0.17	0.34	0.62	0.68	0.84	1.02	1.24	1.36	1.71	2.05	—	—	—
	1.27～1.38	0.21	0.41	0.75	0.83	1.01	1.24	1.51	1.65	2.07	2.48	—	—	—
	1.39～1.57	0.24	0.49	0.89	0.97	1.19	1.46	1.77	1.94	2.43	2.92	—	—	—
	1.58～1.94	0.27	0.55	1.00	1.10	1.34	1.64	2.00	2.19	2.74	3.28	—	—	—
	1.95～3.38	0.30	0.59	1.08	1.19	1.46	1.78	2.17	2.38	2.97	3.57	—	—	—
	≥3.39	0.32	0.63	1.15	1.26	1.55	1.89	2.30	2.52	3.15	3.79	—	—	—
	带速 v(m/s)	10　15　20　25　30　35　40												

表 9-8　小带轮的包角修正系数 K_α

包角 α_1	180°	175°	170°	165°	160°	155°	150°	145°	140°	135°	130°	125°	120°	110°	100°	90°
K_α	1	0.99	0.98	0.96	0.95	0.93	0.92	0.91	0.89	0.88	0.86	0.84	0.8	0.78	0.74	0.69

例 9-1　设计某机床上电动机与主轴箱的 V 带传动。已知：电动机额定功率 $P=7.5$ kW，转速 $n_1=1440$ r/min，传动比 $i_{12}=2$，中心距 a 为 800 mm 左右，三班制工作，开式传动。

解　求解过程如下表所示。

计算项目	计算与说明	计算结果
1. 确定设计功率 P_d	由表 9-6 取 $K_A=1.3$ 得： $P_d=1.3\times7.5=9.75$ kW	$P_d=9.75$ kW
2. 选择带型号	根据 $P_d=9.75$ kW，$n_1=1440$ r/min，由图 9-11 选 A 型 V 带	A 型 V 带
3. 确定小带轮基准直径 d_{d1}	由图 9-11、表 9-3 取 $d_{d1}=140$ mm	$d_{d1}=140$ mm
4. 确定大带轮基准直径 d_{d2}	$d_{d2}=i_{12}d_{d1}=2\times140$ mm$=280$ mm 由表 9-3 取 $d_{d2}=280$ mm	$d_{d2}=280$ mm
5. 验算带速 v	$v=\pi d_{d1}n_1/(60\times1000)$ m/s $=3.14\times140\times1440/(60\times1000)$ m/s $=10.55$ m/s 5 m/s$<v<$25 m/s，符合要求	$v=10.55$ m/s 符合要求
6. 初定中心距 a_0	按要求初取 $a_0=800$ mm	$a_0=800$ mm
7. 确定带的基准长度 L_d	$L_0=2a_0+\pi(d_{d1}+d_{d2})/2+(d_{d2}-d_{d1})^2/4a_0$ $=[2\times800+\pi(140+280)/2$ $+(280-140)^2/(4\times800)]$ mm $=2265.53$ mm 由表 9-2 取 $L_d=2240$ mm	$L_d=2240$ mm

续表

计算项目	计算与说明	计算结果
8. 确定实际中心距 a	$a \approx a_0 + (L_d - L_0)/2$ $= [800 + (2240 - 2265.53)/2]$ mm $= 787.24$ mm 中心距变动调整范围： $a_{max} = a + 0.03L_d = (787.24 + 0.03 \times 2240)$ mm $= 854.44$ mm $a_{min} = a - 0.015L_d = (787.24 - 0.015 \times 2240)$ mm $= 753.64$ mm	$a = 787.24$ mm $a_{max} = 854.44$ mm $a_{min} = 753.64$ mm
9. 验算小带轮包角 α_1	$\alpha_1 = 180° - \frac{d_{d2} - d_{d1}}{a} \times 57.3°$ $= 180° - \frac{280 - 140}{787.24} \times 57.3° = 169.81°$ $\alpha_1 > 120°$	$\alpha_1 = 169.81°$可用
10. 确定单根V带的额定功率 P_0	根据 $d_{d1} = 140$ mm，$n_1 = 1440$ r/min，由表9-5查得A型带 $P_0 = 2.27$ kW	$P_0 = 2.27$ kW
11. 确定额定功率增量 ΔP_0	由表9-7查得：$\Delta P_0 = 0.17$ kW	$\Delta P_0 = 0.17$ kW
12. 确定V带根数 z	$z \geq \frac{P_d}{[P_0]} = \frac{P_d}{(P_0 + \Delta P_0)K_\alpha K_L}$ 由表9-8查得：$K_\alpha \approx 0.98$ 由表9-2查得：$K_L = 1.06$ $z \geq \frac{9.75}{(2.27 + 0.17) \times 0.98 \times 1.06} = 3.85$ 取 $z = 4$ 根	$z = 4$ 根
13. 确定单根V带的初拉力 F_0	$F_0 = 500 \frac{P_d}{zv}\left(\frac{2.5}{K_\alpha} - 1\right) + qv^2$ $= \left[500 \frac{9.75}{4 \times 10.55}\left(\frac{2.5}{0.98} - 1\right) + 0.11 \times 10.55^2\right]$ N ≈ 191.42 N	$F_0 = 191.42$ N
14. 计算带对轴的压力 F_Q	$F_Q = 2zF_0 \sin(\alpha_1/2)$ $= 2 \times 4 \times 191.42\sin(169.81/2)$ N ≈ 1525.31 N	$F_Q = 1525.31$ N
15. 确定带轮结构绘工作图	（略）	

9.3.4　带传动的特点及应用

1. 带传动的优点

(1) 可用于中心距较大的场合。

(2) 带具有弹性，能缓冲、吸振，使得传动平稳、噪声小。

(3) 过载时，带在带轮上打滑可防止损坏其他零件。

(4) 结构简单、装拆方便、成本低廉。

2. 带传动的缺点

(1) 传动比不准确。

(2) 外廓尺寸大。

(3) 传动效率低。

(4) 带的寿命短。

(5) 不宜用于高温、易燃等场合。

V带传动常用于中小功率的传动，带速为 $v=5\sim25$ m/s，传动比 $i\leqslant7$，传动比要求不十分准确的场合。圆形带(见图 9-2(c))应用较少，因其牵引能力小，多用于仪器和家用器械中。

9.3.5　带传动的运行维护

1. 带传动的张紧与调整

带传动的张紧程度对其传动能力、寿命和轴压力都有很大的影响。测定V带传动的初拉力，可在带与带轮两切点中心加一垂直于带的载荷 $\boldsymbol{F}$ 使每 100 mm 跨距产生 1.6 mm 的挠度，此时传动带的初拉力 $\boldsymbol{F}_0$ 是合适的(即总挠度 $y=1.6a/100$)，如图 9-14 所示。

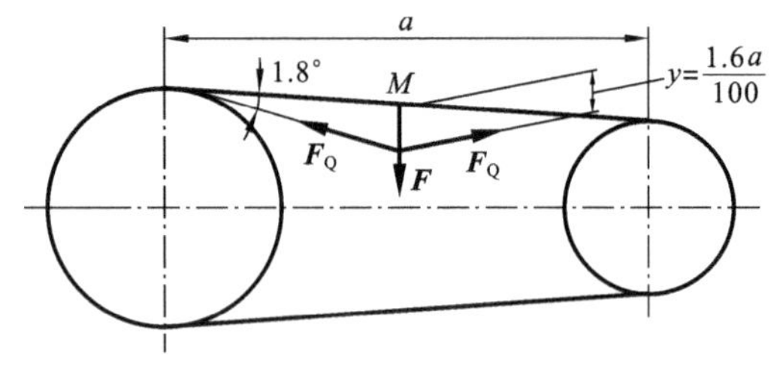

图 9-14　初拉力的测定

对于普通V带传动，施加于跨度中心的垂直力 F 按下列公式计算。

新装的带

$$F=(1.5F_0+\Delta F_0)/16$$

运转后的带

$$F=(1.3F_0+\Delta F_0)/16$$

最小极限值

$$F=(F_0+\Delta F_0)/16$$

带传动工作一段时间后会由于塑性变形而松弛，使初拉力减小、传动能力下降，此时在规定载荷 $\boldsymbol{F}$ 作用下总挠度 y 变大，需要重新张紧。常用张紧方法有以下几种。

1) 调整中心距法

(1) 定期张紧　如图 9-15(a)所示为在水平传动定期张紧装置中，装有带轮的电动机1装在滑道2上，旋转调节螺钉3以增大或减小中心距，从而达到张紧或放松的目的。图 9-15(b)为垂直传动定期张紧装置，电动机装在一摆动底座4上，通过调节螺钉3调节中心距达到张紧的目的。

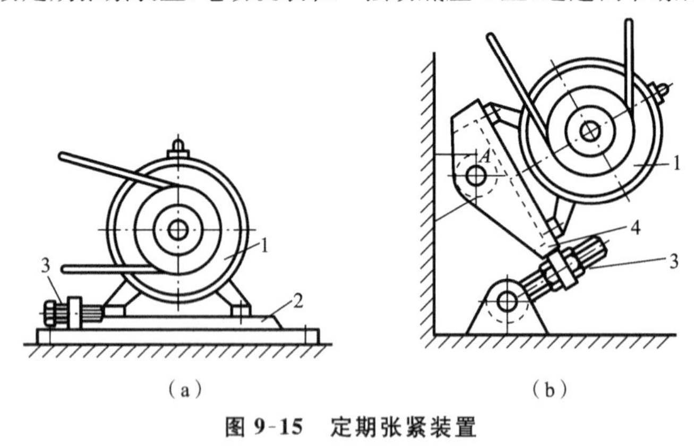

图 9-15　定期张紧装置

1—电动机；2—滑道；3—调节螺钉；4—摆动底座

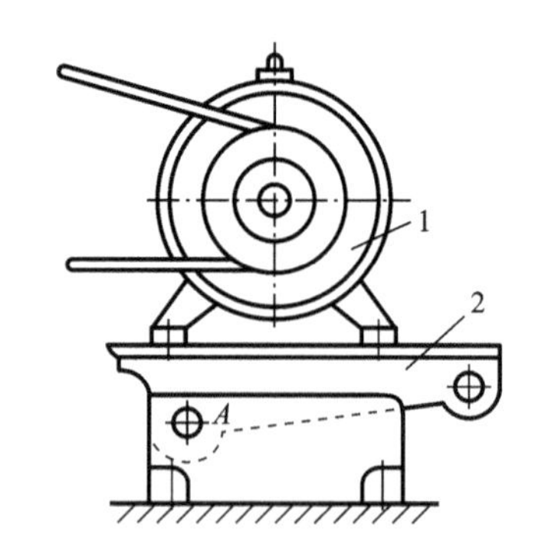

图 9-16　自动张紧装置

1—电动机；2—摇摆架

(2) 自动张紧　把电动机1装在如图 9-16 所示的摇摆架2上，利用电动机的自重，使电动机轴心绕铰点 A 摆动，拉大中心距，达到自动张紧的目的。

2) 张紧轮法

带传动的中心距不能调整时，可采用张紧轮法。图 9-17(a)所示为定期张紧装置，定期调整张紧轮的位置可达到张紧的目的。图 9-17(b)所示为摆锤式自动张紧装置，依靠摆锤重力可使张紧轮自动张紧。

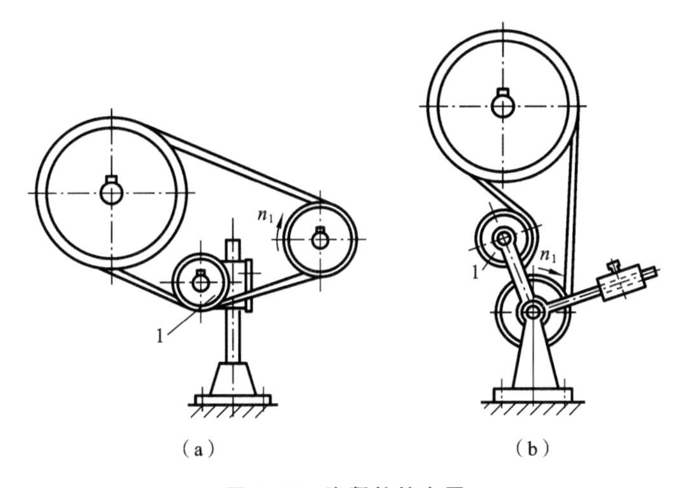

图 9-17　张紧轮的布置

(a) 定期张紧装置；(b) 摆动式自动张紧装置

1—张紧轮

V 带和同步带张紧时，张紧轮一般放在带的松边内侧并应尽量靠近大带轮一边(见图 9-17(a))，这样可使带只受单向弯曲，且小带轮的包角不致过小。

平带传动时，张紧轮一般应放在松边外侧(见图 9-17(b))，并要靠近小带轮。这样小带轮包角可以增大，从而提高平带的传动能力。

2. 带传动的安装与维护

正确的安装和维护是保证带传动正常工作、延长胶带使用寿命的有效措施，一般应注意以下几点。

(1) 平行轴传动时各带轮的轴线必须保持规定的平行度。V 带传动主、从动轮轮槽必须调整在同一平面内，误差不得超过 20′，否则会引起 V 带的扭曲，使两侧面过早磨损，如图 9-18 所示。

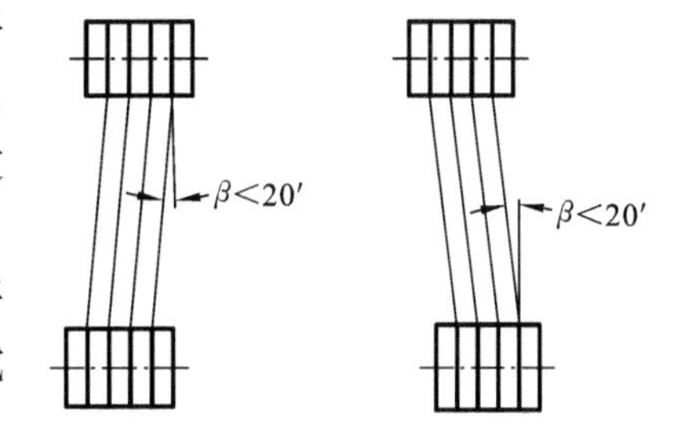

图 9-18　带轮的安装位置

(2) 套装带时不得强行撬入。应先将中心距缩小，将带套在带轮上，再逐渐调大中心距拉紧带，直至所加测试力 $\boldsymbol{F}$ 满足规定的挠度 $y=1.6a/100$ 为止。

(3) 对带传动应定期检查及时调整，发现 V 带损坏应及时更换，新旧带、普通 V 带和窄 V 带、不同规格的 V 带均不能混合使用。

(4) 带传动装置必须安装安全防护罩。这样既可防止绞伤人，又可以防止灰尘、油及其他杂物飞溅到带上影响传动。

9.4　链传动的组成及类型

9.4.1　链传动的组成

链传动是一种具有中间挠性件(链)的啮合传动装置，依靠链条与链轮轮齿的啮合来传递运动和动力。它由链条、主动链轮、从动链轮及机架组成，如图 9-19 所示。

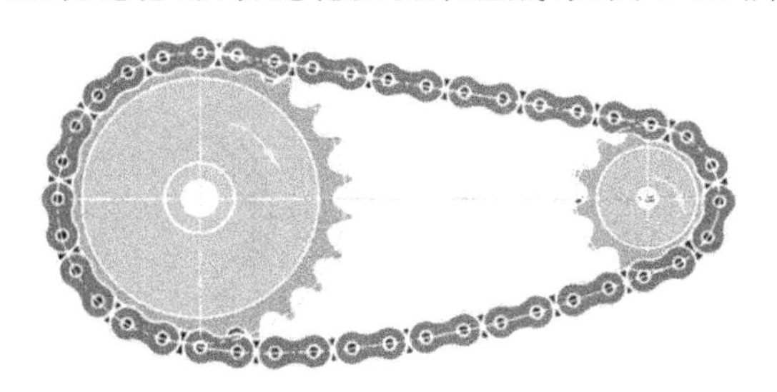

图 9-19　链传动简图

9.4.2　链传动的类型

链的种类繁多，按用途来分，链可分为三大类。

(1) 传动链，用于一般机械传动。

(2) 输送链，在各种输送装置和机械化装卸设备中，用于输送物品。

(3) 起重链，在起重机械中用于提升重物。

在一般机械传动装置中，通常应用的是传动链。根据结构的不同，传动链又可分为滚子链、套筒链、弯板链、齿形链等多种，如图 9-20 所示。

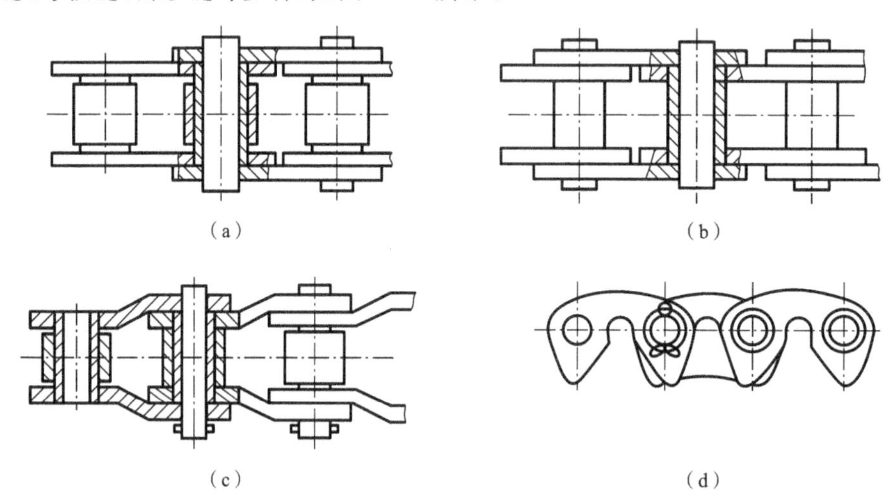

图 9-20　传动链的类型

(a) 滚子链；(b) 套筒链；(c) 弯板链；(d) 齿形链

9.4.3　滚子链

1. 滚子链的结构

在链传动中，滚子链的应用最为广泛。滚子链由内链板 1、外链板 2、销轴 3、套筒 4 和滚子 5 组成，如图 9-21(a)所示。两片外链板与销轴采用过盈配合连接，构成外链节，如图 9-21(b)所示。两片内链板与套筒也为过盈配合连接，构成内链节，如图 9-21(c)所示。销轴穿过套筒，将内、外链节交替连接成链条。套筒、销轴间为间隙配合，因而内、外链节可相对转动。滚子与套筒间亦为间隙配合，使链条与链轮啮合时形成滚动摩擦，以减轻磨损。链板制成“8”字形，使链板各截面强度大致相等，并减轻质量。

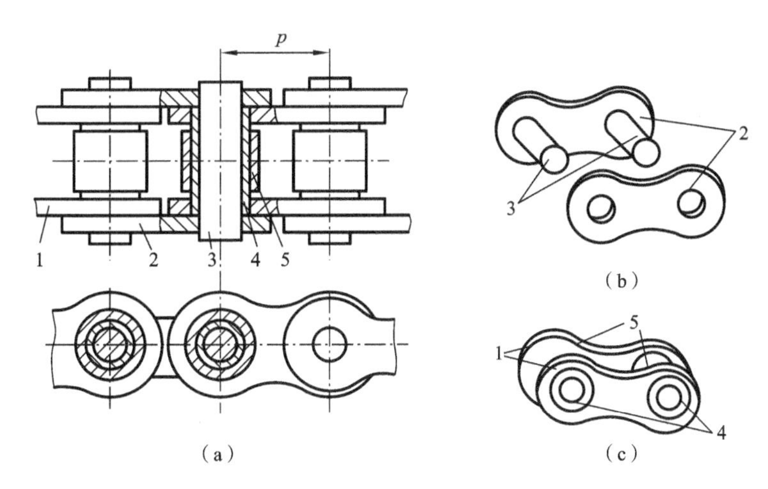

图 9-21　滚子链的结构

(a) 滚子链构成；(b) 单排外链节；(c) 单排内链节

1—内链板；2—外链板；3—销轴；4—套筒；5—滚子

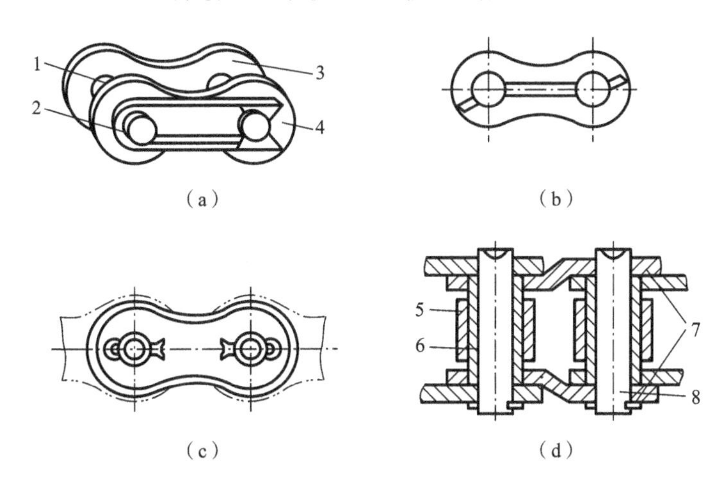

图 9-22　滚子链的接头和止锁形式

(a) 单排连接链节；(b) 钢丝锁销；(c) 开口销止锁；(d) 单排过渡链节

1—连接销轴；2—弹性锁片；3—外链板；4—连接链板；5—滚子；6—套筒；7—弯链板；8—过渡销轴

2. 链节数与滚子链的接头形式

滚子链的接头形式如图 9-22 所示。当链节数为偶数时，内、外链板正好相接，可直接采用连接链节，如图 9-22(a)所示。当节距较小时，常采用弹性锁片锁住连接链板；节距较大时，止锁件多用钢丝锁销(见图 9-22(b))或开口销(见图 9-22(c))。一般推荐用弹性锁片和钢丝锁销。当链节数为奇数时，接头可用过渡链节，如图 9-22(d)所示。过渡链节的链板为了兼做内、外链板，形成弯链板，工作时受附加弯曲作用，使承载能力降低 20%。因此，应尽量采用偶数链节。

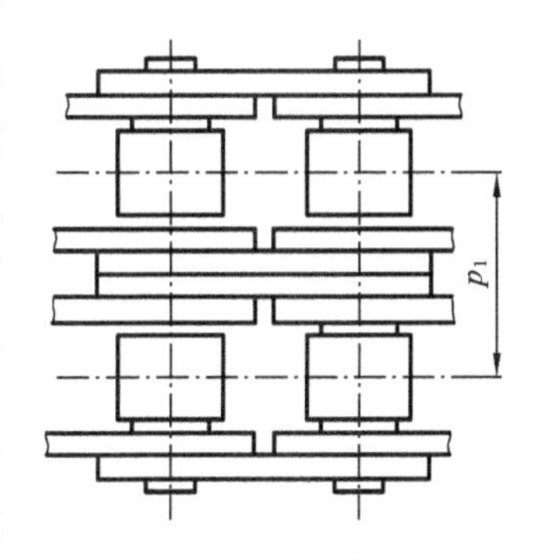

图 9-23　双排滚子链

当传递大功率时，可采用双排链(见图 9-23)或多排链。多排链的承载能力与排数成正比 。但由于制造精度不易保证，容易受载不均，因此排数不宜过多，一般不超过 4 排。

3. 滚子链的标准规格

两相邻销轴中心间的距离称为节距。节距 p 为链条的基本参数。节距越大，链条各零件的尺寸越大，其承载能力也越大。滚子链已标准化(GB/T 1243—2006)，按极限拉伸载荷的大小分为 A、B 两个系列。部分滚子链的规格、基本参数和尺寸见表 9-9。链号数乘以 25.4/16 mm 即为节距。

表 9-9　滚子链规格和主要参数(摘自 GB/T 1243—2006)

链号	节距 P/mm	排距 P_1/mm	滚子外径 d_1/mm	内链节内宽 b_1/mm	销轴直径 d_2/mm	内链节外宽 b_2/mm	销轴长度		内链板高度 h_2/mm	极限拉伸载荷 F_{Qmin}/N		单排质量 q/(kg/m)
							单排 b_4/mm	双排 b_t/mm		单排	双排	
05B	8.00	5.64	5.00	3.00	2.31	4.77	8.6	14.3	7.11	4400	7800	0.18
06B	9.252	10.24	6.35	5.72	3.28	8.53	13.5	23.8	8.26	8900	16900	0.40
08B	12.7	13.92	8.51	7.75	4.45	11.30	17.01	31.0	11.81	17800	31100	0.70
08A	12.7	14.38	7.95	7.85	3.96	11.18	17.8	32.3	12.07	13800	27600	0.6
10A	15.875	18.11	10.16	9.40	5.08	13.84	21.8	39.9	15.09	21800	43600	1.0
12A	19.05	22.78	11.91	12.57	5.94	17.75	26.9	49.8	18.08	31100	62300	1.5
16A	25.4	29.29	15.88	15.75	7.92	22.61	33.5	62.7	24.13	55600	112100	2.6
20A	31.75	35.76	19.05	18.9	9.53	27.46	41.1	77.0	30.18	86700	173500	3.8
24A	38.10	45.44	22.23	25.22	11.10	35.46	50.8	96.3	36.20	124600	249100	5.6
28A	44.45	48.87	25.4	25.22	12.70	37.19	54.9	103.6	42.24	169000	338100	7.5
32A	50.8	58.55	28.58	31.55	14.27	45.21	65.5	124.2	48.26	222400	444800	10.1
40A	63.5	71.55	39.68	37.85	19.54	54.89	80.3	151.9	60.33	347000	693900	16.1
48A	76.2	87.83	47.63	47.35	23.80	67.82	95.5	183.4	72.39	500400	1000800	22.6

注：1. 极限拉伸载荷也可用 kgf 表示，取 1 kgf=9.8 N；

2. 过渡链节的极限拉伸载荷按 $0.8F_Q$ 计算；

3. 滚子链的标记规定链号 --- 排数×链节数 标准代号。

9.4.4　滚子链链轮

1. 链轮齿形

GB/T 1243—2006 规定的齿槽形状为双圆弧齿形，如图 9-24 所示。标准规定了最大最小齿槽形状，凡在两者之间的各标准齿形均可采用。另外，亦可采用三圆弧一直线齿廓，如图9-25所示。链轮的轴向齿廓有圆弧(A 型)和直线(B 型)。圆弧形齿廓有利于链节的啮入和退出。

当链轮轮齿采用标准齿形且用标准刀具加工时，在链轮工作图上不需绘出端面齿形，只要在图右上角列表注明链轮的基本参数和“齿形按 GB/T 1243—2006 制造”即可，而链轮的轴向齿廓则需在工作图上绘出，以便车削链轮毛坯。

2. 链轮的尺寸参数

滚子链链轮的形状如表 9-10 中的图所示。若已知节距 p、滚子外径 d_1 和齿数 z 时，链轮的主要尺寸按表 9-10 中的公式计算。

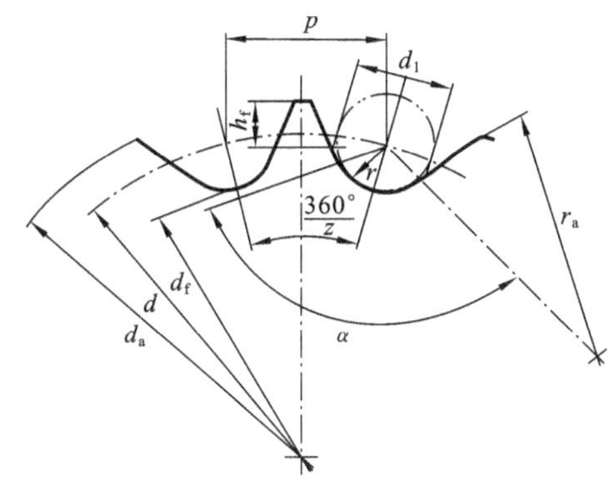

图 9-24 双圆弧齿形

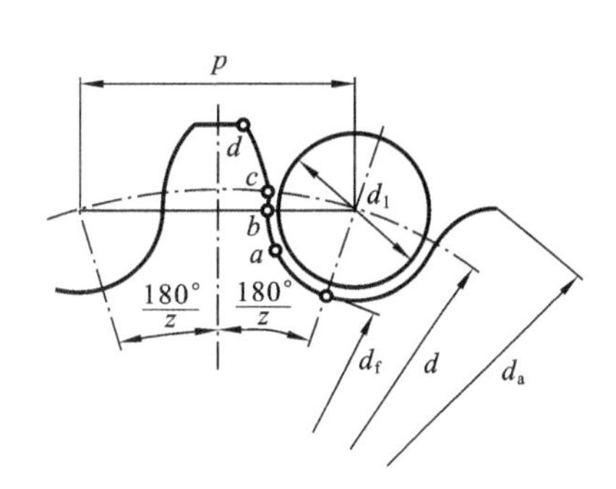

图 9-25 三圆弧一直线齿形

表 9-10 滚子链链轮主要尺寸

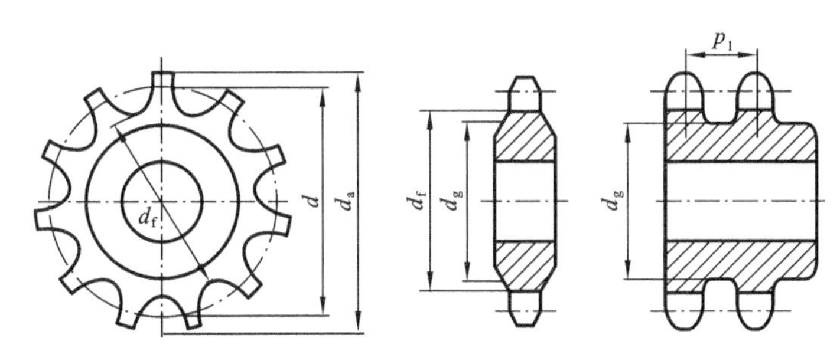

名　称	符号	计 算 公 式	备　注
分度圆直径	d	$d=\frac{p}{\sin(180°/z)}$	
齿顶圆直径	d_a	$d_{amax}=d+1.25p-d_1$ $d_{amin}=d+\left(1-\frac{1.6}{z}\right)p-d_1$ 若为三圆弧一直线齿形，则 $d_a=p[0.54+\cot(180°/z)]$	可在 d_{amax} 和 d_{amin} 范围内任意选取，但选用 d_{amax} 时，若采用展成法加工，可能造成顶切
齿根圆直径	d_f	$d_f=d-d_1$	
齿侧凸缘（或排间槽直径）	d_g	$d_g=p\cot\frac{180°}{z}-1.04h_2-0.76$	h_2—内链板高度

注：d_a、d_g 计算值舍小数取整数，其他尺寸精确到 0.01 mm。

3. 链轮材料

链轮轮齿应具有足够的疲劳强度、耐磨性和耐冲击性，故链轮材料多采用渗碳钢和合金钢，如 15、20、20Cr 等经渗碳淬火，热处理后齿面硬度均在 46 HRC 以上。高速轻载时，可采用夹布胶木，以使传动平稳，减少噪声。

由于小链轮轮齿的啮合次数比大链轮多，所受冲击和磨损也较严重，故应采用较好的材料。

4. 链轮结构

链轮的结构如图 9-26 所示。直径小的链轮制成实心式(见图 9-26(a));中等尺寸的链轮做成孔板式(见图 9-26(b));直径较大时,可采用组合式结构(见图 9-26(c)、(d))。图 9-26(c)所示为齿圈式的焊接结构;图 9-26(d)所示为将齿圈用螺栓连接在轮芯上的装配结构,以便更换磨损的齿圈。

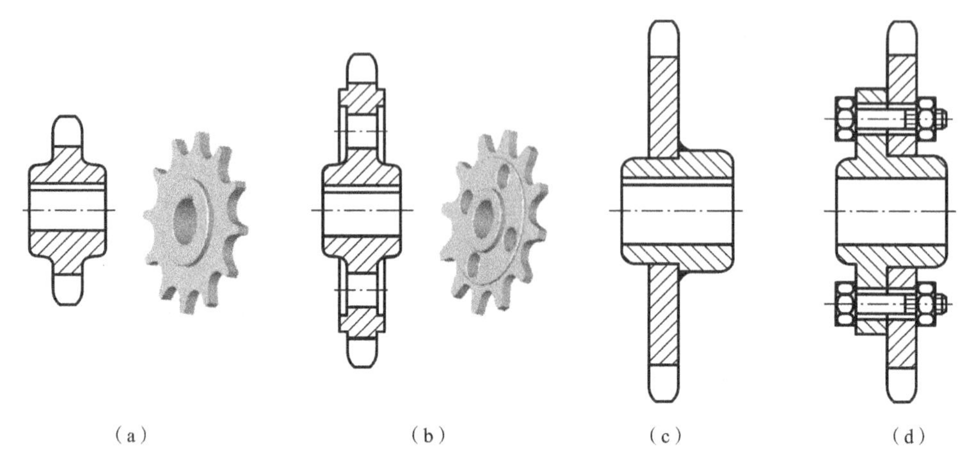

图 9-26　链轮的二维和三维结构

(a) 实心式;(b) 孔板式;(c) 焊接式;(d) 装配式

9.5　链传动的工作情况分析

9.5.1　链传动的运动多边形效应

1. 链传动的平均速度与平均传动比

由于链绕在链轮上,链节与相应的轮齿啮合后这一段链条曲折成正多边形的一部分(见图 9-27)。完整的正多边形的边长为链条的节距 p,边数等于链轮齿数 z。链轮每转一圈,随之转过的链长为 zp,故链的平均速度

$$v=\frac{z_1 n_1 p}{60\times 1000}=\frac{z_2 n_2 p}{60\times 1000}\ \text{(m/s)} \tag{9-21}$$

式中:z_1、z_2——主、从动轮齿数;

n_1、n_2——主、从动轮的转速(r/min);

p——链的节距(mm)。

链传动的平均传动比为

$$i=n_1/n_2=z_2/z_1$$

2. 链传动的瞬时速度与瞬时传动比

如图 9-27 所示,链轮转动时,绕在其上的链条的销轴轴心沿链轮节圆(半径为 r_1)运动,而链节其余部分的运动轨迹基本不在节圆上。设链轮以角速度 ω_1 转动时,该链轮的销轴轴心 A 作等速圆周运动,其圆周速度 $v_1=r_1\omega_1$。

为便于分析,设链在转动时主动边始终处于水平位置。v_1 可分解为沿链条前进方向的水平分速度 v 和上下垂直运动的分速度 v'_1,其值分别为

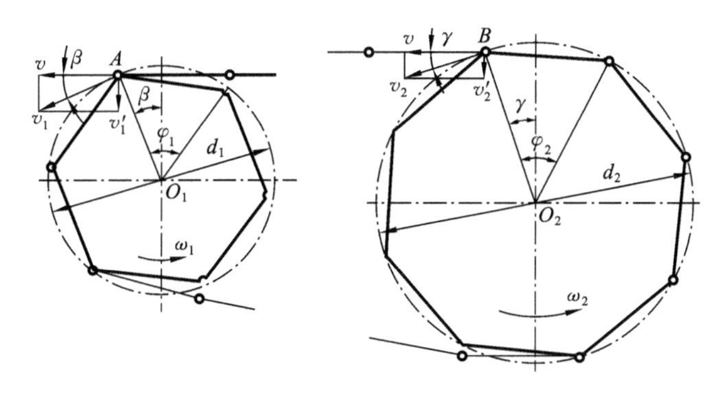

图 9-27　链传动的速度分析

$$v=v_1\cos\beta=r_1\omega_1\cos\beta$$

$$v'_1=v_1\sin\beta=r_1\omega_1\sin\beta$$

式中：β——A 点处圆周速度与水平线的夹角。

由图可知，链条的每一链节在主动链轮上对应的中心角为 φ_1（$\varphi_1=360°/z_1$），则 β 角的变化范围为（$-\varphi_1/2\sim\varphi_1/2$）。显然，当 $\beta=\pm\varphi_1/2$ 时，链速最小，$v_{\min}=r_1\omega_1\cos(\varphi_1/2)$；当 $\beta=0$ 时，链速最大，$v_{\max}=r_1\omega_1$。所以，主动链轮作等速回转时，链条前进的瞬时速度 v 周期性地由小变大，又由大变小，每转过一个节距就变化一次。与此同时，v'_1 的大小也在周期性地变化，使链节减速上升，然后加速下降。

设从动轮角速度为 ω_2，圆周速度为 v_2，由图 9-27 可知

$$v_2=\frac{v}{\cos\gamma}=\frac{r_1\omega_1\cos\beta}{\cos\gamma}=r_2\omega_2 \tag{9-22}$$

所以瞬时传动比为

$$i_{12}=\frac{\omega_1}{\omega_2}=\frac{r_2\cos\gamma}{r_1\cos\beta} \tag{9-23}$$

随着 β 角和 γ 角的不断变化，链传动的瞬时传动比也不断变化。当主动链轮以等角速度回转时，从动链轮的角速度将周期性地变化。只有在 $z_1=z_2$，且传动的中心距恰为节距 p 的整数倍时，传动比才可能在啮合过程中保持不变，恒为 1。

由上面分析可知，链轮齿数 z 越小，链条节距 p 越大，链传动的运动不均匀性越严重。

3. 链传动的动载荷

链传动中的动载荷主要由以下因素产生。

(1) 链速 v 的周期性变化产生的加速度 a 对动载荷的影响。

$$a=\frac{\mathrm{d}v}{\mathrm{d}t}=-r_1\omega_1^2\sin\beta \tag{9-24}$$

当销轴位于 $\beta=\pm\varphi_1/2$ 时，加速度达到最大值，即

$$a_{\max}=\pm r_1\omega_1^2\sin\frac{\varphi_1}{2}=\pm r_1\omega_1^2\sin\frac{180°}{z}=\pm\frac{\omega_1^2 p}{2} \tag{9-25}$$

式中：$r_1=\dfrac{p}{2\sin(180°/z)}$。

由上式可知，当链的质量相同时，链轮转速越高，节距越大，则链的动载荷就越大。

(2) 链的垂直方向分速度 v'的周期性变化会导致链传动的横向振动，它也是链传动载荷

中很重要的一部分。

(3) 当链条的铰链啮入链轮齿间时，由于链条铰链作直线运动而链轮轮齿作圆周运动，两者之间的相对速度造成啮合冲击和动载荷。

由以上分析的几种主要原因，造成链传动有不平稳现象、冲击和动载荷，这是链传动的固有特性，称为链传动的多边形效应。

另外，由于链和链轮的制造误差、安装误差，以及由于链条的松弛，在启动、制动、反转、突然超载或卸载情况下出现的惯性冲击，也将增大链传动的动载荷。

9.5.2 链传动的受力分析

1. 作用在链条上的力

(1) 圆周力 F(链的有效拉力 F_e)。

$$F=\frac{1000P}{v}\ (\mathrm{N}) \tag{9-26}$$

式中：P——传递的功率(kW)；

v——链速(m/s)。

(2) 离心拉力 F_c。

$$F_c=qv^2\ (\mathrm{N}) \tag{9-27}$$

式中：q——单位长度链条的质量(kg/m)。

(3) 悬垂拉力 F_y。

$$F_y=K_y qga\ (\mathrm{N}) \tag{9-28}$$

式中：K_y——下垂度为 $y=0.02a$ 时的垂度系数(见表9-11)；

g——重力加速度，$g=9.81\ \mathrm{m/s^2}$；

a——中心距(mm)。

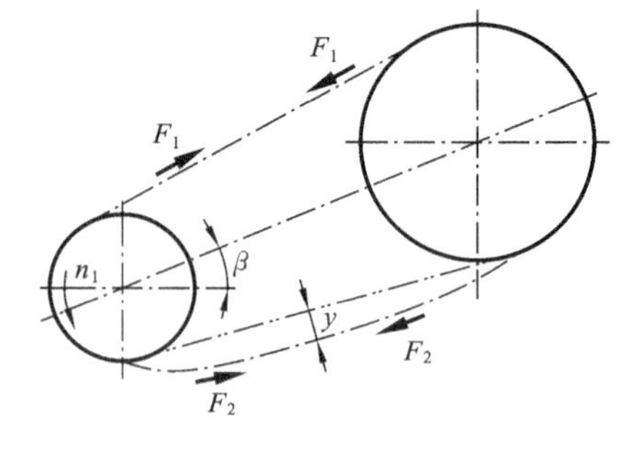

图 9-28　链传动的受力分析

表 9-11　垂度系数 K_y

布置方式	K_y	
水平布置	7	
倾斜布置	$\beta=30°$	6
	$\beta=60°$	4
	$\beta=75°$	2.5
垂直布置	1	

2. 紧边拉力 F_1 和松边拉力 F_2

紧边拉力由三部分组成，即

$$F_1=F+F_c+F_y \tag{9-29}$$

松边拉力由两部分组成，即

$$F_2=F_c+F_y \tag{9-30}$$

3. 作用在轴上的压力 F_r

$$F_r\approx 1.2K_A F \tag{9-31}$$

9.6　链传动的设计计算

9.6.1　链传动的失效形式

1. 失效形式

链传动的失效多为链条失效。主要表现在以下几个方面。

(1) 链条疲劳破坏　链传动时，由于链条在松边和紧边所受拉力不同，故其在运行中受变应力作用。经多次循环后，链板将发生疲劳断裂，或套筒、滚子表面出现疲劳点蚀。在润滑良好时，疲劳强度是决定链传动能力的主要因素。

(2) 销轴磨损与脱链　链传动时，销轴与套筒间的压力较大，又有相对运动，若再润滑不良，导致销轴，套筒严重磨损，链条平均节距增大。达到一定程度后，将破坏链条与链轮的正确啮合，发生跳齿而脱链。这是常见的失效形式之一。开式传动极易引起铰链磨损，急剧降低链寿命。

(3) 销轴和套筒的胶合　在高速重载时，链节所受冲击载荷、振动较大，销轴与接触表面间难以形成中间油膜层，导致摩擦严重且产生高温，在重载作用下发生胶合。胶合限定了链传动的极限转速。

(4) 滚子和套筒的冲击破坏　链传动时不可避免地产生冲击和振动，导致滚子、套筒因受冲击而破坏。

(5) 链条的过载拉断　低速重载的链传动在过载时，链条易因静强度不足而被拉断。

2. 设计准则

(1) 极限功率曲线　在一定使用寿命和润滑良好条件下，链传动的各种失效形式的极限功率曲线如图9-29所示。曲线1是在正常润滑条件下，铰链磨损限定的极限功率；曲线2是链板疲劳强度限定的极限功率；曲线3是套筒、滚子冲击疲劳强度限定的极限功率；曲线4是铰链胶合限定的极限功率。图中阴影部分为实际使用的区域。若润滑不良、工况环境恶劣时，磨损将很严重，其极限功率大幅度下降，如图中虚线所示。

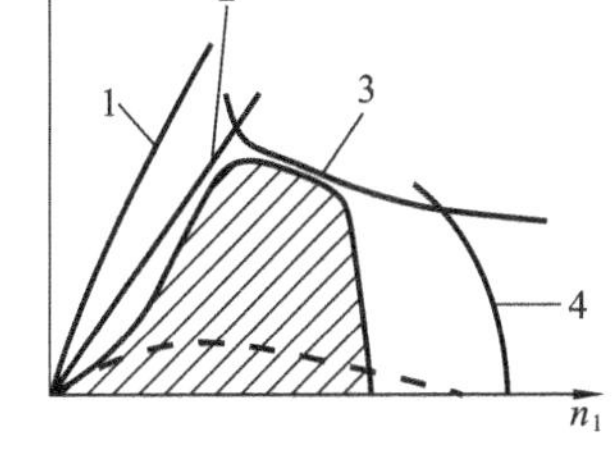

图9-29　滚子链的极限功率曲线

(2) 额定功率曲线　链传动的承载能力受到不同失效形式的限制。试验研究表明，对于中等速度、润滑良好的传动，承载能力主要受链板疲劳断裂的限制；当小链轮转速较高时，承载能力主要取决于滚子和套筒的冲击疲劳强度；转速再高时，则要受到销轴和套筒抗胶合能力的限制。图9-30所示为A系列滚子链的额定功率曲线。可以看出，每种链所允许传递的功率均随转速升高而增大，达到一定转速后反而降低。折线以下为其安全区。

额定功率曲线是在规定试验条件下试验并考虑安全裕量后得到的。试验条件为：① 两链轮安装在水平轴上并共面；② 小链轮齿数 $z=19$；③ 链节数 $L_p=100$ 节；④ 单排链，载荷平稳；⑤ 按推荐的润滑方式；⑥ 满载荷运转15000 h；⑦ 链条因磨损而引起的相对伸长量不超过3%；⑧ 链速 $v>0.6$ m/s。

若链传动的润滑方式与荐用的润滑方式不符，额定功率 P_0 值应予降低；润滑不良且 $v\leqslant 1.5$ m/s时，降至$(0.3\sim0.6)P_0$；润滑不良且 $1.5\ \text{m/s}\leqslant v\leqslant 7$ m/s时，降至$(0.15\sim0.3)P_0$。

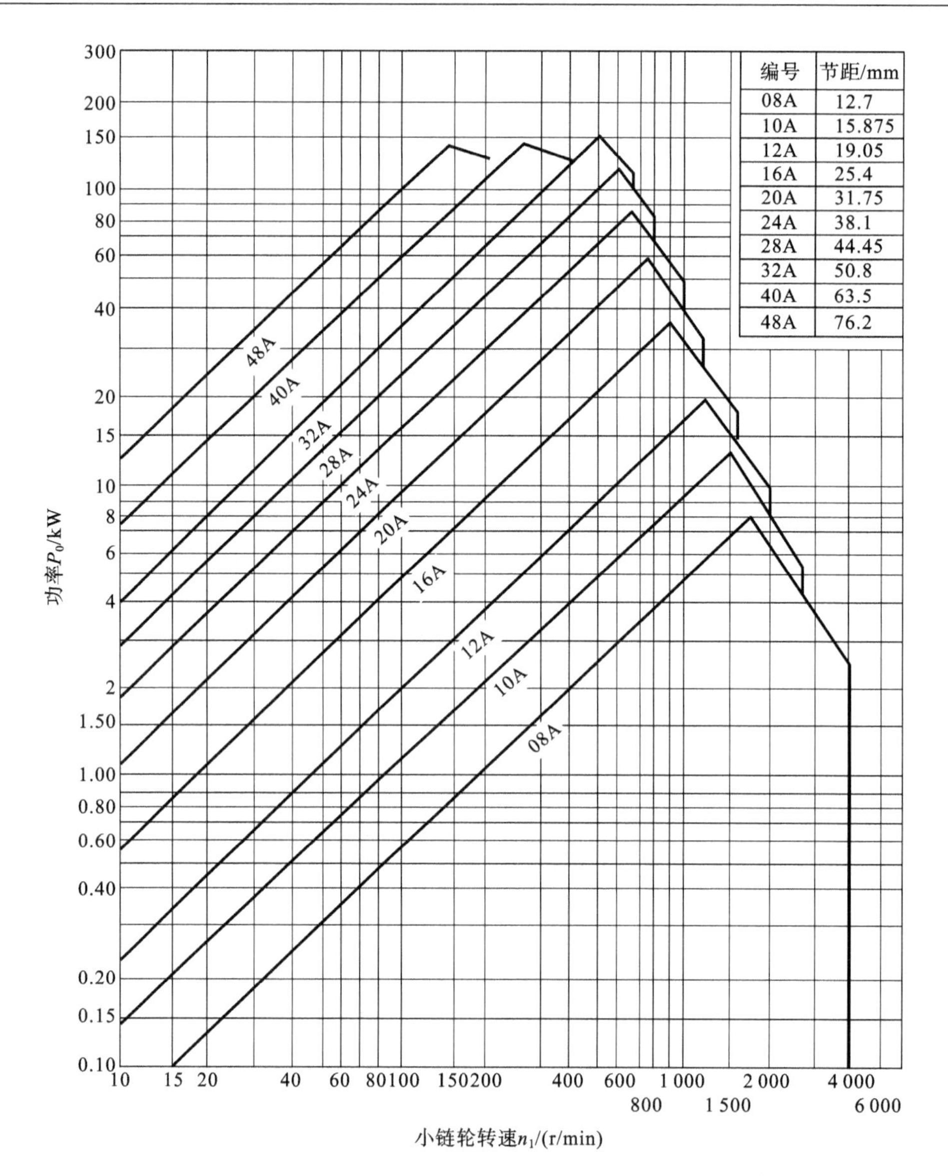

图 9-30　A 系列滚子链(v>0.6 m/s)的额定功率曲线

9.6.2　链传动的设计内容

设计链传动时，一般已知传递的功率 P，小链轮转速 n_1，大链轮转速 n_2 或传动比 i，载荷情况和使用条件等。须确定链号(节距)，链轮的齿数 z_1、z_2，链节数 L_p，中心距 a，链条工作拉力以及链轮的结构尺寸和传动润滑方式等。

9.6.3　链传动的设计步骤

链传动的主要参数对传动的影响和选择方法如下。

1. 链轮齿数 z_1、z_2 和传动比 i

小链轮齿数 z_1 小，动载荷增大，传动平稳性差，链条很快磨损。因此要限制小链轮的最少齿数 z_{min}，一般 $z_{min}>17$。链速很低时，z_1 可少至 9。z_1 亦不可过多，否则传动尺寸太大。推荐

z_1 按 $z_1 \approx 29-2i$ 选取。

大链轮齿数 $z_2=iz_1$，应使 $z_2 \leqslant z_{max}=120$。$z_2$ 过多，磨损后的链条更易从轮上脱落。

通常，链传动的传动比 $i \leqslant 6$。推荐 $i=2\sim3.5$。

当链速在 0.6～3 m/s 之间时，$z_1 \geqslant 17$；当链速在 3～8 m/s 之间时，$z_1 \geqslant 21$；当链速＞8 m/s时，$z_1 > 25$。

由于链节数常为偶数，为使磨损均匀，链轮齿数一般应取与链节数互为质数的奇数，并优先选用数列 17、19、21、23、25、38、57、76、85、114 中的数。

2. 计算额定功率 P_0

对于一般 $v>0.6$ m/s 的链传动，主要失效形式为疲劳破坏，按许用功率进行计算。链传动的实际工作条件往往与规定的试验条件不同，必须对 P_0 进行修正。实际条件下链条所能传递的功率即许用功率[P]应不小于计算功率 P_d，即

$$[P] \geqslant P_d$$

亦即

$$P_0 K_z K_L K_m \geqslant K_A P \tag{9-32}$$

设计时，先计算出所需的额定功率 P_0：

$$P_0 = \frac{K_A P}{K_z K_L K_m} \tag{9-33}$$

式中：P——链传动的名义功率(kW)

K_A——工况系数(见表 9-12)；

K_z——小链轮齿数系数(见表 9-13)，根据计算功率 P_d 和小链轮转速 n_1 按图 9-30 选择取值，当链轮转速使工作处于额定功率曲线凸峰左侧时(受链板疲劳限制)，查取 K_z 值，当工作处于曲线凸峰右侧(受滚子、套筒冲击疲劳限制)时，取 K_z'；

K_L——链长系数(见表 9-14)，K_L、K_L' 的查法同 K_z；

K_m——多排链系数，当链排数 $m=1$ 时 $K_m=1.0$，$m=2$ 时 $K_m=1.7$，$m=3$ 时 $K_m=2.5$，$m=4$ 时 $K_m=3.3$。

表 9-12　工况系数 K_A

载荷种类	工　作　机	动　力　机		
		内燃机-液力传动	电动机或汽轮机	内燃机-机械传动
平稳载荷	液体搅拌机；中小型离心式鼓风机；离心式压缩机；轻型输送机；离心泵；均匀载荷的一般机械	1.0	1.0	1.2
中等冲击	大型或不均匀载荷的输送机；中型起重机和提升机；农业机械；食品机械；木工机械；干燥机；粉碎机	1.2	1.3	1.4
较大冲击	工程机械；矿山机械；石油机械；石油钻井机械；锻压机械；冲床；剪床；重型起重机；振动机械	1.4	1.5	1.7

表 9-13　小链轮齿数系数 K_z(K_z')

Z_1	9	11	13	15	17	19	21	23	25	27
K_z	0.446	0.554	0.664	0.775	0.887	1.00	1.11	1.23	1.34	1.46
K_z'	0.326	0.441	0.566	0.701	0.846	1.00	1.16	1.33	1.51	1.60

表 9-14　链长系数 $K_L(K'_L)$

链节数 L_P	50	60	70	80	90	100	110	120	130	140	150	180	200	220
K_L	0.835	0.87	0.92	0.945	0.97	1.00	1.03	1.055	1.07	1.10	1.135	1.175	1.215	1.265
K'_L	0.70	0.76	0.83	0.90	0.95	1.00	1.055	1.10	1.15	1.175	1.26	1.34	1.415	1.50

注：L_P 为其他数值时，用插值法求 K_L 和 K'_L。

3. 初定中心距 a_0 和链节数 L_P

1) 初定中心距 a_0

中心距大时，单位时间内链节应力循环次数少，磨损慢，链的使用寿命长。而且小链轮上包角较大，同时啮合齿数较多，对传动有利。但中心距过大，链条的松边易上下颤动。最大中心距 $a_{max}=80p$。最小中心距应保证小链轮上包角不小于 120°。初定中心距 a_0 时，可在(30～50)p 间选取。

2) 计算链节数 L_P

链条的长度常用链节数 L_P 表示，链条总长为 $L=pL_P$(mm)。

$$L_P=\frac{2a_0}{p}+\frac{z_1+z_2}{2}+\left(\frac{z_2-z_1}{2\pi}\right)^2\frac{p}{a_0} \tag{9-34}$$

计算出的 L_P 应圆整成相近的偶数。

4. 选择链条型号，确定链的节距 p

根据 P_0 和小链轮的转速 n_1，查图 9-30 确定滚子链的型号和节距。

p 是链传动最主要的参数，决定链传动的承载能力。在一定条件下，p 越大，承载能力越高，但引起冲击、振动和噪声也越大。为使传动平稳和结构紧凑，尽量使用节距较小的单排链。在高速、大功率时，可选用小节距多排链。

5. 验算链速 v

$$v=\frac{z_1n_1p}{60\times1000}$$

当 $v<0.6$ m/s 时，需进行链的静强度计算。当 $v>0.6$ m/s 时，失效形式为疲劳破坏。

6. 确定中心距 a

中心距

$$a=\frac{p}{4}\left[\left(L_P-\frac{z_1+z_2}{2}\right)+\sqrt{\left(L_P-\frac{z_1+z_2}{2}\right)^2-8\left(\frac{z_2-z_1}{2\pi}\right)^2}\right] \tag{9-35}$$

为保证链条松边有合适的垂度，即 $y=(0.01\sim0.02)a$，实际中心距 a' 要比理论中心距 a 小 2～3 mm，以便张紧。$\Delta a=a-a'$，通常 $\Delta a=(0.002\sim0.004)a$，中心距可调时取较大值，不可调时则取较小值。

7. 确定润滑方式

根据链节距 p 和链速 v，查图 9-31，确定润滑方式。

8. 静强度计算

对于 $v<0.6$ m/s 的链传动，其主要失效形式为过载拉断，需进行链的静强度计算。

$$\frac{F_Qm}{K_AF}\leqslant S \tag{9-36}$$

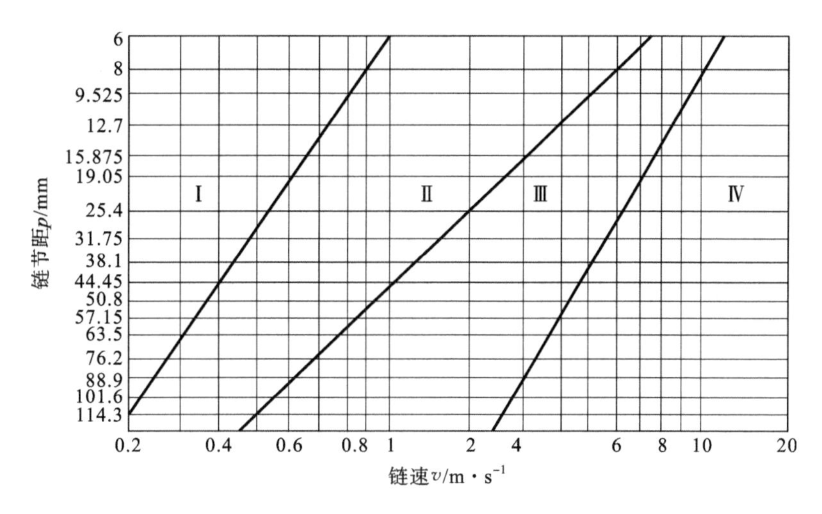

Ⅰ—人工润滑；Ⅱ—滴油润滑；Ⅲ—油浴或飞溅润滑；Ⅳ—油泵压力喷油润滑

图 9-31　建议使用的润滑方式

式中：F_Q——单排极限拉伸载荷(N)，见表 9-9；

m ——链条的排数；

K_A——工况系数，见表 9-12 ；

F ——链条上的圆周力(N)；

S ——静强度安全系数，$S=4\sim8$，多排链取大值。

9.6.4　链传动的特点及应用

链传动的主要优点：与摩擦型带传动相比，无弹性滑动和打滑现象，平均传动比准确，工作可靠，效率较高(封闭式链传动的传动效率 $\eta=0.95\sim0.98$)；传动功率大，过载能力强，相同工况下的传动尺寸小；所需张紧力小，作用于轴上的压力小；能在高温、多尘、潮湿、有污染等恶劣环境中工作。与齿轮传动相比，制造和安装精度要求较低，成本低，易于实现较大中心距的传动或多轴传动。

链传动的主要缺点：瞬时的链速和传动比不恒定，传动平稳性较差，有噪声。

链传动适用于中心距较大又要求平均传动比准确的传动，环境恶劣的开式传动，低速重载传动，润滑良好的高速传动场合，不宜用于载荷变化很大和急速反向的传动场合。

通常，链传动传递的功率 $P\leqslant100$ kW，链速 $v\leqslant15$ m/s，传动比 $i<8$，传动中心距 $a\leqslant5\sim6$ m。目前，链传动最大的传递功率可达 5000 kW，链速可达 40 m/s，传动比可达 15，中心距可达 8 m。

9.6.5　链传动的运行与维护

1. 链传动的布置

布置链传动时应注意以下几点。

(1) 最好两轮轴线布置在同一水平面内(见图 9-32(a))，或两轮中心连线与水平面成 45°以下的倾斜角(见图 9-32(b))。

(2) 应尽量避免垂直传动。两轮轴线在同一竖直面内时，链条因磨损而垂度增大，使与下链轮啮合的齿数减少或松脱。若必须采用垂直传动时，可采用如下措施：① 中心距可调；② 设置张紧装置；③ 上下两轮错开，使两轮轴线不在同一竖直面内（见图 9-32(c)）。

(3) 主动链轮的转向应使传动的紧边在上（见图 9-32(a)、(b)）。若松边在上方，会由于垂度增大，链条与链轮齿相干扰，破坏正常啮合，或者引起松边与紧边相碰。

2. 链传动的安装与张紧

1) 链传动的安装

两链轮的轴线应平行。安装时应使两轮轮宽中心平面的轴向位置误差 $\Delta e \leqslant 0.002a$，两轮的旋转平面间的夹角 $\Delta\theta \leqslant 0.006$ rad（见图 9-33）。若误差过大，易脱链和增加磨损。为了安全和清洁，链传动常加防护罩或链条箱。

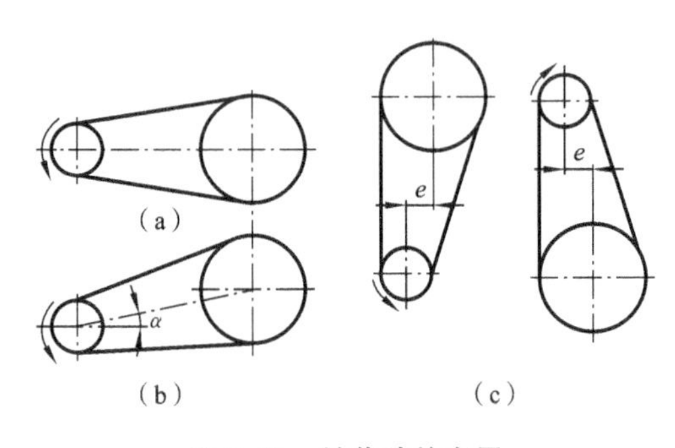

图 9-32 链传动的布置

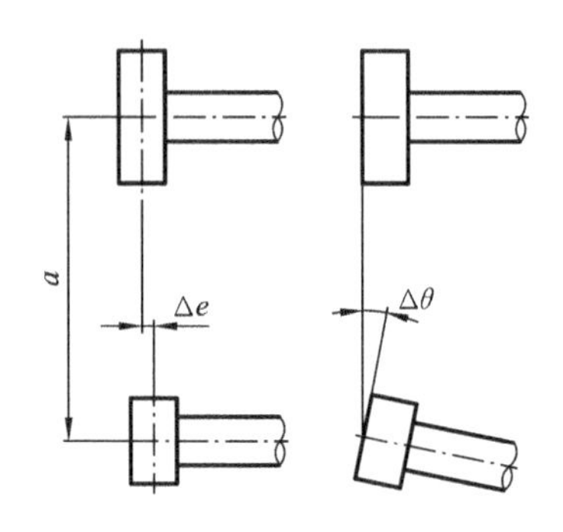

图 9-33 链传动的安装误差

2) 链传动的张紧

(1) 链传动的垂度　链传动松边的垂度可近似认为是两轮公切线与松边最远点的距离。合适的松边垂度推荐为 $y=(0.01\sim0.02)a$。对于重载、经常制动、启动、反转的链传动，以及接近垂直的链传动，松边垂度应适当减小。

(2) 链传动张紧的方法　张紧的目的主要是为了避免链条在垂度过大时造成啮合不良和链条振动，同时也可增大包角。链传动的张紧采用下列方法。

① 调整中心距　增大中心距使链张紧。对于滚子链传动，中心距的可调整量为 $2p$。

② 缩短链长　对于因磨损而变长的链条，可去掉 1～2 个链节，使链缩短而张紧。

③ 采用张紧装置　图 9-34(a)中采用张紧轮，张紧轮一般置于松边靠近小链轮处外侧；图 9-34(b)、(c)采用压板或托板，适宜于中心距较大的链传动。

3. 链传动的润滑

对链传动进行润滑可缓和冲击、减少摩擦和减轻磨损，延长链条使用寿命。

1. 润滑方式

链传动的润滑方式主要有人工润滑、滴油润滑、油浴润滑和喷油润滑。可根据链速和节距由图 9-31 选定。人工润滑时，在链条松边内外链板间隙中注油，每班一次；滴油润滑时，单排链油杯每分钟滴油 5～20 滴，链速高时取大值；油浴润滑时，链条浸油深度 6～12 mm；飞溅润滑时，链条不得浸入油池，甩油盘浸油深度为 12～15 mm。甩油盘的圆周速度大于 3 m/s。

2. 润滑油的选择

润滑油荐用全损耗系统用油，牌号为 L-AN32、L-AN46、L-AN68。温度较低时用

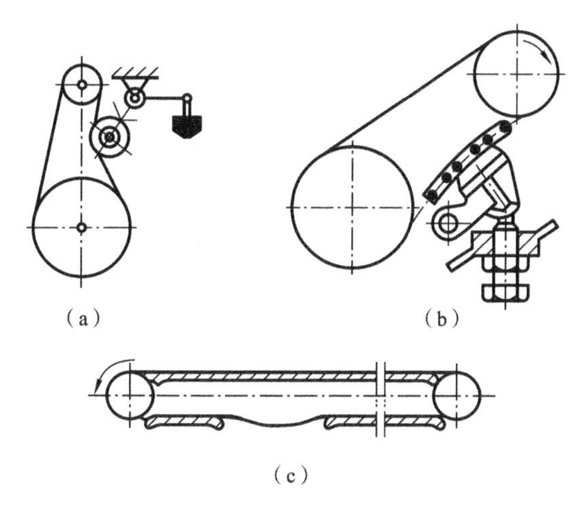

图 9-34　链传动的张紧装置

L-AN32，开式及重载低速传动，可在润滑油中加入 MoS2、WS2 等添加剂。对于不便使用润滑油的场合，可用润滑脂，定期清洗和涂抹。

例 9-2　设计一小型带式输送机传动系统低速级的链传动，运动简图如图 9-35 所示。已知小链轮传动功率 $P=5.1$ kW，$n_1=320$ r/min，传动比 $i=3$，载荷平稳，链传动中心距可调，两轮中心边线与水平面夹角不超过 30°。

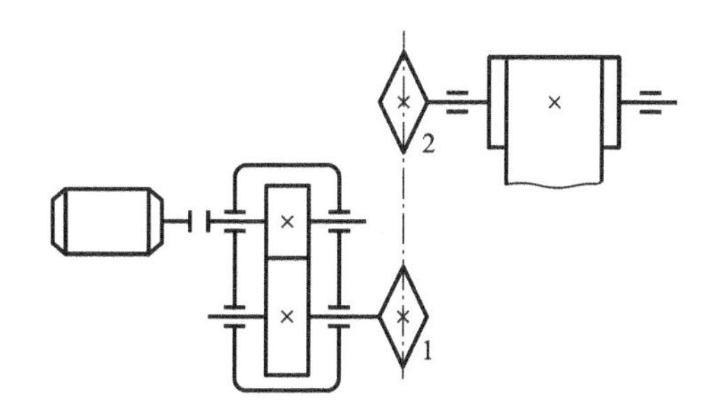

图 9-35　输送机传送系统运动方案图

解　解题过程如下。

计算项目	计算与说明	计算结果
1. 选择链轮齿数 z_1、z_2	小链轮齿数 $z_1=29-2i=29-2\times3=23$ 大链轮齿数 $z_2=3\times23=69$	$z_1=23$ $z_2=69$
2. 确定中心距 a 和链节数 L_P	初定中心距 $a=40p$，由式(9-34)可得 $L_P=\dfrac{2a_0}{p}+\dfrac{z_1+z_2}{2}+\left(\dfrac{z_2-z_1}{2\pi}\right)^2\dfrac{p}{a_0}$ $=\dfrac{2\times40p}{p}+\dfrac{23+69}{2}+\left(\dfrac{69-23}{2\pi}\right)^2\dfrac{p}{40p}=127.34$	取 $L_P=128$ 节

续表

计算项目	计算与说明	计算结果
3. 计算所需的额定功率 P_0	由表 9-12 查得 $K_A=1.0$；已知 $n_1=320$ r/min，由图 9-30 可知，小链轮转速使工作处于额定功率曲线凸峰左侧，由表 9-13查得 $K_z=1.23$；由表 9-14 插值得 $K_L=1.066$；采用单排链，$K_m=1.0$。据式(9-33)得 $P_0=\frac{K_A P}{K_z K_L K_m}=\frac{1.0\times5.1}{1.23\times1.066\times1.0}$ kW $=3.89$ kW	$P_0=3.89$ kW
4. 确定链条型号和链节距 p	据 $P_0=3.89$ kW 和小链轮转速 $n_1=320$ r/min，由图 9-30 选用 12 A 滚子链，节距 $p=19.05$ mm	$p=19.05$ mm
5. 验算链速 v	$v=\frac{z_1 n_1 p}{60\times1000}=\frac{23\times320\times19.05}{60\times1000}$ m/s $=2.34$ m/s>0.6 m/s	$v=2.34$ m/s>0.6 m/s
6. 计算链条长度 L	$L=L_P p=128\times19.05$ mm$=2438.4$ mm	$L=2438.4$ mm
7. 确定中心距 a	由式(9-35)，理论中心距为 $a=\frac{p}{4}\left[\left(L_P-\frac{z_1+z_2}{2}\right)+\sqrt{\left(L_P-\frac{z_1+z_2}{2}\right)^2-8\left(\frac{z_2-z_1}{2\pi}\right)^2}\right]$ $=768.4$ mm	$a=768.4$ mm
8. 圆周力 F	$F=\frac{1000P}{v}=\frac{1000\times5.1}{2.34}$ N$=2180$ N	$F_e=2180$ N
9. 作用于轴上的力 F_r	$F_r\approx1.2K_A F=1.2\times1.0\times2180$ N$=2616$ N	$F_r=2616$ N
10. 选择润滑方式	根据 $v=2.34$ m/s 和 $p=19.05$ mm，查图 9-31 可知，选Ⅱ区滴油润滑	Ⅱ区滴油润滑
11. 链轮结构设计	(略)	

设计结果：滚子链型号为 12A-1×128 GB/T 1243—2006，链轮齿数 $z_1=23$，$z_2=69$，中心距 $a=768.4$ mm，压轴力为 2616 N。

本章小结

(1) 带传动和链传动都属于挠性体传动。

(2) 带传动主要由传动带、主从动带轮组成。带传动类型很多，主要有平带传动、V 带传动和圆带传动，常用普通 V 带传动。普通 V 带截面呈等腰梯形，截面尺寸已标准化，有 Y、Z、A、B、C、D、E 七种。有绳芯和帘布芯两种结构形式。

(3) 带传动是靠摩擦传动运动和动力的，安装时，带以一定大小的初拉力 F_0 紧套在两带轮上，工作时，产生紧边拉力 F_1 和松边拉力 F_2，紧松边拉力差为有效拉力 F_e。有效拉力有其最大值，当外载荷超过其最大值时出现打滑现象。正常工作时必须避免打滑发生。

(4) 由于传动带是弹性体，受力产生弹性变形，其变形量与力的大小成正比。带在紧边与松边伸长量不同，当带绕上带轮时，产生相对滑动，这种滑动称为弹性滑动，是带传动的一种固有属性。弹性滑动影响带传动的传动比。

(5) 带传动中的带主要分布的应力有拉应力、弯曲应力和离心应力。带运动到不同位置时其中的应力不同，刚绕上小带轮处的应力最大。带在变应力下工作的主要失效形式为疲劳断裂。

(6) 带传动的设计主要是确定带的型号、长度、根数，主从动带轮的节圆直径以及带传动的中心距等。

(7) 链传动主要是由链条、主从动链轮组成的。在链传动中，滚子链的应用最为广泛。滚子链已标准化(GB 1243—2006)，按极限拉伸载荷的大小分为 A、B 两个系列，A 系列最为常用。链轮的结构多用三圆弧一直线齿廓。

(8) 由于链条刚性地绕在链轮上形成多边形，当主动链轮匀速转动时，链条、从动链轮均作周期性变速运动，造成链传动不平稳，产生冲击、振动和噪声，称为链传动多边形效应。链轮齿数 z 越小，链条节距 p 越大，链速越高，则链传动的多边形效应越严重。

(9) 链传动的失效形式多样，主要有链条疲劳破坏、销轴磨损、销轴和套筒的胶合、滚子和套筒的冲击破坏、链条的过载拉断等。在正常润滑条件下不发生失效的曲线构成极限功率曲线，链条应在该曲线下安全工作。

(10) 链传动的设计主要是确定链条的型号、长度、排数和主从动链轮的齿数以及链传动的中心距。

思考与练习题

9-1　带传动有哪些类型？各有什么特点？试分析摩擦型带传动的工作原理。

9-2　带传动工作时，紧边和松边是如何产生的？怎样理解紧边和松边的拉力差即为带传动的有效圆周力？

9-3　带传动为什么要限制其最小中心距和最大传动比？

9-4　试从产生原因、对带传动的影响、能否避免等几个方面说明弹性滑动与打滑的区别。

9-5　为了避免带的打滑，将带轮上与带接触的表面加工得粗糙些，以增大摩擦，这样做是否可行？为什么？

9-6　普通 V 带的楔角与带轮轮槽角是否相等？为什么？

9-7　影响链传动速度不均匀性的主要参数是什么？为什么？

9-8　链传动的合理布置有哪些要求？

9-9　如何确定链传动的润滑方式？常用的润滑装置和润滑油有哪些？

9-10　链传动与带传动的张紧目的有何区别？

9-11　已知 V 带传递的实际功率 $P=7$ kW，带速 $v=10$ m/s，紧边拉力是松边拉力的两倍。试求有效拉力(圆周力)F 和紧边拉力 F_1 的值。

9-12　已知某工厂所用小型离心通风机的 V 带传动，电动机为 Y132S-4，额定功率 $P=5.5$ kW，转速 $n_1=1440$ r/min，测得 V 带的顶宽 $b=13$ mm，小带轮的外径 $d_{a1}=146$ mm，$d_{a2}=321$ mm，$a=600$ mm。试求：① V 带型号；② 带轮的基准直径 d_{d1}、d_{d2}；③ V 带的基准长度 L_d；④ 带速 v；⑤ 小带轮包角 α_1；⑥ 单根 V 带的许用功率$[P_0]$。

9-13　某机床的电动机与主轴之间采用普通 V 带传动，已知电动机额定功率 $P=7.5$

kW，转速 $n_1=1440$ r/min，传动比 $i=2.1$，两班制工作。根据机床结构要求，带传动的中心距不大于 800 mm。试设计此 V 带传动，并绘出大带轮的工作图。

9-14　一滚子链传动，已知：链节距 $p=15.875$ mm，小链轮齿数 $z_1=18$，大链轮齿数 $z_2=60$，中心距 $a=700$ mm，小链轮转速 $n_1=730$ r/min，载荷平衡。试计算链节数、链所能传递的最大功率及链的工作拉力。

第10章　螺纹连接与螺旋传动

螺纹连接和螺旋传动都是利用螺纹零件工作的。但连接螺纹用作紧固和连接零件，有连接的强度和紧密性要求。传动螺旋则用作传动零件，实现运动和动力的传递，有传动的精度和使用寿命的要求。

10.1　螺纹的类型及应用

10.1.1　螺纹的类型

将一条倾斜角为λ的斜直线绕在圆柱体上，便形成一条螺旋线（见图10-1(a)）。若取一平面，使其沿着螺旋线运动，则该平面扫过的轨迹就形成了螺纹。根据平面形式的不同，有三角形螺纹、梯形螺纹、矩形螺纹、锯齿形螺纹等（见图10-1(b)）。根据螺旋线的旋向，螺纹可分为右旋螺纹与左旋螺纹（见图10-2），常用右旋螺纹，有特殊要求时才用左旋螺纹。根据螺旋线的数目分为单线螺纹、双线螺纹和多线螺纹。单线螺纹自锁性好，多用于连接。双线和多线螺纹效率高，多用于传动。但螺旋线数目越多，加工越困难，因此螺旋线数目一般不超过四条。根据螺旋线缠绕的基体不同，螺纹又分为圆柱螺纹和圆锥螺纹（见图10-3），还分为内螺纹和外螺纹，内、外螺纹配对形成螺纹副共同工作。

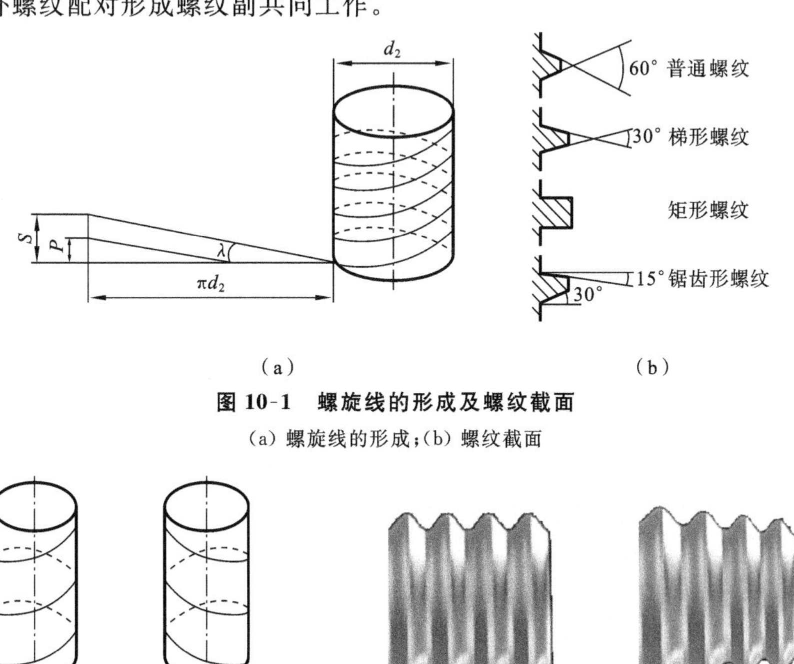

(a)　　(b)

图10-1　螺旋线的形成及螺纹截面

(a) 螺旋线的形成；(b) 螺纹截面

(a)　　(b)

图10-2　螺纹旋向

(a) 右旋；(b) 左旋

(a)　　(b)

图10-3　螺纹缠绕基体

(a) 圆柱螺纹；(b) 圆锥螺纹

10.1.2　螺纹的主要参数

现以圆柱螺纹为例，说明螺纹的主要参数(见图 10-4)。

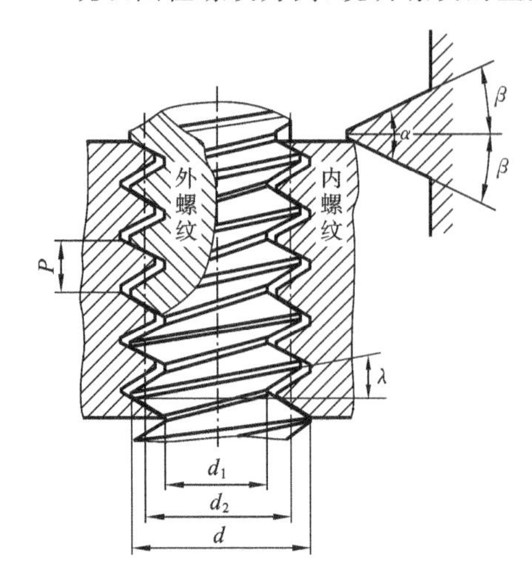

图 10-4　螺纹主要参数

(1) 大径 d：与外螺纹牙顶或内螺纹牙底相切的假想圆柱体的直径，是外、内螺纹最大的直径，即螺纹的公称直径。

(2) 小径 d_1：与外螺纹牙底或内螺纹牙顶相切的假想圆柱体的直径，是外、内螺纹最小的直径。在强度计算时，常以小径所在的截面为危险截面进行强度验算。

(3) 中径 d_2：外、内螺纹轴向截面内牙厚和牙槽宽相等处假想圆柱体的直径。

(4) 螺距 P：螺纹相邻两牙在中径处对应两点间的轴向距离。

(5) 导程 S：一条螺旋线绕基体旋转一周所上升的轴向距离，也即同一螺旋线上相邻两牙在中径处对应两点间的轴向距离(见图 10-1(a))。单线螺纹 $S=P$；多线螺纹 $S=nP$，其中 n 指螺旋线数。

(6) 螺纹升角 λ：螺纹中径圆柱面上螺旋线切线与垂直于螺纹轴线的平面间的夹角。

根据图 10-1(a)有

$$\tan\lambda=\frac{S}{\pi d_2}=\frac{nP}{\pi d_2} \tag{10-1}$$

(7) 牙型角 α：轴向截面内螺纹牙两侧面夹角。

(8) 牙型斜角 β：螺纹牙型侧边与螺纹轴线垂直平面的夹角。对称牙型有 $\beta=\alpha/2$。

外螺纹各直径常用小写字母 d_1、d_2 和 d 表示，内螺纹各直径常用大写字母 D_1、D_2 和 D 表示。表 10-1 列出了部分标准普通螺纹的基本尺寸。

表 10-1　普通螺纹基本尺寸(摘自国标 GB/T 196—2003)

公称直径 d 或 D		螺距 P	中径 d_2 或 D_2	小径 d_1 或 D_1
第一系列	第二系列			
5		0.8	4.480	4.134
5		0.5	4.675	4.459
6		1	5.350	4.917
8		1.25	7.188	6.647
10		1.5	9.026	8.376
12		1.75	10.863	10.106
	14	2	12.701	11.835
16		2	14.701	13.835
	18	2.5	16.376	15.294
20		2.5	18.376	17.294

续表

公称直径 d 或 D		螺距 P	中径 d_2 或 D_2	小径 d_1 或 D_1
第一系列	第二系列			
24		3	22.051	20.752
30		3.5	27.727	26.211
36		4	33.402	31.670
42		4.5	39.077	37.129
	45	4.5	42.077	40.129

注：第二系列为备用值，尽量不采用；表中单位均为 mm。

10.1.3　螺纹的应用

连接螺纹的作用是紧固连接，要求保证连接的可靠性和紧密性；传动螺纹用于传动，要求保证螺旋副的传动精度、磨损寿命等。

表 10-2 列出了常用螺纹的类型、特点和应用。

表 10-2　常用螺纹类型、特点和应用

<table>
<tr><th colspan="2">螺纹类型</th><th>牙　型　图</th><th>特点和应用</th></tr>
<tr><td rowspan="2">连接螺纹</td><td>普通螺纹</td><td></td><td>1. 牙型角 $\alpha=60°$；
2. 当量摩擦系数大（$f_v=f/\sin 30°$），自锁性能好；
3. 牙根厚，强度高；
4. 同一公称直径按螺距大小分为粗牙和细牙。一般连接用粗牙，薄壁零件或受动载荷时的连接用细牙</td></tr>
<tr><td>圆柱管螺纹</td><td></td><td>1. 牙型角 $\alpha=55°$；
2. 螺纹尺寸代号用管子公称孔径表示，以英寸为单位；
3. 牙顶牙底呈圆弧形，内、外螺纹间没有间隙，连接紧密，多用于有密封性要求的管子连接</td></tr>
<tr><td>传动螺纹</td><td>矩形螺纹</td><td></td><td>1. 牙型角 $\alpha=0°$；
2. 当量摩擦系数小，效率高，多用于传动；
3. 牙厚为螺距的一半，牙根强度低；
4. 螺纹同轴性差，难以精确加工；磨损后间隙难以补偿，对中性差。因此实际应用较少，常用梯形螺纹代替</td></tr>
</table>

续表

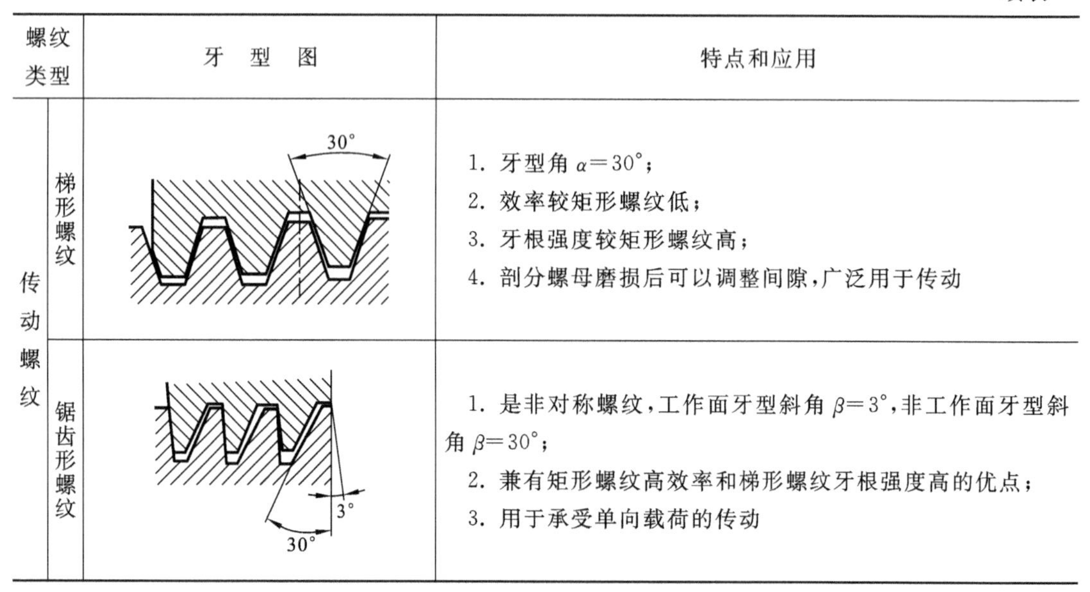

螺纹类型		牙 型 图	特点和应用
传动螺纹	梯形螺纹	30°	1. 牙型角 $\alpha=30°$； 2. 效率较矩形螺纹低； 3. 牙根强度较矩形螺纹高； 4. 剖分螺母磨损后可以调整间隙，广泛用于传动
	锯齿形螺纹	3° 30°	1. 是非对称螺纹，工作面牙型斜角 $\beta=3°$，非工作面牙型斜角 $\beta=30°$； 2. 兼有矩形螺纹高效率和梯形螺纹牙根强度高的优点； 3. 用于承受单向载荷的传动

10.2　螺纹连接的基本类型

螺纹连接有四种基本类型：螺栓连接、双头螺柱连接、螺钉连接和紧定螺钉连接。

1. 螺栓连接

螺栓连接是将螺栓穿过被连接件的孔，拧紧螺母，实现连接。螺栓连接的结构特点是被连接件的孔为通孔，便于加工。被连接件较薄，两边都可以进行装配。图 10-5(a)所示为普通螺栓连接。螺栓与孔壁之间有间隙，孔加工精度低，成本低，应用广泛。图 10-5(b)所示为铰制孔螺栓连接。螺栓杆外径与孔之间没有间隙，为基孔制过渡配合，孔用高精度铰刀加工而成。铰制孔螺栓连接用于承受横向载荷。

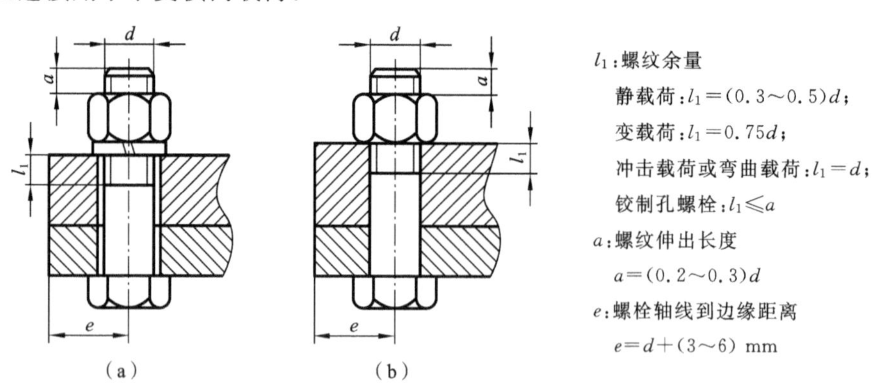

图 10-5　螺栓连接

(a) 普通螺栓连接；(b) 铰制孔螺栓连接

2. 双头螺柱连接

双头螺柱连接是将螺柱的一端旋紧在一被连接件的螺纹孔内，另一端穿过另一被连接件的孔，并以螺母拧紧(见图 10-6(a))。双头螺柱连接的结构特点是被连接件之一较厚或由于结构要求只能制成盲孔形式。这种连接可以多次装拆而不损坏被连接零件。

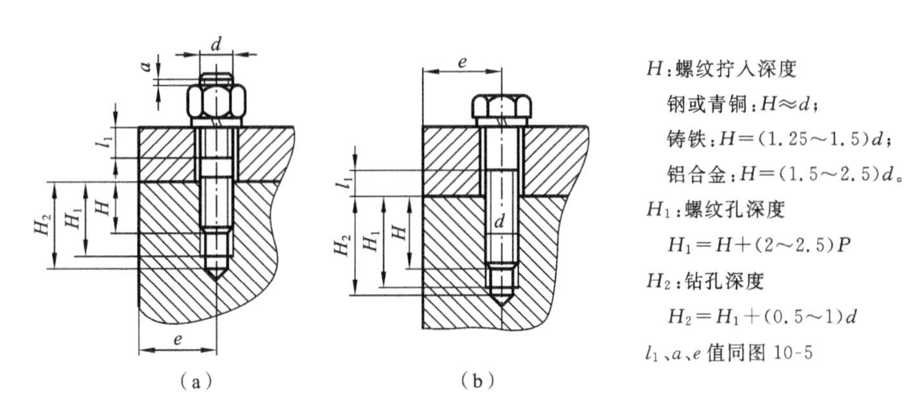

图 10-6　双头螺柱连接和螺钉连接

(a) 双头螺柱连接;(b) 螺钉连接

3. 螺钉连接

螺钉连接是将螺钉直接旋入被连接件的螺纹孔内,不用螺母,结构简单(见图 10-6(b))。但是螺钉连接不宜经常装拆,否则易使螺纹孔损伤。

4. 紧定螺钉连接

紧定螺钉连接主要用于固定两零件的相对位置,传递不大的力或转矩,常见于轴与轴上零件的连接,如图 10-7 所示。

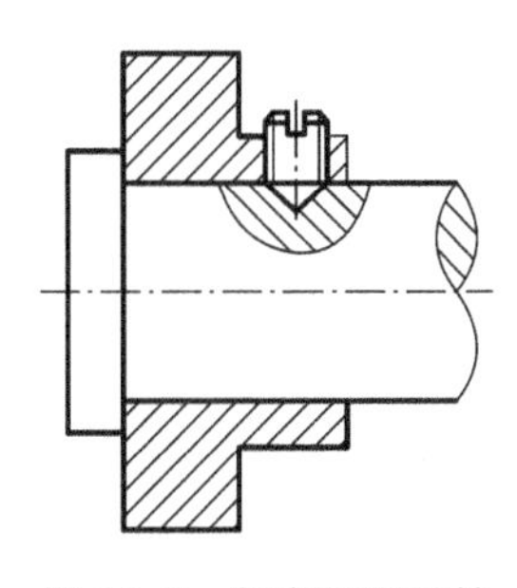

图 10-7　紧定螺钉连接

选择螺纹连接类型时依据的条件是:被连接件强度、被连接件厚度以及结构尺寸、是否需要重复装拆等。常用的螺纹连接件和紧固件有螺栓、双头螺柱、螺钉、紧定螺钉、螺母、垫圈等,这些零件均已标准化,通常按照螺纹公称直径进行选取。螺纹连接件分为 A、B、C 三个等级,A 级精度最高,C 级最低。一般的螺纹连接选用 C 级精度。

10.3　螺纹连接的预紧与防松

10.3.1　螺旋副的受力分析

1. 矩形螺纹受力分析

螺杆与螺母在轴向载荷作用下的相对运动,可以看成重物沿斜面的滑动。下面以矩形螺纹为例分析螺旋副的效率和自锁条件。

如图 10-8(a)矩形螺旋副在力矩($Fd_2/2$)和轴向载荷 $\boldsymbol{F}_{\mathrm{Q}}$ 作用下相对运动,其中矩形螺纹的中径为 d_2,$\boldsymbol{F}$ 为作用在中径上的水平力。拧紧螺母的过程相当于推着滑块沿斜面上升的过程,斜面倾角等于螺纹升角 λ(见图 10-8(b))。当滑块匀速上升时,滑块在轴向载荷 $\boldsymbol{F}_{\mathrm{Q}}$、水平力 $\boldsymbol{F}$ 和斜面对滑块的总反力 $\boldsymbol{F}_{\mathrm{R}}$ 的作用下处于平衡状态,由力的多边形可以得到

$$F=F_{\mathrm{Q}}\tan(\lambda+\rho) \tag{10-2}$$

式中:ρ——摩擦角。

因而作用在螺母上的驱动力矩为

$$T=F\frac{d_2}{2}=\frac{F_{\mathrm{Q}}d_2\tan(\lambda+\rho)}{2} \tag{10-3}$$

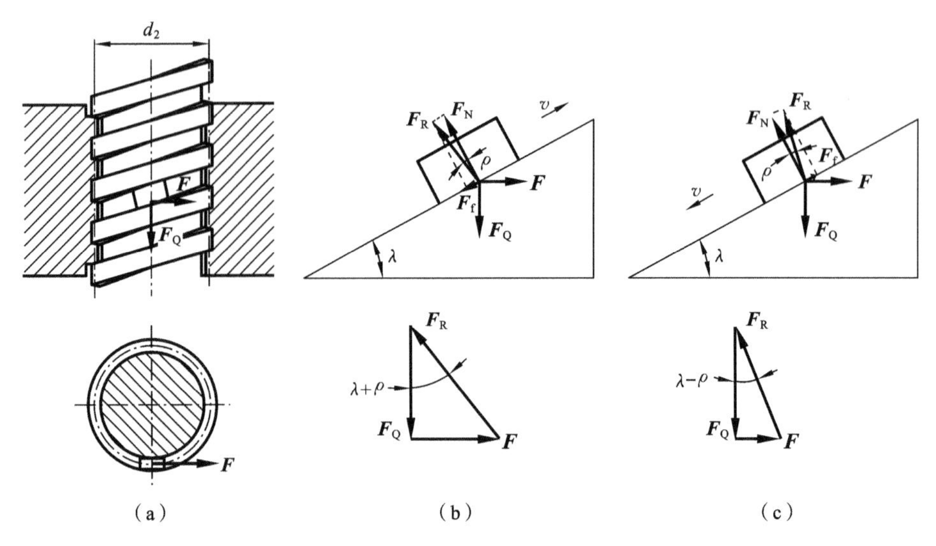

图 10-8 矩形螺纹受力分析

(a) 矩形螺纹;(b) 拧紧过程受力分析;(c) 放松过程受力分析

螺母转动一圈,其轴向上升的距离等于一个导程。因而输入功为 $W=2\pi T$,有用功为 $W'=F_Q S$。因此螺旋副的效率为

$$\eta=\frac{W'}{W}=\frac{F_Q S}{2\pi T}=\frac{\pi d_2\tan\lambda}{F_Q\pi d_2\tan(\lambda+\rho)}=\frac{\tan\lambda}{\tan(\lambda+\rho)} \tag{10-4}$$

螺母松脱相当于滑块沿斜面下滑的过程。当滑块匀速下滑时,滑块同样在轴向载荷 $\boldsymbol{F}_Q$、水平力 $\boldsymbol{F}$ 和斜面对滑块的总反力 $\boldsymbol{F}_R$ 的作用下处于平衡。此时,驱动力为轴向载荷 $\boldsymbol{F}_Q$,而水平力是保持滑块匀速运动的平衡力。依据图 10-8(c)中力的多边形有

$$F=F_Q\tan(\lambda-\rho) \tag{10-5}$$

若 $\lambda<\rho$,则 $F<0$,即 $\boldsymbol{F}$ 方向与图 10-8(c)中指向相反,说明欲使滑块下滑,必须另外再施加驱动力才能实现。也就是说若没有 $\boldsymbol{F}$,滑块不会在轴向载荷 $\boldsymbol{F}_Q$ 的作用下沿斜面自行下滑,处于自锁状态。因此可知,矩形螺纹副的自锁条件是

$$\lambda<\rho \tag{10-6}$$

2. 非矩形螺纹受力情况

在工程实际中常用螺纹是普通螺纹、梯形螺纹和锯齿形螺纹,它们的牙型斜角 $\beta\neq0°$。当忽略螺纹升角 λ 的影响时,在相同轴向载荷的作用下,非矩形螺纹的法向支承力 $F_N=F_Q/\cos\beta$,其接触面间的摩擦力为

$$F_f=fF_N=fF_Q/\cos\beta=f_vF_Q \tag{10-7}$$

式中:f_v——当量摩擦系数,其值为 $f_v=f/\cos\beta$。相对应的当量摩擦角为 $\rho_v=\arctan f_v$。

而矩形螺纹接触面间的摩擦力为

$$F_f=fF_N=fF_Q \tag{10-8}$$

对比式(10-7)和式(10-8),可见非矩形螺纹和矩形螺纹副之间的摩擦力表达式是一致的,仅仅是非矩形螺纹中以当量摩擦系数 f_v 代替了矩形螺纹中的摩擦系数 f。因此对非矩形螺纹的受力分析可类比矩形螺纹进行,只需将矩形螺纹中的 f 和 ρ,分别以 f_v 和 ρ_v 替代即可,如图 10-9 所示。

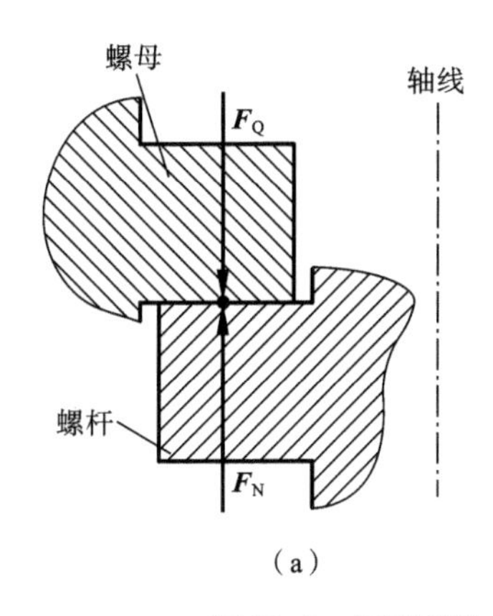

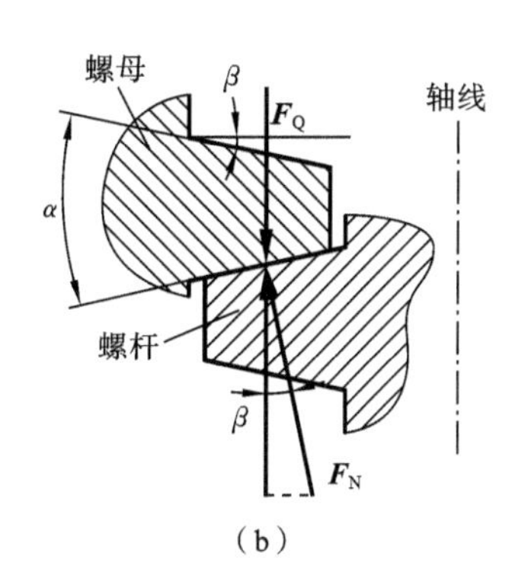

图 10-9　矩形螺纹与非矩形螺纹法向力对比

非矩形螺纹的效率

$$\eta=\frac{\tan\lambda}{\tan(\lambda+\rho_v)} \tag{10-9}$$

非矩形螺纹自锁条件

$$\lambda<\rho_v \tag{10-10}$$

矩形螺纹的当量摩擦系数最小，普通螺纹的当量摩擦系数最大，因此在相同工况下，矩形螺纹传动效率最高，而普通螺纹自锁性最好。

10.3.2　螺纹连接的预紧

为了增加螺纹连接的可靠性、紧密性，使螺纹连接具备一定的防松能力，装配螺纹时通常需要拧紧，即螺纹受到预紧力 $\boldsymbol{F}_{Q0}$。

螺纹拧紧时的拧紧力矩由两部分组成(见图 10-10)，即

$$T=T_1+T_2 \tag{10-11}$$

T_1 克服内、外螺纹牙之间的摩擦阻力矩，其值等于作用在螺母上的驱动力矩，由式(10-3)得

$$T_1=F\frac{d_2}{2}=\frac{F_{Q0}d_2\tan(\lambda+\rho_v)}{2} \tag{10-12}$$

T_2 克服螺母支承面上的摩擦力矩，其值为

$$T_2=\frac{f_c F_{Q0}(D_0^3-d_0^3)}{3(D_0^2-d_0^2)} \tag{10-13}$$

式中：D_0、d_0——螺母支承面的外径和内径；

f_c——螺母端面与支承面之间的摩擦系数。

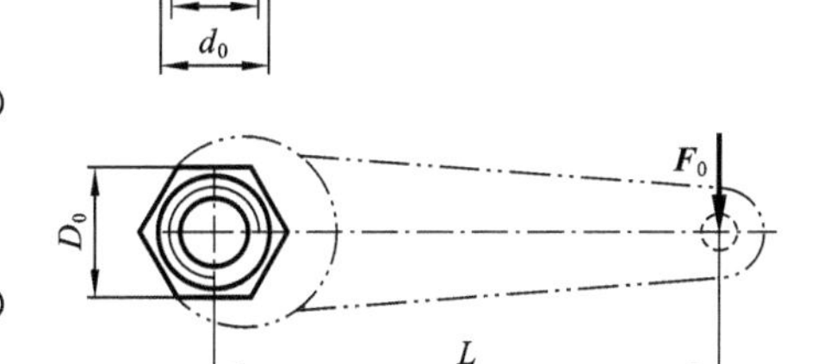

图 10-10　螺旋副拧紧力矩

对于 M10～M68 的钢制普通粗牙螺纹，通常可取 $\rho_v=\arctan f_v=\arctan 0.15\approx 8.53°$，$f_c=0.15$，$D_0\approx 1.7d$，$d_0\approx 1.1d$，将参数代入式(10-11)至式(10-13)，可得拧紧力矩为

$$T\approx 0.2F_{Q0}d \tag{10-14}$$

若拧紧力为 F_0，扳手力臂 $L\approx 15d$，则

$$T=F_0L=15F_0d\approx 0.2F_{Q0}d$$

$$F_{Q0}=75F_0 \tag{10-15}$$

一般螺纹预紧的程度凭经验控制，但重要连接需要按计算值来控制。常用的工具有测力

矩扳手和定力矩扳手。测力矩扳手根据弹性元件在拧紧力矩作用下产生的弹性变形来指示拧紧力矩的大小(见图 10-11)。定力矩扳手则通过调整螺钉控制弹簧设定的拧紧力矩大小——当实际拧紧力矩超过设定值时，扳手卡盘与圆柱销打滑，从而控制拧紧力矩的大小(见图 10-12)。对于十分重要的连接，则通过计算螺栓的伸长量来精确控制预紧力的大小。

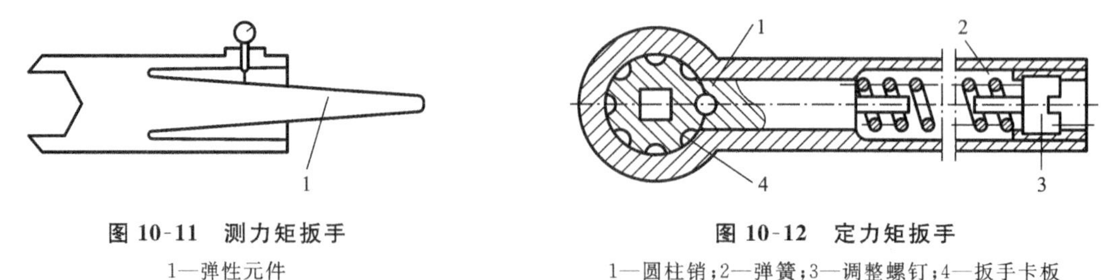

图 10-11　测力矩扳手

1—弹性元件

图 10-12　定力矩扳手

1—圆柱销；2—弹簧；3—调整螺钉；4—扳手卡板

10.3.3　螺纹连接的防松

钢制普通粗牙螺纹无润滑时 $f_v=0.15$，$\rho_v\approx8.53°$，通常单线粗牙普通螺纹 $\lambda<4°$。根据螺旋副自锁条件 $\lambda<\rho_v$ 可知，单线粗牙普通螺纹一般是可以保证自锁的。但是在冲击、振动、变载荷，或温度变化较大的场合，螺旋副之间的摩擦力会突然减小或瞬间消失，多次重复后，螺纹连接可能松脱，带来严重后果。为了保证连接的可靠性，必须采取防松措施。

螺纹防松的关键是防止螺纹副间的相对转动。根据防松的原理，螺纹的防松方法主要有摩擦防松和机械防松两大类，此外还有其他一些防松方法。

1. 摩擦防松

摩擦防松是指利用辅助元件或辅助结构来防止螺纹副间摩擦力消失。弹簧垫圈(见图 10-13(a))是具有开口的环形圈，装配后被压平，通过其反弹力保持螺纹牙间的压力，从而保持摩擦力。这种防松方法简单方便，应用最为广泛。自锁螺母一端为非圆形收口或开缝后径向收口(见图 10-13(b))。当螺母拧紧后，收口胀开，利用收口的弹力使旋合螺纹相互压紧。这种防松方式可靠，可多次拆装而不降低防松性能。图 10-13(c)所示是对顶螺母防松，利用两螺母的对顶作用，使得螺栓持续受到附加拉力和摩擦力。下螺母螺纹牙受力较小，其高度可小一些。但为了防止装反，工程实际中两对顶螺母的高度常取得相同。对顶螺母结构简单，多用于低速重载场合。

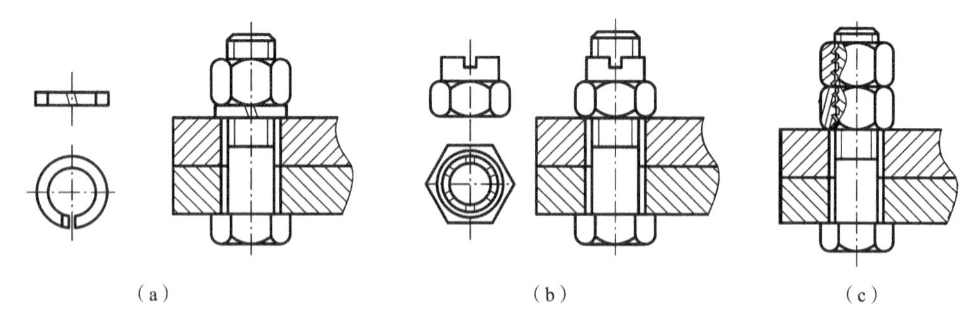

图 10-13　摩擦防松

(a) 弹簧垫圈防松；(b) 自锁螺母防松；(c) 对顶螺母防松

2. 机械防松

机械防松的关键是利用防松元件约束螺纹副相对运动而达到防松目的。图 10-14(a)所示是将开口销穿过螺栓尾部的销孔和螺母的槽，来约束螺栓与螺母的相对转动。图 10-14(b)所示为止动垫圈防松，将垫圈的折边弯靠在被连接件或螺母的侧边，从而固定二者的相对位置。机械防松较摩擦防松结构复杂，但是可靠，因此多用于较大冲击或一些重要场合。

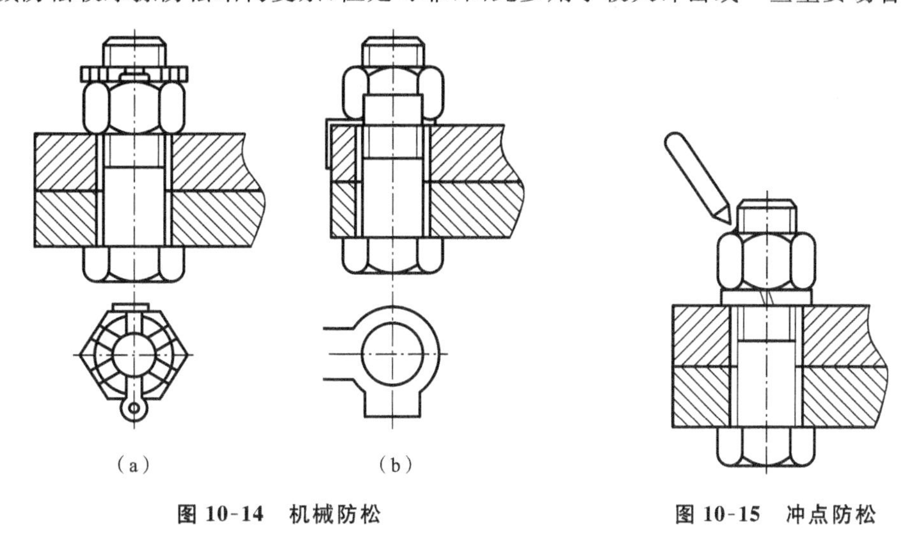

图 10-14　机械防松

(a) 开口销与槽型螺母防松；(b) 止动垫圈防松

图 10-15　冲点防松

3. 其他防松

可以在螺纹旋合表面涂抹黏合剂达到防松目的，螺母拧紧后黏合剂固化，防松可靠，黏合剂同时还具有一定的密封作用。冲点防松(见图 10-15)和端焊防松则在螺母和螺栓旋合的尾部或用冲头冲 2～3 点，或用点焊将螺母和螺栓焊牢。这几种防松方法可靠，但拆卸后螺纹副受到损伤，不可再使用，因此常用于不需拆卸或需永久防松的场合。

10.4　单个螺栓连接的强度计算

螺栓连接强度计算是螺栓设计的一个重要内容，首先需要根据螺栓连接的类型和结构特点、连接的装配情况(预紧或不预紧)、外界载荷情况等确定单个螺栓受力，然后根据强度条件计算螺栓危险截面直径(螺纹小径)，最后根据计算结果在标准中查取螺栓的公称直径。

10.4.1　螺栓连接的主要失效形式

根据螺栓连接类型及其结构特点，单个螺栓受力分为轴向载荷和横向载荷两种。在轴向载荷作用下，螺栓的主要失效形式是螺纹部分的塑性变形或螺杆拉断，因此设计时需要保证螺栓杆足够的拉伸强度。在横向载荷的作用下，螺栓的主要失效形式是螺杆被剪断、螺杆或孔壁被压溃，因此设计准则是保证螺栓的剪切强度和连接的挤压强度。

10.4.2　螺栓连接的强度计算

1. 松螺栓连接

松螺栓连接如图 10-16 所示，其载荷特点是：装配时螺母不需拧紧，即无预紧力。因此在工作时，螺栓承受的载荷仅仅为轴向工作载荷 $\boldsymbol{F}$，则其危险截面的强度条件为

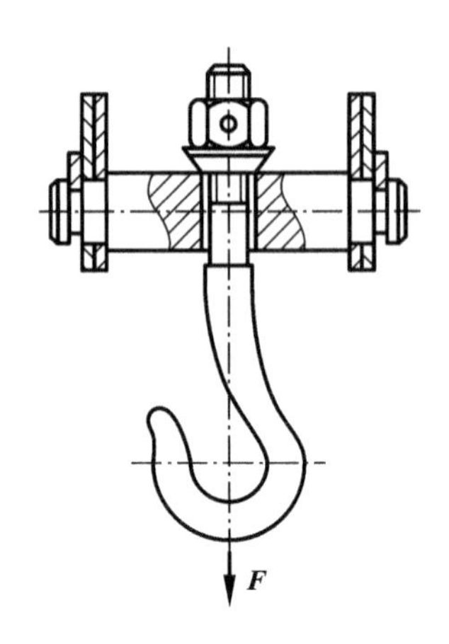

图 10-16　松螺栓连接

$$\sigma=\frac{F}{\frac{\pi d_1^2}{4}}\leqslant[\sigma] \tag{10-16}$$

设计计算公式为

$$d_1\geqslant\sqrt{\frac{4F}{\pi[\sigma]}}\quad(\mathrm{mm}) \tag{10-17}$$

式中：F——螺栓承受的工作载荷(N)；

d_1——螺纹小径(mm)；

$[\sigma]$——螺栓许用拉应力(MPa)。

松螺栓的典型实例有起重吊钩、拉杆。

2. 紧螺栓连接

紧螺栓连接常采用普通螺栓连接的结构，在装配时需拧紧，即有轴向预紧力 $\boldsymbol{F}_{Q0}$ 的存在。根据其受力特点又分为仅承受预紧力、同时承受预紧力和轴向工作载荷、受横向工作载荷的三类螺栓连接。其中前两种类型，螺栓的预紧力以及外界工作载荷均在螺栓轴线方向上。受横向工作载荷的螺栓连接，外界载荷在垂直于螺栓轴线的平面上，则需通过预紧力使连接面产生摩擦力，从而平衡外界横向载荷。由于受力类型不同，螺栓所受总载荷计算方式不同，下面分别说明。

1) 仅承受预紧力的紧螺栓连接

这类螺栓连接如图 10-17 所示，其载荷特点是：始终只承受轴向预紧力 $\boldsymbol{F}_{Q0}$。在 $\boldsymbol{F}_{Q0}$ 的作用下，螺栓受到拉应力和扭切应力的作用。

(1) 拉应力　$\boldsymbol{F}_{Q0}$ 引起的拉应力 σ 为

$$\sigma=\frac{F_{Q0}}{\frac{\pi d_1^2}{4}}\quad(\mathrm{MPa}) \tag{10-18}$$

(2) 扭切应力　螺纹力矩 T_1 引起的扭切应力 τ 为

$$\tau=\frac{T_1}{\frac{\pi d_1^3}{16}}\quad(\mathrm{MPa}) \tag{10-19}$$

将式(10-12)代入式(10-19)可得

$$\tau=\frac{F_{Q0}d_2\tan(\lambda+\rho_v)/2}{\frac{\pi d_1^3}{16}}\quad(\mathrm{MPa}) \tag{10-20}$$

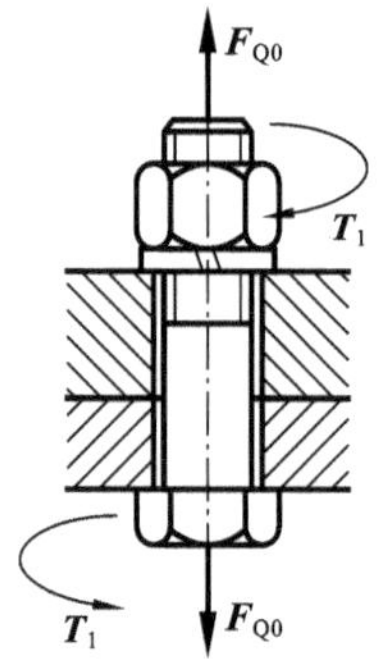

图 10-17　仅受预紧力紧螺栓连接受力状况

对于 M10～M68 的普通螺纹，取 $f_v=0.15$，则 $\rho_v\approx8.53°$；d_2、d_1、λ 按均值计算，可得 $\tau\approx0.5\sigma$。根据第四强度理论求得危险截面的当量应力为

$$\sigma_e=\sqrt{\sigma^2+3\tau^2}=\sqrt{\sigma^2+3(0.5\sigma)^2}\approx1.3\sigma \tag{10-21}$$

因此螺栓危险截面的强度条件为

$$\sigma_e=\frac{1.3F_{Q0}}{\pi d_1^2/4}\leqslant[\sigma] \tag{10-22}$$

设计计算公式为

$$d_1\geqslant\sqrt{\frac{4\times1.3F_{Q0}}{\pi[\sigma]}}\quad(\mathrm{mm}) \tag{10-23}$$

式中：F_{Q0}——螺栓所受预紧力(N)。

由式(10-21)可知 $\sigma_e = 1.3\sigma$，是因为当量应力考虑了扭切应力的影响。

2) 承受预紧力和轴向工作载荷的紧螺栓连接

这类螺栓连接的载荷特点是：装配时有预紧力 $\boldsymbol{F}_{Q0}$；加上轴向工作载荷 $\boldsymbol{F}$ 后，螺栓受到的总拉伸载荷 $\boldsymbol{F}_Q$ 为残余预紧力 $\boldsymbol{F}_{Qr}$ 和轴向工作载荷 $\boldsymbol{F}$ 之和。

图 10-18(a)所示是两被连接件刚刚接触，螺栓没有预紧力的状态，此时螺栓和被连接件都没有受力，因此都无变形。

图 10-18(b)所示是螺母拧紧，但还未施加工作载荷的状态。此时螺栓受到预紧力拉力 $\boldsymbol{F}_{Q0}$，因而螺栓被拉长 λ_b。与此同时，被连接件受到的压缩力等于预紧力 $\boldsymbol{F}_{Q0}$，其压缩量为 λ_m。

图 10-18(c)是拧紧螺母后施加轴向工作载荷 $\boldsymbol{F}$ 的状态。受到轴向工作载荷后，螺栓被继续拉长，伸长的变化量为 $\Delta\lambda$，使得螺栓的总变形量达到 $\lambda'_b = \lambda_b + \Delta\lambda$。与此同时，螺栓的拉长使得被连接件放松，因而被连接件的变形量减小。根据连接变形协调条件，被连接件的变形减小量等于螺栓变形的增加量 $\Delta\lambda$，因此被连接件总变形量为 $\lambda'_m = \lambda_m - \Delta\lambda$。由胡克定理可知，被连接件受到的压缩力随着其变形量的减小而减小，其值为 F_{Qr}，此即为残余预紧力。根据图 10-18(c)进行受力分析知螺栓受到的总拉伸载荷为 $F_Q = F_{Qr} + F$。

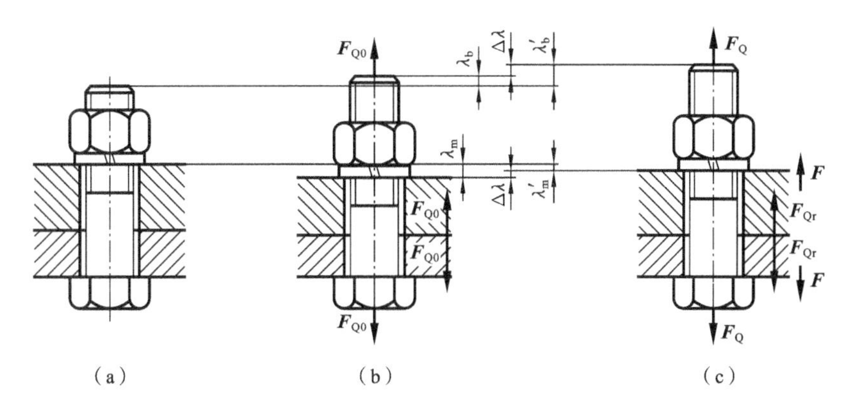

图 10-18　紧螺栓受轴向工作载荷受力与变形示意图

(a) 螺母未拧紧状态；(b) 螺母拧紧状态；(c) 螺母承受轴向工作载荷状态

由分析可知，受轴向工作载荷的紧螺栓连接，螺栓上的总拉伸载荷并不等于预紧力 F_{Q0} 和工作载荷 F 之和，而等于残余预紧力 F_{Qr} 和工作载荷 F 之和。

螺栓和被连接件在各阶段的受力及变形见表 10-3。

表 10-3　受轴向载荷紧螺栓连接受力及变形分析表

状态	预紧力	工作载荷	螺栓受力	被连接件受力	螺栓变形	被连接件变形
预紧前	0	0	0	0	0	0
预紧时	F_{Q0}	0	F_{Q0}	F_{Q0}	λ_b	λ_m
工作时	F_{Qr}	F	$F_Q = F_{Qr} + F$	F_{Qr}	$\lambda'_b = \lambda_b + \Delta\lambda$	$\lambda'_m = \lambda_m - \Delta\lambda$

可以用受力变形线图对此类螺栓连接的受力与变形进行分析。图 10-19(a)是螺栓受力变形线图，A 点处螺栓受预紧力 $\boldsymbol{F}_{Q0}$，变形量为 λ_b。图 10-19(b)是被连接件受力变形线图，其中变形量由坐标原点 O_m 向左量取，被连接件在 A 点受力为预紧力 $\boldsymbol{F}_{Q0}$，变形量为 λ_m。将图

(a)和图(b)在 A 点处结合到一起,成为图 10-19(c)。分析图(c),当施加轴向工作载荷 $\boldsymbol{F}$ 时,螺栓的工作点从 A 点沿着其受力变形直线移动到 B 点。在 B 点时,螺栓受的总载荷为 $\boldsymbol{F}_{Q}$,变形量为 $\lambda'_{b}=\lambda_{b}+\Delta\lambda$。螺栓载荷变化了 ΔF_{Qb},变形量变化了 $\Delta\lambda$。与此同时,被连接件的工作点从 A 点沿着其受力变形线图移动到 C 点。在 C 点时,被连接件受的载荷为残余预紧力 $\boldsymbol{F}_{Qr}$,变形量为 $\lambda'_{m}=\lambda_{m}-\Delta\lambda$。被连接载荷变化了 ΔF_{Qm},变形量变化了 $\Delta\lambda$。

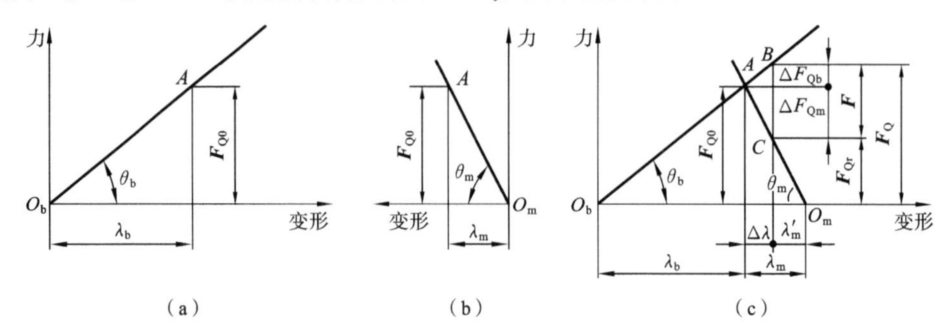

图 10-19　紧螺栓受轴向工作载荷受力变形线图

根据图 10-19(c)有

$$F_{Q}=F_{Qr}+F=F_{Q0}+\Delta F_{Qb} \tag{10-24}$$

$$F_{Q0}=F_{Qr}+\Delta F_{Qm} \tag{10-25}$$

$$F=\Delta F_{Qb}+\Delta F_{Qm} \tag{10-26}$$

式中:F_{Q}——螺栓的总拉伸载荷;

F_{Qr}——残余预紧力;

F——工作载荷;

F_{Q0}——螺栓预紧力;

ΔF_{Qb}——螺栓载荷的变化量;

ΔF_{Qm}——被连接件载荷的变化量。

设螺栓的刚度为 K_{b},被连接的刚度为 K_{m},根据图 10-19 还可以推导出

$$K_{b}=\tan\theta_{b}=\frac{F_{Q0}}{\lambda_{b}}=\frac{\Delta F_{Qb}}{\Delta\lambda} \tag{10-27}$$

$$K_{m}=\tan\theta_{m}=\frac{F_{Q0}}{\lambda_{m}}=\frac{\Delta F_{Qm}}{\Delta\lambda} \tag{10-28}$$

则有

$$\frac{K_{b}}{K_{m}}=\frac{\Delta F_{Qb}}{\Delta F_{Qm}} \tag{10-29}$$

将式(10-26)代入式(10-29)有

$$\frac{K_{b}}{K_{m}}=\frac{\Delta F_{Qb}}{F-\Delta F_{Qb}}$$

因此有

$$\Delta F_{Qb}=\frac{K_{b}}{K_{m}+K_{b}}F \tag{10-30}$$

将式(10-30)代入式(10-24)可得螺栓的总拉伸载荷为

$$F_{Q}=F_{Qr}+F=F_{Q0}+\frac{K_{b}}{K_{m}+K_{b}}F \tag{10-31}$$

式中:$\frac{K_{b}}{K_{m}+K_{b}}$——螺栓的相对刚度,与螺栓和被连接件的材料、结构、尺寸等因素有关,其值

在 0～1 之间，一般可按表 10-4 选取。

表 10-4　螺栓的相对刚度

垫片种类	金属垫片或无垫片	皮革垫片	铜皮石棉垫片	橡胶垫片
$\frac{K_b}{K_m+K_b}$	0.2～0.3	0.7	0.8	0.9

将式(10-30)代入式(10-25)、式(10-26)可得螺栓预紧力为

$$F_{Q0}=F_{Qr}+(F-\Delta F_{Qb})=F_{Qr}+\left(1-\frac{K_b}{K_m+K_b}\right)F=F_{Qr}+\frac{K_m}{K_m+K_b}F \qquad (10\text{-}32)$$

紧螺栓连接在承受工作载荷后结合面不能出现缝隙，即要求残余预紧力大于零。残余预紧力可参照表 10-5 选取。

表 10-5　残余预紧力取值

工作状况	工作载荷稳定	工作载荷不稳定	有紧密型要求连接
F_{Qr}	$F_{Qr}=(0.2\sim0.6)F$	$F_{Qr}=(0.6\sim1.0)F$	$F_{Qr}=(1.5\sim1.8)F$

受轴向载荷的紧螺栓连接，工作时其总拉伸载荷为 $\boldsymbol{F}_Q$。在 $\boldsymbol{F}_Q$的作用下，螺栓受到拉应力以及扭切应力的作用，因此螺栓危险截面的强度条件为

$$\sigma_e=\frac{1.3F_Q}{\frac{\pi d_1^2}{4}}\leqslant[\sigma] \qquad (10\text{-}33)$$

设计计算公式为

$$d_1\geqslant\sqrt{\frac{4\times1.3F_Q}{\pi[\sigma]}}\quad(\text{mm}) \qquad (10\text{-}34)$$

其中拉伸载荷 F_Q按照式(10-31)进行计算。

3) 受横向载荷的紧螺栓连接

这类螺栓连接的载荷特点是：工作载荷 $\boldsymbol{F}$ 与螺栓轴线方向垂直。由于螺栓杆与孔壁之间有间隙，因此横向载荷不是靠孔壁和螺栓杆的挤压平衡，而是靠被连接件结合面的摩擦力平衡。因此此类螺栓连接装配时必须有预紧力 $\boldsymbol{F}_{Q0}$，在 $\boldsymbol{F}_{Q0}$ 的作用下，结合面产生足够的摩擦力 $\boldsymbol{F}_f$，从而平衡横向外载荷 $\boldsymbol{F}$，即

$$F_f\geqslant K_SF \qquad (10\text{-}35)$$

式中：K_S——可靠性系数，通常取 1.1～1.3。

$$F_f=mfF_{Q0} \qquad (10\text{-}36)$$

式中：f——结合面摩擦系数；

m——结合面数(见图 10-20)。

将式(10-36)代入式(10-35)可得螺栓所需预紧力为

$$F_{Q0}\geqslant\frac{K_SF}{mf}\quad(\text{N}) \qquad (10\text{-}37)$$

根据求出的预紧力，可用式(10-22)进行螺栓强度验算。当已知预紧力和螺栓许用应力时，可按式(10-23)求出螺栓的小径，进行螺栓的设计。

在式(10-37)中，若 $m=1$，$K_S=1.2$，$f=1.5$，可得 $F_{Q0}\geqslant8F$，即预紧力 F_{Q0} 为横向工作载荷的 8 倍，因此螺栓必须有足够的尺寸以保证连接强度。为了避免上述缺陷，常用键、套筒、销来

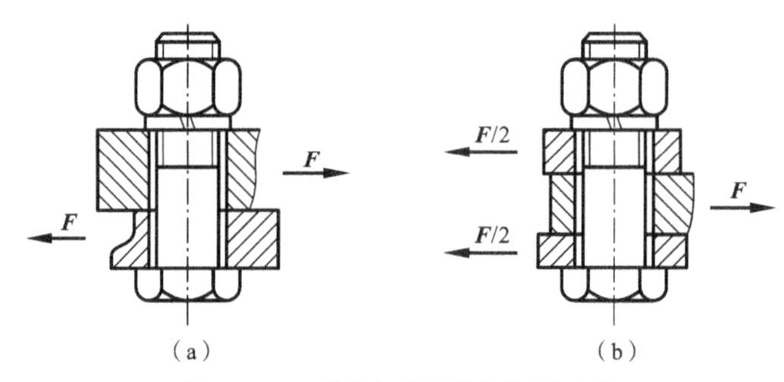

图 10-20　受横向载荷的紧螺栓连接

(a) $m=1$;(b) $m=2$

承担横向工作载荷(见图 10-21),螺栓仅起连接作用,这样可以有效地减小螺栓的尺寸,但连接结构复杂。这种结构中,螺栓所需的预紧力不大,减载零件按剪切和挤压强度核算。

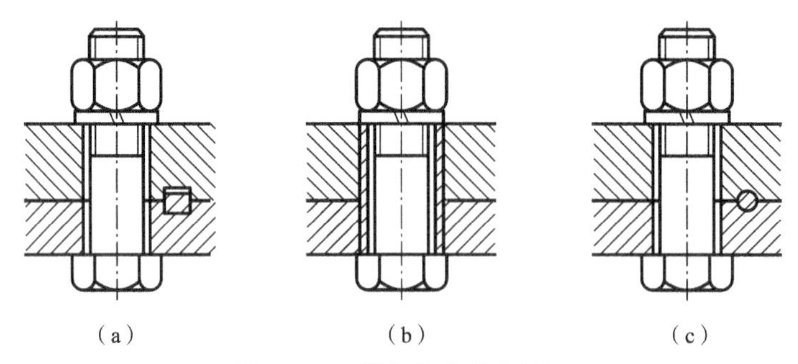

图 10-21　横向载荷减载装置

(a) 键减载;(b) 套筒减载;(c) 销减载

3. 受剪力的螺栓连接

这类螺栓结构为铰制孔螺栓连接,螺栓杆与孔壁之间无间隙,如图 10-22 所示。载荷特点是:通过螺栓抗剪承受横向工作载荷 $\boldsymbol{F}$,同时孔壁与螺栓杆之间有挤压力。

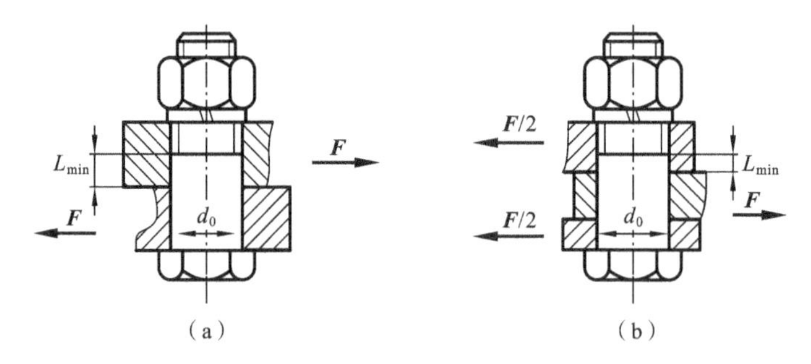

图 10-22　受剪螺栓连接

(a) $m=1$;(b) $m=2$

螺栓杆剪切强度条件为

$$\tau=\frac{F}{\dfrac{m\pi d_0^2}{4}}\leqslant[\tau] \tag{10-38}$$

螺栓杆与孔壁挤压强度条件为

$$\sigma_{\mathrm{p}}=\frac{F}{d_0 L_{\min}}\leqslant[\sigma_{\mathrm{p}}] \tag{10-39}$$

式中：d_0——螺栓剪切面直径，通常取为螺栓孔的直径(mm)；

m——螺栓杆剪切面数目；

L_{min}——螺栓杆与孔壁挤压面最小长度(mm)，设计时应使 $L_{min} \geqslant 1.25d_0$；

$[\tau]$——螺栓的许用切应力(MPa)；

$[\sigma_p]$——螺栓或孔壁的许用挤压应力(MPa)。

10.4.3　螺纹连接的材料和许用应力

螺栓常用的材料有 Q215、Q235、10、35 和 45 钢。承受冲击、振动或变载荷的螺纹连接可用力学性能较好的低碳合金钢，如 15Cr、40Cr、30CrMnSi 钢等。这些材料的力学性能可从相关手册中查取。

国家标准按螺纹连接件材料的力学性能将螺栓、螺柱、螺钉的性能等级分成 10 级，从 3.6～12.9 级。小数点前的数字约为 $\sigma_b/100$，小数点后面的数字约为 $10(\sigma_s/\sigma_b)$。螺母的性能等级从 4～12共 7 个级别，级别数字约为 $\sigma_b/100$。因此根据螺纹连接件性能等级，可粗略估算出其抗拉强度 σ_b 和屈服强度 σ_s。GB/T 3098.2—2000 规定：螺母性能等级应等于或高于螺栓的性能等级，允许用高强度螺母代替低强度螺母。螺栓、螺柱、螺钉、螺母材料及性能等级见表 10-6。

表 10-6　螺栓、螺柱、螺钉、螺母材料及性能等级

<table>
<tr><td rowspan="4">螺栓
螺柱
螺钉</td><td>性能等级</td><td>3.6</td><td>4.6</td><td>4.8</td><td>5.6</td><td>5.8</td><td>6.8</td><td>8.8</td><td>9.8</td><td>10.9</td><td>12.9</td></tr>
<tr><td>抗拉强度 σ_b/MPa</td><td>300</td><td colspan="2">400</td><td colspan="2">500</td><td>600</td><td>800</td><td>900</td><td>1000</td><td>1200</td></tr>
<tr><td>屈服强度 σ_s /MPa</td><td>180</td><td>240</td><td>320</td><td>300</td><td>400</td><td>480</td><td>640</td><td>720</td><td>900</td><td>1080</td></tr>
<tr><td>推荐材料</td><td>低碳钢</td><td colspan="5">低碳钢或中碳钢</td><td colspan="2">低碳合金钢、中碳钢，并淬火＋回火</td><td>中碳钢、低、中碳合金钢，并淬火＋回火</td><td>合金钢，并淬火＋回火</td></tr>
<tr><td rowspan="4">螺母</td><td>性能等级</td><td colspan="2">4</td><td colspan="3">5</td><td>6</td><td>8</td><td>9</td><td>10</td><td>12</td></tr>
<tr><td>螺母最小应力/MPa</td><td colspan="2">510 ($d \geqslant 16 \sim 39$ mm)</td><td colspan="3">520 ($d \geqslant 3 \sim 4$ mm，同右)</td><td>600</td><td>800</td><td>900</td><td>1040</td><td>1150</td></tr>
<tr><td>推荐材料</td><td colspan="5">易切削钢</td><td>低碳钢或中碳钢</td><td colspan="2">中碳钢</td><td colspan="2">中碳钢、低、中碳合金钢，并淬火＋回火</td></tr>
<tr><td>相配螺栓性能等级</td><td colspan="2">3.6，4.6，4.8($d>$16 mm)</td><td colspan="3">3.6，4.6，4.8($d \leqslant 16$ mm)；5.6；5.8</td><td>6.8</td><td>8.8</td><td>8.8($d>16 \sim 39$ mm)；9.8($d \leqslant 16$ mm)</td><td>10.9</td><td>12.9</td></tr>
</table>

在进行螺栓强度验算或进行螺栓尺寸设计时，螺栓的许用应力是一个很重要的参数，它与螺栓的材料、结构尺寸、工作条件密切相关。

螺纹连接件的许用拉应力为

$$[\sigma]=\frac{\sigma_s}{S} \quad (\text{MPa}) \tag{10-40}$$

螺纹连接件的许用切应力为

$$[\tau]=\frac{\sigma_s}{S_\tau}\quad (\text{MPa}) \tag{10-41}$$

螺纹连接件的许用挤压应力为

被连接件材料为钢时

$$[\sigma_p]=\frac{\sigma_s}{S_p}\quad (\text{MPa}) \tag{10-42}$$

被连接件材料为铸铁时

$$[\sigma_p]=\frac{\sigma_b}{S_p}\quad (\text{MPa}) \tag{10-43}$$

式中：σ_s——屈服强度；

σ_b——抗拉强度；

S、S_τ 和 S_p——各种计算的安全系数，取值见表 10-7。

表 10-7　螺栓连接的安全系数 S

载荷类型		材料	静载荷		变载荷	
松螺栓连接安全系数 S			1.2～1.7			
受轴向载荷及横向载荷紧螺栓连接安全系数 S	不控制预紧力		M6～M16	M16～M30	M6～M16	M16～M30
		碳素钢	4～3	3～2	10～6.5	6.5
		合金钢	5～4	4～2.5	7.6～5	5
	控制预紧力		1.2～1.5			
受剪力螺栓连接（铰制孔螺栓连接）	剪切安全系数 S_τ	钢和铸铁	2.5		3.5～2.0	
	挤压安全系数 S_p	钢	1.25		1.5	
		铸铁	2.0～2.5		2.5～3.0	

例 10-1　如图 10-23 所示气缸缸盖与凸缘用普通螺栓连接。已知气缸内压力为 $p=1.8$ MPa，气缸内径 $D=200$ mm，螺栓分布圆直径为 $D_0=270$ mm，装配时控制预紧力。试设计该缸盖上的螺栓连接。

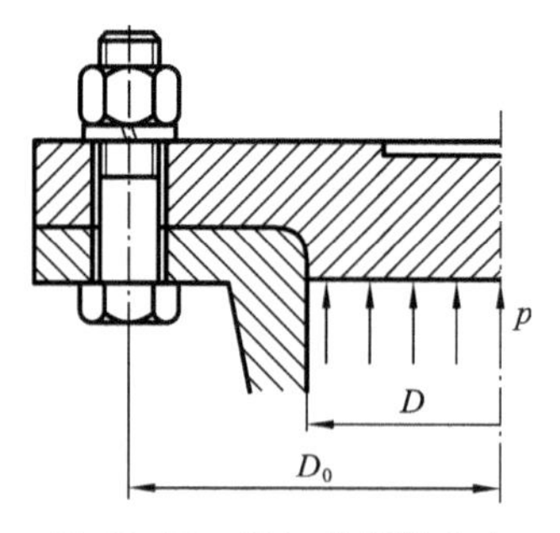

图 10-23　气缸盖螺栓分布

解　解题过程如下。

计算项目	计算内容、过程及说明	主要结果
1. 计算单个螺栓的工作载荷 F	暂取螺栓个数 $z=12$ 个，则每个螺栓承受的工作载荷为 $$F=\frac{p(\pi D^2/4)}{z}=\frac{1.8\times(3.14\times200^2/4)}{12}\ \text{N}=4710\ \text{N}$$	$F=4710$ N

续表

计算项目	计算内容、过程及说明	主要结果
2. 计算螺栓总拉伸载荷 F_Q	由于是气缸，因此有密闭性要求，则按表 10-5 选取残余预紧力 $F_{Qr}=1.8F$。则由式(10-31)可得螺栓总拉伸载荷 $$F_Q=F_{Qr}+F=2.8F=2.8\times4710\ \text{N}=13188\ \text{N}$$	$F_Q=13188$ N
3. 确定螺栓许用应力	试选螺栓为 6.8 级，则螺栓材料抗拉强度为 $$\sigma_b=6\times100\ \text{MPa}=600\ \text{MPa}$$ 螺栓材料的屈服强度为 $$\sigma_s=8\times600/10\ \text{MPa}=480\ \text{MPa}$$ 装配时控制预紧力，由表 10-7 查得安全系数 $S=1.5$，则螺栓的许用应力由式(10-40)知 $$[\sigma]=\frac{\sigma_s}{S}=\frac{480}{1.5}=320\ \text{MPa}$$	$[\sigma]=320$ MPa
4. 计算螺栓小径	根据式(10-34)可得螺栓的小径为 $$d_1\geqslant\sqrt{\frac{4\times1.3F_Q}{\pi[\sigma]}}=\sqrt{\frac{4\times1.3\times13188}{3.14\times320}}\ \text{mm}=12.8394\ \text{mm}$$ 查表 10-1，可选用 M16 规格的螺栓，其小径 $d_1=13.835$ mm，可满足强度要求	$d_1=13.835$ mm
5. 计算预紧力	设气缸盖与缸体凸缘之间用金属垫片，由表 10-4，取 $\frac{K_b}{K_b+K_m}=0.25$，由式(10-32)计算初始预紧力 $$F_{Q0}=F_{Qr}+\left(1-\frac{K_b}{K_m+K_b}\right)F$$ $$=[1.8\times4710+(1-0.25)\times4710]\ \text{N}=12010.5\ \text{N}$$	$F_{Q0}=12010.5$ N
6. 验算螺栓间距	$z=12$，$D_0=270$ mm，则螺栓间距 $$t=\frac{\pi D_0}{z}=\frac{3.14\times270}{12}\ \text{mm}=70.65\ \text{mm}$$ 查表 10-8，当 $p=1.8$ MPa 时最大间距为 $$t_0=4.5d=4.5\times16\ \text{mm}=72\ \text{mm}$$ $t<t_0$，满足螺栓间距要求，设计合理	$t=70.65$ mm $t_0=72$ mm $t<t_0$

例 10-2　图 10-24 所示为一凸缘联轴器，两个半联轴器用 6 个螺栓连接，螺栓分布圆直径为 $D_0=200$ mm，联轴器传递的转矩 $T=900$ N·m，螺栓性能等级为 6.8 级。两半联轴器间摩擦系数 $f=0.15$，不控制预紧力。试选择螺栓直径。

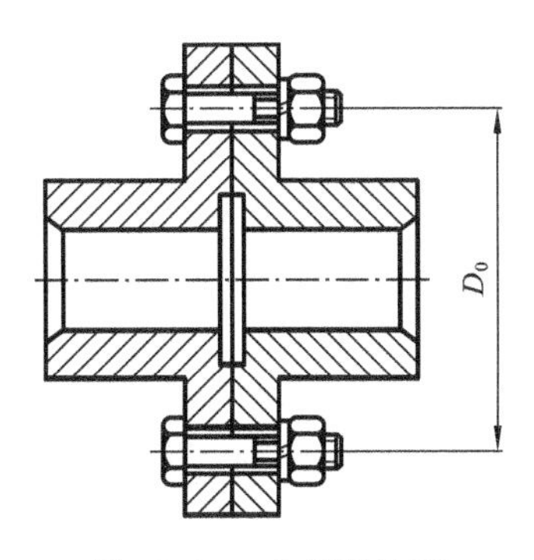

图 10-24　凸缘联轴器

解 由图 10-24 看出，凸缘联轴器采用的是普通螺栓连接，靠结合面的摩擦力平衡外界载荷，因此需要足够的预紧力。

计算项目	计算内容、过程及说明	主要结果
1. 计算每个螺栓需要平衡的横向载荷 F	$F=\frac{2T}{zD_0}=\frac{2\times 900}{6\times 200\times 10^{-3}}\ \mathrm{N}=1500\ \mathrm{N}$	$F=1500\ \mathrm{N}$
2. 计算每个螺栓需要的预紧力 F_{Q0}	可靠性系数取 $K_S=1.2$，根据式(10-37)可得 $F_{Q0}\geqslant\frac{K_S F}{mf}=\frac{1.2\times 1500}{1\times 0.15}\ \mathrm{N}=12000\ \mathrm{N}$	$F_{Q0}=12000\ \mathrm{N}$
3. 确定螺栓材料的许用应力	螺栓性能等级为 6.8 级，查表 10-6 得 $\sigma_s=480\ \mathrm{MPa}$ 不控制预紧力，初选螺栓直径 M16，螺栓材料为碳素钢，从表 10-7 查得安全系数 $S=3$，则螺栓许用应力为 $[\sigma]=\frac{\sigma_s}{S}=\frac{480}{3}\ \mathrm{MPa}=160\ \mathrm{MPa}$	$[\sigma]=160\ \mathrm{MPa}$
4. 计算螺栓小径	根据式(10-23)可得螺栓的小径为 $d_1\geqslant\sqrt{\frac{4\times 1.3F_{Q0}}{\pi[\sigma]}}=\sqrt{\frac{4\times 1.3\times 12000}{3.14\times 160}}\ \mathrm{mm}=11.1447\ \mathrm{mm}$ 查表 10-1，可选用 M16 规格的螺栓，其小径 $d_1=13.835\ \mathrm{mm}$，可满足强度要求。	$d_1=13.835\ \mathrm{mm}$

10.4.4 提高螺栓连接强度的措施

螺栓连接的强度对安全生产有着重要作用，影响螺栓连接强度的因素很多，如螺栓的尺寸、结构、加工工艺、外界载荷等。下面介绍一些常见的提高螺栓强度的方法。

1. 降低螺栓的应力幅

理论研究表明，受轴向变载荷的螺栓连接，最大应力一定时，应力幅越小，疲劳强度越高，连接越可靠。由前面的分析及图 10-19(c)可知，受轴向载荷的紧螺栓连接，其轴向载荷在预紧力 F_{Q0} 和总拉伸载荷 $F_Q=F_{Qr}+F$ 范围内变化，载荷变化幅值为 $\Delta F_{Qb}=F_{Qr}+F-F_{Q0}$。可见，若总拉伸载荷保持不变，欲减小载荷变化幅值 ΔF_{Qb}，就需要增加预紧力 F_{Q0}。根据式(10-32)可知，减小螺栓刚度 K_b 或增大被连接件刚度 K_m 就能增加预紧力 F_{Q0}。

减小螺栓刚度 K_b 常用的方法有：加长螺栓的长度；减小螺栓光杆部分的直径(见图 10-25(a))；采用空心结构的螺栓(见图 10-25(b))；在螺母下面加装弹性元件等(见图 10-25(c))。增大被连接件刚度 K_m 常用的方法有：合理设计被连接件结构及尺寸；避免在连接面用刚性小的垫片(图 10-26(a)用软垫片不合适)，若需用垫片应采用刚性垫片，或采用密封环(见图 10-26(b))。

需注意为了保证螺栓的静强度，预紧力增加应控制在螺栓材料屈服强度的 80%以内。

2. 改善螺纹牙间的载荷分布

一般结构的螺栓连接，螺栓受的总拉力是通过螺纹牙传递给螺母的。通常螺栓受拉，外螺纹螺距增大；螺母受压，内螺纹螺距减小(见图 10-27)。螺距的变化差在旋合的第一圈最大，以后各圈递减。实验证明，第一圈受力为总载荷的 1/3，10 圈以后的螺纹基本不受力。加厚螺母并不能提高连接强度，反而会使各圈螺纹牙间的受力更不均匀(见图 10-28)。

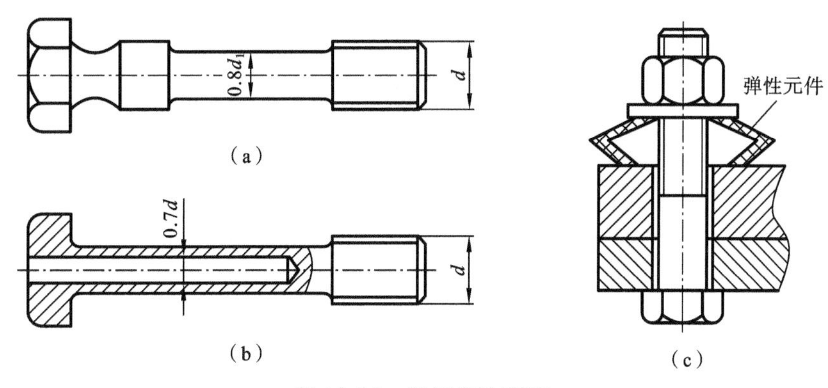

图 10-25　降低螺栓刚度

(a) 减小光杆部分直径；(b) 空心螺栓；(c) 螺母下加弹性元件

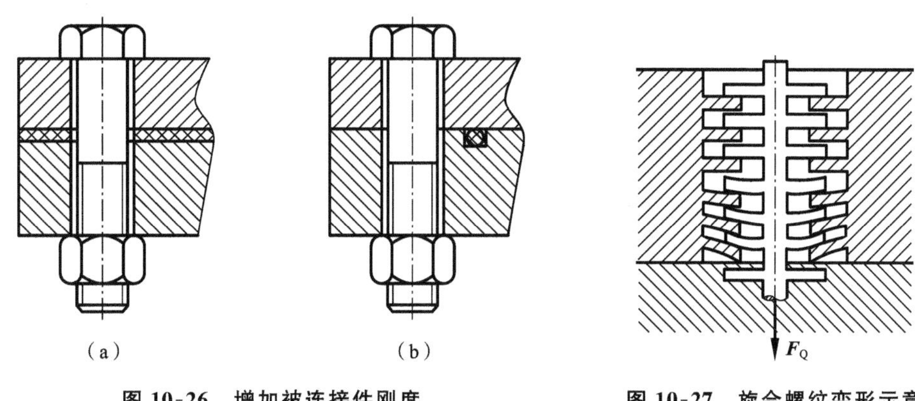

图 10-26　增加被连接件刚度

(a) 软垫片密封；(b) 密封环密封

图 10-27　旋合螺纹变形示意

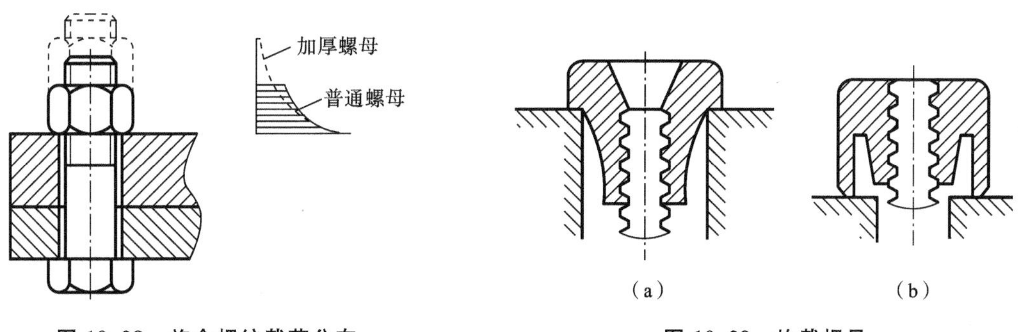

图 10-28　旋合螺纹载荷分布

图 10-29　均载螺母

(a) 悬置螺母；(b) 环槽螺母

要改善各圈螺纹牙受力不均现象，关键是将受压螺母改成受拉的结构。悬置螺母和环槽螺母与螺杆旋合的部分受拉(见图 10-29)，使螺纹牙上的载荷分布均匀，从而可提高螺栓连接的强度。

3. 减小应力集中的影响

螺栓上螺纹牙根、螺纹收尾、螺栓头和螺杆过渡处以及螺栓杆横截面尺寸变化处都有应力集中，可以在截面过渡处采用较大的圆角或卸载结构，螺纹收尾处用退刀槽等(见图 10-30)。

4. 采用合理的制造工艺

冷镦螺栓头部和滚压螺纹，可以显著提高螺栓的疲劳强度。采用合理的热处理方法如渗

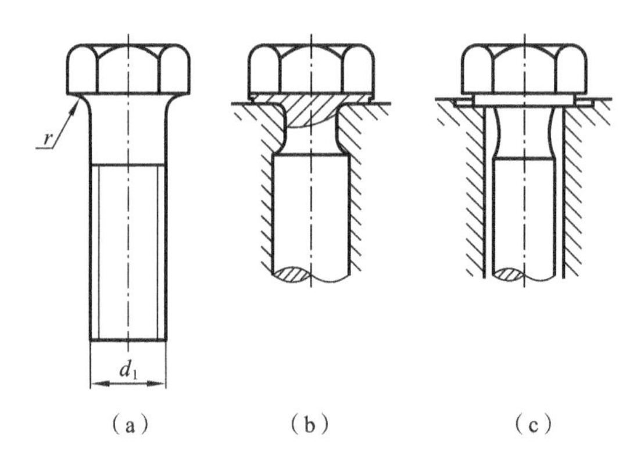

图 10-30　减小应力集中影响

(a) 增大圆角;(b) 卸载槽;(c) 卸载过渡结构

氮、碳氮共渗,喷丸处理也是提高螺栓疲劳强度的有效手段。

10.5　螺栓组连接的设计

螺栓连接件通常都是成组使用的,因此需要选定螺栓的数目和布置形式,进行连接的总体结构设计,以使螺栓组中各螺栓受力均匀,便于装配,同时也保证被连接件易于加工和装配。在设计时通常需遵从以下几点原则。

(1) 连接接合面的几何形状通常为轴对称的简单几何形状。这样不仅易于加工制造,而且螺栓对称布置,使螺栓组的对称中心和连接结合面的形心重合,从而保证连接接合面受力均匀。图 10-31 中(a)、(b)、(c)是合理的,而(d)、(e)、(f)的几何形状不合理。

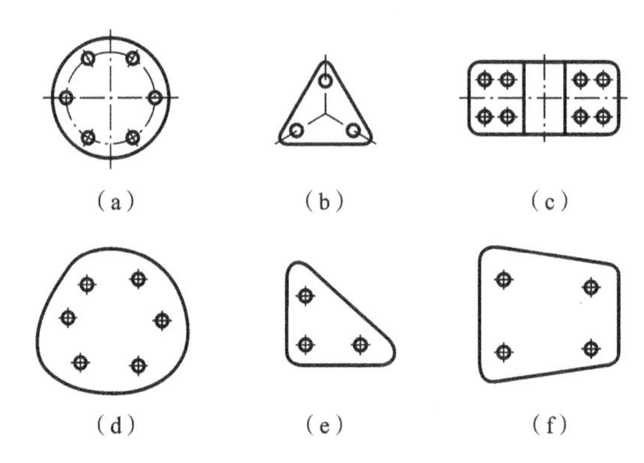

图 10-31　螺栓组接合面几何形状

(2) 螺栓位置的布置应使各螺栓受力合理。当被连接件接合面承受弯矩或转矩时,应使螺栓位置适当靠近连接接合面的边缘,这样可以增大力臂,从而减小螺栓受力(见图 10-32)。对于铰制孔螺栓连接,不宜在平行工作载荷的方向上成排布置 8 个以上的螺栓,否则载荷分配将不均匀。同时承受轴向载荷和较大横向载荷时,应用键、套筒、销等减载零件来承受横向载荷(见图 10-21),减小螺栓的预紧力,从而减小螺栓的尺寸。

(3) 螺栓排列间距和边距应合理。螺栓轴线至机体边缘应留有足够的距离,可参见图 10-5、图 10-6。螺栓轴线和机体壁的最小距离应根据扳手活动空间确定(见图 10-33),可查阅有关标准。对于压力容器等紧密型要求较高的重要连接,螺栓间距 t_0(见图 10-34)不得大于

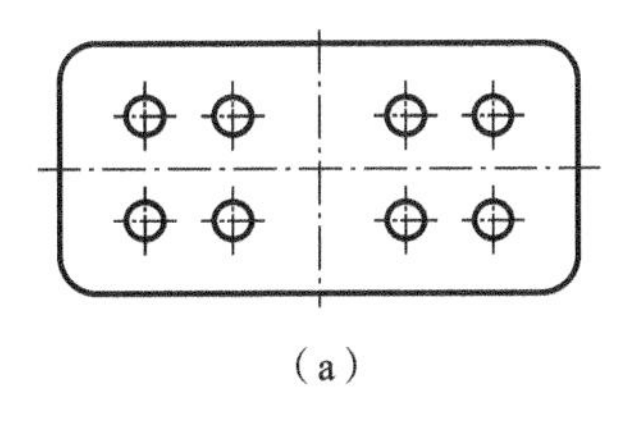

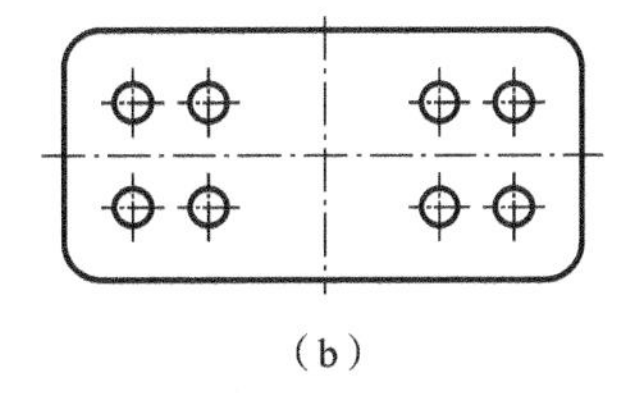

图 10-32　接合面受弯矩或转矩时螺栓的布置

(a) 螺栓布置不合理；(b) 螺栓布置合理

表 10-8 中的推荐值。

表 10-8　螺栓最大间距 t_0

工作压力/MPa	≤1.6	1.6～4	4～10	10～16	16～20	20～30
螺栓最大间距/mm	$7d$	$4.5d$	$4.5d$	$4d$	$3.5d$	$3d$

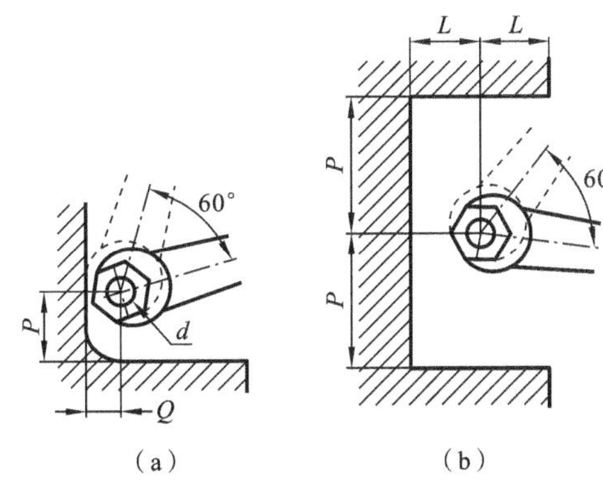

图 10-33　扳手空间

图 10-34　螺栓最大间距

(4) 螺栓数目选择以及位置布置应便于加工。螺栓的数目与布置应保证钻孔时分度划线方便，如分布在同一圆周上的螺栓数目常取 2、3、4、6、8 等数字(见图 10-31(a))。

(5) 同一螺栓组中螺栓的材料、规格应相同，以增加零件的通用性，降低成本。

(6) 避免螺栓承受附加弯曲载荷。在结构设计上避免螺栓承受附加弯矩，要保证被连接件的刚度(见图 10-35)。螺母与螺栓头部的支承面应平整，与螺栓轴线相垂直。铸件、锻件等粗糙表面与螺栓头部相结合的部位应制成凸台或沉头座(见图 10-36)，当支承表面为斜面时，应使用斜垫圈(见图 10-37)。

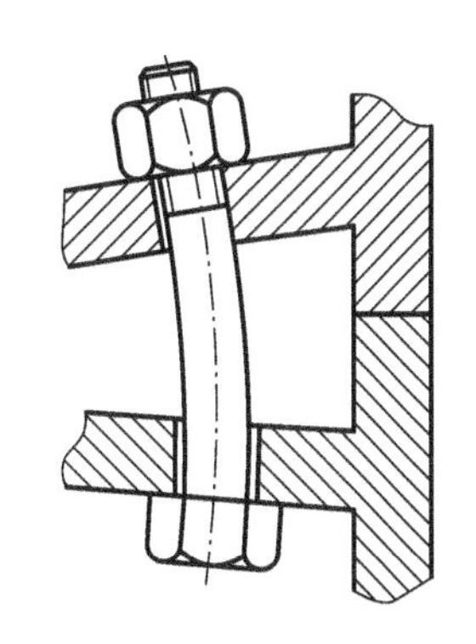

图 10-35　被连接件刚度不足

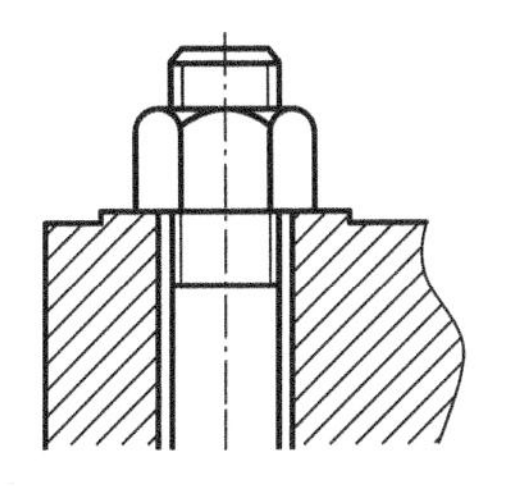

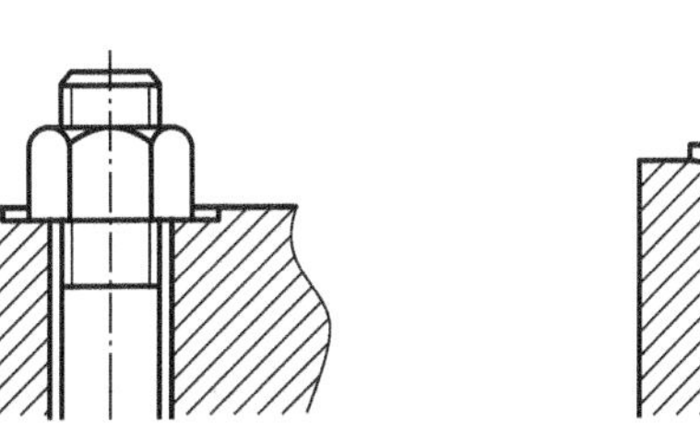

图 10-36　凸台和沉头座

图 10-37　斜垫圈的使用

10.6 螺旋传动简介

螺旋传动常用于将回转运动变为直线运动，同时传递运动和动力。

10.6.1 螺旋的类型及应用

1. 根据用途分类

根据螺旋传动的用途，螺旋可以分为传力螺旋、传动螺旋和调整螺旋三类。

1）传力螺旋及其应用

传力螺旋以传递动力为主。输入较小的力矩转动螺杆（或螺母），使螺母（或螺杆）产生轴向运动，同时获得较大的轴向力。传力螺旋多用于速度较低和间歇性工作场合，一般要求有自锁能力。螺旋千斤顶是典型的传力螺旋（见图 10-38）。

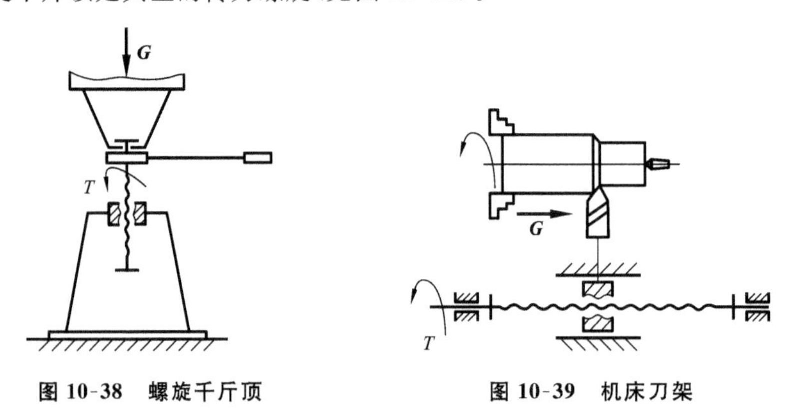

图 10-38 螺旋千斤顶　　图 10-39 机床刀架

2）传动螺旋及其应用

传动螺旋以传递运动为主，要求具有较高的运动精度。其工作特点是在长时间内连续工作，工作速度较高。如图 10-39 所示，机床刀架由机床丝杠和离合螺母组成，当丝杆转动时，带动螺母往复运动，使得刀具完成切削工作。

3）调整螺旋及其应用

调整螺旋主要用于调整并固定零部件之间的相对位置，一般在空载下转动。如带传动中用于调整带初拉力的调整螺旋（见图 9-15）。如显微镜、机床、测试装置中的微调机构中的螺旋。

2. 根据摩擦性质分类

螺旋按摩擦性质还可分为滑动螺旋和滚动螺旋两类。

1）滑动螺旋及其应用

螺旋副副元素直接接触，二者之间的摩擦为滑动摩擦。梯形螺纹是应用最为广泛的传动螺纹，已经标准化。矩形螺纹也可作传动螺纹，但其尚未标准化，且由于其同轴性差，难以精确制造，工程中应用很少。锯齿形螺纹用于单向受力的场合。

2）滚动螺旋及其应用

滚动螺旋的螺旋轨道中充满了钢球，螺旋副之间的摩擦为滚动摩擦。滚动螺旋按滚道回路形式分为外循环滚动螺旋和内循环滚动螺旋。图 10-40(a)所示是外循环式滚动螺旋，钢球在回路过程中会离开螺旋表面。图 10-40(b)所示是内循环式滚动螺旋，钢球在整个循环过程中不脱离螺旋表面。滚动螺旋摩擦损失小，传动效率高，运动灵敏性高，传动精度高，但其结构复杂，不能自锁。

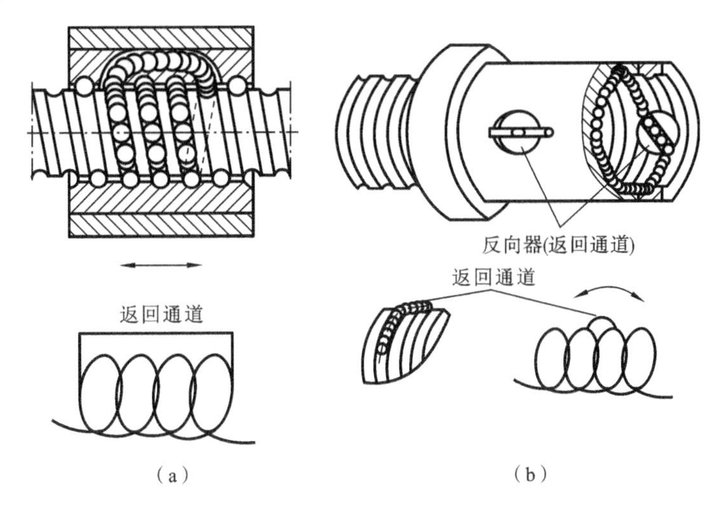

图 10-40　滚动螺旋

(a) 外循环式；(b) 内循环式

10.6.2　螺旋传动的设计计算

螺旋传动的主要失效形式是螺纹磨损，因此保证耐磨性是其主要的设计准则。

1. 耐磨性验算

螺纹面间载荷大小、表面粗糙度、工作条件等因素对螺纹磨损都有一定的影响，但磨损计算还没有完善的理论体系，目前采用的方法是限制螺纹接触处的压强，即

$$p=\frac{F_Q}{\pi d_2 h z}\leqslant[p]\quad(\mathrm{MPa})\tag{10-44}$$

式中：F_Q——最大轴向载荷(N)；

d_2——螺纹中径(mm)；

h——螺纹工作高度(mm)；

z——螺纹工作圈数；

$[p]$——螺旋副许用压强(MPa)，其值见表 10-9。

表 10-9　螺旋副许用压强$[p]$和摩擦系数 f

配对材料		钢-青铜	淬火钢-青铜	钢-铸铁
$[p]$ /MPa	低速(人力驱动)	15～25	—	10～18
	$v<0.2$ m/s	7～10	10～13	4～7
f		0.08～0.10	0.06～0.08	0.12～0.15

令 $\phi=\frac{H}{d_2}$，H 为螺母高度，$H=zP$，$C=\sqrt{\frac{P}{\pi h}}$，代入式(10-44)，得到螺纹中径设计公式

$$d_2\geqslant C\sqrt{\frac{F_Q}{\phi[p]}}\quad(\mathrm{mm})\tag{10-45}$$

整体式螺母磨损后不能调整间隙，为使螺母受力均匀，螺纹圈数不宜取得太多，因此 $\phi=$

1.2～2.5；剖分式螺母 $\phi=2.5\sim3.5$。设计时按式(10-45)求出螺纹中径 d_2 后，即可按标准查取螺纹其他参数，然后计算螺纹工作圈数 z。一般螺纹工作圈数不超过 10 圈。

2. 螺杆强度校核

螺杆在轴向载荷 F_Q 在作用下，受到拉应力和扭转切应力的作用，按第四强度理论可求出危险截面小径 d_1 处的当量应力 σ_e，因此强度校核条件为

$$\sigma_e=\sqrt{\sigma^2+3\tau^2}=\sqrt{\left(\frac{F_Q}{\pi d_1^2/4}\right)^2+3\left(\frac{T_1}{\pi d_1^3/16}\right)^2}\leqslant[\sigma]\quad(\text{MPa})\tag{10-46}$$

式中：T_1——螺纹间摩擦力矩，可参照式(10-12)计算；

$[\sigma]$——螺杆材料的许用应力(MPa)，碳素钢可取 50～80 MPa。

3. 螺杆稳定性校核

长径比(l/d_2)较大的受压螺杆，受到较大的轴向压力 F_Q 时，可能丧失稳定性，其校核公式为

$$F_{QC}\geqslant SF_Q\tag{10-47}$$

式中：F_{QC}——螺杆的临界载荷，计算方式见表 10-10；

F_Q——螺杆的轴向载荷；

S——螺杆的安全系数，通常取 2.5～4。

表 10-10　螺杆临界载荷的计算公式

螺杆长细比 $\lambda=\frac{\mu l}{i}$	临界载荷 F_{QC} 计算公式		备　注
$\lambda\geqslant100$	$F_{QC}=\frac{\pi^2EI}{(\mu l)^2}$ (N)		E：螺杆材料的弹性模量，对钢材取 $E=2.06\times10^5$ MPa； I：危险截面惯性矩，螺杆小径处，$I=\pi d_1^4/64$ (mm⁴)
$40\leqslant\lambda<100$	普通碳素钢 $\sigma_b\geqslant380$ MPa	$F_{QC}=(304-1.12\lambda)\frac{\pi d_1^2}{4}$ (N)	
	优质碳素钢 $\sigma_b\geqslant480$ MPa	$F_{QC}=(461-2.57\lambda)\frac{\pi d_1^2}{4}$ (N)	
$\lambda<40$	不必进行稳定性校核		

注：1. 长度系数 μ 与螺杆端部固定方式有关，两端固定式取 $\mu=0.5$，一端固定、一端不完全固定式取 $\mu=0.6$，一端固定、一端铰支式取 $\mu=0.7$，两端铰支式取 $\mu=1.0$，一端固定一端自由式取 $\mu=2.0$。

2. λ 计算公式中，l 是螺杆的最大工作长度，i 是危险截面惯性半径。

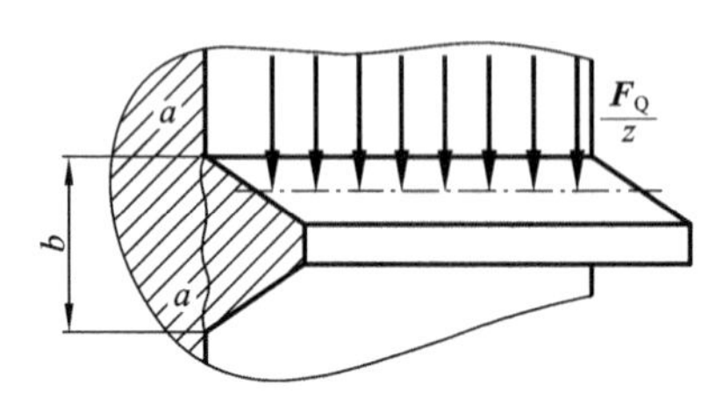

图 10-41　螺纹牙受力

4. 螺纹牙强度校核

螺纹牙受力时其力学模型相当于悬臂梁，危险截面在牙根 a—a 截面(见图 10-41)，因此螺纹牙常发生剪切和挤压破坏。螺母的螺纹牙校核公式如下。

弯曲强度条件

$$\sigma=\frac{3F_Qh}{\pi Db^2z}\leqslant[\sigma_b]\quad(\text{MPa})\tag{10-48}$$

剪切强度条件

$$\tau=\frac{F_Q}{\pi Dbz}\leqslant[\tau]\quad(\mathrm{MPa})\tag{10-49}$$

式中：D——螺母螺纹的大径(mm)，若需校核螺杆的螺纹牙强度，则将 D 换成螺杆螺纹的小径 d_1；

b——螺纹牙根部的厚度(mm)，对于矩形螺纹 $b=0.5P$，对于梯形螺纹 $b=0.65P$，对于锯齿形螺纹 $b=0.75P$；

h——螺纹牙工作高度(mm)；

z——螺纹工作圈数；

$[\sigma_b]$——材料的许用弯曲应力(MPa)，见表 10-11；

$[\tau]$——材料的许用切应力(MPa)，见表 10-11。

表 10-11　螺纹材料的许用应力

材料	许用弯曲应力$[\sigma_b]$/MPa	许用切应力$[\tau]$/MPa
青铜	40～60	30～40
铸铁	45～55	40
钢	$(1.0\sim1.2)\sigma_s/(3\sim5)$	$0.6\sigma_s/(3\sim5)$

注：表中 σ_s 为材料的屈服极限。

5. 自锁条件校核

对于有自锁要求的螺旋传动，还应校核其自锁性

$$\lambda\leqslant\rho_v\tag{10-50}$$

式中：λ——螺纹升角，按式(10-1)计算；

ρ_v——螺旋副的当量摩擦角，$\rho_v=\arctan f_v$，$f_v=f/\cos\beta$；

f——螺纹副材料的摩擦系数，其值见表 10-9；

β——螺纹的牙型斜角。

本 章 小 结

(1) 根据牙型，螺纹有普通螺纹、管螺纹、梯形螺纹、矩形螺纹、锯齿形螺纹。其中前两种为连接螺纹，后三种为传动螺纹。

(2) 螺纹的传动效率以及自锁条件可以参照滑块在斜面上的运动进行推导。螺纹传动效率计算公式为 $\eta=\frac{\tan\lambda}{\tan(\lambda+\rho_v)}$，螺纹的自锁条件为 $\lambda\leqslant\rho_v$。其中 λ 是螺纹升角，ρ_v 是螺旋副的当量摩擦角。在几种常用螺纹中，效率的排序为矩形螺纹＞梯形螺纹＞普通螺纹；自锁性能的排序为普通螺纹＞梯形螺纹＞矩形螺纹。另外，螺纹线数越多，传动效率越高，但是加工越困难。

(3) 螺纹连接的预紧力矩由两部分组成：克服螺纹牙间的摩擦力矩和克服螺母与支持面间的摩擦力矩。

(4) 螺纹防松的关键是防止螺旋副之间的相对转动。根据防松原理的不同，有摩擦防松法、机械防松法以及其他防松方法。

(5) 螺纹连接分为螺栓连接、双头螺柱连接、螺钉连接以及紧定螺钉连接。其中螺栓连接

又分为普通螺栓连接和铰制孔螺栓连接，适用于被连接件较薄，可多次装拆的场合。双头螺柱连接和螺钉连接在结构上的特点是一个被连接件较厚，只能采用盲孔的形式。紧定螺钉连接主要用于零件的定位。

(6) 单个螺栓连接强度校核要结合螺栓的结构特点、受力情况进行分析，详细见表 10-12。

表 10-12　单个螺栓强度计算方法

<table>
<tr><th colspan="3">类型</th><th>载荷特点</th><th>失效形式</th><th>校核公式</th><th>设计公式</th></tr>
<tr><td colspan="3">松螺栓连接</td><td>① 没有预紧力 F_{Q0}；
② 外载荷 F 在螺栓轴线方向；
③ 公式中载荷为外界工作载荷 F</td><td>螺杆拉
(或压)断</td><td>$\sigma=\frac{F}{\frac{\pi d_1^2}{4}}\leqslant[\sigma]$</td><td>$d_1\geqslant\sqrt{\frac{4F}{\pi[\sigma]}}$</td></tr>
<tr><td rowspan="3">紧螺栓连接</td><td rowspan="2">外载荷为轴向载荷</td><td>仅有预紧力</td><td>① 仅有预紧力 F_{Q0}；
② 公式中载荷为初始预紧力 F_{Q0}</td><td>螺杆拉
(或压)断</td><td>$\sigma_e=\frac{1.3F_{Q0}}{\frac{\pi d_1^2}{4}}\leqslant[\sigma]$</td><td>$d_1\geqslant\sqrt{\frac{4\times1.3F_{Q0}}{\pi[\sigma]}}$</td></tr>
<tr><td>预紧力＋工作载荷</td><td>① 有初始预紧力 F_{Q0}；
② 工作载荷 F 沿螺栓轴线方向；
③ 公式中载荷为螺栓的总拉伸载荷，$F_Q=F_{Qr}+F$</td><td>螺杆拉
(或压)断</td><td>$\sigma_e=\frac{1.3F_Q}{\frac{\pi d_1^2}{4}}\leqslant[\sigma]$</td><td>$d_1\geqslant\sqrt{\frac{4\times1.3F_Q}{\pi[\sigma]}}$</td></tr>
<tr><td>外载荷为横向载荷</td><td>普通螺栓连接</td><td>① 外界横向载荷 F 并没有直接作用在螺栓上，螺栓承受载荷实际为轴向的预紧力 F_{Q0}；
② 外载荷 F 靠 F_{Q0} 产生的摩擦力平衡；
③ 公式中载荷为预紧力 F_{Q0}。当已知外界横向载荷 F 时，可推导出 $F_{Q0}\geqslant\frac{K_SF}{mf}$</td><td>螺杆拉
(或压)断</td><td>$\sigma_e=\frac{1.3F_{Q0}}{\frac{\pi d_1^2}{4}}\leqslant[\sigma]$</td><td>$d_1\geqslant\sqrt{\frac{4\times1.3F_{Q0}}{\pi[\sigma]}}$</td></tr>
<tr><td colspan="3">铰制孔螺栓连接</td><td>① F 是外界横向载荷，螺栓受剪切力和挤压力；
② 公式中载荷 F 是外界横向载荷</td><td>螺杆被剪断、螺杆和孔壁的挤压</td><td>$\tau=\frac{F}{\frac{m\pi d_0^2}{4}}\leqslant[\tau]$
$\sigma_p=\frac{F}{d_0L_{min}}\leqslant[\sigma_p]$</td><td></td></tr>
</table>

(7) 提高螺栓连接强度可从以下几个方面入手。

① 降低应力幅：可采取的措施有减小螺栓的刚度，增加被连接件的刚度。

② 改善螺纹牙间载荷分布：螺纹牙间载荷在旋合第一圈最大，10 圈以后基本不受力，因此加厚螺母并不能提高螺纹连接的强度。受拉结构的螺栓可以使螺纹间载荷分布趋于均匀，因为此时螺母和相配螺杆都为受拉状态，二者变形一致。

③ 减小应力集中：主要是增大过渡圆角半径，减小截面变化尺寸，增加卸载槽等方法。

④ 采用合理的制造工艺：主要是加工工艺的改进以及热处理手段的运用。

(8) 螺栓组的设计主要是螺栓数目的选择、螺栓位置的布置以及连接接合面几何形状的设计。螺栓组设计要保证被连接件受力均匀合理。

(9) 螺旋传动可分为传力螺旋、传动螺旋和微调螺旋。根据螺旋副之间摩擦力的性质还可分为滑动螺旋和滚动螺旋。螺旋副主要失效形式是磨损。在进行螺旋副校核或设计时主要考虑耐磨性、螺杆强度、螺杆稳定性、螺纹牙强度以及自锁性。

思考与练习题

10-1　常用螺纹有哪几种类型？分别有什么特点？各适用于什么场合？连接螺纹和传动螺纹的要求有何区别？

10-2　螺纹为什么要防松？防松方法有哪些？各适用于什么场合？

10-3　加厚螺母是否可以增强螺纹连接的强度？增加螺纹连接强度的措施都有哪些？

10-4　螺旋传动的类型及其应用有哪些？滑动螺旋和滚动螺旋的优缺点分别是什么？

10-5　自锁性螺旋传动效率恒小于 50%，为什么？

10-6　M5 和 M5×0.5 两种普通螺纹哪种自锁性较好？

10-7　螺旋传动的失效形式主要是什么？设计准则是什么？

10-8　某机构的拉杆材料为 Q235 钢，头部为粗牙普通螺纹连接，如图 10-42 所示，已知拉杆所受最大轴向载荷为 $F=18$ kN，载荷平稳。试选定拉杆螺栓尺寸。

10-9　图 10-43 中，两根梁用 8 个 6.8 级普通螺栓与两块钢盖板相连接，梁受到的拉力 $F=40$ kN，摩擦系数 $f=0.15$，控制预紧力。试确定所需螺栓直径。

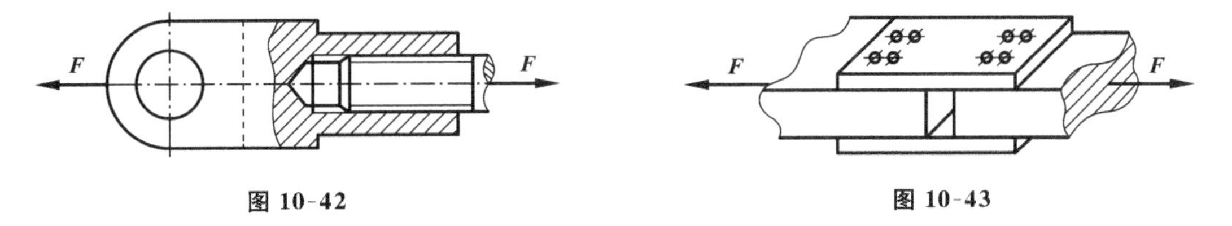

图 10-42　　图 10-43

10-10　图 10-44 所示的凸缘联轴器，材料为 HT200，用 8 个 M16 的螺栓连接，螺栓性能等级为 8.8 级。联轴器传递的最大转矩 $T=1600$ N·m，两半联轴器间摩擦系数 $f=0.15$，联轴器材料的抗拉强度 $\sigma_b=196$ MPa，螺栓分布圆的直径 $D=200$ mm。分别校核图示两种方案螺栓强度。

10-11　图 10-45 中液压缸缸盖螺栓连接，已知液压缸油压 $p=1.5$ MPa，缸内径 $D_0=200$ mm，缸壁厚 $\delta=12$ mm。试设计缸盖上螺栓连接，并确定螺栓分布圆直径 D。

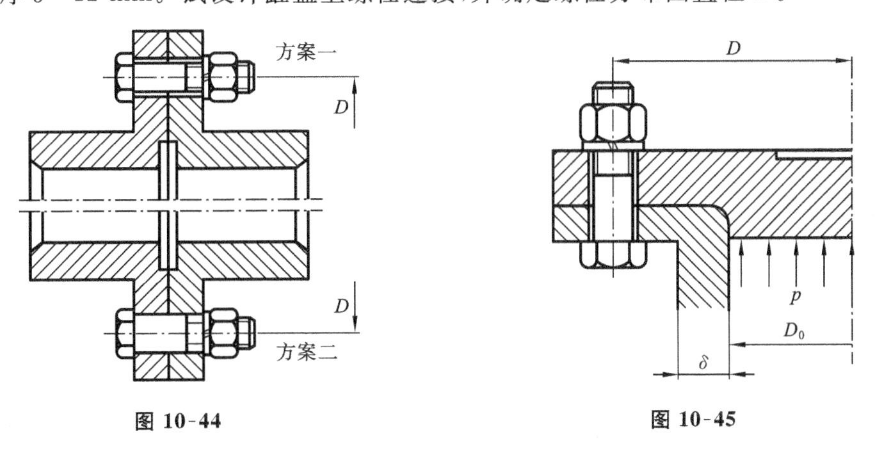

图 10-44　　图 10-45

10-12　设计一手动螺栓起重器（见图 10-38）。已知起重器最大举重量 $G=40$ kN，最大升距 $H=200$ mm，加于手柄上的推力为 $F_t=250$ N，所有接合面摩擦系数均为 0.15，要求自锁。试选择螺纹类型，并进行设计。

10-13　指出图 10-46 中错误之处，说明原因并改正。

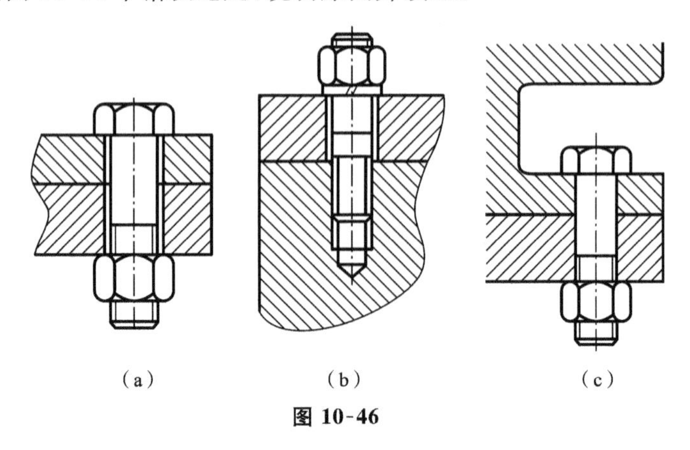

图 10-46

第11章　轴及轴毂连接

11.1　轴的功用和类型

轴主要用来支承转动或摆动的零件如齿轮、带轮等，以传递运动和动力。它是机器的重要零件之一。

轴的类型较多，一般按轴的承载情况和形状对轴进行分类。

1. 按承载情况分类

轴根据承载情况分为心轴、传动轴和转轴。

1）心轴

工作时只承受弯矩而不传递转矩的轴称为心轴，如图11-1所示的支承滑轮的轴。心轴可以是固定不动的，也可以是转动的。图11-1(a)中的滑轮活套在轴上，工作时轴并不转动，而图11-1(b)所示的滑轮与轴通过键连接而一起转动。图11-2(a)中自行车的前轮轴与前轮通过滚动轴承分隔，不随前轮转动；图11-2(b)中的火车轮轴与车轮紧固在一起，随着车轮一同回转。

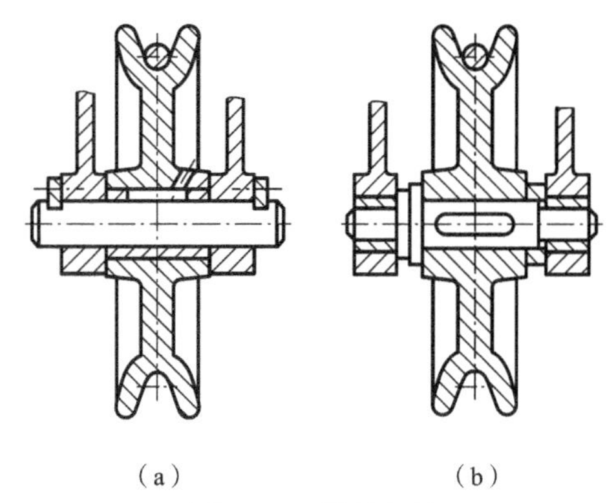

图11-1　滑轮心轴

(a) 固定心轴；(b) 转动心轴

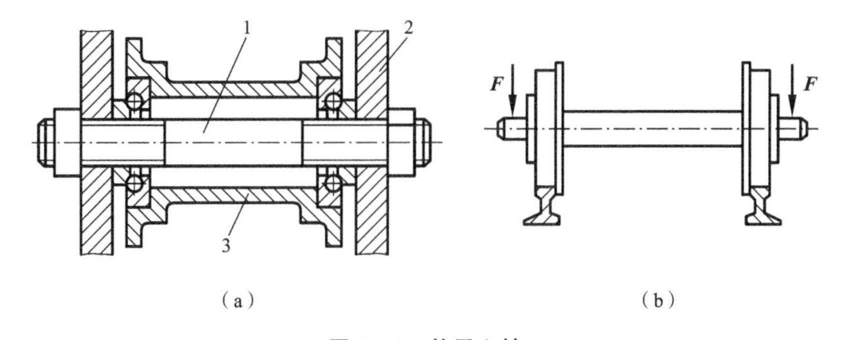

图11-2　轮子心轴

(a) 自行车前轮轴；(b) 火车轮轴

1—前轮轴；2—前叉；3—前轮轮毂

2）传动轴

工作时只传递转矩而不承受弯矩或只承受很小弯矩的轴称为传动轴，如汽车中支承转向盘的轴和车身底部的后桥万向传动轴（见图11-3）。

3）转轴

工作时既承受弯矩又传递转矩的轴称为转轴，如图11-4中的减速器各轴。转轴是机械中最常见的轴。

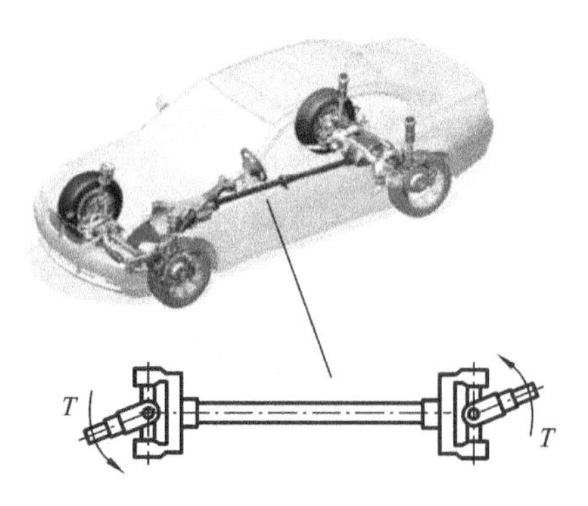

图 11-3　汽车的转向轴和万向传动轴

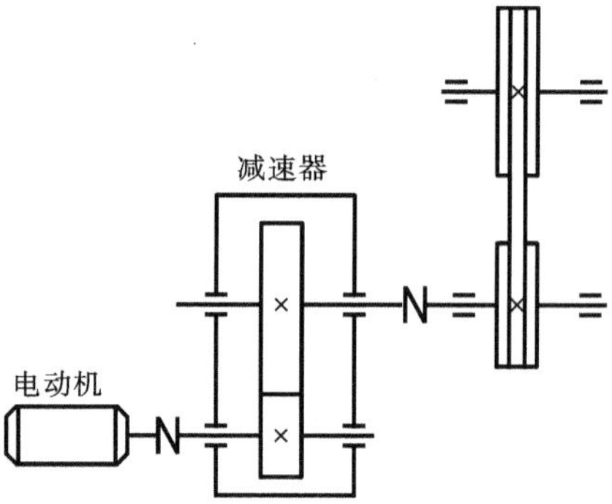

减速器

电动机

图 11-4　减速装置

2. 按轴线的形状分类

按轴线形状不同，轴又分为直轴、曲轴和挠性轴。

1）直轴

直轴的轴线为一条直线，其按外形又分为光轴（见图 11-5(a)）和阶梯轴（见图 11-5(b)）。光轴形状简单、易于加工、轴上应力集中少，但轴上零件难以定位和固定，在农业机械、纺织机械、仪表机械中较为常用。阶梯轴在一般机械中应用最广，为减轻轴的重量或结构与功能需要时，可做成空心轴（见图 11-5(c)）。

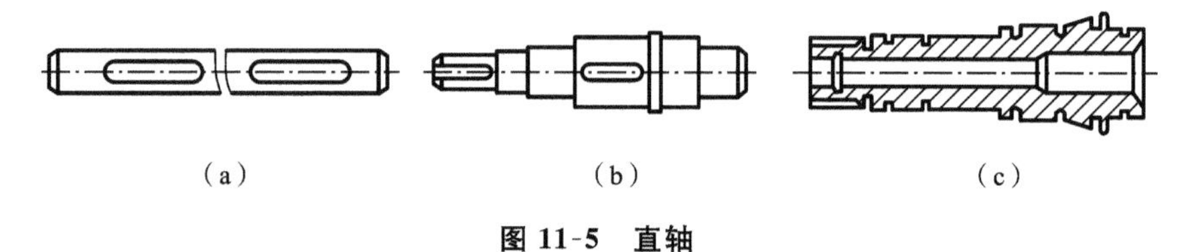

(a)　　(b)　　(c)

图 11-5　直轴

(a) 光轴；(b) 阶梯轴；(c) 空心轴

2）曲轴

曲轴的轴线不在一条直线上。它是往复式机械中的专用零件，如多缸内燃机中的曲轴（见图 11-6）。

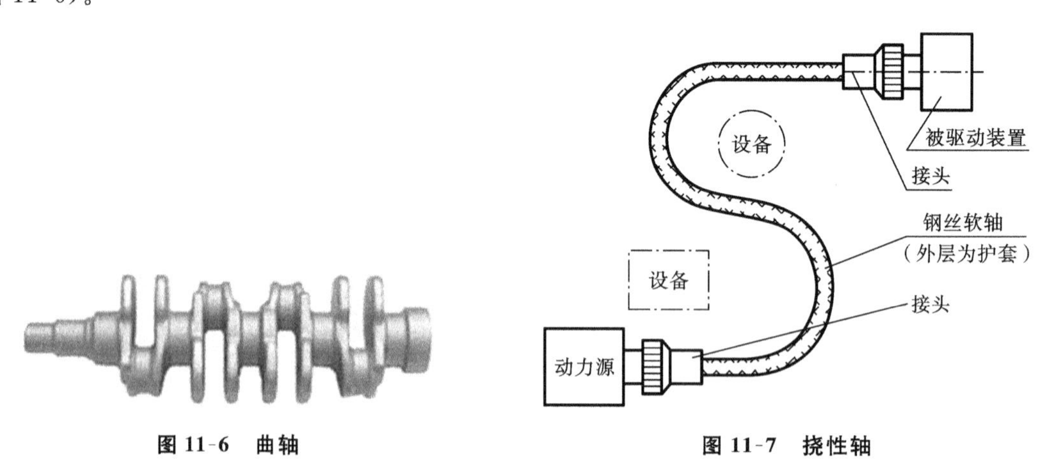

图 11-6　曲轴　　图 11-7　挠性轴

3）挠性轴

挠性轴由几层紧贴在一起的钢丝构成，可随意弯曲，把回转运动灵活地传到任意所需空间位置（见图 11-7）。如机动车的里程表和管道疏通机中所用的软轴等。

本章主要研究阶梯轴的设计问题。

11.2　轴的材料

轴的常用材料主要是碳素钢和合金钢，也可采用铸铁。钢轴的坯料多是轧制钢或锻件。

(1) 碳素钢　轴常用 35、45、50 等优质碳素钢等，其中 45 钢经调质或正火处理后其强度、塑性和韧度等均可改善，最为常用。轻载和不重要的轴也可以用 Q235、Q275 等普通碳素钢。与合金钢相比，碳素钢价廉，应力集中的敏感性低，应用广泛。

(2) 合金钢　合金钢比碳素钢具有更高的力学性能和更好的淬火性能，但价格较贵，多用于强度和耐磨性要求较高、质量和尺寸较小的场合。常用的合金钢有 20Cr、40Cr、40MnB 等。但合金钢对应力集中较敏感，且价格较高。

(3) 铸铁　铸造高强度合金铸铁或球墨铸铁毛坯容易用来做成复杂形状的轴，如曲轴、凸轮轴等，而且价格低廉，吸振性和耐磨性好，对应力集中的敏感性较低，其缺点是冲击韧度低，铸造品质不易控制。

表 11-1 列出了轴的常用材料及其主要力学性能，供设计时参考选用。

表 11-1　轴的常用材料及其主要力学性能

材料牌号	热处理	毛坯直径 /mm	硬度 /HBS	强度极限 σ_b/MPa	屈服强度极限 σ_s /MPa	弯曲疲劳极限 σ_{-1} /MPa	剪切疲劳极限 τ_{-1} /MPa	许用弯曲应力 $[\sigma_{-1}]$ /MPa	应用说明
Q235A	热轧或锻后空冷	≤100		400～420	225	170	105	40	用于不重要及受载荷不大的轴
		>100～250		375～390	215				
45	正火回火	≤10	170～217	590	295	225	140	55	应用最广泛
		>100～300	162～217	570	285	245	135		
	调质	≤200	217～255	640	355	275	155	60	
40Cr	调质	≤100 >100～300	241～286	735 685	540 490	355 355	200 185	70	用于载荷较大，而无很大冲击的重要轴
40CrNi	调质	≤100 >100～300	270～300 240～270	900 785	735 570	430 370	260 210	75	用于很重要的轴
38SiMnMo	调质	≤100 >100～300	229～286 217～269	735 685	590 540	365 345	210 195	70	用于重要的轴，性能近于 40CrNi

续表

材料牌号	热处理	毛坯直径/mm	硬度/HBS	强度极限 σ_b/MPa	屈服强度极限 σ_s/MPa	弯曲疲劳极限 σ_{-1}/MPa	剪切疲劳极限 τ_{-1}/MPa	许用弯曲应力 $[\sigma_{-1}]$/MPa	应用说明
38CrMoAlA	调质	≤60 >60~100 >100~160	293~321 277~302 241~277	930 835 785	785 685 590	440 410 375	280 270 220	75	用于要求高耐磨性、高强度且热处理(氮化)变形很小的轴
20Cr	渗碳淬火回火	≤60	渗碳56~62HRC	640	390	305	160	60	用于要求强度及韧度均较高的轴
3Cr13	调质	≤100	≥241	835	635	395	230	75	用于腐蚀条件下的轴
1Cr18Ni9Ti	淬火	≤100	≤192	530	195	190	115	5	用于高低温及腐蚀条件下的轴
		100~200		490		180	110		
QT600-3			190~270	600	370	215	185		用于制造复杂外形的轴
QT800-2			245~335	800	480	290	250		

注：剪切屈服极限 $\tau_s \approx (0.55\sim0.62)\sigma_s$，$\sigma_0 \approx 1.4\sigma_{-1}$，$\tau_0 \approx 1.5\tau_{-1}$。

11.3 轴的结构设计

轴的结构设计是根据轴的工作条件和轴上零件的工作位置，确定轴的结构形状和结构尺寸。影响轴结构的因素很多，一般来说，确定轴的结构时应满足的基本要求是：轴应具有良好的结构工艺性；实现轴和轴上零件可靠的定位和紧固；确保轴的强度和刚度；便于轴上零件制造、装拆和调整，且应力集中小、尺寸小、质量轻。

11.3.1 轴的结构形状

轴的典型结构如图 11-8 所示。对于一般剖分式箱体的轴，为了便于轴上零件的装配与拆卸，其形状都是从轴端向中间逐渐增大，可将齿轮、套筒、右端滚动轴承、轴承端盖、联轴器从右端装卸。左端滚动轴承从左端装卸。在保证使用要求的前提下，轴的阶梯应尽可能少，以减少加工时间和节约材料。为易于轴上零件安装，轴的端部应有倒角。

与轴承配合的轴段称为轴颈。与轮毂配合的轴段称为轴头，环形部分称为轴环。

11.3.2 轴上零件的定位与固定

轴上零件的定位与固定是两个不同的概念，定位是为了保证传动件在轴上有准确的安装位置；固定则是为了保证轴上零件在回转中保持原位不变，即消除轴上零件的轴向移动和相对于轴的周向转动两个自由度。但作为轴的具体结构，有时既起定位作用又起固定作用。

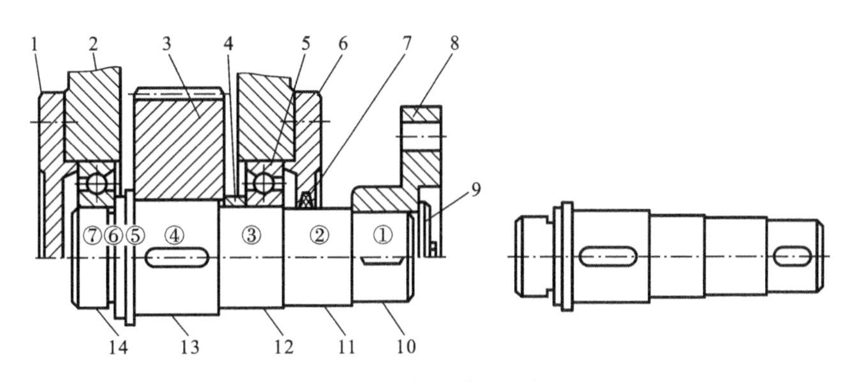

图 11-8　轴的典型结构

1,6—轴承端盖;2—机体;3—齿轮;4—套筒;5—轴承;7—密封圈;8—联轴器;

9—轴端挡圈;10,13—轴头;11—轴身;12,14—轴颈

1. 轴上零件的轴向定位

对安装在轴上的零件必须进行轴向定位。轴上形成阶梯的截面变化处称为轴肩。轴肩、套筒都可起到轴向定位的作用。如图 11-8 中的①和②间的轴肩对联轴器定位;轴环⑤与④处的轴肩对齿轮定位;⑥和⑦间的轴肩对左端的滚动轴承定位。套筒对右端滚动轴承定位。

轴肩定位结构简单,能够承受较大轴向力,常用于对齿轮、带轮、轴承、联轴器等传动零件的轴向定位。为减小应力集中,一般在轴肩处都有过渡圆角,但为保证零件的端面能靠紧定位面,轴肩的内圆角半径 r 应小于零件轮毂孔的倒角 C 或外圆角半径 R,如图 11-9 所示。R 或 C 的值可查有关机械设计手册确定。轴肩高度 h 一般取 $h=R(C)+0.5\sim2$ mm;对于轴环的宽度一般取 $b\approx1.4h$。

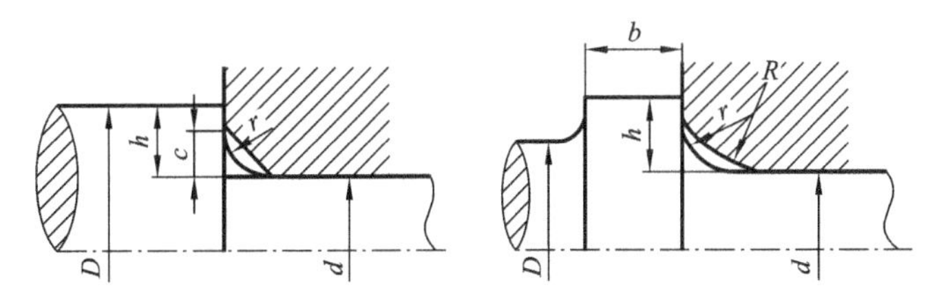

图 11-9　轴肩的轴向定位

若是磨削的轴段,应有砂轮越程槽。如图 11-8 中装轴承的轴段⑦需要磨削,在⑦与⑥的交界处开有越程槽。

用套筒定位的方法主要用于零件之间的距离较短的场合(见图 11-10),并可避免在轴上开槽、切螺纹、钻孔等对轴的强度的削弱,且结构简单、装拆方便。

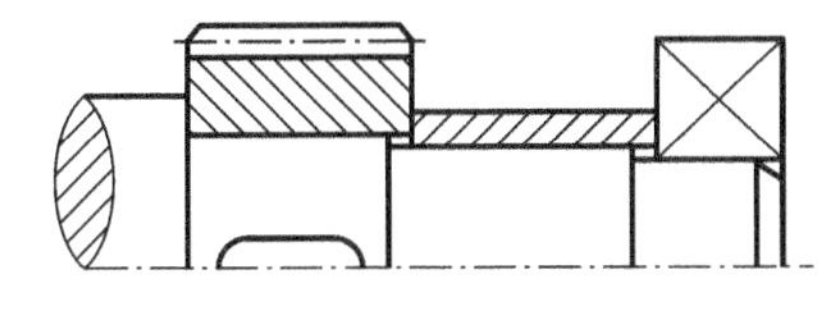

图 11-10　套筒轴向定位

2. 轴上零件的轴向固定

为了防止零件沿轴向窜动,通常采用的固定方法有轴肩、套筒、螺母、轴用挡圈、轴端挡圈(压板)等。

如图 11-8 所示,齿轮左端靠轴肩定位,右端靠套筒固定。联轴器的左端靠轴肩定位,右端用轴端挡圈固定。轴端挡圈主要用于轴端零件的固定，如图 11-11 所示。

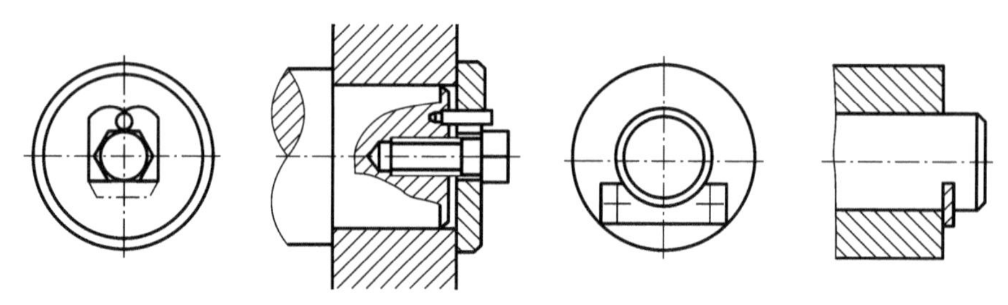

图 11-11　轴端挡圈轴向固定

当无法采用套筒固定或套筒太长时，可采用圆螺母做轴向固定，可用于轴的中部或端部，并能承受较大的轴向载荷。缺点是需要在轴上切制螺纹，对轴的强度有削弱，且螺纹的大径要比套装零件的孔径小。为防止圆螺母的松脱，常采用双螺母或加止推垫圈防松，如图 11-12 所示。车制螺纹的轴段，应有退刀槽。

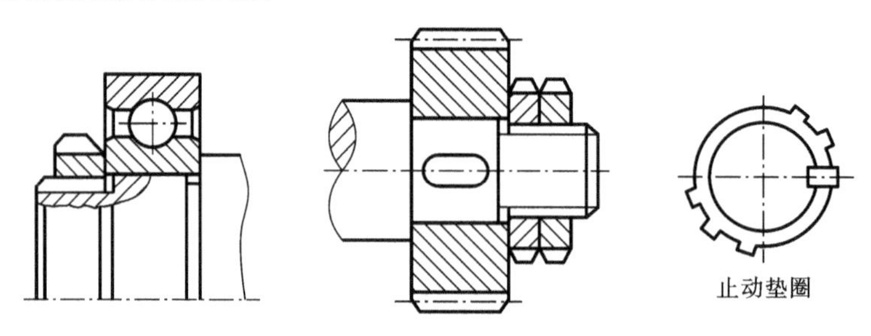

图 11-12　圆螺母轴向固定

若轴向力较小，也可采用弹性挡圈（见图 11-13）或紧定螺钉（见图 11-14）进行轴向固定。

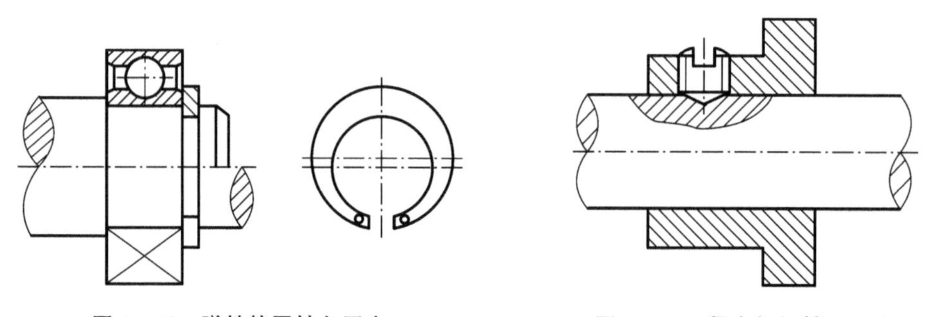

图 11-13　弹性挡圈轴向固定　　图 11-14　紧定螺钉轴向固定

3. 轴上零件的周向固定

轴上零件的周向固定的目的是使零件与轴一起转动，以传递运动和转矩。常用的方法是键、花键、销、过盈配合、成形连接等，如图 11-15 所示。若采用键连接时，为了加工方便，各轴段的键槽宜设计在同一加工直线上，如图 11-8 所示。键的长度比该轴段的长度小 5～10 mm，键端距零件装入侧轴端距离一般为 2～5 mm，以方便零件上的键槽与键对准。

11.3.3　轴的结构尺寸

轴的结构尺寸主要包括轴的径向尺寸和轴向尺寸。

轴的径向尺寸就是各轴段的直径，是在初步估计轴的最小直径基础上，按照中间粗、两端细的原则，考虑轴上零件的定位、固定、装配等因素逐一确定的。轴上零件用轴肩定位时，相邻

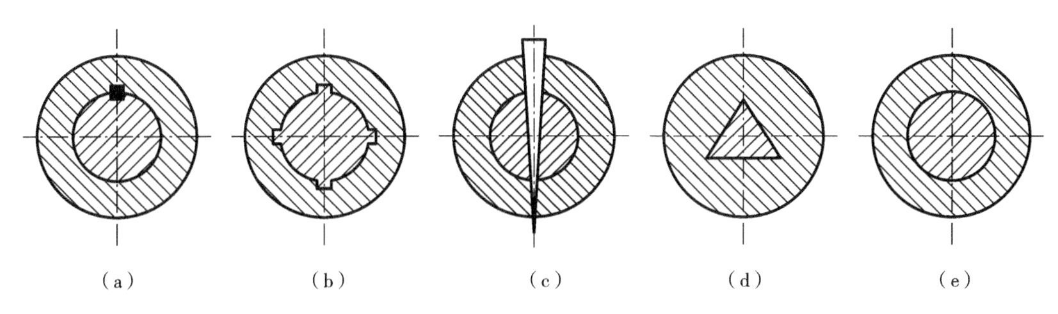

图 11-15 零件的周向固定

(a) 平键连接;(b) 花键连接;(c) 销连接;(d) 成形连接;(e) 过盈连接

轴段的直径一般相差 5～10 mm。而非定位的轴肩只是为了零件安装时顺利进入配合段,以免擦伤零件或轴的配合表面,这时相邻轴段的直径之差应取 1～3 mm。与滚动轴承、联轴器、密封件、圆螺母等标准件相配合的轴段直径,均应采用相应的标准值。作为滚动轴承的轴肩高度应该低于轴承内圈的高度,以便于轴承的拆卸,具体数值可查阅滚动轴承标准。

若轴的最小直径处为安装联轴器的轴段,则应先选出联轴器,按联轴器的标准孔径来确定最小轴径。

轴的轴向尺寸就是各轴段的长度,主要取决于轴上零件的宽度。为保证零件能够得到可靠的轴向固定,该轴段的长度应比零件轮毂宽度短 2～3 mm。其他各轴段的长度主要根据零件的装配空间以及轴的强度和刚度确定。

11.3.4 轴的强度与刚度对结构要求

合理布局轴上零件的位置、改变轴上零件的结构均可改善轴的受载情况。同时多数轴是在交变应力状态下工作的,易发生疲劳破坏,在轴的结构设计时,要尽量避免或减少应力集中。

1. 合理布置轴上零件

合理安排动力传递路线可以减小轴的受载。例如,在图 11-16 所示的两种布置方案中,在输入转矩同为 T_1+T_2 时,图 11-16(a)所示的布置中,轴的最大转矩是 T_1+T_2,而图 11-16(b)所示的布置中,最大转矩只有 T_1。

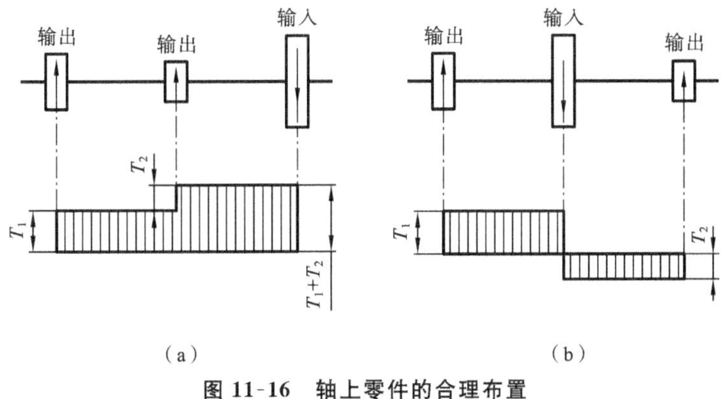

图 11-16 轴上零件的合理布置

(a) 不合理;(b) 合理

2. 改变轴上零件的结构

改变轴上零件的结构也可以减轻轴所受载荷。图 11-17 所示为起重机卷筒的两种不同设计方案,其中图 11-17(a)的结构是把大齿轮和卷筒分别与轴固联,转矩经大齿轮、轴传递给卷

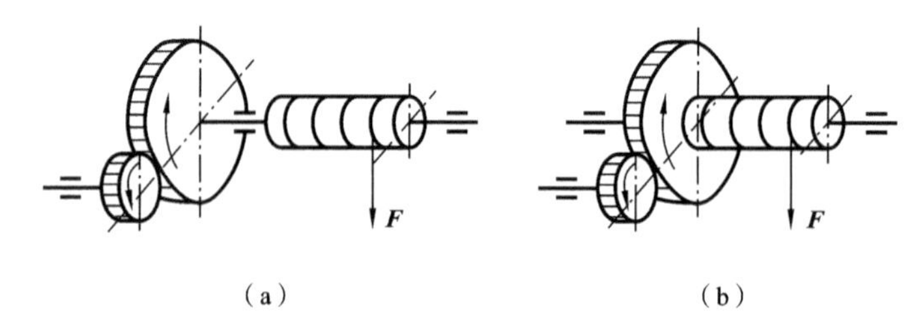

图 11-17　起重机卷筒

筒，轴既受弯矩又传递转矩；图 11-17(b)的结构是将大齿轮与卷筒直接固联成一体，转矩经大齿轮直接传给卷筒，这时卷筒轴只承受弯矩而不传递转矩。在起吊同样载荷 **F** 时，图 11-17(b)所示结构所需卷筒轴的直径较小。

3. 避免或减小应力集中

应力集中常常是产生疲劳裂纹的根源。为了提高轴的疲劳强度，应从结构设计、加工工艺等方面采取措施。尽量避免在轴上，特别是应力较大的部位，安排应力集中严重的结构，如螺纹、横孔、凹槽等。当应力集中不可避免时，应采取减小应力集中的措施，如适当加大阶梯轴轴肩处的圆角半径(见图 11-18(a))、在轴上或轮毂上设置卸载槽(见图 11-18(b))等。由于零件的端面应与轴肩定位面靠紧，使得轴的圆角半径常常受到限制，这时可采用凹切圆槽(见图 11-18(c))或过渡肩环(见图 11-18(d))等结构。

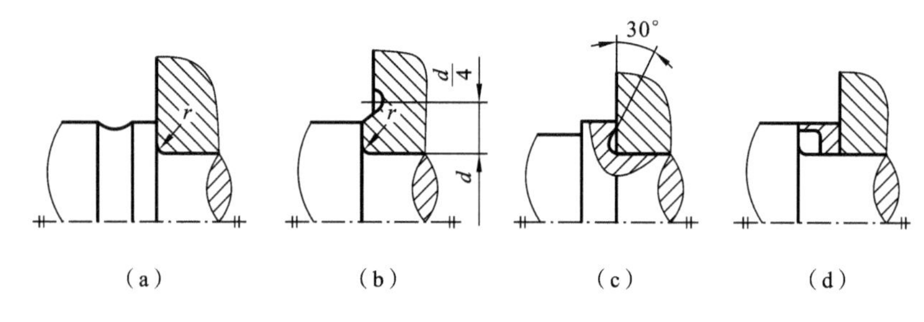

图 11-18　减小应力集中的措施

11.4　轴的工作能力计算

大多数轴工作时受交变应力作用，疲劳断裂是轴失效的主要形式，故一般情况下，应对比较重要的轴进行强度计算；对于有刚度要求的轴和受力较大的细长轴，还要进行刚度计算，以防止产生不允许的变形量。此外，对于高速运转的轴，还应进行振动稳定性计算，以免发生共振现象。

11.4.1　轴的强度计算

强度计算的目的是根据轴的承载情况来确定轴的直径，或对结构设计所确定的轴径进行验算。对于受载情况和应力性质不同的轴，应采用两种不同的计算方法。

1. 按扭转强度计算

对于工作中只承受转矩或主要承受转矩的传动轴，可只按扭矩计算轴的直径。

对于同时承受弯矩和转矩的轴，由于在轴的结构设计之前，轴上零件的位置、尺寸尚未确定，无法计算轴上各截面的弯矩，常根据抗扭强度初步估算轴的直径。

圆截面轴的抗扭强度条件为

$$\tau=\frac{T}{W_T}=\frac{9.55\times10^6\ \frac{P}{n}}{0.2d^3}\leqslant[\tau] \tag{11-1}$$

式中：τ——轴的扭转切应力(MPa)；

T——轴传递的转矩(N·mm)；

W_T——轴的抗扭截面系数(mm^3)，实心轴取 $W_T\approx0.2d^3$；

P——轴传递的功率(kW)；

n——轴的转速(r/min)；

d——轴的直径(mm)；

$[\tau]$——材料的许用扭转切应力(MPa)；

由式(11-1)得轴的直径为

$$d\geqslant\sqrt[3]{\frac{9.55\times10^6}{0.2[\tau]}}\cdot\sqrt{\frac{P}{n}}=C\sqrt[3]{\frac{P}{n}} \tag{11-2}$$

式中：C——与材料有关的系数，见表11-2。

表11-2　轴常用材料的$[\tau]$值和C值

轴的材料	Q235,20	35	45	40Cr,35SiMn,40MnB,38SiMnMo,3Cr13,20CrMnTi
$[\tau]$/MPa	12～20	20～30	30～40	40～52
C	160～135	135～118	118～106	98～106

注：1. 当弯矩作用相对于转矩很小或只传递转矩时，$[\tau]_T$ 取较大值，C 取较小值，反之$[\tau]_T$ 取小值，C 取较大值。

2. 当用35SiMn钢时，$[\tau]_T$ 取较小值，C 取较大值。

由式(11-2)求得直径后，还应考虑轴上键槽对轴强度削弱的影响来确定实际取值。一般情况下，开一个键槽轴径应增大3%～5%，开两个键槽轴径应增大7%。

在转轴的结构设计阶段，用式(11-2)计算出的轴径作为最小轴径的估算值。

2. 按弯扭组合强度计算

转轴的结构设计初步完成之后，轴的支点位置及轴上所受载荷的大小、方向和作用点均为已知。此时，即可求出轴的支承反力，画出弯矩图和转矩图，按弯扭组合强度条件校核或计算轴的直径。

按第三强度理论，并考虑弯曲应力和扭转切应力循环特性的不同，求出轴上危险截面处的当量应力，其强度条件为

$$\sigma_e=\frac{M_e}{W}\approx\frac{\sqrt{M^2+(\alpha T)^2}}{W}\leqslant[\sigma_{-1}] \tag{11-3}$$

式中：σ_e——轴上危险险截面上的当量应力(MPa)；

M_e——轴上危险截面上的当量弯矩(N·mm)，$M_e=\sqrt{M^2+(\alpha T)^2}$；

M——轴上危险截面上的弯矩(N·mm)；

T——轴上危险载截面上的转矩(N·mm)；

α——折合系数，是考虑弯矩与扭矩的循环特性不同的折合系数，分别取0.3、0.6和1；

W——抗弯截面系数(mm^3)，实心轴取 $W=\frac{\pi d^3}{32}\approx0.1d^3$；

$[\sigma_{-1}]$——对称循环应力状态下的许用弯曲应力(MPa)，见表11-1。

弯矩引起的弯曲应力通常是对称循环变化的，而转矩引起的扭转切应力并不完全都是按对称循环变化的，故它们对轴的疲劳强度的影响程度不同。α 的取值由扭转切应力的循环特性决定：对于不变的转矩，$\alpha=0.3$；当转矩脉动循环变化时，$\alpha=0.6$；对于频繁正反转的轴，转矩切应力可视为对称循环应力，$\alpha=1$。若转矩的变化规律不明确，转矩切应力一般也按脉动循环应力处理。

通常情况下，工作载荷并非作用在同一空间平面内，这时应先将这些力分解到水平面和垂直面内，并求出各支点的支反力。再绘出水平弯矩 M_{H} 图和垂直弯矩 M_{V} 图，以及合成弯矩 M ($M=\sqrt{M_{\mathrm{H}}^2+M_{\mathrm{V}}^2}$)图，并绘出转矩 T 图；最后由公式 $M_{\mathrm{e}}=\sqrt{M^2+(\alpha T)^2}$ 绘出当量弯矩图。

计算实心轴的直径时，由式(11-3)可得

$$d\geqslant\sqrt[3]{\frac{M_{\mathrm{e}}}{0.1[\sigma_{-1}]}} \tag{11-4}$$

若计算的危险截面上有一键槽，可将计算出的轴径加大 3%左右。

对重要的轴，还需作进一步的疲劳强度验算，查阅有关参考书或机械设计手册。

当只承受弯矩的心轴时，可利用式(11-3)、式(11-4)进行验算或设计计算，此时，$T=0$。

11.4.2　轴的刚度计算

轴受弯矩作用会产生弯曲变形(见图 11-19)，受转矩作用会产生扭转变形(见图 11-20)。如果轴的刚度不够，就会产生过大的变形，影响轴的正常工作。如机床主轴的刚度不够，将影响加工精度。所以对于有刚度要求的轴，必须进行刚度的校核计算。轴的刚度计算，就是计算轴受到载荷时的变形量是否在许可的限度内。轴的刚度包括弯曲刚度和扭转刚度。

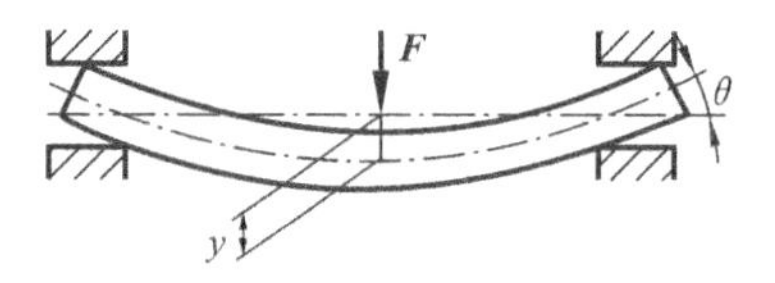

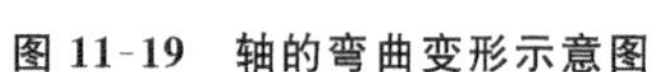
图 11-19　轴的弯曲变形示意图

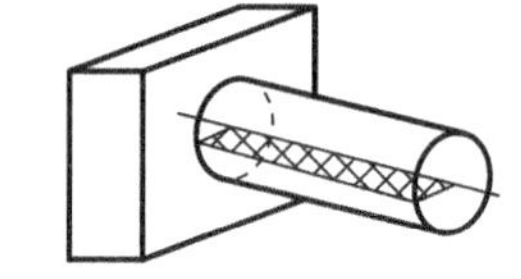

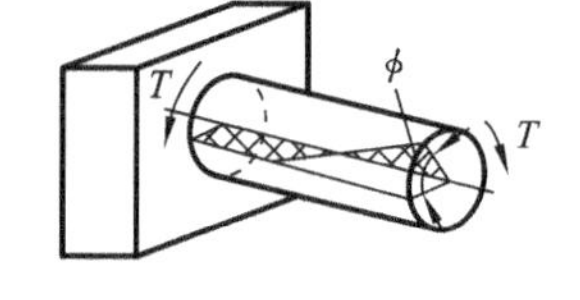

图 11-20　轴的扭转变形示意图

轴在弯矩 M 作用下，产生挠度 y 和偏转角 θ。计算阶梯轴的挠度 y 和偏转角 θ 时，先将各轴段直径当量为一等直径的当量光轴，再应用有关公式，计算当量光轴的挠度 y 和偏转角 θ。

弯曲刚度条件为

$$y\leqslant[y] \tag{11-5}$$

$$\theta\leqslant[\theta] \tag{11-6}$$

式中：$[y]$、$[\theta]$——许用挠度和许用偏转角，查相关手册。

轴在转矩 T 作用下，产生扭转变形，扭转变形的程度用单位长度的扭转角 φ 表示。

扭转刚度条件为

$$\varphi\leqslant[\varphi] \tag{11-7}$$

式中：$[\varphi]$——许用扭转角，查相关手册。

要特别说明的是，钢材的种类和热处理对其弹性模量的影响很小，因此，如欲采用合金钢或通过热处理来提高轴的刚度并无实效。

11.4.3　轴的振动稳定性

轴是一个弹性体，当其回转时，由于轴和轴上零件的材料组织不均匀，或制造有误差，或装

配对中不良等，均会在回转时产生周期性的离心力，从而引起轴的弯曲振动。如果该振动频率与轴的自振频率相同或接近，就会产生共振。共振时，轴的转速称为临界转速 n_c。如果轴的转速停滞在临界转速附近，轴的变形将会迅速增大，振幅急剧增大，使机器产生强烈振动，甚至会导致轴和机器的破坏。如果轴的转速继续提高，超过临界转速，振动就会减弱而趋于平稳。因此，对于重要的轴，尤其是高转速的轴，必须计算其临界转速 n_c，使其工作转速 n 避开其临界转速 n_c。

轴的临界转速可以有多个，最低的一个称为一阶临界转速 n_{c1}、依次为二阶 n_{c2}、三阶 n_{c3} 等。

工作转速低于一阶临界转速的轴称为刚性轴；工作转速超过一阶临界转速的轴称为挠性轴。对于刚性轴，应使 $n<(0.75\sim0.8)n_{c1}$；对于挠性轴，应使 $1.4n_{c1}\leqslant n\leqslant0.7n_{c2}$。满足上述条件的轴就具有弯曲振动的稳定性。

例 11-1　图 11-21 所示为某带式输送机减速器的输入轴。已知传递功率 $P=10$ kW，转速 $n=200$ r/min，齿轮齿宽 $B=100$ mm，齿数 $z=40$，法面模数 $m_n=5$ mm，螺旋角 $\beta=9°22'$，轴端装有联轴器。两轴承之间的距离 $l=160$ mm，轴的材料选用 45 钢，经调质处理。试计算该轴危险截面处的直径。

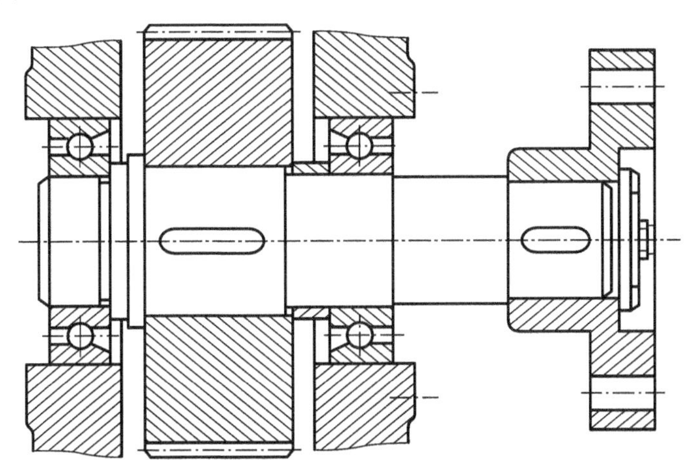

图 11-21　某带式输送机减速器的输入轴

解　轴的受力分析如图 11-22 所示。

计算内容	计 算 步 骤	计算结果
1. 计算轴上转矩和齿轮作用力	轴传递的转矩 $T_1=9.55\times10^6\dfrac{P}{n}=9.55\times10^6\dfrac{10}{200}=477500\ \text{N}\cdot\text{mm}$ 齿轮的圆周力 $F_t=\dfrac{2T_1}{d_1}=\dfrac{2T_1}{zm_n/\cos\beta}=\dfrac{2\times477500}{40\times5/\cos9°22'}=4710\ \text{N}$ 齿轮的径向力 $F_r=F_t\dfrac{\tan\alpha_n}{\cos\beta}=\dfrac{4710\times\tan20°}{\cos9°22'}=1740\ \text{N}$ 齿轮的轴向力 $F_a=F_t\tan\beta=4710\times\tan9°22'=777\ \text{N}$	$F_t=4710$ N $F_r=1740$ N $F_a=777$ N

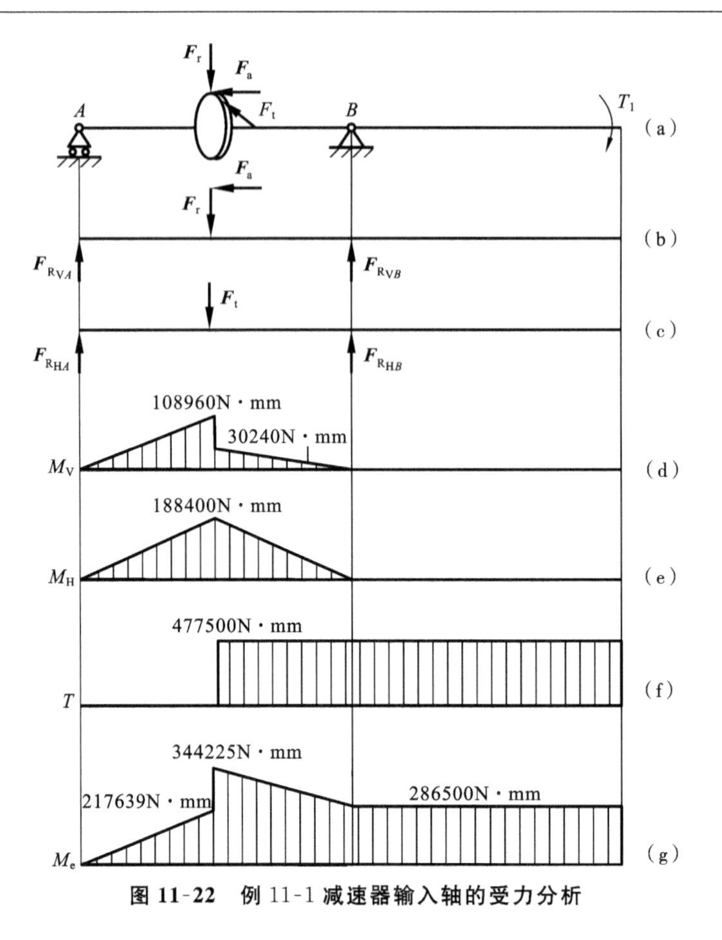

图 11-22　例 11-1 减速器输入轴的受力分析

续表

计算内容	计 算 步 骤	计算结果
2. 画受力简图	如图 11-22 所示，左端轴承支点用 A 表示，右端轴承支点用 B 表示	
3. 计算作用在轴上的支反力	垂直面内支反力 $F_{R_{VA}}=\frac{1}{l}(F_r\times l/2+F_a\times d_1/2)=1362\ \text{N}$ $F_{R_{VB}}=\frac{1}{l}(F_r\times l/2-F_a\times d_1/2)=378\ \text{N}$ 水平面内支反力 $F_{R_{HA}}=F_{R_{HB}}=F_t/2=4710/2\ \text{N}=2355\ \text{N}$	$F_{R_{VA}}=1362\ \text{N}$ $F_{R_{VB}}=378\ \text{N}$ $F_{R_{HA}}=2355\ \text{N}$ $F_{R_{HB}}=2355\ \text{N}$
4. 绘垂直面的弯矩图	齿宽中点处因轴向力产生弯矩，在该处弯矩有突变 $M_V=F_{R_{VA}}\times l/2=1362\times 160/2\ \text{N}\cdot\text{mm}$ $=108960\ \text{N}\cdot\text{mm}$ $M'_V=F_{R_{VB}}\times l/2=378\times 160/2\ \text{N}\cdot\text{mm}$ $=30240\ \text{N}\cdot\text{mm}$	$M_V=108960\ \text{N}\cdot\text{mm}$ $M'_V=30240\ \text{N}\cdot\text{mm}$
5. 绘水平面的弯矩图	水平面的弯矩为 $M_H=F_{R_{HA}}\times l/2=2355\times 160/2\ \text{N}\cdot\text{mm}$ $=188400\ \text{N}\cdot\text{mm}$	$M_H=188400\ \text{N}\cdot\text{mm}$

续表

计算内容	计 算 步 骤	计算结果
6. 绘扭矩图	从齿宽中心到联轴器中心之间存在扭矩 $T=477500\ \text{N}\cdot\text{mm}$	$T=477500\ \text{N}\cdot\text{mm}$
7. 绘当量弯矩图	利用公式 $M_e=\sqrt{M^2+(\alpha T)^2}=\sqrt{M_V^2+M_H^2+(\alpha T)^2}$ 扭矩按脉动循环计算，取折合系数 $\alpha=0.6$ 齿轮中心左侧 $M_e=\sqrt{108960^2+188400^2+(0.6\times 0)^2}\ \text{N}\cdot\text{mm}$ $=217639\ \text{N}\cdot\text{mm}$ 齿轮中心右侧 $M_e'=\sqrt{30240^2+188400^2+(0.6\times 477500)^2}\ \text{N}\cdot\text{mm}$ $=344225\ \text{N}\cdot\text{mm}$	$M_e=217639\ \text{N}\cdot\text{mm}$ $M_e'=344225\ \text{N}\cdot\text{mm}$
8. 计算危险截面处的直径	材料为 45 钢调质，查表 11-1，$[\sigma_{-1}]=60\ \text{MPa}$ 从当量弯矩图可以看出，在齿宽中点处的弯矩最大，是危险截面 $d\geqslant\sqrt[3]{\dfrac{M_c}{0.1[\sigma_{-1}]}}=\sqrt[3]{\dfrac{344225}{0.1\times 60}}\ \text{mm}=38.56\ \text{mm}$ 考虑到键槽对轴的削弱，将轴径增大 5%，有 $d=38.56\times 1.05\ \text{mm}=40\ \text{mm}$	$d=40\ \text{mm}$

11.5　轴 毂 连 接

轴毂连接主要指的是轴与盘状零件(如齿轮、带轮、联轴器等)的轮毂之间的连接。其功能主要是实现周向固定并传递转矩，有时还能实现轴上零件的轴向固定或轴向移动。轴毂连接的方法主要有键连接、花键连接、过盈连接和销连接等。

11.5.1　键连接

1. 键连接的类型、特点及应用

键是标准件，分为平键、半圆键、楔键和切向键等多种类型。

1) 平键

平键的剖面是矩形，两侧面是工作面(见图 11-23)，与键槽互相配合，上表面与轮毂键槽底部留有间隙，以补偿制造误差，工作时靠键与键槽侧面的互相挤压传递转矩。平键结构简单、对中性好，应用广泛。根据用途，平键又可分为普通平键和导向平键。

(1) 普通平键　普通平键(见图 11-23)用于轴上零件与轴之间没有轴向移动的静连接。普通平键按端部形状分 A 型(圆头)、B 型(方头)和 C 型(单圆头)三种。A 型圆头键的轴上键槽用指状端铣刀加工(见图 11-24(a))，键在槽中固定良好，但槽端部应力集中较大。B 型方头键的轴上键槽多用盘状铣刀加工(见图 11-24(b))，槽端部的应力集中较小，但不利于键的固定，常需用紧定螺钉将其固定于轴槽中。A 型键应用最广，C 型单圆头键常用于轴端。

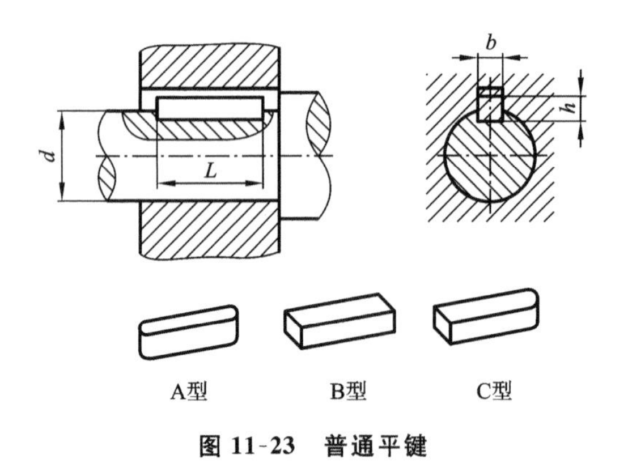

图 11-23 普通平键

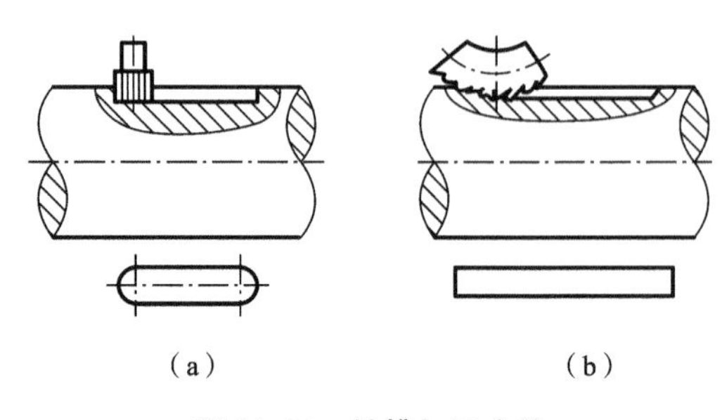

图 11-24 键槽加工方法

(a) 指状端铣刀加工;(b) 盘状铣刀加工

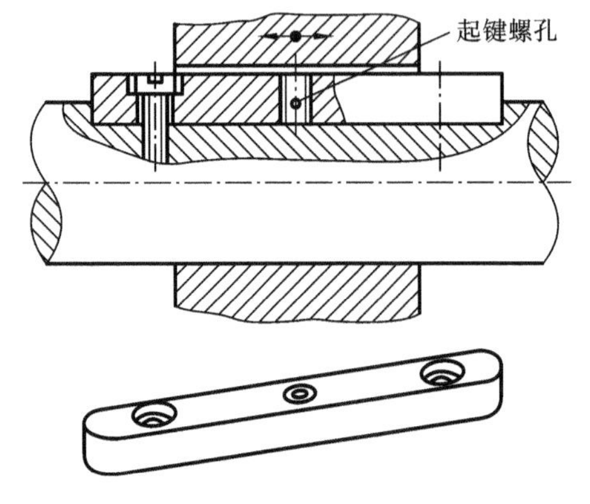

图 11-25 导向平键

(2) 导向平键连接 导向平键(见图 11-25)主要用于动连接。当零件需要作轴向移动时,可采用导向平键连接。导向平键较普通平键长,为防止键在轴中松动,导向平键常用螺钉将其固定在轴上,其中部制有起键螺钉。

2) 半圆键

半圆键(见图 11-26)的两个侧面为半圆形,工作时也是靠两侧面受挤压传递转矩的。轴上的键槽用尺寸与键相同的盘状铣刀铣出,键在轴槽内绕其几何中心摆动,以适应轮毂槽底部的斜度。半圆键装拆方便,但对轴的强度削弱较大,主要用于轻载场合。

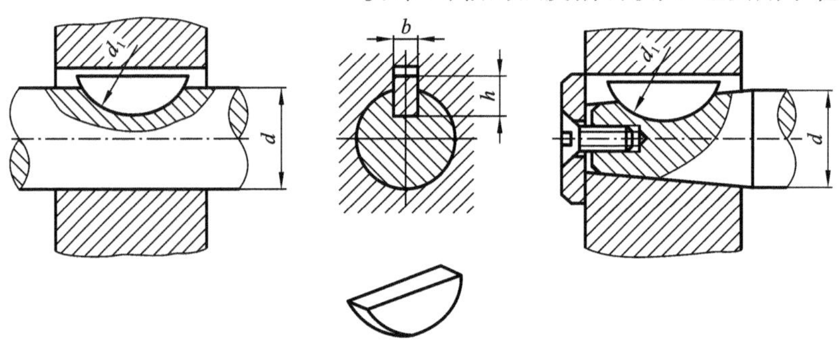

图 11-26 半圆键及连接

3) 楔键

楔键(见图 11-27)的上、下表面为工作面。上表面和轮毂槽底面均制成 1∶100 的斜度,

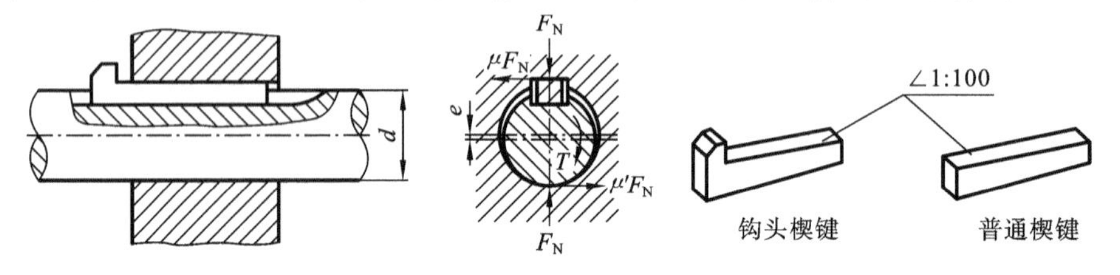

图 11-27 楔键及连接

装配时将键用力打入槽内，产生很大的径向压紧力，转动时靠接触面的摩擦力来传递转矩及单向轴向力。楔键可分普通楔键和钩头楔键两种形式。钩头楔键与轮毂端面之间应留有余地，以便于拆卸。楔键连接的缺点是对中性差，在冲击、振动或变载荷下，连接容易松动。楔键适用于对传动精度要求不高、低速回转的场合。

4）切向键

切向键（见图 11-28）是由一对具有斜度 1∶100 的两个楔键组成的，两楔键的斜面相互贴合，共同楔紧在轴毂之间。工作面是上、下两个相互平行的窄面，工作时靠上、下两面与轴毂之间的挤压力来传递转矩。一个切向键只能传递单向转矩。若传递双向转矩，须用互隔 120°的两对切向键。切向键适用于对中性要求不高、载荷很大的大直径轴的连接。

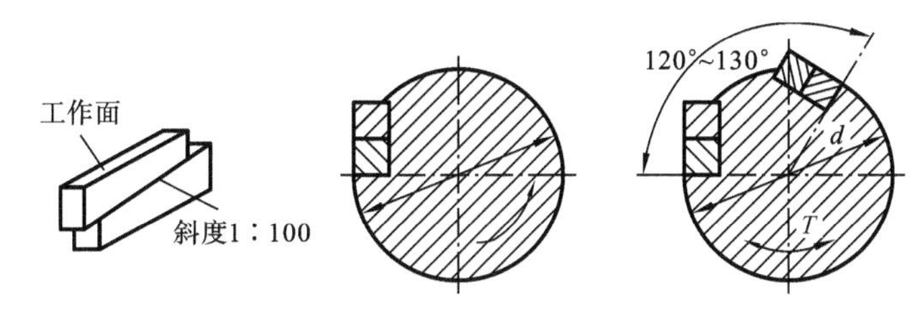

图 11-28　切向键及连接

2. 普通平键的设计

平键连接的设计一般按如下步骤进行。

1）类型选择

根据传动的情况和工作要求，按照各类键的结构形式和应用特点选择平键的类型。应考虑的因素大致包括：载荷的类型；所需传递转矩的大小；对轴毂对中性的要求；键在轴上的位置（轴的中部或端部）。

2）尺寸选择

平键的主要尺寸为键宽 b、键高 h 和键长 L。设计时，键的截面尺寸 b 和 h 是根据键槽所在轴段的直径 d，直接查手册选取。键的长度 L 一般略小于零件轮毂长度，且须符合键长标准系列。

3）强度验算

对于重要的键连接，应进行强度校核。

在静连接中，连接的主要失效形式是工作侧面的压溃。除非有严重过载，一般不会发生键被剪断的现象。普通平键连接的受力情况如图 11-29 所示，假设载荷沿工作面均匀分布，则普通平键连接的挤压强度条件为

$$\sigma_p=\frac{F}{A}\approx\frac{2T/d}{hl/2}=\frac{4T}{hld}\leqslant[\sigma_p] \tag{11-8}$$

式中：σ_p——键侧面上受到的挤压应力（MPa）；

T——传递的功率（N·mm）；

d——轴的直径（mm）；

h——键的高度（mm）；

l——键的工作长度（mm），对于 A 型键 $l=L-b$，对于 B 型键 $l=L$，对于 C 型键 $l=L-b/2$；

b——键的宽度（mm）；

$[\sigma_p]$——连接中较弱材料的许用挤压应力（MPa），见表 11-3。

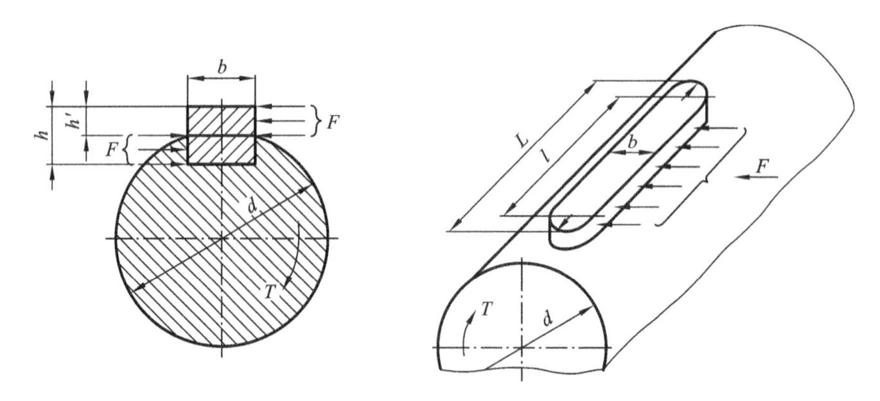

图 11-29　平键连接的受力分析

键的材料主要采用抗拉强度 σ_b 不小于 600 MPa 的碳素钢，通常用 45 钢。

在动连接中，导向平键连接的主要失效形式是工作面上产生的过度磨损。应限制其工作面上的压强，则导向平键的强度条件为

$$p \approx \frac{4T}{dhl} \leqslant [p] \tag{11-9}$$

式中：p——工作面上的压强（MPa）；

$[p]$——连接中较弱材料的许用压强（MPa），见表 11-3。

表 11-3　键连接的许用挤压应力和许用压强　（MPa）

连接方式	轮毂材料	许用值	载荷性质		
			静载荷	轻微冲击	冲击
静连接	钢	$[\sigma_p]$	120～150	100～120	60～90
	铸铁		70～80	50～60	30～45
动连接	钢	$[p]$	50	40	30

注：动连接指工作中键与被连接件间有相对滑动。如果滑动的被连接件表面经过淬火，则$[p]$值可提高 2～3 倍。

如果验算后强度不够，可采取以下措施。

(1) 适当增加键和轮毂的长度，但键长不应超过 $2.5d$，以防挤压应力沿键长分布不均匀。

(2) 在同一轴毂联接处相隔 180°布置两个键。由于制造误差会使载荷在两个键上分布不匀，故验算时只按 1.5 个键计算。

(3) 若轴的结构允许，可加大轴径重新选择较大截面尺寸的键。

例 11-2　一铸铁直齿圆柱齿轮，用普通平键与钢轴连接，齿轮轮毂宽为 90 mm，安装齿轮处轴的直径 d=60 mm。该连接传递的转矩 T=500 N·m，工作有轻微冲击。试确定此键连接的型号及尺寸。

解　解题过程如下。

计算项目	计算与说明	主要结果
1. 选择键的类型、材料，确定键的尺寸	键的类型：根据工作要求选 A 型普通平键 键的材料：选 45 钢 键的尺寸：已知轴径 d=60 mm，轮毂长 90 mm，查手册 b=18 mm，h=11 mm；从键长系列中选键长 L=80 mm	A 型键 45 钢 键 18×80 GB/T 1096—2003

续表

计算项目	计算与说明	主要结果
2. 校核键连接的强度	普通平键构成静连接，应校核挤压强度 已知齿轮材料为铸铁、键用 45 钢，按最弱材料选择许用挤压应力，根据题意，工作有轻微冲击，由表 11-3 查得 $[\sigma_p]=50\sim60$ MPa A 型键的工作长度 $l=L-b=80-18$ mm$=62$ mm 挤压应力 $\sigma_p=\frac{4T}{hld}=\frac{4\times500\times10^3}{11\times62\times60}$ MPa$=49$ MPa 结论　$\sigma_p<[\sigma_p]$	强度足够

11.5.2　花键连接

花键连接是由具有周向均匀分布的多个键齿的花键轴和具有同样数目键槽的轮毂组成的(见图 11-30)。齿的侧面是工作面，工作时靠键齿的侧面互相挤压传递转矩。因花键连接键齿多，所以比平键连接承载能力强；由于齿槽浅，故应力集中小，对轴削弱小，且对中性和导向性好。但需专用设备加工，所以成本较高，影响其应用。

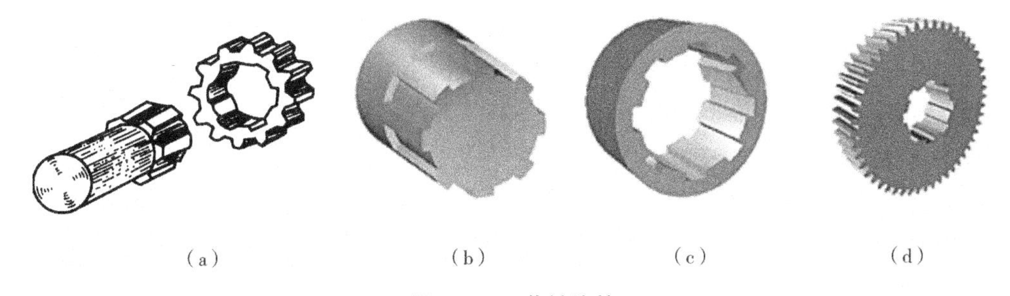

(a)　(b)　(c)　(d)

图 11-30　花键连接

(a) 花键连接；(b) 花键轴；(c) 花键孔；(d) 具有花键轮毂的齿轮

花键连接用于定心精度要求高和载荷较大的静连接和动连接中。

花键的齿形有矩形、渐开线和三角形(见图 11-31)，都已标准化。

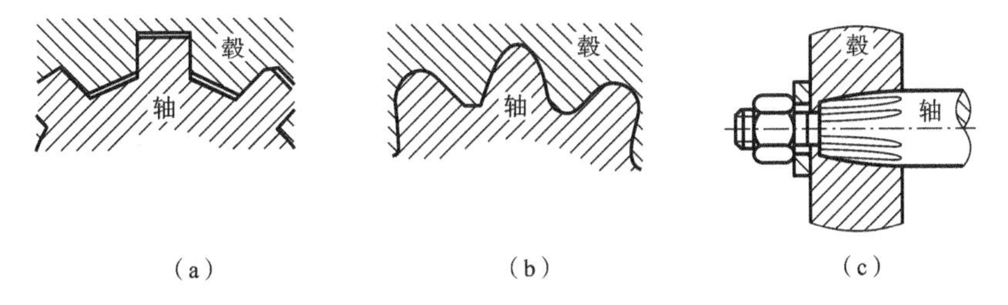

(a)　(b)　(c)

图 11-31　花键连接类型

(a) 矩形花键连接；(b) 渐开线花键连接；(c) 三角形花键连接

11.5.3　销连接

销连接的主要作用是固定零件之间的相对位置，并传递不大的载荷。

销的基本形式为圆柱销和圆锥销(见图 11-32(a)、(b))。圆柱销经过多次拆装,其定位精度会降低。圆锥销有 1∶50 的锥度,安装比较方便,多次装拆对定位精度影响较小。

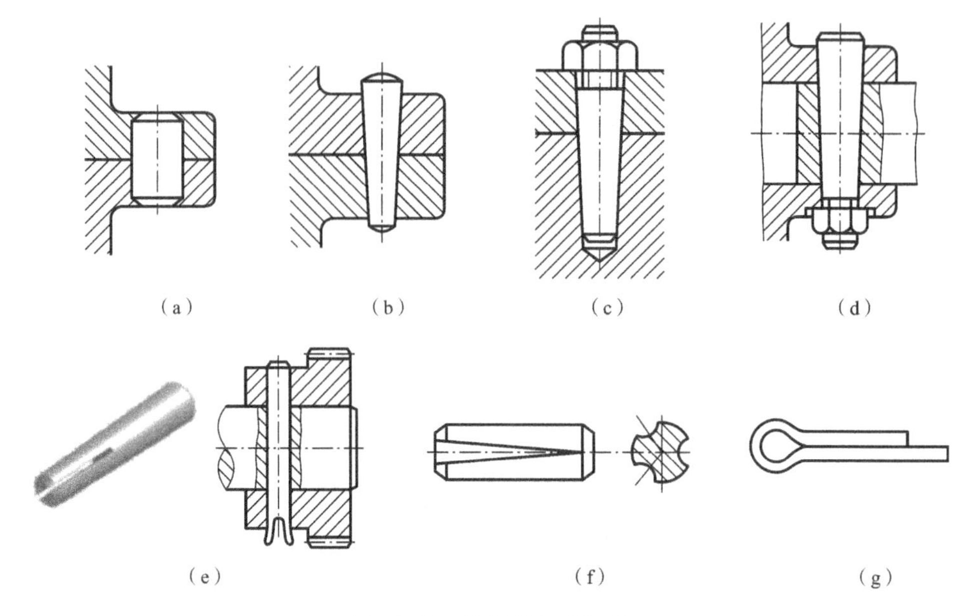

图 11-32 圆柱销和圆锥销

(a) 圆柱销;(b) 圆锥销;(c) 大端带螺纹圆锥销;(d) 小端带螺母圆锥销;(e) 开尾锥销;(f) 带槽圆柱销;(g) 开口销

销的常用材料为 35、45 钢。

销还有许多特殊形式。图 11-32(c)所示是大端具有外螺纹的圆锥销,便于拆卸,可用于盲孔;图 11-32(d)所示是小端带外螺纹的圆锥销,可用螺母锁紧,适用于有冲击的场合。图 11-32(e)所示是开尾锥销,销安装好后可掰开销尾的分叉,以免销松脱。图 11-32(f)所示是带槽圆柱销,销上有三条压制的纵向沟槽,把销打入孔内,销槽被挤压,使销与孔壁压紧,不易松脱,能承受振动和变载荷。用这种销连接时,销孔不需要铰制,且可多次装拆。图 11-32(g)是开口销,它是一种防松零件。

当销主要用来固定零件之间的相互位置时,称为定位销。当用于连接两个零件时称为连接销(见图 11-33)。当用来作安全装置中的过载剪断元件时称为安全销(见图 11-34)。

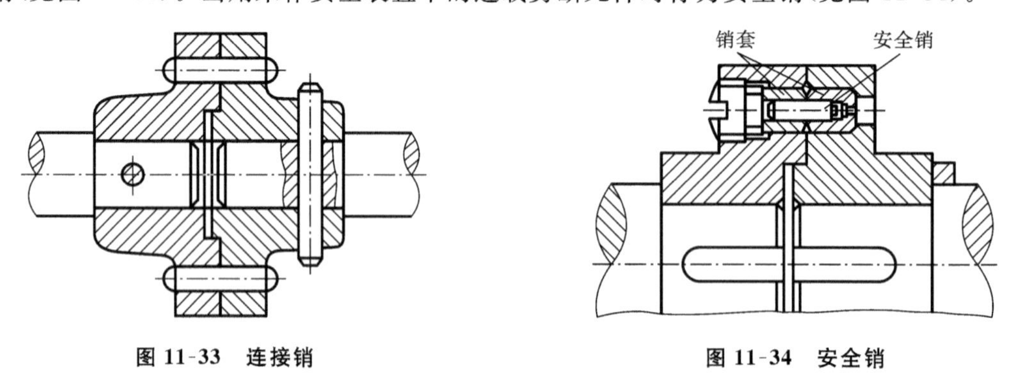

图 11-33 连接销　　**图 11-34 安全销**

例 11-3 图 11-35 所示为轴系结构设计图,8 个箭头所指处均存在有结构设计错误,指出这 8 处存在的问题,提出改进措施。

解　图中问题及改正措施如下。

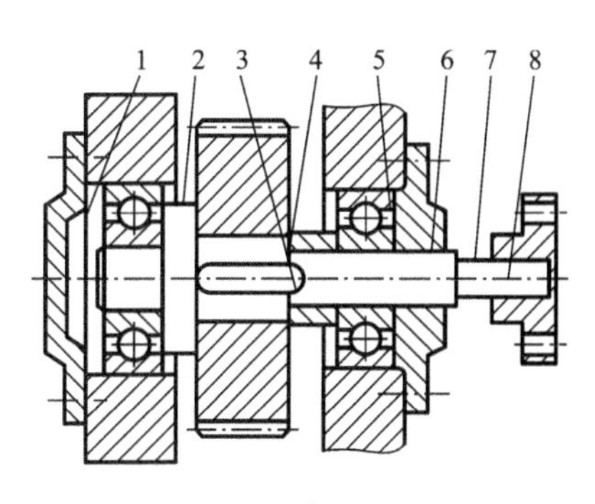

图 11-35　例 11-3 图

(1) 轴承端盖无凸台,无法对轴承的外圈固定。措施:加凸台。

(2) 轴承的定位轴肩太高。措施:使定位轴肩低于轴承内圈高度,且符合轴承标准规定。

(3) 键太长。措施:使平键长度不超过轮毂宽度或该轴段的长度。

(4) 轴太长,套筒无法对齿轮固定。措施:使轴的长度比轮毂宽度窄 2～3 mm。

(5) 轴承端盖实体太大。措施:轴承端盖加仅对轴承外圈固定的凸台。

(6) 轴承端盖与轴配合处无密封圈。措施:在该处增设 O 形密封圈。

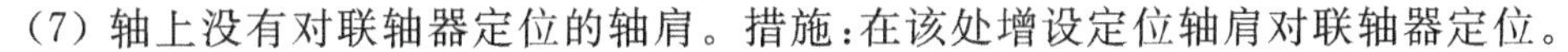

(7) 轴上没有对联轴器定位的轴肩。措施:在该处增设定位轴肩对联轴器定位。

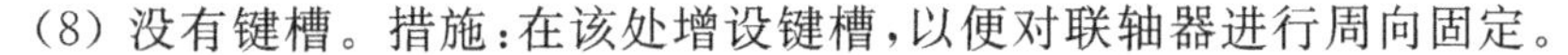

(8) 没有键槽。措施:在该处增设键槽,以便对联轴器进行周向固定。

本章小结

(1) 轴按承载情况分为心轴、传动轴和转轴。按形状分为直轴、曲轴和挠性轴。直轴又分为光轴和阶梯形轴。工程中常见的轴是阶梯形的转轴。

(2) 轴常用的材料是碳素钢和合金钢。最常用的材料是 45 钢经调质或正火处理,重要的轴用合金钢。要求不太高的轴可用普通碳素钢如 Q235、Q275 等。

(3) 轴的设计包括两大部分:轴的结构形状和轴的结构尺寸。轴的结构形状的设计要保证实现轴上零件可靠的轴向定位和固定、可靠的周向固定,并保证轴具有良好的结构工艺性和足够的强度、刚度和稳定性。

(4) 轴上零件轴向定位和固定方法有:轴肩、套筒、圆螺母、轴向弹性挡圈、轴端挡圈等。

(5) 轴上零件的周向固定主要是采用平键连接,除此之外还有花键连接、销连接、成形连接和过盈配合等。

(6) 轴的结构尺寸就是各轴段的直径和长度。直径是先按纯扭强度估算轴的最小直径或根据选定的联轴器确定,然后根据定位轴肩或非定位轴肩以及轴上标准零件来逐段从端部向中间确定轴的各段直径。轴的长度根据零件的相互位置及零件宽度来确定。

(7) 转轴的强度计算是按弯扭组合强度进行,传动轴是按纯扭强度进行,心轴是按纯弯强度进行。转轴强度计算时要注意弯曲应力和扭转切应力的循环特性,也即要正确选择 α 的取值。其计算步骤大概是:先计算工作载荷,画受力图,求支反力,绘出水平、垂直方向的弯矩图、扭矩图、当量弯矩图,最后进行校核或设计计算。

(8) 轴的刚度主要是弯曲变形和扭转变形不超过许用值;轴的振动稳定性是使轴的转速远离其各阶临界转速。

(9) 键主要用于轴和零件的周向固定以传递转矩。键分为平键(普通平键和导向平键)、半圆键、楔键和切向键。普通平键有 A 型键、B 型键、C 型键之分,主要用于静连接,工作面为两侧面,失效形式为压溃;导向平键主要用于动连接,失效形式为磨损。平键的设计内容是合理选择类型、确定尺寸、验算强度。

(10) 花键有矩形花键、渐形线花键和三角形花键。

(11) 销从形状上分为圆柱销和圆锥销，按其功能分为定位销、连接销和安全销。

思考与练习题

11-1　轴的功用是什么？

11-2　自行车的前轴、中轴和后轴各属于哪一种轴？

11-3　工程上最常用的轴的材料是什么？

11-4　用合金钢代替碳素钢是否能提高轴的刚度？

11-5　在进行轴的结构设计时，应考虑或注意哪些问题？

11-6　什么样的轴段应设计有退刀槽和越程槽？

11-7　在齿轮的减速器中，为什么低速轴的直径比高速轴的直径大得多？

11-8　轴的当量弯矩计算公式中 $M_e=\sqrt{M^2+(\alpha T)^2}$ 中，α 应如何取值？

11-9　对于一般的转轴，由弯矩所引起的弯曲应力和由转矩所引起的切应力各属于什么循环特性？

11-10　键连接有哪些类型？简述各种键连接的特点和应用场合。

11-11　平键的失效形式和强度条件是什么？

11-12　若采用两个平键连接，应如何布局？如何进行强度计算？

11-13　普通平键的型号是按什么确定的？

11-14　销有哪些功用？

11-15　常用的花键有几种？

11-16　有一传动轴，材料为 45 钢，调质处理，轴传递的功率为 $P=3$ kW，转速为 $n=260$ r/min，试求该轴的直径。

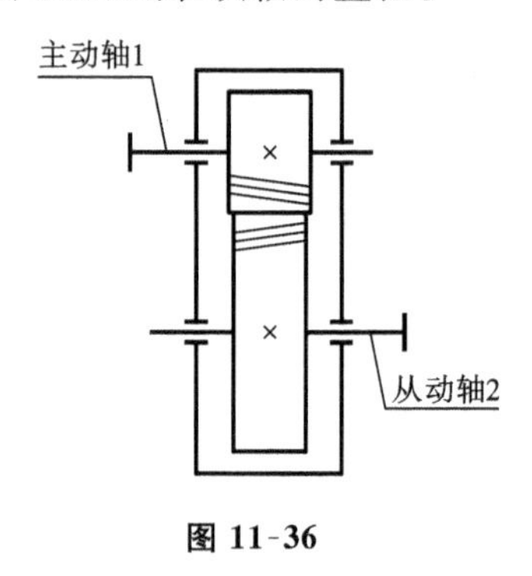

图 11-36

11-17　已知一单级直齿圆柱齿轮减速器，用电动机直接拖动，电动机功率 $P=25$ kW，转速 $n_1=1470$ r/min，齿轮模数 $m=4$ mm，齿数 $z_1=18$，$z_2=82$。若支承间的跨距 $l=200$ mm，轴的材料用 45 钢调质，试计算输出轴危险截面的直径 d。

11-18　设计如图 11-36 所示的单级斜齿圆柱齿轮减速器中的从动轴 2。已知齿轮的圆周力为 $F_t=4350$ N，径向力 $F_r=1600$ N，轴向力 $F_a=600$ N。齿轮节圆直径 $d=200$ mm，齿轮轮毂宽 $B_1=180$ mm，轴承跨距 $l=450$ mm，齿轮中心与联轴器中心的距离为 $k=520$ mm，联轴器的轮毂宽 $B_2=120$ mm，轴承选用角接触球轴承，轴承宽 $B_3=22$ mm，齿轮采用 45 钢，联轴器选用 HT200；工作时有轻微冲击。当轴的材料选用 45 钢时：(1) 设计轴的结构并确定轴的尺寸；(2) 进行弯扭组合强度验算；(3) 正确选择齿轮处的键并进行验算；(4) 正确选择联轴器处的键并进行验算。

11-19　如图 11-37 所示，直径为 $d=80$ mm 的轴端安装一钢制直齿圆柱齿轮，拟采用平键将其连接。已知齿轮轮毂宽度 $B=1.5d$，载荷有轻微冲击。试选择键的尺寸，并确定该键连接能传递的最大转矩。

11-20　指出图 11-38 中的结构错误，并提出改进意见。

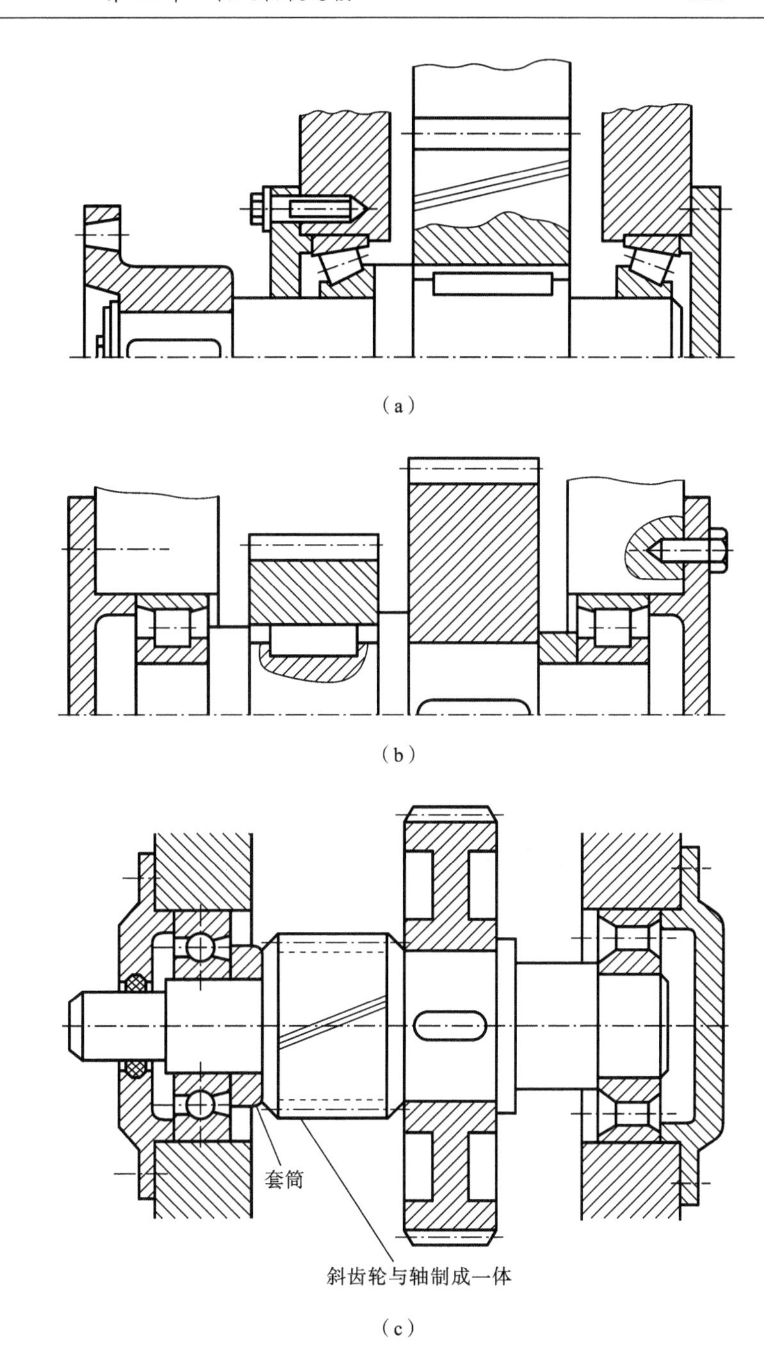

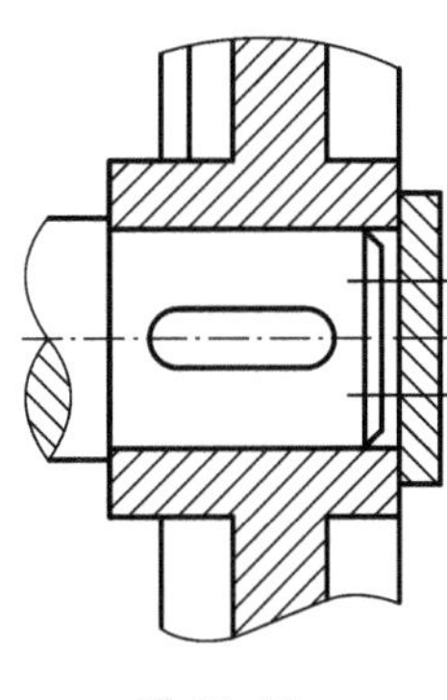

图 11-37

图 11-38

第12章 轴　　承

轴承的功用是支承轴及轴上的零部件，保持轴的旋转精度，承受载荷，减少轴与支承之间的摩擦和磨损。

根据工作时摩擦性质不同，轴承分为滑动轴承与滚动轴承两大类。

工作时轴承与轴颈的支承面间形成滑动摩擦的轴承称为滑动轴承。它具有承载能力大、抗冲击能力强、工作平稳、回转精度高、高速性能好、噪声低等优点，缺点是启动摩擦阻力大、维护较复杂。

滚动轴承是标准化组件，它靠元件间的滚动接触来支承传动零件，具有摩擦因素小、摩擦损失小、启动灵敏、旋转精度高、效率高、润滑简便、装拆方便等优点，所以在各类机械中得到广泛的应用。

12.1　机械中的摩擦、磨损与润滑

在正压力作用下，有相互运动或有运动趋势且直接接触的两物体，沿接触面切线方向会产生阻碍其相对运动的摩擦力，这一现象称为摩擦，产生的阻力称为摩擦力。摩擦引起温度升高和能量损失，同时导致接触表面的物质发生脱落，这就是磨损。磨损使机械零件的原有尺寸和形状发生变化，使其可靠性和效率逐渐降低，缩短零件工作寿命，在机器中产生振动和噪声，甚至使机械零件丧失原有的工作性能，导致零件突然破坏。统计资料表明，全世界工业生产中1/3～2/3的能量消耗于摩擦过程；而机械零件的失效中有70%～80%与磨损有关。为了控制摩擦、减少磨损和能量损耗，保证零件及机械工作的可靠性，通常将润滑剂施加于作相对运动的接触表面，这就是润滑。

当然对于一些靠摩擦原理工作的零部件，如带传动、摩擦无级变速器、摩擦离合器和制动器等，总是设法充分利用摩擦、减少磨损。

12.1.1　机械摩擦

摩擦发生于直接接触并有相对运动或相对运动趋势的两个物体的接触表面上。仅有相对运动趋势时的摩擦称为静摩擦；相对运动过程中的摩擦称为动摩擦。根据接触方式的不同，动摩擦又分为滚动摩擦和滑动摩擦。这里主要介绍滑动摩擦。

按照接触表面间的摩擦状态不同，即润滑油量及油层厚度不同，滑动摩擦可分为干摩擦、边界摩擦（边界润滑）、流体摩擦（流体润滑）和混合摩擦（混合润滑）。其摩擦示意如图12-1所示。

1. 干摩擦

两摩擦表面间无任何润滑剂而直接接触的摩擦状态称为干摩擦，如图12-1(a)所示。真正的干摩擦只有在真空中才能见到，工程实际中并不存在。因零件表面常常会由于吸附、沾污而被环境中水、油等润滑剂的分子所濡湿，有一定的润滑作用。机械设计中通常把未经人为润滑的摩擦状态视为干摩擦。这时摩擦阻力最大，磨损最为严重，这种情况显然应尽量避免。

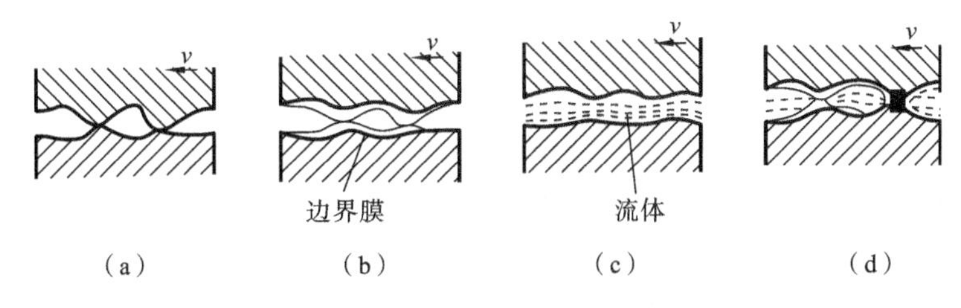

图 12-1　摩擦状态

(a) 干摩擦；(b) 边界摩擦；(c) 流体摩擦；(d) 混合摩擦

2. 边界摩擦(边界润滑)

牢固地吸附在摩擦表面上的一层液体薄膜，称为边界膜。两摩擦表面完全处于边界膜的相对运动时的摩擦状态，称为边界摩擦，如图 12-1(b)所示。边界膜非常薄(最大为 0.01 μm 数量级)，而两摩擦表面的粗糙度之和一般都超过了边界膜的厚度，这样在边界摩擦时摩擦表面尖点处的边界膜将破裂，不能完全避免金属的直接接触。

3. 流体摩擦(流体润滑)

两摩擦表面间完全被流体层隔开，摩擦性质完全取决于流体内部分子间的黏性阻力的摩擦称为流体摩擦(流体润滑)，如图 12-1(c)所示。流体内部分子之间的摩擦因数极小，理论上没有磨损，零件使用寿命最长，显然是理想的润滑状态，但其实现需要一定条件，需精心计算、设计、制造、装配、调整及维护等，任何条件或参数的改变都可能使之退化为混合摩擦。

4. 混合摩擦(混合润滑)

干摩擦、边界摩擦、液体摩擦混合并存的摩擦状态，称为混合摩擦，如图 12-1(d)所示。实际摩擦表面多数处于这种工况。

12.1.2　机械磨损

磨损是由于摩擦而使得摩擦表面的材料逐渐损失的过程，它是多数机械零件失效的主要原因。磨损将改变零件的尺寸和形状，降低零件的工作精度、可靠性和机械效率，甚至导致零件提前报废。因此，机械设计时应考虑如何避免或减缓磨损。

1. 磨损过程

在一定的摩擦条件下，机械零件的磨损过程大致分为跑合磨损、稳定磨损和剧烈磨损三个阶段，如图 12-2 所示。

跑合磨损阶段也称为初期磨损阶段，是指新装配的机器，其零件接触表面上尚有加工刀痕残留的凹凸不平，因而在磨损初期只有很少的轮廓凸峰接触，接触应力很大，使凸峰处压碎和塑性变形，并因表面相对运动趋于平缓，实际接触面积快速扩大，形成新的较为稳定的表面接触状态。新装配的机器一般都要经过有益的跑合阶段才能正式投入使用。

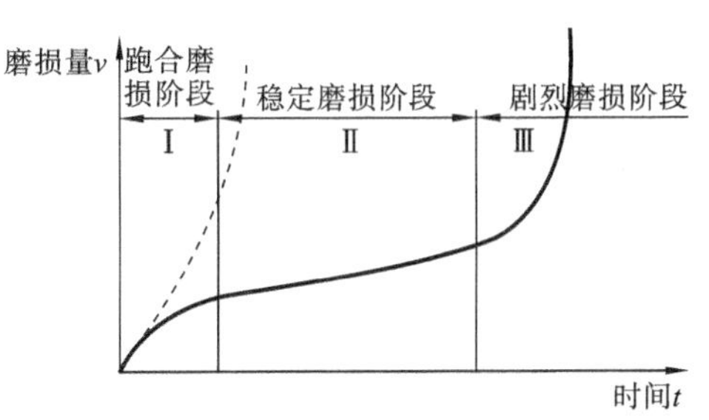

图 12-2　机械零件的磨损曲线

稳定磨损阶段也称为正常磨损阶段。零件经短期跑合后即进入稳定磨损阶段。此阶段内零件虽然也有磨损，但以极其平稳缓慢的速度进行。这一阶段的长短即代表着零件的工作寿命。

剧烈磨损阶段也称为耗损磨损阶段。经过长时间的稳定磨损后，由于接触表面磨损的累积，磨损速度急剧增加，运动精度和机械效率下降，产生异常的振动和噪声，正常润滑条件也被破坏，导致零件不能正常工作甚至发生破坏。

上述三个阶段实际上并无明显的界限，若不经跑合，或压力过大、速度过高、润滑不良等，则很快进入剧烈磨损阶段，如图12-2中虚线所示。为了提高机械零件的使用寿命，应力求缩短跑合磨损阶段，尽量延长稳定磨损阶段，推迟剧烈磨损阶段的到来。

合理利用磨损可以对零件表面实施精密和超精密加工。例如为获得精密配合或高精度基准面而经常使用的研磨工艺，要求极小粗糙度的镜面和光学器件表面的终加工抛光工艺，可以说都是利用了磨损。

2. 防止或减少磨损的方法

按磨损机理的不同，磨损通常分为黏着磨损、磨料磨损、接触点蚀疲劳磨损和腐蚀磨损等四种基本类型。根据机械零件所承受工作载荷、相对运动速度、工作环境温度、选用的材料和热处理工艺、润滑状况等因素的不同，引起的磨损类型、导致的磨损程度各不相同，为防止或减轻磨损可采用以下措施。

(1) 选用合适的润滑剂和润滑方法，用液体摩擦取代边界摩擦。

(2) 用滚动摩擦代替滑动摩擦。

(3) 按零部件的主要磨损类型合理选择材料。

(4) 合理选择热处理和表面处理方法，以提高表面的耐磨性。

(5) 适当降低表面粗糙度值，以提高接触疲劳磨损零件的耐磨性。

(6) 正确进行结构设计，使压力均匀分布，以利于表面油膜的形成。

(7) 正确进行密封设计，以防止外界杂物进入摩擦表面，确保零件的耐磨性。

(8) 正确进行维护和使用，加强科学管理，采用先进的在线监控技术。

12.1.3　润滑、润滑剂及润滑方式

1. 润滑的作用

在摩擦表面之间加入润滑剂的主要作用是减小摩擦和磨损，保护工作表面不受腐蚀，采用循环润滑时还起着散热降温的效果。此外，液体润滑膜也有缓冲吸振的作用，润滑脂有隔离和密封作用。

2. 润滑剂的种类及主要性能

按形态不同，润滑剂可分为气体、液体、半固体和固体润滑剂四种基本类型，其中又以液体润滑剂和半固体润滑剂应用最为广泛。

1) 液体润滑剂

液体润滑剂包括矿物油、动植物油、化学合成油等。其中：矿物油主要是石油制品，具有在黏度上品种多、挥发性低、惰性好、防腐性强、价格低廉等特点，应用范围最为广泛；动植物油是最早使用的润滑剂，油性好但易变质，常作为添加剂使用；化学合成油一般不是石油制品，但具有矿物油难以满足的某些特殊性能，主要用于特殊条件下，例如高温、低温、高速、重载等情况。一些浸入水中工作的设备可直接利用水作为润滑剂。

润滑油的性能指标主要有黏度、油性(润滑性)、凝点、闪点、极压性、氧化稳定性等。一般在选用润滑油时最主要的参考指标是其黏度和油性。

(1) 黏度　润滑油的黏度可简单定义为它的流动阻力。黏度大的油液其流动阻力大，即流动性差。润滑油的黏度又有动力黏度、运动黏度和条件黏度这三种不同的表示方式。

流体的黏度即流体抵抗变形的能力，它表征流体内摩擦阻力的大小。根据牛顿流体黏性定律，流体中任意点处的切应力与该处流体的速度梯度成正比，其数学表达式为

$$\tau=-\eta\frac{\mathrm{d}u}{\mathrm{d}y} \tag{12-1}$$

式中：τ——流体单位面积上的剪切阻力，即切应力(Pa)；

$\mathrm{d}u/\mathrm{d}y$——流体在垂直于其流动方向的速度梯度((m/s)/m)；

η——比例常数，即该流体的动力黏度(N·s/m²)。

动力黏度η，也称绝对黏度，或简称为黏度。根据式(12-1)可知，其量纲是力·时间/长度^2。在国际单位制中是N·s/m^2，即Pa·s(帕·秒)。在厘米克秒(CGS)单位制中，动力黏度的单位为P(Poise 泊)，1 P=1 dyn·s/cm^2，常用的是P的百分之一 cP(厘泊)，这些单位的换算关系为：1 Pa·s=10 P=1000 cP。

动力黏度无法用黏度计直接测得，所以工程中常用润滑油的动力黏度η与同温度下该液体密度ρ的比值来表示黏度，称作运动黏度。即

$$\nu=\frac{\eta}{\rho} \tag{12-2}$$

式中：ν——流体的运动黏度(m^2/s)；

η——流体的动力黏度(Pa·s)；

ρ——流体同温度下的密度(kg/m^3)。

在国际单位制中，运动黏度的单位是m^2/s。实用时这个单位太大，故常采用它的厘米克秒(CGS)制单位St(斯，1 St=1 cm^2/s)，或St的百分之一 cSt(厘斯，1 cSt=1 mm^2/s)。

GB/T 3141—1994规定采用润滑油在40 ℃时运动黏度的中心值作为润滑油的牌号。例如，工业上所用的牌号L-AN32的全损耗系统用油，40 ℃时的运动黏度为28.8～35.2 cSt。

条件黏度也称为相对黏度，是用比较法测定的黏度。我国采用恩氏黏度，美国采用赛氏黏度，英国常用雷氏黏度。

需要指出的是，润滑油的黏度不是固定不变的。一般说来，润滑油的黏度值是随着温度的升高而降低的。因此在使用时必须考虑温度的影响，设计手册中都有常用润滑油的黏-温曲线。

此外，润滑油的黏度还随着压力的升高而增大。但压力不太高(如小于10 MPa)时，一般不需考虑这种影响。

(2) 油性(润滑性)　油性是指润滑油中的极性分子与金属表面吸附形成边界膜的能力。油性越好则形成边界膜的能力越强。

2) 半固体润滑剂

半固体润滑剂主要指各种润滑脂，俗称黄油。它是润滑油和稠化剂的稳定混合物。润滑脂呈半流动的膏状，按增稠剂种类不同，分别称为钙基润滑脂、钠基润滑脂、锂基润滑脂、铝基润滑脂。润滑脂对载荷和速度的变化适应范围大，受温度影响小，密封简单，不易流失。但磨损大、效率较低，不宜用于高速运动场合，一般多用于手动、低速或间歇运动的场合。

选用润滑脂的主要性能指标是针入度和滴点。

(1) 针入度　它是表征润滑脂稀稠度的指标。将一个标准锥体置于25 ℃的润滑脂表面，经5 s后，该锥体沉入脂内的深度值(以10^{-1} mm为单位)称为该润滑脂的针入度。针入度越

大，表明润滑脂的流动性越大。

(2) 滴点　它表示润滑脂受热后开始滴落时的温度。在规定的加热条件下，润滑脂从标准量杯的孔口滴下第一滴液体时的温度。要求润滑脂的工作温度至少应低于滴点 20～30 ℃。

3) 固体润滑剂

固体润滑剂品种较多，常用的有石墨、二硫化钼、聚四氟乙烯树脂、动物蜡等，可以在摩擦表面形成固体膜以减少摩擦阻力，多用于特殊场合。

4) 气体润滑剂

气体润滑剂有空气、水蒸气、氢气、氦气和其他工业气体。最常用的就是空气。由于相对液体而言气体的黏度值极低，摩擦阻力小、温度变化小，特别适合在极低或极高温度环境中使用。但气膜厚度和承载能力均很小，常用于要求高精度、高转速且轻载的场合。

3. 润滑方式

在正确选择润滑剂的同时，还应选择适当的润滑方式与装置，以保证润滑剂能够方便充分地供给。

润滑油的供给有间歇供油和连续供油两种方式。

对于不太重要的机械零部件常采用间歇供油方式，即按一定的时间间隔由人工用油壶或油枪向机器的油孔、油嘴或油杯(见图 12-3)中加注润滑油。

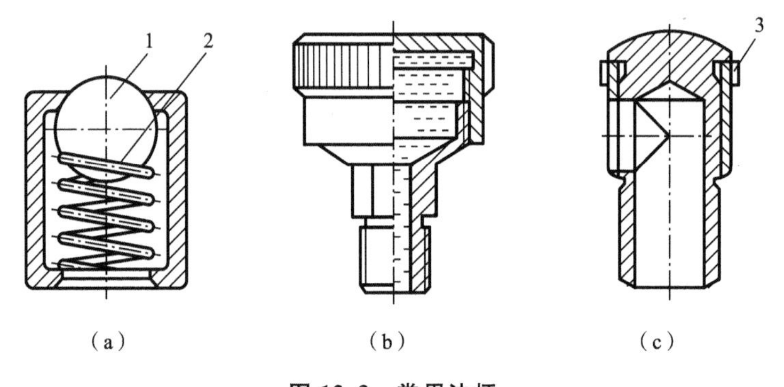

图 12-3　常用油杯

(a) 压配式压注油杯；(b) 旋盖式压注油杯；(c) 旋套式压注油杯

1—钢球；2—弹簧；3—旋套

较重要的机械零部件一般应采用如下连续供油方式。

(1) 滴油润滑　图 12-4(a)所示为针阀式油杯。当手柄位于竖直位置时，针阀向上提起，底部的油孔敞开为供油状态；在机器停车而不需供油时将手柄扳到水平位置，针阀受到弹簧的推压向下移动将底部的油孔堵住，为停止供油状态。调节螺母用于控制针阀提起的高度，从而控制供油量。图 12-4(b)所示为弹簧盖油芯油杯，用毛线或棉线捻成芯绳浸在油液中，利用毛细管作用把润滑油吸出进行润滑。油芯润滑方式供油量不易调节，机器停车时仍会滴油而造成无谓的消耗。

(2) 油环润滑　如图 12-5 所示，油环套在轴颈上，下部浸在油中，当轴颈转动时借助于摩擦力带动油环转动，将油带到轴颈表面进行润滑。这种润滑方式只能用于水平放置、连续转动且转速不能过低的轴。

(3) 浸油润滑　把待润滑的零部件直接浸入箱体中的油池来达到润滑的目的，不需另加润滑装置。如蜗杆下置的蜗杆减速器中啮合部位的润滑采用浸油润滑。

(4) 飞溅润滑　闭式齿轮传动中，常利用浸入箱体油池的齿轮将油飞溅到箱体内壁上，使

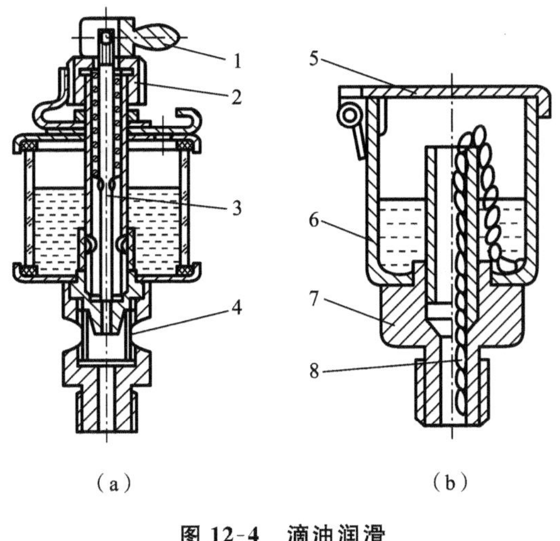

图 12-4 滴油润滑

(a) 针阀式油杯;(b) 弹簧盖油芯油杯

1—手柄;2—调节螺母;3—针阀;4—观察孔;

5—盖;6—杯体;7—接头;8—油芯

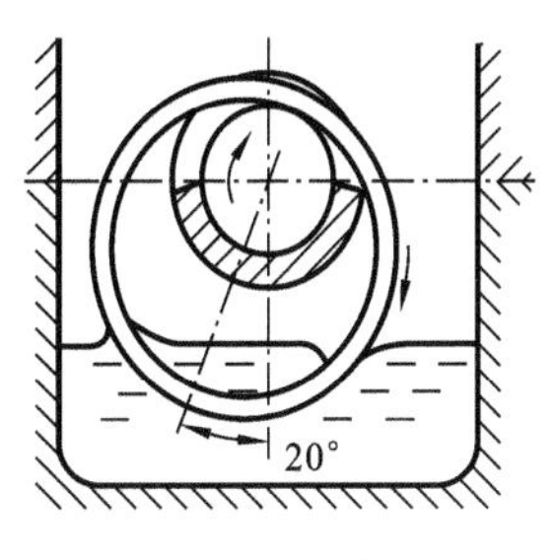

图 12-5 油环润滑

其沿箱壁上的油沟流至轴承进行润滑。

与润滑油相比,润滑脂不易流失,也不需要经常添加,常采用间歇供应方式。采用旋盖式油脂杯装润滑脂应用最广,杯中装满润滑脂后,定期旋动上盖,即可将润滑脂挤出。

12.2 滑动轴承的类型及结构

滑动轴承与滚动轴承都可以用于支承轴及轴上零件,以保持轴的旋转精度,并减少转轴与支承之间的摩擦和磨损。滑动轴承在一般情况下摩擦损失较大,使用和维护也比较复杂。但滑动轴承具有润滑及承载面大、承载能力高、抗冲击能力强、油膜能起吸振缓冲作用、工作平稳、噪声小、寿命长、便于装拆等优点,因此在高速、重载、有剧烈冲击振动、运转精度和平稳性要求很高以及轴承为剖分结构的场合,仍然有着广泛的应用。

12.2.1 滑动轴承的类型

滑动轴承有多种类型,按其承受载荷方向的不同,可分为向心轴承和推力轴承。向心滑动轴承只能承受径向载荷,轴承上的反作用力与轴的中心线垂直;推力轴承只能承受轴向载荷,轴承上的反作用力与轴的中心线方向一致。如果将向心轴承和推力轴承组合设计在轴的某一支点上,或设计成圆锥面形状,即为向心推力组合轴承,既可承受径向载荷,又可承受轴向载荷。

按照滑动轴承工作表面间的摩擦(润滑)状态不同,将其分为非液体摩擦滑动轴承和液体摩擦滑动轴承。非液体摩擦滑动轴承的轴颈与轴承之间的接触表面处于边界摩擦或混合摩擦状态。其主要用在低速、轻载和回转精度要求不高的场合。液体摩擦滑动轴承的轴颈与轴承之间的接触表面完全被润滑油膜隔开,处于液体摩擦状态。其主要用在高速、重载、有冲击载荷和要求回转精度高的场合。根据液体油膜形成原理的不同,滑动轴承又可分为液体动压轴承和液体静压轴承。

12.2.2　滑动轴承的结构

1. 向心滑动轴承

向心滑动轴承一般由轴承座、轴承(轴套或轴瓦)和润滑装置组成。根据结构需要,向心滑动轴承可做成整体式或剖分式。

图 12-6 所示为整体式滑动轴承,它由轴承座 1、整体轴套 2 和止动螺钉 3 等组成。轴承座多用铸铁材料制成,用来固定轴套,用螺栓与机架连接,其顶部设有装油杯的螺纹孔。轴套采用减磨材料制成并压装在轴承座中,用止动螺钉以防其相对轴承座运动。轴套上开有与油杯连通的油孔,其内表面还开有油沟,用于将润滑油导引至轴套内表面的承载区。整体式轴承结构简单,易于制造。它的缺点是轴必须从轴承端部装入或拆下,这样不便于拆装,而且轴承磨损后间隙无法调整。因此,整体式滑动轴承多用于低速、轻载或作间歇运动的机器上。

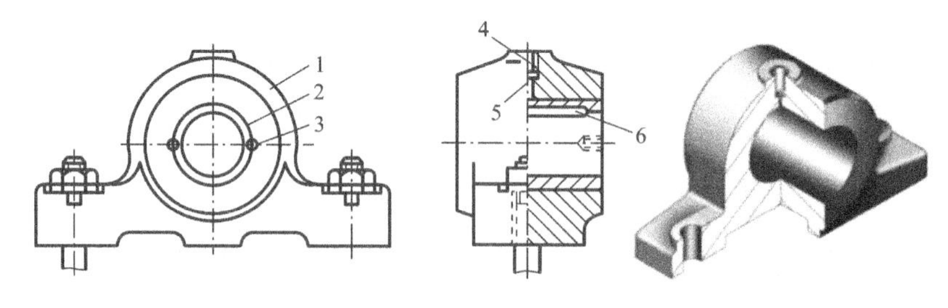

图 12-6　整体式向心滑动轴承

1—轴承座;2—整体轴套;3—止动螺钉;4—油杯螺纹孔;5—油孔;6—油沟

图 12-7 所示为剖分式滑动轴承。为了克服整体式滑动轴承只能沿轴向装拆轴的缺陷,将轴承座分为上下对开的轴承盖 3 和轴承座 4 两部分,同时轴套也剖分为上下两半轴瓦 2 和 5。轴承座与轴承盖用螺栓 1 连接在一起。轴承盖的顶部设有装油杯的螺纹孔,轴瓦上开有油孔和油沟。为了安装时容易对中并防止横向错动,在轴承盖与轴承座的剖分面上做出阶梯型的榫口,装配后,上、下两片轴瓦要适当压紧,使轴瓦不能在轴承孔中随轴转动。轴瓦磨损后,可用减少剖分面上垫片厚度或重新修刮轴瓦内孔的方法来调整轴承间隙。轴承的剖分面可以是水平的,也可以是倾斜的,最好与载荷方向近似垂直。剖分式轴承装拆方便、间隙易于调整,应用很广。

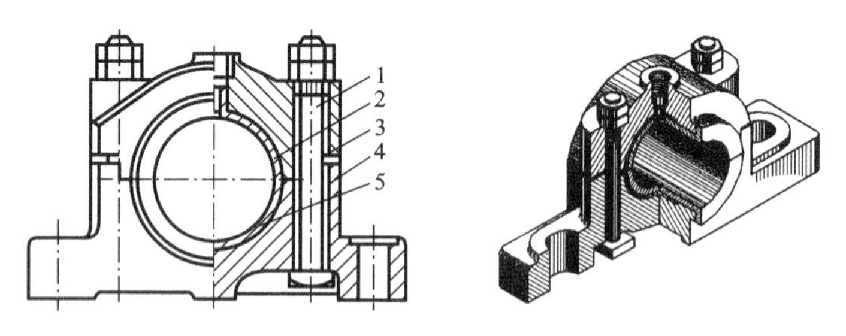

图 12-7　剖分式向心滑动轴承

1—螺栓;2—上轴瓦;3—轴承盖;4—轴承座;5—下轴瓦

图 12-8 所示为自动调心式向心滑动轴承,轴瓦外表面做成球状,与轴承座的球状内表面配合,其球心位于轴承的轴线上。当轴有弯曲变形或两轴承座的轴线不对中时,轴瓦能自动调心,常用于轴颈较长或轴的刚度较小的场合。

2. 推力滑动轴承

轴所受的轴向力 F_a 由推力滑动轴承来承担。常用的非液体摩擦推力滑动轴承又称为普通推力轴承，如图 12-9 所示。它由轴承座 1、衬套 2、向心轴瓦 3 和止推轴瓦 4 和销钉 5 组成。销钉 5 用来防止推轴瓦随轴转动。向心轴瓦用于固定轴的径向位置，同时也可承受一定的径向载荷。止推轴瓦底部做成球面，以便自动调位，并使推力轴瓦工作表面受力均匀。止推面上边缘处的速度最大，磨损严重，而越靠近中心处速度越低，磨损越轻，这将造成止推面压力分布不均，且润滑油易被挤出。为此，常将轴颈端面中心或推力轴瓦中心制成空心。润滑油靠压力从下部油管注入，从上部油管导出。

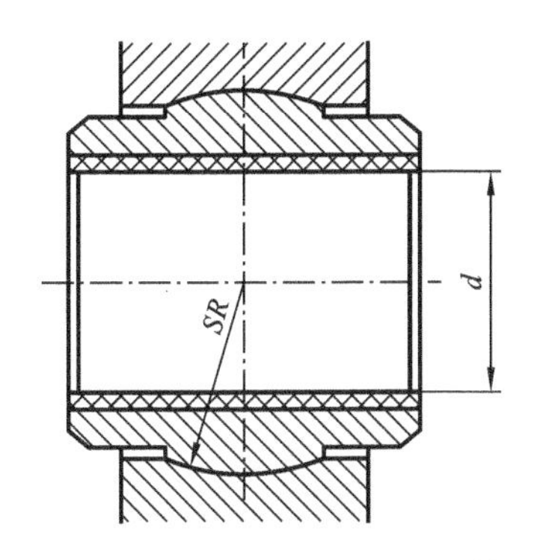

图 12-8　自动调心式向心滑动轴承

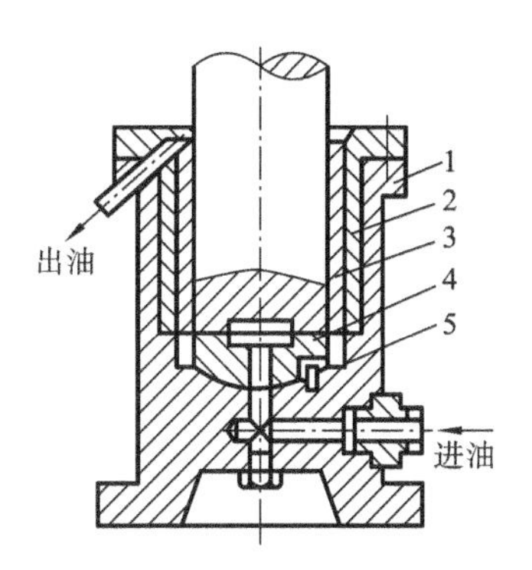

图 12-9　普通推力滑动轴承

1—轴承座；2—套筒；3—向心轴瓦；4—止推轴瓦；5—销钉

推力轴承的止推面可以利用轴端，也可以在轴的中段制出轴肩或轴环。轴颈的结构形式如图 12-10 所示，有空心式、单环式和多环式。载荷较大时可以采用多环式轴颈，而且它能承受双向的轴向载荷。

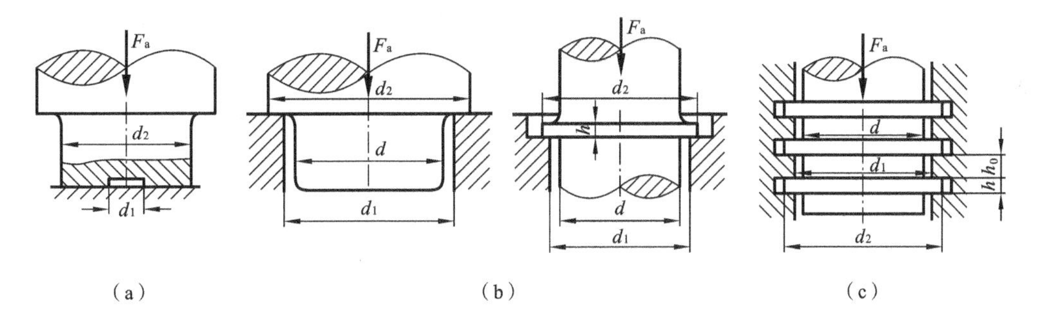

图 12-10　普通推力滑动轴承的结构形式

(a) 空心式；(b) 单环式；(c) 多环式

12.3　轴瓦结构及轴承材料

12.3.1　轴瓦结构

1. 轴瓦与轴承衬

轴瓦是指与轴颈直接接触的部分。轴瓦是滑动轴承中的重要零件，其结构设计是否合理对轴承性能影响很大。与滑动轴承的结构类型相对应,常用的轴瓦结构有整体式和剖分式两类。整体式轴瓦又称为轴套。为了改善轴瓦的摩擦性能,常在轴瓦内表面上再浇铸或轧制一薄层或两层轴承合金。轴瓦内层合金部分称为轴承衬,外层部分称为瓦背。

整体式滑动轴承采用轴套。一般轴套上开有油孔和油沟以便于注油润滑(见图 12-11(a)),用粉末冶金材料制成的轴套一般不带油沟(见图 12-11(b));图 12-12 所示为双层材料卷制轴套。

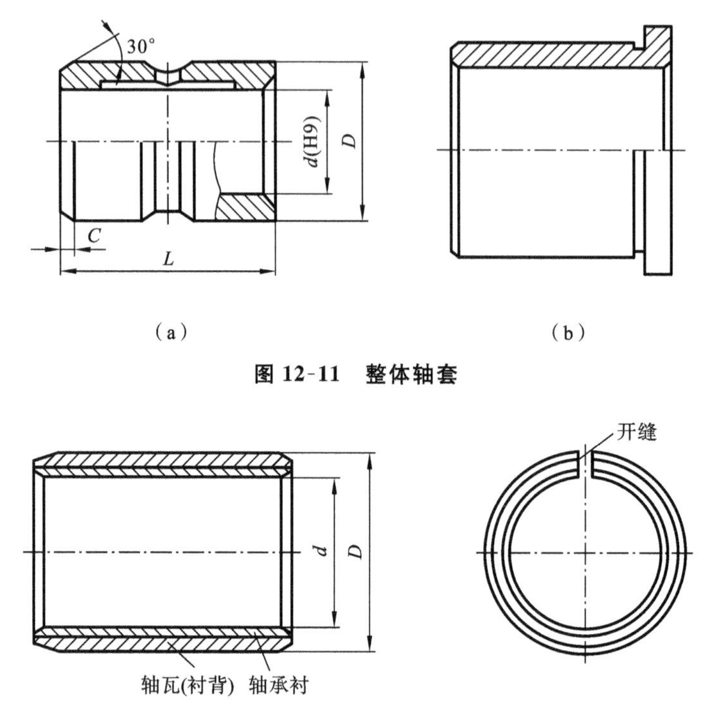

图 12-11 整体轴套

图 12-12 卷制轴套

剖分式滑动轴承一般采用剖分式轴瓦。剖分式轴瓦由上、下两半瓦组成,剖分面上开有轴向油沟。图 12-13 所示为无轴承衬的剖分式轴瓦,图 12-14 所示为双层轴瓦。为了使轴承衬与轴瓦牢固贴合,常在轴瓦内表面上制出各种形式的榫头、沟槽或螺纹。

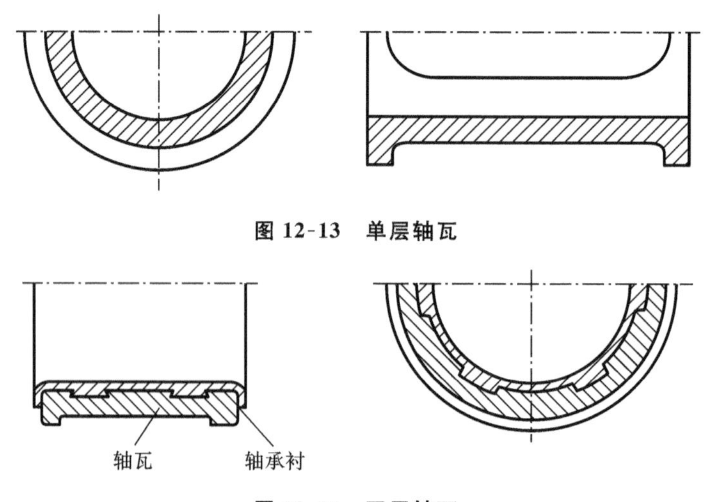

图 12-13 单层轴瓦

图 12-14 双层轴瓦

2. 轴瓦的定位

为了防止轴瓦在轴承座中发生轴向移动和周向转动，轴瓦必须有可靠的定位。如采用销钉定位(见图 12-15)、止动螺钉定位(见图 12-16)、凸缘定位(见图 12-11(b))等。

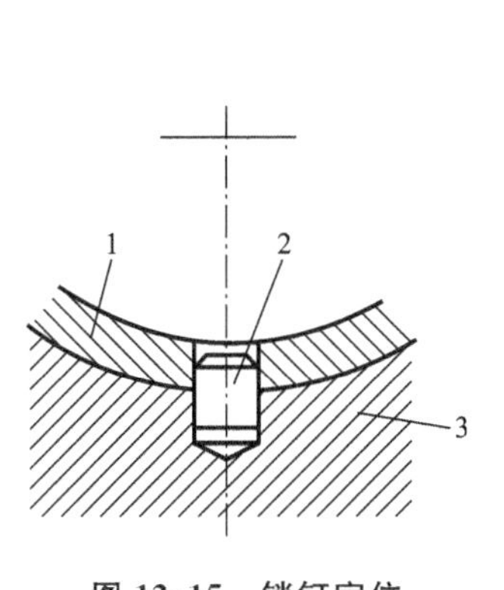

图 12-15　销钉定位

1—轴瓦；2—销钉；3—轴承体

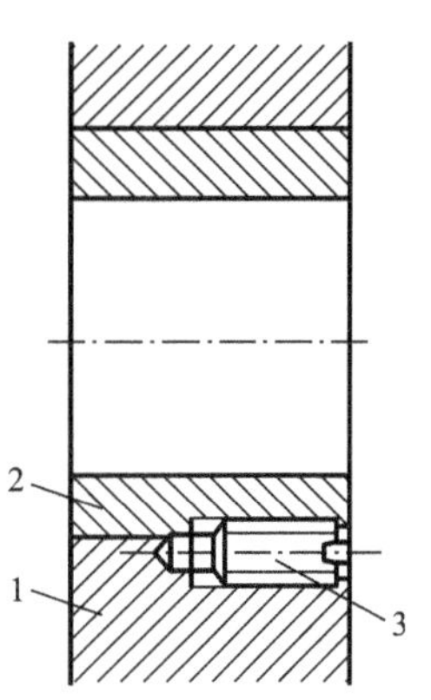

图 12-16　止动螺钉定位

1—轴承体；2—轴瓦；3—止动螺钉

3. 油孔与油沟

为使润滑油能均匀流到整个轴颈接触表面上，轴瓦上要开油孔和油沟。油孔用来供应润滑油，油沟用来输送润滑油并使之均匀涂布于整个摩擦面上。油沟采用图 12-17 所示的几种分布形式。也可以在轴瓦剖分面上沿轴线方向开纵向油沟，如图 12-18 所示。为防止润滑油从油沟两端流失，纵向油沟长度要比轴瓦长度稍短，大致为轴瓦长度的 80%。

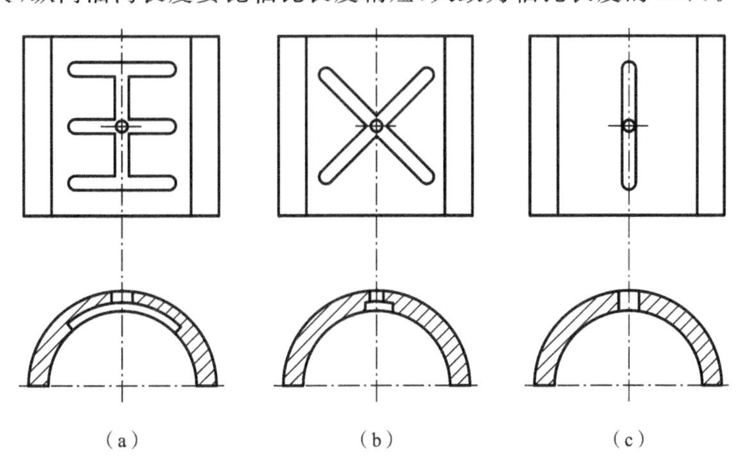

图 12-17　油沟的分布形式

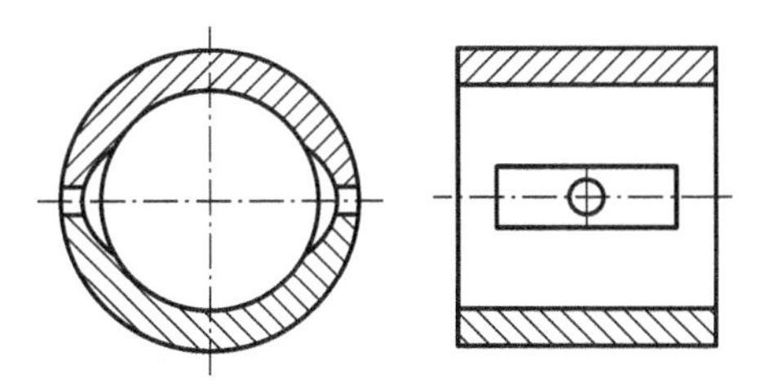

图 12-18　在轴承剖分面上开纵向油沟

油孔、油沟的位置和形状对轴承的工作能力和寿命有很大的影响，一般应开在非承载区，以保证承载区油膜的连续性及承载能力。

12.3.2　轴承材料

轴承材料是指轴瓦和轴承衬材料。对轴承材料性能的要求，主要是由滑动轴承的失效形式来决定的。滑动轴承的主要失效形式是磨损和胶合（俗称烧瓦），还有因强度不足而出现的疲劳破坏等。

为此对轴承材料性能的要求是：① 良好的减摩性、耐磨性和跑合性。减摩性好是指摩擦因数小，耐磨性高是指材料抗磨损和抗胶合能力高，跑合性好是指材料形成相互吻合期较短。② 良好的顺应性、嵌藏性。顺应性是指轴瓦材料产生弹、塑性变形以补偿对中误差和其他几何误差的能力；嵌藏性是指轴瓦材料容纳污物和外来颗粒以减轻刮伤和磨损的能力。③ 足够的抗冲击、抗压、抗疲劳强度。④ 良好的润滑剂亲和性。⑤ 良好的导热性能、工艺性和耐腐蚀性。

实际上没有一种轴承材料能够同时满足上述全部性能要求，要根据具体情况合理选择材料，保证其主要性能。常用的轴承材料有金属材料、粉末冶金材料、非金属材料三大类。

1. 金属材料

最常用的金属材料是轴承合金，不重要的轴承可以使用灰铸铁。

（1）锡基和铅基轴承合金　锡基和铅基轴承合金又称巴氏合金或白合金（代号为 Ch），是以锡或铅做软基体，以锑锡（Sb-Sn）或铜锡（Cu-Sn）的硬晶粒作悬浮物的合金。其中硬晶粒起支承和抗磨作用；软基体则增加材料的塑性，使之具有较好的顺应性、嵌藏性和跑合性，与钢制轴颈配对时也有较强的抗胶合能力，是较为理想的轴承材料。但其价格较贵，强度较高，主要是浇铸在青铜、铸铁或钢瓦的内表面上作为轴承衬材料，适用于重载、中高速场合。

（2）铝基轴承合金　铝基轴承合金多为铝锡合金，具有很好的耐蚀性和较高的疲劳强度，摩擦性能也较好，适用于高速、中载的场合。其价格较便宜，可替代巴氏合金。

（3）铜合金　铜合金是传统的轴瓦材料，品种很多，可分为青铜和黄铜两大类。青铜的减摩性和耐磨性比黄铜好，故青铜可以单独做成轴瓦。为了节省有色金属，也可将青铜浇铸在钢或铸铁的轴瓦内表面上。青铜有锡青铜、铅青铜和铝青铜等几种。锡青铜的减摩性、耐磨性和抗蚀能力最好，应用较广，适用于中速、重载轴承。铅青铜具有较高的抗胶合能力和冲击强度，适用于高速、重载轴承。铝青铜是铜合金中强度最高的轴承材料，其硬度也较高，而顺应性、嵌藏性以及抗胶合、耐蚀能力均较差，适用于低速、重载轴承。黄铜则常被用作低速、中载的轴承材料。

（4）铸铁　普通灰铸铁和加有合金成分的耐磨灰铸铁中的石墨可在摩擦表面起润滑作用，具有一定的减摩性和耐磨性。但铸铁性脆，硬度高，顺应性、嵌藏性很差。因价格低廉，易于加工，可用于低速、重载和不重要场合的轴承材料。

2. 粉末冶金材料

粉末冶金材料也称多孔质金属，或称金属陶瓷。它是将不同金属粉末加石墨混合后压制、烧结而成的多孔隙轴承材料。使用前先在热油中浸渍，使孔隙中充满润滑油。工作时，由于轴颈转动的抽吸作用和轴承发热时油的膨胀作用，油可自动进入摩擦表面起润滑作用；不工作时，因毛细管作用，油被吸回到轴瓦孔隙中储存起来。因此它具有自润滑性，可以不加油而工作很长时间，故又称含油轴承。但该类材料强度较低，适用于不便经常加油的中低速、载荷平稳的场合。

3. 非金属材料

非金属轴承材料主要有塑料、尼龙、石墨、橡胶、硬木等。其中塑料应用最广，具有良好的减摩性、耐磨性、嵌藏性和抗冲击、抗胶合、耐腐蚀以及一定的自润滑能力，可用水润滑，但导热性能很差、受热易软化、强度较低。可用于低速、轻载和不宜使用油润滑的医药、食品、造纸机械中的轴承。石墨是电动机电刷的常用材料，也被用来制作在腐蚀性、放射性等不良环境下工作的轴承。

常用轴承材料的牌号、性能和应用范围见表 12-1。

表 12-1　常用轴承材料及其性能

轴承材料		最大许用值①			最高工作温度 t /℃	轴颈硬度 /HBS	性能比较②				备注
		$[p]$ /MPa	$[v]$ /(m/s)	$[pv]$ /(MPa · m/s)			抗咬黏性	顺应性、嵌藏性	耐蚀性	抗疲劳强度	
锡锑轴承合金	ZChSnSb10-6	平稳载荷			150	150	1	1	1	5	用于高速、重载下工作的重要轴承，变载荷下易于疲劳，价高
		25	80	20							
	ZChSnSb8-4	冲击载荷									
		20	60	15							
铅锑轴承合金	ZChPbSb16-16-2	15	12	10	150	150	1	1	3	5	用于中速、中等载荷的轴承，不易受显著冲击，可作为锡锑轴承合金的代用品
	ZChPbSb15-5-3	5	8	5							
锡青铜	ZCuSn10P1 (10-1 锡青铜)	15	10	15	280	300～400	3	5	1	1	用于中速、重载及受变载荷的轴承
	ZCuSn5Pb5Zn5 (5-5-5 锡青铜)	8	3	15							用于中速、中载的轴承
铅青铜	ZCuPb30 (30 铅青铜)	25	12	30	280	300	3	4	4	2	用于高速、重载轴承，能承受变载和冲击
铝青铜	ZCuAl10Fe3 (10-3 铝青铜)	15	4	12	280	300	5	5	5	2	最宜用于润滑充分的低速重载轴承
黄铜	ZCuZn16Si4(硅黄铜)	12	2	10	200	200	5	5	1	1	用于低速、中载轴承
	ZCuZn40Mn2 (锰黄铜)	10	1	10							用于高速、中载轴承，是较新的轴承材料，强度高、耐腐蚀、表面性能好。可用于增压强化柴油机轴承
铝基轴承合金	2%铝锡合金	28～35	14	—	140	300	4	3	1	2	
耐磨铸铁	HT300	0.1～6	3～0.75	0.3～4.5	150	<150	4	5	1	1	宜用于低速、轻载的不重要轴承，价廉
灰铸铁	HT150-HT250	1～4	2～0.5	—	—	—					

注：① $[pv]$为不完全液体润滑下的许用值；

② 性能比较中的 1～5 为由佳到差。

12.4 非液体摩擦滑动轴承的设计计算

非液体摩擦滑动轴承的摩擦表面一般处于边界摩擦或混合摩擦状态，其主要失效形式是磨损和胶合。防止黏着磨损和维持边界油膜不破裂是非液体摩擦滑动轴承的设计计算准则。

边界油膜破裂的原因十分复杂，目前还没有一个完善的计算方法，通常采用简化的条件性计算。限制轴承比压 p，保证轴承工作时，润滑油不被过大的压力挤出形成干摩擦而造成轴承早期的过量磨损；限制轴承比压与轴颈圆周速度的乘积 pv，该值与产生的摩擦热成正比，可防止轴承温升过高而发生胶合破坏。对于比压较小的高速轴承，还要限制轴颈圆周速度 v。

12.4.1 向心滑动轴承的设计计算

(1) 校核轴承的比压 p。

$$p=\frac{F_r}{Bd}\leqslant[p] \tag{12-3}$$

式中：p——轴承的比压(MPa)；

F_r——轴承所受的径向载荷(N)；

B——轴承宽度(mm)；

d——轴颈直径(mm)；

$[p]$——轴瓦材料的许用比压(MPa)，见表 12-1。

(2) 校核圆周速度 v。

$$v=\frac{\pi dn}{60\times1000}\leqslant[v] \tag{12-4}$$

式中：v——轴颈的圆周速度(m/s)；

n——轴的转速(r/min)；

$[v]$——轴瓦材料的许用速度(m/s)，见表 12-1。

(3) 校核轴承的 pv。

$$pv=\frac{F_r}{Bd}\frac{\pi dn}{60\times1000}\leqslant[pv] \tag{12-5}$$

式中：$[pv]$——轴瓦材料的许用值(MPa·(m/s))，见表 12-1。

例 12-1 有一非液体摩擦向心滑动轴承，宽径比 $B/d=1$，轴颈直径 $d=100$ mm，轴承材料的许用值为$[p]=5$ MPa，$[v]=5$ m/s，$[pv]=10$ MPa·m/s，要求轴承在转速 $n_1=300$ r/min，$n_2=600$ r/min 下均能正常工作。试求轴承许用载荷。

解 求解过程如下。

设计项目	计算过程及说明	主要结果
1. 求 n_1 时的许用载荷 F_{max1}	① 校核其速度 $v_1=\frac{\pi d n_1}{60\times1000}=\frac{\pi\times100\times300}{60\times1000}$ m/s$=1.57$ m/s$<[v]$ ② 按许用比压$[p]$确定最大载荷 由 $p=\frac{F}{dB}\leqslant[p]$ 得 $F_{max}=[p]dB=50000$ N ③ 按许用$[pv]$确定最大载荷 由 $pv=\frac{F}{dB}\frac{\pi d n_1}{60\times1000}=\frac{F n_1}{19100B}\leqslant[pv]$得 $F_{max}=[pv]\times19100B/n_1=10\times19100\times100/300$ N$=63666.7$ N 故 $F_{max1}=50000$ N	$F_{max1}=50000$ N
2. 求 n_2 时的许用载荷 F_{max2}	① 校核其速度 $v_2=2v_1=3.14$ m/s$<[v]$ ② 按许用$[pv]$确定最大载荷 $F_{max2}=10\times19100\times100/600$ N$=31833.3$ N	$F_{max2}=31833.3$ N
3. 结论	综上，在两种转速下都能正常工作的许用载荷应为 $F_{max}=31833.3$ N	$F_{max}=31833.3$ N

12.4.2 推力滑动轴承的设计计算

推力轴承常用的结构形式如图12-10所示，它的设计计算与向心轴承基本相同。

(1) 校核比压 p。

$$p=\frac{F_a}{zK\pi(d_2^2-d_1^2)/4}\leqslant[p] \tag{12-6}$$

式中：p——轴承的比压(MPa)；

F_a——轴承所受的轴向载荷(N)；

z——轴支承面的数目(即环数)；

K——考虑支承面因油沟减少的系数，一般取 $K=0.9\sim0.95$；

d_1、d_2——支承环的内径和外径，mm；

$[p]$——轴瓦材料的许用比压(MPa)，见表12-1。

(2) 校核平均速度 v_m。

$$v_m=\frac{\pi d_m n}{60\times1000}\leqslant[v] \tag{14-7}$$

式中：d_m——环形支承面的平均直径(mm)，$d_m=(d_1+d_2)/2$；

n——轴的转速(r/min)。

(3) 校核 pv 值。

$$pv_m\leqslant[pv] \tag{14-8}$$

式中：$[pv]$——轴瓦材料的许用值(MPa·m/s)，见表12-1。

对于多环式推力轴承，由于制造和装配误差，各支承面上所受的轴向载荷不能均匀分配，其许用值$[p]$和$[pv]$应比单环式的减小20%～40%。

12.5　液体摩擦滑动轴承

液体摩擦滑动轴承的接触表面处于液体摩擦状态，润滑油将两摩擦表面完全隔开，其摩擦性质与轴承所用材料无关，主要取决于润滑油的黏度。按油膜形成的机理不同，分为液体动压润滑轴承和液体静压润滑轴承。

12.5.1　液体动压润滑形成条件

先分析两平行板的情况。如图 12-19(a)所示。两平行板间充满润滑油，板 B 固定，板 A 以速度 v 作平行移动时，带动润滑油作层流流动，流动速度呈线性分布。由于 A、B 板之间带进的油量等于带出的油量，因此两板间油量保持不变，故板 A 不会下沉。在外载荷 F 作用下，油向两端挤出，板 A 逐渐下沉，如图 12-19(b)所示，直到与板 B 接触。这就说明在两板之间是不可能形成压力油膜的。

将 A、B 两板之间的间隙做成楔形，如图 12-19(c)所示，下板 B 固定，上板 A 以一定的速度 v 向间隙小的一方移动时，由于各截面的流量恒定，而入口至出口的截面面积逐渐减小，加之液体的不可压缩性，所以各截面的流速相应逐渐增大，且不呈直线分布。在外载荷 F 的作用下，虽然流量将在两端流失，但由于移动平板具有速度 v，能不断地将油带入楔形空间从而得到补充，使流量保持恒定，因而在间隙形成的液体压力将与外载荷 F 平衡，这就说明在间隙内形成了压力油膜。这种借助于相对运动而在轴承间隙中形成的压力油膜称为动压油膜。

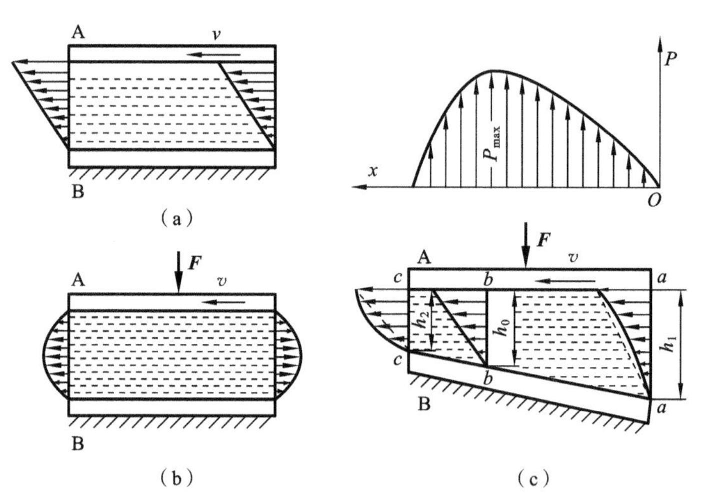

图 12-19　动压润滑形成条件

若上平板向间隙大的一方移动，虽然各截面的流速不同，但因液体速度减缓，两平板间将形成负压，不仅液体不能承受载荷，而且两平板间还将产生吸力。

由此可得出，两平板间形成承载动压油膜的条件是：① 两摩擦表面间必须形成收敛性的楔形空间；② 楔形空间内必须充满具有一定黏度的润滑油；③ 两摩擦表面间必须有相对运动，且运动方向必须保证带动润滑油从大截口流进小截口流出。同时，对于一定的载荷 F，必须使速度 v、黏度 η 及间隙 h 等匹配恰当。

12.5.2　动压润滑向心滑动轴承

(1) 启动前(见图 12-20(a))　轴颈静止时，在工作载荷 $\boldsymbol{F}$ 作用下，处于轴承最下方的稳定位置。因轴颈的直径总是小于轴承孔直径，轴颈表面和轴承表面自然形成了两个楔形间隙。

(2) 启动运行(见图 12-20(b))　当轴颈在启动转矩作用下，沿顺时针方向开始转动时，因起始转速很低，这时轴颈和轴承间的摩擦为金属间的直接摩擦，作用于轴颈上的摩擦力的方向与其表面上的圆周速度方向相反，迫使轴颈沿轴承内壁向右上爬。

(3) 过渡运行(见图 12-20(c))　随着轴颈转速的升高，润滑油顺着旋转方向被不断地带入右侧的收敛楔形间隙，由于间隙越来越小，润滑油的流速逐渐增大，使润滑油被挤压从而产生油膜压力。当轴颈转速增大到一定值时，油膜压力的合力增大至足以将轴颈抬起。但由于油膜压力尚不足以完全平衡外载荷 $\boldsymbol{F}$，且油膜压力的合力有向左推动轴颈的分力存在，因而轴颈继续向左移动。

(4) 正常运行(见图 12-20(d))　当达到轴颈的工作转速时，油膜压力与外载荷 $\boldsymbol{F}$ 达到完全平衡，轴颈就稳定在此偏心的平衡位置上正常运转。

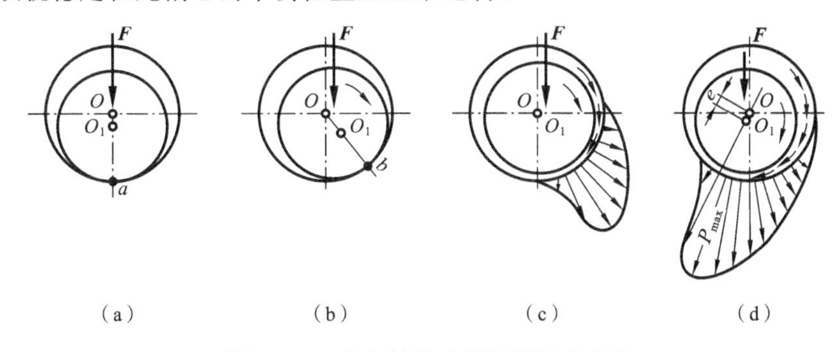

图 12-20　向心轴承动压润滑形成过程

(a) 启动前；(b) 启动运行；(c) 过渡运行；(d) 正常运行

轴颈中心与轴承中心之间的距离称为偏心距 e。其他条件相同时，轴颈工作转速越高，偏心距 e 越小，即正常稳定运转时，轴颈中心越接近轴承中心。理论上当轴颈转速达到无穷大时，偏心距 e 将趋于零。

液体动压润滑向心轴承常采用多油楔结构形式，即从结构上采取措施将轴瓦的内表面做成数个偏心弧段，以使轴承工作时能形成多个油楔，从而较大地提高轴承工作的稳定性和承载能力。最常见的有椭圆轴承(见图 12-21(a))、多油楔轴承(见图 12-21(b)、(c))、可倾瓦轴承(见图 12-21(d))等。多油楔轴承的油楔槽是在轴瓦内表面刮制出来的，轴颈只能单向转动。可倾瓦轴承的扇形瓦块在其背面用球铰链支承，它可随载荷、速度等变化而自动调整倾角。当球铰链处于瓦背中央时，轴颈可正反向转动。

12.5.3　动压润滑推力滑动轴承

液体动压润滑推力轴承也属于多油楔轴承，各个油楔的承载能力之和为整个轴承的总承载能力。按其油楔的构成方法，它又可分为固定瓦推力轴承(见图 12-22(a))和摆动瓦推力轴承(见图 12-22(b))。固定瓦推力轴承的楔形空间收敛方向已固定，故只能用于单向转动。摆动瓦推力轴承能够随着工况的变化自动调节瓦块的倾斜度，从而使机器保持稳定的运转状态；当瓦块支点在其中央时，轴还可以双向转动。

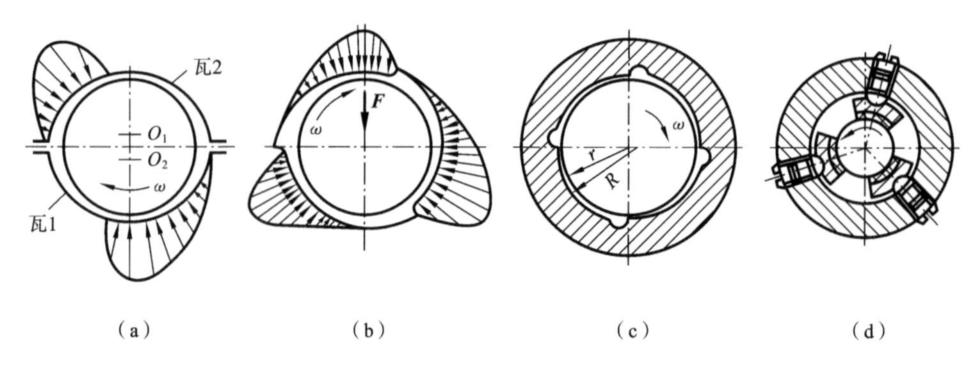

图 12-21 多油楔式向心滑动轴承

(a) 椭圆轴承;(b) 三油楔轴承;(c) 四油楔轴承;(d) 三可倾瓦轴承

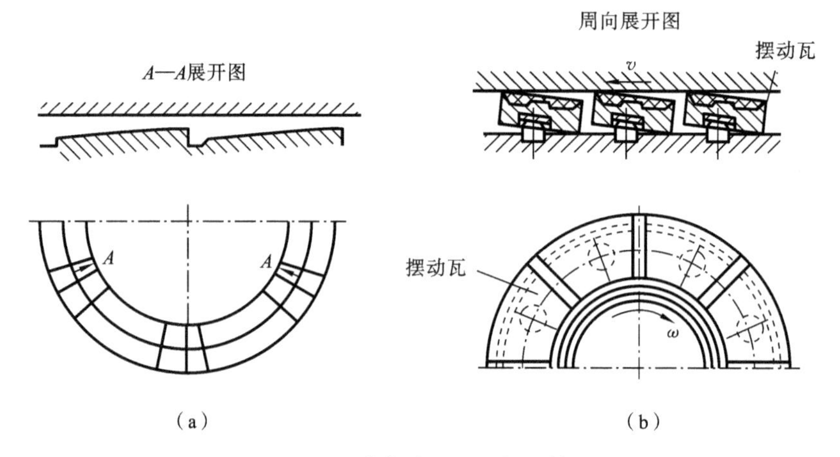

图 12-22 液体动压润滑推力轴承

(a) 固定瓦推力轴承;(b) 摆动瓦推力轴承

12.5.4 液体静压滑动轴承简介

液体静压滑动轴承简称静压轴承,静压润滑原理如图 12-23 所示。在径向轴承的圆周上

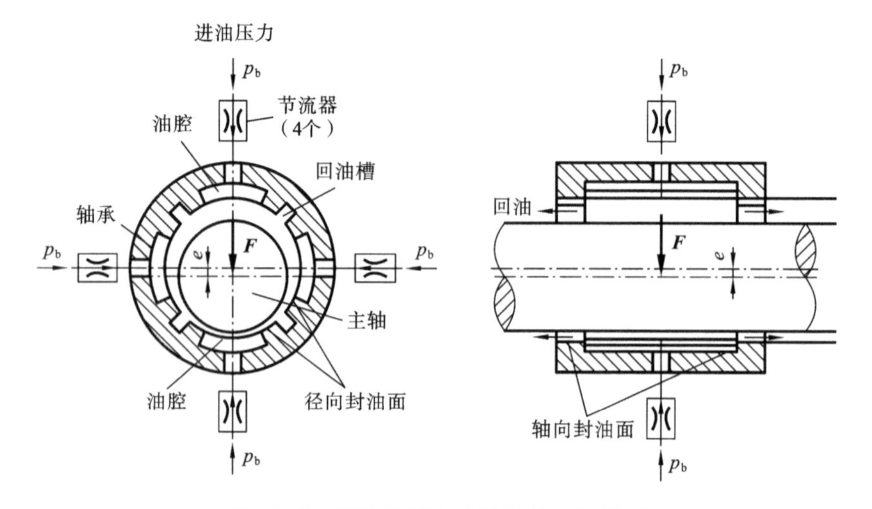

图 12-23 液体静压向心轴承的工作原理

开设4个凹油腔,各油腔之间开设有泄流用的回油槽。由油泵经节流阀向各个凹油腔打入压力油。节流阀用以保持油膜的稳定性。当轴上载荷为零时,各个油腔的油压相等,使轴颈与轴承同心。当轴颈上加有外载荷 F 时,轴颈在外载荷作用下失去平衡并下沉,使下边油腔处间隙减小,上边油腔处的间隙增大。下部间隙小处油液泄流阻力大,流量减小,相应的节流阀的压力降就减小,反之,上部因间隙增大,油腔压力减小。由于这种压力差,就产生了抵抗外载荷的向上的支承力。支承力与外载荷将在某个向下的偏心位置上达到平衡。由于这时轴承中的油膜压力与轴的转速几乎无关,而与轴承的结构尺寸、润滑油黏度、供油压力及外载荷有关,因而能够在轴颈静止及各种转速下实现流体润滑状态,并可通过调节供油压力来提高承载能力。静压轴承虽然有这些优点,但需要一套稳定的供油系统,因而其造价较高。

12.6 滚动轴承的类型、代号及选用

滚动轴承是标准件,类型和尺寸系列多,都有相应的国家标准。与一般的滑动轴承相比,它是以元件间的滚动接触来支承的,摩擦阻力小、功率消耗少、容易启动及轴向尺寸小,因而在各种机电系统中获得了广泛应用。设计计算中只需根据工作条件选用合适的类型和尺寸的轴承,进行组合设计。

12.6.1 滚动轴承的构造

滚动轴承是一标准组合件,其基本结构如图12-24所示,由外圈1、内圈2、滚动体3和保持架4等四个基本元件构成,有的轴承还有其他附属元件。内圈与轴颈配合而随轴一起转动,外圈装在机座的轴承孔内。内圈外表面和外圈内表面上均有滚道。当内、外圈相对旋转时,滚动体沿滚道滚动。保持架使滚动体均匀分布在圆周上,避免相邻滚动体之间的接触摩擦。有时为简化结构,可根据需要省去内圈、外圈以至保持架。例如自行车后轮上的滚动轴承就常是这种简易结构。

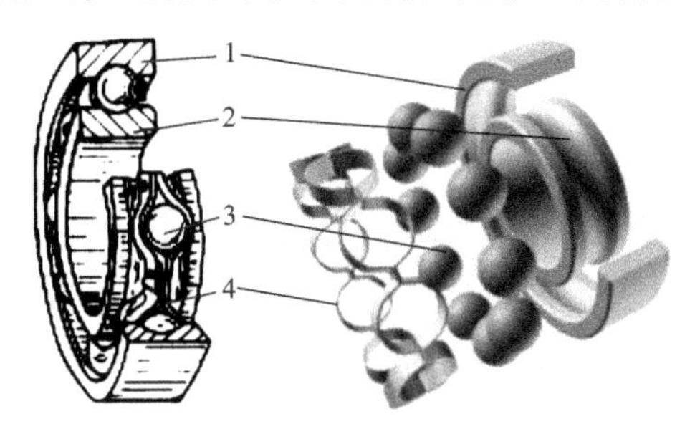

图12-24 滚动轴承的构造

滚动体的形状有球形(俗称滚珠)和滚子形。滚子形又有圆柱滚子、圆锥滚子、球面滚子和滚针,如图12-25所示。相应的滚动轴承按滚动体的形状分为球轴承和滚子轴承。

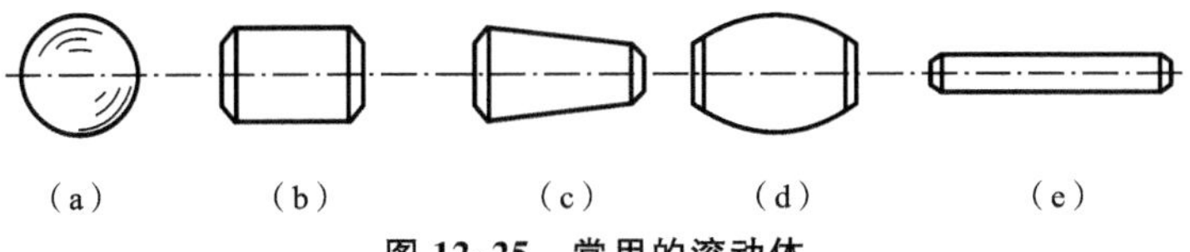

图12-25 常用的滚动体

(a)球;(b) 圆柱滚子;(c) 圆锥滚子;(d) 球面滚子;(e) 滚针

滚动轴承的内、外圈和滚动体一般用轴承钢(如GCr9、GCrl5、GCrl5SiMn等)经淬火制成;保持架则常采用低碳钢板冲压成形,也有用青铜、塑料制成的。

12.6.2 滚动轴承的类型和特点

滚动轴承依据是其所能承受载荷方向或公称接触角的不同,可分为向心轴承和推力轴承

两大类。滚动体和套圈接触处的公法线与轴承的径向平面(垂直于轴承轴心线的平面)之间的夹角 α 称为公称接触角,如图 12-26 所示。

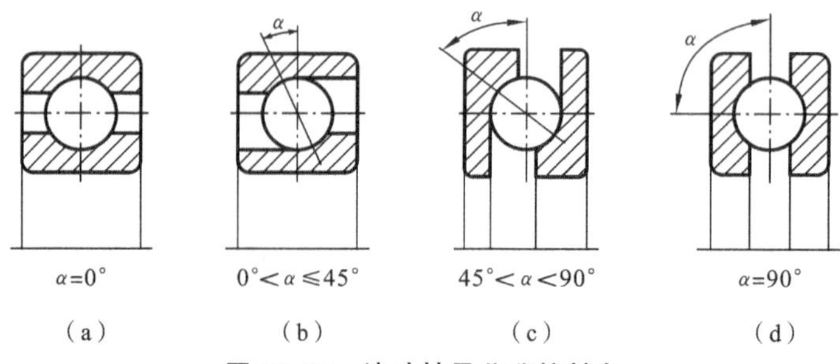

图 12-26　滚动轴承公称接触角

(a) 径向接触轴承;(b) 向心角接触轴承;(c) 推力角接触轴承;(d) 轴向接触轴承

向心轴承根据 α 不同又分为径向接触轴承和向心角接触轴承。径向接触轴承的公称接触角 $\alpha=0°$,主要承受径向载荷。向心角接触轴承是 $0°<\alpha\leqslant 45°$ 的向心轴承,能同时承受径向载荷和轴向载荷。接触角越大,承受轴向载荷的能力越强。

推力轴承根据 α 不同分为轴向接触轴承和推力角接触轴承。轴向接触轴承 $\alpha=90°$,只能承受轴向载荷。推力角接触轴承是 $45°<\alpha<90°$ 的推力轴承,可同时承受轴向载荷和径向载荷。公称接触角 α 越大,轴承承受轴向载荷的能力就越大。

滚动轴承按列数分可分为单列、双列及多列轴承;按工作时能否自动调心可分为刚性轴承和调心轴承。

表 12-2 列举了常用的滚动轴承的类型、构造、特点及其主要应用。其他类型的轴承可参见相关机械设计手册或轴承样本。

表 12-2　常用滚动轴承的类型、构造、特点及应用

名称及类型代号	轴承结构图、结构简图 承载方向、国家标准号	极限转速	内、外圈轴线间允许的角偏斜	特点及应用
调心 球轴承 10000	GB/T 281—1994	中	2°～3°	主要承受径向载荷,也能承受较小的双向轴向载荷。内、外圈之间在 2°～3°范围内可自动调心正常工作 主要用于在载荷作用下弯曲变形较大的传动轴或支座孔不易保证严格同心的部件中

续表

名称及类型代号	轴承结构图、结构简图承载方向、国家标准号	极限转速	内、外圈轴线间允许的角偏斜	特点及应用
调心滚子轴承 20000	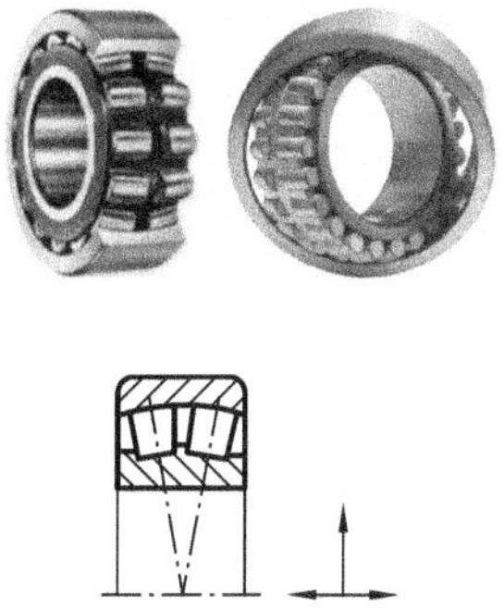 GB/T 288—1994	低	0.5°～2°	与调心球轴承类似，但其承载能力比调心球轴承大约一倍，也能承受少量的双向轴向载荷。具有调心性
圆锥滚子轴承 30000	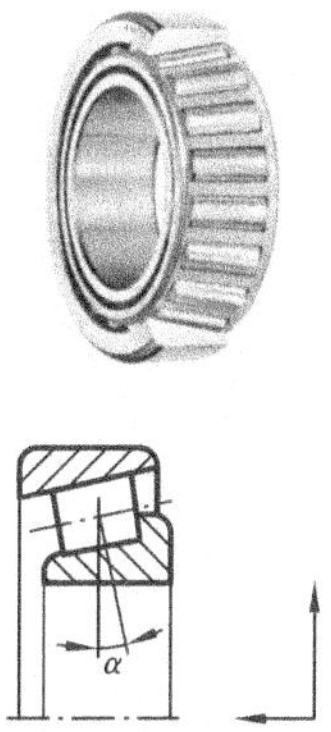 GB/T 297—1994	中	2′	外圈可分离，内圈与外圈可分别安装，可调整轴承径向和轴向游隙。一般应成对使用，对称安装。可以承受以径向载荷为主的径、轴向联合载荷。接触角 $\alpha=11°\sim16°$。适用于转速不太高、轴的刚性较好的场合
推力球轴承 单列 51000	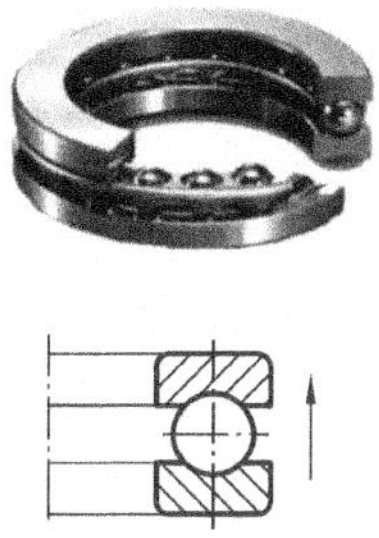 GB/T 28697—2012	低		套圈与滚动体多半是可分离的。单列轴承中内径较小的是紧圈，与轴配合；内径较大的是松圈，与机座固定在一起。双列轴承中间圈为紧圈，与轴配合，另两圈为松圈。单列轴承可承受单向的轴向载荷，双列轴承可承受双向的轴向载荷 为了防止钢球与滚道之间的滑动，工作时必须有一定的轴向载荷。极限转速低，不宜用于高速场合。安装时，内、外圈轴线有倾斜时，球面座圈可补偿误差，使轴承能正常工作
推力球轴承 双列 52000	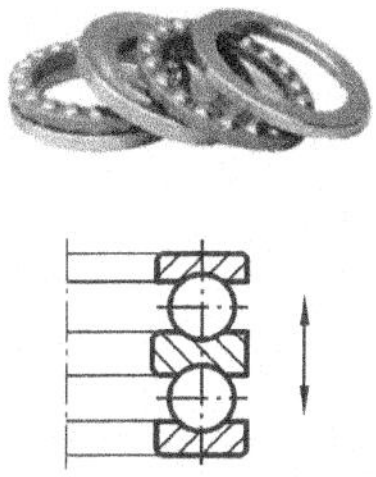 GB/T 28697—2012			

续表

名称及类型代号	轴承结构图、结构简图承载方向、国家标准号	极限转速	内、外圈轴线间允许的角偏斜	特点及应用
深沟球轴承 60000	GB/T 276—1994	高	8′～16′	价格低廉，构造形式最多，应用最广。主要承受径向载荷，也能承受一定的双向轴向载荷。在高速不宜用推力轴承的装置中可代替推力轴承。工作时允许有很小的偏斜
角接触球轴承 70000C $\alpha=15°$ 70000AC $\alpha=25°$ 70000B $\alpha=40°$	α GB/T 292—2007	高	2′～10′	可同时承受径向载荷和单向的轴向载荷。应成对使用、对称安装。能在较高速下工作。接触角有三种，接触角越大，承向轴向载荷的能力越强大。极限转速较高
圆柱滚子轴承 N0000	GB/T 283—2007	高	2′～4′	只能承受径向载荷，不能承受轴向载荷。承受载荷能力比同尺寸的球轴承大，尤其是承受冲击载荷能力大。内外圈允许有少量的轴向位移，但不允许偏斜。常用于支承受外力弯曲较小的固定短轴或会因发热而伸长的轴。支承会伸长的轴时，一个支点上安装无挡边的滚子轴承，另一个支点上则应安装使轴与壳体能轴向固定的轴承

续表

名称及类型代号	轴承结构图、结构简图承载方向、国家标准号	极限转速	内、外圈轴线间允许的角偏斜	特点及应用
滚针轴承 NA0000	GB/T290—1998			径向尺寸紧凑，内、外圈可分离，工作时允许内、外圈有少量的轴向位移。 只承受径向载荷。工作时不允许内、外圈轴线有偏斜，极限转速极低。常用于转速较低而径向尺寸受限制的场合

说明：1. 因安装误差或轴的变形等引起轴承内、外圈轴线发生的相对倾斜角称为角偏斜。

2. 极限转速的高低是指同一系列各种类型轴承的极限转速与深沟球轴承的极限转速相比。高——100%～90%；中——90%～60%；低——60%以下。

12.6.3 滚动轴承的代号

滚动轴承类型、结构和尺寸非常丰富，为便于组织生产和选用，国家标准《滚动轴承代号方法》(GB/T 272—1993)规定了滚动轴承的代号及其表示方法。

滚动轴承的代号由前置代号、基本代号、后置代号组成，其排列见表12-3。

表12-3 滚动轴承代号

<table>
<tr><td>前置代号</td><td colspan="5">基 本 代 号</td><td colspan="8">后 置 代 号</td></tr>
<tr><td rowspan="3">用字母表示成套轴承的分部件</td><td>五</td><td>四</td><td>三</td><td>二</td><td>一</td><td>内部结构</td><td>密封防尘套圈变形</td><td>保持架及材料</td><td>特殊轴承材料</td><td>公差等级</td><td>游隙</td><td>多轴承配置</td><td>其他</td></tr>
<tr><td>类型代号</td><td colspan="2">尺寸系列</td><td colspan="2">内径代号</td><td colspan="8" rowspan="2">用字母或数字代号表示相应含义</td></tr>
<tr><td>数字或字母表示类型</td><td>宽度系列代号</td><td>直径系列代号</td><td colspan="2">数字表示内径代号</td></tr>
</table>

1. 前置代号

前置代号在基本代号的左面，用字母表示，用以说明成套轴承分部件的特点。

2. 基本代号

基本代号是表示轴承主要特征的基础部分，是滚动轴承的核心代号，描述了轴承的类型、尺寸系列和内径。

(1) 类型代号用一位或两位数字或字母表示，其相应的轴承类型见表12-2。

(2) 尺寸系列是由两位数字组成，分别代表轴承宽度系列(推力轴承的高度系列) 和直径

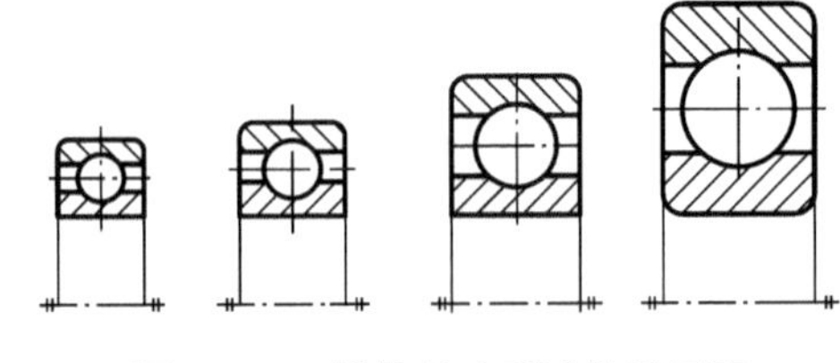

图 12-27　轴承尺寸系列代号示意

系列代号。对于同一内径的轴承，由于使用场合、承受载荷大小和寿命不同，需使用大小不同的滚动体，则轴承的外径和宽度也相应不同，这种内径相同而外径不同的同类轴承所构成的系列称为直径系列，内径相同而宽度不同的同类轴承所构成的系列称为宽度系列，如图 12-27 所示。向心轴承的尺寸系列代号及含义见表 12-4。宽度系列代号为 0(窄系列)时，在轴承代号中通常省略宽度系列代号，但在调心滚子轴承和圆锥滚子轴承中不可省略。

表 12-4　向心轴承尺寸系列代号

代号	7	8	9	0	1	2	3	4	5	6
宽度系列		特窄		窄	正常	宽	特宽			
直径系列	超特轻	超轻		特轻		轻	中	重		

(3) 内径代号是用两位数字表示轴承的内径，当轴承内径在 20～495 mm 范围内(22 mm、28 mm、32 mm 除外)时，用内径值的大小除以 5 的商数(相应为 04～99)表示。内径代号 00、01、02、03 分别表示轴承内径为 10 mm、12 mm、15 mm、17 mm，见表 12-5。其他尺寸规格的轴承内径表示方法见有关标准或手册。

表 12-5　滚动轴承的内径代号

内径代号	00	01	02	03	04—96
轴承内径/mm	10	12	15	17	代号数×5

3. 后置代号

后置代号用字母或字母与数字的组合表示，按不同情况可紧接在基本代号之后或者用“—”、“/”符号隔开。代号与含义随技术内容不同而异，表示内容见表 12-3。

角接触轴承的公称接触角 $\alpha=15°$、$\alpha=25°$、$\alpha=40°$时分别用 C、AC、B 表示。

轴承的公差等级分 6 个级别，即/P0、/P6、/P6x(仅对圆锥滚子轴承)、/P5、/P4、/P2，其精度等级依次提高。当轴承为普通级时，代号 P0 省略不标出。

轴承的游隙是指内外套圈之间沿径向或轴向的相对移动量。常用轴承的径向游隙由小到大依次为/C1、/C2、/C0、/C3、/C4、/C5。其中 C0 为基本游隙组，常被优先采用，在轴承代号中不标出。

4. 轴承代号示例

轴承 61710/ P6：6——深沟球轴承；1——宽度系列为正常；7——直径系列为超特轻；10——内径为 50 mm；P6——公差等级为 6 级。

轴承 7208B：7——角接触球轴承；2——为 02 缩写，表示宽度系列为窄系列，直径系列为轻；08——内径为 40 mm；B——公称接触角为 $\alpha=40°$；公差等级未注，表示为 0 级。

12.6.4　滚动轴承类型的选择

滚动轴承种类繁多，特性各异，类型的选择是设计滚动轴承时首先要解决的问题。以下几方面因素可作为轴承类型选择时的参考。

1. 载荷特性

载荷的大小、方向和性质是选择轴承类型的主要依据。受纯径向载荷时应选用向心轴承中的径向接触轴承，如 60000 型、N0000 型等。主要承受径向载荷时应选用 60000 型。受纯轴向载荷时应选用推力轴承，如 50000 型。同时承受径向载荷和轴向载荷时应选用角接触轴承。随着接触角 α 的增大，承受轴向载荷的能力越强。轴向载荷比径向载荷大很多时，常用推力轴承和深沟球轴承的组合结构。载荷大或有冲击载荷时，应考虑选用滚子轴承。应注意，推力轴承不能承受径向载荷，圆柱滚子轴承不能承受轴向载荷。

2. 转速特性

轴的转速较高时，宜选用球轴承。高速、轻载时，宜选用超轻、特轻或轻系列轴承。低速、重载时可采用重或特重系列轴承或滚子轴承。还要考虑不能超过轴承允许的极限转速。若轴的转速超过轴承的极限转速，可通过提高轴承的公差等级、改善润滑条件等来满足。

3. 调心特性

由于制造、安装或轴的挠曲变形都会使轴承的内、外圈中心线发生相对倾斜，其倾斜角 θ 称为角偏斜。各轴承允许角偏斜见表 12-2。圆柱滚子轴承和滚针轴承对内、外圈的倾斜极为敏感。调心轴承的外圈滚道是球面，能自动补偿内外圈中心线的角偏斜，从而保证轴承正常工作。

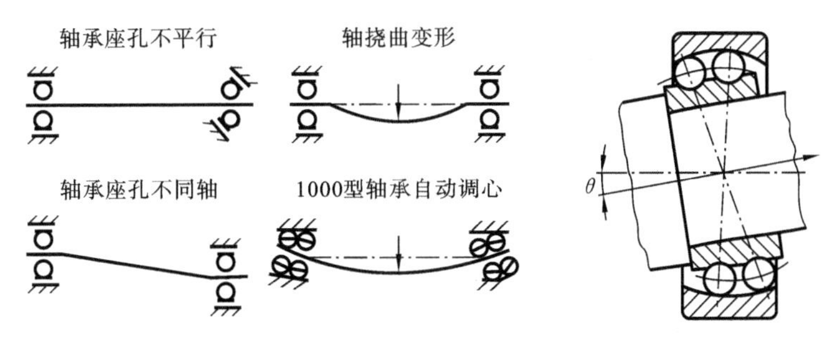

图 12-28　引起轴线偏斜的几种情况和调心轴承的调心性能

4. 装拆特性

为便于安装、拆卸和调整轴承间隙，常选用外圈可分离的轴承，如 30000 型和 N0000 型滚动轴承。

5. 经济特性

球轴承比滚子轴承价廉，故在能满足基本要求时应优先选用球轴承。同型号不同公差等级的轴承价格相差很大，故对高精度轴承应慎重选用。

12.7　滚动轴承的选择计算

12.7.1　滚动轴承的失效形式及设计准则

1. 失效形式

滚动轴承承受径向载荷 F_r 时，处在非承载区的内、外圈和滚动体不受力，而处在承载区的内、外圈和滚动体受力，且所受的载荷大小不同，处于最下端时所受的载荷最大。载荷分布如图 12-29 所示。

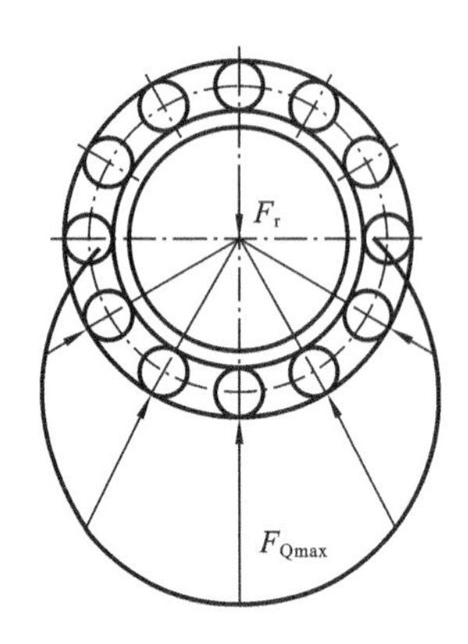

图 12-29 径向载荷分布

滚动轴承的主要失效形式主要有以下三种。

(1) 点蚀疲劳破坏 随着滚动轴承的旋转，内、外圈滚道表面和滚动体上任意点的接触应力是按脉动循环变化的，工作一定时间后，其接触表面会出现麻点状剥落现象，即发生疲劳点蚀。通常，疲劳点蚀是滚动轴承的主要失效形式。

(2) 永久塑性变形 对于低速重载或间歇往复摆动的轴承，过大的静载荷或冲击载荷会使套圈滚道与滚动体接触处产生较大的局部应力，当超过材料的屈服极限时将产生较大的塑性变形，从而导致轴承失效。

(3) 磨损 滚动轴承在多尘或密封不好、润滑不良的条件下工作时，滚动体和套圈滚道容易发生磨粒磨损，轴承高速运转时还会产生胶合磨损。

此外，各种非正常原因可能导致内、外圈破裂，保持架破损、锈蚀等现象。

2. 设计准则

针对滚动轴承的三种主要失效形式，进行相应的设计计算，并采取适当的措施，以保证轴承正常工作。

(1) 对于回转的滚动轴承，最主要的失效形式是疲劳点蚀，应进行轴承的寿命计算。

(2) 对于低速轴承，要控制其塑性变形，应进行静强度计算。对于载荷较大或有冲击载荷的回转轴承，也应进行静强度计算。

(3) 对于高速轴承，除疲劳点蚀外，还可能存在胶合磨损，除进行寿命计算外，还应校核其极限转速。

12.7.2 滚动轴承的寿命计算

1. 轴承寿命与基本额定寿命

滚动轴承任一元件的材料首次出现疲劳点蚀前的总转数或在某一给定的恒定转速下的运转小时数称为轴承的寿命。

实践表明，对于一批同一型号的轴承，即使工作条件完全相同，它们的寿命也会有很大的差异，甚至达到几十倍。因此对于轴承的寿命应为在一定可靠度(能正常工作而不失效的概率)下计算其寿命。

一批相同型号的轴承，在相同运转条件下，有 10%发生疲劳点蚀时前，能运转的总转数或在给定转速下所能运转的总时数，称为轴承的基本额定寿命。记作 L(单位为百万转 10^6 r)或 L_h(单位为小时数 h)。

对单个轴承来说，能够达到或超过基本额定寿命的概率为 90%。

2. 基本额定动载荷

轴承的基本额定寿命恰好为 10^6 转时，轴承所能承受的载荷称为基本额定动载荷，用 C 表示。或者说，在基本额定动载荷 C 作用下，轴承可以工作一百万转而不失效，其可靠度为 90%。基本额定动载荷代表了滚动轴承的承载能力，C 越大，承载能力越强。

对于向心轴承，基本额定动载荷为径向基本额定动载荷，用 C_r 表示；对于推力轴承，基本额定动载荷为轴向基本额定动载荷，用 C_a 表示。均可在轴承样本或设计手册中查取。

3. 当量动载荷

滚动轴承的基本额定动载荷 C 是在向心轴承只受径向载荷、推力轴承只受轴向载荷的特定实验条件下确定的。轴承实际工作中，往往同时承受着径向载荷和轴向载荷的复合作用。这就需要把实际载荷等效转换为可与 C 值相比较的假想载荷。该假想载荷称为当量动载荷，用 P 表示。在当量载荷 P 作用下，轴承的寿命与实际载荷作用下的寿命相同。

4. 寿命计算

轴承在基本额定动载荷 C 作用下，轴承的基本额定寿命是一百万转。大量实验表明，当量动载荷 P 与轴承寿命 L 的函数关系如下：

$$P^{\varepsilon}L=C^{\varepsilon}\times 1=\text{常数}$$

或

$$L=\left(\frac{C}{P}\right)^{\varepsilon}\quad (10^6\,\mathrm{r}) \tag{12-9}$$

式中：ε——轴承寿命指数，对于球轴承 $\varepsilon=3$，对于滚子轴承 $\varepsilon=10/3$。

工程实际中，用一定转速下工作的小时数来表示轴承寿命(L_h)：

$$L_h=\frac{10^6}{60n}\left(\frac{C}{P}\right)^{\varepsilon}\quad (\mathrm{h}) \tag{12-10}$$

式中：n——轴承的转速(r/min)。

轴承的基本额定动载荷 C 仅适用于一般工作温度。当轴承在高于 120 ℃的高温下工作时，其承载能力会下降，故引进温度系数 f_T(见表 12-6)对其进行修正。考虑到工作中的冲击或振动会使轴承的寿命降低，引进载荷系数 f_p(见表 12-7)对载荷进行修正。修正后的寿命计算公式为

$$L_h=\frac{10^6}{60n}\left(\frac{f_T C}{f_p P}\right)^{\varepsilon}\quad (\mathrm{h}) \tag{12-11}$$

在已知载荷条件下，满足给定的预期寿命 L'_h，可计算出 C 值，查阅轴承手册，可选取合适的轴承型号和尺寸。

$$C=\frac{f_p P}{f_T}\left(\frac{60nL'_h}{10^6}\right)^{1/\varepsilon} \tag{12-12}$$

表 12-6 温度系数 f_T

轴承工作温度/℃	≤100	125	150	175	200	225	250	300	350
温度系数 f_T	1	0.95	0.9	0.85	0.8	0.75	0.7	0.60	0.50

表 12-7 载荷系数 f_p

载荷性质	f_p	应用举例
无冲击或轻微冲击	1.0～1.2	电动机，汽轮机，通风机，水泵等
中等冲击或中等惯性冲击	1.2～1.8	车辆，动力机械，起重机，冶金机械，卷扬机，选矿机，机床等
强大冲击	1.8～3.0	破碎机，轧钢机，钻探机，振动筛等

例 12-2 试求圆柱滚子轴承 N1207 在室温、转速 $n=200$ r/min、载荷平稳的工作条件下，达到预期寿命 $L'_h=10000$ h 时，允许的最大径向载荷。

解 求解过程如下。

计算项目	计算内容、过程及说明	主要结果
轴承的最大径向载荷 P_r	① 对于向心轴承，利用式(12-11)计算： $L_h=\frac{10^6}{60n}\left(\frac{f_T C_r}{f_p P_r}\right)^{\varepsilon}$ ② 查机械设计手册知，N1207 的径向额定动载荷 $C_r=27800$ N 查表 12-6 得，室温下　$f_T=1$ 查表 12-7 得，载荷平稳时　$f_p=1$ 滚子轴承寿命指数为　$\varepsilon=10/3$ 转速为　$n=200$ r/min ③ 将数据代入式(12-11)得： $10000=\frac{10^6}{60\times 200}\left(\frac{1\times 27800}{1\times P_r}\right)^{10/3}$ 得　$P_r=6610$ N	N1207 能承受的最大径向载荷 $P_r=6610$ N

12.7.3　滚动轴承当量动载荷的计算

当量动载荷是实际载荷的等效假想载荷，其与实际载荷的关系为

$$P=XF_r+YF_a \tag{12-13}$$

式中：P——当量动载荷(N)；

X——径向载荷系数，见表 12-8；

Y——轴向载荷系数，见表 12-8；

F_r——轴承所承受的径向载荷(N)；

F_a——轴承所承受的轴向载荷(N)。

接触角 $\alpha=0°$ 的径向接触轴承，如深沟球轴承、圆柱滚子轴承、滚针轴承等，只承受径向载荷

$$P=F_r \tag{12-14}$$

接触角 $\alpha=90°$ 的推力接触轴承，如推力球轴承，只承受轴向载荷

$$P=F_a \tag{12-15}$$

对于角接触的向心轴承和推力轴承，以及可承受较小轴向载荷的深沟球轴承径向载荷系数 X 和轴向载荷系数 Y 见表 12-8，分别按 $F_a/F_r>e$ 和 $F_a/F_r\leqslant e$ 两种情况查取。e 称为判断系数，它反映了轴向载荷对轴承承载能力的影响，其值与轴承的类型和 F_a/C_{0r} 的比值有关。C_{0r} 是轴承的径向额定静载荷。

表 12-8　当量动载荷的径向载荷系数 X 和轴向载荷系数 Y

轴承类型	相对轴向载荷 F_a/C_{0r}	e	$F_a/F_r>e$		$F_a/F_r\leqslant e$	
			X	Y	X	Y
深沟球轴承 60000	0.014	0.19	0.56	2.30	1	0
	0.028	0.22		1.99		
	0.056	0.26		1.71		
	0.084	0.28		1.55		
	0.11	0.30		1.45		
	0.17	0.34		1.31		
	0.28	0.38		1.15		
	0.42	0.42		1.04		
	0.56	0.44		1.00		

续表

轴承类型		相对轴向载荷 F_a/C_{0r}	e	$F_a/F_r>e$		$F_a/F_r\leqslant e$	
				X	Y	X	Y
角接触球轴承	$\alpha=15^\circ$ (70000C)	0.015	0.38	0.44	1.47	1	0
		0.029	0.40		1.40		
		0.058	0.43		1.30		
		0.087	0.46		1.23		
		0.12	0.47		1.19		
		0.17	0.50		1.12		
		0.29	0.55		1.02		
		0.44	0.56		1.00		
		0.58	0.56		1.00		
	$\alpha=25^\circ$ (70000AC)	—	0.68	0.41	0.87	1	0
	$\alpha=40^\circ$ (70000B)	—	1.14	0.35	0.57	1	0
圆锥滚子轴承 (30000)		—	$1.5\tan\alpha$	0.4	$0.4\cot\alpha$	1	0

12.7.4　角接触轴承轴向力的计算

1. 轴承派生的内部轴向力 $\boldsymbol{F}_S$

角接触球轴承和圆锥滚子轴承的结构特点是在滚动体与滚道接触处存在着接触角 α。即使只承受径向载荷 $\boldsymbol{F}_r$，承载区内各滚动体的支反力 F_{Qi} 是沿着滚动体与外圈接触点的公法线方向，并与轴承的轴线交于点 O。点 O 称为载荷作用中心，如图 12-30 所示。所有滚动体的法向反力 F_{Qi} 在径线方向上的合力与径向外载荷 $\boldsymbol{F}_r$ 平衡，而在轴线方向上的合力就是轴承的内部轴向力 $\boldsymbol{F}_S$。$\boldsymbol{F}_S$ 的方向沿轴线由轴承外圈的宽端面指向窄端面，使轴承内、外圈产生分离的趋势，大小按表 12-9 计算。

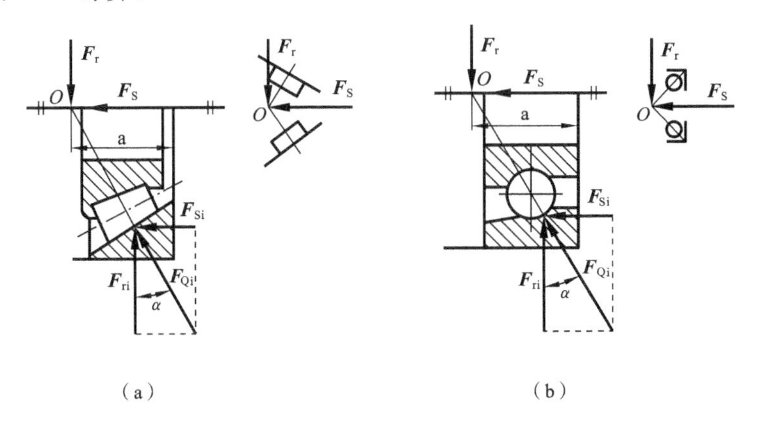

图 12-30　径向载荷产生的轴向分量

(a) 圆锥滚子轴承内部轴向力及简化画法；(b) 角接触球轴承内部轴向力及简化画法

表 12-9 角接触球轴承和圆锥滚子轴承的内部轴向力 F_S

角接触球轴承			圆锥滚子轴承
70000C(α=15°)	70000AC(α=25°)	70000B(α=40°)	
$F_S=eF_r$(e 见表 12-8)	$F_S=0.68F_r$	$F_S=1.14F_r$	$F_S=F_r/(2Y)$

2. 轴承的轴向载荷 F_a

为使角接触轴承产生的内部轴向力 F_S 相互抵消，应成对使用，对称安装。如图 12-31(a)中外圈窄边相对，为正装；图 12-31(b)中外圈宽边相对，为反装。

一般情况下，角接触轴承同时承受径向载荷 $\boldsymbol{F}_R$ 和轴向外载荷 $\boldsymbol{F}_A$。在径向载荷 $\boldsymbol{F}_R$ 作用下，轴承内部派生内部轴向力 $\boldsymbol{F}_S$，在它与外部轴向载荷 $\boldsymbol{F}_A$ 的共同作用下，轴承所受的载荷称为轴承的轴向载荷 $\boldsymbol{F}_a$。

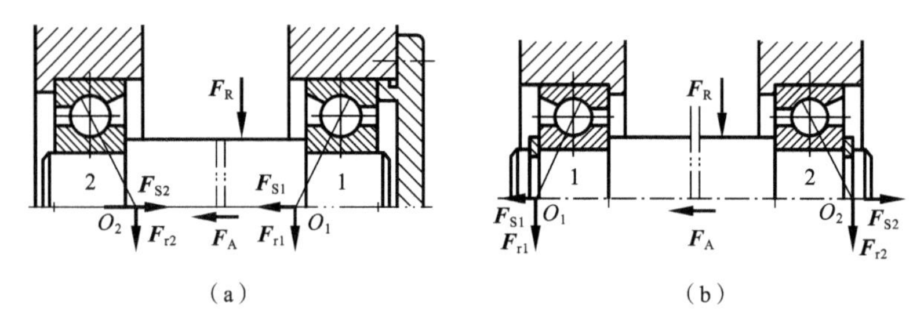

图 12-31 角接触轴承的两种安装方式

(a) 正装；(b) 反装

以轴、轴承内圈和滚动体作为分离体，利用轴线方向力的平衡关系，可导出两个轴承所受的轴向力 $\boldsymbol{F}_{a1}$ 和 $\boldsymbol{F}_{a2}$。

以图 12-31(a)所示的正装情况为例，根据前述分析可知，在径向外载荷 $\boldsymbol{F}_R$ 作用下，轴承 1 派生轴向力 $\boldsymbol{F}_{S1}$ 向左，$\boldsymbol{F}_{S2}$ 向右，它们与轴向外载荷 $\boldsymbol{F}_A$ 之间的关系有以下两种情形。

(1) 若 $\boldsymbol{F}_A+\boldsymbol{F}_{S1}>F_{S2}$，整个轴有向左移动的趋势。由于轴承 2 的左端已固定，轴不能向左移动，轴承 2 被压紧，因而轴承 2 上必须有一个平衡轴向力 $\boldsymbol{F}'_2$ 来平衡。

$$F_A+F_{S1}=F_{S2}+F'_2$$

所以，被压紧轴承 2 的轴向力为

$$F_{a2}=F_{S2}+F'_2=F_A+F_{S1}$$

而被放松的轴承 1 的轴向力为

$$F_{a1}=F_{S1}$$

(2) 若 $F_A+F_{S1}<F_{S2}$，整个轴有向右移动的趋势。由于轴承 1 的右端已固定，轴不能向右移动，轴承 1 被压紧，因而作用于轴承 1 上必须有一个平衡轴向力 F'_1 来平衡。

$$F_A+F_{S1}+F'_1=F_{S2}$$

所以，被压紧轴承 1 的轴向力

$$F_{a1}=F_{S1}+F'_1=F_{S2}-F_A$$

而被放松的轴承 2 的轴向力为

$$F_{a2}=F_{S2}$$

很显然，被压紧轴承的轴向力等于除本身内部轴向力外其余轴向力的代数和；被放松轴承的轴向力等于其自身派生的内部轴向力。

例 12-3　有一机械传动装置中的轴，采用一对角接触球轴承 7208AC 反装在轴的两端支承，如图 12-32 所示。轴的转速 $n=1440$ r/min，在径向载荷 F_R 作用下，轴承所受径向载荷分别为 $F_{r1}=1000$ N，$F_{r2}=2000$ N，轴向外载荷 $F_A=800$ N，载荷有轻微冲击，取载荷系数 $f_p=1.2$，在 100 ℃以下工作，取温度系数 $f_T=1$，查设计手册可知，轴承 7208AC 的基本额定动载荷 $C=35200$ N，试计算该轴承的寿命。

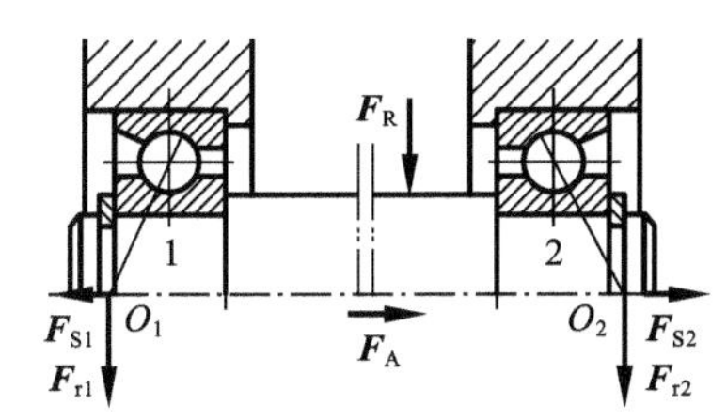

图 12-32　例 12-3 的轴承装置

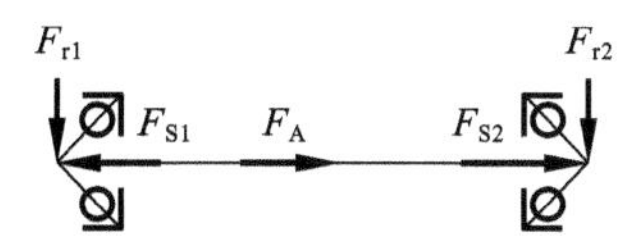

图 12-33　例 12-3 计算简图

解　根据题意，画出其计算简图，如图 12-33 所示。

计算项目	计算内容、过程及说明	主要结果
1. 计算轴承 1、2 的内部轴向力 F_{S1}、F_{S2}	由表 12-9 得轴承内部轴向力 $F_{S1}=0.68F_{r1}=0.68\times1000\ \text{N}=680\ \text{N}$ 方向向左 $F_{S2}=0.68F_{r2}=0.68\times2000\ \text{N}=1360\ \text{N}$ 方向向右	$F_{S1}=680$ N $F_{S2}=1360$ N
2. 计算轴承 1、2 的轴向力 F_{a1}、F_{a2}	由于 $F_{S2}+F_A=1360\ \text{N}+800\ \text{N}=2160\ \text{N}>F_{S1}=680\ \text{N}$ 所以轴有向右窜动的趋势。轴承 1 被压紧，轴承 2 被放松。因此，得 $F_{a1}=F_{S2}+F_A=1360\ \text{N}+800\ \text{N}=2160\ \text{N}$ $F_{a2}=F_{S2}=1360\ \text{N}$	$F_{a1}=2160$ N $F_{a2}=1360$ N
3. 计算轴承 1、2 的当量动载荷 P_1、P_2	由表 12-8 查得，$e=0.68$ ① 对于轴承 1 $\frac{F_{a1}}{F_{r1}}=\frac{2160}{1000}=2.16>e$ 查表 12-8 可得 $X_1=0.41,\quad Y_1=0.87$ 当量动载荷 $P_1=X_1F_{r1}+Y_1F_{a1}=(0.41\times1000+0.87\times2160)\ \text{N}=2289\ \text{N}$ ② 对于轴承 2 $\frac{F_{a2}}{F_{r2}}=\frac{1360}{2000}=0.68=e$ 查表 12-8 可得 $X_2=1,\quad Y_2=0$ 当量动载荷 $P_2=X_2F_{r2}+Y_2F_{a2}=(1\times2000+0\times1360)\ \text{N}=2000\ \text{N}$	$P_1=2289$ N $P_2=2000$ N

续表

计算项目	计算内容、过程及说明	主要结果
4. 计算轴承1的寿命 L_h	由于两轴承中 $P_1>P_2$，故应以轴承1为寿命计算的依据，按式(12-11)计算 $$L_h=\frac{10^6}{60n}\left(\frac{f_T C}{f_p P}\right)^{\varepsilon}$$ 角接触球轴承 $\varepsilon=3$ $n=1440\ \text{r/min}$，　$f_p=1.2$，　$f_T=1, C=35200\ \text{N}$ 代入上式得 $$L_h=\frac{10^6}{60\times1440}\left(\frac{1\times35200}{1.2\times2289}\right)^3\ \text{h}=24358\ \text{h}$$	$L_h=24358\ \text{h}$

12.8　滚动轴承的组合设计

为保证轴承在机器中正常工作，除合理选择轴承的类型、尺寸之外，还应正确进行轴承的组合设计，处理好轴承与其周围零件之间的关系，解决轴承的轴向固定、支承结构、与轴和座孔的配合、间隙的调整、装拆、润滑和密封等一系列问题。

12.8.1　滚动轴承的轴向定位与固定

轴承内圈轴向定位与固定的常用方法如图 12-34 所示。图 12-34(a)所示是利用轴肩作单向固定；图 12-34(b)所示是采用轴肩和轴用弹性挡圈作双向固定；图 12-34(c)所示利用轴端挡圈、螺钉和轴肩作双向固定；图 12-34(d)所示采用圆螺母、止动垫圈和轴肩作双向固定。

为保证定位可靠，轴肩圆角半径必须小于轴承的圆角半径。

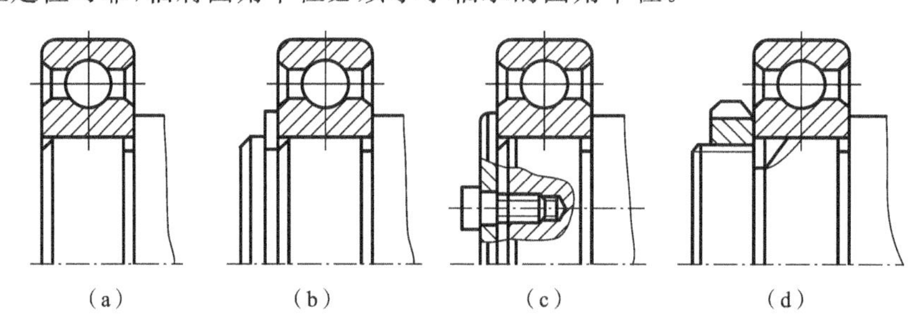

图 12-34　轴承内圈的轴向定位与固定

轴承外圈固定常用的方法如图 12-35 所示。图 12-35(a)所示为采用轴承端盖单向固定；图 12-35(b)所示为采用孔用弹性挡圈和轴承座孔凸肩双向固定；图 12-35(c)所示是用轴承端

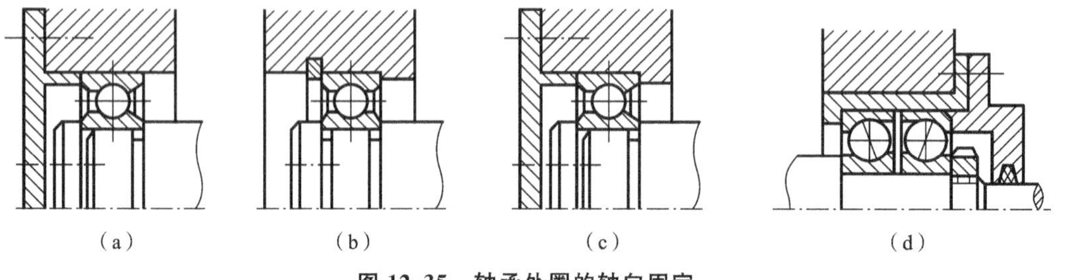

图 12-35　轴承外圈的轴向固定

盖与轴承座孔凸肩双向固定；图 12-35(d)所示是用轴承套杯和端盖双向固定。

12.8.2　滚动轴承的支承结构

滚动轴承的支承结构必须满足轴系轴向定位准确和可靠的要求，主要有两种方式。

1. 两端固定(双支点单向固定)

如图 12-36 所示为两端固定支承结构。轴的两个支点中每个支点都能限制轴的单向移动，两个支点合起来就限制了轴的双向移动，也称为双支点单向固定。这种支承形式结构简单，易于安装调整，适用于工作温度变化不大的短轴。考虑到轴受热而伸长，一般在轴承端盖与轴承外圈之间应留出热补偿间隙 c=0.2～0.3，如图 12-36(b)所示。对于角接触球轴承或圆锥滚子轴承，也应该在安装时使轴承内留有轴向游隙。

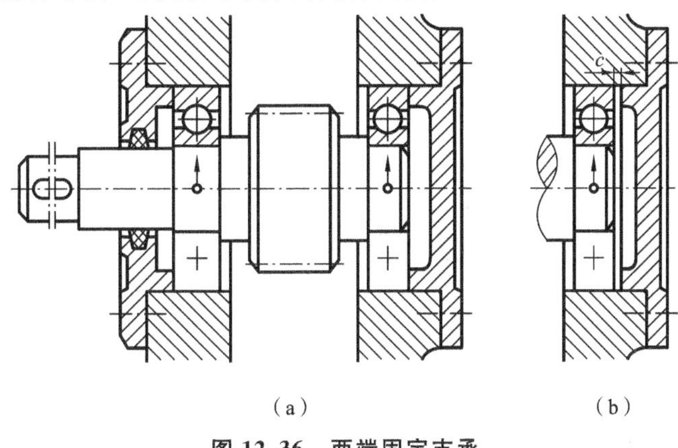

图 12-36　两端固定支承

(a) 无补偿间隙；(b) 有补偿间隙

2. 一端固定、一端游动(单支点双向固定)

如图 12-37 所示为一端固定、一端游动支承结构。在轴的两个支点中使一个支点的轴承双向固定，另一个支点作轴向移动，所以也称为单支点双向固定。可作轴向移动的支点称为游动支承。选用深沟球轴承作为游动支承时应在轴承外圈与端盖间留适当间隙，如图 12-37(a)所示。选用圆柱滚子轴承作为游动支承时，靠轴承本身具有内外圈可分离的特性达到游动目的，而圆柱滚子轴承内外圈都应作双向固定，如图 12-37(b)所示。这种支承方式适用于工作

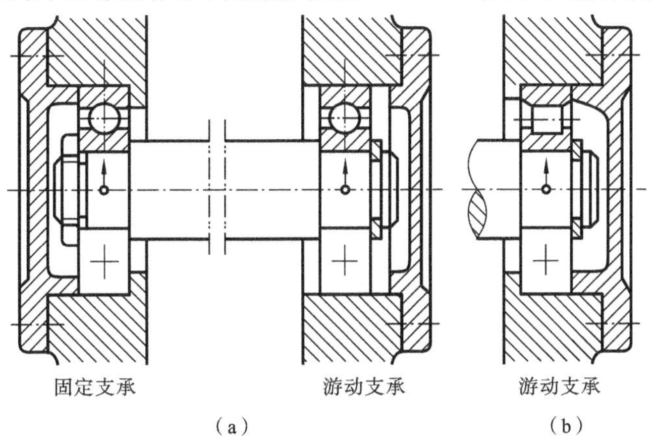

图 12-37　一端固定、一端游动支承

(a) 深沟球轴承游动支承；(b) 圆柱滚子轴承游动支承

温度变化较大的长轴。

12.8.3　滚动轴承组合的调整

1. 轴承组合位置的调整

轴承组合位置的调整目的，是使轴上的零件如齿轮、带轮等具有准确的工作位置。如圆锥齿轮传动，要求两个节锥顶点重合方能保证正确啮合。如图 12-38 所示，轴承套杯与箱体之间的垫片就是用来调整整个轴系的轴向位置，以保持小锥齿轮与配对的大锥齿轮有正确的啮合位置的。

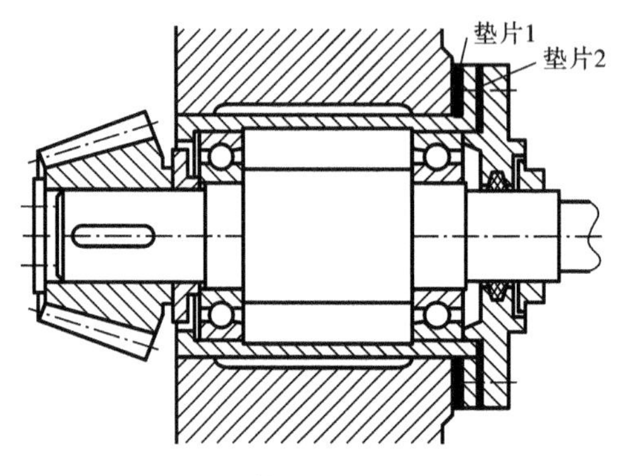

图 12-38　轴承组合位置的调整

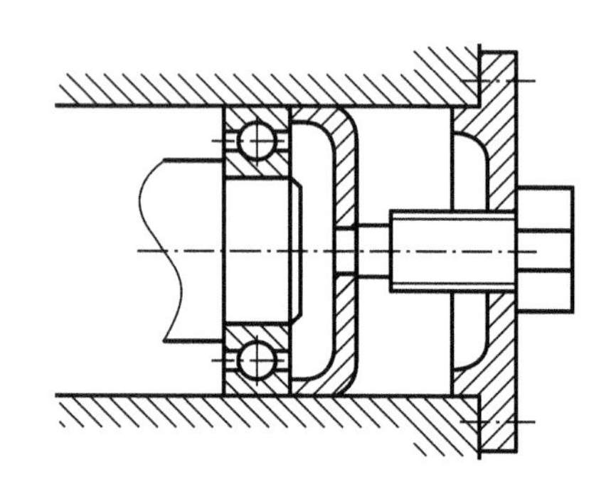

图 12-39　轴承间隙的调整

2. 轴承的预紧和间隙调整

所谓轴承的预紧，就是在安装时用某种方法在轴承中产生并保持一轴向力，使滚动体与内、外圈接触处产生预变形以减小或消除轴承中的游隙，从而提高轴承的旋转精度，增加轴承装置的刚性，减少机器工作时的振动。但同时也会使轴承中摩擦增大，缩短轴承寿命。

如图 12-38 所示，通过增减轴承端盖与套杯之间垫片 2 的厚度来调整轴承外圈的轴向距离，就可使轴承达到理想的游隙或所要求的预紧程度。

图 12-39 所示是利用端盖上的螺钉控制轴承外圈压盖的位置来实现间隙的调整，调整后用螺母锁紧防松。

12.8.4　滚动轴承的配合

滚动轴承的配合是指内圈与轴颈、外圈与轴承座孔的配合。配合选择正确与否，对轴承能否正常工作有很大影响。配合过松时，内圈与轴颈、外圈与轴承座孔之间产生相对滑动；过紧时，则由于内圈膨胀和外圈收缩使轴承间隙减少，甚至使滚动体卡死，影响轴承的使用寿命。

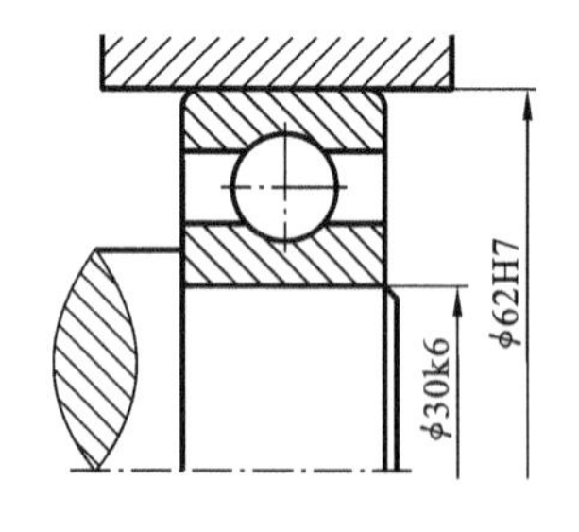

图 12-40　滚动轴承的标注

滚动轴承是标准件，其内圈与轴颈的配合按基孔制，外圈与座孔的配合按基轴制。标注时只需标注轴颈直径和座孔直径的公差符号，如图 12-40 所示。选择配合时，回转套圈选用较紧的过盈配合或过渡配合，转速越高、载荷或振动越大，则选用越紧的配合；静止套圈常选较松的过渡配合，以使最大受载部位有所变换。轴颈公差带常取 n6、m6、k6、js6 等；座孔公差带常用 J7、H7、G7 等。

12.8.5 滚动轴承的装拆

滚动轴承是精密组件，因而安装和拆卸必须规范。装拆时，要求滚动体不受力，装拆力要对称或均匀地作用在座圈的端面上，否则会使轴承精度降低，损坏轴承和其他零件。

轴承的安装有冷压和热套两种方法。轴承内圈与轴颈的配合通常较紧，小型轴承可用软锤直接打入(见图 12-41(a))；较大的轴承可用压力机缓慢压入(见图 12-41(b))。热套法是将轴承放入热油池中预热后套装在轴上。

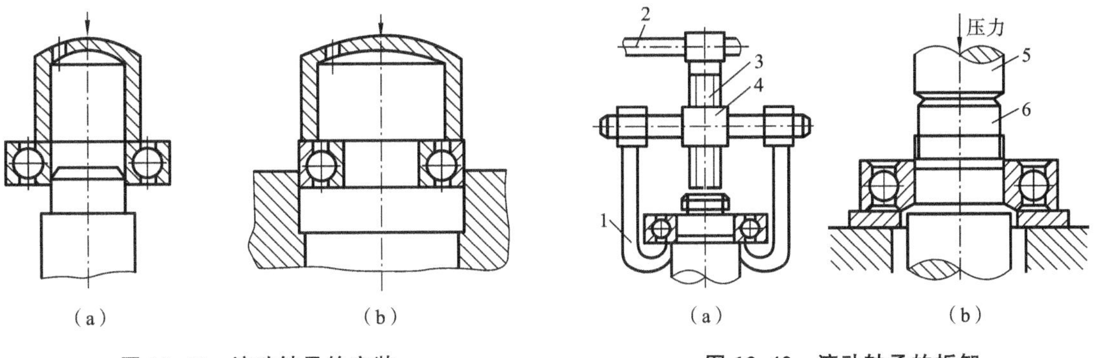

图 12-41 滚动轴承的安装

图 12-42 滚动轴承的拆卸

1—钩爪；2—手柄；3—螺杆；4—螺母；5—压头；6—轴

轴承的拆卸需用专用的拆卸工具(见图 12-42(a))或压力机(见图 12-42(b))进行拆卸。为了便于拆卸，在设计轴的结构时，要考虑留有一定的空间，使工具钩头可钩着轴承的内圈，故轴肩高度不能过大。

为了便于拆卸轴承的外圈，轴承座孔的结构应留出拆卸高度 h_0 和宽度 b_0(见图 12-43(a)、(b))，或在壳体上制出供拆卸用的螺纹孔(见图 12-43(c))。

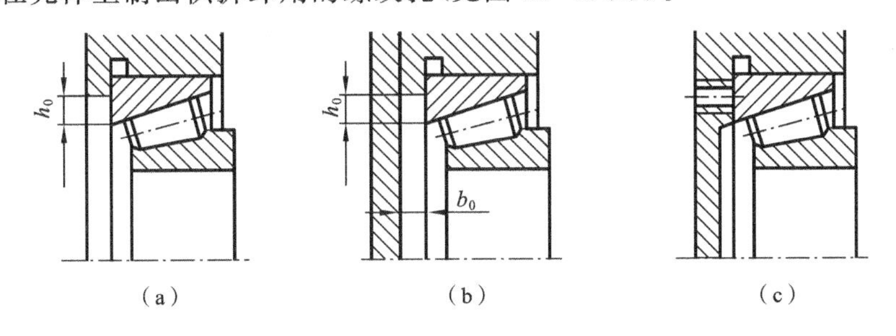

图 12-43 滚动轴承拆卸的座孔结构

12.8.6 滚动轴承的润滑

滚动轴承的润滑主要是为了减少摩擦与磨损，同时也有着吸振、散热、耐蚀的作用。滚动轴承常用的润滑剂有润滑油和润滑脂两种。一般情况下采用润滑脂；在轴承附近有润滑油源时也可采用润滑油。

根据轴承的 dn 值来确定是采用润滑油还是润滑脂。这里 d 为轴承内径(mm)，n 是轴承的转数(r/min)，dn 值间接表示了轴径的圆周速度。在 $dn<(1.5\sim2)\times10^5$(mm · r/min)时可采用润滑脂润滑，超过这一范围时宜采用润滑油润滑。

润滑油的主要优点是摩擦阻力小、散热效果好，缺点是易于流失。最常用的润滑油是全损耗系统用油。根据工作温度和 dn 值查标准 GB/T 1314—1982 选出润滑油应具的黏度值，然后从润滑油产品目录中选出相应的润滑油牌号。常用的润滑油润滑方式是浸油润滑、滴油润滑和喷油润滑等。

润滑脂的主要优点是不易流失，便于密封和维护，充填一次可运转较长时间；缺点是摩擦阻力较大，不利于散热。润滑脂常常采用人工方式定期更换。

12.8.7　滚动轴承的密封

轴承密封的作用是避免轴承内润滑剂的流失，防止外界灰尘、水分及其他杂物侵入轴承。密封主要设置在轴承的支承部位。密封方法分为接触式密封和非接触式密封两大类。密封方法的选择与润滑剂的种类、工作环境、温度、密封表面的圆周速度有关，具体选用可参阅表12-10。

表 12-10　常用滚动轴承密封形式、特点及应用

密封种类	图例	适用场合	说　明
接触式密封	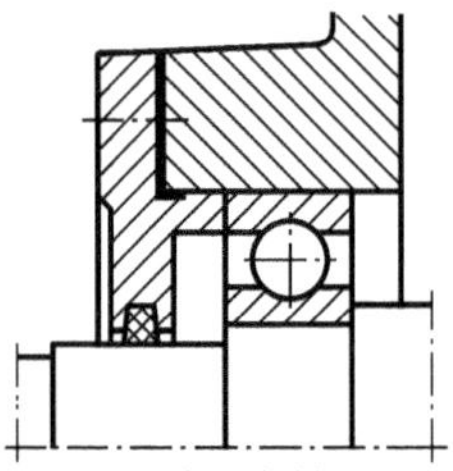 毛毡圈密封	脂润滑。要求环境清洁，轴颈圆周速度 v 不大于 4～5 m/s，工作温度不超过 90 ℃	毛毡圈是标准件。毛毡圈安装在梯形槽内，它对轴产生一定的压力而起到密封作用
	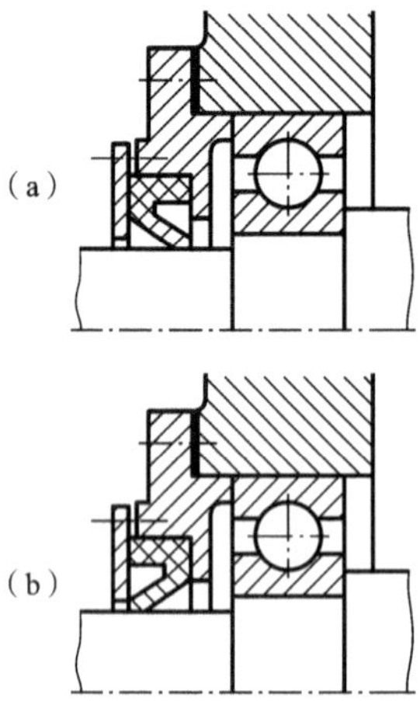 (a) (b) 皮碗密封	脂润滑或油润滑。轴颈圆周速度 $v<7$ m/s，工作温度范围 −40～100 ℃	皮碗是标准件，用皮革、塑料或耐油橡胶制成，有的具有金属骨架，有的没有骨架。图(a)中密封唇朝里，目的是防漏油；图(b)中密封唇朝外，目的是防灰尘、杂物进入。轴颈与皮碗接触处最好经过表面硬化处理，以增强耐磨性

续表

密封种类	图例	适用场合	说　明
非接触式密封	(a) 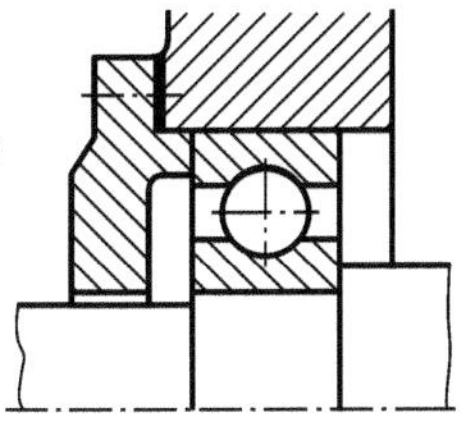 (b) 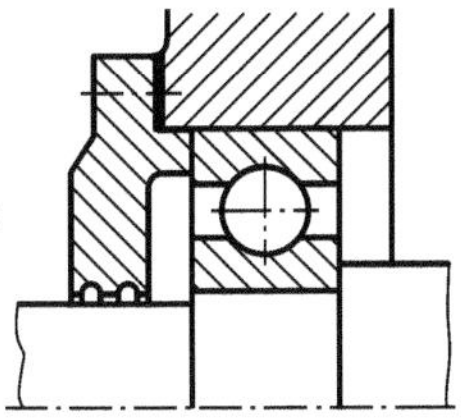 间隙密封	脂润滑，干燥清洁环境	靠轴与端盖间的细小环形间隙密封，间隙愈长，效果愈好，间隙取 0.1～0.3 mm
	(a) 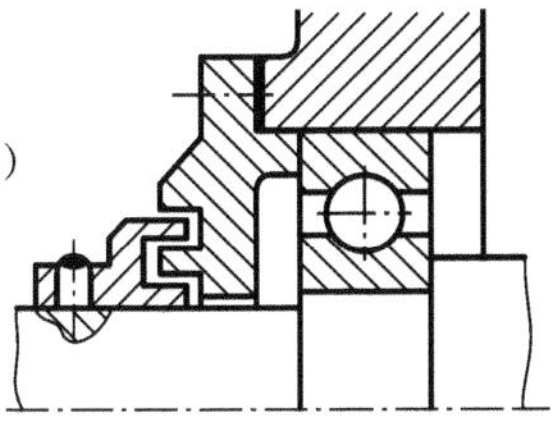 (b) 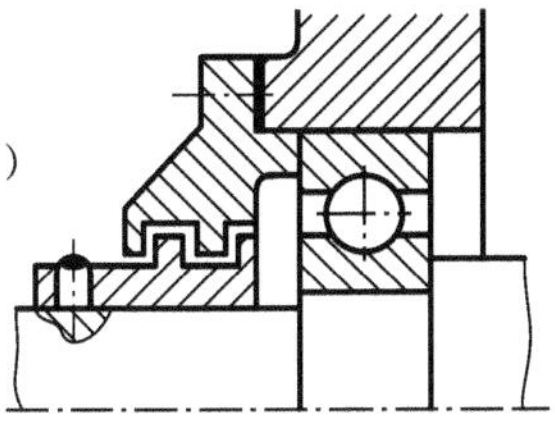 迷宫式密封	脂润滑或油润滑。工业温度不高于密封用脂的滴点，密封效果可靠	将旋转件与静止件之间的间隙做成迷宫（曲路）形式，在间隙中充填润滑油或润滑脂以加强密封效果。分径向、轴向两种：图(a)所示为径向曲路，径向间隙不大于 0.1～0.2 mm；图(b)所示为轴向曲路，考虑到轴要伸长，间隙取大些，为 1.5～2.0 mm
组合密封	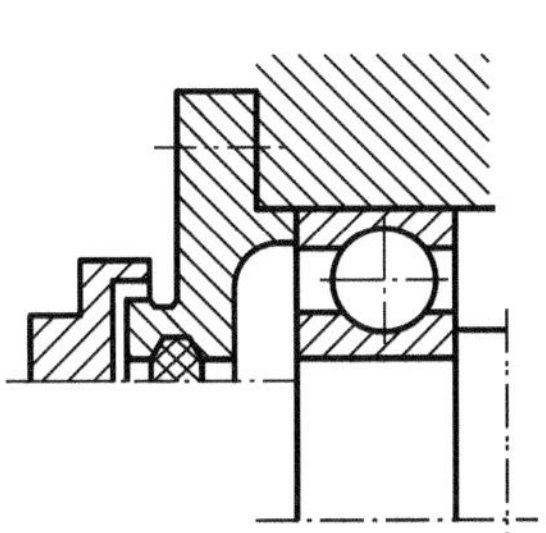 毛毡加迷宫密封	脂润滑或油润滑	毛毡加迷宫，可充分发挥各自优点，提高密封效果

本章小结

(1) 两个相互接触的物体之间有相对运动或相对运动趋势时会产生阻止其相对运动的摩擦阻力;摩擦有干摩擦、边界摩擦、流体摩擦和混合摩擦四种。摩擦造成接触表面的磨损,成为大多数机械零件失效的主要原因。为此须采取润滑措施以减小摩擦和磨损。

(2) 润滑剂有液体、气体、固体和半固体等几种形态。润滑油最主要的性能是其黏度和油性。半固体润滑剂主要就是润滑脂,其主要性能指标是针入度和滴点。润滑方式有间歇供油和连续供油两种方式。

(3) 滑动轴承的结构主要有整体式和剖分式。轴瓦上在非承载区开有油孔和油沟。轴承材料主要用轴承合金。

(4) 非液体润滑轴承的主要失效形式为磨损和胶合,设计计算主要是校核其 p 和 pv 值,对高速轴承还要校核 v。

(5) 液体摩擦滑动轴承按形成油膜机理的不同分动压润滑轴承和静压润滑轴承。形成动压润滑的三个基本条件是:收敛的楔形空间;充满有一定黏度的润滑油;两边界间有足够大的相对速度,且保证大口进、小口出。

(6) 只有精心的设计、制造、装配和维护的滑动轴承才可能实现流体动压润滑。静压轴承是利用强行向油腔中打入润滑油并由节流阀控制压力降来实现承载能力的。

(7) 滚动轴承为组合的标准件,根据接触角大小不同分为两大类:向心轴承和推力轴承。向心轴承又分为径向接触轴承和角接触向心轴承;推力轴承又分为推力接触轴承和角接触推力轴承。

(8) 滚动轴承的代号由三大部分构成,基本代号表示了轴承的类型、尺寸系列和内径等轴承的主要特征。

(9) 滚动轴承类型很多,选择时要从载荷特性、转速特性、调心特性、装拆特性和经济特性等方面进行正确的选择。

(10) 滚动轴承的主要失效形式为疲劳点蚀、塑性变形和磨损。针对点蚀失效主要是进行寿命校核计算,针对于塑性变形失效主要进行静强度校核计算。

(11) 滚动轴承的主要参数有基本额定动载荷 $C(C_r,C_a)$、基本额定静载荷 $C_0(C_{0r})$、基本额定寿命和极限转速 n_{lim}等;滚动轴承的工作寿命(L_h)与所要求的可靠性有关;其极限转速并非不可超越。

(12) 滚动轴承的基本额定动载荷 C 表征轴承的承载能力,可根据该指标对轴承进行选型。

(13) 滚动轴承当量动载荷 P 是对轴承实际工作载荷的等效变换。

(14) 角接触球轴承、圆锥滚子轴承属于角接触轴承,能同时承受径向力和轴向力。但单个轴承只能承受单向的轴向力,故常成对选用、对称安装。有正装和反装两种布置方式。

(15) 对角接触球轴承、圆锥滚子轴承和深沟球轴承进行正确的当量动载荷 P 计算的前提,是要正确地计算出轴承的派生内部轴向力,并根据两轴承是被压紧还是放松,正确计算出其轴向力。

(16) 滚动轴承的支承配置常见的有两种方式:两端固定(双支点单向固定);一端固定、一端游动(单支点双向固定)。

(17) 滚动轴承的组合设计是在选择了轴承的类型、尺寸,确定了轴承型号后,将轴承、轴、轴上零件、轴承机座等作为一个整体,进行综合结构设计的过程,主要解决的问题很多,如轴承的固定、轴承与轴颈的配合、轴承与轴承座孔的配合、轴承的安装与拆卸、润滑与密封等一系列问题。

思考与练习题

12-1　滑动摩擦的状态有哪几种,各有什么特点?

12-2　润滑油的动力黏度、运动黏度的含义是什么,各用什么单位?

12-3　比较滑动轴承与滚动轴承的特点与应用,并列举实例说明什么场合下只能采用滑动轴承,是否有只能采用滚动轴承而不能采用滑动轴承的情况。

12-4　滑动轴承上开设油孔、油沟的作用是什么?

12-5　对轴瓦材料有哪些主要要求? 常用轴承的金属材料有哪些? 用在什么场合?

12-6　非液体摩擦滑动轴承的主要失效形式有哪些? 设计中如何防止?

12-7　实现液体润滑的方法有哪几种? 它们的工作原理有何不同? 各自的特点是什么?

12-8　非液体润滑滑动轴承的设计中校核 p、pv 和 v 的原因是什么?

12-9　解释形成流体动压润滑的基本条件。

12-10　滚动轴承与滑动轴承相比有何特点?

12-11　滚动轴承的常用类型有哪些,如何选择轴承类型?

12-12　说明轴承代号的含义:6208/P2、N208/P6、7209AC/P4、30208。

12-13　为什么角接触球轴承和圆锥滚子轴承要成对使用? 用简图标出这两种轴承的内部轴向力方向。

12-14　何谓滚动轴承的寿命和基本额定寿命? 一个具体轴承在载荷一定时其寿命是确定不变的吗? 为什么?

12-15　何谓滚动轴承的基本额定动载荷? 它与滚动轴承的使用场合是否有关?

12-16　滚动轴承支承结构形式有哪几种? 各适用于什么场合?

12-17　滚动轴承内外圈轴向固定的方法有哪些?

12-18　滚动轴承的配合是如何规定的?

12-19　滚动轴承常用哪几种密封方式?

12-20　有一非液体摩擦向心滑动轴承,轴的转速 $n=300$ r/min,轴颈 $d=160$ mm,轴承径向载荷 $F_r=50000$ N,轴承宽度 $B=240$ mm,试选择轴承材料,并进行校核计算。

12-21　有一非液体摩擦向心滑动轴承,轴的转速 $n=1200$ r/min,轴颈 $d=100$ mm,轴承宽度 $B=100$ mm,轴承材料为 ZCuSn10Pb1,它能承受的最大径向载荷是多少?

12-22　已知一起重机卷筒的滑动轴承所受径向载荷 $F_r=100000$ N,轴颈直径 $d=100$ mm,转速 $n=12$ r/min,试按非液体润滑状态来设计此轴承。

12-23　试设计一多环式推力滑动轴承(按非液体摩擦状态):已知轴向载荷 $F_a=50000$ N,轴颈直径 $d=200$ mm,转速 $n=120$ r/min,轴颈材料为碳钢,不淬火,轴承材料为青铜。

12-24　某深沟球轴承,当转速为 $n=480$ r/min、当量动载荷为 $C=8000$ N 时,使用寿命为 $L_h=4000$ h;若该轴承转速为 $n=960$ r/min、当量动载荷为 $C=4000$ N 时,使用寿命是多少?

12-25　有一深沟球轴承，转速 $n=1440$ r/min、径向载荷为 $F_r=8000$ N，要求工作寿命为 $L_h=5000$ h，试计算此轴承所要求的额定动载荷。

12-26　30208 轴承的基本额定动载荷 $C=34000$ N。(1) 当量动载荷 $P=4000$ N，工作转速为 $n=1440$ r/min，试计算轴承的寿命 L_h。(2) 当量动载荷 $P=4000$ N，若要求 $L_h=1000$ h，允许最高转速 n 是多少？(3) 工作转速 $n=1440$ r/min，要求 $L_h=1000$ h，允许的当量动载荷 P 是多少？

12-27　根据工作条件，决定在某转轴的两端正安装一对角接触球轴承。已知两个轴承的载荷分别为 $F_{r左}=1500$ N，$F_{r右}=2600$ N；轴向外载荷(向左)$F_A=1000$ N；轴颈 $d=40$ mm，转速 $n=1000$ r/min，常温下工作，载荷有中等冲击，预期寿命 $L_h=6000$ h。试选择轴承型号。

12-28　某矿山提升装置中采用 6310 深沟球轴承。已知轴承的径向载荷 $F_r=6000$ N，轴向载荷 $F_a=1500$ N，轴的转速 $n=1000$ r/min，运转中有轻微冲击，预期寿命 $L'_h=5000$ h，工作温度 $t<100$ ℃。问该轴承是否适用？

第 13 章　联轴器、离合器和制动器

13.1　概　　述

联轴器、离合器和制动器是机械中常用的部件。如图 13-1 所示的快速卷扬机传动系统中含有联轴器 2、圆锥摩擦离合器 4、带式制动器 5。

联轴器和离合器主要用来连接轴与轴，或轴与其他回转件，使它们一起回转，起到传递转矩和运动的作用。用联轴器连接的两根轴，只有在机器停车、拆卸后才能分离。图 13-1 中电动机 1 与减速器 3 之间用联轴器 2 连接。

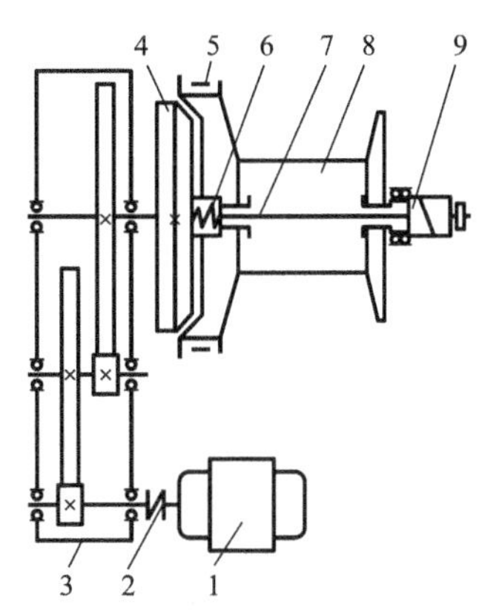

图 13-1　快速卷扬机传动系统

1—电动机；2—联轴器；3—减速器；4—摩擦离合器；5—带式制动器；6—弹簧；7—轴；8—卷筒；9—楔块

在机器运转过程中，可使两轴随时接合或分离的一种装置称为离合器。它可用来操纵机器传动的断续，以便进行变速及换向等。图 13-1 中的减速机的输出轴与卷筒 8 之间用离合器 4 连接。当卷筒需要暂时终止传递转矩时，可以操纵离合器使两半离合器脱开。此外，联轴器和离合器还可以用作安全、定向及定速装置。

制动器主要用来使机器迅速停止运动，也可以用来降低或调整机器的速度。在图 13-1 中，当离合器脱开后，操纵带式制动器 5，可以使卷筒迅速停下来。

联轴器和离合器大都已标准化。因此，在选用联轴器和离合器时，首先根据机器的工作条件和使用要求选择合适的类型，然后按照计算转矩、轴的转速和轴端直径从标准中选择所需的型号和尺寸。必要时还应对其中的某些零件进行强度校核。如果由于工作要求需要自行设计时，则可参考同类产品的主要尺寸关系来确定所设计结构尺寸，然后作校核计算。通常，除应使所选定的联轴器或离合器的孔径与被连接的轴端相适应外，还应满足 $T_C \leqslant [T]$ 和转速 $n \leqslant [n]$ 的条件，而 $[T]$、$[n]$ 分别为联轴器或离合器的许用转矩和许用转速；T_C 为计算转矩；n 为工作转速。考虑到机器启动时的动载荷和工作中过载的影响，计算转矩可按式(13-1)计算：

$$T_C = K_A T \tag{13-1}$$

式中：T——名义转矩；

K_A——工作情况系数，按表 13-1 选取。

表 13-1　工作情况系数 K_A

工作机		原动机			
分类	工作情况及举例	电动机、汽轮机	四缸及四缸以上内燃机	双缸内燃机	单缸内燃机
Ⅰ	转矩变化很小，如发电机、小型通风机、小型离心泵	1.3	1.5	1.8	2.2

续表

工作机		原动机			
分类	工作情况及举例	电动机、汽轮机	四缸及四缸以上内燃机	双缸内燃机	单缸内燃机
Ⅱ	转矩变化小，如涡轮压缩机、木工机床、运输机	1.5	1.7	2.0	2.4
Ⅲ	转矩变化中等，如搅拌机、增压泵、有飞轮的压缩机、冲床	1.7	1.9	2.2	2.6
Ⅳ	转矩变化和冲击载荷中等，如织布机、水泥搅拌机、拖拉机	1.9	2.1	2.4	2.8
Ⅴ	转矩变化和冲击载荷大，如造纸机、挖掘机、起重机、碎石机	2.3	2.5	2.8	3.2
Ⅵ	转矩变化大并有极强烈冲击载荷，如压延机、无飞轮的活塞泵、重型初轧机	3.1	3.3	3.6	4.0

联轴器、离合器和制动器的种类很多，下面仅介绍常用的几种类型。

13.2 联　轴　器

在机器中，由于零部件的制造、安装等误差，相连两轴的轴线很难精确地对中。而且机器工作时，由于工作载荷的变化、工作温度的升降以及支承的弹性变形等，也会引起两轴相对位置的变化。图 13-2 分别表示两轴线产生的轴向位移 x、径向位移 y、角位移 α 及综合位移的情况。如果这些位移得不到补偿，将会在轴、轴承、联轴器上引起附加的载荷，甚至发生振动。因此，在不能避免两轴相对位移的情况下，应选用能够补偿位移的联轴器。

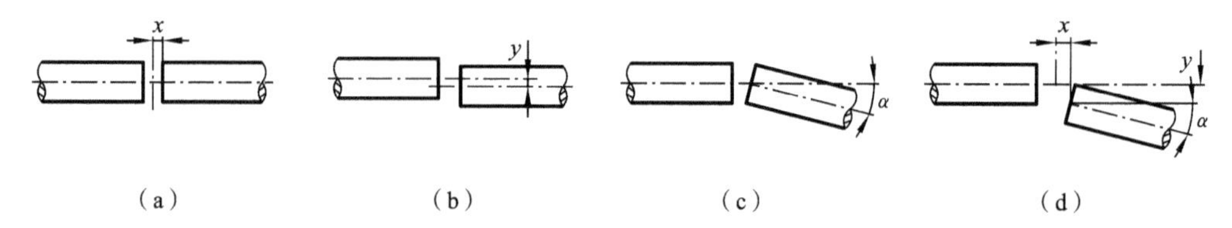

图 13-2　轴线的相对位移

按照对各种相对位移有、无补偿能力，联轴器可分为刚性联轴器(无补偿能力)和挠性联轴器(有补偿能力)两大类。挠性联轴器又可按是否含有弹性元件分为无弹性元件的挠性联轴器和有弹性元件的挠性联轴器两个类别。

13.2.1　刚性联轴器

1. 套筒联轴器

图 13-3 所示的套筒联轴器是一种最简单的联轴器。它是由连接两轴端的套筒和连接零件(键或销)组成的。这种联轴器结构简单，径向尺寸小，所以在机床上应用较多。如对销的尺寸进行恰当设计，这种联轴器还能起到安全保护作用(即用作安全联轴器)。但这种联轴器装拆时轴需作轴向移动，两轴需严格对中，没有缓冲吸振能力。

2. 凸缘联轴器

它由两个带凸缘的半联轴器组成，两个半联轴器分别用键与轴连接，再用螺栓将两个半联轴器连接成一体，如图 13-4 所示。凸缘联轴器按照两轴对中方式不同又分为两种形式：图

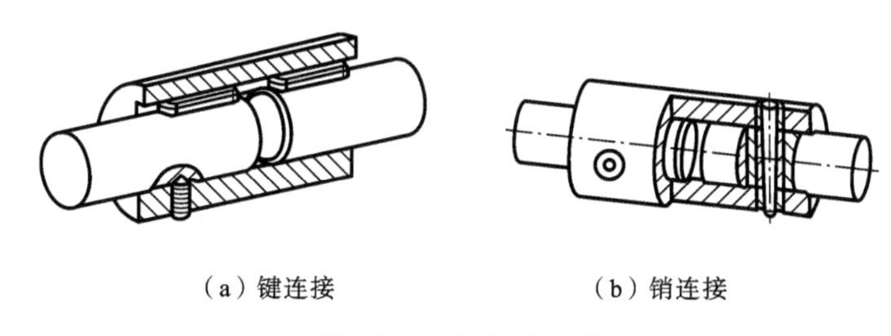

(a) 键连接　　(b) 销连接

图 13-3　套筒联轴器

13-4(a)所示采用铰制孔用螺栓连接，此时螺栓杆与孔为过渡配合，靠铰制孔与螺杆的配合实现两轴的对中，转矩直接通过螺杆受剪和受挤压来传递；图 13-4(b)所示采用普通螺栓连接，此时螺栓杆与孔壁之间存在间隙，依靠两半联轴器的凸肩和凹槽的配合使两轴对中，转矩是靠两半联轴器接触面间的摩擦力来传递的。

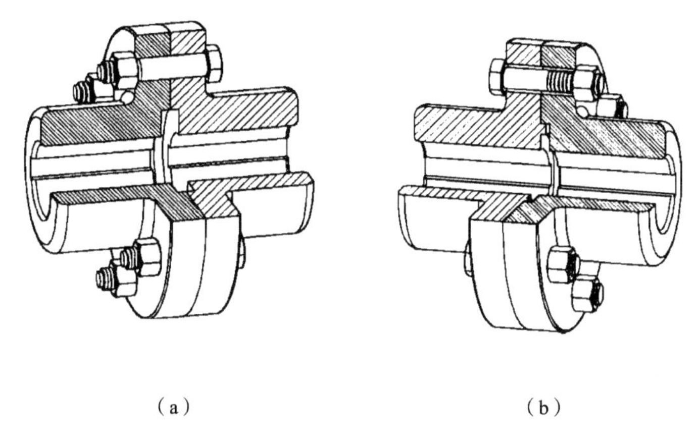

(a)　　(b)

图 13-4　凸缘联轴器

凸缘联轴器结构简单，使用和维护方便，可传递较大的转矩，是刚性联轴器中最常用的一种。由于不能缓冲减振，常用于载荷平稳的两轴的连接。

13.2.2　挠性联轴器

1. 无弹性元件的挠性联轴器

这类联轴器因具有挠性，故可补偿两轴的相对位移。但因无弹性元件，故不能缓冲减振。常用的有以下几种。

1) 十字滑块联轴器

十字滑块联轴器是由两个端面带槽的半联轴器 1、3，和一个两面带有凸块的中间浮动盘 2 组成，如图 13-5(a)所示。浮动盘两侧的凸块相互垂直，分别嵌装在两个半联轴器的凹槽中。浮动盘的凸块可在套筒的凹槽中来回滑动，以补偿两轴间的位移。为了减少磨损，凸块和凹槽的工作面上要加润滑剂。当转速较高时，若浮动盘处在偏心位置，将会产生较大的离心力，加速工作面的磨损。故十字滑块联轴器只宜用于低速。

十字滑块联轴器允许的角位移 $\alpha \leqslant 30'$，如图 13-5(b)所示径向位移(即偏心距) $y \leqslant 0.04d$ (d 为轴径)，转速 $n < 250$ r/min。

2) 滑块联轴器

如图 13-6 所示，这种联轴器与十字滑块联轴器相似，只是把原来的浮动盘改为两侧不带

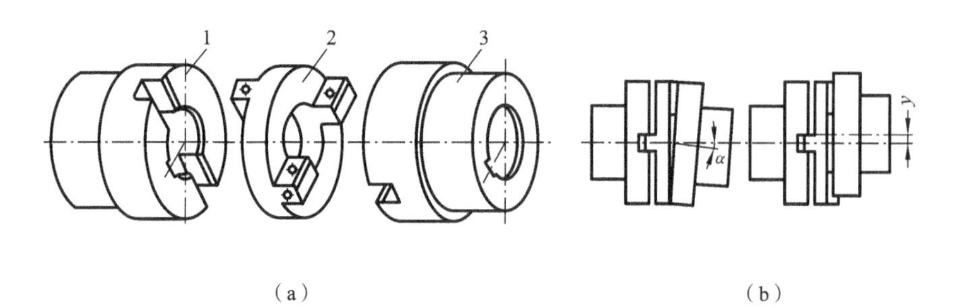

图 13-5　十字滑块联轴器

1,3—半联轴器;2—中间浮动盘

凸块的方形滑块,并用夹布胶木或尼龙制成。由于滑块质量小,产生的离心力小,所以允许的转速较高,用尼龙作滑块的滑块联轴器具有耐磨性好,不需润滑、使用方便等优点。

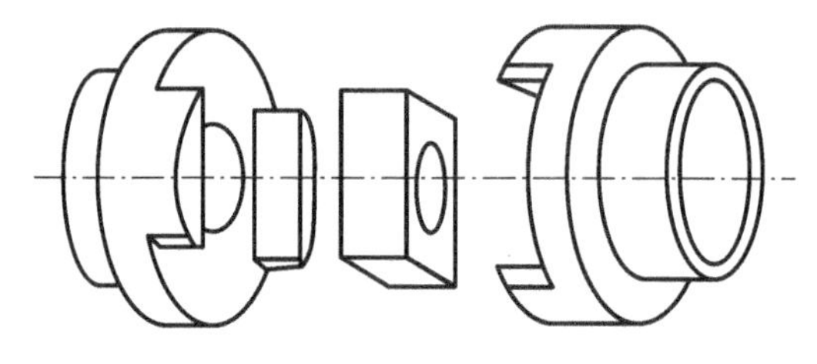

图 13-6　滑块联轴器

这种联轴器结构简单、尺寸紧凑,适用于小功率、高转速而无剧烈冲击处。

3) 滚子链联轴器

图 13-7 所示为滚子链联轴器。这种联轴器是利用一条双排滚子链同时与两个齿数相同的链轮啮合来实现两半联轴器的连接的。为了改善润滑条件并防止污染,一般都将联轴器密封在罩壳内。

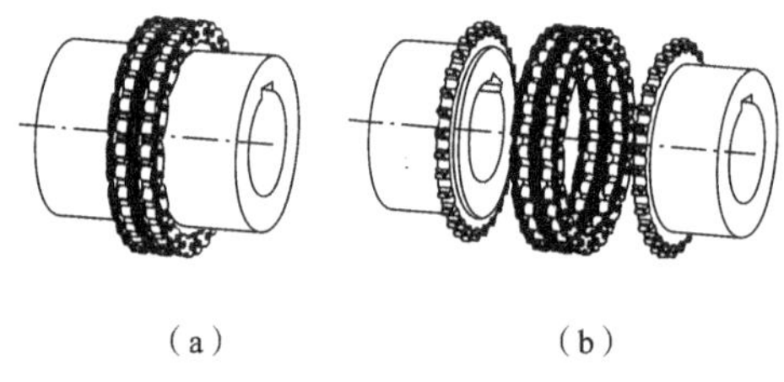

图 13-7　滚子链联轴器

滚子链联轴器的特点是结构简单、尺寸紧凑、质量小、装拆方便、维修容易、价廉,并具有一定的补偿性能和缓冲性能,但因链条的套筒与其相配件间存在间隙,不宜用于逆向传动、启动频繁或立轴传动场合。同时,由于受离心力影响,也不宜用于高速传动场合。

4) 齿式联轴器

图 13-8(a)所示为齿式联轴器,它是由两个有内齿的外壳 3 和两个有外齿的轴套 1 组成的。轴套与轴用键相连,两个外壳用螺栓 4 连成一体,外壳与轴套之间设有密封圈 2。内齿轮齿数和外齿轮齿数相等。通常采用压力角为 20°的渐开线齿廓。工作时靠啮合的轮齿传递转矩。由于轮齿间留有较大的间隙且外齿的齿顶制成了球面,所以能补偿两轴的不同心和偏斜(见图 13-8(b))。为了减少轮齿的磨损和相对移动时的摩擦力,在壳内储有润滑油。

5) 万向联轴器

图 13-9 所示为单万向联轴器的结构简图。它主要由两个分别固定在主、从动轴上的叉形接头 1、3 和一个十字头 2 组成。十字头的中心与两个叉形接头轴线交于 O 点,两轴线所夹的锐角为 α,由于叉形接头与十字头是铰接的,因此允许被连接的两轴线夹角 α 很大,一般夹角 α

可达 35°～45°。当两轴线不重合时，若主动轴以 ω_1 等角速度转动，从动轴角速度 ω_3 将在 $\omega_1\cos\alpha \leqslant \omega_3 \leqslant \omega_1/\cos\alpha$ 范围内作周期性变化。由于从动轴角速度呈周期性变化，将引起附加动载荷，因此在机器中很少使用单万向联轴器。

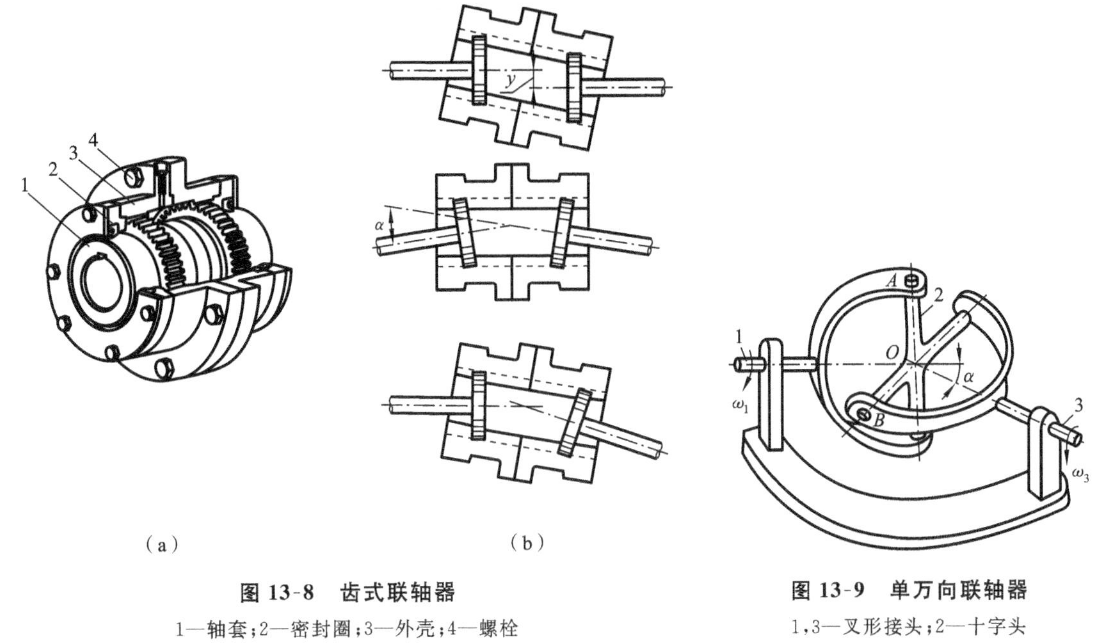

图 13-8 齿式联轴器

1—轴套；2—密封圈；3—外壳；4—螺栓

图 13-9 单万向联轴器

1，3—叉形接头；2—十字头

为了消除单万向联轴器从动轴角速度的周期性波动，在机器中常用双万向联轴器（见图 13-10）。安装时必须满足三个条件：① 三轴位于同一平面内；② 中间轴上两端的叉面位于同一平面内；③ 中间轴与主、从轴的夹角 α 相等，以确保主动轴与从动轴的瞬时角速度相等。

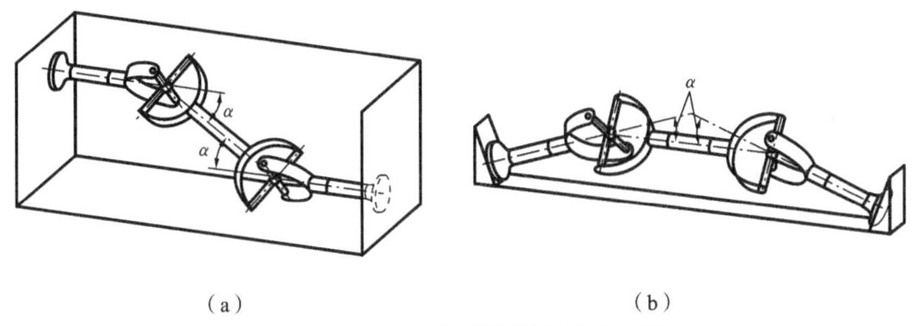

图 13-10 双万向联轴器安装示意图

图 13-11 所示为小型双万向联轴器的典型结构，而且已标准化，选用时可根据不同的工作条件确定类型及其相应标准。由于万向联轴器允许被连接的两轴线间的角位移较大，所以在汽车、拖拉机、机床和轧钢机等机械中得到广泛应用。

2. 有弹性元件的挠性联轴器

这类联轴器中装有弹性元件，利用弹性元件的弹性变形来补偿两轴间的相对位移，而且有缓冲减振的能力，故适用于频繁启动，经常正反转、变载荷及高速运转的场合。

有弹性元件的挠性联轴器按弹性元件的不同，又可分为装有金属弹性元件的和装有非金属弹性元件的两类。下面仅介绍已标准化了的几种有弹性元件的挠性联轴器。

1）弹性套柱销联轴器

弹性套柱销联轴器的结构与凸缘联轴器相似，所不同的是它用装有弹性套的柱销代替连

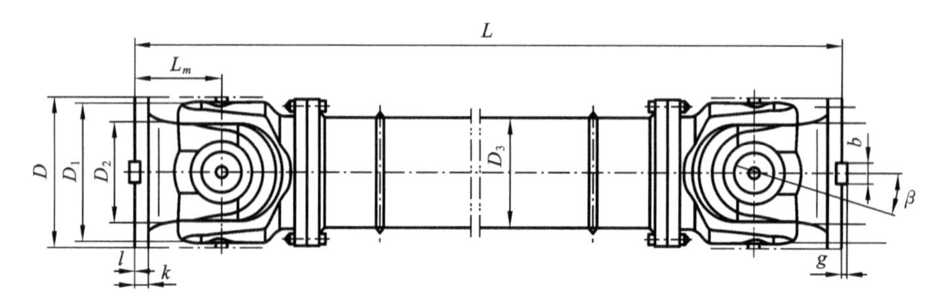

图 13-11　双万向联轴器典型结构

接螺栓(见图 13-12)。弹性套的变形可以补偿两轴线的径向位移和角位移,并有缓冲和吸振作用。

弹性套用天然橡胶或合成橡胶制成。这种联轴器的工作温度须在 −20 ℃～70 ℃范围内。允许的轴向位移 $x \leqslant 3$ mm,径向位移 $y \leqslant 0.2 \sim 0.7$ mm,角位移 $\alpha \leqslant 30' \sim 1°30'$。这种联轴器适用于经常正反转、启动频繁的高速轴。

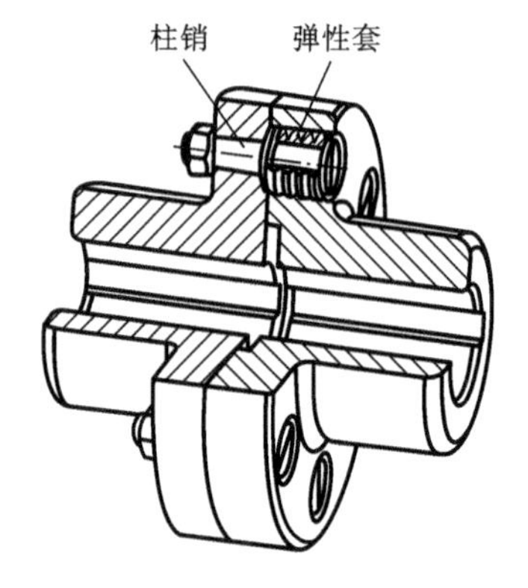

图 13-12　弹性套柱销联轴器

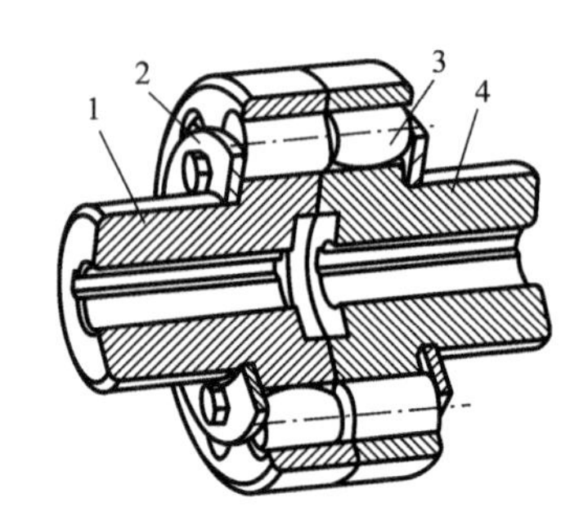

图 13-13　弹性柱销联轴器

1,4—半联轴器;2—挡圈;3—尼龙柱销

2) 弹性柱销联轴器

图 13-13 所示为弹性柱销联轴器,它是由若干个尼龙柱销 3 将两个半联轴器 1、4 连接起来。为防止柱销滑出,在柱销两端安装了挡圈 2。为了增加补偿量,一般将柱销的一端制成鼓形。

这种联轴器结构简单,制造容易,维修方便。允许的轴向位移 $x \leqslant \pm(0.5 \sim 3.5)$ mm,径向位移 $y \leqslant (0.15 \sim 0.25)$ mm,角位移 $\alpha \leqslant 30'$。其工作温度一般在 −20～70 ℃之间,常用于经常正反转及启动频繁而传递转矩较大的中、低速轴连接。

3) 轮胎式联轴器

图 13-14 所示为轮胎式联轴器。它是用螺钉 3 将两个半联轴器 1、4 连接在轮胎环 2 两端的金属法兰盘上,轮胎环与法兰盘经硫化黏结在一起,骨架上螺钉孔处焊有螺母。它的特点是弹性好,补偿位移能力大,并具有结构简单,装拆和维护方便等优点,可用于潮湿多尘、频繁启动、正反转时有较大的冲击及外缘线速度不超过 30 m/s 的场合。

4) 梅花形弹性联轴器

这种联轴器如图 13-15 所示,其半联轴器与轴的配合孔可做成圆柱形或圆锥形。装配联轴器时将梅花形弹性件 2 的花瓣部分夹紧在两半联轴器 1、3 端面凸齿交错插进所形成的齿侧

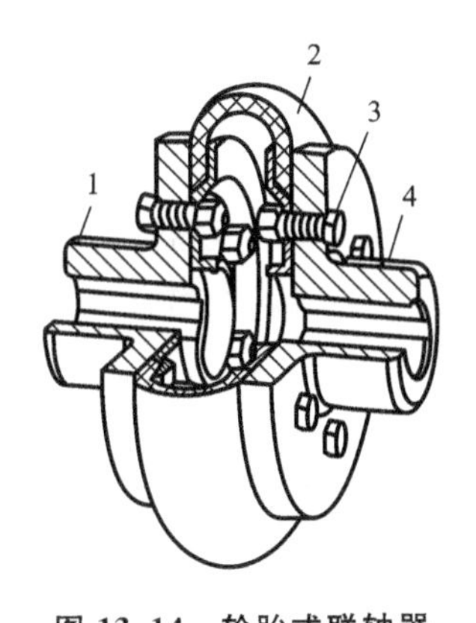

图 13-14　轮胎式联轴器

1,4—半联轴器;2—轮胎环;3—螺钉

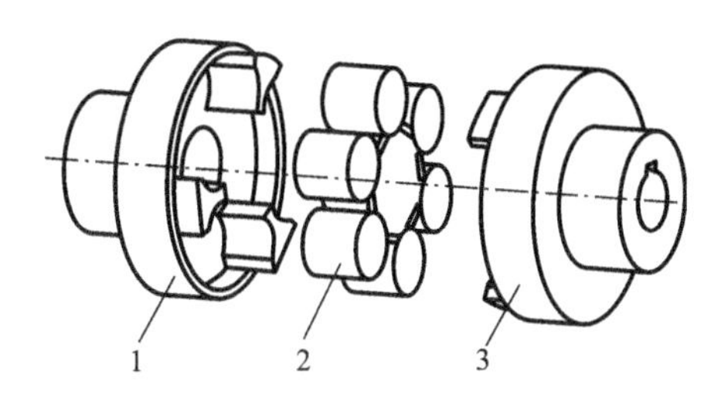

图 13-15　梅花形弹性联轴器

1,3—半联轴器;2—弹性件

空间内,以便在联轴器工作时起到缓冲减振的作用。弹性件 2 可根据使用要求选用不同硬度的聚氨酯橡胶、铸型尼龙等材料制造。工作温度范围为 −35～80 ℃,短时工作温度可达 100 ℃,传递的公称转矩范围为 16～25 000 N·m。

例 13-1　电动机经减速器驱动水泥搅拌机工作。已知电动机的功率 $P=11$ kW,转速 $n=970$ r/min,电动机轴的直径为 42 mm,减速器输入轴的直径为 40 mm,试选择电动机与减速器之间的联轴器。

解　解题过程如下。

计算项目	计算内容、过程及说明	主要结果
1. 选择联轴器类型	为了缓和冲击和减轻振动,选用 LT 型弹性套柱销联轴器(GB/T 4323—2002)。	LT 型
2. 求计算转矩	需要传递的转矩: $T=9550\dfrac{P}{n}$ $=9550\times\dfrac{11}{970}$ N·m $=108$ N·m 由表 13-1 查得,工作机为水泥搅拌机时工作情况系数 $K_A=1.9$,故计算转矩 $T_C=K_A T=1.9\times108$ N·m$=205$ N·m	$T_C=205$ N·m
3. 确定规格型号	由设计手册选取弹性套柱销联轴器 LT6。它的公称转矩为 250 N·m,半联轴器材料为钢时,许用转速为 3 800 r/min,允许的轴孔直径在 32～42 mm 之间。以上数据均能满足本题的要求,故适用。 根据轴伸直径,在设计手册中确定联轴器轴孔形式和直径,从而确定联轴器的规格型号。本例中,电动机轴伸直径为 Φ42 mm 圆柱形,故选 Y 型(或 J 型)轴孔,A 型键槽;减速器轴伸直径为 Φ40 mm,圆柱形,故选 J 型(或 Y 型)轴孔,B 型键槽。轴孔长度均取 $L=112$ mm	LT6 联轴器 $\dfrac{\text{Y42}\times112}{\text{JB40}\times112}$

13.3 离　合　器

根据离合方法不同,离合器分为操纵离合器和自控离合器两大类。操纵离合器又分为机械离合器、电磁离合器、液压离合器和气压离合器;自控离合器可分为超越离合器、离心离合器和安全离合器等,它们能在特定条件下自动地接合或分离。

按照工作原理不同,又可将离合器分为牙嵌式离合器和摩擦式离合器两类。前者结构简单,尺寸小,传递转矩大,主、从动轴可同步回转,但接合时有冲击,只能在停机或低速时接合;后者离合平稳,可实现高速接合,且具有过载打滑的保护作用,但主、从动轴不能严格同步,接合时产生摩擦与磨损、发热量大、磨损也大。

13.3.1　牙嵌离合器

如图 13-16(a)所示,牙嵌离合器是由两个端面带有牙的半离合器 1、2 所组成的,其中半离合器 1 固定在主动轴上,半离合器 2 则用导向键或花键与从动轴连接,并通过操纵机构 3 使其沿键作轴向移动,以实现离合器的分离与接合。牙嵌离合器是靠两个半离合器 1、2 端面上的牙相互嵌合来连接两根轴的。为了使两半离合器能够对中,在主动轴端的半离合器 1 上固定一个对中环(图中未示出),而从动轴可以在对中环内自由地转动。

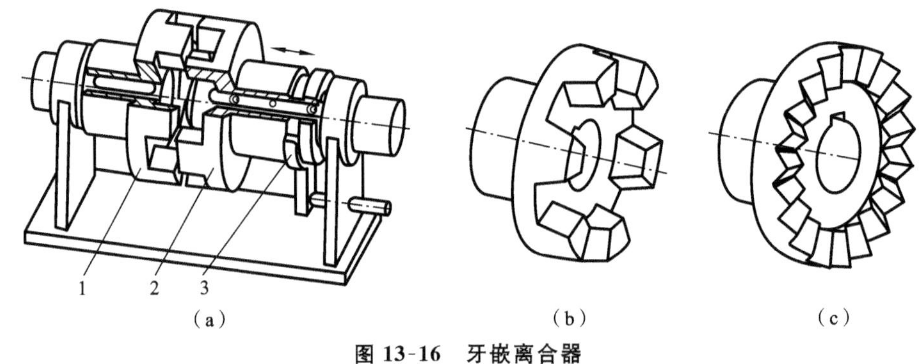

图 13-16　牙嵌离合器

(a) 矩形牙;(b) 梯形牙;(c) 三角形牙

1,2—半离合器;3—操纵机构

牙嵌离合器常用的牙形有矩形、梯形、三角形等,分别如图 13-16(a)、(b)、(c)所示。三角形牙用于传递小转矩的低速离合器,接合时牙与牙之间存在轴向分力,容易接合、分离;矩形牙无轴向分力,不便接合与分离,磨损后无法补偿,故使用较少;梯形牙的强度高,能传递较大的转矩,又能自动补偿牙的磨损和间隙,从而减少冲击,故应用较广;锯齿形牙强度高,只能传递单向转矩,用于特定的工作条件下。

牙嵌离合器的牙数一般取 3～60。传递大转矩时,应选用较少牙数;要求接合迅速时,宜选用较多牙数。牙数增多易引起各牙分载不均。

牙嵌离合器具有结构简单,径向尺寸小,连接两轴间不会发生相对转动,适用于要求传动比准确、低速接合的场合。

13.3.2　摩擦离合器

利用主、从动半离合器接触表面之间的摩擦力来传递转矩的离合器,统称为摩擦离合器。

它是在高速下离合的机械式离合器。盘式离合器是摩擦式离合器的主要类型，它分为单盘式和多盘式两种。

单盘式摩擦离合器如图 13-17 所示，主动盘 1 固定在主动轴上，从动盘 2 用导向键与从动轴连接，它可沿轴向滑动。为了增大摩擦系数，在一个盘的表面装上摩擦片（图中未示出）。工作时利用操纵机构 3，在可移动的从动盘 2 上施加轴向压力，使两盘压紧，产生摩擦力来传递转矩。

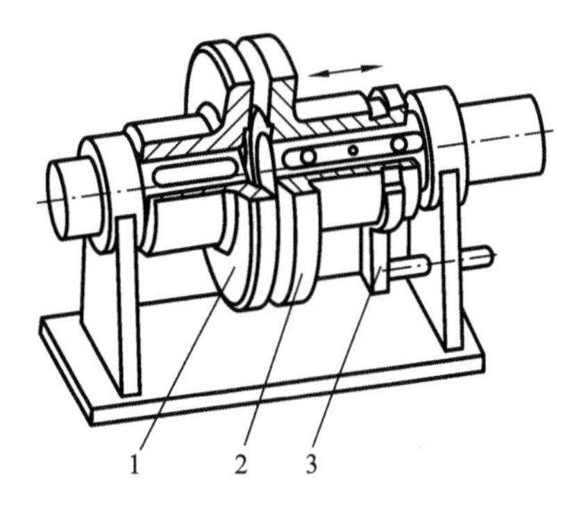

图 13-17　单盘式摩擦离合器

1—主动盘；2—从动盘；3—操纵机构

在传递大转矩的情况下，需要较大的圆盘直径，因受到外形尺寸的限制，不宜应用单盘摩擦离合器，这时要采用多盘摩擦离合器，它用增加接合面对数的办法来增大传递的转矩。

图 13-18(a)所示为多盘摩擦离合器，图中主动轴 1 与外壳 2 连接，从动轴 10 与套筒 9 相连接。外壳 2 又通过花键与一组外摩擦片 4(见图 13-18(b))连接在一起；套筒 9 也通过花键与另一组的内摩擦片 5(见图 13-18(c))连接在一起。工作时，向左移动滑环 7，通过杠杆 8，压板 3 使两组摩擦片 4、5 压紧，从而实现离合器接合。向右移动滑环 7 时，摩擦片被松开，离合器分离。另外，调节螺母 6 用来调整摩擦片间的压力。这种离合器常用于车床的主轴箱内。

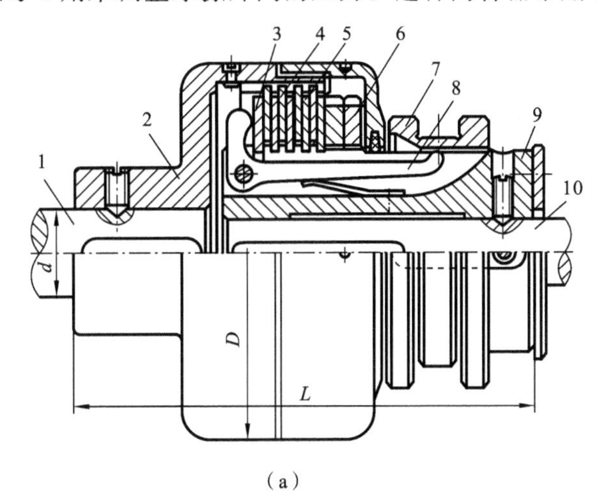

(a)

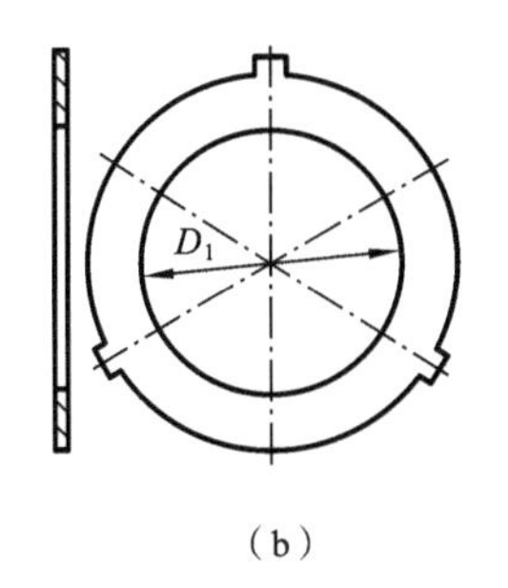

(b)

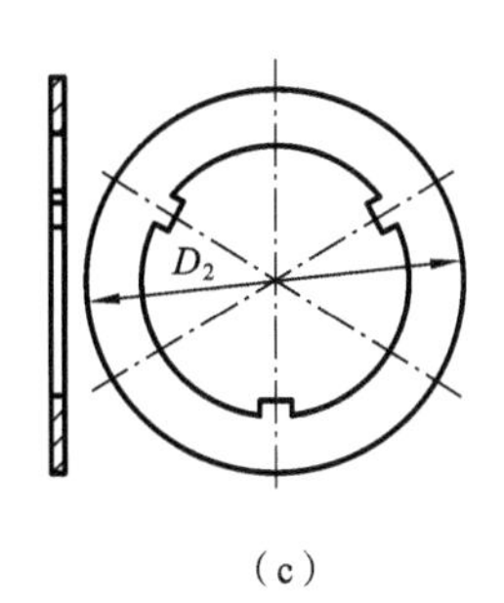

(c)

图 13-18　多盘式摩擦离合器

1—主动轴；2—外壳；3—压板；4—外摩擦片；5—内摩擦片；6—调节螺母；7—滑环；8—杠杆；9—套筒；10—从动轴

摩擦离合器也可用电磁力来操纵。如图 13-19 所示，在电磁操纵的摩擦离合器中，当直流

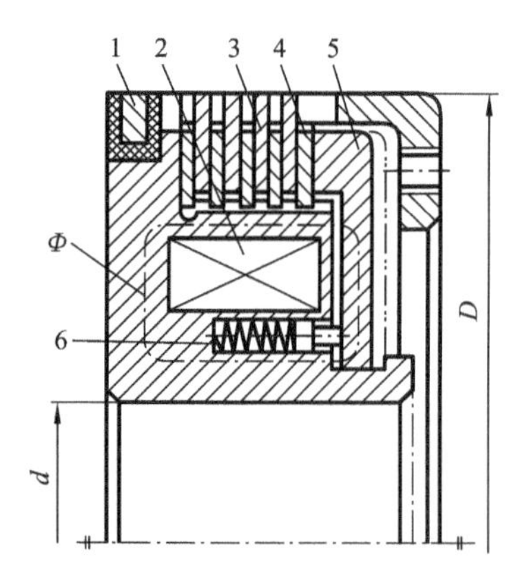

图 13-19　电磁操纵的摩擦离合器

1—接触环；2—电磁线圈；3,4—摩擦片；
5—衔铁；6—复位弹簧

电经接触环 1 导入电磁线圈 2 后，产生磁力线吸引衔铁 5，于是衔铁 5 将两组摩擦片 3 和 4 压紧，离合器处于接合状态。当电流切断时，磁力消失，依靠复位弹簧 6 将衔铁推开，使两组摩擦片松开，离合器处于分离状态。

摩擦离合器与牙嵌离合器比较，其优点是：两轴能在任何不同速度下接合；接合和分离过程比较平稳；过载时将发生打滑，避免使其他零件受到损坏，故摩擦离合器应用较广。但其缺点是结构复杂，成本较高，在接合、分离过程中要产生滑动摩擦，故发热量较大，磨损也较大。

13.3.3　磁粉离合器

磁粉离合器的工作原理如图 13-20 所示，图中安置励磁线圈 1 的磁轭 2 为离合器的固定部分。圆筒 4 与左右轮辐 7、8 组成离合器的主动部分，转子 6 与从动轴（图中未画出）组成离合器的从动部分。在圆筒 4 的中间嵌装着隔磁环 3，轮辐 7 或 8 上可连接输入件（图中未画出），在转子 6 与圆筒 4 之间有 0.5～2 mm 的间隙，其中充填磁粉 5。图 13-20(a)表示断电时磁粉被离心力甩在圆筒的内壁，疏松并且散开，此时离合器处于分离状态。图 13-20(b)表示通电后励磁线圈产生磁场，磁力线跨越空隙穿过圆筒到达转子形成图示的回路，此时磁粉受到磁场的影响而被磁化。磁化了的磁粉彼此相互吸引串成磁粉链而在圆筒与转子间聚合，依靠磁粉的结合力和磁粉与主、从动件工作面间的摩擦力来传递转矩。

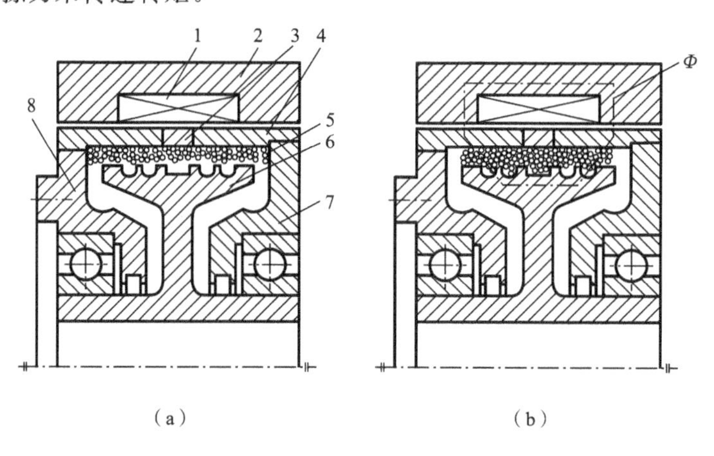

图 13-20　磁粉离合器

1—励磁线圈；2—磁轭；3—隔磁环；4—圆筒；5—磁粉；6—转子；7,8—轮辐

13.3.4　定向离合器

定向离合器是一种随速度的变化或回转方向的变换而能自动接合或分离的离合器。按工作原理不同，定向离合器可分为啮合型和摩擦型两类。锯齿形牙嵌离合器和棘轮棘爪离合器同属啮合型离合器，工作时单方向传递转矩，反向时分离。由于它们在空行程时噪声较大，故只适用低速传动。摩擦型离合器按起楔紧作用的元件形状又可分为滚柱式及楔块式两种形式。

图13-21所示为滚柱式定向离合器。图中星轮1和外环2分别装在主动件或从动件上，星轮和外环间的楔形空腔内装有滚柱3；滚柱数目一般为3～8个。每个滚柱都被弹簧推杆4以不大的推力向前推进，使滚柱与星轮和外环同时处在接触状态。当外环逆时针方向回转时，滚柱受摩擦力作用被楔紧在槽内，从而带动星轮1同向回转，离合器处于接合状态。反之，当外环顺时针方向回转时，则带动滚柱克服弹簧力而滚到楔形空腔的宽敞部分，离合器处于分离状态，所以称为定向离合器。当星轮与外环作顺时针方向的同向回转时，根据相对运动原理，若外环转速小于星轮转速，则离合器处于接合状态。反之，如外环转速大于星轮转速，则离合器处于分离状态，因此又称超越离合器。

图13-22所示为楔块式定向离合器。这种离合器以楔块代替滚柱，楔块的形状如图所示。内、外环工作面都为圆形，一根拉簧压着每个楔块始终和内环接触，并力图使楔块绕自身作逆时针方向偏摆。当外环顺时针方向回转或内环逆时针方向回转时，楔块克服弹簧力而作顺时针方向偏摆，从而在内外环间越楔越紧，离合器处于接合状态。反向时楔块松开而处于分离状态。

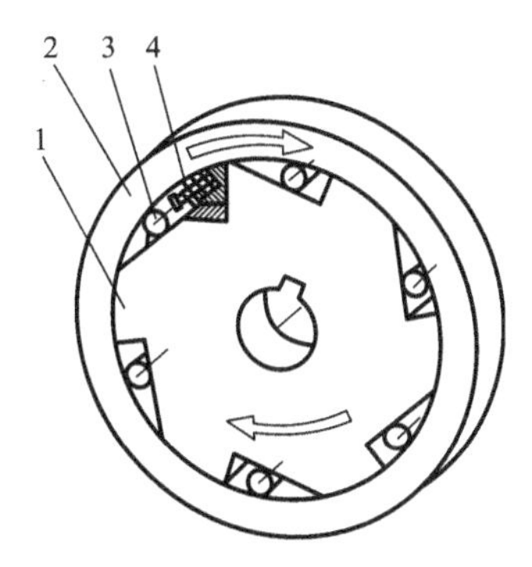

图13-21　滚柱式定向离合器

1—星轮；2—外环；3—滚柱；4—弹簧推杆

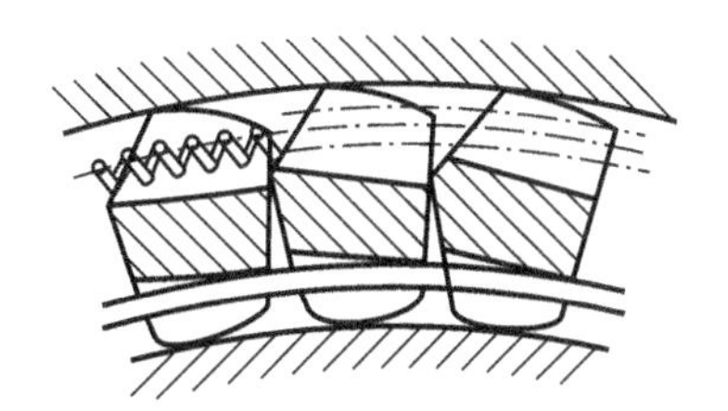

图13-22　楔块式定向离合器

楔块式超越离合器与滚柱式超越离合器相比，能在滚道间装入比滚柱更多的楔块，且楔块曲率半径大，所以能传递更大的转矩。结构紧凑，外形尺寸小，自锁可靠，反向解脱轻便，使用性能好，是当前较先进的超越离合器，在新开发研制的机械装备上，首选楔块式超越离合器。

13.3.5　离心离合器

离心离合器按其在静止状态时的离合情况可分为开式和闭式两种：开式离心离合器只有当达到一定工作转速时，主、从动部分才进入接合；闭式离心离合器在到达一定工作转速时，主、从动部分才分离。在启动频繁的机器中采用离心离合器，可使电动机在运转稳定后才接入负载。如电动机的启动电流较大或启动力矩很大时，采用开式离心离合器就可避免电动机过热，或防止传动机构受到很大的动载荷。采用闭式离心离合器则可在机器转速过高时起保护作用。又因这种离合器是靠摩擦力传递转矩的，故转矩过大时也可通过打滑而起保护作用。

图13-23(a)所示为开式离心离合器的工作原理图，在两个拉伸螺旋弹簧3的弹力作用下，主动部分的一对闸块2与从动部分的鼓轮1脱开；当转速达到某一数值后，离心力对支点4的力矩增加到超过弹簧拉力对支点4的力矩，使闸块绕支点4向外摆动，将从动鼓轮1压紧，离合器即进入接合状态。当接合面上产生的摩擦力矩足够大时，主、从动轴即一起转动。图13-23(b)为闭式离心离合器的工作原理图，其作用与开式离合器相反。在正常运转条件

下，由于压缩弹簧 3 的弹力，两个闸块 2 将鼓轮 1 表面压紧，闸块与鼓轮一起转动，离合器保持接合状态；当转速超过某一数值后，离心力矩大于弹簧压力的力矩时，即可使闸块绕支点 4 摆动而与鼓轮脱离接触。

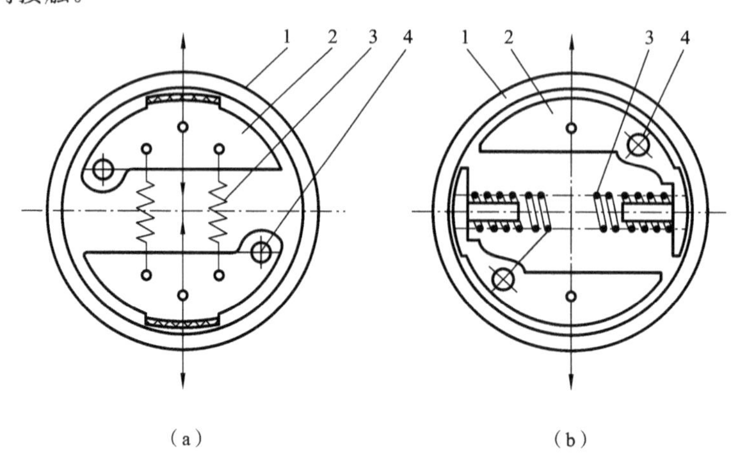

图 13-23　离心离合器的工作原理图

(a) 开式；(b) 闭式

1—从动鼓轮；2—闸块；3—弹簧；4—支点

13.3.6　滚珠安全离合器

滚珠安全离合器的结构形式很多，这里只介绍较常用的一种。如图 13-24(a)所示，离合器由主动齿轮 1、从动盘 2、外套筒 3、弹簧 4、调节螺母 5 组成。主动齿轮 1 活套在轴上，外套筒 3 用花键与从动盘 2 连接，同时又用键与轴相连。在主动齿轮 1 和从动盘 2 的端面内，各沿直径为 D_m 的圆周上制有数量相等的滚珠承窝（一般为 4～8 个），承窝中装入滚珠大半后$\left(见图 13\text{-}24(b), a \geqslant \dfrac{d}{2}\right)$进行敛口，以免滚珠脱出。正常工作时，弹簧 4 的推力使两盘的滚珠互相交错压紧，如图 13-24(b)所示，主动齿轮 1 传来的转矩通过滚珠、从动盘 2、外套筒 3 而传给从动轴。当转矩超过许用值时，弹簧 4 被过大的轴向分力压缩，使从动盘 2 向右移动，原来交错压紧的滚珠因被放松而相互滑过，此时主动齿轮 1 空转，从动轴即停止转动；当载荷恢复正常时，又可重新传递转矩。弹簧压力的大小可用螺母 5 来调节。

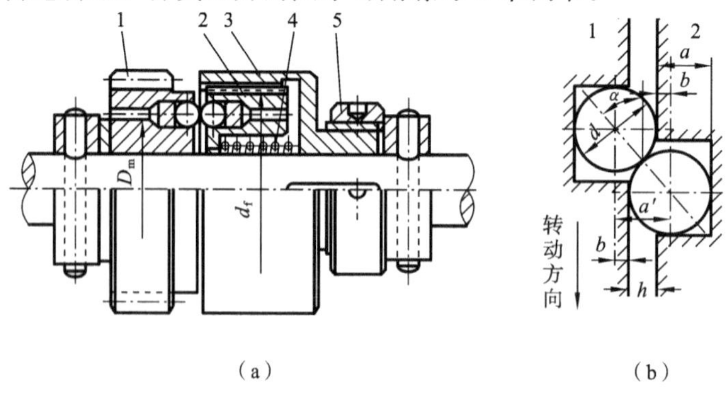

图 13-24　滚珠安全离合器

1—主动齿轮；2—从动盘；3—外套筒；4—弹簧；5—调节螺母

13.4　制　动　器

制动器是用来降低机械的运转速度或迫使机械停止运转的。制动器多是利用摩擦副中产生的摩擦力矩来实现制动的。制动器安装在机械系统的高速轴上，则所需制动力矩小，以减小制动器的尺寸。

按照结构特点，制动器可分为块式制动器、带式制动器和盘式制动器，制动器大多数已经标准化。下面介绍三种常见的基本结构形式。

13.4.1　带式制动器

图 13-25 所示为带式制动器。当杠杆上作用力 **F** 后，闸带收紧而抱住制动轮，靠带与轮缘间的摩擦力达到制动目的。

带式制动器结构简单，径向尺寸紧凑，包角大而制动力矩大。但其缺点是制动带磨损不均匀，容易断裂而且对轴的作用力大，一般用于起重设备及绞车中。

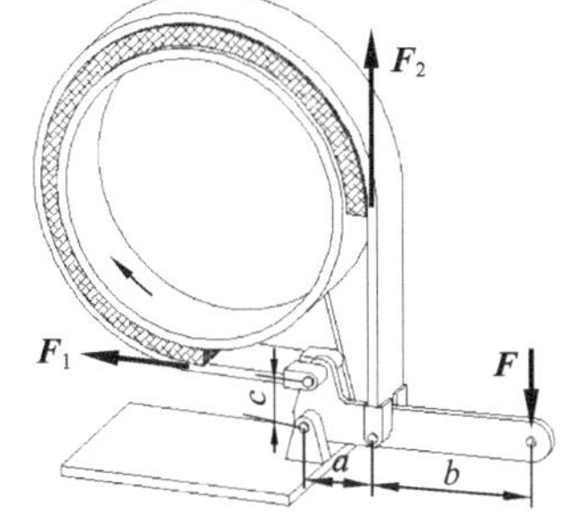

图 13-25　带式制动器

13.4.2　块式制动器

块式制动器是应用广泛而且形式繁多的一种制动器，它主要由制动轮、两个制动臂和两个制动块以及操纵传动机构所组成。根据不同机械的特性可设计成常闭式（合闸）和常开式（松闸）的两种。如起重机的提升机构应设计成常闭式的。图 13-26 所示为一典型常闭式制动器。如图所示，**F** 力通过调节推杆 4、制动臂 3 及制动块 2 使制动轮 1 经常处于被制动状态。当力 **F** 反向时，通过推杆 4 使制动臂 3 向外张开使制动器松闸。如制动块磨损，可调节推杆 4 的长度。

由于制动块对制动轮的包角小，所以块式制动器的制动力矩比带式制动器的小。但它调整间隙容易，维修方便，而且已标准化，此种制动器广泛用于各种起重运输机械与提升设备中。

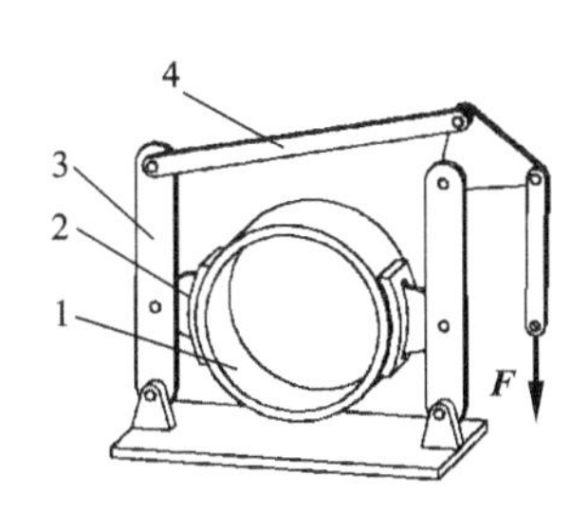

图 13-26　块式制动器

1—制动轮；2—制动块；3—制动臂；4—推杆

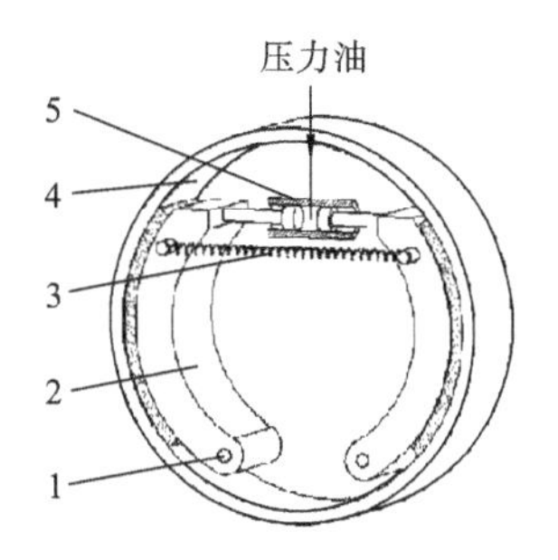

图 13-27　内张蹄式制动器

1—支承销；2—制动蹄；3—拉簧；4—制动鼓；5—油缸

13.4.3　内张蹄式制动器

图 13-27 所示为内张蹄式制动器。图中制动鼓 4 与车轮相连，制动蹄 2 外包摩擦片，其一

端由支承销 1 与机架铰接，另一端与卧式油缸 5 的活塞相连，并用拉簧 3 使左、右两个制动蹄 2 拉紧，使摩擦片不与制动鼓 4 接触。当需要制动时，通过油管向油缸 5 供压力油，油缸两端的活塞使制动蹄有向左右张开的趋势，靠摩擦片制动制动鼓；需要松闸时，油缸 5 内的压力油返回系统，两制动蹄由拉簧 3 向内拉紧，实现松闸。

内张蹄式制动器结构紧凑，容易密封以保护摩擦面，常用于安装空间受限的场合，如各种车辆的制动。

13.4.4　盘式制动器

图 13-28 所示为盘式制动器。它有全盘式和点盘式之分。点盘式制动器在车辆中应用最多，将逐步取代内张蹄式制动器，亦称钳盘式制动器。在重型和超重型载货汽车上，要求有更大的制动力，为此多采用全盘式制动器。

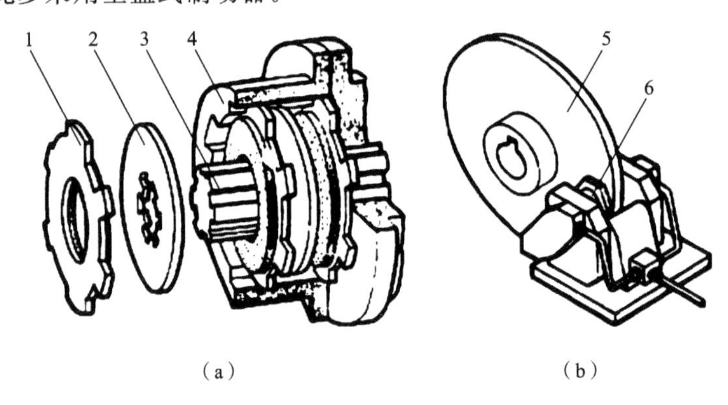

图 13-28　盘式制动器

(a) 全盘式制动器；(b) 点盘式制动器

1—摩擦片；2—动摩擦片；3—花键轴；4—外壳；5—制动盘；6—制动钳

图 13-28(a)所示全盘式制动器，其结构和工作原理与多盘式摩擦离合器相似，区别在于作为制动器使用时，外壳 4 及与之相连的一组摩擦片 1 不旋转。

在图 13-28(b)所示点盘式制动器中，需要制动时，制动钳 6 夹紧制动盘 5，依靠摩擦使制动盘减速或停止。点盘式制动器在液力助力下制动力大且稳定，在各种路面都有良好的制动表现，其制动效能远高于内张蹄式制动器，而且制动盘直接通过空气散热，散热性能较好。但其结构比较复杂，造价高。

本 章 小 结

(1) 联轴器和离合器均能够将轴与轴连接起来一起回转并传递转矩。离合器有两种工作状态——接合或分离，而联轴器只有一种工作状态——接合。

(2) 联轴器的分类与特点汇总如下。

刚性联轴器：无位移补偿和缓冲吸振能力，包括套筒联轴器和凸缘联轴器两种。

挠性联轴器：包括无弹性元件挠性联轴器和有弹性元件挠性联轴器。无弹性元件挠性联轴器有位移补偿能力，无缓冲吸振能力，包括十字滑块联轴器、滑块联轴器、滚子链联轴器、齿式联轴器和万向联轴器五种。

有弹性元件挠性联轴器：有位移补偿和缓冲吸振能力，包括弹性套柱销联轴器、弹性柱销联轴器、轮胎式联轴器和梅花形弹性联轴器四种。

(3) 离合器的分类与特点汇总如下。

牙嵌式离合器:利用两半离合器端面牙的嵌合实现接合,离合时需要停车。

摩擦式离合器:利用两半离合器接触面间的摩擦实现接合,离合时不需停车。包括单盘式和多盘式两种。

磁粉离合器:靠磁粉结合后楔紧主、从动件而产生的摩擦力实现接合。

定向离合器(亦称超越离合器):可实现单向接合,反向分离,同向超越。包括啮合型和摩擦型两种。

离心离合器:当工作转速达到一定值时,实现主、从动部分接合或分离。包括开式和闭式两种。

滚珠安全离合器:靠两盘滚珠压紧实现接合,过载时安全保护。

(4) 联轴器和离合器大都已标准化,在机械设计中根据具体工作环境选择出合适型号即可。具体选用步骤:① 根据机器工作条件、载荷情况及联轴器、离合器的各自适应特点,选择出合适的类型;② 按照计算转矩 $T_c \leqslant [T]$、轴转速 $n \leqslant n_{max}$、轴伸直径,从标准中确定具体型号及其尺寸;③ 必要时对其中某些零件进行验算。

(5) 制动器是用来降低机械运转速度或迫使机械停止运转的装置。机械中常用的有带式、块式、内张蹄式和盘式四种。其均是依靠摩擦力产生制动力矩来工作的。

(6) 离合器和制动器工作原理是相同的,区别在于离合器的主、从动件都可以转动,而制动器的从动件(或主动件)是固定不转的。

思考与练习题

13-1　联轴器与离合器的共同点和不同点分别是什么?

13-2　离合器和制动器有什么相同和不同之处?

13-3　刚性联轴器和挠性联轴器有何差别? 各适用于什么场合?

13-4　牙嵌式离合器和摩擦离合器各有什么特点?

13-5　自行车飞轮是一种定向离合器,试画出它的简图并说明为何要采用定向离合器。

13-6　内张蹄式制动器、块式制动器和点盘式制动器各有什么优、缺点?

13-7　联轴器所连接两轴的偏移形式有哪些?

13-8　为了减小制动器尺寸和省力,一般把制动器安装在高速轴上还是低速轴上? 为什么?

13-9　单万向联轴器和双万向联轴器在工作特性上有何差别? 安装时双万向联轴器有何特殊要求?

13-10　已知某电动机与一离心泵之间用弹性套柱销联轴器连接。电动机功率 $P=4$ kW,转速 $n=1440$ r/min,电动机轴端直径 $d_1=28$ mm,泵的轴端直径 $d_2=28$ mm,试确定联轴器的型号。

13-11　有一卷扬机,在电动机输出轴和减速机输入轴端之间安装联轴器,电动机型号为Y132M-4,其额定功率 $P=7.5$ kW,转速 $n=1440$ r/min,电动机输出轴直径 $d_1=38$ mm。试选择此联轴器。

第 14 章　机械的调速与平衡

机械的真实运动规律主要是由作用于其上的驱动力和各种工作阻力决定的。驱动力和阻力做功不等时,机械主轴运转的速度将出现波动。为消除速度波动对机械的影响,必须进行调节,将其限制在容许的范围之内。

工程中作回转运动的构件往往由于各种原因,其质心不在其回转中心处,产生离心惯性力或惯性力偶,并在运动副中产生动载荷,危害很大,必须对其进行平衡,以消除其不良影响。

14.1　机械速度波动及其调节

14.1.1　机械运转阶段

机械是在驱动力的作用下克服工作阻力而运转的。驱动力所做的功称为输入功,工作阻力所消耗的功称为输出功。在机械的整个运转过程中,如果输入功始终都等于输出功,则机械的主轴将始终保持匀速运转。但是机械在运转过程中,驱动力和阻力所做的功并不总是相等的。当输入功大于输出功时,出现盈功;当输入功小于输出功时,出现亏功。盈功将引起机械动能的增加,机械主轴的速度提高;亏功引起机械动能的减少,机械主轴的速度降低。这就是机械的速度波动。

一般机械的运转过程包括三个阶段:启动阶段、稳定运转阶段和停车阶段。如图 14-1 所示。

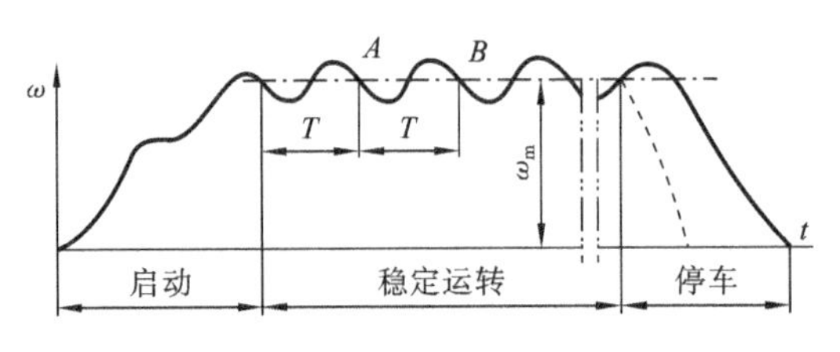

图 14-1　机械运转三阶段

在启动阶段,输入功大于输出功,机械出现盈功,积蓄了动能,机械主轴的转速将逐渐提高。

在稳定运转阶段,由于驱动力和工作阻力的变化,时而出现盈功,时而出现亏功,机械的动能时而增加,时而减少,机械运转速度产生波动。

在停车阶段,驱动力已撤去,做功为零,工作阻力逐渐消耗完机械储蓄的动能后,机械就由正常工作速度逐渐减速,直到停止运转。

启动阶段和停车阶段统称为机械运转的过渡阶段。

多数机械都是在稳定运转阶段进行工作的。在稳定运转阶段,由于驱动力和工作阻力的变化,引起动能的变化,而动能的变化又引起了机械运转速度的波动,这种波动会导致运动副中产生附加动载荷,引起振动,降低机械的可靠性、使用寿命和工作质量。因此,需要对机械稳定运转阶段的速度波动进行调节,将各种不良影响限制在许可范围之内。

14.1.2　周期性速度波动

在机械稳定运转阶段，当驱动力和工作阻力均作周期性变化时，机械主轴回转的角速度也作周期性的变化。如图 14-2 中的虚线所示，其角速度 ω 在经过一个运动周期 T 之后又变回到初始状态，其动能没有变化。也就是说，在一个周期 T 中，输入功与输出功相等，机械的动能没有增减，因而主轴回转的角速度也将恢复到原来的水平。但在运转周期 T 中的任意时间段内，驱动力做的功与工作阻力所做的功并不相等，机械动能始终发生着变化，因而角速度始终在波动。机械的这种有规律的、周期性的速度变化称为周期性速度波动。一般机械如蒸汽机、内燃机、牛头刨床、冲床等的速度波动大多是周期性的。

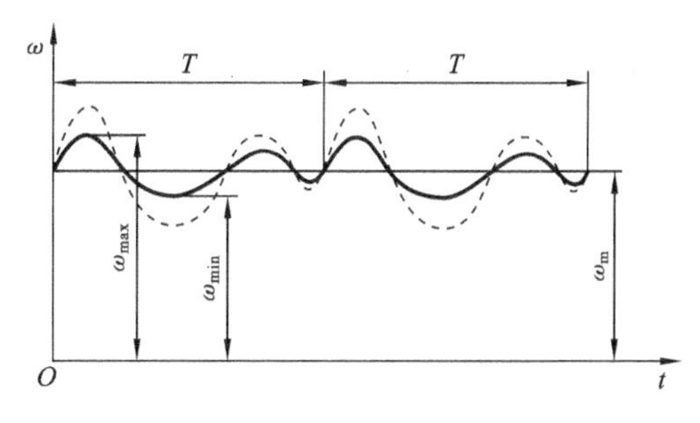

图 14-2　周期性速度波动

14.1.3　非周期性速度波动

无论是匀速运转还是速度作周期性波动的机器，若在运转过程中其驱动力或工作阻力突然增加或减小，又不及时恢复原状，这时机器主轴的角速度就随之不断升高或降低，最终机器或因速度过高出现“飞车”现象遭到损坏，或因速度降低被迫停车使生产无法进行。这种速度波动是随机的、不规则的、没有一定的周期，因此称为非周期性速度波动。汽轮发电机组在供气量不变而用电量突然增减时，就会出现这种速度波动。

14.1.4　机械速度波动的调节方法

周期性速度波动调节的方法是在机械主轴上另外安装一个转动惯量很大的回转构件——飞轮。飞轮的转动惯量很大，要使其回转速度发生变化，就需要较大的能量。这样，当机械出现盈功时，飞轮转速略微上升，将盈功转变成动能储存起来；当机械出现亏功时，飞轮转速略微降低，把储存的动能释放出来以弥补亏功的不足。这样，利用飞轮储存和释放能量的作用，可使机械主轴的速度波动降低。如图 14-2 中粗实线所示，安装飞轮后的速度波动要小得多。

非周期性速度波动，不能用飞轮来进行调节，只能使用专门的装置——调速器来实现。调速器的种类很多，主要有机械式的、气动式的、机械气动式的、液压式的、电子式的或电液式的等。但调速器都是基于反馈控制原理工作的。当工作阻力发生变化时，引起盈亏功相应的变化，使机器的转速随之升降，这时通过调速器调控原动机输出的驱动力的大小，从而使输入功与工作阻力消耗的功趋于平衡，进而达到新的稳定运转状态。

14.2　飞轮的近似设计计算

14.2.1　机械运转的速度不均匀系数

作周期性速度波动的机械，其速度波动的程度通常用速度不均匀系数 δ 表示

$$\delta=\frac{\omega_{max}-\omega_{min}}{\omega_m} \tag{14-1}$$

式中：ω_{max}、ω_{min}和ω_m——最大角速度、最小角速度和平均角速度(见图 14-2)。工程中平均角速度ω_m一般按下式计算

$$\omega_m=\frac{\omega_{max}+\omega_{min}}{2} \tag{14-2}$$

ω_{max}、ω_{min}可在一个运转周期中确定。$\omega_{max}-\omega_{min}$表示了机械速度波动范围的大小，称为绝对不均匀度。但在此差值相同的情况下，不同的情况下对平均角速度ω_m的影响是各不相同的。当ω_m一定时，$\omega_{max}-\omega_{min}$愈小，则$\delta$愈小，说明机械的运转愈平稳。

各种不同机械的许用速度不均匀系数[δ]依它们的工作要求而定。几种常见机械的速度不均匀系数许用值列于表 14-1。

表 14-1　几种常见机械的[δ]值

机械名称	[δ]	机械名称	[δ]
碎石机	1/5～1/20	造纸机、织布机	1/40～1/50
冲床、剪床	1/7～1/10	纺纱机	1/60～1/100
轧压机	1/10～1/25	蒸汽机、内燃机、空气压缩机	1/80～1/150
汽车、拖拉机	1/20～1/60	直流发电机	1/100～1/200
金属切削机床	1/30～1/40	交流发电机	1/200～1/300
水泵、鼓风机	1/30～1/50	航空发动机	<1/200

在工程设计计算中，经常已知ω_m和δ，求ω_{max}、ω_{min}。由式(14-1)、式(14-2)可得

$$\omega_{max}=\left(1+\frac{1}{2}\delta\right)\omega_m \tag{14-3}$$

$$\omega_{min}=\left(1-\frac{1}{2}\delta\right)\omega_m \tag{14-4}$$

14.2.2　飞轮设计的基本原理

飞轮设计的基本问题是确定飞轮的转动惯量，以将机械运转的速度不均匀系数δ限制在许可的范围内，即满足如下条件

$$\delta\leqslant[\delta] \tag{14-5}$$

在一般机械中，机械主轴都作周期性回转。设在安装飞轮之前，主轴的角速度ω作周期性变化。角速度达到最大ω_{max}时，机械具有最大动能E_{max}；角速度达到最小ω_{min}时，机械具有最小动能E_{min}。最大动能与最小动能之差称为最大盈亏功，用W_{max}表示有

$$W_{max}=E_{max}-E_{min}=\frac{1}{2}J(\omega_{max}^2-\omega_{min}^2)=J\omega_m^2\delta \tag{14-6}$$

式中：J——机械的转动惯量。

则机械的运转不均匀系数为

$$\delta=\frac{W_{max}}{J\omega_m^2} \tag{14-7}$$

由于机械的转动惯量J很小，使得机械主轴的速度在很大范围内波动，不均匀系数值δ很大，达不到稳定运转的要求$\delta\leqslant[\delta]$。这时若在该主轴上安装一转动惯量足够大的飞轮，就可降低

主轴运转速度的不均匀性，达到速度波动调节的目的。设飞轮的转动惯量为 J_F，安装飞轮后的速度不均匀系数为

$$\delta=\frac{W_{max}}{(J+J_F)\omega_m^2} \tag{14-8}$$

为满足条件 $\delta \leqslant [\delta]$，飞轮的转动惯量应为

$$J_F \geqslant \frac{W_{max}}{\omega_m^2[\delta]}-J \tag{14-9}$$

由于飞轮的转动惯量 J_F 很大，机械的转动惯量 J 与其相比很小，故在工程近似计算中，常常将 J 忽略不计，故可得

$$J_F \geqslant \frac{W_{max}}{\omega_m^2[\delta]} \tag{14-10}$$

机械铭牌上一般标明其名义转速 n。将 $\omega_m=\frac{\pi n}{30}$ 代入式(14-10)，可得

$$J_F \geqslant \frac{900W_{max}}{\pi^2 n^2[\delta]} \tag{14-11}$$

分析式(14-11)可知：

(1) 当最大盈亏功 W_{max} 和平均角速度 ω_m 一定时，飞轮转动惯量 J_F 与许用速度不均匀系数$[\delta]$成反比。当要求$[\delta]$取值很小时，则飞轮的转动惯量 J_F 就需很大。所以，过分追求机械运转速度的均匀性将会使飞轮过于笨重。

(2) 由于 W_{max} 和 ω_m 都是有限值，J_F 也不可能为无穷大，所以$[\delta]$不可能为零。即安装飞轮后，机械运转的速度仍有周期性波动，只是波动的幅度减小了。

(3) 当 W_{max} 和$[\delta]$一定时，J_F 与 ω_m^2 成反比。即平均转速 ω_m 越高，所需安装在其上的飞轮转动惯量越小，所以飞轮应安装在机械的高速轴上，以减小飞轮的尺寸和重量。

14.2.3　最大盈亏功的确定

在确定飞轮的转动惯量时，需事先确定最大盈亏功 W_{max}。若已知作用在装有飞轮的主轴上的驱动力矩 M_{ed} 和阻力矩 M_{er} 随转角 φ 的变化规律 M_{ed}-φ 曲线和 M_{er}-φ 曲线，即可借助能量指示图来确定最大盈亏功 W_{max}。

图 14-3(a)所示为机械稳定运转的一个周期。M_{ed}-φ 曲线与横坐标轴所包围的面积表示驱动力矩所做的输入功 W_d；M_{er}-φ 曲线与横坐标轴所包围的面积表示阻力矩所做的输出功 W_r。在这一整周期内，动能没有变化，输入功与输出功相等，$W_d=W_r$，两曲线包围的面积应相等。在每一区间段，两曲线包围的面积差即为盈亏功。例如，在 Oa 段有 $W_d<W_r$，出现亏功，用(－)表示，阴影面积 S_{Oa} 表示亏功大小；在 ab 段有 $W_d>W_r$，出现盈功，用(＋)表示，阴影面积 S_{ab} 表示盈功大小；依此类推。这些能量的变化可以用图 14-3(b)所示的能量指示图表示。取任意点 O 作为起点，按一定比例用垂直向量线段 Oa、ab、bc、cd、de 依次表示相应位置盈亏功 S_{Oa}、S_{ab}、S_{bc}、S_{cd}、S_{de}，盈功为正，箭头向上，亏功为负，箭头向下。起始点和终止点应处于同一水平线上，形成封闭折线图。由图中明显看出点 a 处于最低位置，具有最小动能 E_{min}，对应于 ω_{min}；点 b 处于最高位置，具有最大动能 E_{max}，对应于 ω_{max}。最高点与最低点的垂直距离就代表了最大盈亏功 W_{max}。

14.2.4　飞轮主要尺寸的确定

飞轮转动惯量 J_F 求得以后，就可以确定它的主要尺寸如直径、宽度和轮缘厚度等。图

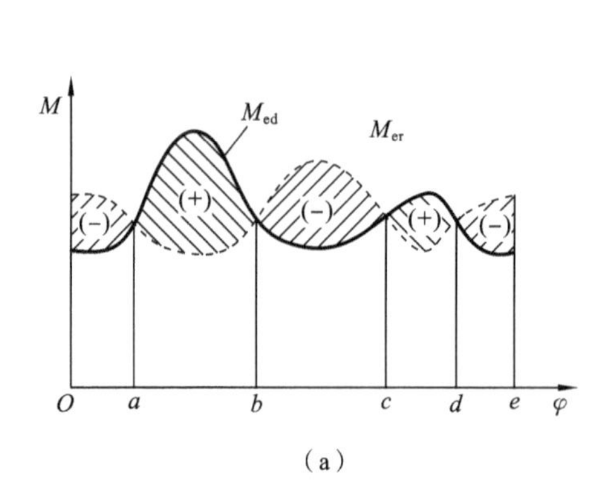

(a)

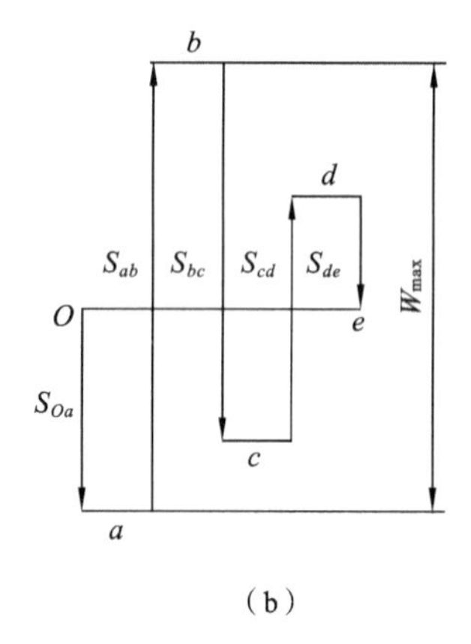

(b)

图 14-3　最大盈亏功的确定

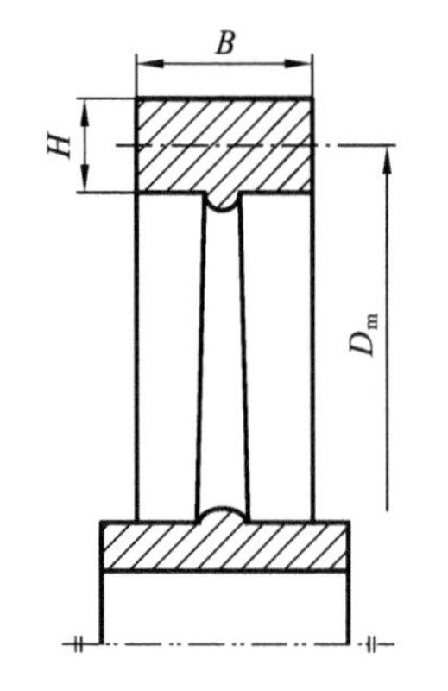

图 14-4　带轮辐的飞轮的结构尺寸

14-4 为带有轮辐的飞轮。因与轮缘相比，轮毂及轮辐的转动惯量较小，故忽略不计。认为飞轮质量 m 集中于轮缘平均直径为 D_m 的圆周上，则

$$J_F=\frac{mD_m^2}{4} \tag{14-12}$$

当选定飞轮的平均直径 D_m 后，即可由上式求出飞轮的质量 m。又设轮缘为长矩形截面，厚度和宽度分别为 H、B，材料的密度为 ρ，则

$$m=\pi D_m HB\rho \tag{14-13}$$

当飞轮的材料及比值 H/B 选定后，即可确定轮缘的截面尺寸 H 和 B。

对于外径为 D 的实心圆盘式飞轮，可按式(14-14)、式(14-15)确定其尺寸

$$J_F=\frac{mD^2}{8} \tag{14-14}$$

$$m=\frac{\pi D^2}{4}B\rho \tag{14-15}$$

应当说明，飞轮不一定是外加的专门构件，实际机械中，往往用可用增大皮带轮、齿轮等的尺寸和质量的方法，使之兼起飞轮作用。还应指出，本章介绍的飞轮设计方法，没有考虑除飞轮之外其他构件的动能变化，因而是近似设计。由于机械运转速度不均匀系数 δ 容许有一个变化范围，所以这种近似设计可以满足一般的使用要求。

例 14-1　如图 14-5(a)所示，已知驱动力矩 M_{ed} 为常数，阻力矩 M_{er} 在一个周期内的变化规律如图所示，安装飞轮主轴的平均角速度为 $\omega_m=25\ s^{-1}$，要求的不均匀系数 $[\delta]=0.05$，试确定飞轮的转动惯量 J_F。

解　(1) 求驱动力矩 M_{ed}。

驱动力矩为常数，它与横坐标轴所包围的面积应与阻力矩与横坐标轴所包围的面积相等，故

$$M_{ed}=\frac{1}{2\pi}\left(\frac{1}{2}\pi\times10+\frac{1}{2}\pi\times10+\frac{1}{2}\pi\times10\right)=5\ \text{N}\cdot\text{m}$$

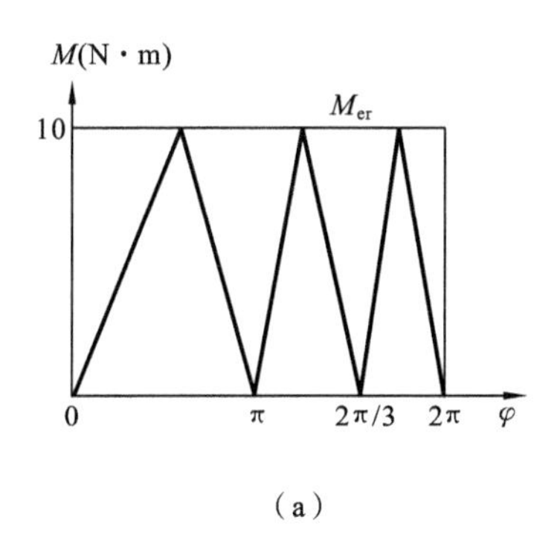

(a)

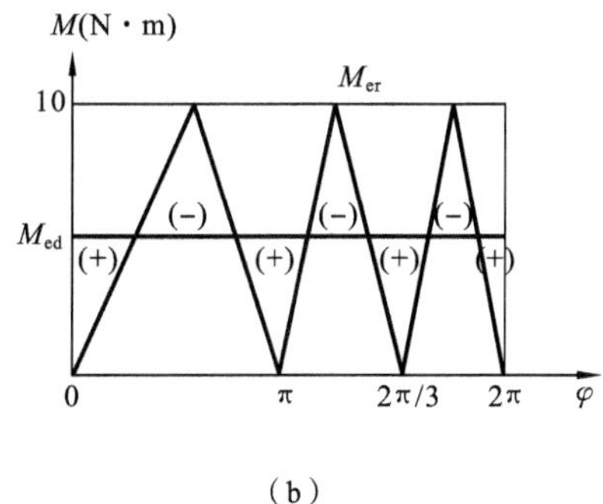

(b)

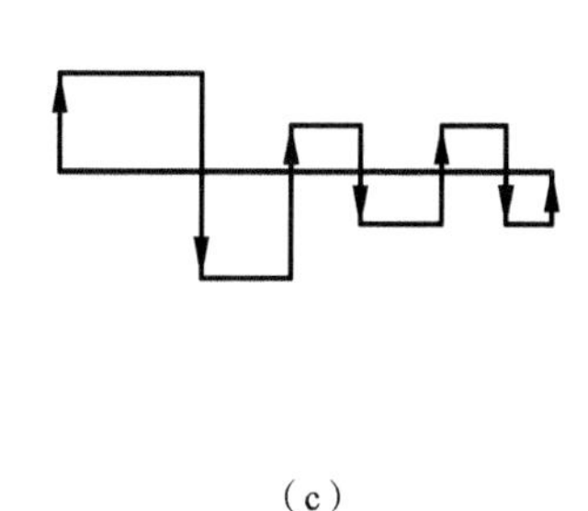

(c)

图 14-5　速度波动调节示例

(2) 求最大盈亏功 W_{max}。

在图中作出驱动力矩 M_{ed} 的水平线,并用(+)和(−)分别标注出一个周期内的盈亏功,如图 14-5(b)所示,各部分的面积如下表所列。

区间	0～π/4	π/4～3π/4	3π/4～9π/8	9π/8～11π/8	11π/8～13π/8	13π/8～15π/8	15π/8～2π
面积	10π/16	−10π/8	15π/16	−5π/8	10π/16	−5π/8	10π/16

绘出能量指示图如图 14-5(c)所示,则最大盈亏功为

$$W_{max}=\frac{10\pi}{8}\ \text{N}\cdot\text{m}$$

(3) 求飞轮的转动惯量 J_F。

$$J_F \geqslant \frac{W_{max}}{\omega_m^2[\delta]}=\frac{10\pi}{8\times 25^2\times 0.05}\ \text{kg}\cdot\text{m}=0.1256\ \text{kg}\cdot\text{m}$$

14.3　回转件的平衡

14.3.1　回转件平衡的目的

机械中有许多构件如齿轮、盘形凸轮、带轮、链轮、曲轴等都是绕固定轴线回转的。这类作回转运动的构件称为回转件或转子。由于结构不对称、材料不均匀、制造与安装不准确等原因,其质心可能不在回转轴线上,而是偏离轴线一距离 e。设回转件的质量为 m,回转的角速度为 ω,则构件转动时产生的离心惯性力 $\boldsymbol{F}$ 的大小为

$$F=me\omega^2 \tag{14-16}$$

离心惯性力 $\boldsymbol{F}$ 将在运动副中引起附加动载荷。这不仅会增大运动副中的摩擦力、增加磨损,而且会增大构件的内应力,降低机械效率、回转精度和使用寿命。特别是由于这些惯性力的大小及方向随着回转件的运转一般都在作周期性的变化,必将引起机械及其基础产生强迫振动。如果这种振动的振幅较大,或者其频率接近共振范围,必将产生极其不良影响,甚至可能使机械设备和厂房建筑遭到破坏。

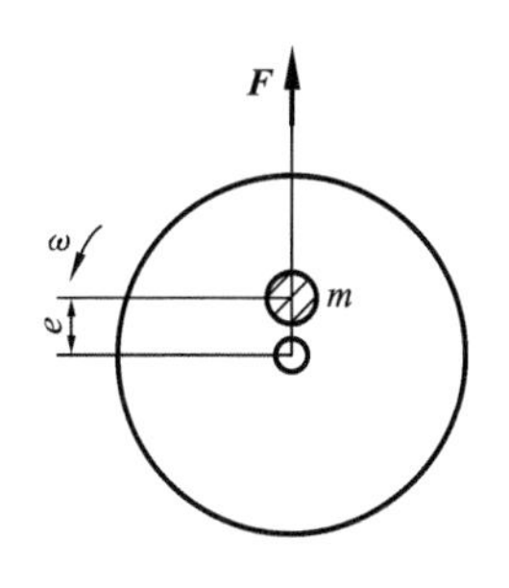

图 14-6　平衡的目的

当回转构件转速较低时,产生的离心惯性力很小,这时其影响在工程中可以忽略。但是对于高速重型机械,离心惯性力的影响却非常大。如图 14-6 所示为一质量 $m=100$ kg,质心偏离轴线 $e=0.001$ m

的回转件，当其转速为 $n=30$ r/min 时，由式(14-16)可得离心惯性为 $F=1$ N，而当构件转速上升到 $n=3000$ r/min 时，离心惯性力增大到 $F=10000$ N，并且是构件自重的 10 倍。因此，调整回转件的质量分布，消除或部分消除离心惯性力的不良影响，使构件惯性力达到平衡，这就是回转件平衡的目的。

根据组成回转件各质量的不同分布，其平衡问题可分为静平衡和动平衡两种情形进行分析。

14.3.2 回转件的静平衡

对于轴向尺寸很小(宽径比≤0.2)的回转件，如齿轮、盘形凸轮、飞轮、带轮等，其质量分布可近似地认为在同一回转平面内。因此，当构件等角速角转动时，回转件上各质量 m_i 产生的离心惯性力 $\boldsymbol{F}_i$ 形成一平面汇交力系。若它们的合力 $\sum \boldsymbol{F}_i=\boldsymbol{0}$，即质心位于转动轴线上时，称回转件为静平衡，否则称为静不平衡。对于静不平衡的回转件，如欲使其达到静平衡，只需在这一回转平面内增加一平衡质量 m_b 或在相反位置减去一质量，使其产生的离心惯性力与原有质量所产生的离心惯性力之向量和为零，这个力系就会达到新的平衡，回转件实现静平衡。即静平衡条件为

$$\sum \boldsymbol{F}=\boldsymbol{F}_b+\sum \boldsymbol{F}_i=\boldsymbol{0} \tag{14-17}$$

式中：$\sum \boldsymbol{F}$ ——总离心惯性力；

$\boldsymbol{F}_b$——平衡质量离心惯性力；

$\boldsymbol{F}_i$——原有各质量离心惯性力。

如果以质量 m_b、m_i 和质心的向径 $\boldsymbol{r}_b$、$\boldsymbol{r}_i$ 表示，有

$$m_b\boldsymbol{r}_b+\sum m_i\boldsymbol{r}_i=\boldsymbol{0} \tag{14-18}$$

式中，质量与向径的乘积称为质径积，它表达了各质量所产生的离心惯性的相对大小和方向。大小是质量与向径大小的乘积，方向与向径的指向一致。

由式(14-18)可知，静平衡的条件也可描述为：平衡质量与原有质量的质径积的向量和等于零。

如图 14-7(a)所示，已知原不平衡质量 m_1、m_2、m_3 分布在同一回转平面内，其向径分别为 r_1、r_2、r_3，由式(14-18)可得

$$m_b\boldsymbol{r}_b+m_1\boldsymbol{r}_1+m_2\boldsymbol{r}_2+m_3\boldsymbol{r}_3=\boldsymbol{0}$$

式中只有应加的平衡质量的质径积 $m_b\boldsymbol{r}_b$ 未知，可用向量图解法将其求出。如图 14-7(b)所示。

当求出 $m_b\boldsymbol{r}_b$ 后，就可根据回转件的结构形状选定 $\boldsymbol{r}_b$ 的大小，所需的平衡质量 m_b 也就随之确定。m_b 的安装方向即为向量图上 $m_b\boldsymbol{r}_b$ 所指的方向。

若转子的实际结构不允许在向径 $\boldsymbol{r}_b$ 的方向上安装平衡质量，可在向径 $\boldsymbol{r}_b$ 的相反方向上去掉相等质量来使转子得到平衡。

根据上面的分析，对于静不平衡的转子，无论它有多少个偏心质量，都只需要在同一个平衡面内增加或削除一个平衡质量即可获得平衡，故也称为单面平衡。

例 14-2 如图 14-8(a)所示的薄型圆盘转子上钻有四个圆孔，圆孔直径分别为：$d_1=50$ mm，$d_2=70$ mm，$d_3=90$ mm，$d_4=60$ mm；孔心到圆盘轴心的距离分别为 $r_1=250$ mm，$r_2=$

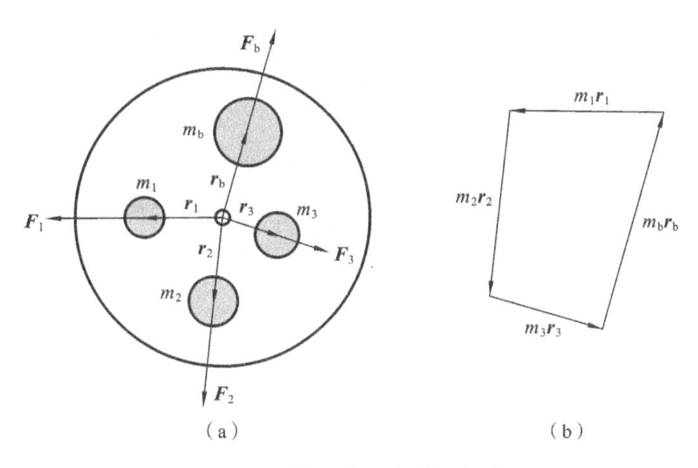

图 14-7　静平衡及向量图解法

200 mm，$r_3=200$ mm，$r_4=260$ mm。各孔的方位如图所示，其中 $\alpha_{12}=60°$，$\alpha_{23}=90°$，$\alpha_{34}=60°$。已知圆盘由均质材料制成。试求为使圆盘平衡，现欲在离圆盘轴心为 $r_b=300$ mm 处钻一平衡孔，试求该孔的直径 d_b 和方位角 α_{4b}。

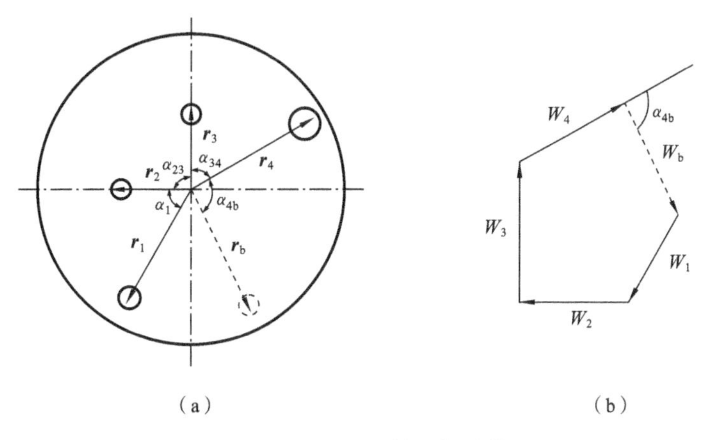

图 14-8　例 14-2 静平衡计算

解　由于圆盘的材质是均匀的，因此，圆盘上各孔的直径 d 即可代表该处所欠缺的质量，孔径 d 与距离 r 的乘积 dr 也就代表了不平衡质径积 mr 的大小。由已知条件算出的 d_ir_i 值如下：

$$d_1r_1=50\times250\ \text{mm}^2=12500\ \text{mm}^2$$

$$d_2r_2=70\times200\ \text{mm}^2=14000\ \text{mm}^2$$

$$d_3r_3=90\times200\ \text{mm}^2=18000\ \text{mm}^2$$

$$d_4r_4=60\times260\ \text{mm}^2=15600\ \text{mm}^2$$

现取比例尺 $\mu_{dr}=1000\ \text{mm}^2/\text{mm}$，即可求出各不平衡“质径积”的代表线段的长度

$$W_1=d_1r_1/\mu_{dr}=12500/1000\ \text{mm}=12.5\ \text{mm}$$

$$W_2=d_2r_2/\mu_{dr}=14000/1000\ \text{mm}=14\ \text{mm}$$

$$W_3=d_3r_3/\mu_{dr}=18000/1000\ \text{mm}=18\ \text{mm}$$

$$W_4=d_4r_4/\mu_{dr}=15600/1000\ \text{mm}=15.6\ \text{mm}$$

根据向量方程式

$$d_b\boldsymbol{r}_b+d_1\boldsymbol{r}_1+d_2\boldsymbol{r}_2+d_3\boldsymbol{r}_3+d_4\boldsymbol{r}_4=0$$

作向量多边形如图 14-8(b)所示。其封闭向量 $\boldsymbol{W}_b$ 即为 $d_b\boldsymbol{r}_b$ 的代表线段，量取得 $W_b=16.5$ mm，因而

$$d_b\boldsymbol{r}_b=W_b\times\mu_{dr}=16.5\times1000\ \text{mm}^2=16500\ \text{mm}^2$$

所以

$$d_b=d_br_b/r_b=16500/300\ \text{mm}=55\ \text{mm}$$

$\boldsymbol{r}_b$ 的方位角就是向量图中 $\boldsymbol{W}_b$ 的方向，从向量图中量得：$\alpha_{4b}=95.5°$。

14.3.3 回转件的动平衡

对于轴向尺寸较大(宽径比>0.2)的回转件，如内燃机曲轴、电动机转子和一些机床主轴等，不能近似地认为全部质量都位于同一回转平面内。这时，各不平衡质量分布在沿轴向的若干个不同的回转平面内，产生的离心惯性力形成一空间力系。在这种情况下，即使回转件的总质心位于回转轴线上，由于各质量产生的离心惯性力不在同一平面，将形成惯性力偶，所以仍然是不平衡的。这种不平衡只有当回转件转动时才能表现出来，故称为动不平衡。

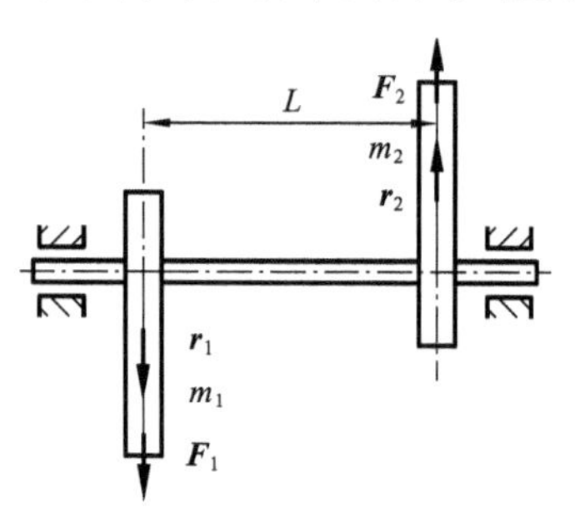

图 14-9 静平衡而动不平衡的回转件

如图 14-9 所示的回转件，两不平衡质量 $m_1=m_2$，向径 $\boldsymbol{r}_1=-\boldsymbol{r}_2$，则 $\sum\boldsymbol{F}=\boldsymbol{F}_1+\boldsymbol{F}_2=\boldsymbol{0}$ 或 $m_1\boldsymbol{r}_1+m_2\boldsymbol{r}_2=\boldsymbol{0}$，说明该构件处于静平衡状态，但离心惯性力 $\boldsymbol{F}_1$、$\boldsymbol{F}_2$ 不共面，形成一惯性力偶 $\boldsymbol{M}=\boldsymbol{F}_1L$，该力偶随着回转件的转动而周期性变化，所以处于动不平衡状态。

可见，欲使该类回转件达到动平衡，必须使各质量产生的离心惯性力和离心惯性力偶同时达到平衡，即

$$\sum\boldsymbol{F}=\boldsymbol{0},\quad\sum\boldsymbol{M}=\boldsymbol{0}\qquad(14\text{-}19)$$

现分析如何使动不平衡回转件达到动平衡。如图 14-10(a)所示，设回转件的不平衡质量 m_1、m_2、m_3 分布在三个回转平面 1、2、3 内，各质量的向径分别为 $\boldsymbol{r}_1$、$\boldsymbol{r}_2$、$\boldsymbol{r}_3$，方向如图 14-10(a)所示。当回转件以角速度 ω 转动时，产生的离心惯性力分别为 $\boldsymbol{F}_1$、$\boldsymbol{F}_2$、$\boldsymbol{F}_3$。根据力的合成与分解原理：一个力可以分解为与它平行的两个力。将三个惯性力分解到选定的能安装平衡质量的两个平衡基面Ⅰ、Ⅱ内，分别产生分力：$\boldsymbol{F}_{\text{I}1}$、$\boldsymbol{F}_{\text{I}2}$、$\boldsymbol{F}_{\text{I}3}$ 和 $\boldsymbol{F}_{\text{II}1}$、$\boldsymbol{F}_{\text{II}2}$、$\boldsymbol{F}_{\text{II}3}$。这些分力与原离心惯性力 $\boldsymbol{F}_1$、$\boldsymbol{F}_2$、$\boldsymbol{F}_3$ 产生的不平衡效应是等同的。这样就把空间力系转化成了两个平面力系，与此同时就把回转件的动平衡问题转化成为两个平衡基面内的静平衡问题。即只要这两个平衡基面内各质量分别达到静平衡，整个回转件就成为动平衡构件。

若各质量的向径保持不变，则在两平衡基面内的质量分别为

$$m_{\text{I}1}=\frac{l_{\text{II}1}}{l}m_1\quad m_{\text{I}2}=\frac{l_{\text{II}2}}{l}m_2\quad m_{\text{I}3}=\frac{l_{\text{II}3}}{l}m_3$$

$$m_{\text{II}1}=\frac{l_{\text{I}1}}{l}m_1\quad m_{\text{II}2}=\frac{l_{\text{I}2}}{l}m_2\quad m_{\text{II}3}=\frac{l_{\text{I}3}}{l}m_3$$

这样在两个平衡基面内，由静平衡条件式(14-18)可分别求出平衡质量的质径积 $m_{\text{I}b}\boldsymbol{r}_{\text{I}b}$ 和 $m_{\text{II}b}\boldsymbol{r}_{\text{II}b}$。

$$m_{\text{I}b}\boldsymbol{r}_{\text{I}b}+m_{\text{I}1}\boldsymbol{r}_1+m_{\text{I}2}\boldsymbol{r}_2+m_{\text{I}3}\boldsymbol{r}_3=\boldsymbol{0}$$

$$m_{\text{II}b}\boldsymbol{r}_{\text{II}b}+m_{\text{II}1}\boldsymbol{r}_1+m_{\text{II}2}\boldsymbol{r}_2+m_{\text{II}3}\boldsymbol{r}_3=\boldsymbol{0}$$

分别作向量图如图 14-10(b)所示。适当选定 $\boldsymbol{r}_{\text{I}b}$ 和 $\boldsymbol{r}_{\text{II}b}$ 的大小后，即得平衡质量 $m_{\text{I}b}$ 和 $m_{\text{II}b}$。

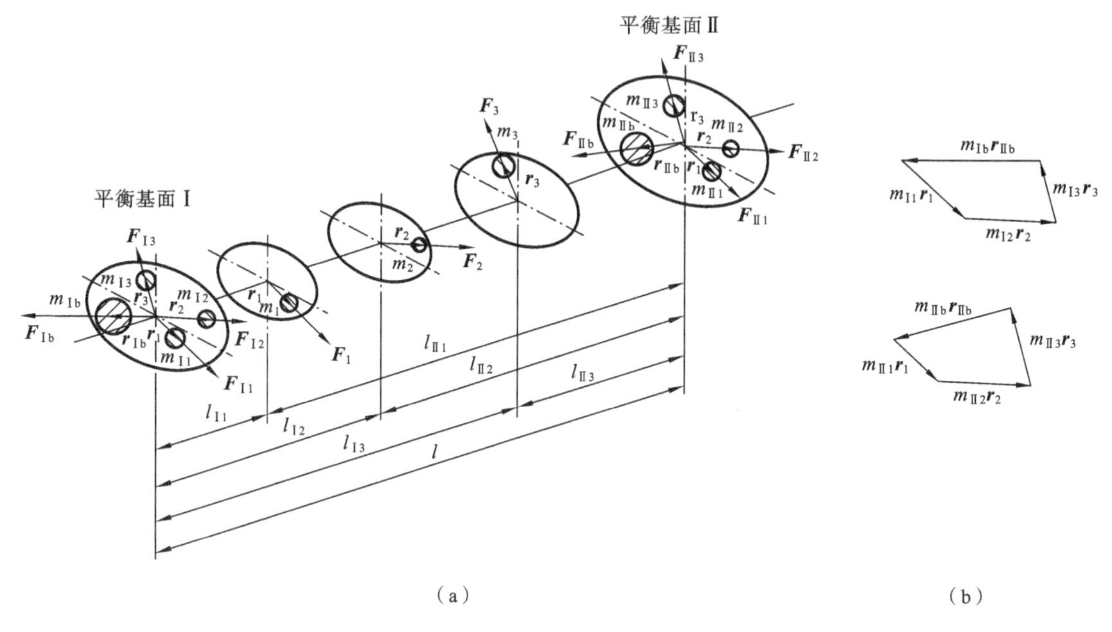

图 14-10　回转件的动平衡

由上述分析可知,对任何不平衡的回转件,不论它有多少个不平衡质量、分布在多少个平面内,都只需在任选的两个平衡基面内各加上或除去一个适当的平衡质量,这样就能使回转件的离心惯性力的合力和合力偶都等于零,达到动平衡,故也称为双面平衡。

由于动平衡同时满足静平衡条件,故经动平衡的回转件一定是静平衡的。但是必须注意到,静平衡的回转件不一定是动平衡的。

根据以上分析,对转子的动平衡设计计算,就是:根据转子结构确定出各个不同回转平面内偏心质量的大小和位置;在转子结构允许的位置选取两个平衡平面;分别在两个平衡平面内计算出为使转子达到动平衡所需增加的平衡质量的位置、大小及方位;在转子设计图上加上这些平衡质量,以使设计出来的转子在理论上达到动平衡。

14.3.4　回转件的平衡实验

对那些结构不对称于回转轴线的回转件可以根据质量分布情况进行平衡分析,计算出所需的平衡质量并使之符合平衡条件。这时它和结构对称于回转轴线的回转件一样,在理论上是完全平衡了。但是由于计算、制造和装配上的误差以及材料质量不均匀等原因,往往达不到预期的平衡,还需要进行平衡实验加以平衡,以提高平衡精度。根据质量分布的特点,平衡实验分为静平衡实验和动平衡实验。

对于宽径比≤0.2 的回转件,只要其平衡精度要求不是很高,就只需进行静平衡实验。

图 14-11　静平衡实验

图 14-11 所示为导轨式静平衡架。实验时,将欲平衡的回转件放在两个水平安装且相互平行的刀口形导轨上,在重力矩作用下,不平衡的回转件在导轨上往复摆动。当摆动停止时,回转件的质心必位于过轴心的铅垂线下方。然后在过轴心的铅垂线上方适当位置加一定的

平衡质量，这时如质心仍不在轴心上，构件还要在导轨上摆动。重复以上步骤，直到回转件在任意位置都能保持静止不动为止，这时所加的平衡质量和向径的乘积就是使该回转件达到静平衡所需加装的质径积。该实验方法简单，平衡精度较高，被广泛采纳。

对于宽径比>0.2 的回转件以及有特殊要求的转子必须进行动平衡。动平衡实验一般是在专用的动平衡机上进行的。

本 章 小 结

(1) 机械的真实运动规律主要是由作用于其上的驱动力和各种工作阻力决定的。只有驱动力和阻力在任意时间段内做的功相等时，机械主轴才能作匀速转动，否则将引起速度波动。速度波动将在运动副中引起附加动压力。速度波动调节的目的就是减小机械运转中速度波动的不均匀性以消除其不良影响。根据速度变化是否有规律，可分为周期性速度波动和非周期性速度波动。周期性速度波动的调节方法是安装转动惯量较大的飞轮，根据其储存和释放能量的作用，减小速度波动的幅值。非周期性速度波动的调节需要专用调速器，使其输入功与输出功趋于平衡。飞轮的设计主要是根据许用速度不均匀系数确定其转动惯量，继而确定其主要结构尺寸。设计计算飞轮的关键是最大盈亏功的确定。

(2) 回转件由于本身结构、材料、制造或装配等原因存在不平衡质量。回转件工作时的不平衡质量产生的惯性力将在运动副中引起附加动压力，其危害甚大。平衡的目的就是设法将回转件的不平衡惯性力加以平衡，以消除其不良影响。静不平衡是在回转件静止时就反映出来的，而动不平衡是在回转件运转时反映出来。根据回转件的结构尺寸不同，可进行不同的平衡计算或实验。对于轴向尺寸较小的回转件，认为所有不平衡质量均分布在同一平面内，只需进行静平衡计算和实验；对于轴向尺寸较大的回转件，认为不平衡质量分布在几个平面上，这时必须进行动平衡计算或实验。静平衡是单面平衡，而动平衡是双面平衡。动平衡的回转件一定是静平衡的。

思考与练习题

14-1 周期性和非周期性速度波动的区别是什么？

14-2 飞轮调节周期性速度波动的原理是什么？加大飞轮的转动惯量能否使机械达到匀速运转状态？

14-3 飞轮是否能调节非周期性速度波动？

14-4 什么是机械运转速度不均匀系数？由式 $J_F \geqslant \dfrac{W_{max}}{\omega_m^2[\delta]}$ 你能总结出哪些重要结论？

14-5 为什么要对回转件进行平衡计算？

14-6 静平衡和动平衡各需要几个面平衡？

14-7 仅经过静平衡校正的回转件是否能满足动平衡的要求？经过动平衡校正的回转件是否能满足静平衡的要求？为什么？

14-8 在电动机驱动的剪床中，已知作用在剪床主轴上的驱动力矩 M_{ed} 等于常量，作用于其上的阻力矩 M_{er} 的变化规律如图 14-12 所示。剪床主轴转速为 $n=60$ r/min，要求机械运转速度不均匀系数$[\delta]=0.15$。求：(1) 驱动力矩 M_{ed}；(2) 安装在剪床主轴上的飞轮转动惯

量 J_F。

14-9　图 14-13 所示为某机械系统主轴上驱动力矩 M_{ed} 及阻力矩 M_{er} 在一个周期内对主轴转角 φ 的变化曲线。设已知各阴影块面积为 $S_{ab}=180\ \text{mm}^2$、$S_{bc}=250\ \text{mm}^2$、$S_{cd}=100\ \text{mm}^2$、$S_{de}=170\ \text{mm}^2$、$S_{ef}=290\ \text{mm}^2$、$S_{fg}=220\ \text{mm}^2$、$S_{ga'}=70\ \text{mm}^2$。单位面积所代表的功 $\mu_S=10\ \text{N}\cdot\text{m/mm}^2$。(1) 画出能量指示图，计算该机械系统的最大盈亏功 W_{max}；(2) 设系统运转速度不均匀系数要求为$[\delta]=0.05$，主轴转速 $n=1000$ r/min，求飞轮的转动惯量 J_F；(3)求该系统的最大转速 n_{max} 和最小转速 n_{min}，并分别指出出现的位置。

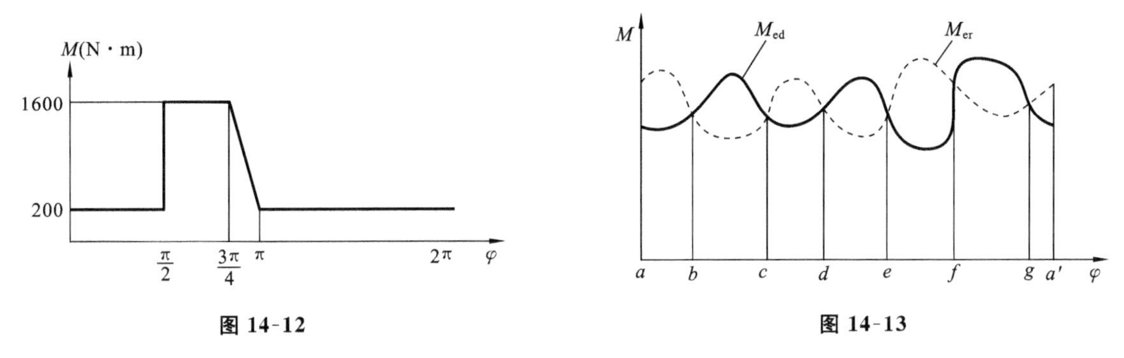

图 14-12　　　　图 14-13

14-10　图 14-14 所示回转构件有四个偏心质量位于同一回转平面内，它们的大小及向径分别为：$m_1=10$ kg，$m_2=14$ kg，$m_3=16$ kg，$m_4=10$ kg；$r_1=50$ mm，$r_2=100$ mm，$r_3=75$ mm，$r_4=50$ mm。要在离转动轴线距离为 $r_b=150$ mm 的位置加平衡质量，试求平衡质量 m_b 的大小及方向角。

14-11　图 14-15 所示为某机械中的曲轴，在曲轴的两端各安装一个飞轮 A 和 B。已知曲轴半径 $R=200$ mm 以及换算到曲轴销 S 的不平衡质量为 $m=40$ kg。若在两飞轮上各装一平衡质量 m_A 和 m_B，其回转半径 $r=500$ mm，求所加平衡质量 m_A、m_B 的大小和位置。

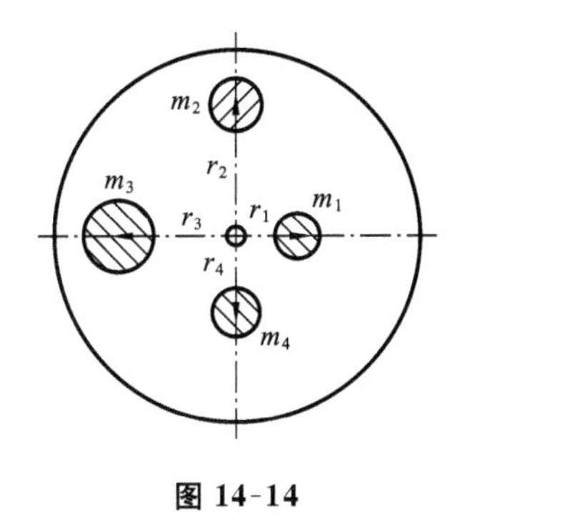

图 14-14

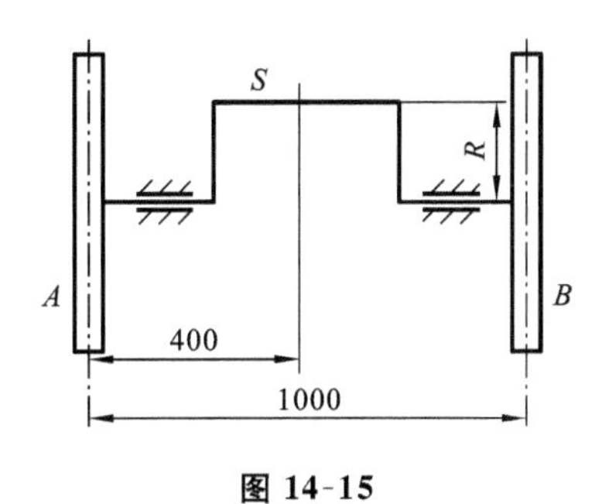

图 14-15

第15章　机械系统设计及减速器简介

如第1章所述，一般说来，机械是由原动机、传动装置、工作执行部分和控制系统四大部分组成的。本章对机械系统的设计作一个概括性的论述。

15.1　机械系统设计的基本要求和一般步骤

15.1.1　机械系统设计的基本要求

机器或现代机电一体化设备都称为机械系统。机械系统的设计任务，是在当前技术发展水平下，以市场需要为导向提出来的。不管机械系统的类型如何，一般而言，会对其提出以下的基本要求。

1. 功能性要求

所谓机械系统的功能是指该机器应具备的完成某种作业任务的能力。如搅拌机应能完成搅拌泥浆或其他物料的工作，运输机械应能在不同地点之间实现对人或物料的搬运等。机械系统的设计必须能按规定的技术指标有效地实现预期的各项功能。

功能性要求是在实现产品的基本功能之外，要求拥有优良的技术性能。

2. 经济性要求

机械系统的经济性体现在设计、制造、运行等全过程中，设计时要全面综合地进行考虑。设计制造的经济性表现为机械的成本低；运行的经济性表现为高生产率、高效率、较少地消耗能源，以及低的管理和维护费用。

3. 可靠性要求

机械系统的可靠性是用可靠度来衡量的。可靠度是指其在规定的工作条件下和规定的使用期间内，能够正常工作以完成其预定功能的概率。可靠性是机械系统的固有属性，它在设计制造阶段就已确定。因此机械系统的设计对机械系统的可靠性起着决定性的作用。

4. 安全性要求

安全性包括操作人员的人身安全和机械系统本身的安全。设计阶段就要遵循以人为本的设计准则，按照人机工程学的观点进行设计，满足人、机、环境相协调的要求。

5. 其他特殊要求

其他要求主要是针对不同用途或特殊环境条件下工作的机械提出的特殊要求。

15.1.2　机械系统设计的一般步骤

由于机械设计任务的大小和来源不同，设计机械并没有通用和固定的程序，但大体说来一般都要经过如下步骤。

1. 明确任务阶段

明确机械的用途、功能、技术指标、经济指标、设计参数、约束条件，查寻相关资料或进行市场调研，了解同类机型发展趋势和现状，特别是生产、运行情况、优缺点及存在的问题，进行可行性分析。

2. 方案设计阶段

根据机械预期功能，选择机械的工作原理；根据工作原理选择一定类型的原动机、传动机构、工作执行机构及必要的辅助装置；合理安排原动机→传动装置→工作执行部分的所有机构及部件间的相对位置，并画出总体方案原理图。

方案设计是机械设计的初始阶段，方案的优劣决定了机械的成败与质量。尽可能提出多种可行方案，从技术经济等方面进行综合评价后择优选定。

3. 技术设计阶段

通过运动分析确定各构件的几何特征尺寸参数，通过动力学分析确定原动机的动力参数，通过强度计算确定各零部件的结构参数，并根据工艺性要求进行结构设计，绘制总装配图、部件装配图、零件工作图，编写设计计算说明书和使用维护说明书等技术文件。

此阶段是一个相互交叉和反复的过程，可借助 CAD、CAE 等工具软件提高效率。

4. 试制成形阶段

通过传统的制造样机及对样机的试验，或通过现代虚拟仿真和虚拟制造技术、发现问题和不足后加以改进完善，组织专家进行鉴定，然后投入批量生产。

15.2　机械系统方案设计

机械系统的方案设计是机械设计进程中最重要也是最能发挥设计者创造性的工作阶段。从设计任务的功能要求出发，运用已有知识和经验，广泛收集信息以多方借鉴同类或相近机械产品的经验教训，充分发挥创造性思维和想象能力，构思出满足功能要求的新颖、高效的原理方案。

15.2.1　执行机构

对于较为复杂的机械系统，往往需要将系统的总功能划分为若干个简单的子功能，然后寻求实现各个子功能的工作原理和执行动作。同一功能可以运用不同的工作原理来实现。最后，选择实现该动作的执行机构类型。执行机构的功能分解如图 15-1 所示。

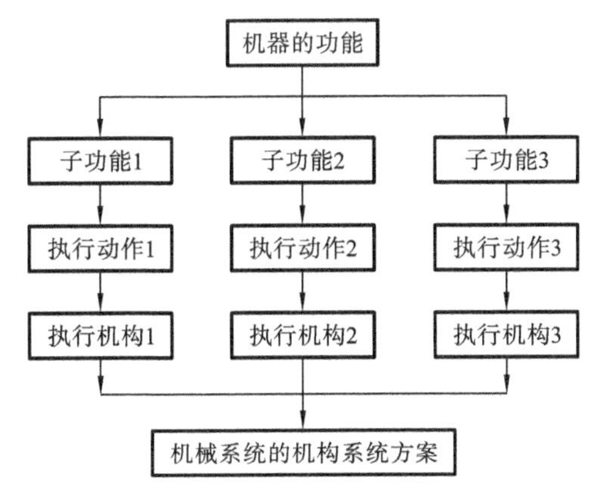

图 15-1　功能分解

执行机构是机械系统中直接完成生产任务的工作部分。执行机构选型是否合适，将直接关系到机械运动方案的适用性、可靠性和先进性，从而影响到机械系统结构的繁简、工作质量、使用效果和经济效益。

执行机构的主要作用是将由原动机经传动装置输出的运动转换为执行构件所需的动作和运动形式。四杆机构、凸轮机构、齿轮机构、螺旋机构、槽轮机构、棘轮机构、不完全齿轮机构，以及它们的组合机构和其他常用机构均可作为执行机构进行选择。选择的原则是：尽量简化和缩短运动链、减小机构的尺寸，充分考虑工作要求、生产条件和动力源情况，注意选用具有较大传动角、最大增力系数和效率较高的机构等。

机械中常用机构的运动及动力特性如表 15-1 所列。

表 15-1　常用机构的运动及动力特性

机构类型	运动及动力特性
四杆机构	可以输出转动、移动、摆动，可以实现一定轨迹、位置要求；经机构串接还可实现停歇、逆转和变速功能；利用死点可用于夹紧、自锁装置；由于运动副为面接触，故承载能力大；但动平衡困难，不宜用于高速场合
凸轮机构	可以输出任意运动规律的移动、摆动，但动程不大；若凸轮固定，从动件作复合运动，则从动件可以实现任意运动轨迹；由于运动副为高副(滚滑副)，又靠力或形封闭运动副，故不适用于重载场合
齿轮机构	圆形齿轮实现定传动比传动，非圆形齿轮实现变传动比传动；功率和转速范围都很大；传动比准确可靠
螺旋机构	输出移动或转动，还可以实现微动、增力、定位等功能；工作平稳、精度高，但效率低，易磨损
棘轮机构	输出间歇运动，并且动程可调；但工作时冲击、噪声较大，只适用于低速轻载场合
槽轮机构	输出间歇运动，转位平稳；有柔性冲击，不适用于高速场合

机械执行构件常用的运动形式有回转运动、直线运动、曲线运动及复合运动等四种。

回转运动有以下三种：连续回转运动，运动参数为每分钟的转数；间歇回转运动，运动参数为每分钟的转位的次数、转角的大小和运动系数等；往复摆动，运动参数为每分钟摆动次数、摆角大小和行程速比系数等。

直线运动有以下三种：往复直线运动，运动参数为单位时间的行程数、行程的大小和行程速比系数等；间歇往复直线运动，其运动参数为在机械的一个工作循环中，其停歇次数的多少、停歇的位置、停歇时间的长短、行程的大小和工作速度等；间歇单向直线运动，其运动参数为每次进给量的大小等。

曲线运动主要是沿固定不变的曲线运动，运动参数是坐标的变化规律。

复合运动是上述几个单一运动组合而成的运动，其运动参数根据各单一运动的形式及它们的运动组合的关系而定。

常见运动特性及其对应机构如表 15-2 所示。可供设计执行机构时选用。

当常用的基本机构不能全面满足对机械系统的运动和动力要求时，可以通过改变现有机构的结构，演变出新的变异机构，或把若干个基本机构按一定的方式加以组合，得到组合机构，以期实现执行构件的运动形式或改善机械的动力性能。

表 15-2　常见运动特性及其所对应的机构

运动特性		实现运动特性的机构示例
连续回转	定传动比匀速	平行四杆机构、双万向联轴器机构、齿轮机构、轮系、谐波传动机构、摆线针轮机构、摩擦传动机构、挠性传动机构等
	变传动比匀速	轴向滑移圆柱齿轮机构、混合轮系变速机构、摩擦传动机构、行星无级变速机构、挠性无级变速机构等
	非匀速	双曲柄机构、转动导杆机构、单万向联轴器机构、非圆齿轮机构及某些组合机构等
往复运动	往复直线运动	曲柄滑块机构、移动导杆机构、正弦机构、移动从动件凸轮机构、齿轮齿条机构、楔块机构、螺旋机构、气压和液压机构等
	往复摆动	曲柄摇杆机构、双摇杆机构、摆动导杆机构、曲柄摇块机构、空间连杆机构、摆动从动件凸轮机构及某些组合机构等
间歇运动	间歇回转	棘轮机构、槽轮机构、不完全齿轮机构、凸轮式间歇运动机构及某些组合机构等
	间歇摆动	特殊形式的连杆机构、摆动从动件凸轮机构、齿轮-连杆组合机构、利用连杆曲线圆弧段或直线段组成的多杆机构等
	间歇直线	棘齿条机构、摩擦传动机构、从动件作间歇往复运动的凸轮机构、反凸轮机构、气压和液压机构、移动杆有停歇的斜面机构等
预定轨迹	直线轨迹	连杆近似直线机构、八杆精确直线机构、某些组合机构等
	曲线轨迹	利用连杆曲线实现预定轨迹的多杆机构、凸轮-连杆组合机构、齿轮-连杆组合机构、行星轮系与连杆组合机构等
特殊运动要求	换向	双向式棘轮机构、定轴轮系(三星轮换向机构)等
	超越	齿式棘轮机构、摩擦式棘轮机构等
	过载	带传动机构、摩擦传动机构等

15.2.2　原动机

原动机是机械系统中动力的来源，原动机的运动形式、速度、驱动转矩等参数不同，将直接影响到传动装置的形式。因此在确定了机械系统中的执行机构之后，就应进行原动机的选择。

机械系统中较为常用的原动机类型、特点及其应用如表 15-3 所示，可供选用时参考。

表 15-3　常用原动机的类型、特点及其应用

原动机类型	特点与应用
内燃机	结构复杂，价格较贵，维护要求高，运行平稳性差，且对环境有污染；但在野外无电源及移动情况下仍优先选用，如汽车等，亦常用作备用发电动力
三相异步电动机	价格便宜，运行可靠，维护方便，能保持恒速运行及经受频繁启动、反转和制动；但启动转矩小，调速困难。广泛用于一般机械系统中
直流电动机	可在恒功率下进行调速，调速性能好，启动转矩大，过载能力好；但机械特性较软，价格较贵，且需有直流电源；适用于启动和调速要求较高的生产机械，如大型机床、轧钢机、电力机车、起重机，以及船舶、造纸、纺织等行业用机械
液压马达	运动速度和输出功率调整控制方便，可减少机械传动装置，特别适用于往复移动和摆动的工作场合；但当油温变化较大时工作稳定性差，密封不良时污染环境

续表

原动机类型	特点与应用
气压马达	动作速度快，可无级调速，有过载保护和防爆功能，可负载启动；但用于传动时速度较难控制，有滞后现象，密封不良时有很大噪声；多用于矿山机械，及自动机床或自动线中的夹持装置的驱动等

选择原动机时，首先要满足使用条件，即满足工作环境和执行机构的机械特性。

内燃机一般用于野外作业无电源独立移动的机械，如汽车、拖拉机、筑路机械等。

电动机类型很多，已经标准化，可以满足各种需要。在一般机械中用得最多的是三相交流异步电动机，其同步转速有 3000 r/min、1500 r/min、1000 r/min、750 r/min、600 r/min 等五种。在输出同样的功率时，电动机的转速越高，其尺寸重量也就越小，价格也越低。但当机械执行构件的速度很低时，若选用高速电动机，势必需要大减速比的减速装置，可能会造成机械传动系统的过分庞大，制造成本显著增加。当工作机构的转速或移动速度较高时，应选用高转速的电动机。这样不但可以减小电动机的尺寸和重量，降低电动机的价格，还能缩短运动链和提高传动系统的机械效率。

15.2.3 传动装置

传动装置的主要作用是将原动机的运动和动力传递给执行机构，并在此过程中实现运动参数、运动方向或运动形式的变换。

在执行机构的类型和原动机的型号确定之后，就可以计算出运动链的总传动比，进行传动系统的设计。

机械传动装置根据传动原理分为啮合传动装置和摩擦传动装置两大类。常见机械传动类型如表 15-4 所示。常见机械传动装置的特点如表 15-5 所列。

除了机械传动装置之外，还有液压传动、液力传动、气压传动和电气传动装置等传动装置。

表 15-4 常见机械啮合传动

<table>
<tr><td rowspan="10">啮合传动</td><td rowspan="5">单级齿轮传动</td><td rowspan="4">圆形齿轮传动</td><td>圆柱齿轮传动</td></tr>
<tr><td>圆锥齿轮传动</td></tr>
<tr><td>蜗杆蜗轮传动</td></tr>
<tr><td>螺旋齿轮传动</td></tr>
<tr><td colspan="2">非圆齿轮传动</td></tr>
<tr><td rowspan="3">轮系传动</td><td colspan="2">定轴轮系传动</td></tr>
<tr><td rowspan="2">周转轮系传动</td><td>行星轮系传动</td></tr>
<tr><td>差动轮系传动</td></tr>
<tr><td rowspan="2">挠性啮合传动</td><td colspan="2">链传动</td></tr>
<tr><td colspan="2">同步齿形带传动</td></tr>
<tr><td rowspan="2">摩擦传动</td><td colspan="3">带传动</td></tr>
<tr><td colspan="3">摩擦轮传动</td></tr>
</table>

表 15-5　几种常用机械传动及其特性

传动形式		传递功率/kW	传动效率	圆周速度/(m/s)	单级传动比	外廓尺寸	成本	主要优缺点
带传动装置	平带、V带	大、中、小（一般：~40 最大：~1000）	0.92~0.96	5~30	≤5~7	大	低	有过载保护，不能保证定传动比 结构简单；传动平稳，维修方便；能缓冲减振；中心距变化范围广；使用寿命低(5000~10000 h)；摩擦起电，不适于易燃、易爆和高温下工作，压轴力大
	同步带		0.96~0.98	0.1~50 最大：~80		中	低	能保证固定的平均传动比
链传动装置	滚子链、齿形链	大、中、小（一般：~100 最大：~4000	开式：0.90~0.93 闭式：0.92~0.99	5~25	≤6~10	大	中	平均传动比准确；中心距变化范围广；比带传动承载能力大；工作环境温度可高些；瞬时传动比变化；高速时有严重冲击振动，寿命低
渐开线圆柱和圆锥齿轮传动装置	开式	大、中、小（常用范围：不限；最大：~6000	0.92~0.96	≤5	3~5	中、小	中	适用速度和功率范围广；传动比准确；承载能力高；寿命长；效率高；要求制造精度高；不能缓冲；噪声较大；结构紧凑
	闭式		0.96~0.99	≤200	≤7~10			
蜗杆传动装置	自锁	中、小（常用：25~50 最大：~750）	0.40~0.45	v_k≤15~50	10~100，常用：10~70	小	高	传动比大且准确；传动平稳；可实现自锁，尺寸小；效率低；常需用贵重有色金属；制造精度要求高；发热大；不适于长期连续运转场合
	不自锁		0.70~0.90					
渐开线行星齿轮传动装置	2K-H型、3K型	中、小	一般：≥0.80 最高：0.97~0.99		3~60	小	高	传动比大；结构较定轴齿轮传动紧凑；安装较复杂；不同类型的传动比与效率相差大；大传动比时，效率低
	K-H-V少齿差型	小	0.80~0.94		7~83	小	高	传动比大，体积小，重量轻；但高速轴转速受限制
摆线针轮行星传动装置		中、小	0.90~0.97		9~87	小	高	传动比大，体积小，重量轻，寿命长，承载能力较少齿差行星传动高，制造精度要求高，高速轴转速有限制
谐波齿轮传动装置		小	0.90		~260	小	高	传动比大，结构紧凑，对材料热处理要求高

传动装置的选择，就是把以上各种基本的常用传动装置单独或组合成符合要求的传动系统，其选用和布局需按照以下基本原则来考虑。

(1) 尽量使传动链缩短，简化传动结构，当传动比不大时，优先选用单级传动或直接将原动机与执行机构连接而不需传动装置。

(2) 高速度、大功率、长期工作时，应选用承载能力高、传动平稳、传动效率高的传动类型。

(3) 速度较低、中小功率、要求传动比较大时，可采用单级蜗杆传动，多级齿轮传动，带＋齿轮传动，带＋齿轮＋链传动等多种方案，并进行分析比较，从中选择出效率较高的方案。

(4) 传动比较大而结构非常紧凑时，应选用蜗杆传动或行星齿轮传动。

(5) 中心距较大时，应采用带传动或链传动。

(6) 采用多种传动装置的组合装置时，应注意：带传动应用在高速级，以使所传递的转矩较小；斜齿圆柱齿轮传动常用在高速级和要求传动平稳的场合；圆锥齿轮传动宜用在高速级，以减小尺寸；链传动因运转不均匀宜用在低速级；开式齿轮传动因工作环境差应用在低速级；蜗杆传动与齿轮传动同时使用时，蜗杆传动宜用在高速级，以节约有色金属。

(7) 各分支传动之间有严格速比协调要求的场合，其传动链中不能有带传动、链传动装置之类传动比变化的环节，而应采用传动比恒定的齿轮、蜗杆、螺旋等传动方式。

(8) 执行机构有变速要求时，选择具有调速功能的原动机；没有适用调速范围的原动机可选时，选择变速箱，或采用原动机调速＋变速箱相结合的方式。

在确定传动装置时，上述原则往往是相互矛盾的。要综合考虑各种因素，拟订多种方案，进行分析、比较、评价、择优。

15.3　减速器简介

减速器是大多数机械系统的传动装置中的重要组成部分。如图 15-2 所示，减速器是实现减速运动、由封闭在刚性箱体内的传动比固定不变的齿轮传动所组成的独立的机械传动部件。一般是由专业厂家生产的标准系列产品，多数情况下能适应不同功率，不同减速比的需要，因而可根据传动功率、转速、传动比及机械系统的总体布局等要求，从手册或产品目录中直接选用，作为连接原动机和执行机构的定比传动装置，达到降低转速、增大转矩的目的。因为是专业化生产、结构形式多样、性能参数稳定、运行可靠、传动效率高、工作寿命长、造价较低，亦有利于缩短机械系统的设计和制造周期，故在各行各业中都获得了广泛的应用。只有在选不到合适产品时才自行设计制造减速器。

图 15-2　齿轮减速器

减速器的种类很多。按齿轮传动形式可分为圆柱齿轮减速器、圆锥齿轮减速器、蜗杆减速器，圆锥-圆柱齿轮减速器、蜗杆-圆柱齿轮减速器、行星齿轮减速器、摆线针轮减速器、谐波齿轮减速器等。按齿轮传动减速的次数分为单级、两级、三级和多级减速器。这里只简单介绍常见的减速器。

1. 圆柱齿轮减速器

如图 15-3 所示为单级圆柱齿轮减速器，通常其传动比 $i \leqslant 8$，采用直齿轮时一般为 $i \leqslant 4$，为使外廓尺寸尽可能小，标准减速器的传动比，采用直齿轮时，一般 $i \leqslant 4$，采用斜齿轮时 $i \leqslant 6.3$。当 $i > 8$ 时，大、小齿轮直径相差太大，减速器外廓尺寸过大，小齿轮强度较差，这时应改用两级或三级减速器。如图 15-4 所示是实现同样传动比的单级与二级减速器的外廓尺寸对比。单级圆柱齿轮减速器由于结构简单、精度容易保证，应用广泛。

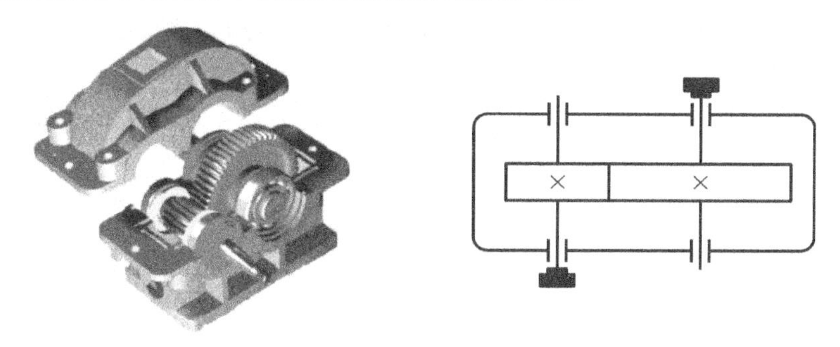

图 15-3　单级圆柱齿轮减速器

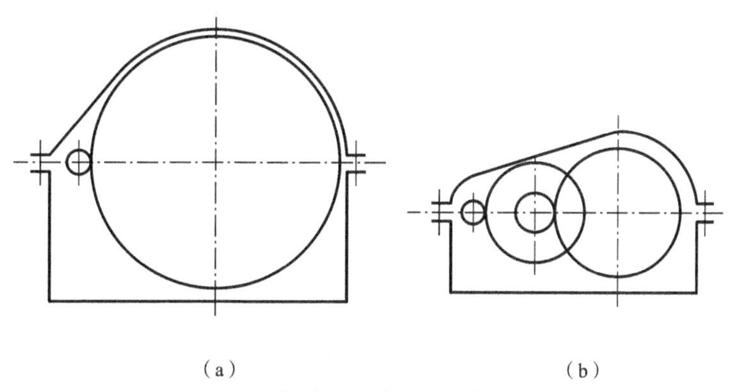

(a)　　(b)

图 15-4　同传动比时减速器外廓尺寸比较

(a) 单级；(b) 二级

减速器按齿轮的轴线相对位置分为立式和卧式的两种，如图 15-5 所示。具体采用何种形式由减速器在机械中的传动配置方式决定。

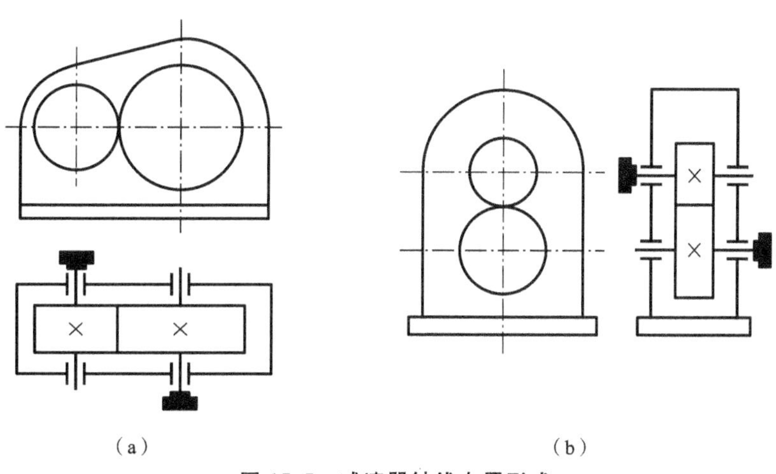

(a)　　(b)

图 15-5　减速器轴线布置形式

(a) 卧式；(b) 立式

两级圆柱齿轮减速器的传动比范围 $i=7\sim50$。按照动力传递路线的不同分为展开式(见图 15-6(a))、分流式(见图 15-6(b))、同轴式(见图 15-6(c))等三种,以适应不同系统配置情况的需要。展开式传动布置最简单、最为常用,但齿轮两边的轴承不是对称布置的,轴承受力不均,轴的挠曲变形会导致齿轮上载荷沿齿宽分布不均,故轴应设计得具有较大刚度,并使高速轴齿轮远离输入端。为改善受载大的低速级齿轮的承载条件,可采用分流式的传动布置形式。

同轴式减速器的输入与输出轴同轴线,采用该种布置形式可使箱体长度较短而轴向宽度较大,中间轴较长,易变形,使载荷沿齿宽分布不均。

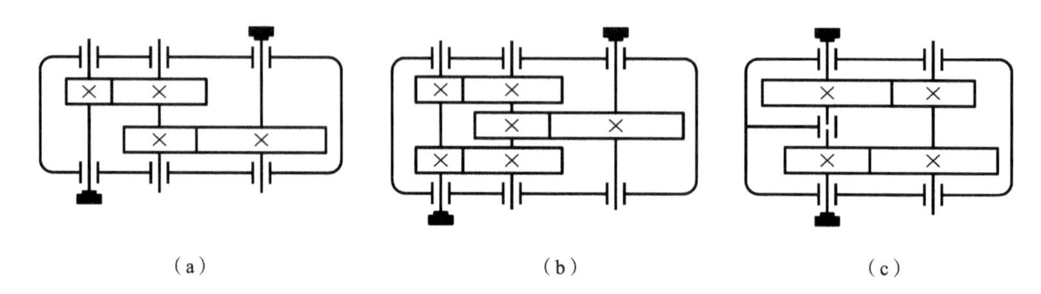

图 15-6　两级圆柱齿轮减速器

(a) 展开式;(b) 分流式;(c) 同轴式

2. 圆锥齿轮减速器

单级圆锥齿轮减速器如图 15-7(a)所示,用在输入轴和输出轴两轴线相交成 90°、传动比 $i\leqslant5$ 的场合。两轴可采用卧式或立式布置。当传动比较大时,可与圆柱齿轮传动相配合,构成两级(见图 15-7(b))或三级(见图 15-7(c))的圆锥-圆柱齿轮减速器。由于圆锥齿轮通常是在轴端悬臂安装,承载能力小,且大尺寸锥齿轮加工困难,故常把圆锥齿轮传动布置在高速级。

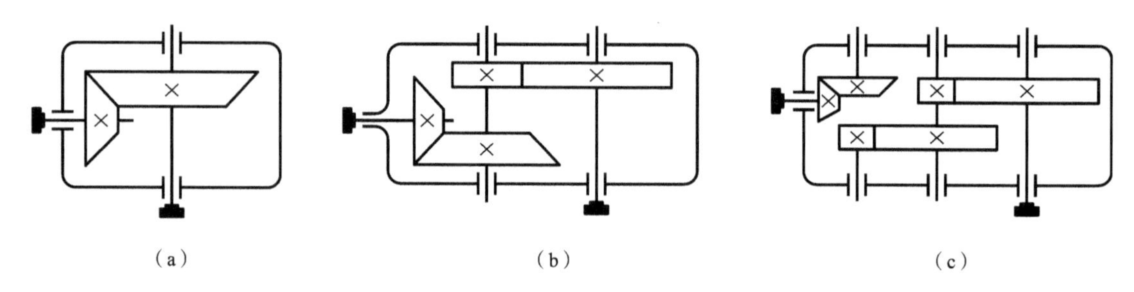

图 15-7　含有圆锥齿轮的减速器

(a) 圆锥齿轮减速器;(b) 二级圆锥-圆柱齿轮减速器;(c) 三级圆锥-圆柱齿轮减速器

3. 蜗杆减速器

蜗杆减速器如图 15-8 所示,它主要用于输入轴与输出轴两轴线空间交错、传动比较大($i=8\sim80$)的场合。当传动比较大时,蜗杆减速器结构紧凑和轮廓尺寸更小的特点特别明显。但由于传动效率低,不宜在长期连续运转的大功率传动中使用。

单级蜗杆减速器主要有蜗杆上置(见图 15-8(a))、下置(见图 15-8(b))和旁置三种形式的。当蜗杆圆周速度 $v\leqslant4$ m/s 时,最好采用蜗杆下置式,这时在啮合处能有良好的润滑和冷却条件,对蜗杆轴承的润滑也有利。当蜗杆圆周速度 $v>4$ m/s 时,为避免搅油损失太大,应采用蜗杆上置式。

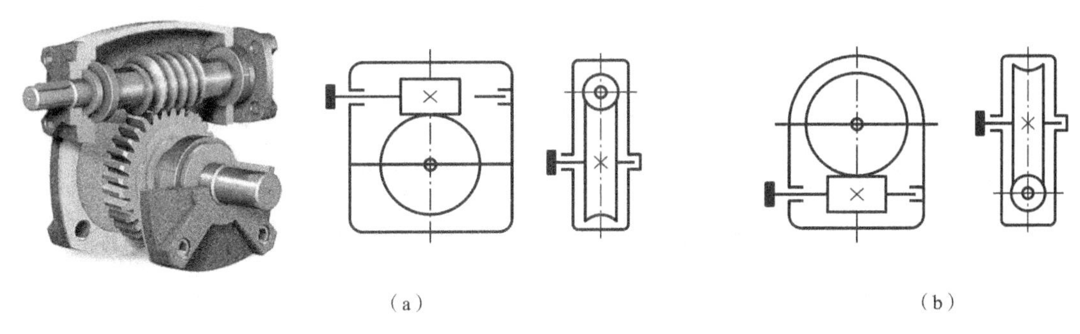

(a)　　(b)

图 15-8　蜗杆减速器

(a) 上置式蜗杆减速器；(b) 下置式蜗杆减速器

本章小结

(1) 机械系统设计时应满足的基本要求：功能性、经济性、可靠性、安全性和其他特殊要求。

(2) 机械系统的设计一般分四个阶段，分别是明确任务阶段、方案设计阶段、技术设计阶段和试制成形阶段。方案设计阶段是利用已有的知识和经验拟订出多套方案然后比较择优，方案设计也称概念设计；技术设计阶段是分别进行运动分析、动力学分析和强度计算，对拟订的方案进行物化呈现。

(3) 机械系统方案设计就是充分发挥设计者的想象力和创造力，根据机械系统所完成的任务，进行功能划分，然后对机械系统的原动机、传动装置和执行部分进行选型。

(4) 减速器是设计人员进行传动装置设计时，首先应考虑到的传动装置之一。减速器已标准化，减速器的类型非常丰富、实现的减速比覆盖范围很广，在设计中可从手册或产品目录中直接选用，只有在选不到合适的标准减速器时才自行设计。

思考与练习题

15-1　对机械系统的设计具体有哪些基本要求？

15-2　简要说明机械系统设计的主要步骤及其工作内容。

15-3　能够将输入的连续回转运动变换为直线运动输出的有哪些机构？

15-4　能够将输入的连续回转运动变换为往复摆动输出的有哪些机构？

15-5　尝试设计一台专用于乒乓球运动员发球训练用的装置（即不需陪练或去捡球），要求简单实用。试给出该装置的具体方案，画出系统的机构运动示意图，并对设计思路作简要说明。

15-6　试比较减速器各类型的主要特点及应用场合。

第16章 弹　　簧

16.1 弹簧的功用和类型

弹簧是一种弹性元件，它可以在受外力作用下产生较大的弹性形变，在机械设备中广泛应用弹簧作为弹性元件。弹簧在各类机械中应用十分广泛，主要功用如下。

(1) 控制机构的运动，如制动器、离合器中的控制弹簧，内燃机气缸的阀门弹簧等。

(2) 减振和缓冲，如汽车、火车车厢下的减振弹簧，以及各种缓冲器用的弹簧等。

(3) 储存及输出能量，如钟表弹簧、枪栓弹簧等。

(4) 测量力的大小，如测力器和弹簧秤中的弹簧等。

按照所承受的载荷不同，弹簧可以分为拉伸弹簧、压缩弹簧、扭转弹簧和弯曲弹簧等四种；而按照弹簧的形状不同，又可分为螺旋弹簧、环形弹簧、碟形弹簧、板簧和平面涡卷弹簧等。表16-1中列出了弹簧的基础类型及其典型的特性曲线。

表16-1　弹簧的基本类型

按形状分	按载荷分				
	拉伸	压缩		扭转	弯曲
螺旋形	圆柱螺旋拉升弹簧 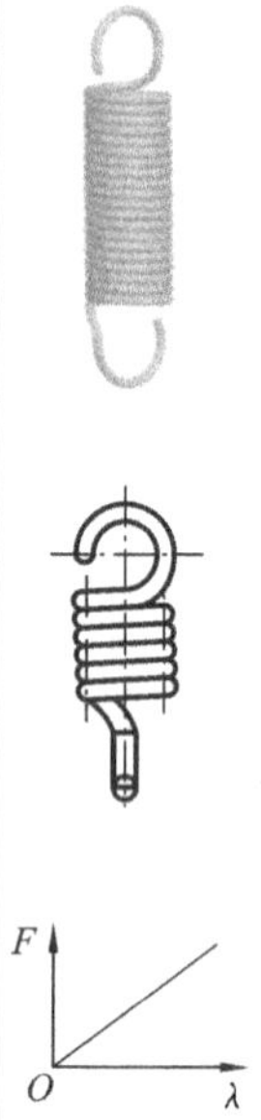 F O λ	圆柱螺旋压缩弹簧  F O λ	圆锥螺旋压缩弹簧  F O λ	圆柱螺旋扭转弹簧 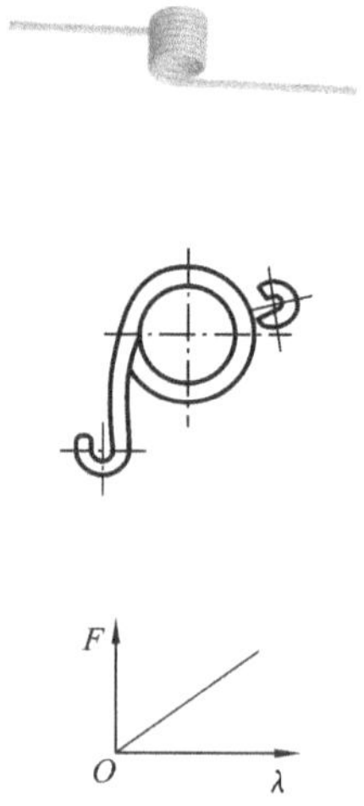 F O λ	

续表

按形状分	按载荷分				
	拉伸	压缩		扭转	弯曲
其他形		环形弹簧 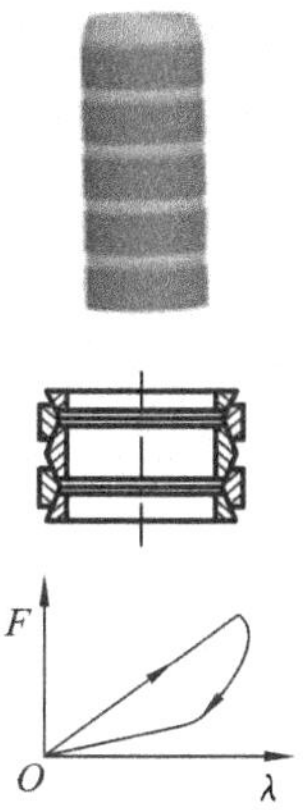	碟形弹簧 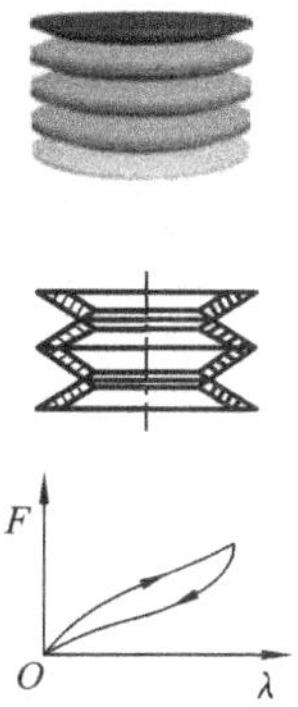	平面涡卷弹簧 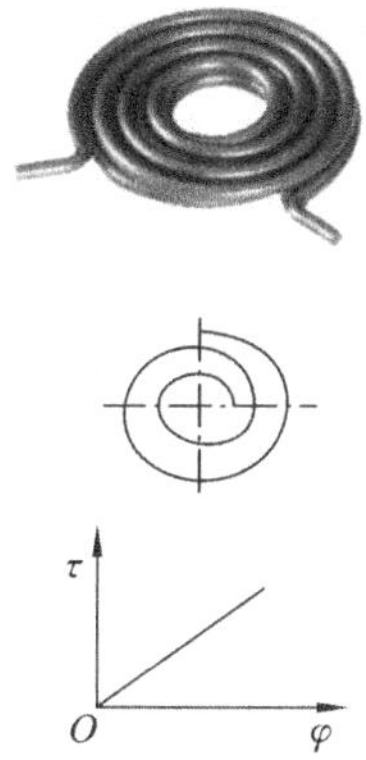	板簧 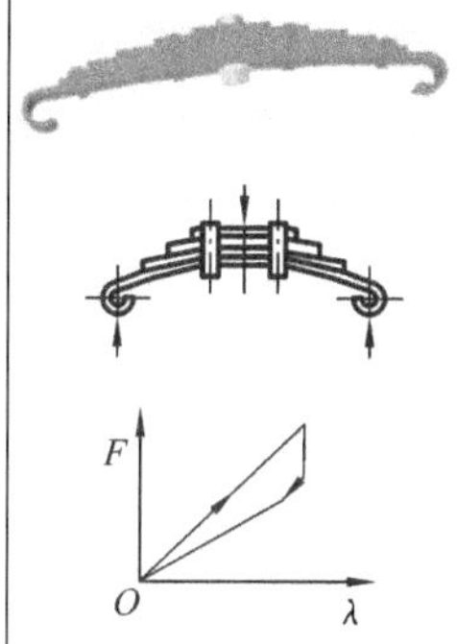

螺旋弹簧是用弹簧丝卷绕制成的，由于制造简便，所以应用最广。在一般机械中，最为常用的是圆柱弹簧，故本章主要讲述这类弹簧的结构形式和设计方法。

16.2　弹簧的制造和材料

1. 弹簧的制造

螺旋弹簧的制造工艺包括卷制、挂钩的制作或端面圈的精加工、热处理、工艺试验及强压处理。

卷制分冷卷及热卷两种。冷卷用于经预先热处理后拉成的直径 $d<8\sim10$ mm 的弹簧丝；直径较大的弹簧丝制作的强力弹簧则用热卷。热卷时的温度随弹簧丝的粗细在 800～1000 ℃的范围内选择。

对于重要的压缩弹簧，为了保证两端的承压面与其轴线垂直，应将端面圈在专用的磨床上磨平；对于拉伸及扭转弹簧，为了便于连接、固着及加载，两端应制有挂钩或杆臂。

弹簧在完成上述工序后，均应进行热处理。冷卷后的弹簧只做回火处理，以消除卷制时产生的内应力。热卷的需经淬火及中温回火处理。热处理后的弹簧，表面不应出现显著的脱碳层。

此外，弹簧还需进行工艺试验，并根据弹簧的技术条件的规定进行精度、冲击、疲劳等试验，以检验弹簧是否符合技术要求。要特别指出的是，弹簧的持久强度和抗冲击强度，在很大程度上取决于弹簧丝的表面状况，所以弹簧丝表面必须光洁，没有裂纹和伤痕等缺陷。表面脱碳会严重影响材料的持久强度和抗冲击性能。

为了提高承载能力，还可在弹簧制成后进行强压处理或喷丸处理。

2. 弹簧的材料

为了使弹簧能够可靠地工作，弹簧材料必须具有高的弹性极限和疲劳强度，同时应具有足够的韧性和塑性，以及良好的可热处理性。几种常用弹簧材料的性能见表 16-2。

表 16-2　弹簧材料及其许用应力

材料及代号	许用切应力 $[\tau]$/MPa			许用弯曲应力 $[\sigma_b]$/MPa		弹性模量 E/MPa	切变模量 G/MPa	推荐使用温度/℃	推荐硬度/HRC	性能及用途
	Ⅰ类弹簧	Ⅱ类弹簧	Ⅲ类弹簧	Ⅱ类弹簧	Ⅲ类弹簧					
碳素弹簧钢丝(SL、SM、DM、SH、DH级)65Mn	$0.3\sigma_b$	$0.4\sigma_b$	$0.5\sigma_b$	$0.5\sigma_b$	$0.625\sigma_b$	$0.5\leqslant d\leqslant 4$ 207500～205000 $d>4$ 200000	$0.5\leqslant d\leqslant 4$ 83000～80000 $d>4$ 80000	－40～130		强度高，加工性能好，适用于小尺寸弹簧。65Mn 弹簧钢丝用于制作重要弹簧
60Si2Mn 60Si2MnA	480	640	800	800	1000	200000	80000	－40～200	45～50	弹性好，回火稳定性好，易脱碳，用于制作承受大载荷的弹簧
50CrVA	450	600	750	750	940			－40～210		疲劳性能好，淬透性、回火稳定性好
不锈钢丝 1Cr18Ni9 1Cr18Ni9Ti	330	440	550	550	690	197000	73000	－200～300		耐腐蚀，耐高温，有良好工艺性，适用于小弹簧

注：(1) 弹簧按载荷性质分三类。Ⅰ类—受变载荷作用次数在 10^6 以上的弹簧；Ⅱ类—变载荷作用次数 10^3～10^5 及冲击载荷的弹簧；Ⅲ类—受变载荷作用次数在 10^3 以下的弹簧。

(2) 碳素弹簧钢丝按力学性能高低分为 SL、SM、DM、SH、DH 型，见表 16-3。

(3) 弹簧材料的抗拉强度查表 16-3。

(4) 各类螺旋拉、压弹簧的极限工作应力 τ_{lim}，对于Ⅰ类、Ⅱ类弹簧 $\tau_{lim}\leqslant 0.5\sigma_b$，对于Ⅲ类弹簧，$\tau_{lim}\leqslant 0.56\sigma_b$。

(5) 表中许用切应力为压缩弹簧的许用值，拉伸弹簧的许用切应力为压缩弹簧的 80%。

(6) 经强压处理弹簧，其许用值可增大 25%。

表 16-3　冷拉碳素弹簧钢丝的抗拉强度(摘自 GB/T 4357—2009)

抗拉强度 σ_b/MPa							
钢丝公称直径 d/mm	型　号			钢丝公称直径 d/mm	型　号		
	SL	SM	DM		SL	SM	DM
0.90		2010～2260	2270～2510	2.00	1520～1750	1760～1970	1760～1970
1.00	1720～1970	1980～2220	1980～2220	2.40	1470～1690	1700～1910	1700～1910
1.05	1710～1950	1960～2220	1960～2220	3.00	1410～1620	1630～1830	1630～1830
1.10	1620～1910	1950～2190	1950～2190	3.20	1390～1600	1610～1810	1610～1810
1.20	1670～1910	1920～2160	1920～2160	4.00	1320～1520	1530～1730	1530～1730
1.25	1660～1900	1910～2130	1910～2130	4.50	1290～1490	1500～1680	1500～1680
1.30	1640～1890	1900～2130	1900～2130	5.00	1260～1450	1460～1650	1460～1650
1.40	1620～1860	1870～2100	1870～2100	5.60	1230～1420	1430～1610	1570～1810
1.50	1600～1840	1850～2080	1850～2080	6.00	1210～1370	1390～1560	1400～1580

常用弹簧钢主要有下列几种。

1) 碳素弹簧钢

这种弹簧钢(例如65、70钢)的优点是价格便宜,原材料来源方便;缺点是弹性极限低,多次重复变形后易失去弹性,且不能在高于130 ℃的温度下正常工作。

2) 低锰弹簧钢

这种弹簧钢(例如65Mn)与碳素弹簧钢相比,优点是淬透性较好和强度较高;缺点是淬火后容易产生裂纹及热脆性。但由于价格便宜,所以常用于制造尺寸不大的弹簧,例如离合器弹簧等。

3) 硅锰弹簧钢

这种钢(例如60Si2MnA)中因加入了硅,故弹性极限显著地提高,且回火稳定性提高,因而可在更高的温度下回火,从而得到良好的力学性能。硅锰弹簧钢在工业中得到了广泛的应用。一般用于制造汽车、拖拉机的螺旋弹簧。

4) 铬钒钢

这种钢(例如50CrVA)中加入钒的目的是细化组织,提高钢的强度和韧度。这种材料的耐疲劳和抗冲击性能良好,并能在$-40\sim210$ ℃的温度下可靠工作,但价格较贵。多用于要求较高的场合,如用于制造航空发动机调节系统中的弹簧。

此外,某些不锈钢和青铜等材料,具有耐腐蚀的特点,青铜还具有防磁性和导电性,故常用于制造化工设备中或工作于腐蚀性介质中的弹簧。其缺点是不容易热处理,力学性能较差,所以在一般机械中很少采用。

在选择材料时,应考虑到弹簧的用途、重要程度、使用条件(包括载荷性质、大小及循环特性,工作持续时间,工作温度和周围介质情况等),以及加工、热处理和经济性等因素。同时,也要参照现有设备中使用的弹簧,选择出较为合用的材料。

弹簧材料的许用切应力$[\tau]$和许用弯曲应力$[\sigma_b]$的大小和载荷性质有关,静载荷时的$[\tau]$或$[\sigma_b]$较变载荷时的大。表16-2中推荐的几种常用材料及其$[\tau]$和$[\sigma_b]$值可供设计时参考。碳素弹簧钢丝和65Mn弹簧钢丝的抗拉强度σ_b按表16-3选取。

16.3 圆柱螺旋弹簧的设计计算

圆柱螺旋拉伸及压缩弹簧的外载荷(轴向力)均沿弹簧的轴线作用,它们的应力和变形计算是相同的。现以圆柱螺旋压缩弹簧为例进行分析。如图16-1所示,弹簧的节距为p,在自由状态下,各圈之间应有适当的间距δ,以便弹簧受压时,有产生相应变形的可能。为了使弹簧在压缩后仍能保持一定弹性,设计时还要考虑,在最大载荷作用下,各圈之间仍需保留一定的间距δ_1。δ_1的大小一般推荐为

$$d_1=0.1d\geqslant0.2\ \text{mm}$$

式中:d——弹簧丝的直径,单位为mm。

弹簧的两个端面圈应与邻圈并紧(无间隙),只起支撑作用,不参与变形,故称为死圈。当弹簧的工作圈数$n\leqslant7$时,弹簧每端的死圈约为0.5圈;$n>7$时,每端的死圈为$0.5\sim1.5$圈。弹簧端部的结构有多种形式(见图16-2),最常用的有两个端面圈均与邻圈并紧且磨平的YⅠ型(见图16-2(a))、并紧不磨平的YⅢ型(见图16-2(c))和加热卷绕时弹簧丝两端锻扁且与邻圈并紧(端面圈可磨平,也可不磨平)的YⅡ型(见图16-2(b))三种。在重要的场合,应采用

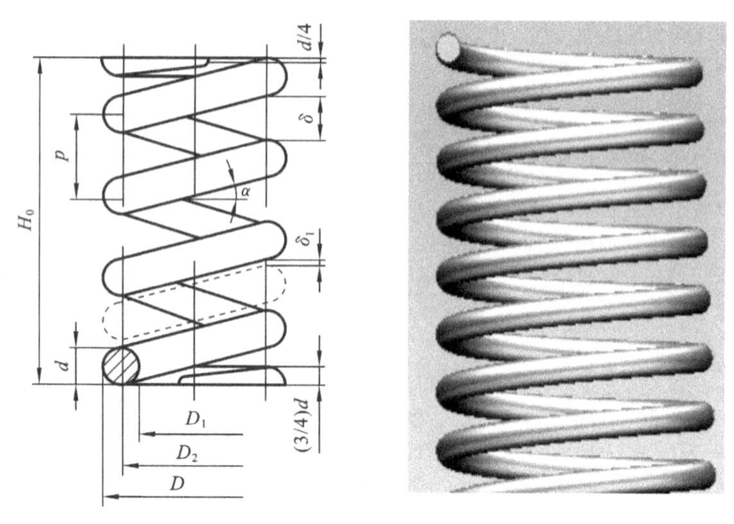

图 16-1　圆柱螺旋弹簧的几何尺寸参数

YⅠ型以保证两支承端面与弹簧的轴线垂直,从而使弹簧应受压时不致歪斜。弹簧丝直径$d\leqslant$ 0.5 mm 时,弹簧的两支承端面可不必磨平。$d>0.5$ mm 的弹簧,两支承端面则需磨平。磨平部分应不少于圆周长的 3/4,端头厚度一般不小于 $d/8$。

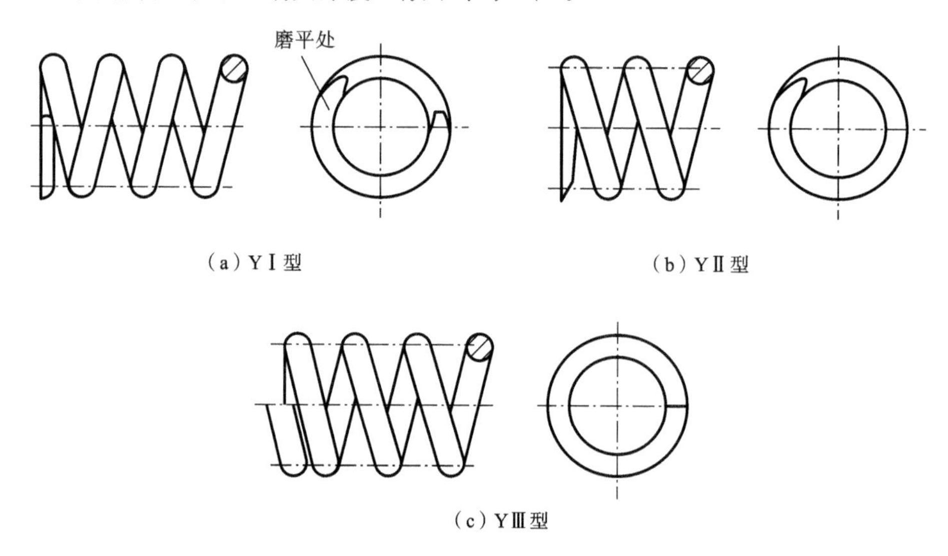

(c) YⅢ型

图 16-2　圆柱螺旋压缩弹簧的端面图

(a) YⅠ型;(b) YⅡ型;(c) YⅢ型

1. 几何参数计算

普通圆柱螺旋弹簧的主要几何尺寸有:外径 D_2、中径 D、内径 D_1、节距 p、螺旋升角 α 及弹簧直径 d。由图 16-3 可知,它们的关系为

$$\alpha=\arctan\frac{p}{\pi d} \tag{16-1}$$

式中:α——弹簧的螺旋升角,对圆柱螺旋压缩弹簧一般应在 5°～9°范围内选取。弹簧的旋向可以为右旋或左旋,但无特殊要求时,一般都用右旋。

普通圆柱螺旋压缩及拉伸弹簧的结构尺寸计算公式见表 16-4。计算出弹簧丝直径 d 及中径 D 等按表 16-5 中的数值圆整。

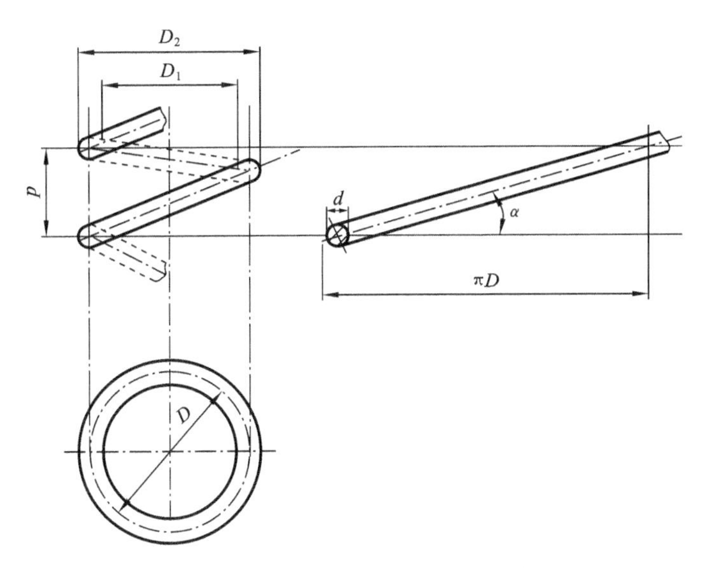

图 16-3　圆柱螺旋弹簧的几何尺寸参数

表 16-4　普通圆柱螺旋压缩及拉伸弹簧的结构尺寸计算公式

参数名称及代号	计算公式		备　　注
	压缩弹簧	拉伸弹簧	
中径 D	$D=Cd$		按表 16-5 取标准值
内径 D_1	$D_1=D-d$		
外径 D_2	$D_2=D+d$		
旋绕比 C	$C=D/d$		
压缩弹簧长细比 b	$b=H_0/D$		b 在 1～5.3 的范围内选取
自由高度或长度	两端并紧，磨平： $H_0\approx pn+(1.5\sim2)d$ 两端并紧，不磨平： $H_0\approx pn+(3\sim3.5)d$	$H_0\approx nd+H_h$	H_h—钩环轴向长度
工作高度或长度	$H_n=H_0-\lambda_h$	$H_n=H_0+\lambda_h$	λ_h—工作变形量
$H_1,H_2,\cdots,H_n$			
有效圈数 n	根据要求变形量(16-11)计算		$n\geqslant2$
总圈数 n_1	冷卷： $n_1\approx n+(2\sim2.5)$ YⅡ型热卷： $n_1\approx n+(1.5\sim2)$	$n_1=n$	拉伸弹簧 n_1 尾数为 1/4、1/2、3/4、1，推荐用 1/2 圈
节距 p	$p=(0.28\sim0.5)D$	$p=d$	
轴向间距 δ	$\delta=p-d$		
展开长度 L	$L=\dfrac{\pi Dn_1}{\cos\alpha}$	$L\approx\pi Dn+L_h$	L_h 为钩环展开长度

续表

参数名称及代号	计算公式		备　　注
	压缩弹簧	拉伸弹簧	
螺旋角 α	$\alpha=\arctan\dfrac{p}{\pi D}$		对压缩螺旋弹簧，推荐 $\alpha=5°\sim9°$
质量 m_s	$m_s=\dfrac{\pi d^2}{4}L\gamma$		γ 为材料的密度。对于各种钢，$\gamma=7700\ kg/m^3$；对于青铜，$\gamma=8100\ kg/m^3$

表 16-5　普通圆柱螺旋弹簧尺寸系列(摘自 GB/T 1358—2009)

弹簧丝直径 d/mm	第一系列	0.1	0.12	0.14	0.16	0.20	0.25	0.30	0.35	0.40	0.45
		0.50	0.60	0.70	0.80	0.90	1.00	1.20	1.60	2.00	2.50
		3.00	3.50	4.00	4.50	5.00	6.00	8.00	10.0	12.0	15.0
		16.0	20.0	25.0	30.0	35.0	40.0	45.0	50.0	60.0	
	第二系列	0.05	0.06	0.07	0.08	0.09	0.18	0.22	0.28	0.32	0.55
		0.65	1.40	1.80	2.20	2.80	3.20	5.50	6.50	7.00	9.00
弹簧中径 D/mm		0.3	0.4	0.5	0.6	0.7	0.8	0.9	1	1.2	1.4
		1.8	2	2.2	2.5	2.8	3	3.2	3.5	3.8	4
		4.2	4.5	4.8	5	5.5	6	6.5	7	7.5	8
		8.5	9	10	12	14	16	18	20	22	25
		28	30	32	38	42	45	48	50	52	55
		58	60	65	70	75	80	85	90	95	100
有效圈数 n/圈	压缩弹簧	2	2.25	2.5	2.75	3	3.25	3.5	3.75	4	4.25
		5	5.5	6	6.5	7	7.5	8	8.5	9	9.5
		11.5	12.5	13.5	14.5	15	16	18	20	22	25
	拉伸弹簧	2	3	4	5	6	7	8	9	10	11
		14	15	16	17	18	19	20	22	25	28
		40	45	50	55	60	65	70	80	90	100
自由高度 H_0/mm	压缩弹簧	4	5	6	7	8	9	10	11	12	13
		16	17	18	19	20	22	24	26	28	30
		38	40	42	45	48	50	52	55	58	60
		75	80	85	90	95	100	105	110	115	120
		150	160	170	180	190	200	220	240	260	280
		340	360	380	400	500	600	700	800	900	1000

2. 特性曲线

弹簧应具有经久不变的弹性，且不允许产生永久变形。因此在设计弹簧时，务必使其工作应力在弹性极限范围内。在这个范围内工作的压缩弹簧，当承受轴向载荷 $\boldsymbol{F}$ 时，弹簧将产生相应的弹性变形，如图 16-4(a)所示。为了表示弹簧的载荷与变形的关系，取纵坐标表示弹簧承受的载荷，横坐标表示弹簧的变形，通常载荷和变形成直线关系(见图 16-4(b))。这种表示载荷与变形的关系的曲线称为弹簧的特性曲线。

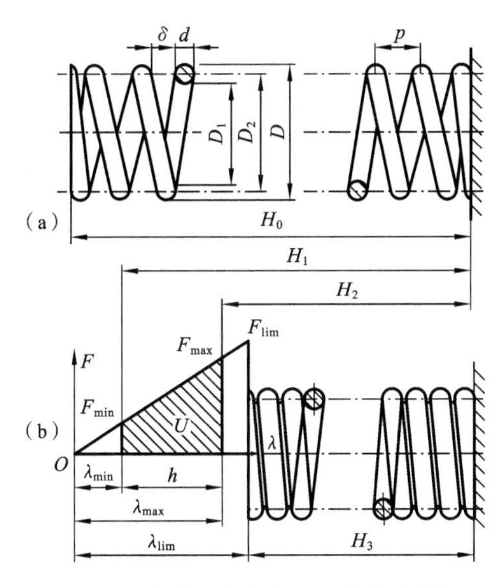

图 16-4　圆柱螺旋压缩弹簧的特性曲线

图 16-4(a)中的 H_0 是压缩弹簧在没有承受外力时的自由长度。弹簧在安装时，通常预加一个压力 F_{min}，使它可靠地稳定在安装位置上。F_{min} 称为弹簧的最小载荷(安装载荷)。在它的作用下，弹簧的长度被压缩到 H_1，其压缩变形量为 λ_{min}。F_{max} 为弹簧承受的最大工作载荷。在 F_{max} 作用下，弹簧长度减到 H_2，其压缩变形量增加到 λ_{max}。λ_{max} 与 λ_{min} 的差即为弹簧的工作行程 h，$h=\lambda_{max}-\lambda_{min}$。$F_{lim}$ 为弹簧的极限载荷。在该力的作用下，弹簧丝内的应力达到了材料的弹性极限。与 F_{lim} 对应的弹簧长度为 H_3，压缩变形量为 λ_{lim}，产生的极限应力为 τ_{lim}。

等节距的圆柱螺旋压缩弹簧的特性曲线为一直线，亦即

$$\frac{F_{min}}{\lambda_{min}}=\frac{F_{max}}{\lambda_{max}}=\cdots=\text{常数}$$

压缩弹簧的最小工作载荷通常取为 $F_{min}=(0.1\sim0.5)F_{max}$，但对有预应力的弹簧(见图 16-5(c))，$F_{min}>F_0$，$F_0$ 为使具有预应力的拉伸弹簧开始变形时所需的初拉力。如图 16-5(c)所示，有预应力的拉伸弹簧相当于有预变形 x。因而在同样的 $\boldsymbol{F}$ 作用下，有预应力的拉伸弹簧产生的变形要比没有预应力的拉伸弹簧产生的小。

弹簧的最大工作载荷 F_{max}，由弹簧在机构中的工作条件决定，但不应到达它的极限载荷，通常应保持 $F_{max}\leqslant0.8F_{lim}$。

圆柱螺旋拉伸弹簧的特性曲线，如图 16-6 所示：图 16-6(b)为无预应力的拉伸弹簧的特性曲线；图(c)为有预应力的拉伸弹簧的特性曲线。

弹簧的特性曲线应绘在弹簧工作图中，作为检验和实验时的依据之一。此外，在设计弹簧时，利用特性曲线分析受载与变形的关系也较方便。

3. 圆柱螺旋弹簧受载时的应力与变形

圆柱螺旋弹簧丝的截面多为圆截面，也有矩形截面的情况。下面的分析主要是针对圆截面弹簧丝的圆柱螺旋弹簧进行。

圆柱螺旋弹簧受压或受拉时，弹簧丝的受力情况是完全一样的。现就图 16-6 所示的圆形截面弹簧丝的压缩弹簧承受轴向载荷 $\boldsymbol{F}$ 时的情况进行分析。

由图 16-6(a)(图中弹簧下部断去，未示出)可知，由于弹簧丝具有升角 α，故在通过弹簧轴

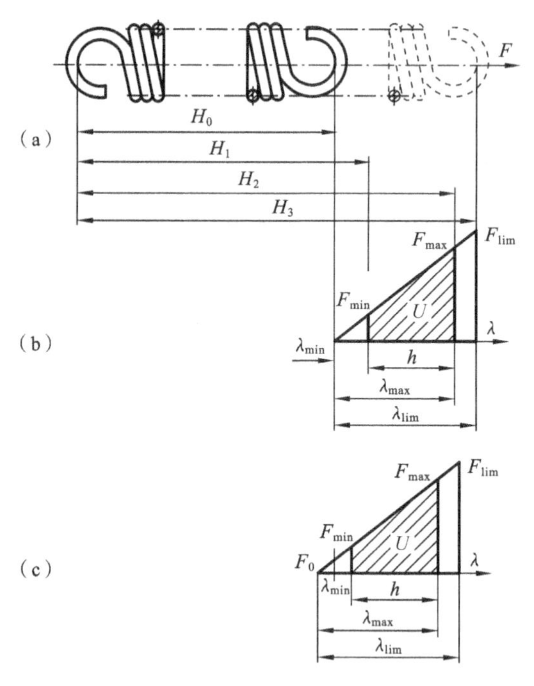

图 16-5　圆柱螺旋拉伸弹簧的特性曲线

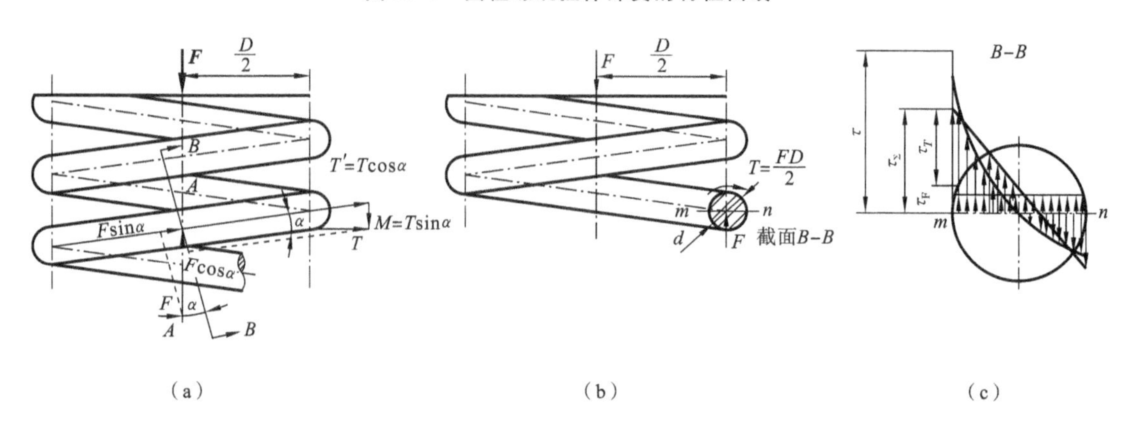

图 16-6　圆柱螺旋压缩弹簧的受力及应力分析

线的截面上，弹簧丝的截面 $A—A$ 呈椭圆形，该截面上作用着力 $\boldsymbol{F}$ 及扭矩 $T=F\dfrac{D}{2}$。因而在弹簧丝的法向截面 $B—B$ 上则作用有横向力 $F\cos\alpha$、轴向力 $F\sin\alpha$、弯矩 $M=T\sin\alpha$ 及扭矩 $T'=T\cos\alpha$。

由于弹簧的螺旋升角为 $\alpha=5°\sim9°$，故 $\sin\alpha\approx0$，$\cos\alpha\approx1$（见图 16-6(b)），则截面 $B—B$ 上的应力（见图 16-6(c)）可近似地取为

$$\tau_\Sigma=\tau_F+\tau_T=\frac{F}{\dfrac{\pi d^2}{4}}+\frac{F\dfrac{D}{2}}{\dfrac{\pi d^3}{16}}=\frac{4F}{\pi d^2}\left(1+\frac{2D}{d}\right)=\frac{4F}{\pi d^2}(1+2C) \tag{16-2}$$

式中：$C=D/d$ 称为旋绕比（或称弹簧指数）。为了使弹簧本身较为稳定，不致颤动和过软，C 值不能太大；但为避免卷绕时弹簧丝受到强烈弯曲，C 值又不应太小。C 值的范围为 4～16（见表 16-6），常用值为 5～8。

表 16-6　常用旋绕比 C 值

d/mm	0.2～0.4	0.45～1	1.1～2.2	2.5～6	7～16	18～42
$C=D/d$	7～14	5～12	5～10	4～9	4～8	4～6

为了简化计算，通常在式(16-2)中取 $1+2C\approx 2C$(因为当 $C=4\sim16$ 时，$2C\gg1$，实质上即为略去了 τ_F)，由于弹簧丝升角和曲率的影响，弹簧丝截面中的应力分布将如图 16-6(c)中的粗实线所示。由图可知，最大应力产生在弹簧丝截面内侧的 m 点。实践证明，弹簧的破坏也大多由这点开始。为了考虑弹簧丝的升角和曲率对弹簧丝中应力的影响，现引进一个曲度系数 K，则弹簧丝内侧的最大应力及强度条件可表示为

$$\tau=K_{\tau T}=K\frac{8CF}{pd^2}\leqslant[\tau] \tag{16-3}$$

式中，曲度系数 K 对于圆截面弹簧丝可按式(16-4)计算

$$K\approx\frac{4C-1}{4C-4}+\frac{0.615}{C} \tag{16-4}$$

式(16-3)用于设计时确定弹簧丝的直径 d。

圆柱螺旋压缩(拉伸)弹簧受载后的轴向变形量 λ，可根据材料力学关于圆柱螺旋弹簧变形量的公式求得，即

$$\lambda=\frac{8FD^3n}{Gd^4}=\frac{8FC^3n}{Gd} \tag{16-5}$$

式中：n——弹簧的有效圈数；

G——弹簧材料的切变模量，见表 16-2。

如以 F_{max} 代替 F，则最大轴向变形量如下。

(1) 对于压缩弹簧和无预应力的拉伸弹簧：

$$\lambda_{max}=\frac{8F_{max}C^3n}{Gd} \tag{16-6}$$

(2) 对于有预应力的拉伸弹簧：

$$\lambda_{max}=\frac{8(F_{max}-F_0)C^3n}{Gd} \tag{16-7}$$

拉伸弹簧的预应力取决于材料、弹簧丝直径、弹簧旋绕比和加工方法。

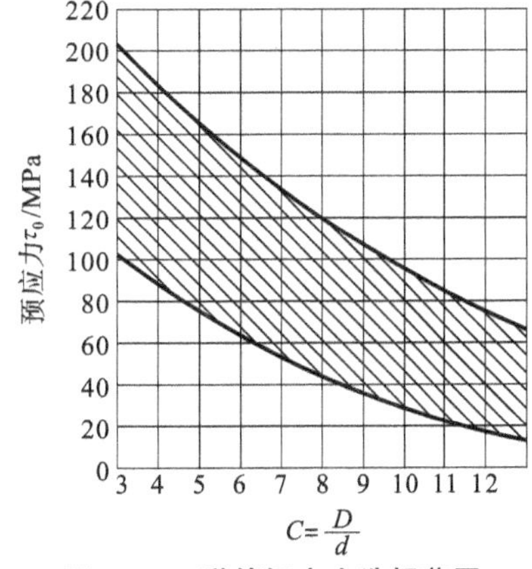

图 16-7　弹簧切应力选择范围

用不需淬火的弹簧钢丝制成的拉伸弹簧，均有一定的预应力。如不需要预应力时，各圈间应有间隙。经淬火的弹簧，没有初拉力。当选取预应力时，推荐预应力 T 值在图 16-7 的阴影区内选取。

预应力按下式计算：

$$F_0=\frac{\pi d^3\tau_0'}{8KD} \tag{16-8}$$

使弹簧产生单位变形所需的载荷 K_F 称为弹簧刚度，即

$$K_F=\frac{F^{①}}{l}=\frac{Gd}{8C^3n}=\frac{Gd^4}{8D^3n} \tag{16-9}$$

弹簧刚度是表征弹簧性能的主要参数之一。它表示使弹簧产生单位变形时所需的力，刚

① 对于有预应力的弹簧，$\frac{F}{l}$ 应改为 $\frac{\Delta F}{\Delta l}$，其中 ΔF 是载荷改变量，Δl 是变形改变量，式(16-9)仍成立。

度愈大，需要的力愈大，则弹簧的弹力就愈大。影响弹簧刚度的因素很多，从式(16-9) 可知，K_F 与 C 的三次方成反比，即 C 值对 K_F 的影响很大。所以，合理地选择 C 值就能控制弹簧的弹力。另外，K_F 还和 G、d、n 有关。在调整弹簧刚度 K_F 时，应综合考虑这些因素的影响。

4. 圆柱螺旋压缩(拉伸)弹簧的设计

在设计时，通常是根据弹簧的最大载荷、最大变形以及结构要求(例如安装空间对弹簧尺寸的限制)等来决定弹簧丝直径、工作圈数、弹簧的螺旋升角和长度等。

具体设计方法和步骤如下。

(1) 根据工作情况及具体条件选定材料，并查取力学性能数据。

(2) 选择旋绕比 C，通常可取 $C\approx5\sim8$(极限状态时不小于 4 或超过 16)，并按式(16-4)算出曲度系数 K 值。

(3) 根据安装空间初设弹簧中径 D，根据 C 值估取弹簧丝直径 d，并由表 16-2 查取弹簧丝的许用应力。

(4) 试算弹簧丝直径 d'，由式(16-3)可得

$$d'\geqslant1.6\sqrt{\frac{F_{max}KC}{[\tau]}} \tag{16-10}$$

当弹簧材料选用碳素弹簧钢丝或 65Mn 弹簧钢丝时，因钢丝的许用应力取决于其 σ_b，而 σ_b 是随着钢丝的直径 d 变化的(见表 16-3)，所以计算时需先假设一个 d 值，然后进行试算。最后的 d、D、n 及 H_0 值应符合表 16-5 所给的标准尺寸系列。

(5) 根据变形条件求出弹簧工作圈数。由式(16-6)、式(16-7)可知：

对于有预应力的拉伸弹簧
$$n=\frac{Gd}{8(F_{max}-F_0)C^3}l_{max} \tag{16-11}$$

对于压缩弹簧或无预应力的拉伸弹簧
$$n=\frac{Gd}{8F_{max}C^3}l_{max} \tag{16-12}$$

(6) 求出弹簧的尺寸 D_2、D_1、H_0，并检查其是否符合安装要求等。如不符合，则应改选有关参数(例如 C 值)重新设计。

(7) 验算稳定性。对于压缩弹簧，如其长度较大时，则受力后容易失去稳定性，这在工作中是不允许的。为了便于制造及避免失稳现象，建议一般压缩弹簧的长细比 $b=H_0/D$ 按下列情况选取：当两端固定时，取 $b<5.3$；当一端固定、另一端自由转动时，取 $b=3.7$；当两端自由转动时，取 $b<2.6$。

(8) 疲劳强度和静应力强度的验算。对于循环次数较多、在变应力下工作的重要弹簧，还应该进一步对弹簧的疲劳强度和静应力强度进行验算。

(9) 振动验算。承受变载荷的圆柱螺旋弹簧(如内燃机气缸阀门弹簧)常是在加载频率很高的情况下工作的。为了避免引起弹簧的谐振而导致弹簧的破坏，需对弹簧进行振动验算，以保证其临界工作频率(即工作频率的许用值)远低于其基本自振频率。

(10) 进行弹簧的结构设计。如对拉伸弹簧确定其钩环类型等，并按表 16-4 计算出全部有关尺寸。

(11) 绘制弹簧工作图。

对于不重要的普通圆柱螺旋弹簧，也可以采用 GB/T 2087—2001 中提供的选型设计方法，具体方法可以参考该标准中的选用举例。

例 16-1 设计一普通圆柱螺旋拉伸弹簧。已知该弹簧在一般载荷条件下工作，并要求中径 $D=20$ mm，外径 $D_2\leqslant25$ mm。当弹簧拉伸变形量 $\lambda_1=8$ mm 时，拉力 $F_1=200$ N；拉伸变形量 $\lambda_2=15$ mm 时，拉力 $F_2=320$ N。

解　解题过程如下。

计算项目	计算内容及说明	主要结果
1. 根据工作条件选择材料并确定其许用应力	因弹簧在一般载荷条件下工作，可以按第Ⅲ类弹簧来考虑。现选用碳素弹簧钢丝 SL 型。并根据 $D_2-D\leqslant(25-20)$ mm＝5 mm，估取弹簧钢丝直径 3.0 mm。由表 16-3 选取 $\sigma_b=1570$ MPa，则根据表 16-2 可知 $$[\tau]=0.8\times0.5\times\sigma_b=628\ \text{MPa}$$	$[\tau]=628$ MPa
2. 根据强度条件计算弹簧钢丝直径	现选取旋绕比 $C=6$，则由式(16-4)得 $$K=\frac{4C-1}{4C-4}+\frac{0.615}{C}=\frac{4\times6-1}{4\times6-4}+\frac{0.615}{6}\approx1.25$$ 根据式(16-10)，初算弹簧簧丝直径为 $$d'\geqslant1.6\sqrt{\frac{F_2KC}{[\tau]}}=1.6\times\sqrt{\frac{320\times1.25\times6}{628}}\ \text{mm}=3.13\ \text{mm}$$ 与估取值相差较远，改取 $d=3.2$ mm，查得 σ_b 不变，故$[\tau]$不变。$D=20$ mm，$C=\dfrac{D}{d}=\dfrac{20}{3.2}=6.25$，则由式(16-4)得 $$K=\frac{4C-1}{4C-4}+\frac{0.165}{C}=\frac{4\times6.25-1}{4\times6.25-4}+\frac{0.615}{6.25}\approx1.24$$ 根据式(16-10)求取弹簧簧丝直径为 $$d'\geqslant1.6\sqrt{\frac{F_2KC}{[\tau]}}=1.6\times\sqrt{\frac{320\times1.24\times6}{628}}\ \text{mm}=3.12\ \text{mm}$$ 与估取值相近，取弹簧钢丝标准直径 $d=3.2$ mm。 因而得到弹簧的外径为 $$D_2=D+d=(20+3.2)\ \text{mm}=23.2\ \text{mm}<25\ \text{mm}$$ 与题中限制条件相等，合适	$K=1.24$ $d=3.2$ mm $D=20$ mm $D_2=23.2$ mm
3. 根据刚度条件，计算弹簧圈数 n	$$k_F=\frac{F_2-F_1}{\lambda_2-\lambda_1}=\frac{320-200}{15-8}\ \text{N/mm}=17.14\ \text{N/mm}$$ 由表 16-2 取 $G=82000$ MPa，则弹簧圈数 n 为 $$n=\frac{Gd^4}{8D^3k_F}=\frac{82000\times3.2^4}{8\times20^3\times17.14}=7.84$$ 取 $n=8$ 圈，此时弹簧刚度为 $$k_F=7.84\times\frac{17.14}{8}\ \text{N/mm}=16.80\ \text{N/mm}$$	$k_F=16.80$ N/mm $n=8$
4. 验算	(1) 弹簧初拉力 $$F_0=F_1-k_F\lambda_1=(200-16.80\times8)\ \text{N}=65.6\ \text{N}$$ 预应力 τ'_0 应按式(16-8)得 $$\tau'_0=K\frac{8F_0D}{\pi d^3}=1.25\times\frac{8\times65.6\times20}{\pi\times3.2^3}\ \text{MPa}=102.01\ \text{MPa}$$ 参照图 16-7，当 $C=6.25$ 时，预应力 τ'_0 的推荐值为 60～140 MPa，故此预应力值合适。 (2) 极限工作应力 $\tau_{\lim}$ 取 $\tau_{\lim}=0.56\sigma_b$，则 $$\tau_{\lim}=0.56\times1570\ \text{MPa}=879.2\ \text{MPa}$$ (3) 极限工作载荷 $$F_{\lim}=\frac{\pi d^3\tau_{\lim}}{8DK}=\frac{3.14\times3.2^3\times879.2}{8\times20\times1.24}\ \text{N}=455.96\ \text{N}$$	$F_0=65.6$ N $\tau'_0=102.01$ MPa $\tau_{\lim}=879.2$ MPa $F_{\lim}=455.96$ N
5. 进行结构设计	选定两端钩环，并计算出全部尺寸(从略)。	

本章小结

(1) 本章主要介绍弹性元件弹簧。弹簧可以分为拉伸弹簧、压缩弹簧、扭转弹簧和弯曲弹簧等四种；而按照形状不同，可分为螺旋弹簧、环形弹簧、碟形弹簧、板簧和平面涡卷弹簧等。

(2) 弹簧的材料主要有碳素弹簧钢、低锰弹簧钢、硅锰弹簧钢、铬钒钢等。某些不锈钢和青铜等材料，具有耐腐蚀、防磁性和导电性等特点，故常用于特殊场合的弹簧。

(3) 普通圆柱螺旋弹簧主要几何尺寸有外径、中径、内径、节距、螺旋升角及弹簧丝直径。

(4) 弹簧弹性应经久不变，设计时必须使其工作应力在弹性极限范围内。设计时利用特性曲线分析受载与变形比较方便。

(5) 设计弹簧通常根据弹簧的最大载荷、最大变形等决定弹簧最大直径、中径、工作圈数等其他参数，设计完后还需要验算。

思考与练习题

16-1　常用的弹簧材料有哪些？简述弹簧材料应具备的性能。

16-2　弹簧指数 C 对弹簧性能有什么影响？设计时如何选取 C 值？

16-3　弹簧特性曲线表示弹簧的什么性能？它的作用是什么？

16-4　试设计在静载荷、常温下工作的阀门圆柱螺旋压缩弹簧。已知：最大工作载荷 $F_{max}=220$ N，最小工作载荷 $F_{min}=150$ N，工作行程 $h=5$ mm，弹簧外径不大于 16 mm，工作介质为空气，两端固定支承。

16-5　设计一圆柱螺旋扭转弹簧。已知该弹簧用于受力平衡的一般机构中，安装时的预加扭矩 $T_1=2$ N·m，工作扭矩 $T_2=6$ N·m，工作时的扭转角 $\varphi=\varphi_{max}-\varphi_{min}=40°$。

参 考 文 献

[1] 孙桓，陈作模，葛文杰. 机械原理[M]. 7版. 北京：高等教育出版社，2006.
[2] 濮良贵，纪名刚. 机械设计[M]. 8版. 北京：高等教育出版社，2006.
[3] 杨可桢，程光蕴，李仲生. 机械设计基础[M]. 5版. 北京：高等教育出版社，2006.
[4] 汪信远，奚鹰. 机械设计基础[M]. 4版. 北京：高等教育出版社，2008.
[5] 金清肃. 机械设计基础[M]. 武汉：华中科技大学出版社，2010.
[6] 吴昌林，张卫国，姜柳林. 机械设计[M]. 武汉：华中科技大学出版社，2011.
[7] 诸文俊，钟发祥. 机械原理及机械设计[M]. 西安：西北大学出版社，2009.
[8] 杨红涛，机械设计基础[M]. 北京：中国矿业大学出版社，2009.
[9] 郭瑞峰，史丽晨. 机械设计基础导教导学导考[M]. 西安：西北工业大学出版社，2005.
[10] 冯润泽. 机械设计基础[M]. 西安：陕西科学技术出版社，1999.
[11] 诸文俊，陈晓南，陈钢. 机械设计基础[M]. 西安：西安交通大学出版社，1998.
[12] 王三民，诸文俊. 机械原理与设计[M]. 北京：机械工业出版社，2001.
[13] 邹慧君. 机械设计原理[M]. 上海：上海交通大学出版社，1995.
[14] 徐灏. 机械设计手册[M]. 北京：机械工业出版社，2003.
[15] 黄华梁，彭文生. 机械设计基础[M]. 4版. 北京：高等教育出版社，2007.
[16] 彭文生，黄华梁. 机械设计教学指南[M]. 北京：高等教育出版社，2003.
[17] 机械设计手册编委会. 机械设计手册[M]. 3版. 北京：机械工业出版社，2004.
[18] 李建华，董海军. 机械设计基础[M]. 北京：北京邮电大学出版社，2012.
[19] 唐林. 机械设计基础[M]. 北京：清华大学出版社，2008.
[20] 郑文纬，吴克坚. 机械原理[M]. 7版. 北京：高等教育出版社，1997.
[21] 邱宣怀. 机械设计[M]. 4版. 北京：高等教育出版社，1997.
[22] [美]斯克莱特奇罗尼斯. 机械设计实用机构与装置图册[M]. 北京：机械工业出版社，1993.
[23] 机械传动装置选用手册编委会编. 机械传动装置选用手册[M]. 北京：机械工业出版社，1999.